ASP.NET Core 7 MVC

跨平台範例實戰演練

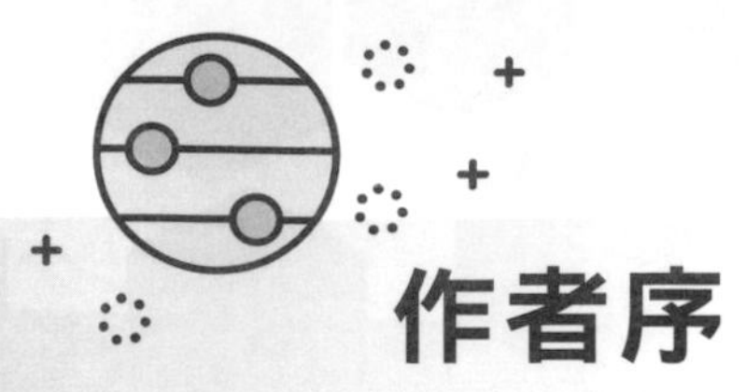

作者序

.NET 7 是微軟新世代開發框架平台，其特性除了跨平台之外，整個架構做了全面大改寫，擁有全新的 Runtime、框架函式庫、基礎服務與 CLI 命令工具，賦予了全新生命與軟體思維，在撰寫 .NET 程式時，是一種完全不同的設計思路與體驗。同時亦迎合 ChatGPT 熱潮，新增一章教您用 JS 及 MVC 程式與 OpenAI API 串接，在您的應用程式中製作 ChatGPT 聊天問答效果。

而 ASP.NET Core MVC 又是 .NET 中最重要的框架之一，它承續了 ASP.NET MVC 5 薪火，扮演續往開來的角色，二者在 MVC 核心基礎上有似曾相似的影子，有些基礎技術可以沿用，但更多部分是全新的設計。如你以為 ASP.NET Core MVC 僅是 ASP.NET MVC 5 跨平台版本，只需換換 Runtime 或 SDK，就能輕鬆無痛切換成 ASP.NET Core MVC，可能會陷入一種誤謬。

事實上，ASP.NET Core 框架是整個大改寫，包括引入新的相依性注入、Configuration 組態系統、Hosting 主機、Middleware、CLI 命令工具等等，本質上早已脫離上一代 ASP.NET MVC 5 或 ASP.NET Web Forms 思維。無論你 ASP.NET MVC 5 如何精通，但若不學習 ASP.NET Core MVC 獨有框架機制，是絕無可能直接駕馭它，甚至連它的運作原理亦無法參透。

ASP.NET Core MVC 最令我感到驚艷的地方，是大量導入軟工的 Design Pattern 設計模式與 Principals 原則，在 ASP.NET Core 中到處可見軟工技術與思維層次的提升，完完全全超越了前一代 ASP.NET MVC 水平數倍不止，足見 .NET Core 框架設計小組的混厚功力與底蘊，才能打造出如此出色的框架。

然祭司撰寫此書最主要目的，是引領讀者循序漸進地探索 ASP.NET Core 技術殿堂，發現其技術之美與奧義，讓讀者技術與思維在這過程中得到提升與加值，獲得滿滿的知識豐收喜悅。

聖殿祭司　奚江華

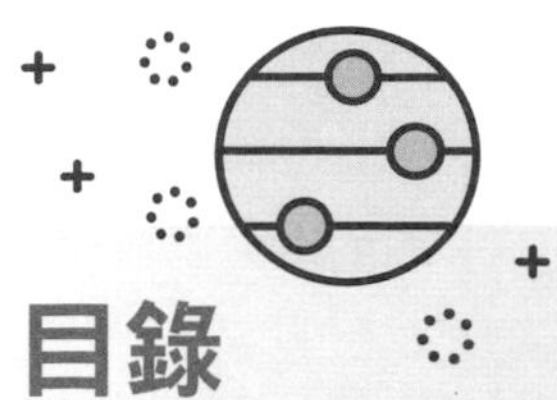

目錄

CHAPTER 1

.NET 7 與 ASP.NET Core 技術總覽

CHAPTER 2

ASP.NET Core MVC 概觀與 VS 2022 開發環境

CHAPTER **3**

用 CLI 及 Visual Studio Code 建立與管理 .NET 專案

CHAPTER **4**

ASP.NET Core 框架與基礎服務

CHAPTER **5**

掌握 Controller / View / Model / Scaffolding / Layout 五大元素

CHAPTER **6**

Bootstrap 5 網頁美型彩妝師

CHAPTER **7**

用 Razor、Partial View 及 C#語法增強 View 戰鬥力

CHAPTER **8**

以 Chart.js 及 JSON 繪製 HTML5 Dashboard 商業統計圖表

CHAPTER **9**

以 Web API、Minimal API、JSON 和 Ajax 建立前後端服務分離架構

CHAPTER **10**

用 Tag Helpers 標籤協助程式設計 Razor View 檢視

CHAPTER **11**

以 HTML Helpers 製作 CRUD 資料庫讀寫電子表單

CHAPTER **12**

用 View Component 建立可重複使用的檢視元件

CHAPTER 13
以 Dependency Injection 相依性注入達成 IoC 控制反轉

CHAPTER 14
Configuration 組態及 Options Pattern 選項模式

CHAPTER **15**

Entity Framework Core 資料庫存取與 Transaction 交易

CHAPTER **16**

EF Core － Code First 程式優先、DbContext 與 CLI 命令工具

CHAPTER 17
Web 串接 OpenAI API 製作 ChatGPT 問答聊天

CHAPTER 18 電子書，請線上下載
將 ASP.NET Core 應用程式部署到 Microsoft Azure 雲端

APPENDIX A 電子書，請線上下載
Action 回傳的 Action Result 動作結果類型

線上下載

本書範例請至 http://books.gotop.com.tw/download/AEL026800 下載，檔案為 ZIP 格式，請讀者下載後自行解壓縮即可。其內容僅供合法持有本書的讀者使用，未經授權不得抄襲、轉載或任意散佈。

範例目錄

CHAPTER 1

.NET 7 與 ASP.NET Core 技術總覽

.NET 7 是微軟新世代開發技術，不但實現了.NET 框架的大一統、跨平台開發與執行，同時整個框架亦始無前例的大改造，全新的 Runtime、框架函式庫、基礎服務與 CLI 命令工具。再輔以 Visual Studio 2022 開發工具的大力支援，著實讓人耳目一新，讓人迫不急待想探索其神祕魔力。

1-1 什麼是 .NET（Core）？

.NET 7 針對行動裝置、桌面、IoT 和雲端應用程式提供統一的 SDK、基底函式庫及 Runtime 執行環境，完成了首次平台的大一統工作。那什麼是.NET（ Core ）？簡單來說它就是跨平台版本的.NET 框架，也是.NET Framework 之後的新世代版本，下表做幾個面向對比。

表 1-1 .NET Core 與.NET Framework 名詞對比

	跨平台新世代	傳統 Windows 平台
.NET 平台	.NET（Core）	.NET Framework
網頁技術	ASP.NET Core	ASP.NET
網頁 MVC 框架	ASP.NET Core MVC	ASP.NET MVC
支援作業系統	Windows, macOS, Linux	Windows

.NET（Core）的使命不僅是跨平台，更重要的是，它具備更小的模組顆粒，意謂模組更新迭代更快、更容易，同時吃資源更少、啟動速度更快，也適合在 Microservices 環境中執行，並支援 Cloud 雲端平台、Mobile、Gaming、AI、IoT 等應用開發，堪稱微軟下一個十年的主流平台。

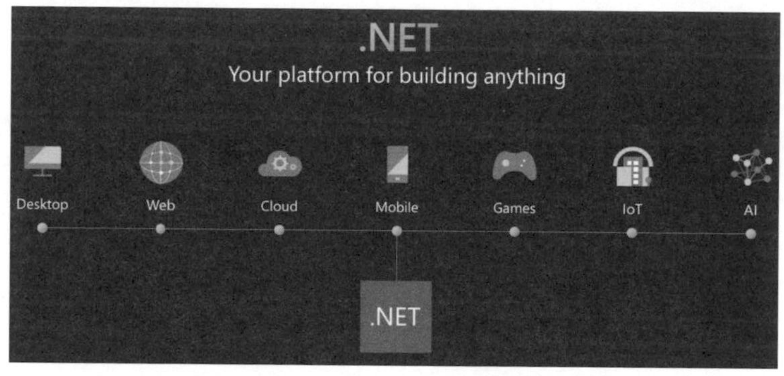

圖 1-1 .NET 平台支援軟體開發類型

.NET Core 與.NET 名詞沿革與混淆

.NET 5 之前的命名是.NET Core 1、2 和 3，但到了.NET 5 時將 Core 字眼拿掉，未來命名以.NET 6、7、8 方式延續下去，代表未來.NET 平台技術。前述立意雖好，但仍然無法擺脫其他方面混淆，原因是：

- .NET Core 3 之後沒有 4 版，而是 5 版，以避免和.NET Framework 4.x 混淆

- 但 5 版不叫.NET Core 5，而是.NET 5，強調這是未來.NET 實作
- .NET Core 3 世代的 MVC，因有 Core 字眼，故名 ASP.NET Core 3 MVC。那.NET 5 世代因移除 Core 字眼，所以 MVC 叫 ASP.NET 5 MVC？錯！仍叫 ASP.NET Core 5 MVC，目的是為避免和上一代 ASP.NET MVC 5 混淆
- 同樣地，Entity Framework Core 5.0 、6 仍保留 "Core" 的字眼，以避免與上一代的 Entity Framework 5 和 6 混淆

故由上看來，Core 字眼仍牢牢存在 ASP.NET Core 及 EF Core 中，並未因.NET 移除了 Core 字眼而減少混淆。而本章論述，為同時涵蓋之前.NET Core 1、2、3 版本，故有時仍會以.NET Core 作為統稱。

❖ .NET Core 特色與賣點

.NET Core 具備眾多特色與賣點，包括：

- 跨平台執行：可在 Windows、Linux 及 macOS 作業系統上執行
- 跨架構一致性：在 x64、x86、ARM、ARM64、x64 Alpine 不同處理器架構執行.NET Core 程式仍保持相同的行為
- 跨平台開發工具：提供 Windows、Linux 及 macOS 作業系統上相對應的 Visual Studio 與 Visual Studio Code（簡稱 VS Code）開發工具，提供優質開發工具
- CLI 命令列工具：提供跨平台 CLI 命令列工具，可用於專案開發及 CI 連續整合的場景應用
- 彈性部署：可包含在您的應用程式中，也可以 side-by-side 並行安裝（用戶或機器範圍內），甚至可配合 Docker 容器使用
- 相容性：.NET Core 透過.NET Standard 與.NET Framework、Xamarin 和 Mono 保持相容性

- 開放原始碼：.NET Core 平台是使用 MIS 和 Apache 2 授權的開放原始碼
- 微軟技術支援：微軟對每個.NET Core 版本提供相對應的支援政策

在這 Highlight 一下，若有以下軟體環境面需求，特別適合使用.NET Core：

- 有跨平台需求
- 針對 Microservice
- 使用 Docker Containers
- 需要高效能及可擴展的系統
- 每個應用程式需要 side-by-side 的 NET 版本

1-2 .NET Core、ASP.NET Core、ASP.NET Core MVC 傻傻分不清

對於.NET Core 一詞的意涵，常可看到.NET Core / ASP.NET Core / ASP.NET Core MVC 三種描述，此為同一件事，抑或不同？若您曾開發過任何.NET Framework 應用程式，下圖的對比就很直觀了。

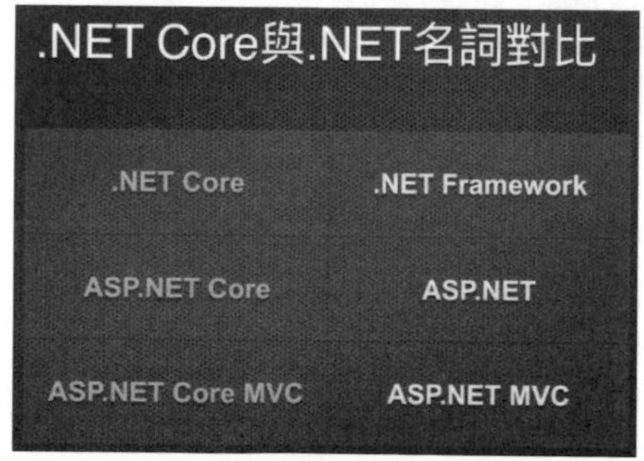

圖 1-2 .NET Core 與.NET 技術名詞對比

.NET Core 的對比就是.NET Framework，ASP.NET Core 對比是 ASP.NET，最後 ASP.NET Core MVC 則對比 ASP.NET MVC，相信應該很好理解。那麼.NET Core 實指什麼技術？.NET Core 係指平台框架，代表最廣泛的技術定義，而 ASP.NET Core 則代表網頁技術，而 ASP.NET Core MVC 則代表 ASP.NET Core 網頁技術中的 MVC 開發框架。

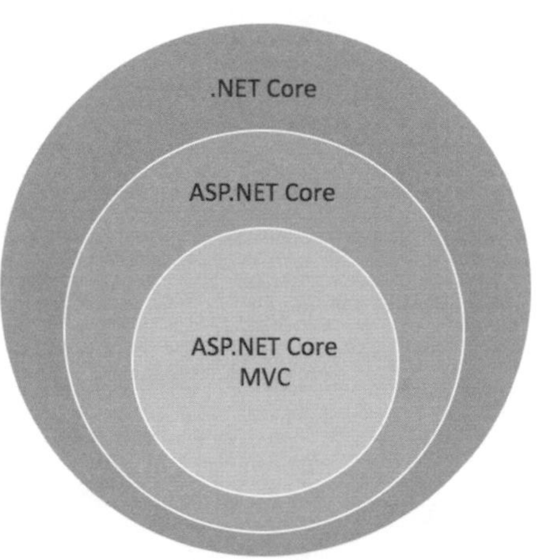

圖 1-3 .NET 範圍層級

表 1-2 .NET Core 技術類型之應用程式

技術類型	應用程式類型
.NET Core	ASP.NET Core、Console、WPF、Windows Form、Entity Framework Core 等
ASP.NET Core	MVC、Razor Page、Blazor、Web API、SignalR、gRPC Service、Worker Service
ASP.NET Core MVC	MVC 框架

TIP

.NET Core 3.0 開始支援 WPF 和 Windows Form 應用程式，但僅限於 Windows 平台，而不能跨 macOS 和 Linux

以.NET Core 書籍來說，也真的有依這三種層級範圍作命名，不同命名方式代表內容聚焦於何種主題，以及技術探討跨越的深廣度。

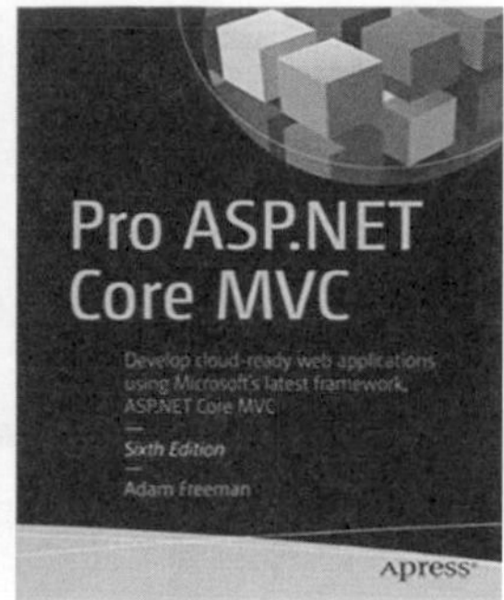

圖 1-4 .NET Core 書籍不同命名

1-3 .NET 平台架構與組成元件

.NET 平台由四大部分組成：

1. .NET Runtime 與.NET 框架函式庫

    - .NET Runtime 提供型別系統、組件載入、GC 垃圾收集器、原生交互操作性（Native interoperability）與其他基本服務
    - .NET 框架函式庫（Framework Libraries）提供基礎資料型別、基礎工具服務

2. ASP.NET Core Runtime

    ASP.NET Core Runtime 提供框架用以建立 Web Apps、IoT 和行動後台等現代化、雲端及互聯網應用程式

3. .NET SDK 與語言編譯器

    .NET SDK 開發套件提供了開發.NET Core 應用程式所需的 Runtime、框架函式庫與 CLI 命令列工具，以及 C#及 F#語言編譯器的支援

4. dotnet 命令：用於啟動.NET 應用程式和 CLI 工具，它會選擇並裝載執行階段，提供組件載入原則，並啟動應用程式和工具

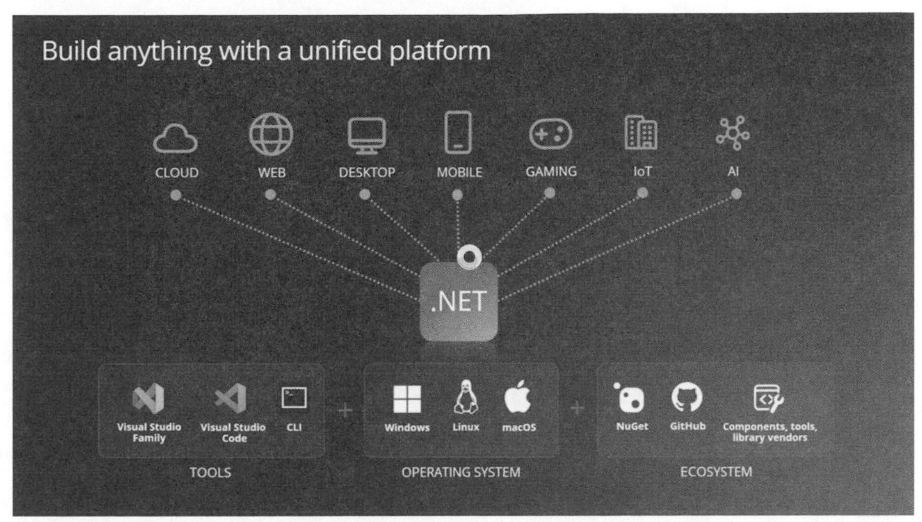

圖 1-5 .NET 大一統平台架構

1-4 細說 .NET Core 平台元件

前面提到組成.NET 平台四大部分，本節稍做深入闡述各個技術細節，讓讀者能更具體認知。

- .NET Core Runtime

全名是.NET Core Common Language Runtime，簡稱 CoreCLR，CLR 一詞對資深.NET 開發者來説應不陌生，CoreCLR 是.NET Core 的執行引擎（Runtime），它包含了：型別系統、組件載入、GC 垃圾回收器、JIT 即時編譯器、原生 interop，以及其他低階基礎服務。

若想了解 CoreCLR 實作了哪些模組或功能區塊，可參考 GitHub 上開源程式碼 https://bit.ly/3lGSZrz，從原始碼檔單名稱清單便能窺見一二。

+ .NET Libraries（簡稱 CoreFX）

CoreFX 是.NET Core 的基礎類別函式庫，它包含集合型別、檔案系統、Console、JSON、XML、async 非同步等函式庫，可參考開源程式碼 https://bit.ly/3l8qOco 和 https://github.com/dotnet/runtime。

+ ASP.NET Core Runtime

ASP.NET Core 是用於建立現代化雲端、Web Apps、IoT 和行動裝置後端系統的開源和跨平台框架，能夠在.NET Core 或 full .NET Framework 上執行（.NET Core 2.2 之前）。其架構是為了 Cloud 雲端或本地運行 Apps 提供優化過的開發框架，它是由最小開銷的模組化元件所組成，因此可在建構解決方案時保留彈性。同時也能在 Windows、Mac 和 Linux 跨平台上開發、執行與部署 ASP.NET Core Apps 應用程式。

ASP.NET Core 基礎架構實作與提供了哪些功能？包括 MVC、Razor Pages、Blazor、SignalR、Hosting、Middleware、Server、Security、Http 等諸多功能，詳見 GitHub 原始碼清單 https://github.com/dotnet/aspnetcore。

❖ Roslyn 編譯平台和 F# Compiler 語言編譯器

Roslyn 主要作用是將 C#和 VB 程式編譯成通用中介碼（Common Intermediate Language），然後視應用程式類型進一步編譯成.NET Native 或 JIT 應用程式。

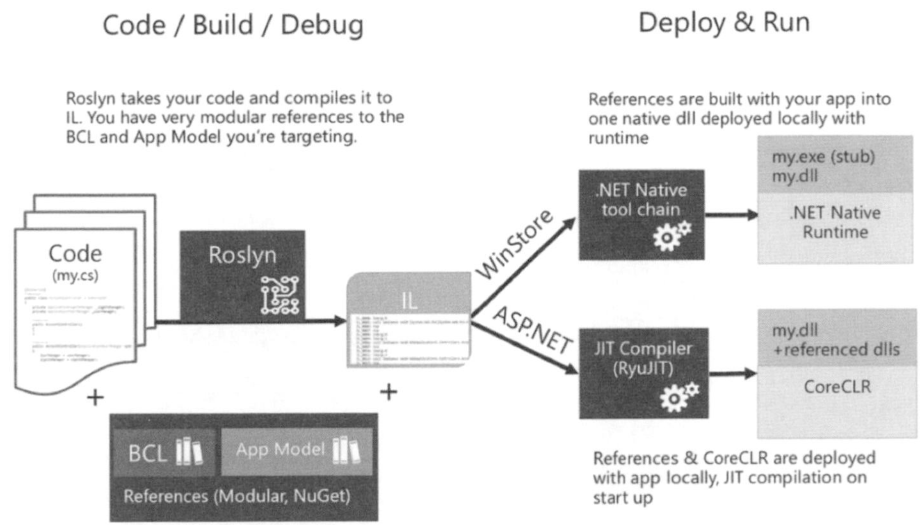

圖 1-6 Roslyn、AOT 和 RyuJIT 編譯

傳統上，Compiler 編譯器是一個黑箱，將原始碼神奇地轉換成組件或物件檔，但中間的過程和資訊是無法公開分享的。

Roslyn 則打開編譯器的黑箱，將其中代碼分析資訊分享出來，使得編譯器不再是不透明的原始碼輸入和物件碼輸出的轉換器。其方式是透過提供 Compiler API 層映射出傳統 Compiler Pipeline 管線，將 C#和 Visual Basic 代碼分析資訊提供給 IDE 等工具或開發者使用。亦因如此，Roslyn 躍升成為一個編譯平台，而非僅是一個編譯器。

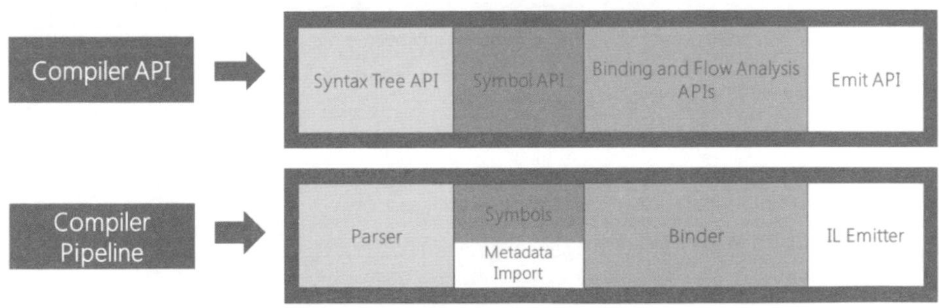

圖 1-7 Roslyn 公開的 Compiler API

至於 F#編譯器、函式庫及工具則是獨立於 Roslyn 之外的實作，詳見 https://github.com/dotnet/roslyn。

+ RyuJIT 編譯器

RyuJIT 是針對 AMD64 架構的下一代 Just in Time Compiler（JIT 即時編譯器）代號名稱，其設計目標有：

- 與前一代 JITs 編譯器維持高相容性，特別是 x86（jit32）和 x64（jit64）
- 透過程式碼最佳化、暫存器配置、代碼產生來達到良好的 Runtime 執行效能
- 經由大量線性順序優化、轉換及追蹤變數分析的限制，來確保良好的吞吐量
- 確保 JIT 架構被設計成支援廣泛目標和場景

目前.NET Core 是以 RyuJIT 編譯器取代了先前 JIT32 編譯器。在圖 1-6 中，C#語言先是被 Roslyn 編譯成中介碼（IL byte code），然後 RyuJIT 再將中介碼編譯成可在特定 CPU 執行的機器碼（Machine code）。詳見 http://bit.ly/3l3aQjO。

+ CLI 命令工具

CLI 是跨平台的命令列工具，可用來建立、編譯、測試、執行與發佈等諸多功能，亦能用來檢視.NET Core 相關 SDKs、Runtimes 等版本資訊，第三章有完整介紹。

1-5 .NET Runtime、ASP.NET Runtime 與 .NET SDK 套件

執行.NET 7 程式需安裝何種軟體環境？在此推薦.NET SDK 7，開發者電腦只需安裝此套件，即具備所需的.NET Runtime、ASP.NET Core Runtime、Desktop Runtime 和.NET CLI 命令列工具，再配合 Visual Studio 2022 / VS Code 或文字編輯器便可進行.NET 程式開發與執行。

那麼.NET Runtime、ASP.NET Core Runtime、Desktop Runtime 和.NET SDK 四者又是什麼關係？以下從.NET 7 下載頁面來發掘一些蜘絲馬跡。

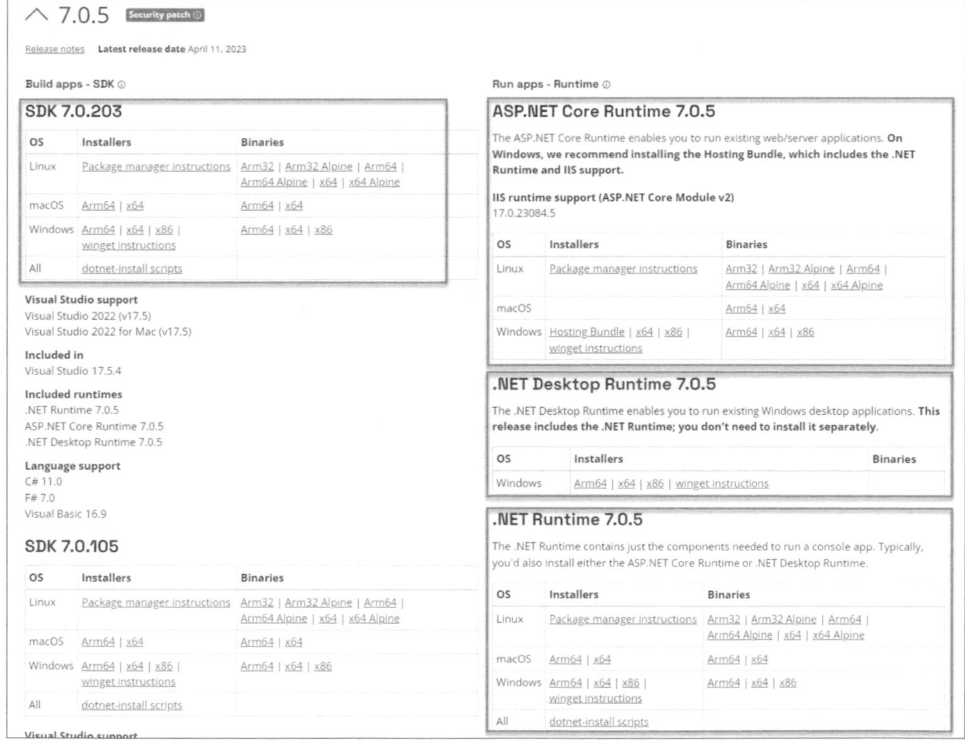

7.0.5 Security patch

Release notes Latest release date April 11, 2023

Build apps - SDK

SDK 7.0.203

OS	Installers	Binaries
Linux	Package manager instructions	Arm32 | Arm32 Alpine | Arm64 | Arm64 Alpine | x64 | x64 Alpine
macOS	Arm64 | x64	Arm64 | x64
Windows	Arm64 | x64 | x86 | winget instructions	Arm64 | x64 | x86
All	dotnet-install scripts	

Visual Studio support
Visual Studio 2022 (v17.5)
Visual Studio 2022 for Mac (v17.5)

Included in
Visual Studio 17.5.4

Included runtimes
.NET Runtime 7.0.5
ASP.NET Core Runtime 7.0.5
.NET Desktop Runtime 7.0.5

Language support
C# 11.0
F# 7.0
Visual Basic 16.9

SDK 7.0.105

OS	Installers	Binaries
Linux	Package manager instructions	Arm32 | Arm32 Alpine | Arm64 | Arm64 Alpine | x64 | x64 Alpine
macOS	Arm64 | x64	Arm64 | x64
Windows	Arm64 | x64 | x86 | winget instructions	Arm64 | x64 | x86
All	dotnet-install scripts	

Visual Studio support

Run apps - Runtime

ASP.NET Core Runtime 7.0.5

The ASP.NET Core Runtime enables you to run existing web/server applications. **On Windows, we recommend installing the Hosting Bundle, which includes the .NET Runtime and IIS support.**

IIS runtime support (ASP.NET Core Module v2)
17.0.23084.5

OS	Installers	Binaries
Linux	Package manager instructions	Arm32 | Arm32 Alpine | Arm64 | Arm64 Alpine | x64 | x64 Alpine
macOS		Arm64 | x64
Windows	Hosting Bundle | x64 | x86 | winget instructions	Arm64 | x64 | x86

.NET Desktop Runtime 7.0.5

The .NET Desktop Runtime enables you to run existing Windows desktop applications. **This release includes the .NET Runtime; you don't need to install it separately.**

OS	Installers	Binaries
Windows	Arm64 | x64 | x86 | winget instructions	

.NET Runtime 7.0.5

The .NET Runtime contains just the components needed to run a console app. Typically, you'd also install either the ASP.NET Core Runtime or .NET Desktop Runtime.

OS	Installers	Binaries
Linux	Package manager instructions	Arm32 | Arm32 Alpine | Arm64 | Arm64 Alpine | x64 | x64 Alpine
macOS	Arm64 | x64	Arm64 | x64
Windows	Arm64 | x64 | x86 | winget instructions	Arm64 | x64 | x86
All	dotnet-install scripts	

圖 1-8 .NET SDK & Runtime

對照前兩個小節及上圖說明，可明白幾件事：

- .NET Runtime、ASP.NET Core Runtime、Desktop Runtime 和.NET SDK 有各自的套件，可獨立下載安裝。倘若只需要 ASP.NET Core 執行功能，就下載安裝 ASP.NET Core Runtime 套件，其他 Console 和 Window 應用程式亦然
- .NET SDK 套件說明指出，此套件包含了.NET Runtime、ASP.NET Core Runtime、Desktop Runtime 三者，也就是說安裝了.NET SDK 就等於安裝全部所需功能，外加 CLI 命令列工具，開發者電腦建議直接安裝.NET SDK
- 這些套件分別提供 Windows、macOS 和 Linux 三種平台，故視作業系統的不同須選擇對映的版本安裝

❖ 安裝.NET SDK 7

請至以下網址下載安裝.NET SDK 7，安裝完成畫面會揭露安裝了四個套件，包含所有類型需環境與工具。

- .NET SDK 7
  https://dotnet.microsoft.com/en-us/download/dotnet/7.0

圖 1-9 .NET SDK 安裝完成畫面

以下是.NET SDK 安裝後的路徑：

- Window 安裝路徑（可用 where dotnet 命令間接定位）

```
C:\Program Files\dotnet\sdk
```

- macOS 安裝路徑（可用 which dotnet 命令間接定位）

```
/usr/local/share/dotnet/
```

如想知道電腦中安裝了哪些 SDK 版本，可在命令視窗中執行：

```
dotnet --list-sdks
```

或

```
dotnet --info
```

```
命令提示字元
C:\>dotnet --info
.NET SDK:
 Version:   7.0.300-preview.23122.5
 Commit:    cc3d10e792

執行階段環境:
 OS Name:     Windows
 OS Version:  10.0.19044
 OS Platform: Windows
 RID:         win10-x64
 Base Path:   C:\Program Files\dotnet\sdk\7.0.300-preview.23122.5\

Host:
  Version:      7.0.5
  Architecture: x64
  Commit:       8042d61b17

.NET SDKs installed:
  3.1.426 [C:\Program Files\dotnet\sdk]
  5.0.408 [C:\Program Files\dotnet\sdk]
  6.0.408 [C:\Program Files\dotnet\sdk]
  7.0.100-rc.1.22431.12 [C:\Program Files\dotnet\sdk]
  7.0.202 [C:\Program Files\dotnet\sdk]
  7.0.203 [C:\Program Files\dotnet\sdk]
  7.0.300-preview.23122.5 [C:\Program Files\dotnet\sdk]

.NET runtimes installed:
  Microsoft.AspNetCore.App 3.1.26 [C:\Program Files\dotnet\shared\Microsoft.AspNetCore.App]
  Microsoft.AspNetCore.App 3.1.30 [C:\Program Files\dotnet\shared\Microsoft.AspNetCore.App]
  Microsoft.AspNetCore.App 3.1.32 [C:\Program Files\dotnet\shared\Microsoft.AspNetCore.App]
  Microsoft.AspNetCore.App 5.0.17 [C:\Program Files\dotnet\shared\Microsoft.AspNetCore.App]
  Microsoft.AspNetCore.App 6.0.14 [C:\Program Files\dotnet\shared\Microsoft.AspNetCore.App]
```

圖 1-10 電腦安裝的.NET SDKs 所有版本資訊

❖ 移除.NET SDK

若想移除.NET SDK 方式如下：

+ Windows 作業系統

在控制台的【解除安裝程式】，選擇想移除的版本解除安裝。

圖 1-11 Windows 解除.NET SDK 安裝

+ macOS 及 Linux 作業系統

可透過 Finder 工具或命令移除：

```
sudo rm -rf /usr/local/share/dotnet/sdk/$version
sudo rm -rf /usr/local/share/dotnet/shared/Microsoft.NETCore.App/$version
sudo rm -rf /usr/local/share/dotnet/shared/Microsoft.AspNetCore.All/$version
sudo rm -rf /usr/local/share/dotnet/shared/Microsoft.AspNetCore.App/$version
sudo rm -rf /usr/local/share/dotnet/host/fxr/$version
```

或是 Github 上有另一款.NET Core Uninstall Tool 移除命令工具：https://github.com/dotnet/cli-lab/releases

1-6 Visual Studio、VS Code 和文字編輯器選擇

在安裝.NET SDK 後，便可用.NET CLI 命令工具進行.NET 應用程式建立、開發、建置與執行。但為了較好的開發支援與體驗，通常會搭配 Visual Studio、VS Code 或文字編輯作為開發工具。

若說三者有何重大區別，體現在資源耗用性、開發輔助性和自訂擴充性三個面向：

- 資源耗用性：以記憶體和 CPU 資源耗用程度來說，Visual Studio 耗用最多，其次是 VS Code，純文字編輯器佔用最少資源，工具反應速度 VS Code 則勝過 Visual Studio
- 開發輔助性：以 ASP.NET Core 的開發輔助性和體驗上，Visual Studio 是最完整的，VS Code 於其後，純文字編輯器對.NET 輔助則不甚完整
- 自訂擴充性：以.NET Core 為目標的自訂擴充性來說，VS Code 最優，其次是 Visual Studio，純文字編輯器較為不足

然而，使用記事本、vi 或 vim 之類純文字編輯器開發.NET 程式雖說可行，但卻不實際，這是因為純文字編輯器欠缺專案樣板產生工具、IntelliSense 智慧型提示與偵錯等功能，會造成開發上的不方便與障礙。所以多數人的選擇便落入了 Visual Studio 和 VS Code 二選一，至於你偏好哪一款，取決於你的個性和需求取向。但我個人覺得 Visual Studio 可能更適合多數想方便開發 ASP.NET Core 的人使用，因為以 VS Code 開發 ASP.NET Core，需搭配.NET CLI 命令列工具使用，需要更多的記憶、技巧與工藝才能良好駕馭。

原則上，本書會以 Visual Studio 2022 為示範主軸，但第三章亦會介紹.NET CLI 命令工具搭配 VS Code 建置與執行 ASP.NET Core 專案，以滿足讀者不同面向之需求。

1-7 各章專案程式列表及使用方式

書籍範例程式請至以下網址下載：

- http://books.gotop.com.tw/download/AEL026800

將檔解壓縮到電腦的 C:\ CoreMvc7Examples 路徑，在 Visual Studio 的【檔案】→【開啟】→【專案/方案】→C:\CoreMvc7Examples\Chapter02\Mvc7_FirstMVC 目錄→選擇 Mvc7_FirstMVC.sln→按【開啟】打開專案。

表 1-3 各章 ASP.NET Core MVC 專案程式

章名	ASP.NET Core MVC 專案名稱
第一章	無專案程式
第二章	Mvc7_FirstMVC、Mvc7_Identity
第三章	Mvc7_Friends
第四章	Mvc7_Fundamentals
第五章	Mvc7_Pillars
第六章	Mvc7_Bootstrap
第七章	Mvc7_Razor
第八章	Mvc7_Chartjs
第九章	Mvc7_JsonWebApi、Core7_WebApiServices、Todo_MinimalApi
第十章	Mvc7_TagHelpers
第十一章	Mvc7_HtmlHelpers、Mvc7_Migrations
第十二章	Mvc7_ViewComponents
第十三章	Mvc7_DependencyInjection
第十四章	Mvc7_ConfigOptions
第十五章	EFCore_CodeFirstExistingDB
第十六章	EFCore_CodeFirstNewDB、EFCore_DbContextConfig
第十七章	Mvc7_OpenAI_API
第十八章	Mvc7_Azure

1-8 結論

本章闡述了.NET 技術之意涵，並揭櫫組成平台功能的各項技術區塊，在這些新技術堆疊的協助下，開創了跨平台開發與執行之新局面，讓.NET 能力由原本的 Windows 全面擴及至 macOS 及 Linux 平台，實現了多年眾多.NET 開發者之夢想與心願，並支援 Cloud 雲端平台、Mobile、Gaming、AI、IoT 等各類應用，大大提升開發人員之視野與能力。

CHAPTER 2

ASP.NET Core MVC 概觀與 VS 2022 開發環境

本章先從 MVC 的兩個名詞「MVC 樣式」與「ASP.NET Core MVC 框架」切入，解釋它們所代表意涵，再到實際開發 ASP.NET Core MVC 應用程式需安裝何種軟體環境與工具。最後解說 Request 請求到 Routing 路由，再歷經 Controller、Model、View 實際動線，說明三者建立步驟與細節。而在 MVC 專案建立過程中，可善用 Scaffolding 及 Layout 加速開發與設計，迅速打造出一個可運作的雛型系統，再予以精修、添加功能，完成最終網站設計。

2-1 MVC 樣式 vs. ASP.NET Core MVC 框架

MVC 是一種設計樣式（Design Pattern），代表 Model、View 和 Controller 三個部分，Model 負責商業邏輯及資料面，View 負責 UI 介面，Controller 負責接收 Request 請求、指揮協調 Model 和 View、回應結果。

這樣分工的好處是可以達到關注點分離（SoC, Separation of Concerns）、較好的分層架構、降低系統複雜度與提高理解性，系統自然比較好維護與擴展。

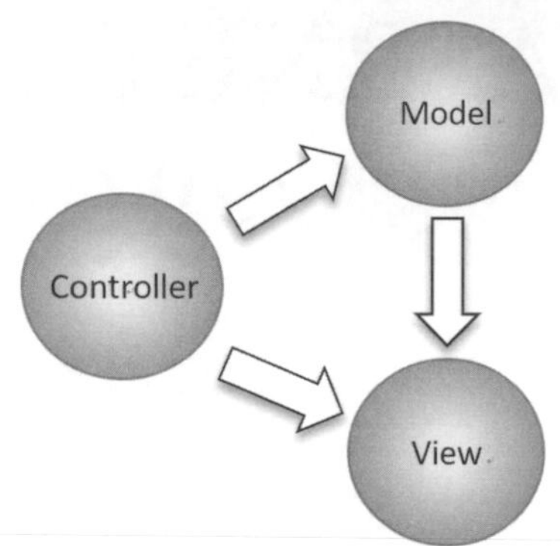

圖 2-1 MVC 設計樣式

而所謂的 SoC 關注點分離是一種設計原則，將一個應用程式分為不同的部分或區塊，而每個部分都有一個關注點，每個關注點內部程式或功能只包含其關心的部分，具體化實現 SoC 的程式稱為模組化系統。而另一種實現 SoC 的手法則是系統分層設計（Layered design），將系統分為展現層、商業邏輯層、資料存取層、資料持久層。

那什麼又是 ASP.NET Core MVC？它是微軟實踐 MVC 理論而推出的 Web 框架，將概念上的 MVC 樣式轉變成具體可行之框架，針對 Model、View 和 Controller 提供實作功能，以及週邊配套與輔助機制。最後總結，MVC 是設計樣式，而 ASP.NET Core MVC 是支持 MVC 設計的框架。

像其他陣營程式言語也都有 MVC 框架，例如 Struts、Spring MVC 等，每種 MVC 框架實作理念、方式及細節都不盡相同，各有不同的詮釋角度，因此 MVC 的論述與建構方式可能存在差異，但主體都是朝 Model、View 和 Controller 三者分離的方向去實現。

2-2 Visual Studio 2022 開發工具下載及安裝

開發 ASP.NET Core MVC 可使用 Visual Studio，而最新的 Visual Studio 2022 分為三大產品線：

1. VS 2022：是以 Windows 平台為目標，功能上較為齊全，有 Community（免費版）、Professional 和 Enterprise 三種版本
2. Visual Studio Code：是跨平台、免費的輕量級開發工具（Open Source），支援 Windows、Linux 及 Mac
3. Visual Studio for Mac：Visual Studio 首次為 Mac 平台提供專屬開發工具，在 macOS 作業系統中使用 Xamarin 和.NET Core 來建置行動裝置、Web 和雲端應用程式，以及使用 Unity 來建置遊戲

支援的功能	Visual Studio Community	Visual Studio Professional	Visual Studio Enterprise
⊕ 支援的使用案例	●●●○	●●●●	●●●●
開發平台支援[2]	●●●●	●●●●	●●●●
⊕ 整合式開發環境	●●●○	●●●○	●●●●
⊕ 進階偵錯和診斷	●●○○	●●○○	●●●●
⊕ 測試工具	●○○○	●○○○	●●●●
⊕ 跨平台開發	●●○○	●●○○	●●●●
⊕ 共同作業工具和功能	●●●●	●●●●	●●●●

圖 2-2 VS 2022 版本功能比較

⊙ VS 2022 版本詳細功能比較：
https://www.visualstudio.com/zh-hant/vs/compare/

■ VS 2022 軟硬體安裝需求：https://bit.ly/3cezTkF

❖ VS 2022 支援作業系統與安裝

VS 2022 支援以下 64 作業系統：

- Windows 11 版本 21H2 或更高版本：家用、Pro、Pro 教育版、適用于工作站、Enterprise 和教育的 Pro
- Windows 10 1909 版或更高版本：家用版、Professional 版、教育版和 Enterprise
- Windows 伺服器 2022：Standard 和 Datacenter
- Windows 伺服器 2019：Standard 和 Datacenter
- Windows Server 2016：Standard 和 Datacenter

建議安裝 Community 免費版，於開發 ASP.NET MVC 功能足矣。

- VS 2022 下載網址：https://visualstudio.microsoft.com/zh-hant/downloads/

下載 Community 版會得到一個「VisualStudioSetup.exe」執行檔，有兩種安裝方式，建議一般使用者採第一種方式：

❖ 以 Visual Studio Installer 下載安裝

雙擊「VisualStudioSetup.exe」便會載入安裝畫面，至少勾選❶ASP.NET 與網頁程式開發才能建立 ASP.NET MVC 專案，勾選❷Visual Studio 擴充功能開發，然後在安裝按鈕左邊有「在下載時安裝」及「全部下載後安裝」，最後按下【安裝】按鈕執行安裝。

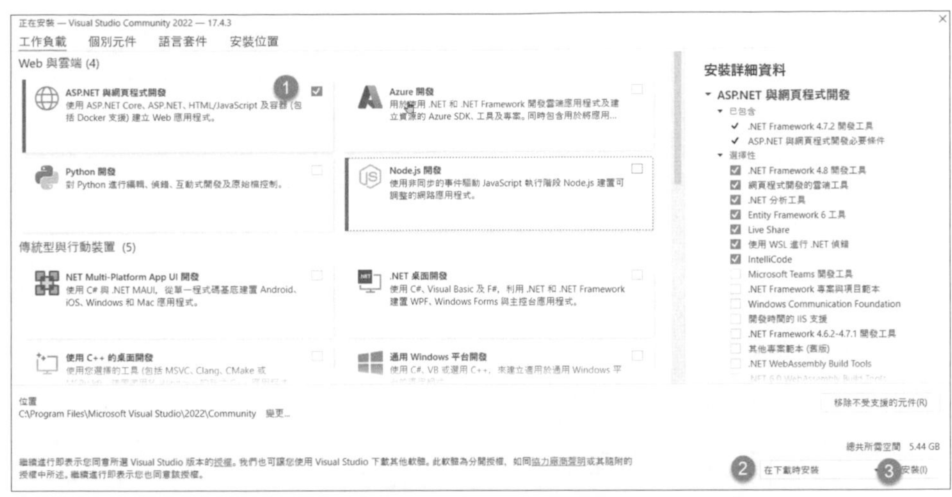

圖 2-3 安裝所需的工作負載

另外，在【個別元件】及【語言套件】頁籤還可再個別自訂。而【安裝位置】可以察看相關路徑。

❖ 製作離線安裝程式

若想保存原始安裝程式重複使用，或拿到另外一台電腦安裝，可製作離線安裝程式，請至 bit.ly/3GdMKmP 下載 vs_community.exe 啟動載入器，以下是製作過程：

step01 建立 C:\VS2022 資料夾

step02 將 vs_community.exe 複製到 C:\VS2022 資料夾

step03 開啟命令提示視窗，輸入「cd C:\VS2022」

step04 選擇不同開發功能的離線安裝

以下是三種不同功能的離線安裝，若只要開發 ASP.NET MVC，建議第一種就足夠了。

- .NET Web 網頁開發（約 5GB 多），在命令視窗執行下載命令：

```
vs_community.exe --layout C:\VS2022
    --add Microsoft.VisualStudio.Workload.NetWeb
    --includeOptional --lang zh-Tw
```

- .NET Web 和桌面開發環境下載命令：

```
vs_community.exe --layout C:\VS2022
    --add Microsoft.VisualStudio.Workload.NetWeb
    --add Microsoft.VisualStudio.Workload.ManagedDesktop
    --includeOptional --lang zh-Tw
```

- 所有完整功能下載命令：

```
vs_community.exe --layout C:\VS2022 --lang zh-TW en-US
```

step05 離線安裝程式下載完成後，在 C:\VS2022 資料夾中，雙擊 vs_setup.exe 進行安裝

- 製作 Visual Studio 離線安裝程式參考：https://bit.ly/3qcgiK3

日後隨時間推移，Visual Studio 會推出更新，更新是用 Visual Studio Installer 進行更新，而新增和移除功能也是在這進行的。

2-3 ASP.NET Core MVC 框架組成及運作流程

ASP.NET Core MVC 框架的三個核心區塊是 Model、View 和 Controller，它們扮演職責為：

- Controller 控制器：負責與使用者的互動，包括接收 Request 請求，協調 Model 及 View，最終輸出 Response 回應給用戶端
- Model 模型：包含資料模型及商業邏輯兩部分，對資料庫存取就是 Model 職責

- View 檢視：HTML 網頁、JavaScript、CSS、網站佈局等 UI 介面，皆是由 View 負責

而 MVC 從開始到結束的執行動線，可簡化成六大步驟：

1. 使用者在瀏覽器輸入 URL 網址後，會發出 Request 請求至伺服器
2. 中間經過 Routing 路由機制，找到對應的 Controller 及 Action Method
3. Action 呼叫 Model，以讀取或更新資料
4. Model 進行實際的商業邏輯計算與資料庫存取，然後回傳資料給 Action
5. Action 將 Model 資料傳給 View 作網頁資料呈現
6. View Engine 將最終 HTML 結果寫入 Response 輸出資料流，回應給使用者瀏覽器

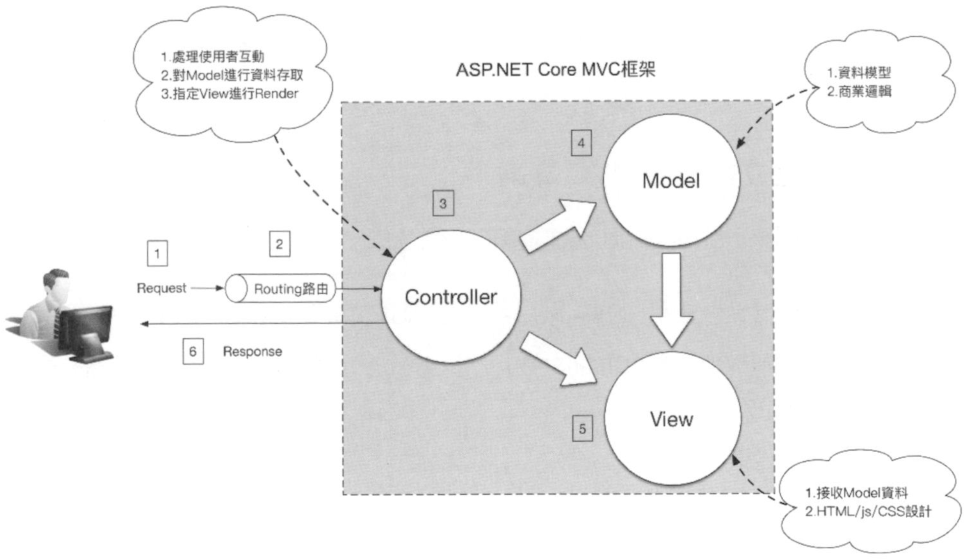

圖 2-4 ASP.NET Core MVC 框架運作流程

若用一句話來概括：Controller 收到使用者請求後，向 Model 進行資料存取，再將資料傳給 View，最後由 View Engine 生成 HTML 回應給使用者。

TIP

1. 雖然口順上是講 Model-View-Controller，但實際執行的起點是 Controller，然後再來是 Model，最後才是 View
2. 上圖是筆者擇要精簡後的流程，實際上 MVC 完整的生命週期橫跨了 20 幾個步驟，但有些是系統底層運作，對一般開發無大用可暫時略過

2-4 建立第一個 MVC 專案與檢視六大步驟對應檔

為了讓讀者快速理解 MVC 六大步驟，以下練習建立第一個 MVC 範例。

範例 2-1 建立第一個 MVC 專案

以下開啟 Visual Studio 建立第一個 ASP.NET Core MVC 專案。

step01 選擇【建立新的專案】→【ASP.NET Core Web 應用程式 (Model-View-Controller)】→【下一步】→專案名稱命名「Mvc7_FirstMVC」

圖 2-5 建立 ASP.NET Core MVC 專案

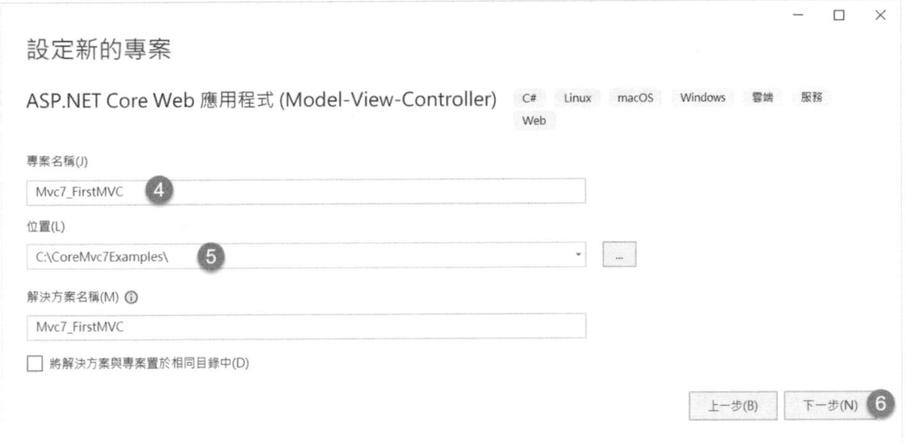

圖 2-6 指定專案名稱及位置

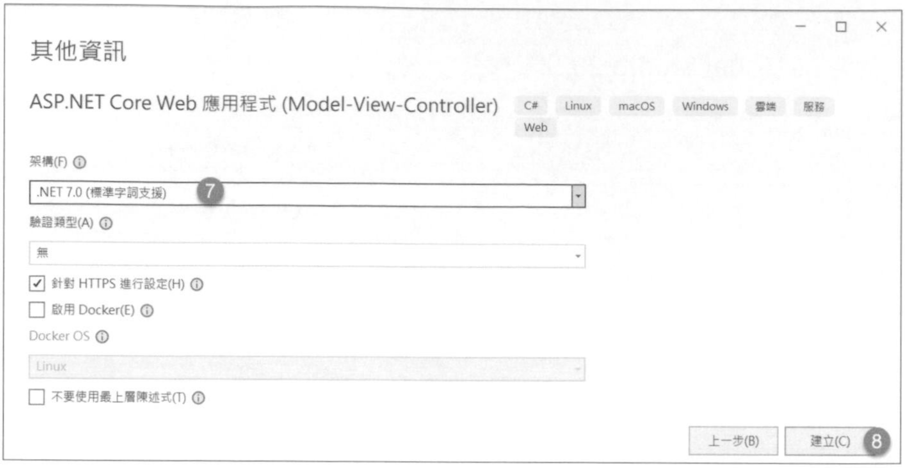

其他資訊
ASP.NET Core Web 應用程式 (Model-View-Controller)
C#
Linux
macOS
Windows
雲端
服務
Web
架構(F)
.NET 7.0 (標準字詞支援)
7
驗證類型(A)
無
針對 HTTPS 進行設定(H)
啟用 Docker(E)
Docker OS
Linux
不要使用最上層陳述式(T)
上一步(B)
建立(C)
8

圖 2-7 指定.NET 7 架構

step02 方案總管中的 MVC 專案樣板結構如下

方案總管
搜尋方案總管 (Ctrl+;)
方案 'Mvc7_FirstMVC' (1 / 1 個專案)
Mvc7_FirstMVC
Connected Services
Properties
wwwroot
css
js
lib
favicon.ico
相依性
Controllers
HomeController.cs
Models
ErrorViewModel.cs
Views
Home
Shared
_ViewImports.cshtml
_ViewStart.cshtml
appsettings.json
Program.cs
方案總管
屬性
Git 變更

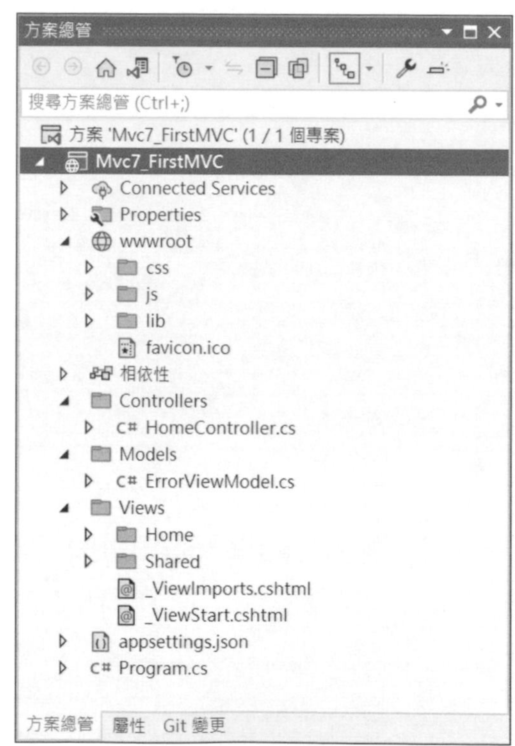

圖 2-8 ASP.NET Core MVC 專案樣板結構

step03 按 F5 執行，便會出現 ASP.NET Core MVC 網頁畫面

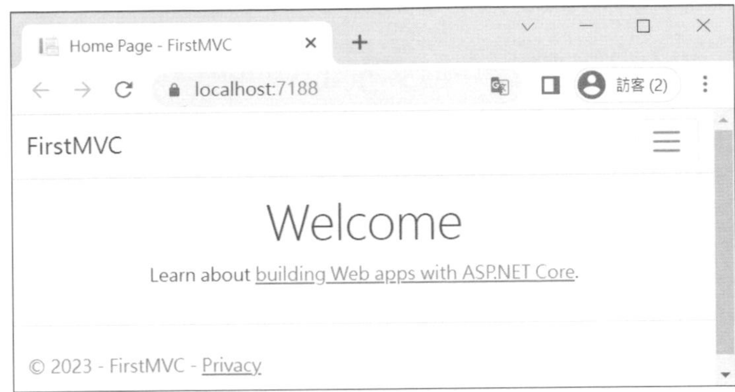

圖 2-9 MVC 網頁執行畫面

❖ 追尋 MVC 六大執行步驟的對應檔

有了 MVC 專案後，便可追尋 MVC 六大執行步驟中，對應的檔案及資料夾。

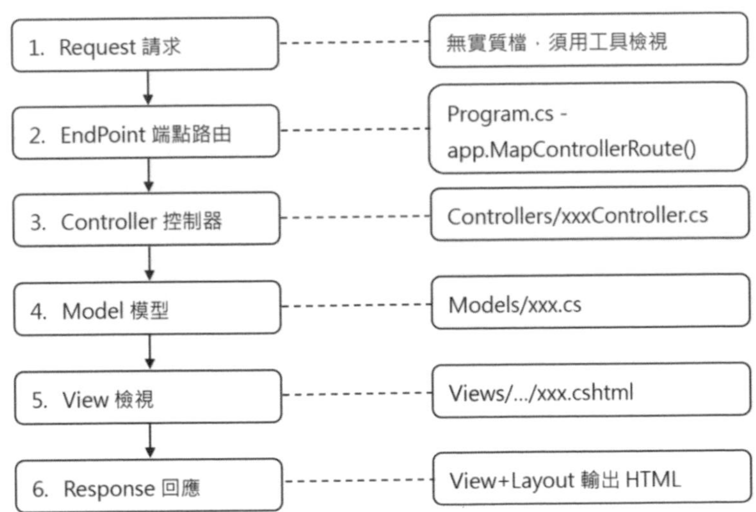

圖 2-10 ASP.NET Core MVC 六大執行過程

1. Request 請求在哪？當使用者在瀏覽器輸入 URL 後，瀏覽器便會送出一個請求，但它只是網路封包，沒有實質對應檔

2. EndPoint 端點路由在哪？它在 Program.cs 的 app.UseRouting()及 app.MapControllerRoute 方法中定義，二者須按序順出現

```
app.UseRouting();
...
app.MapControllerRoute(
    name: "default",
    pattern: "{controller=Home}/{action=Index}/{id?}");
}
```

端點路由定義

3. Controller 控制器是泛稱，位於 Controllers 資料夾，MVC 專案建立時，預設會建立 HomeController.cs，稱為 Home 控制器，其中定義了 Index()、Privacy()及 Error()三個 Action Methods（動作方法）

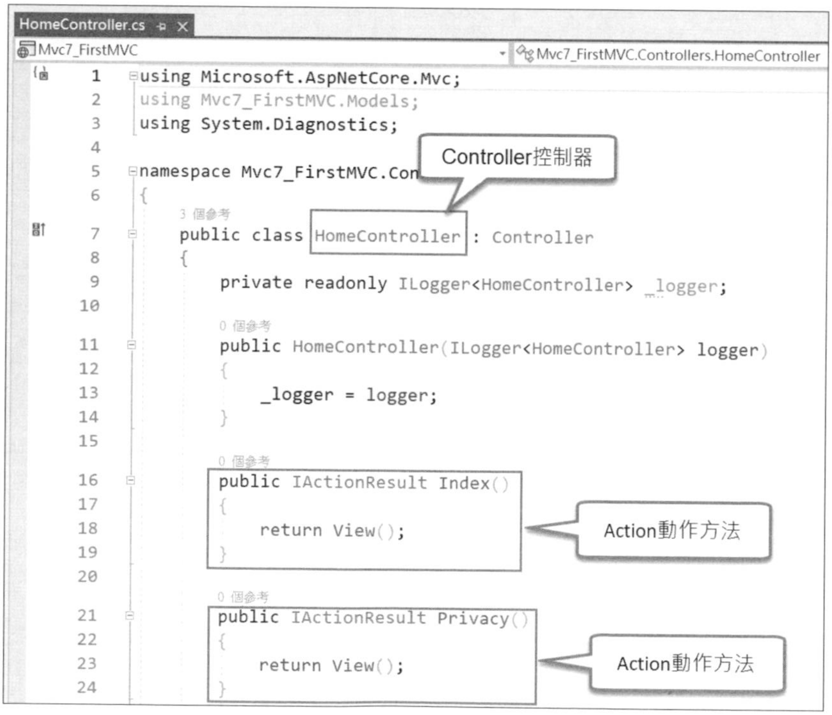

HomeController.cs

Mvc7_FirstMVC | Mvc7_FirstMVC.Controllers.HomeController

```
using Microsoft.AspNetCore.Mvc;
using Mvc7_FirstMVC.Models;
using System.Diagnostics;

namespace Mvc7_FirstMVC.Con
{
    3 個參考
    public class HomeController : Controller
    {
        private readonly ILogger<HomeController> _logger;

        0 個參考
        public HomeController(ILogger<HomeController> logger)
        {
            _logger = logger;
        }

        0 個參考
        public IActionResult Index()
        {
            return View();
        }

        0 個參考
        public IActionResult Privacy()
        {
            return View();
        }
```

Controller控制器

Action動作方法

Action動作方法

圖 2-11 Controller 及 Action 動作方法

4. Model 模型是泛稱，位於 Models 資料夾，Model 模型就是類別檔，裡面會定義 Properties 屬性，用來持有資料

5. View 檢視亦是泛稱，位於 Views 資料夾，其下有 Home 及 Shared 兩個子資料夾，Views/Home 資料夾是對應 Home 控制器，而通常一個 Action 方法會對應一個 View 檢視檔，如 Index()方法會對映一個 Index.cshtml 檔，.cshtml 就是網頁的樣板檔，html、js、css 就是在個別的.cshtml 檔中設計

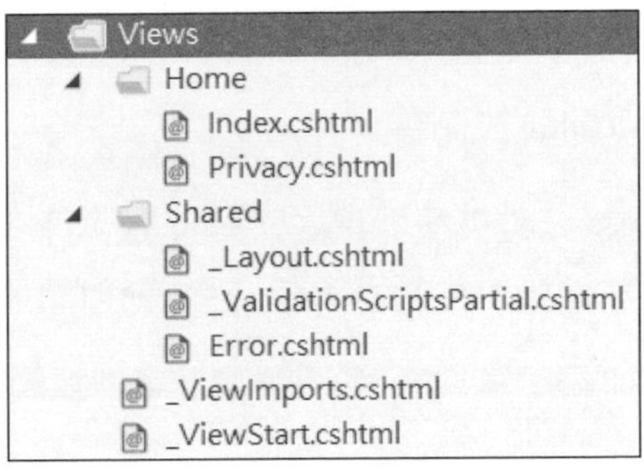

圖 2-12 View 資料夾與檢視檔

6. Response 回應在哪裡？Response 是一個回應的過程，由 Razor View Engine 將 View 及 Layout 佈局檔合併後的內容輸出，以 HTML 形式回應給使用者瀏覽器

TIP

Request 和 Response 雖然沒有直接對應檔，但在瀏覽器的開發者工具，或是撰寫自訂程式 /Fiddler 或 Postman 等工具，還是可以觀察或捕捉到請求和回應相關資訊

2-5 掌握 Controller、Model 及 View 的建立技巧

前面是 MVC 專案建立的樣板檔，但必須學會自行建立 Controller、Model 及 View 程式，才能證明自己跨入了 MVC 開發大門。

範例 2-2 逐步建立自訂的 Controller、Model 及 View

在 Mvc7_FirstMVC 專案中，欲建立 Product 產品網頁，依 Controller、View 及 Model 順序建立各部分程式。

step01 建立 Controller 控制器

1. 在 Controllers 資料夾按滑鼠右鍵→【加入】→【控制器】。或可用下面第二種方式加入控制器，但二者殊途同歸

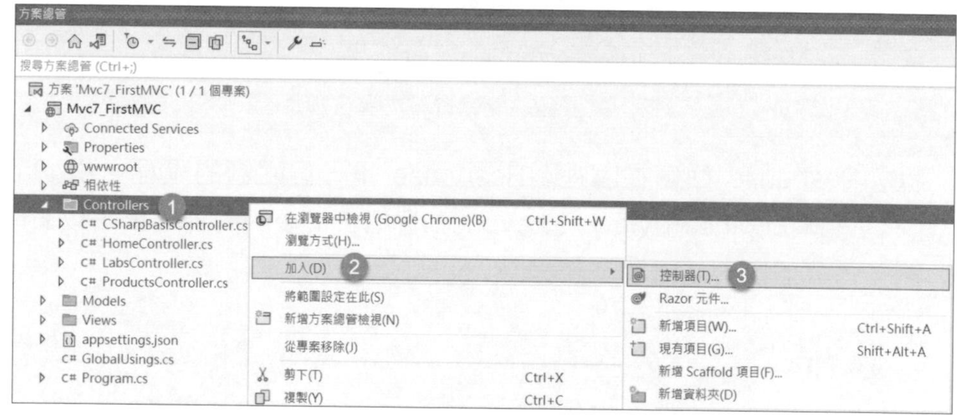

圖 2-13 在 Controllers 資料夾加入控制器

2. 在 Controllers 資料夾按滑鼠右鍵→【加入】→【新增 Scaffold 項目】→選擇「MVC 控制器－空白」樣板

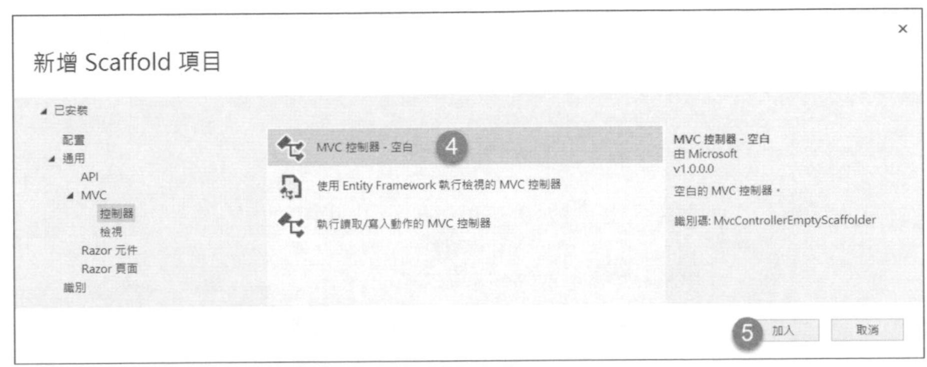

圖 2-14 選擇「MVC 控制器-空白」樣板

3. 將控制器命名為「ProductsController」→按【新增】，在 Controllers 資料夾會建立 ProductsController.cs 檔，它就是 Products 控制器

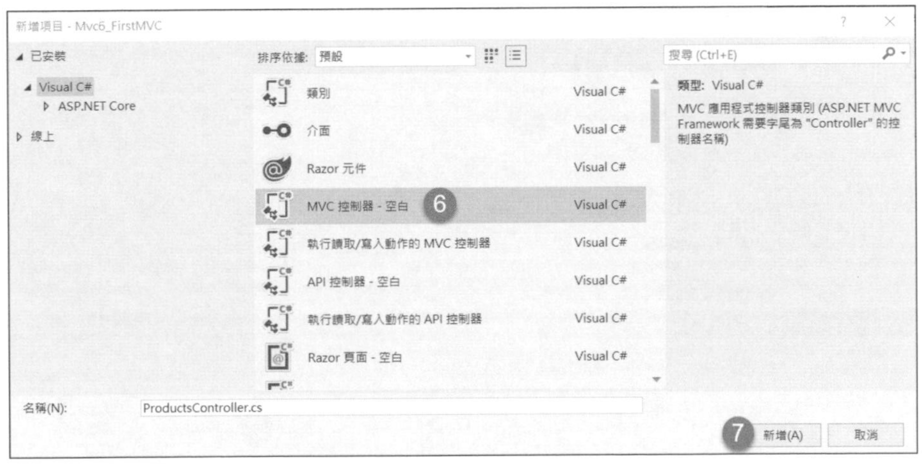

圖 2-15 命名 Products 控制器

「系統約定」控制器名稱結尾必須是 Controller，否則便無法執行。

step02 建立 View 檢視

1. 雙擊開啟 ProductsController.cs，裡面有一個 Index()的 Action 動作方法，在 Index()上按滑鼠右鍵→【新增檢視】→【Razor 檢視】→檢視名稱維持 Index→範本也維持【Empty(沒有模型)】→按【新增】

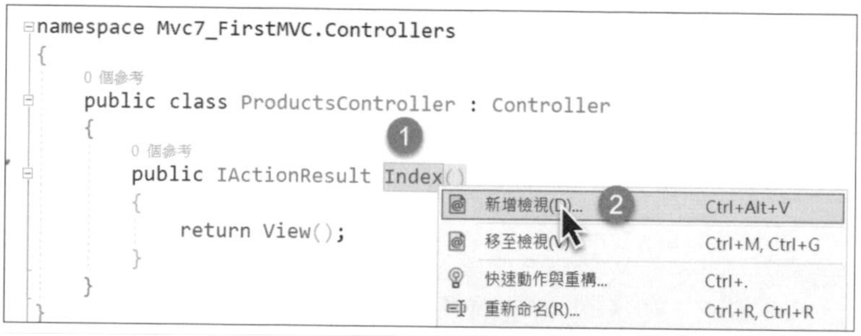

```
namespace Mvc7_FirstMVC.Controllers
{
    0 個參考
    public class ProductsController : Controller
    {
        0 個參考
        public IActionResult Index()
        {
            return View();
        }
    }
}
```

新增檢視(D)... Ctrl+Alt+V
移至檢視(V) Ctrl+M, Ctrl+G
快速動作與重構... Ctrl+.
重新命名(R)... Ctrl+R, Ctrl+R

圖 2-16 替 Action 新增 View 檢視

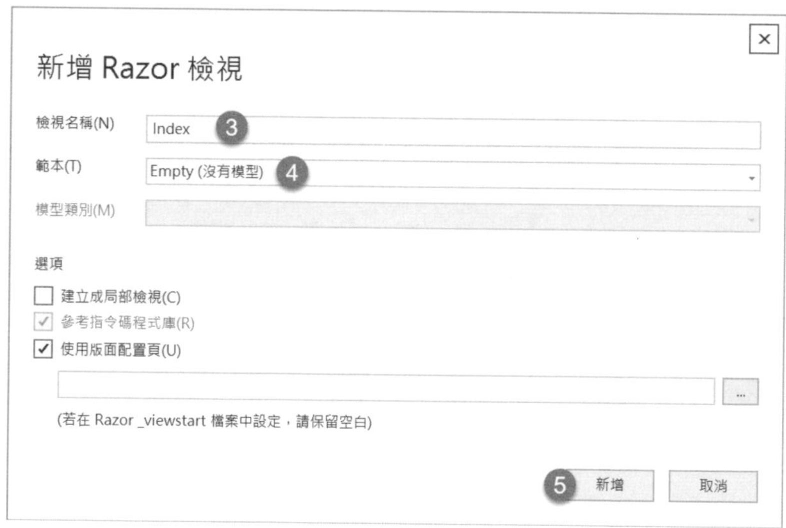

圖 2-17 新增檢視

2. 接下來會在：❶ Views 資料中建立 Products 資料夾，❷裡面產生 Index.cshtml 檢視檔，它與 Index()動作方法相對應

Views/Products/Index.cshtml

```
@{
    ViewData["Title"] = "Index";
}
<h1>Index</h1>
```

而 View 檢視中是用來定義 HTML、JavaScript CSS 、Razor 及 C# 。

step03 三種 Index 頁面執行方式

- 第一種：在 Views/ Products /Index.cshtml 按滑鼠右鍵→【在瀏覽器中檢視】
- 第二種：修改 Program.cs.cs 中路由 controller 及 action 名稱（粗體字部分），按 F5 執行

```
app.MapControllerRoute(
    name: "default",
    pattern: "{controller=Products}/{action=Index}/{id?}");
```

- 第三種：在專案按滑鼠右鍵→【屬性】→【偵錯】→【一般】→【開啟 debug 啟動設定檔 UI】→【Mvc7_FirstMVC】→任選 http、https 或 IIS Express 三種執行方式之一→URL 輸入「Products/Index」→關閉對話視→再按 F5 執行。

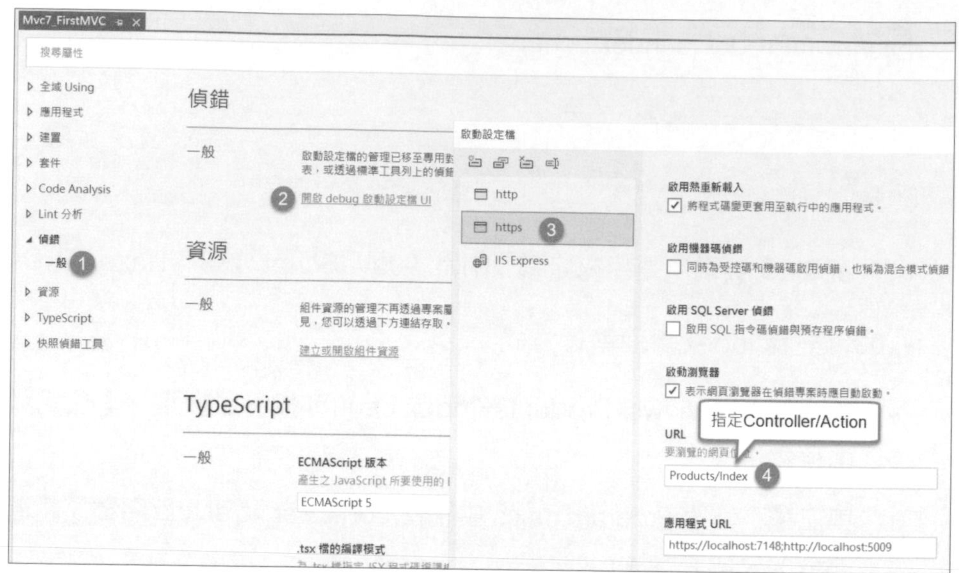

圖 2-18 指定執行網頁 URL

step04 解析瀏覽器 URL 網址代表的意義

下圖 URL 為「https://localhost:7148/Products/Index」，其中 7148 是 MVC 執行時的 Port 號碼，Products 是控制器名稱，Index 是 Action 名稱，Index 動作方法再對應到 Index 檢視。

圖 2-19 URL 網址列代表意義

step05 修改 Port 號碼

Port 號碼是 MVC 專案建立時隨機指定的，它是存在 Properties/launchSettings.json 的「applicationUrl」設定，Port 號碼可視需求做調整，下次執行就會使用新的 Port 號碼。

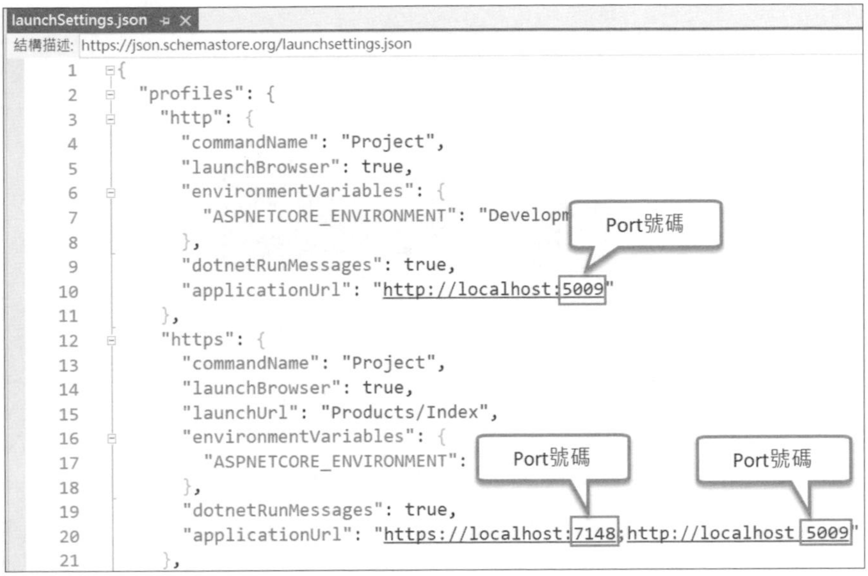

launchSettings.json ⇒ ×

結構描述: https://json.schemastore.org/launchsettings.json

```
{
  "profiles": {
    "http": {
      "commandName": "Project",
      "launchBrowser": true,
      "environmentVariables": {
        "ASPNETCORE_ENVIRONMENT": "Developm
      },
      "dotnetRunMessages": true,
      "applicationUrl": "http://localhost:5009"
    },
    "https": {
      "commandName": "Project",
      "launchBrowser": true,
      "launchUrl": "Products/Index",
      "environmentVariables": {
        "ASPNETCORE_ENVIRONMENT":
      },
      "dotnetRunMessages": true,
      "applicationUrl": "https://localhost:7148;http://localhost:5009"
    },
```

Port號碼

Port號碼

Port號碼

圖 2-20 修改專案的 SSL Port 號碼

step06 在 Products/Index.cshtml 檢視中象徵性修改標題及加入一張圖片，按 F5 執行，可看到三處改變

Views/Products/Index.cshtml

```
@{
    ViewData["Title"] = "汽車型錄";
}
<h1>法拉利</h1>
<img src="~/images/ferrari_small.jpg" />
```

圖 2-21 View 加入自訂標題及圖片

step07 建立 Model 模型

在 Models 資料夾按滑鼠右鍵→【加入】→【類別】→命名「Product.cs」→【新增】，加入 Id、ProductName 和 UnitPrice 三個屬性，Product 模型是用來持有產品資料。

Models/Product.cs

```
public class Product
{
    public int Id { get; set; }
    public string ProductName { get; set; }
    public int UnitPrice { get; set; }
}
```

以上僅揭示 Model 模型長什麼樣子，尚不談及如何運用，因為還有一些配套機制未提到，在後續章節會一併講解，至此走過一遍 MVC 建立大概過程。

2-6 解析 ASP.NET MVC 專案資料夾功用

前面已提到幾個 MVC 專案資料夾功用，下面是完整的資料夾及檔案功能説明。

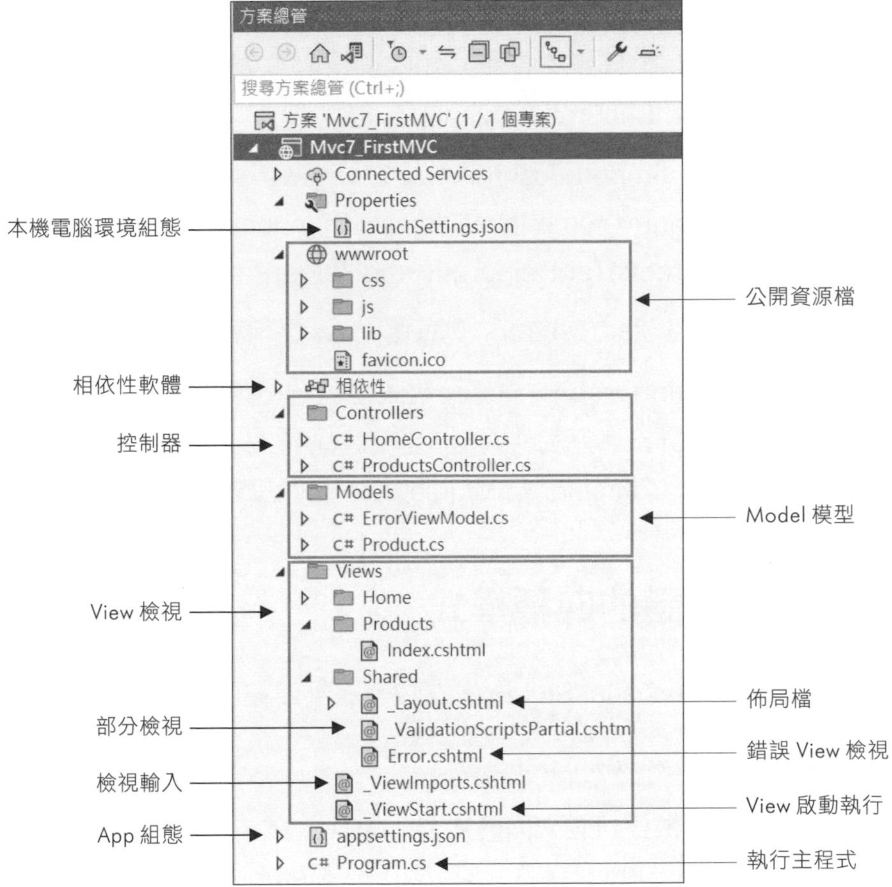

圖 2-22 ASP.NET Core MVC 專案資料夾及檔案

說明：

1. launchSettings.json：本機開發電腦環境組態檔
2. wwwroot 資料夾：公開的靜態資源檔目錄，如 css、js、lib 和 images

3. Controllers 資料夾：Controller 控制器類別所在目錄
4. Models 資料夾：Model 模型類別所在目錄
5. Views 資料夾，View 檢視檔所在資料夾，其下有 Home 及 Shared 兩個子目錄，以及_ViewImports.cshtml 和_ViewStart.cshtml 檔：
   - Home 目錄中有 Index、Privacy 二個.cshtml 檢視檔
   - Shared 目錄中有_Layout.cshtml、_ValidationScriptsPartial.cshtml 和 Error.cshtml 部分檢視檔
   - _ViewImports.cshtml：設定 Views 共享的指示詞，包括@using、@model、@inject、@inherits、@addTagHelper、@removeTagHelper 和@tagHelperPrefix
   - _ViewStart.cshtml：在每個 View 之前執行的程式碼
6. appsettings.json：供應用程式使用的組態設定
7. Program.cs：程式進入點，主要是創建 Host、環境及組態設定，負責 DI Container 及 Middleware 元件設定

2-7 身分驗證的四種模式

MVC 專案在 Visual Studio 建立時，提供四種驗證選項：

1. 無驗證（No Authentication）

   此模式不提供任何登入面的功能，像登入頁、使用者登入 UI 指示、Membership 成員資格資料庫或類別、Membership 資料庫連線字串等皆不提供。

2. 個別帳戶（Individual Accounts）

   個別帳戶會使用 ASP.NET Identity 進行使用者身分驗證，ASP.NET Identity 提供帳號註冊頁，讓使用者以帳號及密碼登入，或用 Facebook、Google、Microsoft Account 或 Twitter 社群 provider 進

行登入，因此這個模式十分適合 Internet 身分驗證。預設 ASP.NET Identity 的使用者 Profile 資料是儲存在 LocalDB 資料庫，它也可以部署到正式環境的 SQL Server 或 Azure SQL 資料庫。

新的 ASP.NET Membership 系統已改寫，好處有兩點：

(1) 新的 Membership 系統是基於 OWIN（Open Web Interface for .NET），而上一版是基於 ASP.NET 表單驗證模組。這意謂著 Web Form、MVC in IIS、自我裝載的 Web API 和 SignalR 都可以適用同一套驗證機制

(2) 新的 Membership 資料庫是受 Entity Framework Code First 管理，所有由 Entity 類別代表的 Tables 皆可修改與客製化，並透過 Code First Migrations 作更新

3. Microsoft 身份識別平台（Microsoft Identity platform）

Microsoft 身分識別平臺可協助您建置使用者和客戶可以使用其 Microsoft 身分識別或社交帳戶登入的應用程式。它會授權存取您自己的 API 或 Microsoft API，例如 Microsoft Graph。

4. Windows 驗證（Windows Authentication）

此模式會使用 Windows Authentication IIS 模組做驗證，應用程會顯示 AD 的 Domain 和使用者 ID，或是已登入 Windows 的本機使用者帳號。但不提供使用者帳號註冊或登入的 UI 介面，適合 Intranet 網站使用。

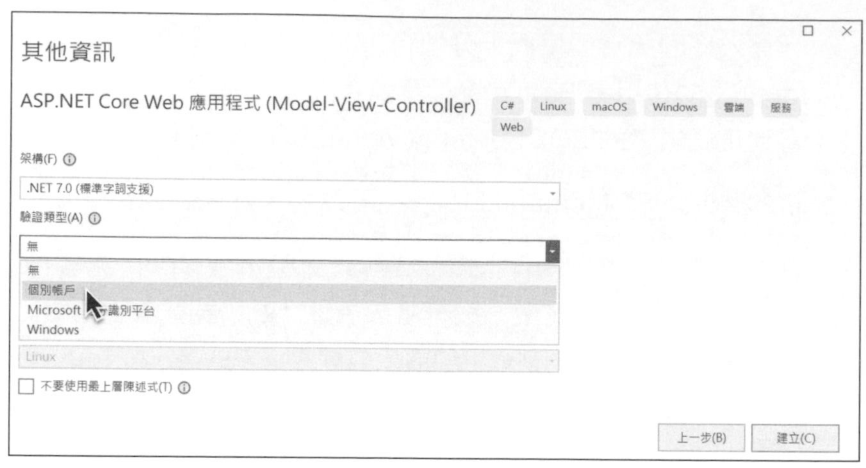

圖 2-23 個別帳戶驗證類型

以上可視 MVC 網站需求而選擇不同身分驗證類型，但因本書各章專案不需管制網站資源存取，維持預設的「無」驗證模式即可。

範例 2-3 使用 ASP.NET Identity 建立使用者帳號及存取管制

以下透過 ASP.NET Identity 提供帳號註冊、登入及驗證等功能，並結合 Authorize 屬性來管制使用者對 Action 的存取權限，請參考 Mvc7_Identity 專案。

step01 建立「Mvc7_Identity」MVC 專案，驗證類型選擇「個別帳戶」，便會建立 ASP.NET Identity 的相關程式

step02 修改 appsettings.json 的 DefaultConnection 資料庫連線設定，將資料庫名稱改為「IdentityDB」

```
{
  ...,
  "ConnectionStrings": {
    "DefaultConnection": "Server=(localdb)\\mssqllocaldb;Database=IdentityDB;"
  }
}
```

step03 以 Migration 更新資料庫

由於 ASP.NET Core Identity 有一 Migration 未更新至資料庫，選擇以下一種方式更新：

1. 在 Visual Studio 的 NuGet 套件管理器主控台中執行「Update-Database」
2. 在命令視窗執行「dotnet ef database update」

用資料庫管理工具檢視 localdb，可看見「IdentityDB」資料庫。

step04 以 F5 執行，點擊網頁右上方的註冊，註冊 kevin@gmail.com、mary@gmail.com 和 john@gmail.com 三個使用者帳號

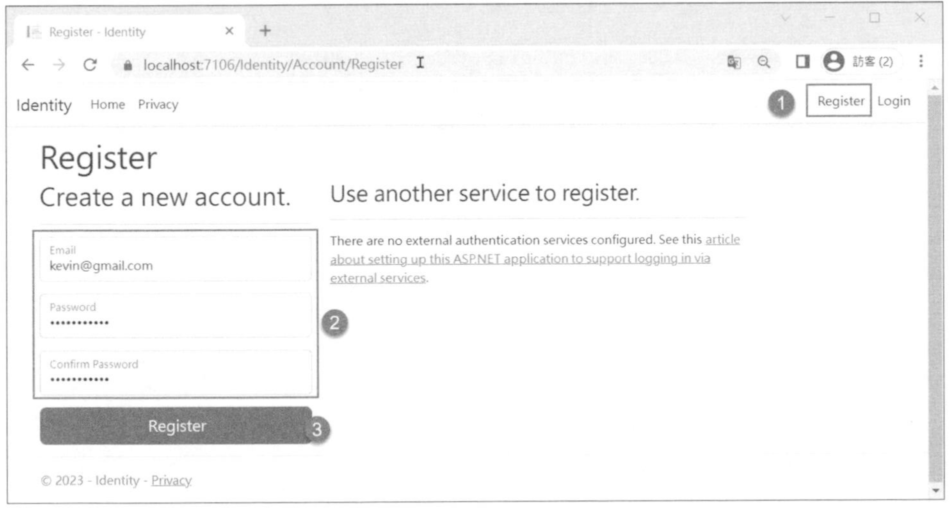

圖 2-24 註冊使用者帳號

註冊成功後的帳號無法立即登入，需要真實的 E-Mail 啟用認證才能登入，但權宜之計，是將 IdentityDB 的 AspNetUser 資料表中，三位使用者的 EmailConfirmed 欄位由 False 改為 True，偽裝已通過電子郵件驗證，即可登入。

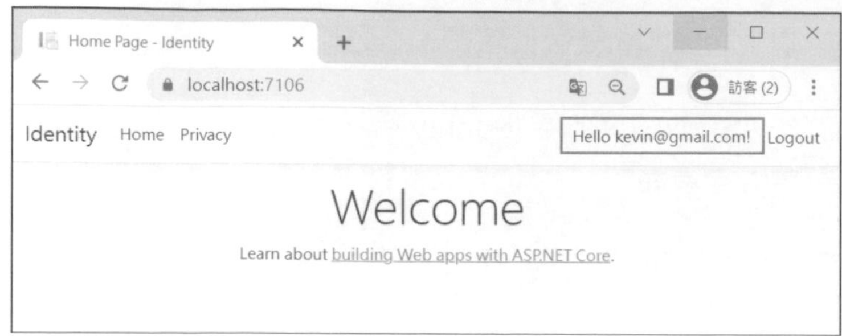

圖 2-25 帳號登入成功

step05 將 Program.cs 中需要驗證帳號設定移除

Identity 預設建立的帳號皆需要做 Email 信件驗證，但這對於本機練習或測試麻煩了些，可在 Program.cs 中將 RequireConfirmedAccount 改為 false：

```
builder.Services.AddDefaultIdentity<IdentityUser>(options =>
    options.SignIn.RequireConfirmedAccount = false)
  .AddEntityFrameworkStores<ApplicationDbContext>();
```

step06 設定 Home 控制器及 Actions 的存取權限

在控制器及 Actions 套用[Authorize]屬性授予存取權限：

Controllers/HomeController.cs

```
…
using Microsoft.AspNetCore.Authorization;
[Authorize] ◄── 在控制器層級設定授權
public class HomeController : Controller
{
    …
    [AllowAnonymous] ◄── 允許匿名存取
    public IActionResult Index()
    {
        return View();
    }

    public IActionResult Privacy()
```

```
    {
        if(User.Identity.Name!="Kevin@gmail.com")
        {
            return Content($"{User.Identity.Name}無權存取此 Action 動作方法!");
        }
        return View();
    }

    [Authorize(Roles = "Admin, Supervisor")]
    public IActionResult Contact()
    {
        return View();
    }
}
```

利用 Identity.Name 判斷是否為特定使用者

授權予特定角色

說明：

1. 以上在 Controller 及 Index 動作方法套用[Authorize]及[AllowAnonymous]屬性，前者限制只有通過驗證或授權的使用者能存取，後者則無條件開放匿名存取
2. [Authorize]作用是使用者登入後就可以存取
3. 在 Privacy()以 User.Identity.Name 判斷是否為特定使用者，才允許存取
4. [Authorize(Roles = "Admin, Supervisor")]限制使用者必須屬於指定的角色才能存取

按 F5 執行，分別以未登入的匿名使用者、kevin、mary 及 john 瀏覽 Index、Privacy 和 Contact，以檢驗是否受到不同的存取限制。

step07 檢視 ASP.NET Identity 身分驗證資料庫

在 Visual Studio 的【檢視】→【SQL Server 物件總管】→(localdb)\MSSQLLocalDB → 找尋「IdentityDB」資料庫→檢視「dbo.AspNetUsers」資料表，使用者註冊的帳號資料就在其中。

圖 2-26 檢視使用者帳號資料

2-8 用 LibMan 管理前端函式庫

一上代 ASP.NET MVC 5 用 Visual Studio 管理專案，安裝 jQuery 或 Bootstrap 函式庫是透過 NuGet 套件管理員，但在 ASP.NET Core 世代是用 LibMan 負責前端函式庫的安裝、更新或移除管理。而用前端函式庫是指 JavaScript 或 CSS Library，例如 jQuery、Chart.js 或 Bootstrap 函式庫，LibMan 會從 CDN 下載，有 cdnjs、jsdelivr 和 unpkg 三個 CDN 來源，以及一個 filesystem，CDN 預設會使用 cdnjs。

LibMan 使用上又分兩種，一是經由 Visual Studio 的 GUI 介面，另一是透過.NET CLI 命令，在此介紹前者，後者在第三章會說明。例如用 Visual Studio 建立 ASP.NET Core 7 MVC 專案，在 wwwroot/lib 有 bootstrap 和 jquery 兩個子目錄，它們版本分別是 5.2.0 和 3.6.1，以下說明如何用 LibMan 來升級到最新版本 5.2.3 和 3.6.3。

範例 2-4 用 LibMan 升級與管理 Bootstrap 和 jQuery 前端函式庫

以下用 LibMan 升級與管理 Bootstrap 和 jQuery 前端函式庫。

step01 在專案按滑鼠右鍵→【加入】→【用戶端程式庫】，會出現新增用戶端程式庫

step02 提供者選擇 unpkg，程式庫輸入「bootstrap@5.2.3」，下方會出現程式庫檔案，預設是全部安裝，也可選擇特定檔，按下【安裝】

圖 2-27 用 LibMan 安裝 Bootstrap 最新版

安裝完成後，開啟 wwwroot/lib/bootstrap/dist/css/bootstrap.css 檔，可看見其版號為 5.2.3。此外，專案會產生 libman.json 檔記載安裝函式庫資訊：

```
{
  "version": "1.0",
  "defaultProvider": "unpkg",  ◄── CDN 提供者
  "libraries": [
    {                           ┌─ 安裝函式庫名稱及版本
      "library": "bootstrap@5.2.3",
      "destination": "wwwroot/lib/bootstrap/"
    }                                ▲
  ]                                  └─ 安裝路徑
}
```

step03 在專案按滑鼠右鍵→【加入】→【用戶端程式庫】，提供者選擇 unpkg，程式庫輸入「jquery@3.6.3」→【安裝】

> **TIP**
>
> **LibMan 對每個提供者的每種函式庫只支援一個版本，如有兩個版本則做綱要驗證（Schema Validation）時會失敗**

+ 還原函式庫

萬一開啟 wwwroot/lib/jquery/jquery.js 檔發現版號仍是舊的，或是你拿到的專案程序缺少相關函式庫，可在 libman.json 檔按滑鼠右鍵→【還原用戶端程式庫】，便會還原指定版本。

另一種還原方式是在 libman.json 檔按滑鼠右鍵→【允許在建置時還原用戶端程式庫】，啟用後會從 NuGet 下載套件，並在專案檔中加入設定：

```
<PackageReference Include="Microsoft.Web.LibraryManager.Build"
  Version="2.1.175" />
```

您可試著將 bootstrap 和 jquery 目錄刪除，然後執行建置，LibMan 發現缺少這兩個套件就會進行還原。

+ 清除函式庫

若想刪除 LibMan 安裝的函式庫，可在 libman.json 檔按滑鼠右鍵→【清除用戶端程式庫】，bootstrap 和 jquery 目錄就會被刪除。

但這個「清除」只是刪除掉目錄和檔案，但 Bootstrap 和 jQuery 設定仍寫在 libman.json 中，也就是說還原或建置還原後又會重新下載，如要解除安裝（uninstall），請看下段。

+ 解除安裝函式庫

若想解除安裝函式庫，請開啟 libman.json，滑鼠移到想反安裝的函式庫名稱左側，會出現一個小燈泡，點選小燈泡右側下拉式選單→【解除安裝 bootstrap@5.2.3】。

libman.json

結構描述: https://json.schemastore.org/libman.json

```
{
  "version": "1.0",
  "defaultProvider": "cdnjs",
  "libraries": [
    {
      "library": "bootstrap@5.2.3",
                 : "wwwroot/lib/bootstrap/"


         jquery@3.6.3",
      "destination": "wwwroot/lib/jquery/"
    }
  ]
}
```

解除安裝 bootstrap@5.2.3
檢查更新
排序屬性

圖 2-28 用 LibMan 解除安裝函式庫

最後做個小結，就微軟給 LibMan 定位是一個輕量級函式庫獲取工具，它並不是用來取 npm、WebPack 或 yarn 套件管理員，請放心繼續使用。

2-9 IIS Express 及 SQL Server Express LocalDB 開發環境

安裝 Visual Studio 時會一併安裝 IIS Express 10 及 SQL Server Express 2019 LocalDB 資料庫引擎。

❖ IIS Express 10

IIS Express 10 是針對開發人員最佳化的 IIS 10.0 精簡版，其好處有：

1. 開發者電腦不需安裝 IIS 完整版
2. 執行 IIS Express 大部分工作不需管理者權限
3. 可與完整版 IIS 或其他 Web 伺服器並存安裝，且每個專案可選擇不同的 Web 伺服器

4. 多個使用者可以在相同的電腦上獨立操作
5. IIS Express 可在 Windows 7 SP 1 以後版本上執行

TIP

IIS Express 路徑為 C:\Program Files\IIS Express

SQL Server 版本與功能

SQL Server 2019 有 Enterprise、Standard、Web、Developer、Express 和 LocalDB 版本，因後三者是免費的，所以常在開發環境中使用。

表 2-1 SQL Server 2019 版本功能比較

功能 \ 版本	Enterprise	Standard	Express
單一執行個體所使用的計算容量上限-Database Engine	作業系統最大值	限制為 4 個插槽或 24 個核心的較小者	限制為 1 個插槽或 4 個核心的較小者
每個實例的記憶體：最大緩衝集區大小	作業系統最大值	128 GB	1410 MB
每個 Database Engine 執行個體的資料行存放區區段快取記憶體上限	無限制的記憶體	32 GB	352 MB
每個 Database Engine 資料庫的記憶體最佳化資料大小上限	無限制的記憶體	32 GB	352 MB
最大資料庫大小	524 PB	524 PB	10 GB
生產環境使用權限	✓	✓	✓

⊙ SQL Server 2019 版本及支援功能：https://bit.ly/3GFIg7O

❖ LocalDB 輕量級資料庫

LocalDB 是 SQL Server Express Database Engine 的輕量級版本，專供開發人員使用，全名是 SQL Server Express LocalDB，簡稱 LocalDB。Visual Studio 安裝時會一併安裝 LocalDB，故 MVC 專案若需資料庫，可用現成的 LocalDB。

連接 LocalDB 方式是在 Visual Studio 的【檢視】選單→【SQL Server 物件總管】→(localdb)\MSSQLLocalDB 即可看到 LocalDB。

若想瀏覽 LocalDB 上的 Northwind 資料庫,可點擊展開 Northwind 資料庫節點→在 Employees 資料表按滑鼠右鍵→選擇【檢視資料】即可看到員工資料表記錄。

圖 2-29 檢視 Employees 員工資料表記錄

LocalDB 只適合開發環境使用，不適合生產環境，因為它不是設計與 IIS 一同工作。此外，LocalDB 是在 user mode 模式下執行，具備快速、零組態安裝等特點，也能輕易遷移到 SQL Server 及 SQL Azure 中。

❖ 以 SQL Server Management Studio（SSMS）管理工具連接 LocalDB

雖然 Visual Studio 可以連接管理 LocalDB 資料庫，但論功能和速度，SSMS 明顯佔了優勢。SSMS 連接 LocalDB 資料庫方式為【連線】→【資料庫引擎】→伺服器名稱輸入「(localdb)\MSSQLLocalDB」→驗證選擇「Windows 驗證」→【連線】，即可連接到 LocalDB。

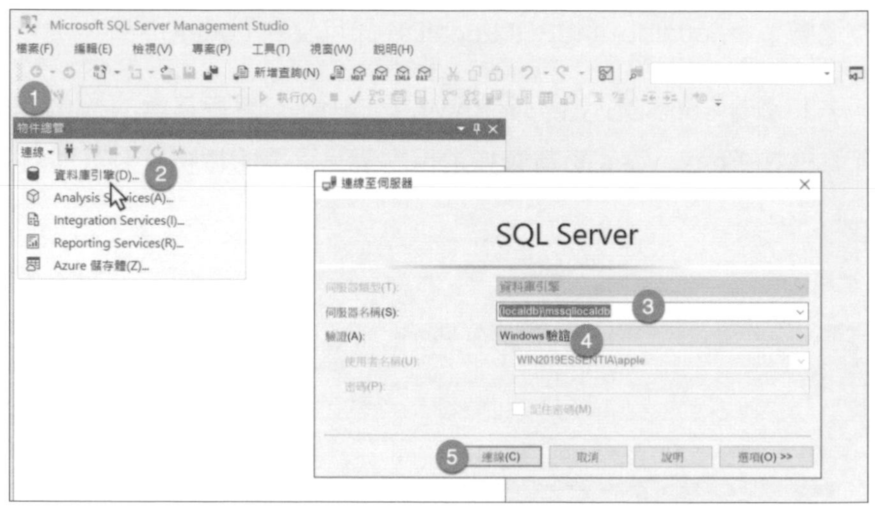

圖 2-30 用 SQL Server 管理工具連接 LocalDB

若你的 LocalDB 沒有 Northwind 資料庫的話，請至 https://bit.ly/3pVCfNj 全選並複製產生 Northwind 資料庫的 SQL 命令→在 SSMS 按下【新增查詢】→貼上 SQL 命令→按下【執行】按鈕，完成後即可看到 Northwind 資料庫。

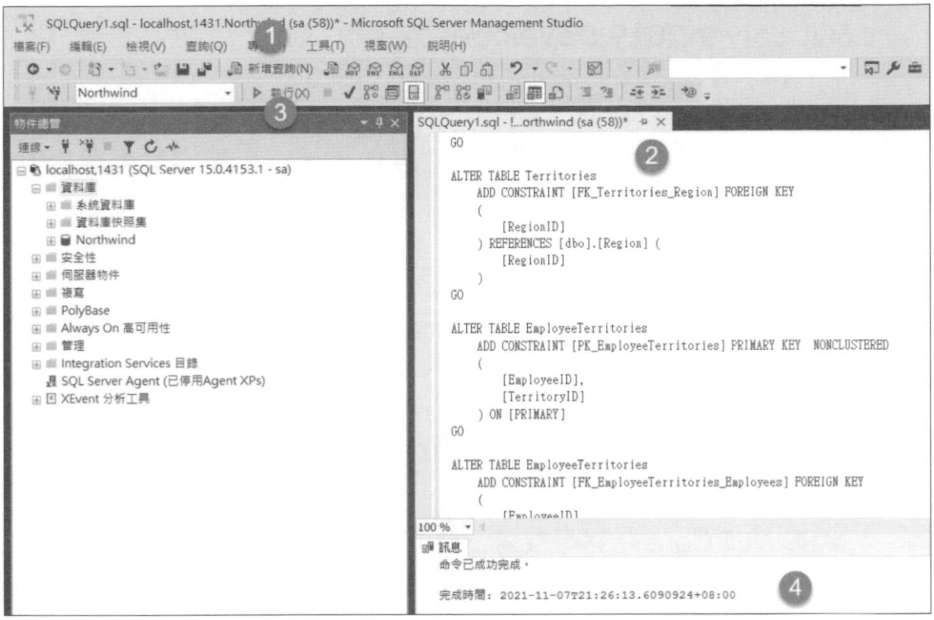

圖 2-31 在 LocalDB 產生 Northwind 資料庫

而 SQL Server 資料庫檔案路徑存在兩處：

1. 系統資料庫

   master、model、msdb、tempdb 路徑：

```
C:\Users\<User>\AppData\Local\Microsoft\
Microsoft SQL Server Local DB\Instances\mssqllocaldb
```

2. 自行新增資料庫

   開發者自行新增資料庫，是放在使用者自己的資料夾下：

```
C:\Users\<User>
```

故若想匯入資料庫到 localdb，就是將資料庫檔案複製到使用者資料夾中，在資料庫管理工具就會出現該資料庫。

- SSMS 免費下載使用：https://bit.ly/3w1DrQe
- SQL Server 2019 最新更新：https://bit.ly/3GHuRL8

❖ SQL Server 2019 Developer 免費版

SQL Server 2019 Developer 是免費版，功能與 Enterprise 企業版完全相同，唯一限制是只能用在開發及測試環境，不能用在生產環境。同時它的安裝不含 SSMS 管理介面，需另外安裝。

- SQL Server 2019 Developer 版下載：https://bit.ly/3mzhCEC
- SQL Server 2019 累積更新：https://bit.ly/2VGOeP8

2-10 IIS Server 及 Hosting Bundle 安裝

ASP.NET Core 在開發或練習時，執行 MVC 應用程式是用本機的 IIS Kestrel 或 IIS Express。但若 Visual Studio 欲部署 ASP.NET Core MVC 應用程式到正式 IIS 伺服器，需安裝以下軟體：

1. 開發者電腦：於 Visual Studio Installer 中勾選安裝「開發時間 IIS 支援」（Development time IIS support）

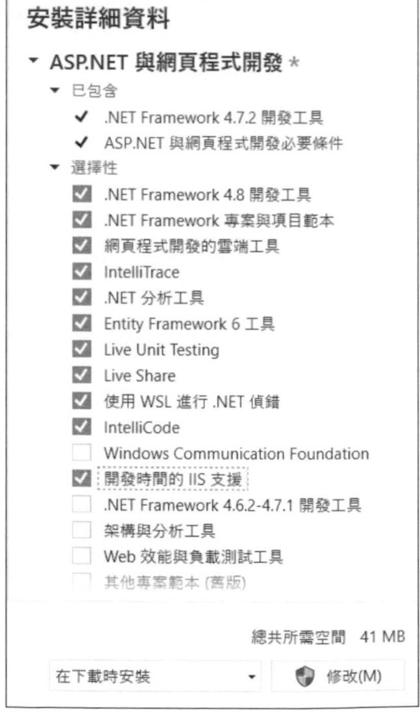

圖 2-32 安裝開發時間的 IIS 支援

2. 獨立 IIS 伺服器或開發者電腦：安裝「ASP.NET Core Runtime 7 & Hosting Bundle for Windows」

必須有以上其中一種環境，IIS 才能正常執行運行 ASP.NET Core 網站，否則會顯示錯誤畫面，以下介紹第二種環境。

❖ Windows 的 IIS 及 ASP.NET Core 環境確認

1. 需有 Windows Server，例如 Windows Server 2016、2019 或 2022 開發者 Windows 10 電腦亦可安裝 IIS 做同樣的事，只不過是開發者本人測試用，非正式營運生產網頁伺服器
2. Windows Server 需安裝.NET SDK 7
3. 安裝 Web Server 角色

   IIS 伺服器安裝是在【伺服器管理員】→【新增角色及功能】→伺服器角色勾選【Web Server(IIS)】進行安裝。

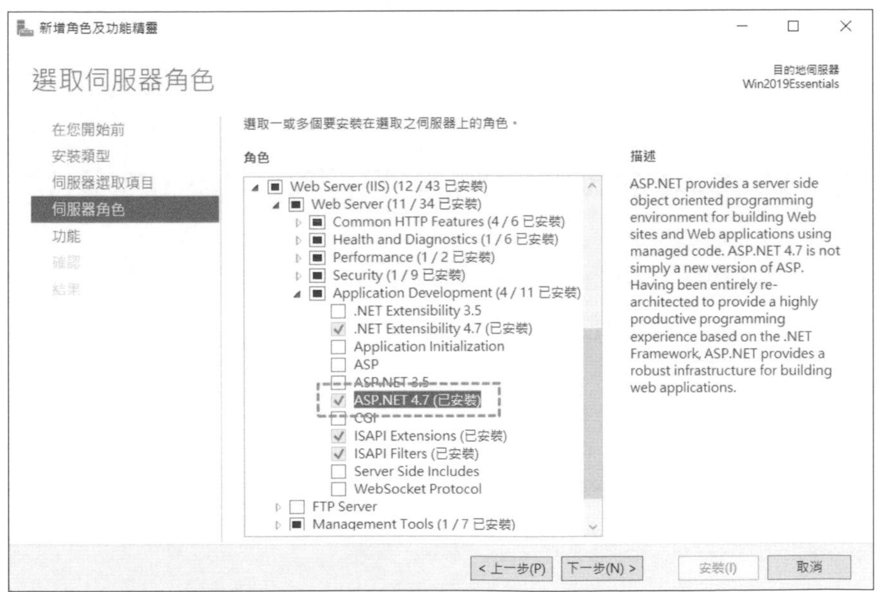

圖 2-33 Windows Server 安裝 Web Server(IIS)

4. 安裝 Hosting Bundle for Windows

   下載安裝 Hosting Bundle for Windows，完成後請重新啟動 IIS，讓其生效

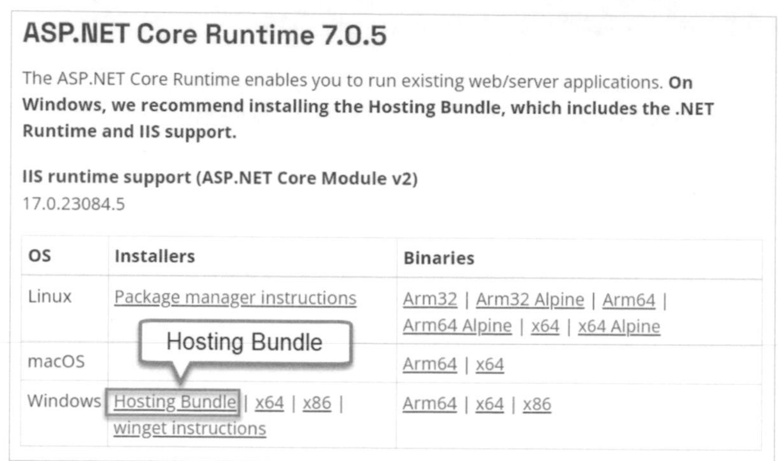

圖 2-34 Hosting Bundle for Windows

⦿ Hosting Bundle for Windows 下載網址
https://dotnet.microsoft.com/en-us/download/dotnet/7.0

2-11 部署 ASP.NET Core 應用程式至 IIS 網站

一般在開發或練習時，執行 MVC 應用程式是用本機的 IIS Express，但若開發完成，則需部署到正式 IIS 伺服器，方式如下。

❖ IIS 及 ASP.NET 環境確認

在這要用 Visual Studio 內建的發行機制，將 MVC 專案部署到 IIS 上，首先 IIS 環境有兩點需確認：

1. Web Server 作業系統需安裝 IIS 伺服器

   IIS 伺服器安裝是在【伺服器管理員】→【新增角色及功能】。

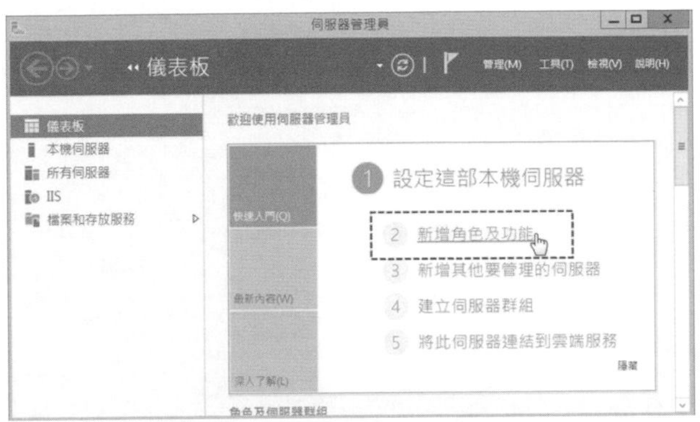

圖 2-35 新增伺服器角色

2. IIS 中需安裝應用程式及 ASP.NET 4.7

   安裝角色勾選【網頁伺服器 IIS】→【應用程式開發】→勾選【ASP.NET 4.7】→按【下一步】進行安裝。

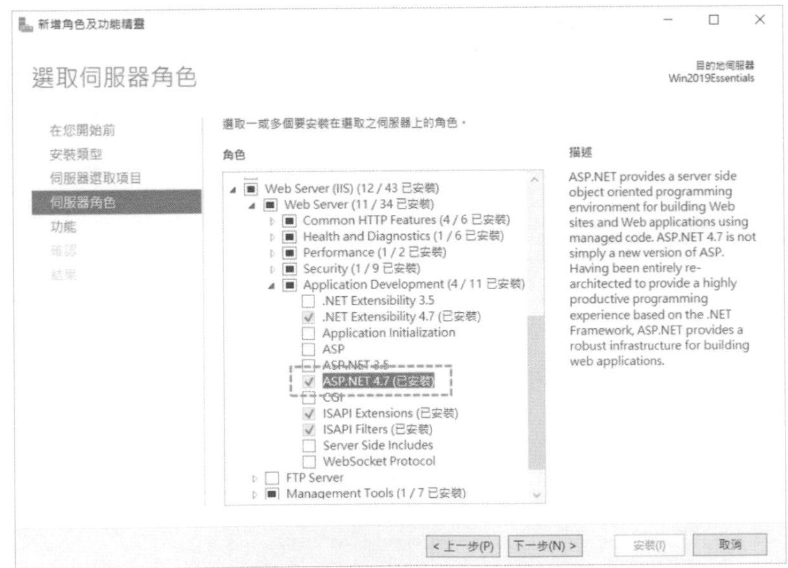

圖 2-36 安裝 IIS 及 ASP.NET 4.7

但若想部署到開發者 Windows 10 本身 IIS 作測試，請搜尋並開啟【控制台】→【程式和功能】→【開啟或關閉 Windows 功能】→將 Internet Information Services 中【應用程式開發功能】的【ASP.NET 4.8】打勾→按【確定】進行安裝。

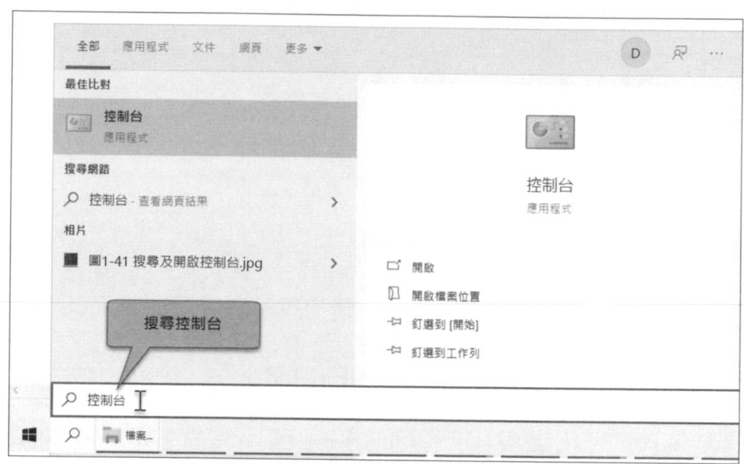

圖 2-37 搜尋及開啟控制台

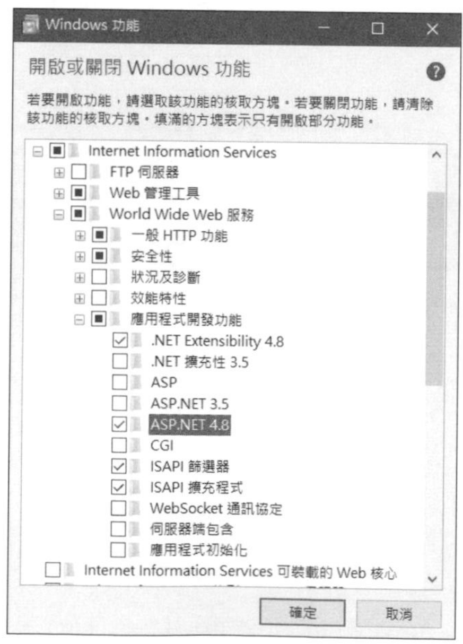

圖 2-38 在 Windows 10 安裝 IIS 及 ASP.NET 4.8

❖ ASP.NET Core MVC 部署過程

1. 以系統管理員權限開啟 Visual Studio

   在 Visual Studio 圖示按滑鼠右鍵→【更多】→選擇【以系統管理員身分執行】。

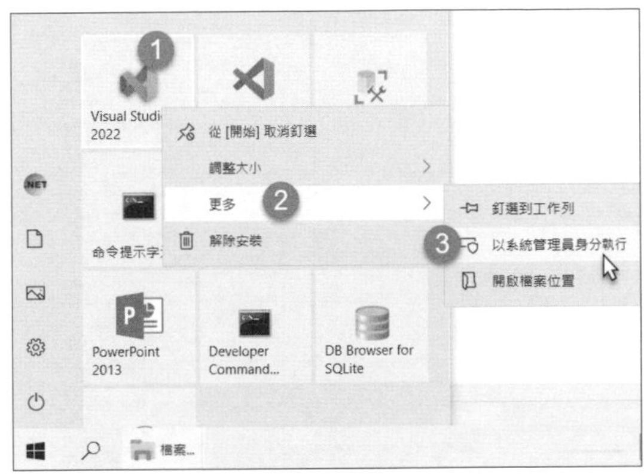

圖 2-39 以系統管理員權限開啟 Visual Studio

2. 在 Mvc7_FirstMVC 專案按滑鼠右鍵→【發佈】→目標為【網頁伺服器(IIS)】→【下一步】

圖 2-40 發佈 MVC 專案至 IIS 網頁司服器

3. 選擇【Web Deploy】部署方式及設定 IIS 伺服器網站資訊

圖 2-41 選擇 Web Deploy

圖 2-42 設定應用程式部署資訊

- 伺服器是指 IIS 網頁服務器的名稱，若是部署到本機則使用自身電腦名稱
- 網站名稱是指 IIS 的站台及虛擬目錄名稱。站台使用「Default Web Site」，而虛擬目錄名稱可和 MVC 專案相同，也可不同，組合起來的名稱是「Default Web Site/FirstMVC」

4. 按【完成】按鈕完成發佈檔設定，在發佈畫面按下【發佈】按鈕即可將 MVC 專案程式發行到 IIS 的虛擬目錄，完成網站部署

圖 2-43 執行發佈 ASP.NET Core 專案至 IIS 伺服器

TIP

發佈目錄實際路徑為 C:\inetpub\wwwroot\FirstMVC

5. 在 IIS 管理員選取 FirstMVC 應用程式，點擊右側【瀏覽*:80(http)】就會顯示 MVC 頁面

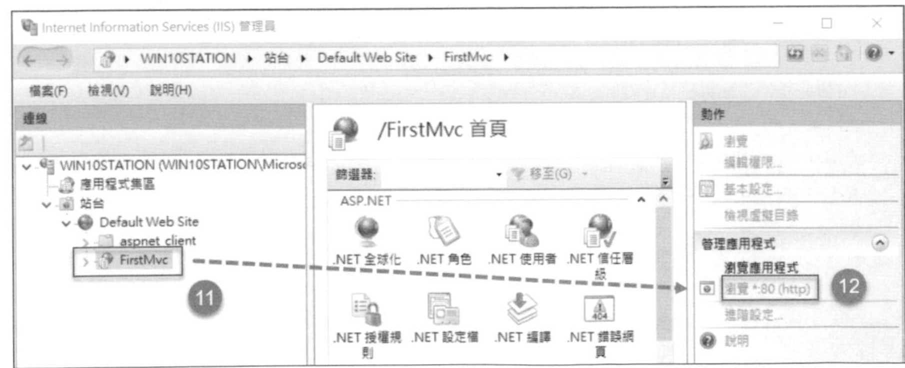

圖 2-44 在 IIS 瀏覽 ASP.NET Core MVC 網站

至於發佈設定檔是儲存在哪？位於專案的 Properties\PublishProfiles 目錄，檔名是 IISProfile.pubxml，為 XML 格式。

2-12 建立 Model 時常用的 C# 物件和集合初始設定式

在 MVC 初始化建立 Model 資料物件時，常會用到：❶物件初始設定式，❷集合初始設定式，❸用 LINQ 查詢，以下介紹這幾個部分。

❖ 物件初始設定式（Object Initializers）

物件初始設定式讓你指派值給 Object 的 Fields 或 Properties，而不必叫用接著幾行指派陳述式的建構子。以下 Friend 類別是一個具名型別（Named Type）：

Models/Friend.cs

```
public class Friend
{
    public string Name { get; set; }
    public string Country { get; set; }
}
```

+ 傳統物件建構法

用傳統語法建立一筆 Friend 物件需三行程式：

```
//傳統物件建構語法
Friend f = new Friend();
f.Name = "Rose";
f.Country = "USA";
```

+ 以物件初始設定式建構具名型別物件（Named Type）

但用物件初始設定式建立 Friend 物件，只需一行：

Controllers/CSharpBasisController.cs

```
public IActionResult ObjectInitializerwithNamedType()
{
    //以物件初始設定式建立具名型別物件
    Friend friend = new Friend { Name = "Rose", Country = "USA" };
    return View(friend);
}
```

說明：物件初始化屬性的運算式不可以是 null、匿名函式或指標類型

+ 以物件初始設定式建構匿名型別物件（Anonymous Type）

除了具名型別外，物件初始設定式也能建立匿名型別物件：

Controllers/CSharpBasisController.cs

```
public IActionResult ObjectInitializerAnonymousType()
{
    //以物件初始設定式建立匿名型別物件
    var friend = new  { Name = "Mary", Country = "Japan" };

    return View(friend);
}W
```

1. 物件初始設定式

2. 建立出來的是匿名型別物件

說明：以上是一筆物件資料，若需建立多筆則用 List<T>泛型集合或陣列，但在 MVC 中集合或陣列之成員應避免使用匿名型別物件，因為在設計支援、編譯檢查和執行效能都是最差的，使用具名型別的強型別物件是最好的

❖ 集合初始設定式（Collection Initializers）

集合初始設定式讓你在初始一個實作 IEnumerable 的集合型別，可指定一或多個 Element Initializers，且具有 has 方法，方法有適當簽章可作為 instance 方法或 extension 擴充方法。

以下是集合初始設定式，它用物件初始設定式初始化 Friend 類別物件，後續以 LINQ 查詢、過濾及排序。

Controllers/CSharpBasisController.cs

```
public IActionResult CollectionInitializerswithNamedType()
{
    //集合初始設定式
    List<Friend> friends = new List<Friend>
    {
        new Friend { Name = "Rose", Country = "USA" },
        new Friend { Name = "David", Country = "Japan" },
        new Friend { Name = "John", Country = "USA" },
        new Friend { Name = "Bob", Country = "Italy" },
        new Friend { Name = "Johnson", Country = "Thailand" },
        new Friend { Name = "Cindy", Country = "Japan" },
        new Friend { Name = "Lucy", Country = "Korea" },
        new Friend { Name = "Angel", Country = "Italy" },
        new Friend { Name = "Maya", Country = "Thailand" },
        new Friend { Name = "Max", Country = "Korea" }
    };

    //以 LINQ 查詢泛型集合
    var friendsQuery = from f in friends
                       where f.Country == "USA" || f.Country == "Korea"
                       select f;

    return View(friendsQuery);
}
```

物件初始設定式

2-13 結論

在了解 MVC 的 Model、View 與 Controller 三大核心基石後，可深刻體會到三者的職責與功用為何，同時要善用 Scaffolding 與 Layout 輔助雙翼，提升開發速度與節省心力。若能熟稔這五大元素的建立、操作與運用，就能夠牢牢掌握 MVC 開發精髓，令您 MVC 開發一路順遂。

CHAPTER 3

用 CLI 及 Visual Studio Code 建立與管理 .NET 專案

.NET SDK 內建跨平台 CLI 命令工具，可用於專案開發及 CI 連續整合的場景，包括專案建立、編譯、測試、執行與發佈等功能，亦能用來檢視.NET 相關 SDKs、Runtimes 等資訊，是一個必懂的命令工具。而 VS Code 是一款優秀的開發工具，與 CLI 在跨平台開發上，形成搭配無雙的組合。

3-1 用 CLI 命令工具查詢 .NET SDKs 資訊

CLI（Command-Line Interface Tools）命令工具可用來查詢.NET SDKs 資訊，為何需做此查詢？原因有幾個：❶一部電腦可安裝多個 SDKs 版本，❷每個.NET App 可能用不同 SDK 版本執行，❸檢查部署.NET App 的 Server 或電腦是否安裝對應的 SDK 版本，因此需確認 SDKs 資訊。

> **TIP**
>
> 本章用 SDK / SDKs 簡稱.NET SDK 或 .NET SDKs

在這用 Terminal 命令提示字元視窗，以 CLI 命令工具查詢 SDKs 相關資訊，原則上指令通用 Windows、macOS 和 Linux 作業系統，除了路徑表示法 windows、masOS 和 Linux 有所不同。

+ 查詢 dotnet 命令的 Help 協助資訊

```
c:\> dotnet --help
c:\> dotnet -h
```

+ 查詢目前使用的 SDK 版本

```
c:\> dotnet --version
```

輸出：

```
7.0.203
```

+ 一部電腦若安裝多個 SDKs 版本，顯示所有版本資訊

```
c:\> dotnet --list-sdks
```

輸出：

```
3.1.425 [C:\Program Files\dotnet\sdk]
5.0.408 [C:\Program Files\dotnet\sdk]
6.0.403 [C:\Program Files\dotnet\sdk]
7.0.203 [C:\Program Files\dotnet\sdk]
```

+ 顯示所有的.NET Runtimes 資訊

```
C:\> dotnet --list-runtimes
```

輸出：

```
Microsoft.AspNetCore.App 3.1.31 [C:\Program Files\...cd.\Microsoft.AspNetCore.App]
Microsoft.AspNetCore.App 5.0.17 [C:\Program Files\...\Microsoft.AspNetCore.App]
```

```
Microsoft.AspNetCore.App 6.0.11 [C:\Program Files\...\Microsoft.AspNetCore.App]
Microsoft.AspNetCore.App 7.0.0 [C:\Program Files\...\Microsoft.AspNetCore.App]
Microsoft.NETCore.App 3.1.31 [C:\Program Files\dotnet\shared\Microsoft.NETCore.App]
Microsoft.NETCore.App 5.0.17 [C:\Program Files\dotnet\shared\Microsoft.NETCore.App]
Microsoft.NETCore.App 6.0.11 [C:\Program Files\dotnet\shared\Microsoft.NETCore.App]
Microsoft.NETCore.App 7.0.0 [C:\Program Files\dotnet\shared\Microsoft.NETCore.App]
Microsoft.WindowsDesktop.App 3.1.31 [C:\...\Microsoft.WindowsDesktop.App]
Microsoft.WindowsDesktop.App 5.0.17 [C:\...\Microsoft.WindowsDesktop.App]
Microsoft.WindowsDesktop.App 6.0.11 [C:\...\Microsoft.WindowsDesktop.App]
Microsoft.WindowsDesktop.App 7.0.5 [C:\...\Microsoft.WindowsDesktop.App]
```

顯示.NET 詳細完整資訊

```
c:\> dotnet --info
```

輸出：

```
.NET SDK:
 Version:   7.0.203
 Commit:    e12b7af219

執行階段環境:
 OS Name:     Windows
 OS Version:  10.0.19044
 OS Platform: Windows
 RID:         win10-x64
 Base Path:   C:\Program Files\dotnet\sdk\7.0.100\

Host:
  Version:      7.0.5
  Architecture: x64
  Commit:       d099f075e4

.NET SDKs installed:
  3.1.425 [C:\Program Files\dotnet\sdk]
  5.0.408 [C:\Program Files\dotnet\sdk]
  6.0.403 [C:\Program Files\dotnet\sdk]
  7.0.203 [C:\Program Files\dotnet\sdk]

.NET runtimes installed:
  Microsoft.AspNetCore.App 3.1.31 [C:\Program Files\dotnet\shared\Microsoft.AspNetCore.App]
  Microsoft.AspNetCore.App 5.0.17 [C:\Program Files\dotnet\shared\Microsoft.AspNetCore.App]
  Microsoft.AspNetCore.App 6.0.11 [C:\Program Files\dotnet\shared\Microsoft.AspNetCore.App]
```

```
  Microsoft.AspNetCore.App 7.0.0 [C:\Program Files\dotnet\shared\Microsoft.AspNetCore.App]
  Microsoft.NETCore.App 3.1.31 [C:\Program Files\dotnet\shared\Microsoft.NETCore.App]
  Microsoft.NETCore.App 6.0.11 [C:\Program Files\dotnet\shared\Microsoft.NETCore.App]
  Microsoft.NETCore.App 7.0.0 [C:\Program Files\dotnet\shared\Microsoft.NETCore.App]
  Microsoft.WindowsDesktop.App 3.1.31 [C:\...\Microsoft.WindowsDesktop.App]
  Microsoft.WindowsDesktop.App 5.0.17 [C:\...\Microsoft.WindowsDesktop.App]
  Microsoft.WindowsDesktop.App 6.0.11 [C:\...\Microsoft.WindowsDesktop.App]
  Microsoft.WindowsDesktop.App 7.0.5 [C:\...\Microsoft.WindowsDesktop.App]

Other architectures found:
  x86   [C:\Program Files (x86)\dotnet]
    registered at [HKLM\SOFTWARE\dotnet\Setup\InstalledVersions\x86\InstallLocation]

Environment variables:
  Not set

global.json file:
  Not found

Learn more:
  https://aka.ms/dotnet/info

Download .NET:
  https://aka.ms/dotnet/download
```

3-2 用 CLI 命令建立與執行 .NET 專案

CLI 命令可用來建立、編譯與執行.NET 專案，包括 Console 與 MVC 等類型應用程式，以下介紹如何建立常見專案及方案。

- dotnet new 命令線上說明文件
  https://docs.microsoft.com/zh-tw/dotnet/core/tools/dotnet-new

3-2-1 用 dotnet new 檢視內建的專案樣板

若想知道 CLI 命令可建立哪些類型專案，可用「dotnet new」顯示內建的專案樣板清單：

```
C:\> dotnet new list (顯示所有安裝的範本)
C:\> dotnet new search web (顯示可在 NuGet.org 上使用的範本)
```

輸出：

```
命令提示字元

C:\>dotnet new list
這些範本符合您的輸入:

範本名稱                                             簡短名稱             語言         標記
-------------------------------------------------   ------------------   ----------   ----------------------------------------
ASP.NET Core gRPC 服務                               grpc                 [C#]         Web/gRPC
ASP.NET Core Web API                                 webapi               [C#],F#      Web/WebAPI
ASP.NET Core Web 應用程式                            webapp,razor         [C#]         Web/MVC/Razor Pages
ASP.NET Core Web 應用程式 (Model-View-Controller)    mvc                  [C#],F#      Web/MVC
ASP.NET Core with React.js and Redux                 reactredux           [C#]         Web/MVC/SPA
Blazor Server 應用程式                               blazorserver         [C#]         Web/Blazor
Blazor Server 應用程式空白                           blazorserver-empty   [C#]         Web/Blazor/Empty
Blazor WebAssembly 應用程式                          blazorwasm           [C#]         Web/Blazor/WebAssembly/PWA
Blazor WebAssembly 應用程式空白                      blazorwasm-empty     [C#]         Web/Blazor/WebAssembly/PWA/Empty
dotnet gitignore 檔案                                gitignore                         Config
Dotnet 本機工具資訊清單檔                            tool-manifest                     Config
EditorConfig 檔案                                    editorconfig                      Config
global.json 檔案                                     globaljson                        Config
MSTest Test Project                                  mstest               [C#],F#,VB   Test/MSTest
MVC ViewImports                                      viewimports          [C#]         Web/ASP.NET
MVC ViewStart                                        viewstart            [C#]         Web/ASP.NET
NuGet 組態                                           nugetconfig                       Config
NUnit 3 Test Item                                    nunit-test           [C#],F#,VB   Test/NUnit
NUnit 3 Test Project                                 nunit                [C#],F#,VB   Test/NUnit
Razor 元件                                           razorcomponent       [C#]         Web/ASP.NET
Razor 頁面                                           page                 [C#]         Web/ASP.NET
Razor 類別庫                                         razorclasslib        [C#]         Web/Razor/Library/Razor Class Library
Web 組態                                             webconfig                         Config
Windows Forms 應用程式                               winforms             [C#],VB      Common/WinForms
Windows Forms 控制項程式庫                           winformscontrollib   [C#],VB      Common/WinForms
Windows Forms 類別庫                                 winformslib          [C#],VB      Common/WinForms
WPF Class library                                    wpflib               [C#],VB      Common/WPF
WPF Custom Control Library                           wpfcustomcontrollib  [C#],VB      Common/WPF
WPF User Control Library                             wpfusercontrollib    [C#],VB      Common/WPF
WPF 應用程式                                         wpf                  [C#],VB      Common/WPF
xUnit Test Project                                   xunit                [C#],F#,VB   Test/xUnit
主控台應用程式                                       console              [C#],F#,VB   Common/Console
搭配 Angular 的 ASP.NET Core                         angular              [C#]         Web/MVC/SPA
搭配 React.js 的 ASP.NET Core                        react                [C#]         Web/MVC/SPA
方案檔                                               sln,solution                      Solution
空的 ASP.NET Core                                    web                  [C#],F#      Web/Empty
背景工作服務                                         worker               [C#],F#      Common/Worker/Web
通訊協定緩衝區檔案                                   proto                             Web/gRPC
類別庫                                               classlib             [C#],F#,VB   Common/Library
```

圖 3-1 .NET 7 應用程式樣板

「**範本名稱**」是指可建立專案或檔案類型，「**簡短名稱**」是建立專案須指定的簡短名稱，「**語言**」表示該專案支援的語言，而「**標記**」則代表分類。

用 -l 列出所有含有「ASP.NET」關鍵字的樣板：

```
dotnet new list ASP.NET
```

輸出：

```
C:\>dotnet new list asp.net
這些範本符合您的輸入: 'asp.net'

範本名稱                                              簡短名稱        語言      標記
--------------------------------------------------  ------------  -------  ------------------
ASP.NET Core gRPC 服務                               grpc          [C#]     Web/gRPC
ASP.NET Core Web API                                 webapi        [C#],F#  Web/WebAPI
ASP.NET Core Web 應用程式                             webapp,razor  [C#]     Web/MVC/Razor Pages
ASP.NET Core Web 應用程式 (Model-View-Controller)     mvc           [C#],F#  Web/MVC
ASP.NET Core with React.js and Redux                 reactredux    [C#]     Web/MVC/SPA
搭配 Angular 的 ASP.NET Core                          angular       [C#]     Web/MVC/SPA
搭配 React.js 的 ASP.NET Core                         react         [C#]     Web/MVC/SPA
空的 ASP.NET Core                                     web           [C#],F#  Web/Empty
```

❖ 建立各種類型專案

用 dotnet new 命令建立專案，會根據你提供的樣板值（Template value）去匹配樣板（Templates）或簡短名稱（Short Name），符合的話會呼叫樣板引擎（Template engine）創建專案，下表整理不同類型專案的建立命令。

表 3-1 建立不同類型 .NET 專案之命令

專案類型	CLI 命令
Solution 方案	dotnet new **sln**
空的 ASP.NET Core 專案	dotnet new **web**
ASP.NET Core MVC 專案	dotnet new **mvc**
MVC 專案，含 Individual 身分驗證	dotnet new **mvc --auth Individual**
Razor Pages 專案	dotnet new **page**
Blazor (server-side) 專案	dotnet new **blazorserver**
Web API 專案	dotnet new **webapi**
ASP.NET Core gRPC Service 專案	dotnet new **grpc**
ASP.NET Core with Angular 專案	dotnet new **angular**
.gitignore 檔	dotnet new **gitignore**
global.json 檔	dotnet new **globaljson**

專案類型	CLI 命令
單元測試專案	dotnet new **mstest** （MSTest） dotnet new **nunit** (NUnit)

dotnet new 命令除建立專案外，也能建立個別的組態或設定檔，完全依照你指派給它的樣板而定。

3-2-2 用 dotnet new console 建立 Console 專案

以下用 CLI 命令建立 Console 專案，分成 Windows、macOS & Linux 平台。

＋ 在 Windows 命令視窗建立 Console 專案

```
md ConsoleApp1        (建立專案目錄)
cd ConsoleApp1        (切換至專案目錄)
dotnet new console    (建立 console 專案)
dir                   (顯示目錄中檔案)
dotnet build          (建置專案)
dotnet run            (執行專案)
```

輸出：

```
Hello, World!
```

＋ 在 macOS & Linux 命令視窗建立 Console 專案

```
mkdir ConsoleApp1     (建立專案目錄)
cd ConsoleApp1        (切換至專案目錄)
dotnet new console    (建立 console 專案)
ls                    (顯示目錄中檔案)
dotnet build          (建置專案)
dotnet run            (執行專案)
```

前三行命令也能用-o 或--output 選項精簡成一行：

```
dotnet new console -o ConsoleApp1
```

或

```
dotnet new console --output ConsoleApp1
```

此外，用 dotnet new 建立專案，預設是產生 C#語言樣板，但像 Console/類別庫/WinForms/WPF 專案除 C#外，還支援 VB 或 F#語言，可加上-lang 或--language 選項：

```
dotnet new console -lang VB -o ConsoleVB
dotnet new console -lang F# -o ConsoleFSharp
```

或

```
dotnet new console --language VB -o ConsoleVB
dotnet new console --language F# -o ConsolecdFSharp
```

3-2-3 用 dotnet new mvc 建立 MVC 專案

以下用 CLI 命令建立與執行 ASP.NET Core MVC 專案，創建好後再用 Visual Studio Code 進行開發。

+ 在 Windows 命令視窗執行 CLI 命令

```
md MvcApp1             (建立專案目錄)
cd MvcApp1             (切換至專案目錄)
dotnet new mvc         (建立 MVC 專案)
dotnet build           (建置專案)
dotnet run             (執行專案)
dotnet watch run       (以 Hot Reload 方式執行專案並開啟網頁)
dotnet run | start chrome http://localhost:5050 (使用 launchSettings.json 中 http
profile, port 號須以專案中設定為準)
dotnet run --launch-profile https | start chrome https://localhost:7040 (使用 https
profile, port 號須以專案中設定為準)
```

在命令視窗中執行 dotnet run -lp https，顯示正在監聽 7040 或 5050 兩個 Ports，按 Ctrl+C 可離開。

```
info: Microsoft.Hosting.Lifetime[14]
      Now listening on: https://localhost:7040      ◄── 網頁服務監聽網址( https )
info: Microsoft.Hosting.Lifetime[14]
      Now listening on: http://localhost:5050       ◄── 網頁服務監聽網址( http )
info: Microsoft.Hosting.Lifetime[0]
      Application started. Press Ctrl+C to shut down.
info: Microsoft.Hosting.Lifetime[0]
      Hosting environment: Development
info: Microsoft.Hosting.Lifetime[0]
      Content root path: C:\Temp\CLI\MvcApp1
```

用瀏覽器開啟 https://localhost:7040 或 http://localhost:5050 網址，即會顯示 MVC 畫面。

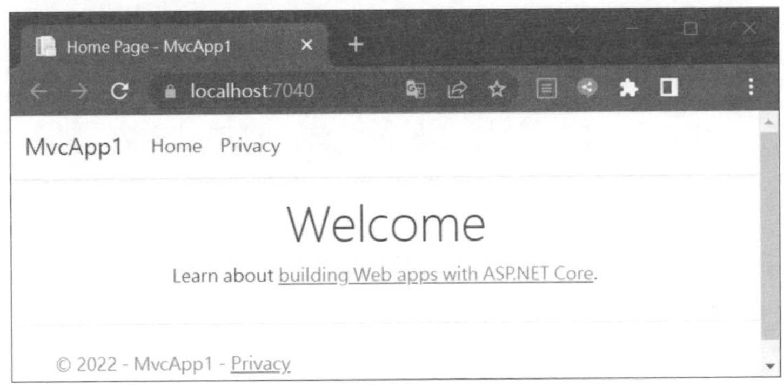

圖 3-2 用 CLI 命令建立與執行 MVC 網頁程式

＋ macOS & Linux 在命令視窗執行 CLI 命令

```
mkdir MvcApp1        (建立專案目錄)
cd MvcApp1           (切換至專案目錄)
dotnet new mvc       (建立 MVC 專案)
dotnet build         (建置專案)
dotnet run           (執行專案)
```

同樣的，三行指令也可用-o 或--output 選項精簡成一行：

```
dotnet new mvc -o MvcApp1
```

或

```
dotnet new mvc --output MvcApp1
```

若想知悉建立 MVC 專案所有參數選項，可用--help：

```
dotnet new mvc --help
```

在專案路徑下，可用以下命令於 VS Code 開啟專案：

```
code -r MvcApp1
```

其中 code 是 VS Code 程式本身，而-r 是用目前已開啟的 VS Code 開啟檔案或資料夾，也就是 MvcApp1 資料夾。

3-2-4 用 dotnet new sln 建立方案

若想先建立方案，再加入多個專案，可用 dotnet new sln 命令建立方案。

+ 在 Windows 命令視窗執行 CLI 命令

以下先建立 Solution 方案，再建立 MVC 和 Web API 專案，最後再將專案加入方案中。

```
md CoreSolution (建立方案目錄)
cd CoreSolution (切換到方案目錄)
dotnet new sln  (建立方案)
type CoreSolution.sln (顯示方案內容)
dotnet new mvc -o MvcApp01 (建立 Mvc 專案)
dotnet sln add MvcApp01/MvcApp01.csproj (將 MvcApp01 專案加入方案, MvcApp01.csproj
可省略)
type CoreSolution.sln (顯示方案內容)
dotnet new webapi -o WebApi01 (建立 Web API 專案)
dotnet sln add WebApi01 (將 WebApi01 專案加入方案)
type CoreSolution.sln
```

+ macOS & Linux 在命令視窗執行 CLI 命令

```
mkdir CoreSolution (建立方案目錄)
cd CoreSolution (切換到方案目錄)
dotnet new sln  (建立方案)
cat CoreSolution.sln (顯示方案內容)
dotnet new mvc -o MvcApp01 (建立 Mvc 專案)
dotnet sln add MvcApp01 (將 MvcApp01 專案加入方案)
cat CoreSolution.sln (顯示方案內容)
dotnet new webapi -o WebApi01 (建立 Web API 專案)
dotnet sln add WebApi01 (將 WebApi01 專案加入方案)
cat CoreSolution.sln (顯示方案內容)
```

最後，列出方案中所有專案：

```
dotnet sln list
```

輸出：

```
專案
--
MvcApp01\MvcApp01.csproj
WebApi01\WebApi01.csproj
```

若想將專案自方案移除指令如下：

```
dotnet sln remove WebApp01
```

而方案中若要設定起始專案，是在【檢視】→【命令選擇區】→輸入【.NET：Generate Assets for Build and Debug】選擇方案中 MVC 或 Web API 專案名稱。

⊙ dotnet sln 命令線上說明文件
https://docs.microsoft.com/zh-tw/dotnet/core/tools/dotnet-sln

以上是用 CLI 建立應用程式專案的例子，但 CLI 還具備更多強大功能，後續會進一步說明。

3-3 Visual Studio Code 安裝與介面環境調整

若想要一款跨平台、免費、輕量級、速度快的.NET 程式編輯器，又能整合搭配.NET CLI 命令工具，那麼 Visual Studio Code（簡稱 VS Code）是一款能滿足您需求的編輯器。

VS Code 可用來開發 C#、JavaScript、HTML、CSS、JSON、TypeScript、T-SQL 等眾多程式語言。

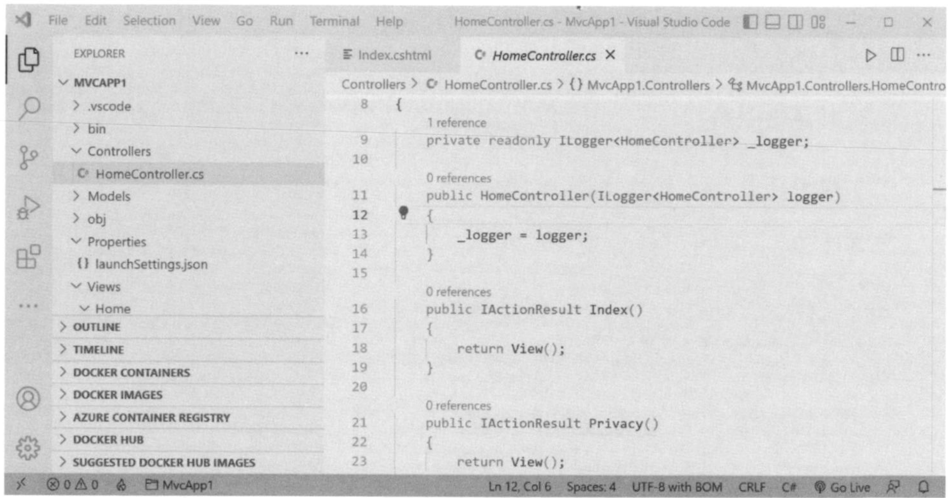

圖 3-3 VS Code 編輯器

安裝 VS Code 只需至 https://code.visualstudio.com 下載與作業系統相對映版本，進行安裝即可使用。初次安裝完成，VS Code 是英文介面，後續會教您安裝擴充套件、改成中文介面及環境設定。

3-3-1 安裝 VS Code 擴充套件

VS Code 有眾多社群人士上傳無數的擴充套件，可增加額外輔助新功能，大大增強各式各樣的開發能力，著實令人激賞。

而 VS Code 初次安裝完成，若想執行與偵錯.NET 應用程式，需安裝「C# for Visual Studio Code (powered by OmniSharp)」套件，方式為：❶按 **Ctrl + Shift + X** 快速鍵→❷輸入 C#→❸點擊安裝。

圖 3-4　安裝 C# for VS Code 套件

安裝完成後，開啟一個現成的 ASP.NET Core MVC 專案，VS Code 會提示需安裝建置和偵錯 MVC 專案所需資源，請按 Yes 按鈕。

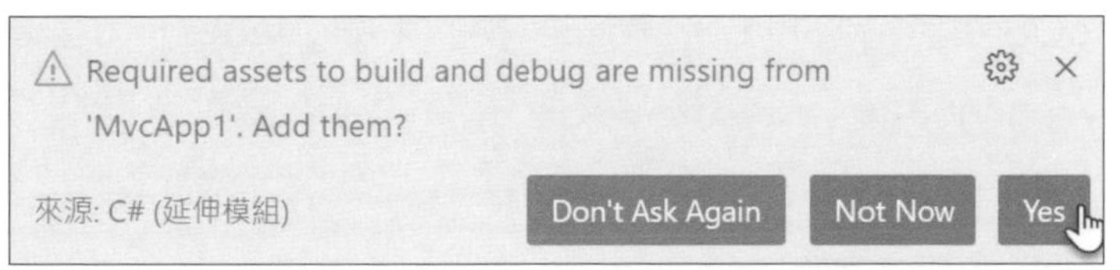

圖 3-5　安裝 MVC 執行與偵錯所需資源

在專案中會產生一個.vscode 資料夾，裡面有 launch.json 和 tasks.json 設定檔，點選執行圖示後，「.NET Core Launch(Web)」可執行.NET Core 程式，或用 F5 或 Ctrl + F5 執行。

圖 3-6 .NET Core 執行與偵錯

想用 VS Code 連接管理 SQL Server 和 MySQL 也不成問題，只需安裝 SQL Server 和 MySQL 擴充套件即可。

3-3-2 將 VS Code 介面改成中文

VS Code 介面預設是英文，若想調整成中文介面，按 Ctrl + Shift + P（macOS 用⌘ + Shift + P）→ 輸入 Language → 選擇「Configure Display Language」→選擇中文繁體(zh-tw)，重新啟動即可顯示中文介面。

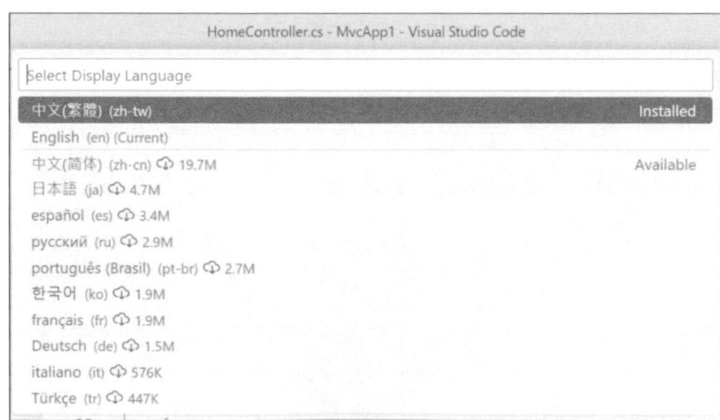

圖 3-7 安裝及調整中文語言介面

事後介面若想在中英文二者間切換，也是用上面步驟，選擇 en 或 zh-tw，重新啟動後生效。

3-3-3 VS Code 介面功能區塊

VS Code 介面分為五個功能區塊：

A. Activity Bar 活動吧：活動吧中包含五個圖示，依序為：檔案總管、跨檔搜尋、SCM 原始碼管理、啟動與偵錯、管理延伸模組。

B. Side Bar 側邊吧：提供不同的檢視來輔助專案開發。

C. Editor Group 編輯器群組：編輯程式碼的畫面，畫面可做垂直或水平分割，同時呈現多個檔案。

D. Panel 面板：用來顯示 Output、Debug、Error 或 warning，以及整合性 Terminal 面板。

E. Status Bar 狀態吧：顯示專案及編輯檔案的各種狀態。

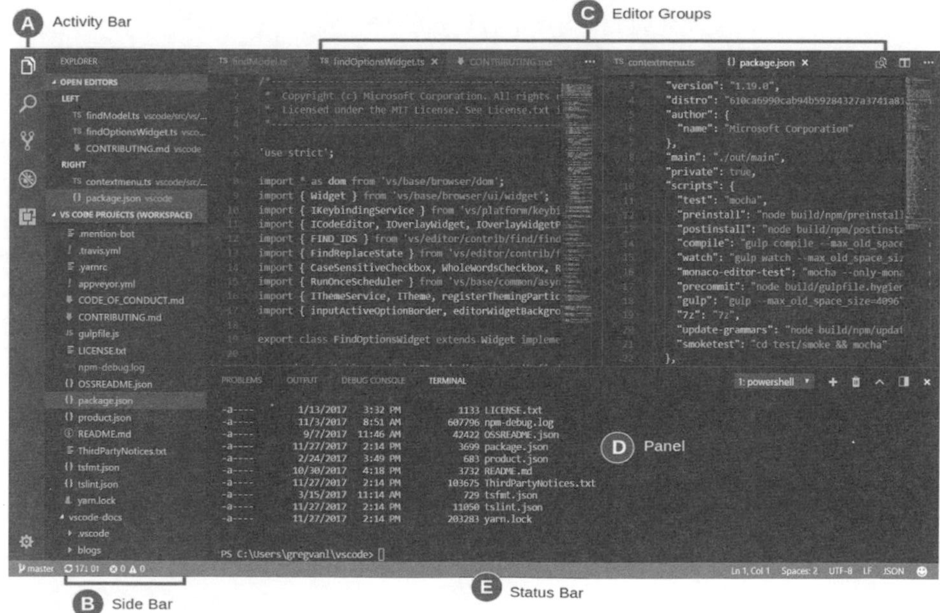

圖 3-8 使用者介面五大區塊

❖ Activity Bar 五大功能說明

以下概述 Activity Bar 五大圖示功能：

1. 檔案總管（File explorer，**Ctrl+Shift+E**）

   用來管理方案或專案中的檔案，包括檔案開啟、檔案新增、資料夾新增等功能。

2. 跨檔案搜尋（Search across files，**Ctrl+Shift+F**）

   可用關鍵字搜尋或取代整個方案/專案中符合的部分。

3. 原始碼程式管理（Source Code Management，**Ctrl+Shift+G**）

   這部分是與 Git 做整合管理。

4. 啟動並偵錯（Launch and debug，**Ctrl+Shift+D**）

   用來啟動並偵錯應用程式，例如.NET Core 程式。

5. 管理延伸模組（Manage extensions，**Ctrl+Shift+X**）

   用來安裝/查詢擴充套件。

3-3-4 UI 介面縮放與字型大小的調整

由於每人電腦螢幕尺寸與解析度不同，VS Code 介面及預設字型需調整至適合大小。UI 介面的放大可使用 **Ctrl =**鍵（⌘=），縮小可使用 **Ctrl -**鍵（⌘-）。若鍵盤有獨立數字鍵，按 **Ctrl +**鍵（⌘+）可放大，**Ctrl -**鍵（⌘-）可縮小，**Ctrl 0** 鍵（⌘ **0**）可回復至預設值。

以上針對整個 UI 和編輯畫面都會縮放，但若只想對程式字型大小做調整，Windows 可在檔案→喜好設定→設定→文字編輯器→字型→Font Size 調整大小。Mac 則是在 Code →喜好設定→設定→文字編輯器→字型→Font Size。

圖 3-9 設定文字編輯器字型大小

3-3-5 設定顏色佈景主題（Color Theme）

VS Code 除了內建的佈景主題外，還有許多護眼又醒目的 Dark 黑色佈景主題可供安裝，只需在擴充套件管理輸入「Dark」關鍵字，像 One Dark Pro、ATOM One Dark Pro、Super One Dark Theme 或 One Monokai Theme 都是熱門的選擇。

變換佈景主題是按 **Ctrl+Shift+P**→選擇「喜好設定：色彩佈景主題」→選擇套用新的佈景主題。

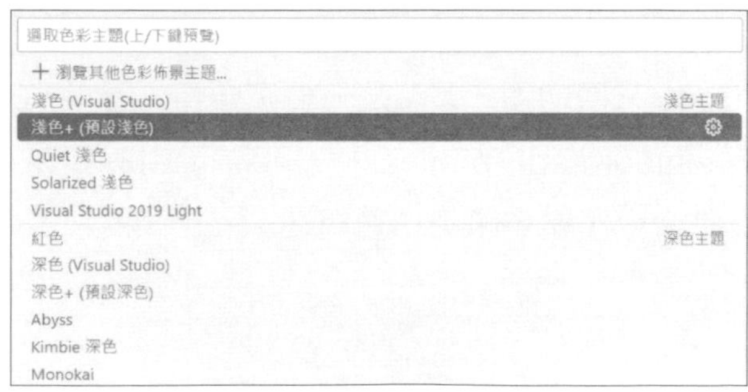

圖 3-10 更換佈景主題

或用快速鍵，Window 按 **Ctrl+K Ctrl+T**，macOS 按⌘**K** ⌘**T** 亦可叫出顏色佈景主題。

3-3-6 顯示所有鍵盤快速鍵定義

若想知道 VS Code 所有鍵盤快速鍵定義，可在檔案→喜好設定→鍵盤快速鍵，顯示目前的快速鍵設定。而 Windows 和 macOS 兩平台快速鍵可能會有差異，請自行留意。

鍵盤快速鍵 ×

要在按鍵繫結關係中搜尋的類型

命令	按鍵繫結關係	當	來源
上移一行	Alt + UpArrow	editorTextFocus && !editorReadonly	預設
下移一行	Alt + DownArrow	editorTextFocus && !editorReadonly	預設
工作: 執行建置工作	Ctrl + Shift + B	—	預設
工作區: 關閉工作區	Ctrl + K F	—	預設
切換 TAB 鍵移動焦點	Ctrl + M	—	預設
切換行註解	Ctrl + /	editorTextFocus && !editorReadonly	預設
切換呼叫階層	Shift + Alt + H	callHierarchyVisible	預設

圖 3-11 VS Code 鍵盤快速鍵定義

Windows 按 **Ctrl+K Ctrl+S** 可叫出快速鍵列表，macOS 則是按⌘**K** ⌘**S**。或是需要快速鍵的 PDF 檔，在【說明】→【鍵盤快速鍵參考】有提供下載。

3-3-7 在 VS Code 的 Terminal 終端機執行 CLI 命令

在 3-2 小節，曾在命令視窗中執行 CLI 命令，但此種方式需在命令視窗與 VS Code 來回切換，有時是一件麻煩事。所幸 VS Code 提供了整合性終端機（Integrated Terminal），可執行 CLI 命令，亦可執行 bash 或 powershell 命令，避免來回切換問題。

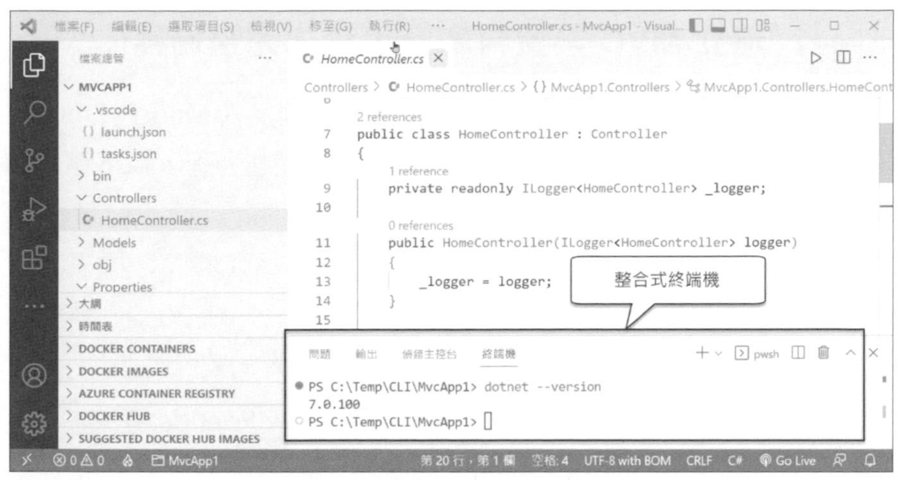

圖 3-12 VS Code 中的整合式終端機

叫出 VS Code 的 Terminal 終端機有三種方式：

1. **Ctrl +** `（macOS 是⌘`）
2. 檢視→終端
3. 檢視→命令選擇區（Command Palette）→檢視：切換終端機（View: Toggle 終端機）

以快捷性而言，第一種最優，可以它為優先。

3-4 在 VS Code 新增、建置、執行與偵錯 MVC 專案

在 VS Code 新增、建置、執行與偵錯 MVC 專案，過程中需搭配.NET 及 EF Core 的 CLI 命令產生相關檔案及加入套件設定，以下分兩個小節闡述。

3-4-1 建立 MVC 與資料庫應用程式完整過程

本節説明用 CLI 命令建立 MVC 專案，再到加入 Model、DbContext、Controller、View 及 Migration 資料庫生成的完整過程。以下標示出各階段任務及編號，讓您了解所為何事。

+ 新增與開啟 MVC 專案

在命令視窗執行以下命令（請勿輸入項目編號）：

1. dotnet new mvc -o MvcFriends （建立 MvcFriends 專案）
2. cd MvcFriends （切換到 MvcFriend 目錄）
3. code -r .（用 VS Code 開啟 MvcFriend 專案）

+ 執行專案

4. 以 Ctrl+F5 執行而不偵錯 （第一次執行會詢問需加入資源，並選擇.NET Core 執行）
5. dotnet dev-certs https --trust （信任 HTTPS 開發憑證）

+ 新增 Model 模型

6. 在 VS Code 中 MvcFriends 專案的 Models 資料夾，新增一 Friend 模型

Models/Friend.cs

```
namespace MvcFriends.Models
{
    public class Friend
    {
        public int Id {get;set;}
        public string Name {get;set;}
        public string Email {get;set;}
        public string Mobile {get;set;}

        [NotMapped]
```

```
        public string Country { get; set; }
    }
}
```

＋ 新增 NuGet Packages

7. 在命令視窗中執行新增工具及套件命令

```
dotnet tool install --global dotnet-ef --version 7.0.0 (安裝 EF Core 命令工具)
dotnet tool update --global dotnet-ef --version 7.0.4(更新版本)
dotnet tool install --global dotnet-aspnet-codegenerator --version 7.0.6(安裝
 dotnet-aspnet-codegenerator 命令工具)

dotnet add package Microsoft.EntityFrameworkCore --version 7.0.4
dotnet add package Microsoft.EntityFrameworkCore.Tools --version 7.0.4
dotnet add package Microsoft.EntityFrameworkCore.SqlServer --version 7.0.4
dotnet add package Microsoft.EntityFrameworkCore.Design --version 7.0.4
dotnet add package Microsoft.VisualStudio.Web.CodeGeneration.Design
  --version 7.0.4
dotnet list package(顯示專案安裝的套件)
```

＋ 新增 GlobalUsings.cs

8. 在專案根目錄新增 GlobalUsings.cs，統一加入 global using 參考

GlobalUsings.cs

```
global using Microsoft.EntityFrameworkCore;
global using System.ComponentModel.DataAnnotations;
global using System.ComponentModel.DataAnnotations.Schema;
global using MvcFriends.Models;
global using MvcFriends.Data;
```

＋ 新增 FriendContext.cs

9. 在專案新增 Data 資料夾，建立 FriendContext.cs，它是 Entity Framework Core 負責對資料庫作業的物件

Data/FriendContext.cs

```
namespace MvcFriends.Data
{
    public class FriendContext : DbContext
```

```
    {
        public FriendContext (DbContextOptions<FriendContext> options) :
          base(options)
        {

        }
        public DbSet<Friend> Friends { get; set; }

        protected override void OnModelCreating(ModelBuilder modelBuilder)
        {
            //這裡是建立種子資料
        }
    }
}
```

在 Program.cs 註冊 FriendContext 服務

10. 在 DI Container 註冊 FriendContext 類別

Program.cs

```
var builder = WebApplication.CreateBuilder(args);

// Add services to the container.
builder.Services.AddControllersWithViews();

//取得資料庫連線設定
string connectionString =
   builder.Configuration.GetConnectionString("FriendContext");
                                          └─ 資料庫連線名稱

// 在 DI Container 註冊 EF Core 的 FriendContext
builder.Services.AddDbContext<FriendContext>(options =>
   options.UseSqlServer(connectionString));

var app = builder.Build();
...略
```

＋ 在 appsettings.json 新增 FriendContext 資料庫連線

11. 建立 FriendContext 類別使用的資料庫連線名稱，需與前一步驟資料庫連線名稱相同

appsettings.json

```
{
  "Logging": {
    …
  },
  "AllowedHosts": "*",
  "ConnectionStrings":{
    "FriendContext":"Data Source=(localdb)\\mssqllocaldb;Database=MvcFriendDB"
  }
}
```

新增資料庫連線設定

＋ 建立 Migration 及產生資料庫

12. 利用 EF Core 命令工具建立 Migration 及產生資料庫

```
dotnet build
dotnet ef migrations add InitialDB (建立Migration 檔)
dotnet ef database update  (更新/產出資料庫)
```

＋ 新增 Controller 控制器 & View 檢視

13. 以 CLI 命令 Scaffolding 產出 Controller 和 View，方式是透過 dotnet aspnet-codegenerator 命令達成

```
dotnet aspnet-codegenerator controller --controllerName FriendsController
-outDir Controllers -async -namespace MvcFriends.Controllers -m Friend
-dc FriendContext -udl
```

說明：--controllerName 是指控制器名稱，-outDir 是檔案輸出目錄，-async 是產生非同步 Action，-namespace 是替控制器加上命名空間，-m 是指使用的 Model 模型名稱，-dc 是指要使用的 DbContext 類別名稱，-udl 是指使用預設 layout

查詢 dotnet aspnet-codegenerator 命令所有參數選項之作用：

```
dotnet aspnet-codegenerator controller -h
```

+ 建立種子資料

14. 在 FriendConext 的 OnModelCreating 方法建立種子資料

Data/FriendConext.cs

```
protected override void OnModelCreating(ModelBuilder modelBuilder)
{
    modelBuilder.Entity<Friend>().HasData(
      new Friend { Id=1, Name="Mary", Email="mary@gmail.com", Mobile="0922-355822"},
      new Friend { Id=2, Name="David", Email="david@gmail.com", Mobile="0933-123456"},
      new Friend { Id=3, Name="Rose", Email="rose@gmail.com", Mobile="0955-888-163"}
    );
}
```

+ 執行 Migrations 資料庫更新

15. 再次以 EF Core 命令執行 Migration 及資料庫更新

```
dotnet ef migrations add AddSeedData (提交一個新 Migration)
dotnet ef database update （更新/產出資料庫）
```

然後用 SQL Server 管理工具檢視 MvcFriendsDB 資料庫的 Friends 資料表，裡面會有三筆種子資料。最後按 F5 執行，瀏覽 Friends/Index 即可顯示朋友資訊。

3-4-2 用 VS Code 開啟專案、執行、編譯與偵錯

以下是用 VS Code 開啟專案、執行、編譯與偵錯方式。

+ 開啟專案及編輯檔案

在檔案→開啟（**Ctrl + O** 或 **⌘O**），打開專案資料夾，在檔案總管會呈現整個專案資料夾及檔案。直接 Click 點擊檔案，即可開啟檔案進行編輯，編輯完成後按（**Ctrl + S** 或 **⌘S**）儲存。

✦ 執行.NET App 應用程式

專案第一次按 F5 執行，VS Code 會詢問要加入哪一種應用組態，選擇.NET Core 後，會在專案下建立一個.vscode 目錄，裡面有 launch.json 和 tasks.json 檔案。

之後，可按 F5（偵錯）或 Ctrl+F5（不偵錯）執行.NET Core 應用程式。

如果 VS Code 沒有彈出訊息視窗，可在【檢視】→【命令選擇區】→輸入【.NET：Generate Assets for Build and Debug】產出.vscode 目錄及檔案。

✦ 編譯與偵錯

一般來說，在撰寫 C# 程式時，VS Code 會即時提示語法上的錯誤，但若需明確執行 Build 建置，可在【終端機】→【執行組建工作】建置編譯，或用快捷鍵 Ctrl + Shift + B（Shift + ⌘ +B）。

至於如何設定中斷點進行偵錯？點選 Activity Bar 的執行圖示後，在程式行號左側新增中斷點，然後按 F5 啟動偵錯，便會執行程式，並進入偵錯畫面。但若不想進入偵錯，可用 Ctrl+F5 執行。

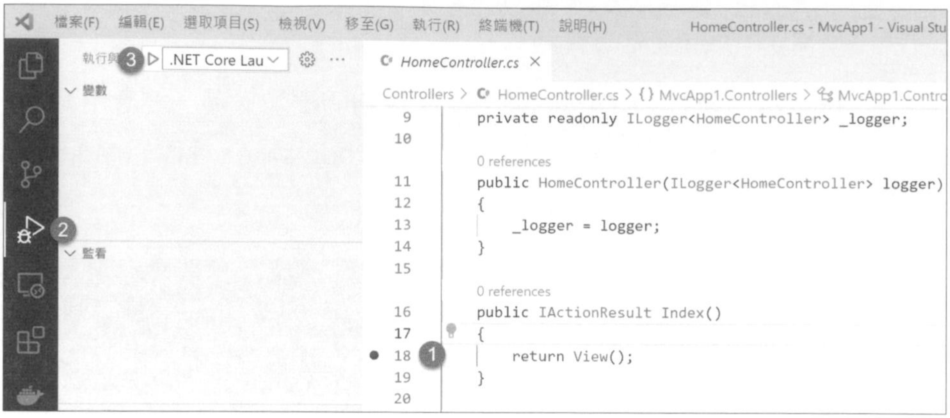

圖 3-13 設定中斷點與偵錯

若滑鼠移至變數上，會即時顯示內容。如標示變數，再於變數上按滑鼠右鍵→【加入監看】，變數就會出現在監看視窗。同樣方式，亦可讓變數【在偵錯主控台評估】。

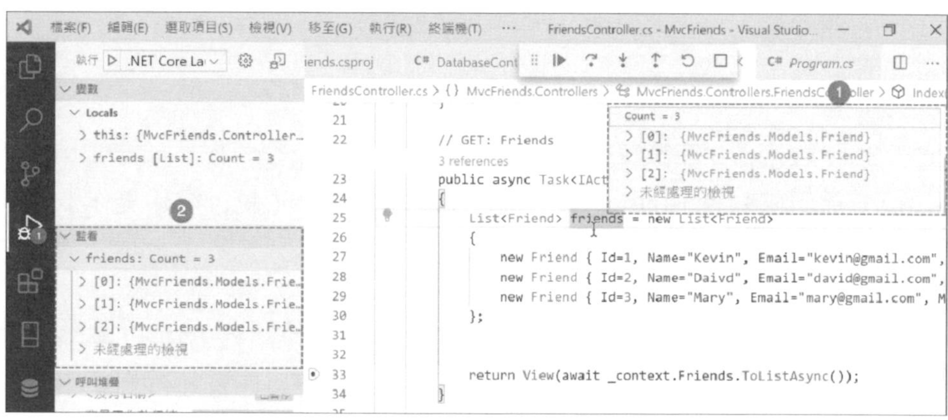

圖 3-14 變數顯示與加入監看視窗

3-5 用 Git 與 GitHub 管理專案

電腦首次需安裝 Git，才能使用 Git 進行軟體的版本管理功能，下載安裝網址為 https://git-scm.com/downloads。

Git 運作的基本流程：❶先在專案目錄中先初始化一個 Git 儲存庫，❷將工作區（Working Directory）的檔案加入到暫存區（Staging Area），❸最後 Commit 確認提交到儲存庫（Repository）。

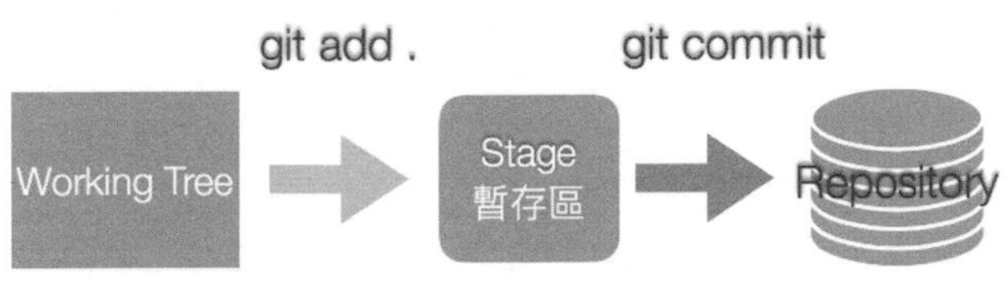

圖 3-15 Git 暫存與提交流程

一個專案若用 Git 進行版本管理，下面是基本的 git 命令與過程：

1. git init（初始化）
2. dotnet new gitignore（加入忽略清單檔）
3. git status（查詢狀態）
4. git add .（將所有檔案加入版控追蹤）
5. git commit －m "Project Initial"（提交認可）
6. git log（查詢提交的 Log 記錄）

以下用 VS Code 工具進行對等的 Git 版控工作。

✦ 初始化 Git 儲存庫（Git Repository）

初始化 Git 儲存庫方式是點擊原始碼管理圖示→【初始化存放庫】按鈕→選擇工作區資料夾。

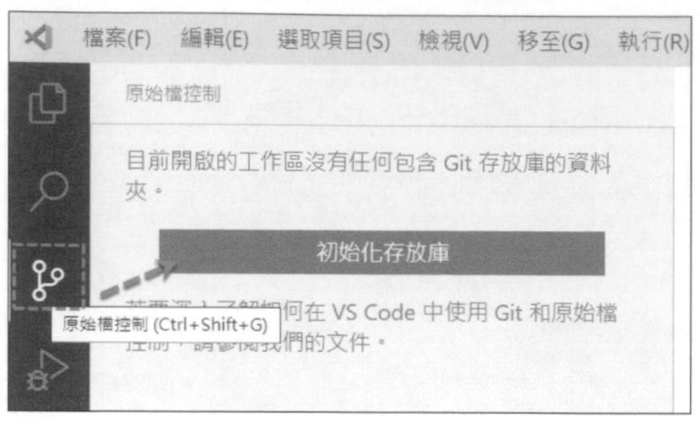

圖 3-16 初始化儲存庫

初始化儲存庫後，所有類型檔案都是加入版控的對象，但像 bin 或 obj 等系統編譯產生的檔案，是不需要加入版控的，故請在命令視窗執行以下命令，建立.gitignore 檔，裡面是忽略排除清單：

```
dotnet new gitignore
```

建立完成後，原本需做版控的檔由 227 個減少為 65 個，而檔案右側英文字 U，表示 Untracked 未被 Git 追蹤管理。

圖 3-17 Git 儲存庫初始化後畫面

或可在命令視窗直接用 Git 命令初始化儲存庫。

```
cd c:\tmep\MvcFriend
git init
```

+ 建立.gitignore 檔

之前用「dotnet new gitignore」命令建立.gitignore 檔，亦可用 VS Code 安裝 gitignore 擴充套件，安裝完成後在命令選擇區→輸入「add gitignore」→「VisualStudio」。

圖 3-18 安裝 gitignore 擴充套件

> **TIP**
> **.gitignore 內容是排除清單，裡面建立不想納入 Git 管理的檔案名稱或類型清單**

+ 暫存所有變更（Stage All Changes）

欲將前述 80 個檔案加入成為 Git 追蹤的對象，點擊右上角…圖示→暫存所有變更（Stage All Changes），然後 U 符號會變成 A，表示這些檔案已被 Git 追蹤。

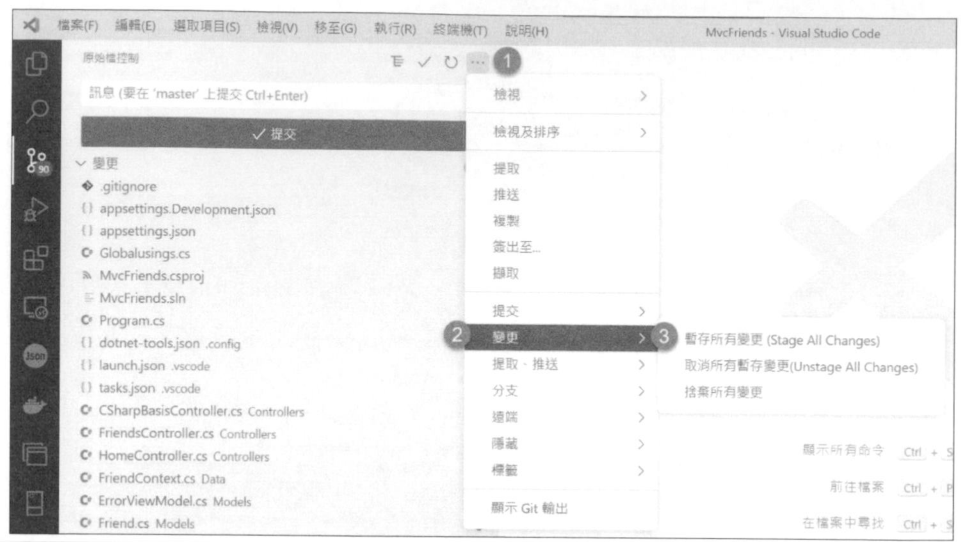

圖 3-19 暫存所有變更

＋ Commit 認可提交到儲存庫

Commit 提交到儲存庫方式是點選【提交】→輸入提交訊息「Project Initial」後，再點選右上角的打勾完成提交。

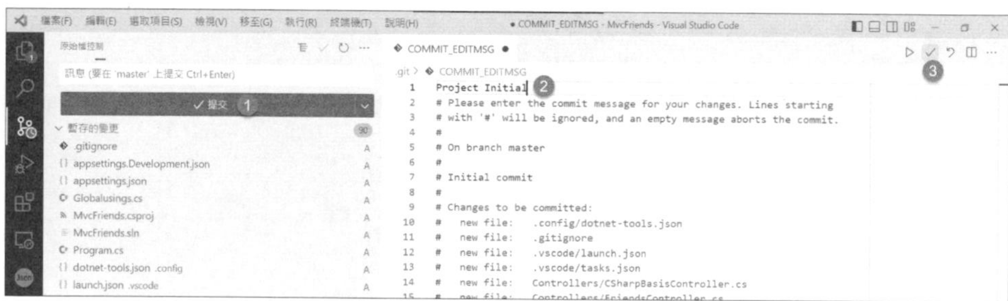

圖 3-20 Commit 認可提交到儲存庫

✦ 將專案推送至遠端 GitHub Repository 儲存庫

將本地專案推送至遠端 GitHub 儲存庫，情況有兩種：

1. 建立新的 GitHub 儲存庫，推送至遠端命令：

```
echo "# MvcFriends" >> README.md
git init
git add README.md
git commit -m "first commit"
git remote add origin https://github.com/apprunner/MvcFriends.git
git push -u origin master
```

其中 apprunner 是指儲存庫擁有者，而 MvcFriends.git 是儲存庫名稱。

2. 推送至既有的 Github 儲存庫命令：

```
git remote add origin https://github.com/apprunner/MvcFriends.git
git push -u origin master
```

當然亦可用 VS Code 推送至 Github 新的儲存庫，在你的 Github 帳號為登入狀態下，按下【發佈】→【Publish to Github public repository】後，在 Github 網站的 Repository 便可找到 MvcFriends。

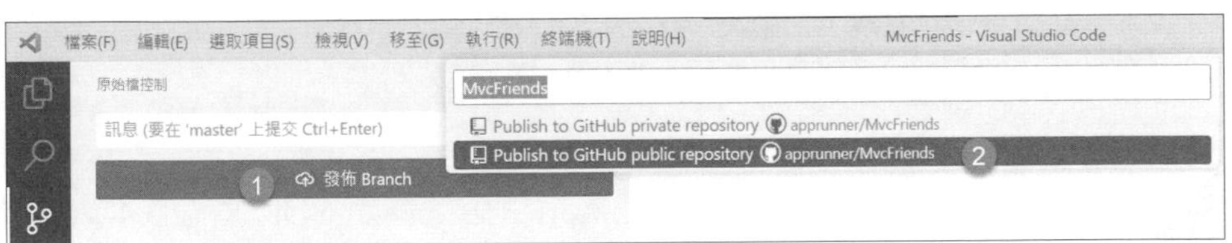

圖 3-21 推送本地 MvcFriends 專案程式至遠端 GitHub 儲存庫

3-6 替 CLI 命令指定不同的 .NET SDK 版本

.NET 的特性是一台電腦可以並行（side-by-side）安裝與執行不同版本，而這包括了不同版本的.NET SDK 與 Runtime。那麼替 CLI 命令指定不同版本的.NET SDK 有何作用？當使用 dotnet new mvc 命令建立專案時，它會使用最新版本.NET SDK。例如電腦中同時安裝 3.1、5.0、6.0 和 7.0 版，它會使用 7.0 版 SDK 來建 MVC 專案，自然建立出來的專案就是 ASP.NET Core 7 MVC。但若要建立 5.0 或 6.0 專案那怎麼辦？就要利用本節所教技巧，建立 global.json 檔，指定.NET SDK 版本。

首先執行 dotnet --info 或 dotnet --list-sdks 命令檢視電腦安裝了 3.1、5.0、6.0 和 7.0 四個版本 SDKs：

```
3.1.425 [C:\Program Files\dotnet\sdk]
5.0.408 [C:\Program Files\dotnet\sdk]
6.0.403 [C:\Program Files\dotnet\sdk]
7.0.203 [C:\Program Files\dotnet\sdk]
```

以下先用 global.json 指定不同 SDK 版本，再用 dotnet new mvc 建立不同版本 MVC 專案。

+ 建立 ASP.NET Core 5.0 MVC 專案

在命令視窗中執行：

```
mkdir MvcApp5
cd MvcApp5
dotnet new globaljson --sdk-version 5.0.408
dotnet --version (顯示 SDK 版本為 5.0.408)
dotnet new mvc
```

Windows 執行「type global.json」命令顯示 SDK 為 5.0.408 版本，macOS 是「cat global.json」：

```
{
  "sdk": {
    "version": "5.0.408"
  }
}
```

接著執行 dotnet build 建置命令，檢視.\bin\Debug\5.0 目錄，表示確實是執行 5.0 版 SDK。

或檢視 MvcApp5.csproj 專案檔內容，其目標框架亦是.net5.0：

```
<Project Sdk="Microsoft.NET.Sdk.Web">
  <PropertyGroup>
    <TargetFramework>net5.0</TargetFramework>
  </PropertyGroup>
</Project>
```

+ 建立 ASP.NET Core 6.0 MVC 專案

在命令視窗中執行：

```
mkdir MvcApp6
cd MvcApp6
dotnet new globaljson --sdk-version 6.0.403
dotnet --version （顯示 SDK 版本為 6.0.403）
dotnet new mvc
```

+ 建立 ASP.NET Core 7.0 MVC 專案

因 dotnet 命令本會使用最新版 SDK 建立專案，故用 dotnet new mvc 就可建立 ASP.NET Core 7.0 MVC 專案，或想指定版號也行：

```
mkdir MvcApp7
cd MvcApp7
dotnet new globaljson --sdk-version 7.0.203
dotnet --version （顯示 SDK 版本為 7.0.203）
dotnet new mvc
```

正常情況下，當初是用什麼版本 SDK 建立的專案，最好就指定該版本為主，build 編譯時才不會發生錯誤。

另外，global.json 指定的是.NET SDK 版本，而非 Runtime 版本。除了新建立專案時，它會指定 Target Framework 版本，其餘不會更動既有專案的 Target Framework 設定，若需調整是在.csproj：

```
<Project Sdk="Microsoft.NET.Sdk.Web">
  <PropertyGroup>
    <TargetFramework>net7.0</TargetFramework>
    <Nullable>enable</Nullable>
    <ImplicitUsings>enable</ImplicitUsings>
  </PropertyGroup>
</Project>
```

+ 用--framework 選項指定目標專案 Framework 版本

或用--framework 選項指定目標專案 Framework 版本：

```
dotnet new mvc -o Mvc5App --framework net5.0
dotnet new mvc -o Mvc6App --framework net6.0
dotnet new mvc -o Mvc7App --framework net7.0
```

但還是要配合建立相對映的 global.json 版本，才能使用到正確的 SDK CLI 版本。

3-7 CLI 命令分類總覽

CLI 命令主要有四大分類：

1. 基本命令（Basic commands）
2. 專案修改命令（Project modification commands）
3. NuGet 命令（NuGet commands）
4. 工具管理命令（Tools Management）

其中以基本命令使用頻率及實用性最高，再來則是專案修改命令和 NuGet 管理命令。

.NET CLI 命令由四部分組成：❶Driver 驅動程式（指 dotnet）、❷Command 命令、❸Argument 引數和❹Option 選項，例如以下 build 建置命令剛好代表四部分：

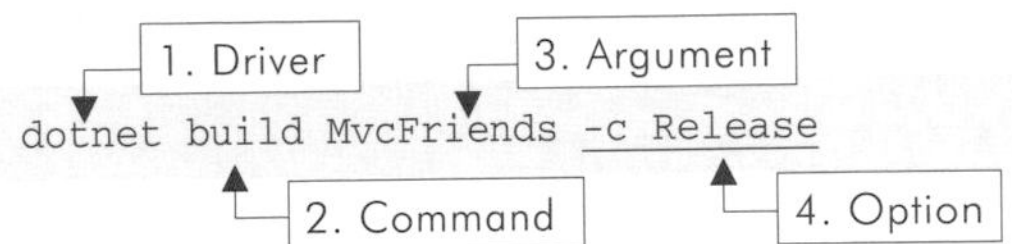

下面介紹四大分類 CLI 命令。

一、基本命令

基本命令是用來建立、建置，測試、執行與發佈專案等功能，這些是以 CLI 命令管理.NET 專案必定會用到的。

基本命令	說明
dotnet new	初始化指定範本的 C#、VB 或 F#專案
dotnet restore	還原應用程式的相依性
dotnet build	建置.NET 應用程式
dotnet clean	清除專案的輸出
dotnet publish	發行應用程式及其相依性到資料夾，用以部署到 Hosting 系統
dotnet run	從原始檔執行應用程式
dotnet test	使用測試執行器執行測試
dotnet vstest	執行 VSTest.Console 命令應用程式，執行自動化測試
dotnet pack	建立程式碼的 NuGet 套件
dotnet migrate	將 Preview 2 .NET Core 專案移轉至.NET Core SDK 類型專案
dotnet clean	清除組建輸出
dotnet sln	在方案檔中新增、移除及列出專案的選項
dotnet help	顯示命令詳細的 Help 說明文件
dotnet store	在執行階段套件存放區中儲存組件

基本命令	說明
dotnet msbuild	提供對 MSBuild 命令的存取
dotnet sdk check	列出.NET SDK 和 Runtime 可用版本、即將不支援或不支援資訊

二、專案修改命令

專案命令主要是 NuGet 套件及參考的新增、移除與條列。

專案修改命令	說明
dotnet add package	專案新增 NuGet 套件
dotnet remove package	專案移除 NuGet 套件
dotnet list package	列出的 NuGet 套件
dotnet add reference	專案新增參考
dotnet remove reference	專案移除參考
dotnet list reference	列出專案參考

例如專案加入 newtonsoft.json 的 NuGet 套件：

```
dotnet add package newtonsoft.json --version 13.0.2
```

那麼便會去預設的 NuGet 來源抓取 newtonsoft.json 套件，且會快取到 C:\Users\<使用者帳號>\.nuget\packages\newtonsoft.json 目錄(Windows)，Unix 則為 $HOME/.nuget/packages 目錄。同時將 newtonsoft.json 套件參考寫入.csproj 專案檔中：

```
<Project Sdk="Microsoft.NET.Sdk.Web">
  <PropertyGroup>
    <TargetFramework>net7.0</TargetFramework>
    <Nullable>enable</Nullable>
    <ImplicitUsings>enable</ImplicitUsings>
  </PropertyGroup>

  <ItemGroup>
    <PackageReference Include="newtonsoft.json" Version="13.0.2" />
```

```
  </ItemGroup>
</Project>
```

若想移除 newtonsoft.json 套件參考：

```
dotnet remove package newtonsoft.json
```

以上只是把 newtonsoft.json 套件參考自專案中移除，並不是將套件快取原始檔刪除，若想將刪除，可到 C:\Users\<使用者帳號>\.nuget\packages 或$HOME/.nuget/packages 目錄將其刪除。

三、NuGet 管理命令

NuGet 管理命令是用來管理 NuGet 套件。

NuGet 命令	說明
dotnet nuget add	新增 NuGet 來源
dotnet nuget delete	從伺服器刪除或取消列出套件
dotnet nuget disbale	停用 NuGet 來源
dotnet nuget enable	啟用 NuGet 來源
dotnet nuget list	列出 NuGet 來源
dotnet nuget locals	清除或列出本機 NuGet 資源，例如 http-request 快取、暫時快取，或整部電腦的全域套件資料夾
dotnet nuget push	將套件推送至伺服器並發行
dotnet nuget remove	移除 NuGet 來源
dotnet nuget update	更新 NuGet 來源

以下列出常用命令用法。

+ 列出 NuGet 來源

```
dotnet nuget list source
```

輸出：

```
已註冊的來源:
  1.  nuget.org [已啟用]
      https://api.nuget.org/v3/index.json
  2.  Microsoft Visual Studio Offline Packages [已啟用]
      C:\Program Files (x86)\Microsoft SDKs\NuGetPackages\
```

+ 列出本機所有 NuGet 位置

```
dotnet nuget locals all -l
```

輸出訊息有四個資料夾位置：

```
http-cache: C:\Users\apple\AppData\Local\NuGet\v3-cache
global-packages: C:\Users\Microsoft\.nuget\packages\
temp: C:\Users\Microsoft\AppData\Local\Temp\NuGetScratch
plugins-cache: C:\Users\Microsoft\AppData\Local\NuGet\plugins-cache
```

+ 清除本機所有位置的 NuGet 資料檔

```
dotnet nuget locals all -c
```

四、工具管理命令

dotnet tool 是用來安裝額外的 CLI 命令工具，例如 EF Core、Libman 和 aspnet-codegenerator 命令，這些都不是內建 CLI 命令，需安裝後才能使用。

工具管理命令	說明
dotnet tool install	安裝全域或本機工具。本機工具會新增至資訊清單，並會還原
dotnet tool list	列出已安裝在全域或本機的工具
dotnet tool update	更新全域工具
dotnet tool restore	還原本機工具資訊清單中所定義的工具
dotnet tool run	執行本機工具

工具管理命令	說明
dotnet tool uninstall	將通用工具從您的電腦解除安裝
Dotnet tool search	搜尋 nuget.org 中的 dotnet 工具

以下列出命令用法。

+ dotnet tool install 安裝工具

```
dotnet tool install --global dotnet-aspnet-codegenerator --version 7.0.6
dotnet tool install --global microsoft.web.librarymanager.cli
dotnet tool install --global dotnet-ef --version 7.0.0
dotnet tool update --global dotnet-ef (更新 dotnet-ef 至最新版)
dotnet tool uninstall --global dotnet-ef (移除命令工具)
```

+ 列出已安裝的全域工具

```
dotnet tool list -g
```

輸出：

```
套件識別碼                                    版本        命令
---------------------------------------------------------------------------
dotnet-aspnet-codegenerator                   7.0.6       dotnet-aspnet-codegenerator
dotnet-ef                                     7.0.4       dotnet-ef
microsoft.web.librarymanager.cli              2.1.175     libman
powershell                                    7.2.7       pwsh
```

+ dotnet tool search 搜尋命令工具

用 dotnet tool search 可搜尋某個套件的所有版本。

```
dotnet tool search microsoft.web.librarymanager.cli --detail
```

輸出：

```
microsoft.web.librarymanager.cli
最新版本: 2.1.175
作者: Microsoft
標記:
下載: 318753
```

```
已驗證: True
描述: Command line tool for Library Manager
版本:
        1.0.163 下載: 4497
        1.0.172 下載: 6021
        2.0.48 下載: 4502
        …
        2.1.175 下載: 49791
```

五、其他命令

除上面四大類命令外，下表還有比較零散的命令歸於其他類。

其他命令	說明
dev-certs	建立及管理開發憑證
ef	Entity Framework Core 命令工具
sql-cache	SQL Server 快取命令工具
user-secrets	管理開發使用者祕密
watch	啟動會在檔案變更時執行命令的檔案監看員
dotnet-install scripts	執行 Script 進行非管理.NET Core SDK 和 Shared runtime 安裝

以下列出命令用法。

+ dotnet dev-certs 命令

此命令是執行信任 Windows 和 macOS 上的 ASP.NET Core HTTPS 開發憑證：

```
dotnet dev-certs https --trust （信任 HTTPS 憑證）
```

+ dotnet ef 命令

這是 EF Core 的 CLI 命令，以下用來建立 Migration 及更新資料庫：

```
dotnet ef migrations add xxx 異動名稱 （建立 Migration 檔）
dotnet ef database update （同步/更新資料庫）
```

+ dotnet user-secrets 命令

此為使用者祕密的命令：

```
dotnet user-secrets init （初始使用者祕密）
dotnet user-secrets set "Azure:ServiceApiKey" "abc.123" （設定使用者祕密）
```

3-8 CLI 常用命令

由於 CLI 命令群非常龐大，要全面解說有些不實際、也不實用。故對一些常用的 CLI 命令，分成幾個子小節說明。

> **TIP**
>
> 本節及所有小節之命令皆在命令視窗中執行

3-8-1 dotnet build 建置專案

dotnet build 是用來建置專案與其所有相依性。建置後會輸出 .dll、.pdb、.json 到 bin 目錄，同時也會輸出中介檔至 obj 目錄。

想了解 dotnet build 所有參數或選項說明，可加上--help 或-h：

```
dotnet build --help
dotnet build -h （功用同上）
```

+ 建置專案

在專案目錄下，執行 dotnet build 建置專案：

```
dotnet build
```

建置輸出的檔案位於 bin\Debug\net7.0 目錄下：

```
aappsettings.Development.json
appsettings.json
Mvc7App.deps.json
Mvc7App.dll
Mvc7App.exe
Mvc7App.pdb
Mvc7App.runtimeconfig.json
Mvc7App.staticwebassets.runtime.json
Newtonsoft.Json.dll
```

其中.dll 是中繼語言檔，.pdb 是用於偵錯的符號檔，.deps.json 是相依性檔，.runtimeconfig.json 是指定 Runtime 相關設定。

+ 建置時指定 Debug 或 Release 組態

若希望建置輸出的是 Release 而非 Debug 版本，命令為：

```
dotnet build --configuration Release
dotnet build -c Release （功用同上）
```

+ 建置時指定 Runtime 類型

建置時也可以指定 Runtime Identifier（RID）類型：

```
dotnet build --runtime win10-x64
dotnet build -r win10-x64 （功用同上）
```

建置亦可多個選項合併使用：

```
dotnet build  --runtime osx.10.13-x64 --configuration Release
dotnet build  -r osx.10.13-x64 -c Release （功用同上）
```

至於 RID 有哪些類型，請查閱 https://bit.ly/3cCPxnu。

⊙ dotnet build 線上說明
https://learn.microsoft.com/zh-tw/dotnet/core/tools/dotnet-build

3-8-2 dotnet msbuild 建置專案

dotnet msbuild 也是用來建置專案與其所有相依性。建置後會輸出 .dll、.pdb、.json 到 bin 目錄，同時也會輸出中介檔至 obj 目錄。

前面用 dotnet build 建置專案，實際背後是調用 dotnet msbuild 命令：

```
dotnet msbuild -restore -target:Build
```

普通情況下，dotnet build 感覺與 dotnet msbuild 很像。但為何創造出兩個類似的命令？dotnet build 用於一般的建置，且參數選項較為簡單易用；而使用 dotnet msbuild 可完整存取 MSBuild 建置平台的所有功能。

另外一點，dotnet build 預設會執行 restore 還原，除非加上 --no-restore 選項才不執行還原；但 dotnet msbuild 不執行 restore 還原。

- dotnet msbuild 線上說明
  https://learn.microsoft.com/zh-tw/dotnet/core/tools/dotnet-msbuild

- MSBuild 命令列參考
  https://learn.microsoft.com/zh-tw/visualstudio/msbuild/msbuild-command-line-reference?view=vs-2022

3-8-3 dotnet clean 清除建置輸出

dotnet clean 命令可用來清除 dotnet build 和 dotnet msbuild 建置輸出檔，包括了 bin 和 obj 兩個資料夾的輸出檔。

執行方式：

```
dotnet clean                 (全部清除，包括 Debug 和 Release 目錄)
dotnet clean -c Debug        (僅清除 bin\Debug 和 obj\Debug 目錄)
dotnet clean -c Release      (僅清除 bin\Release 和 obj\Release 目錄)
```

⊙ dotnet clean 線上說明
https://learn.microsoft.com/zh-tw/dotnet/core/tools/dotnet-clean

3-8-4 dotnet restore 還原相依性

dotnet restore 是用來還原專案的相依性和工具。例如一個專案參考某些 NuGet 套件，但在另一台電腦開啟這個專案，而這台電腦並未安裝這些套件，那麼執行 dotnet restore 命令，就會根據.csproj 中設定的 NuGet 套件參考，從網路抓取所需 NuGet 套件，安裝到本機電腦快取中。

早期.NET Core SDK 1.x 版本時，需明確使用 dotnet restore 才會執行還原，但到了.NET Core SDK 2.0 時，執行以下命令時，皆會隱含自動執行 dotnet restore 進行還原，多數情況下，已不需要刻意執行 dotnet restore。

- dotnet new
- dotnet build
- dotnet build-server
- dotnet run
- dotnet test
- dotnet publish
- dotnet pack

⊙ dotnet restore 線上說明
https://docs.microsoft.com/zh-tw/dotnet/core/tools/dotnet-restore

3-8-5 dotnet run 執行專案

dotnet run 是用來執行專案程式。且執行專案前，可不需先編譯就直接執行，因為 dotnet run 會自動呼叫 dotnet build 命令建置專案，產生 bin 及 obj 目錄輸出。

Windows 執行方式（以下擇一）：

```
dotnet run
dotnet run --launch-profile MvcFriends （多環境情況下，執行指定 Profile）
dotnet run -lp MvcFriends  （-lp 等同--launch-profile）
dotnet run .\bin\Debug\MvcFriends.dll  （執行編譯後的專案.dll）
dotnet run --project .\MvcFriends\MvcFriends.csproj （執行指定的專案檔）
dotnet run -p .\MvcFriends\MvcFriends.csproj  （執行指定的專案檔）
```

macOS 執行方式（擇一）：

```
dotnet run
dotnet run --launch-profile MvcFriends    （多環境情況下，執行指定 Profile）
dotnet run ./bin/Debug/MvcFriends.dll     （執行編譯後的專案.dll）
dotnet run --project ./MvcFriends/ MvcFriends.csproj （執行指定的專案檔）
dotnet run -p ./MvcFriends/MvcFriends.csproj  （執行指定的專案檔）
```

⊙ dotnet run 線上說明
https://learn.microsoft.com/zh-tw/dotnet/core/tools/dotnet-run

3-8-6 dotnet test 測試

dotnet test 是用來執行單元測試的命令。可執行 MSTest、NUnit 和 xUnit 單元測試框架所定義的測試，並顯示單元測試有幾個通過，幾個失敗，幾個跳過。

測試執行方式：

```
dotnet test
dotnet test .\BankServices.Tests\BankServices.Tests.csproj (Windows)
dotnet test ./BankServices.Tests/BankServices.Tests.csproj (macOS)
```

輸出結果：

```
Starting test execution, please wait...
Total tests: 4. Passed: 4. Failed: 0. Skipped: 0.
Test Run Successful.
Test execution time: 2.7554 Seconds
```

若要對測試結果輸出成.trx 格式的報告，命令為：

```
dotnet test --logger trx      (.trx 格式，以電腦名稱+日期時間流水號來命名)
dotnet test --logger "trx;LogFileName=TestResult.trx" (指定檔名為 TestResult.trx)
```

執行測試後，在測試專案下會產生 TestResults 目錄，裡面有.trx 格式的輸出檔。至於 dotnet test 是用哪個測試執行器（Test Runner），可查看測試專案檔.csproj，裡面顯示是 xUnit 的 runner：

```
<Project Sdk="Microsoft.NET.Sdk.Web">
...
  <ItemGroup>
    <PackageReference Include="Microsoft.NET.Test.Sdk" Version="16.6.0" />
    <PackageReference Include="xunit" Version="2.4.1" />
    <PackageReference Include="xunit.runner.visualstudio" Version="2.4.1">
      <IncludeAssets>runtime; build; native; contentfiles;
       analyzers; buildtransitive</IncludeAssets>
      <PrivateAssets>all</PrivateAssets>
    </PackageReference>
  </ItemGroup>
</Project>
```

⊙ dotnet test 線上說明
https://learn.microsoft.com/zh-tw/dotnet/core/tools/dotnet-test

3-8-7 dotnet publish 發佈專案

若欲將.NET 應用程式部署至 Web 主機，需用 dotnet publish 命令產生專案程式發佈，在 bin\Debug\net7\publish 目錄下會產生.dll、.pdb、.json 等輸出檔。

而 dotnet build 命令也會產生類似的輸出檔，但切莫誤以為二者作用相等。以下用命令建立一個 MVC 專案，分別執行 build 和 publish 命令，來了解二者的輸出有什麼不同。

```
dotnet new mvc -o Mvc7App
cd Mvc7App
dotnet build (建置專案)
dotnet publish -c Release (發佈應用程式)
```

+ dotnet build 的輸出的資料夾路徑

```
C:\...\ Mvc7App\bin\Debug\net7.0
```

+ dotnet publish 的輸出的資料夾路徑

```
C:\...\ Mvc7App\bin\Release\net7.0\publish\
```

下表是二者輸出檔案之比較，但不計入框架.dll 組件或多國語言。

dotnet build 的輸出	dotnet publish 的輸出
appsettings.Development.json	appsettings.Development.json
appsettings.json	appsettings.json
Mvc7App.deps.json	Mvc7App.deps.json
Mvc7App.dll	Mvc7App.dll
Mvc7App.exe	Mvc7App.exe
Mvc7App.pdb	Mvc7App.pdb
Mvc7App.runtimeconfig.json	Mvc7App.runtimeconfig.json
Mvc7App.staticwebassets.runtime.json	Newtonsoft.Json.dll
Newtonsoft.Json.dll	web.config
	wwwroot 資料夾

由上可知，dotnet publish 會輸出 web.config 和 wwwroot 資料夾，這些是 ASP.NET Core 網頁所需要，但 dotnet build 輸出卻沒有。故用 dotnet publish 所做的發佈檔，才能滿足應用程式部署到 Web 主機的需求。

3-8-8 dotnet pack 打包成 NuGet 套件

dotnet pack 可用來將程式打包成 NuGet 套件，供另一個專案參考使用。例如將一個 BankServices 函式庫專案打包成 NuGet 套件，然後在另一個 Shopping 專案加入 BankServices 的 NuGet 套件參考，接著就可使用 BankServices 函式庫中的類別服務。

打包 BankServices 函式庫專案指令為（命令擇一）：

```
dotnet pack
dotnet pack -o NuGetPackages （指定輸出目錄）
dotnet pack -p:PackageVersion=1.1.2 （指定版號）
dotnet pack .\BankServices\BankServices.csproj （Windows）
dotnet pack ./BankServices/BankServices.csproj （macOS）
```

在專案的 bin\Debug 目錄下會產生 BankServices.1.0.0.nupkg 或 BankServices.1.1.2.nupkg 的檔案。在另一個 Shopping 專案目錄下，編輯 Shopping.csproj 檔，加入 BankServices 的 NuGet 套件參考：

```
<Project Sdk="Microsoft.NET.Sdk">
  <PropertyGroup>
    <TargetFramework>net7.0</TargetFramework>
    <Nullable>enable</Nullable>
    <ImplicitUsings>enable</ImplicitUsings>
  </PropertyGroup>

  <ItemGroup>                                    加入 NuGet 套件參考，並指定版號
    <PackageReference Include="BankServices" Version="1.0.0" />
  </ItemGroup>
</Project>
```

在 Shopping 專案目錄下執行還原 BankServices 的 NuGet 套件指令：

```
dotnet restore -s C:\...\BankServices\BankServices\bin\Debug
```

說明：-s 參數後面所接的是 NuGet 套件所在的資料夾路徑

還原完成後，在 Shopping 專案就可以依正常方式調用 BankServices 函式庫中的類別服務。

TIP

1. 無論系統或自建的 NuGet 套件，都會快取到%UserProfile%\.nuget\目錄下，例如%UserProfile%\.nuget\BankServices 目錄，其下又有每個版號的子目錄
2. 一個函式庫打包成 NuGet 後，若有任何異動，請於執行 dotnet pack 命令時，以-p:PackageVersion=1.1.2 增加版號，否則可能無法參考到新的異動。另一個解決方式是到%UserProfile%\.nuget\目錄，刪除舊版本的快取，再執行 dotnet pack

3-9 用 LibMan 命令安裝用戶端函式庫

LibMan（Library Manager）是用來安裝用戶端函式庫的管理員，而所謂的用戶端函式庫指的是 JavaScript 或 CSS Library，例如 jQuery、Chart.js 函式庫。LibMan 下載函式庫來源有 cdnjs、jsdelivr 和 unpkg 三個 CDN，預設會使用 cdnjs。

+ 安裝 LibMan CLI

```
dotnet tool install -g Microsoft.Web.LibraryManager.Cli -version 2.1.113
```

+ 更新 LibMan CLI

```
dotnet tool update -g Microsoft.Web.LibraryManager.Cli
```

+ 查看 LibMan CLI 版本

```
Libman --version
```

+ 初始 LibMan（非必要）

```
Libman init
```

初始後在專案中會產生 libman.json 檔：

```
{
  "version": "1.0",
  "defaultProvider": "cdnjs",
  "libraries": []
}
```

用 LibMan 安裝 Chart.js，系統詢問預設提供者和目的資料夾，可按 Enter 跳過：

```
libman install Chart.js
DefaultProvider [cdnjs]:
Destination [wwwroot\lib\Chart.js]:
```

解除安裝 Chart.js：

```
Libman uninstall Chart.js
```

若欲安裝特定版本、提供者和目的資料夾：

```
libman install Chart.js@2.9.4 --provider cdnjs --destination wwwroot/lib/
  chartjs294
```

甚至可用 --file 參數指定下載檔案名稱，若不指定 --file 則會全部下載。

3-10 將 ASP.NET Core 程式部署至 IIS 網頁伺服器

若想將 ASP.NET Core 程式部署至 IIS，以 IIS 作為 ASP.NET Core 網頁伺服器，需安裝 ASP.NET Core Module 模組，方式有二種：

1. 開發者電腦：在 Visual Studio Installer 中勾選安裝「開發時間 IIS 支援」（Development time IIS support）

2. 獨立 IIS 伺服器或開發者電腦：安裝「ASP.NET Core Runtime & Hosting Bundle for Windows」

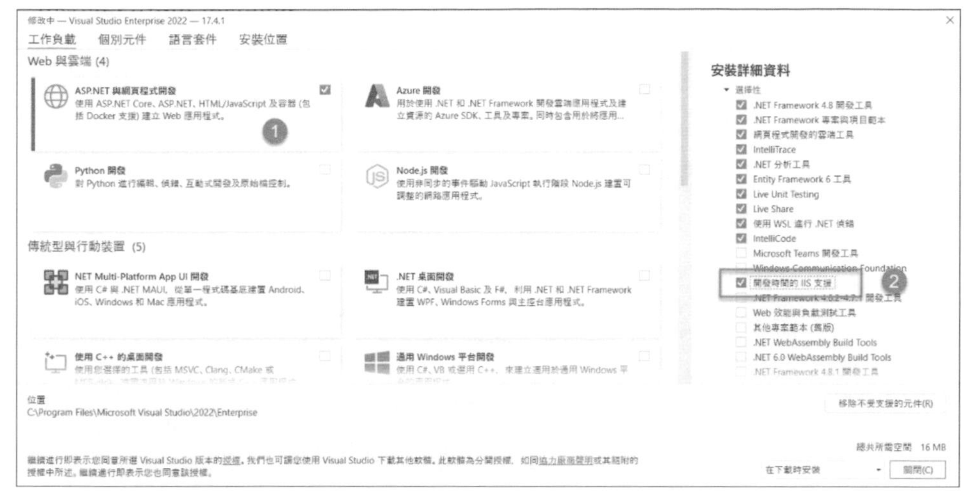

圖 3-22 在 Visual Studio Installer 安裝開發時間的 IIS 支援

有以上環境，IIS 才能正常運行 ASP.NET Core 網站，否則會顯示錯誤畫面。

以下是將 ASP.NET Core 程式部署至 IIS 網頁伺服器步驟：

1. 需有 Windows Server，例如 Windows Server 2012、2016、2019 或 2022。開發者 Windows 10 電腦亦可安裝 IIS，只不過是個人測試用，非正式營運的網頁伺服器

2. Windows Server 需安裝.NET SDK 7 或 ASP.NET Core Runtime 7.0.0

3. 安裝 Web Server 角色

在 Windows 10 的【控制台】→【程式集】→【開啟或關閉 Windows 功能】→【Internet Information Server】→【World Wide Web 服務】→將【應用程開發功能】及【ASP.NET 4.8】打勾，即可安裝 IIS。

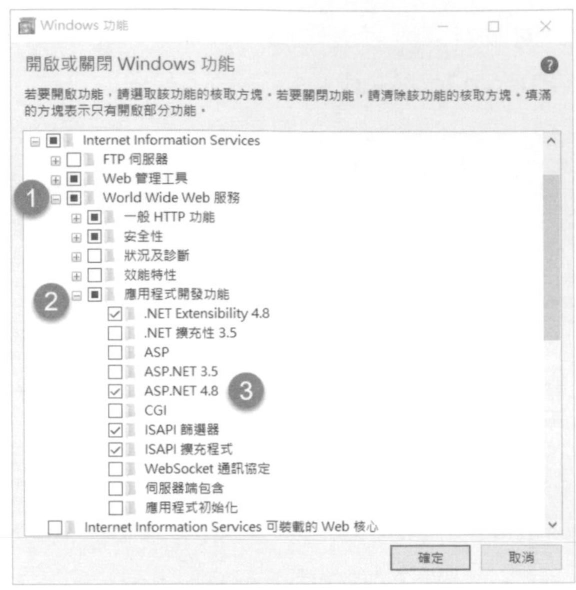

圖 3-23 Windows 10 安裝 IIS 網頁伺服器

4. 安裝 Hosting Bundle for Windows

   下載安裝 Hosting Bundle for Windows 後，重新啟動 IIS 使其生效。

⊙ Hosting Bundle for Windows 下載網址
https://dotnet.microsoft.com/en-us/download/dotnet/7.0

5. 為專案部署建立 Publish 發佈檔

   以 MvcFriends 專案為例，在專案目錄路徑執行以下命令，建立發佈檔：

```
dotnet publish -c Release
```

6. 將專案的.\bin\Release\net7.0\publish 資料夾的所有檔案複製到 C:\inetpub\wwwroot\MvcFriends 資料夾

7. 在 IIS 管理工具將 MvcFriends 專案資料夾「轉換成應用程式」

圖 3-24 將專案資料夾「轉換成應用程式」

8. 點選 MvcFriends 站台→瀏覽*:80(http)，便會開啟瀏覽器，顯示 ASP.NET Core MVC 網站，至此成功

圖 3-25 瀏覽 ASP.NET Core 網站

IIS 若要啟用 HTTPS 服務，可參考微軟「如何設定 IIS 中 HTTPS 服務」：https://bit.ly/3bwLN77

3-11 結論

CLI 是強大的跨平台命令工具，不但命令種類多，參數組合更是繁複，建議先抓好本章介紹的命令，熟悉命令核心用法後，細部參數的調校再查閱線上技術文件。而以 VS Code 開發.NET 應用程式，更是少不了 CLI 命令配合，二者堪稱.NET 跨平台開發最佳組合，不但滿足不同開發族群需求，亦開創另一種絕佳新體驗。

CHAPTER 4

ASP.NET Core 框架與基礎服務

ASP.NET Core 是一個跨平台、高效能、開源框架，用來建立現代化、雲端基礎、Internet 連結（指 IoT）的應用程式。然而在背後支撐整個框架運作的是眾多基礎服務，包括了 Hosting、Configuration 組態系統、相依性注入、Middleware、Routing、Environment、Logging 等服務，因此了解每個服務功用，服務如何調整與設定，便是本章要談的內容。

4-1 ASP.NET Core 框架簡介

以下從三個面向介紹 ASP.NET Core 框架，闡述其架構設計之改變，對開發與執行帶來的正面影響，以及最終產生的好處與優勢。

❖ 使用 ASP.NET Core 之利益

ASP.NET Core 是 ASP.NET 4.x 的重新設計，架構上變得更精簡與模組化，提供以下好處：

- 能在 Windows、macOS 和 Linux 上開發、建置與執行
- 整合現代化、client-side 框架與開發流程
- 用統一劇本建立 Web UI 和 Web APIs
- 一個雲端就緒、環境為基底的組態系統
- 內建 Dependency Injection 相依性注入
- 一個輕量級、高效能和模組化 HTTP Request Pipeline
- 新增 Razor Page 和 Blazor 專案開發模式
- 支援使用 gRPC 託管遠端程式呼叫（RPC）服務
- 能夠裝載到 Kestrel、IIS、HTTP.sys、Nginx、Apache、Docker，或在你自己的程序中自我裝載（self-host）
- 支援.NET Core Runtime 多版本並行（Side-by-side versioning）
- 可簡化現代化 Web 開發的工具
- Open-source 開源和以社群為中心

❖ 使用 ASP.NET Core 建立 Web UI 和 Web APIs

ASP.NET Core 在建立 Web UI 和 Web APIs 方面提供的功能有：

- MVC Pattern 能助你的 Web UI 和 Web APIs 更具有可測試性
- Razor Pages 是以 Page 為基礎的程式模型，使得建立 Web UI 更容易和更具生產性
- Razor Markup 為 Razor Pages 和 MVC Views 提供了更具生產力語法

- Tag Helpers 能夠讓 Server 端程式參與 Razor 檔中 HTML elements 元素的建立與轉譯（Rendering）
- 內建多種資料格式和內容協商，使你的 Web APIs 可以覆蓋廣泛的用戶端，包括瀏覽器和行動裝置
- Model Binding 自動將 HTTP Requests 對應到 Action 方法的參數
- Model Validation 自動執行 Client 端與 Server 端的驗證

❖ Client 端開發（指 Front-End 前端開發）

目前流行的前端框架像 Bootstrap、Angular、React，在.NET CLI 或 Visual Studio 專案樣板中都有內建支援，在開發這類前端程式時，可得到很好的支援。到了 ASP.NET Core 3.0 時還新增 Blazor 框架支援，它是用 C#撰寫 Web UI 前端互動程式的一種新專案。

由以上幾個面向可體認到，.NET 的開放性、跨平台能力、高效能、前後端解決方案豐性，都是大大超越前一代。

4-2 ASP.NET Core Fundamentals 基礎服務概觀

若要理解 ASP.NET Core 框架全貌，從它的基礎服務與機制探索起，了解它提供哪些功能，這些服務又是如何交織運作，便能概要掌握其大體技術光譜，下面是 ASP.NET Core 框架的基礎服務大分類圖。

這些服務支撐起整個 ASP.NET Core 應用程式的運行，而服務之間也彼此協同與連動，下面說明每個服務概要功能：

- Host：裝載與執行.NET Core 應用程式的主機環境，它封裝了所有 App 資源，如 Server、Middleware、DI 和 Configuration，並實作 IHostedService

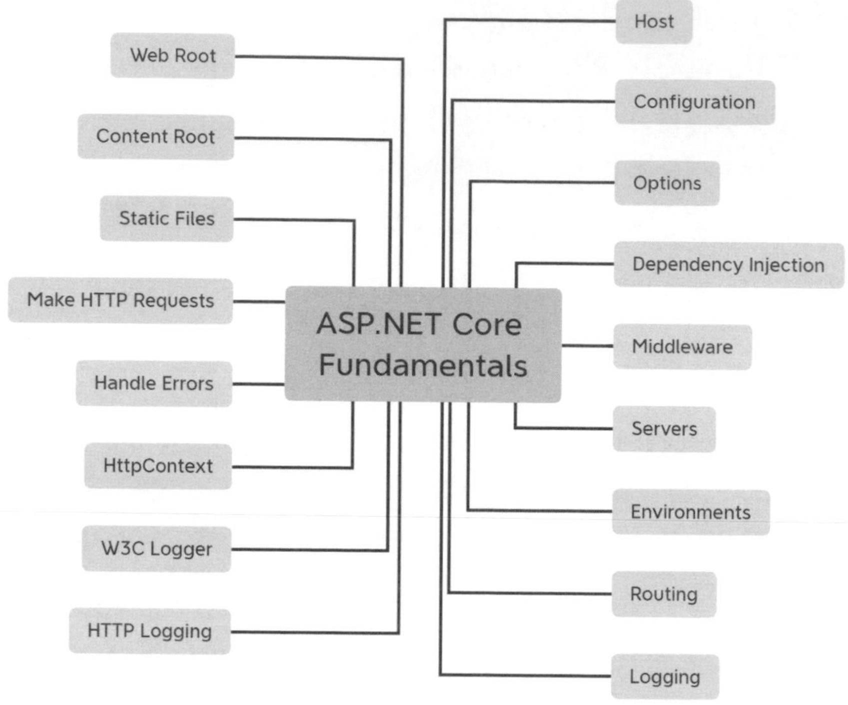

圖 4-1 ASP.NET Core Fundamental 基礎服務分類

- Server：指 HTTP Server 或 Web Server 伺服器，用於監聽 HTTP 請求與回應的網頁伺服器
- Dependency Injection：相依性注入，亦稱 DI Container
- Middleware：在處理 HTTP 請求的管線中，包含一系列 Middleware 中介軟體元件
- Configuration 組態：ASP.NET Core 的組態框架，提供 Host 和 App 所需的組態存取系統
- Options：是指 Options Pattern 選項模式，用類別來表示一組設定，.NET Core 中大量使用選項模式設定組態
- Environment：環境變數與機制，內建 Development、Staging 與 Production 三種環境
- Logging：資訊或事件的記錄機制

- Routing：自 ASP.NET Core 3.0 開始採用端點路由，它負責匹配與派送 HTTP 請求到應用程式執行端點
- Handle Errors：負責錯誤處理的機制
- Make HTTP Request：是 IHttpClientFactory 實作，用於建立 HttpClient 實例
- Content Root：內容根目錄，代表專案目前所在的基底路徑
- Web Root：Web 根目錄，專案對外公開靜態資產的目錄

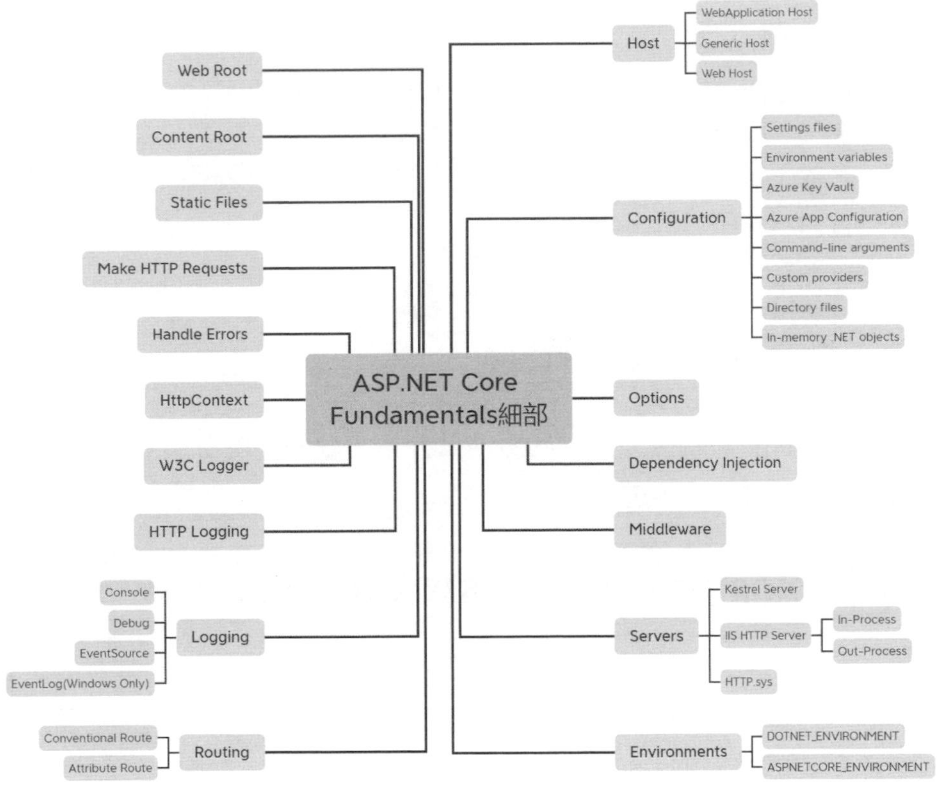

圖 4-2 ASP.NET Core Fundamental 基礎服務明細

以上 Fundamentals 服務如何影響 ASP.NET Core App？較為顯著的有：

- 掌控 ASP.NET Core App 系統運作
- 提供 Hosting 和 Web Server 組態設定
- 提供各種環境變數與組態值設定
- 提供多重環境組態設定：Development、Staging 和 Production
- 提供 DI 及 Middleware 設定
- 提供路由設定
- 提供效能調校、Logging 等一堆功能

是故，開發人員若想全面掌握 ASP.NET Core，必須熟悉這些基礎服務知識與技巧，方能輕鬆駕馭。

4-3 重要基礎服務簡介

本節針對最為重要的基礎服務做介紹，讓您了解每個服務負責什麼功能，以及如何叫用這些服務。

4-3-1 ASP.NET Core 應用程式載入過程

下圖是 ASP.NET Core 應用程式執行過程相關檔案，它有六個重要步驟，可與專案程式相對應，並以可目視及驗證的角度來論述，至於框架背景或底層不可視的部分就不列入討論。

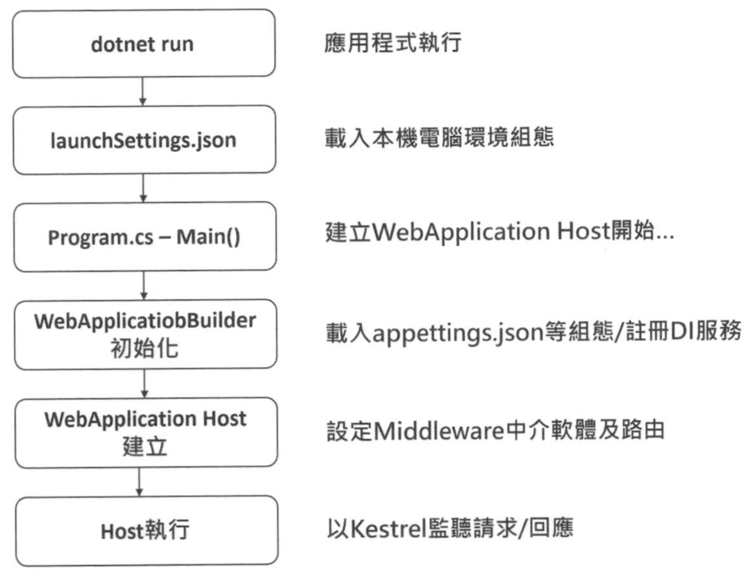

圖 4-3 ASP.NET Core App 主要執行與載入過程

過程說明：

1. .NET 應用程式啟動，無論是用 F5 / Ctrl + F5 / dotnet run 方式執行
2. 首先載入 launchSettings.json 組態，此組態是供本機電腦環境使用
3. 執行 Program.cs，其 Main()是程式進入點，透過 WebApplicationBuilder 建立 WebApplication Host 主機
4. WebApplicationBuilder 初始化時，會載入環境變數與組態，以及約 250 種以上框架提供的服務亦會加入到 DI Container，自訂服務亦是在 DI Container 註冊
5. WebApplicationBuilder.Build() 方法建立 WebApplication Host 主機，接著設定 HTTP Request 請求的 Middleware 中介軟體與路由
6. 設定好 Host 主機所有組態和軟體服務後，呼叫 Run()方法執行應用程式， Kestrel Web Server 開始傾聽 HTTP 請求，並回應結果

了解執行過程，可讓你串起整個基礎框架服務的執行順序，理解它們是在什麼階段被載入執行，又扮演何種角色，及彼此的關聯性。後續在說明個別服務功能時，才不會覺得是一群零散、各自為政的服務，同時在撰寫程式時，能更清楚什麼功能要在哪調整。

4-3-2 本機開發電腦環境組態檔 - launchSettings.json

當建立 ASP.NET Core 專案時，預設會有 launchSettings.json 和 appsettings.json 兩個組態檔，launchSettings.json 是本機開發電腦的環境組態檔，裡面分兩大類、三個區塊，第一類是 IIS 設定，第二類是 Profiles 設定。

Properties/launchSettings.json

```
{
  "iisSettings": {                                   ❶ IIS 設定
    "windowsAuthentication": false,
    "anonymousAuthentication": true,
    "iisExpress": {
      "applicationUrl": "http://localhost:21358",    ◄ HTTP Port 號碼
      "sslPort": 44310                               ◄ HTTPS Port 號碼
    }
  },
  "profiles": {                                      ❷profiles 設定
    "http": {
      "commandName": "Project",
      "dotnetRunMessages": true,
      "launchBrowser": true,                         ◄ 啟動瀏覽器
      "applicationUrl": "http://localhost:5239",     ◄ 應用程式 URL 網址
      "environmentVariables": {
        "ASPNETCORE_ENVIRONMENT": "Development"      ◄ Development 環境
      }
    },
    "https": {
      "commandName": "Project",
      "dotnetRunMessages": true,
      "launchBrowser": true,
```

```
      "applicationUrl": "https://localhost:7299;http://localhost:5239",
      "environmentVariables": {
        "ASPNETCORE_ENVIRONMENT": "Development"
      }
    },
    "IIS Express": {
      "commandName": "IISExpress",
      "launchBrowser": true,
      "environmentVariables": {
        "ASPNETCORE_ENVIRONMENT": "Development"
      }
    }
  }
}
```

此組態檔會決定專案執行與行為，例如用 IIS Express 或 Kestrel 網頁伺服器執行，是否要啟動瀏覽器、環境變數或應用程式監聽的 URL 網址，深入部分，在第 14 章組態檔會解釋其行為與作用。

> **TIP**
>
> launchSettings.json 僅供本機電腦使用，不參與部署

4-3-3 Program.cs － Main() 建立 Host 主機

Program 的 Main()主要任務是建立 Host 主機／執行，以下列出傳統及 Top Level Statement 語法對比：

Program.cs（傳統語法）

```
public class Program
{
    public static void Main(string[] args)
    {
        WebApplicationBuilder builder = WebApplication.CreateBuilder(args);

        // Add services to the container.
        builder.Services.AddControllersWithViews();
```

```
        WebApplication app = builder.Build();

        // Configure the HTTP request pipeline.
        if (!app.Environment.IsDevelopment())
        {
            app.UseExceptionHandler("/Home/Error");
            app.UseHsts();
        }

        app.UseHttpsRedirection();
        app.UseStaticFiles();

        app.UseRouting();

        app.UseAuthorization();

        app.MapControllerRoute(
            name: "default",
            pattern: "{controller=Home}/{action=Index}/{id?}");

        app.Run();
    }
```

Program.cs（Top Level Statement 語法）

```
//var builder = WebApplication.CreateBuilder(args);
WebApplicationBuilder builder = WebApplication.CreateBuilder(args);

// Add services to the container.
builder.Services.AddControllersWithViews();

//var app = builder.Build();
WebApplication app = builder.Build();

// Configure the HTTP request pipeline.
if (!app.Environment.IsDevelopment())
{
    app.UseExceptionHandler("/Home/Error");
    app.UseHsts();
}

app.UseHttpsRedirection();
app.UseStaticFiles();
```

```
app.UseRouting();

app.UseAuthorization();

app.MapControllerRoute(
    name: "default",
    pattern: "{controller=Home}/{action=Index}/{id?}");

app.Run();
```

兩種語法形式差異，僅在於是否使用 Main()方法表達程式進入點，而建立 ASP.NET Core MVC 專案時，預設會使用 Top Level Statement，這部分是在建立專案時【不要使用最上層陳述式】來決定，若勾選會產出 Main()方法，反之則無。

圖 4-4 勾選選擇專案的【不要使用最上層陳述式】

而 Host 是：裝載與執行.NET 應用程式的主機環境，它封裝了所有 App 資源，如 Server、Middleware、DI 和 Configuration。換個說法，Host 是一個物件，封裝了前述種種相互依賴的服務，其目的只有一個，便是「生命週期管理」控制 App 應用程式啟動，及順利關閉 Host 主機。

❖ 設定 Host 或 App 組態

在建立 Host 過程中，也可載入設定 Host 或 App 組態：

Program.cs

```
//變更 EnvironmentName, ContentRootPath, WebRootPath
var builder = WebApplication.CreateBuilder(new WebApplicationOptions
{
    Args = args,
    ApplicationName = typeof(Program).Assembly.FullName,
    EnvironmentName = Environments.Staging,
    ContentRootPath = Directory.GetCurrentDirectory(),
    WebRootPath = Path.Combine(Directory.GetCurrentDirectory(),"StaticFilesLibrary")
});

Console.WriteLine($"Application Name: {builder.Environment.ApplicationName}");
Console.WriteLine($"Environment Name: {builder.Environment.EnvironmentName}");
Console.WriteLine($"ContenRoot Path: {builder.Environment.ContentRootPath}");
Console.WriteLine($"WebRoot Path: {builder.Environment.WebRootPath}");


//加入 Configuration 組態設定
builder.Configuration.AddJsonFile("hostsettings.json", optional:true);
builder.Configuration.AddEnvironmentVariables(prefix: "PREFIX_");
builder.Configuration.AddCommandLine(args);

//設定組態檔完整路徑
string path = Path.Combine(Directory.GetCurrentDirectory(), "ConfigFiles");

//加入自訂組態檔
var config = builder.Configuration;
config.AddJsonFile(Path.Combine(path, "FutureCorp.json"), optional: true,
reloadOnChange: true);  //載入自訂 JSON 組態檔
config.AddIniFile(Path.Combine(path, "Mobile.ini"), true, true);  //載入自訂 INI 組態檔
config.AddXmlFile(Path.Combine(path, "Computer.xml"), true, true); //載入自訂 XML 組態檔
config.AddJsonFile(Path.Combine(path, "Device.json"), true, true); //載入自訂 JSON 組態檔

string path2 = Path.Combine(Directory.GetCurrentDirectory(), "Configuration");
config.AddJsonFile(Path.Combine(path2, "Food.json"), true, true);

config.AddInMemoryCollection(new Dictionary<string, string>
{
```

```
        {"Asia:employees:1", "Mary"},
        {"Asia:employees:2", "John"},
        {"Asia:employees:3", "Kevin"},
        {"Asia:employees:4", "David"},
        {"Asia:employees:5", "Rose"}
});

//Add Logging Provider
var logging = builder.Logging;
logging.ClearProviders();
logging.AddConsole();
logging.AddDebug();
logging.AddEventSourceLogger();
logging.AddEventLog();  //for windows only
logging.AddTraceSource(new System.Diagnostics.SourceSwitch("loggingSwitch",
  "Verbose"), new TextWriterTraceListener("LoggingService.txt"));
logging.AddAzureWebAppDiagnostics();
logging.AddApplicationInsights();
```

4-3-4 DI 相依性注入與 Middleware 中介元件

❖ DI 相依性注入

Program.cs 主體是建立 Host 主機，而其中有兩大類重要設定：❶Service 相依性註冊和❷Middleware 中介軟體設定，以下先來看 DI Container 及服務註冊。

Program.cs

```
var builder = WebApplication.CreateBuilder(args);

// Add services to the container.
builder.Services.AddControllersWithViews();

//取得組態中資料庫連線設定
string connectionString =
  builder.Configuration.GetConnectionString("DatabaseContext");

//註冊 EF Core 的 DatabaseContext
builder.Services.AddDbContext<DatabaseContext>(options =>
```

```
  options.UseSqlServer(connectionString));

//在 DI Container 中註冊 DeveloperOptions 類別
builder.Services.Configure<DeveloperOptions>(options =>
  builder.Configuration.GetSection("Developer").Bind(options));

var app = builder.Build();
```

說明：像 builder.Services 之後接的方法，如 AddControllersWithViews、AddDbContext、Configure 目的皆是為了將服務註冊到 DI Container

Middleware 中介軟體元件

Middleware 中介軟體是組成.NET 請求管線（Request Pipeline），用以處理請求與回應，以 Use 開頭的方法就表示使用該 Middleware 元件。

Program.cs

```
if (!app.Environment.IsDevelopment())
{
    app.UseExceptionHandler("/Home/Error"); //一般例外頁
    app.UseHsts();  //HTTP Strict Transport Security Protocol
}

app.UseHttpsRedirection();  //將 HTTP 轉向 HTTPS
app.UseStaticFiles();    //靜態檔服務
app.UseCookiePolicy();  //Cookie Policy
app.UseRouting();    //路由
app.UseRequestLocalization();    //根據用戶端提供的資訊自動設定要求的文化特性資訊
app.UseCors();  //CORS 跨源資源分享
app.UseAuthentication();    //驗證
app.UseAuthorization(); //授權
app.UseSession();    //使用 Session
app.UseResponseCompression();    //回應壓縮
app.UseResponseCaching();    //回應快取

app.Run();
```

❖ Middleware 元件運作方式與順序

HTTP 請求管線是由一系列 Middleware 元件組成，每個元件皆有不同的任務功用，並以非同步方式在 HttpContext 上作業，前一個元件會叫用下一個元件，或是終止請求的執行。

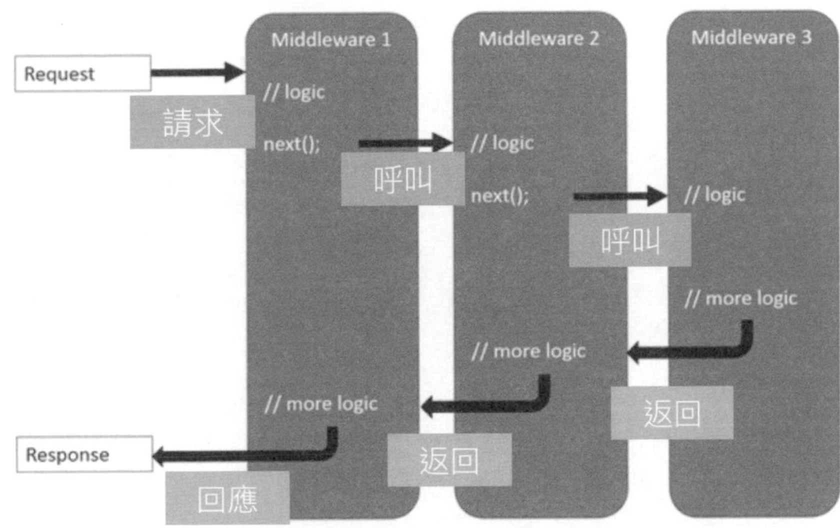

圖 4-5 HTTP 請求管線中 Middleware 元件運作流程

下表是 ASP.NET Core 7.0 內建的 Middleware 元件說明。

表 4-1 ASP.NET Core 7.0 內建的 Middleware 中介軟體元件

Middleware 元件	說明	順序
Authentication	提供驗證支援	在需要 HttpContext.User 之前。OAuth 回呼的終端機
Authorization	提供授權支援	緊接在驗證中介軟體之後
Cookie Policy	追蹤使用者對用於儲存個人資訊的同意，並強制執行 Cookie 欄位的最低標準，例如 secure 和 SameSite	在發出 Cookie 的中介軟體之前。例如：驗證、工作階段、MVC (TempData)

Middleware 元件	說明	順序
CORS	設定跨原始來源（Cross-Origin）資源共用	在使用 CORS 的元件之前
Developer-ExceptionPage	產生包含錯誤資訊的頁面，此資訊僅供開發環境使用	在產生錯誤的元件之前。當環境為開發環境時，專案範本會自動將此中介軟體註冊為管線中的第一個中介軟體
Diagnostics	提供開發人員例外狀況頁面、例外狀況處理、狀態字碼頁，以及新應用程式的預設網頁的數個個別中介軟體	在產生錯誤的元件之前。終端機的例外狀況，或為新的應用程式提供預設的網頁
Forwarded Headers	將設為 Proxy 的標頭轉送到目前請求	在使用更新欄位元件前。例如：scheme、host、client IP
Health Check	檢查 ASP.NET Core 應用程式及其相依性的健康狀態，例如檢查資料庫可用性	若某項要求與健康狀態檢查端點相符，則產生中止
Header Propagation	將來自傳入要求的 HTTP 標頭傳播至傳出 HTTP 用戶端要求	--
HTTP Logging	記錄 HTTP 要求和回應	在中介軟體管線的開頭
HTTP Method Override	允許傳入的 POST 請求覆寫方法	在使用更新方法的元件之前
HTTPS Redirection	將所有 HTTP 請求都重新導向至 HTTPS	在使用 URL 的元件之前
HTTP Strict Transport Security (HSTS)	新增特殊的回應標頭的增強安全性中介軟體	在傳送回應前和修改請求的元件後。例如：轉送的標頭、URL Rewriting
MVC	使用 MVC/Razor Pages 處理請求	若請求符合路由則產生終止
OWIN	與基於 OWIN 的應用程式、服務器和 Middleware 的交互操作	若 OWIN 中介軟體完全處理請求則終止

Middleware 元件	說明	順序
Output Caching	輸出快取	在需要快取的元件之前
Response Caching	提供快取回應的支援	在需要快取的元件之前
Request Decompression	提供解壓縮請求的支援	在讀取要求本文的元件之前
Response Compression	提供壓縮回應的支援	在需要壓縮的元件之前
Request Localization	提供當地語系化支援	在偵測當地語系化的元件之前
Endpoint Routing	定義並限制要求路由	匹配路由而終止
SPA	藉由將單一頁面應用程式的預設頁面傳回 (SPA，在中介軟體鏈中處理來自此點的所有要求)	在鏈中延遲，讓其他中介軟體可提供靜態檔案、MVC 動作等等，都優先
Session	提供管理使用者工作階段的支援	在需要工作階段的元件之前
Static Files	支援靜態檔案的提供和目錄瀏覽	若要求符合檔案則終止
URL Rewrite	提供重寫 URL 及重新導向要求的支援	在使用 URL 的元件之前
W3CLogging	以 W3C 擴充記錄檔格式產生伺服器存取記錄	在中介軟體管線的開頭
WebSockets	啟用 WebSockets 通訊協定	需要接受 WebSocket 請求的元件之前

⊙ ASP.NET Core 7.0 內建的中介軟體：http://bit.ly/3CPEes6

每個 Middleware 元件皆負有不同任務，且有一定順序，例如 UseAuthentication 方法會在 UseAuthorization 之前做檢查。

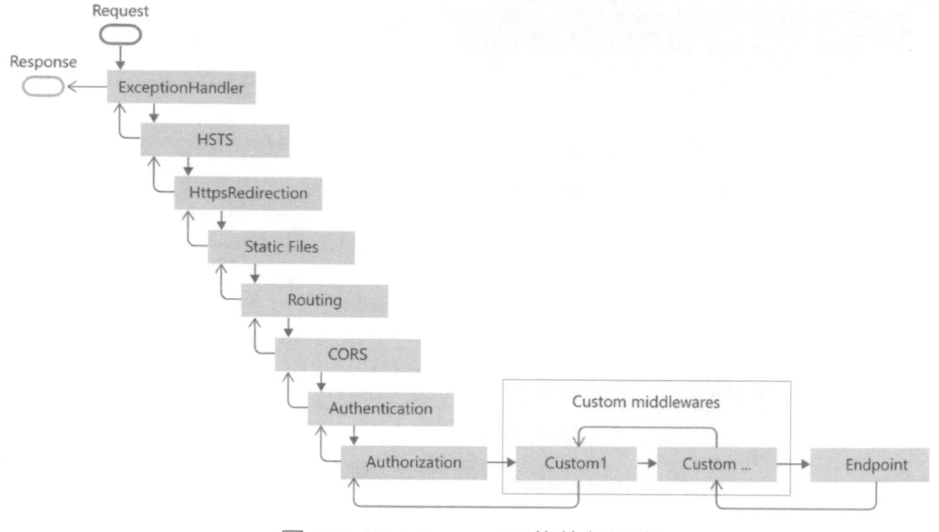

圖 4-6 Middleware 元件執行順序

4-3-5 Configuration 組態

ASP.NET Core 組態是基於 Key-Value Pairs 形式，組態提供者（Configuration Providers）從各種組態來源讀取資料後，再以 Key-Value 成對的方式儲存在組態系統中。

例如 ASP.NET Core 專案預設有 launchSettings.json 和 appsettings.json 兩個組態檔，前者是本機開發電腦環境組態檔，後者是給應用程式使用的組態檔，下面是 appsettings.json 組態內容。

appsettings.json

```
{
  "Logging": {
    "LogLevel": {
      "Default": "Information",
      "Microsoft.AspNetCore": "Warning",
    }
  },
  "AllowedHosts": "*",
```

預設組態設定

```
"ConnectionStrings": {
    "DatabaseContext": "Server=(localdb)\\mssqllocaldb;Database=ProductDB;
      Trusted_Connection=True;MultipleActiveResultSets=true"
  },
  "Developer": {
    "Name": "聖殿祭司",
    "Email": "dotnetcool@gmail.com",
    "Website" :  "https://www.codemagic.com.tw"
  }
}
```

資料庫連線字串設定

自訂組態設定

在新建 MVC 專案時，appsettings.json 僅有 Logging 和 AllowedHosts 兩區段，在此新增 ConnectionStrings 和 Developer 設定。在 View 以@inject 調用 IConfiguration 實例，存取 ConnectionStrings 和 Developer 兩區段設定值。

Fundamental/ReadAppsettings.cshtml

```
@using Microsoft.Extensions.Configuration
@inject IConfiguration configuration
...
<p>DatabaseContext 資料庫連線 : @configuration["ConnectionStrings:DatabaseContext"]</p>

Developer 資訊如下:
<ul>
    <li>Name : @(configuration.GetValue<string>("Developer:Name"))</li>
    <li>Email: @(configuration.GetValue<string>("Developer:Email",
                "找不到 Email"))</li>
    <li>Website: @(configuration.GetSection("Developer:Website").Value)</li>
</ul>
```

讀取 ConnectionString 區段組態

讀取 Developer 區段組態

說明：以上用三種語法讀取組態值，至於實際語法為何如此，第 14 章有專門介紹，於此先不細述

圖 4-7 讀取組態值

組態檔中有中文設定值，若執行時顯示亂碼，請用 Visual Studio 另存成 UTF-8 編碼格式即可解決。

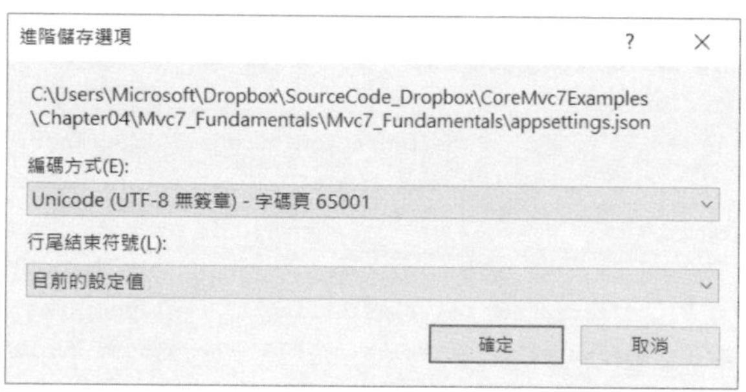

圖 4-8 以 UTF-8 編碼格式儲存

組態資料來源不僅支援 JSON 檔，完整支援如下，每種來源都有相對應的組態提供者負責讀取及解析：

- 環境變數
- 設定檔（JSON、XML、INI）
- 命令列參數
- 目錄檔案（Key-per-file）
- In-Memory .NET 物件
- Azure Key Vault
- Azure App Configuration
- 自訂 Provider

4-3-6 Options Pattern 選項模式

前面應用程式直接存取組態值會造成緊密耦合的問題，為避免這問題，ASP.NET Core 使用 Options Pattern 選項模式抽象化背後的組態系統，將組態資料先繫結到「類別」，應用程式再存取該類別，使得應用程式不直接相依組態系統。日後組態資料結構有任何的調整，應用程式也不必連動做修改，唯一需要調整的是 Options 類別的設定。

Options 類別有兩個要求：

1. 必須為非抽象類別
2. 建構函式必須為 public 且無參數

選項模式建立及使用步驟有四：

1. 建立組態資料，並載入組態系統中
2. 建立 Options 類別
3. 在 Program.cs 中以 builder.**Services.Configure<T>**方法註冊 Options 類別
4. 在 Controller / View / Services 中存取 Options 類別

範例 4-1 透過 Options 選項模式讀取組態設定

以前面 appsettings.json 組態的 Developer 區段設定值為例，不直接存取組態，而是透過 Options 選項模式讀取組態設定。

圖 4-9 透過 Options 選項類別讀取組態設定

step01 於 appsettings.json 組態中建立 Developer 開發者資料

appsettings.json

```
{
  ...
  "Developer": {
    "Name": "聖殿祭司",
    "Email": "dotnetcool@gmail.com",
    "Website": "https://www.codemagic.com.tw"
  }
}
```

step02 建立 DeveloperOptions 類別，三個屬性名稱須與組態 Key 名稱對映

Options/DeveloperOptions.cs

```
public class DeveloperOptions
{
    public string Name { get; set; }
    public string Email { get; set; }
    public string Website { get; set; }
}
```

step03 在 Program.cs 的 DI Container 註冊 DeveloperOptions 類別，繫結其對應的組態設定

program.cs

```
//在 DI Container 中註冊 DeveloperOptions 類別
builder.Services.Configure<DeveloperOptions>(options =>
    builder.Configuration.GetSection("Developer").Bind(options));
```

DeveloperOptions 類別
讀取組態區段
將組態繫結至 DeveloperOptions 類別

step04 在 View 中注入 DeveloperOptions 選項類別實例

Views/Fundamentals/AccessDeveloperOptions.cshtml

```
@using Microsoft.Extensions.Options
@inject IOptionsMonitor<DeveloperOptions> developerOptions

@{
    var devOptions = developerOptions.CurrentValue;
}
<ul>
    <li>Name : @devOptions.Name</li>
    <li>Email : @devOptions.Email</li>
    <li>Website : @devOptions.Website</li>
</ul>
```

IOptionMonitor<TOptions>
須呼叫 CurrentValue 屬性
讀取 Options 類別屬性

4-3-7 Environment 環境

ASP.NET Core 執行時會讀取 ASPNETCORE_ENVIRONMENT 環境變數，判斷它是 Development、Staging 或 Production 環境，依序代表開發、預備和生產環境，並依環境的不同而載入對應程式或設定。

在何處可看到 ASPNETCORE_ENVIRONMENT 環境變數？專案的 Properties/launchSettings.json，它是 Host 的組態檔，環境變數也是存放在此。

Properties/launchSettings.json

```
{
  "iisSettings": {
   …
  },
  "profiles": {
    "http": {
      "commandName": "Project",
      "dotnetRunMessages": true,
      "launchBrowser": true,
      "applicationUrl": "http://localhost:5239",
      "environmentVariables": {
        "ASPNETCORE_ENVIRONMENT": "Development"
      }
    },
  …
}
```

Development 開發環境

ASPNETCORE_ENVIRONMENT 環境變數

TIP

若無環境變數設定，則預設為 Production

環境變數也能在 Visual Studio 專案的【屬性】→【偵錯】→【General】→【開啟 debug 啟動設定 UI】中檢視與編輯。

圖 4-10 在 Visual Studio 檢視專案的環境變數

有了環境變數，ASP.NET Core 是如何利用它來載入不同程式設定？以下介紹幾種類型應用：

+ 在 Program.cs 使用環境變數

在 Program.cs 判斷環境是否為 Development、Staging 和 Production，進而決定使用不同的服務或 Middleware 元件：

Program.cs

```
if (!app.Environment.IsDevelopment())   ◄── 判斷是否為 Development 環境
{
    app.UseExceptionHandler("/Home/Error");
    app.UseHsts();                        ◄── 使用這兩個 Middleware 元件
}
```

說明：IsDevelopment()、IsStaging()和 IsProduction()三個方法可用來判斷是否為 Development、Staging 或 Production 環境，若成立會回傳 true

✦ 在 Controller 及 View 中使用環境變數

View 若要使用環境變數，是在 Controller / Action 用 ViewData 傳遞給 View：

Controllers/FundamentalsController.cs

```
public class FundamentalsController : Controller
{
    private readonly IWebHostEnvironment _env;      ← IWebHostEnvironment 相依性注入
    public FundamentalsController(IWebHostEnvironment env)
    {
        _env = env;
    }

    //顯示環境名稱
    public IActionResult EnvironmentName()
    {
        ViewData["EnvName"] = _env.EnvironmentName;     ← 讀取環境變數名稱
        return View();
    }
}
```

或技術上，也能在 View 直接注入 IWebHostEnvironment 相依性物件，而不必透過 ViewData 傳遞環境變數：

Views/Fundamentals/InjectEnvironment.cshtml

```
@inject IWebHostEnvironment env      ← IWebHostEnvironment相依性注入

@{
    //C# 8 switch expression
    string DisplayEnvironment(string envName) =>
        envName switch
        {
            "Development" => "開發環境",
            "Staging" => "預備環境",
            "Production" => "生產環境",
            _ => "其他環境"
        };
}
```

將環境變數名稱傳遞給 local function

```
<p>目前環境是: @DisplayEnvironment(env.EnvironmentName)</p>
```

✦ Environment 標籤協助程式

使用 Environment 協助標籤的方便性在於，不需在 View 注入 IWebHostEnvironment 相依性物件，直接用<Environment>標籤宣告不同環境變數所包含的區塊內容，便會依據目前的環境變數為何者，而轉譯輸出其包括的內容。

例如 View 宣告數個<environment>標籤，依照當前環境變數為何者，輸出對映的 HTML 和 JavaScript 程式區塊。例如為 Development，那麼就只輸出 Development 含括的 HTML 和 JavaScript 程式區塊：

Views/Fundamentals/EnvironmentTagHelper.cshtml

```
...
<environment include="Development">
    <h2><span class="badge bg-primary">Development 開發環境</span></h2>
</environment>

<environment include="Staging">
    <h2><span class="badge bg-danger">Staging 開發環境</span></h2>
</environment>

<environment include="Production">
    <h2><span class="badge bg-warning text-dark">Production 開發環境</span></h2>
</environment>

@section endJS
{
    <environment include="Development">
        <script>
            function Development() {
                alert("This is Development Environment.");
            }
        </script>
    </environment>

    <environment include="Staging">
```

```
        <script>
            function Staging() {
                alert("This is Staging Environment.");
            }
        </script>
    </environment>

    <environment include="Production">
        <script>
            function Production() {
                alert("This is Production Environment.");
            }
        </script>
    </environment>
}
```

4-3-8 Content Root 與 Web Root

ASP.NET Core 有兩個根目錄專有名詞：❶Conten Root 和❷Web Root，前者代表專案目前所在的基底路徑，後者是專案對外公開靜態資產的目錄，預設路徑為{content root}/wwwroot。

❖ Content Root 內容根目錄

Content Root 是 ASP.NET Core 應用程式內容的基底路徑，例如.exe、.dll、Razor Views、Razor Pages、靜態資產、組態檔皆以 Content Root路徑為基準。那Content Root路徑是怎麼產生的？在WebApplication.CreateBuilder 方法初始時，藉由 GetCurrentDirectory 方法回傳目前路徑，並將其設定到 Content Root 路徑。

以 Mvc7_Fundamentals 專案而言，Windows 的 Content Root 路徑類似：

```
C:\Mvc7Examples\Mvc7_Fundamentals\Mvc7_Fundamentals
```

在 Controller 或 View 中讀取 Content Root 路徑資訊，是透過注入 IWebHostEnvironment 服務存取 ContentRootPath 屬性：

Controllers/RootPathController.cs

```
using Microsoft.AspNetCore.Mvc;
public class RootPathController : Controller
{
    private readonly IWebHostEnvironment _env;
    public RootPathController(IWebHostEnvironment env)
    {
        _env = env;
        string contetnRoot = env.ContentRootPath;
    }

    //Content Root Path
    public IActionResult ContentRootPath()
    {
        ViewData["ContentRootPath"] = _env.ContentRootPath;
        return View();
    }
}
```

（IWebHostEnvironment 環境變數）
（讀取 ContentRootPath 屬性）
（讀取 ContentRootPath 屬性）

圖 4-11　讀取內容根目錄路徑

或在終端機視窗用 dotnet run 執行專案，也可看見 Content Root 路徑。

Web Root 根目錄

Web Root 是指專案中包含公開資源的目錄，如 images、css、js、json 和 xml 等靜態檔，Web 根目錄預設路徑為{content root}/wwwroot。

也就是 GetCurrentDirectory 方法回傳的路徑再補上「/wwwroot」就是 Web 根目錄路徑。

Web 根目錄 wwwroot 在 Visual Studio 中可直接看見，裡面皆為靜態資源檔，但凡要公開讓網路讀取的 images、css、js、json 或 xml 檔都是在此建立。

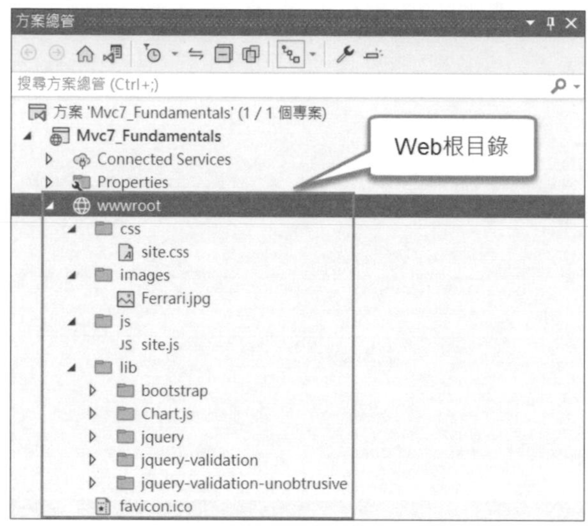

圖 4-12 Web 根目錄

❖ ContentRoot 和 WebRoot 路徑調整

一般情況下，ContentRoot 和 WebRoot 使用系統預設值就行了，但若想對 ContentRoot 和 WebRoot 路徑做調整，可在 CreateDefaultBuilder 方法中，用 UseContentRoot 和 UseWebRoot 方法指定路徑參數：

Program.cs

```
var builder = WebApplication.CreateBuilder(new WebApplicationOptions
{
    Args = args,
    ApplicationName = typeof(Program).Assembly.FullName,
    EnvironmentName = Environments.Staging,
```

```
    ContentRootPath = Directory.GetCurrentDirectory(),
    WebRootPath =
      Path.Combine(Directory.GetCurrentDirectory(),"StaticFilesLibrary")
});

Console.WriteLine($"Application Name: {builder.Environment.ApplicationName}");
Console.WriteLine($"Environment Name: {builder.Environment.EnvironmentName}");
Console.WriteLine($"ContenRoot Path: {builder.Environment.ContentRootPath}");
Console.WriteLine($"WebRoot Path: {builder.Environment.WebRootPath}");
```

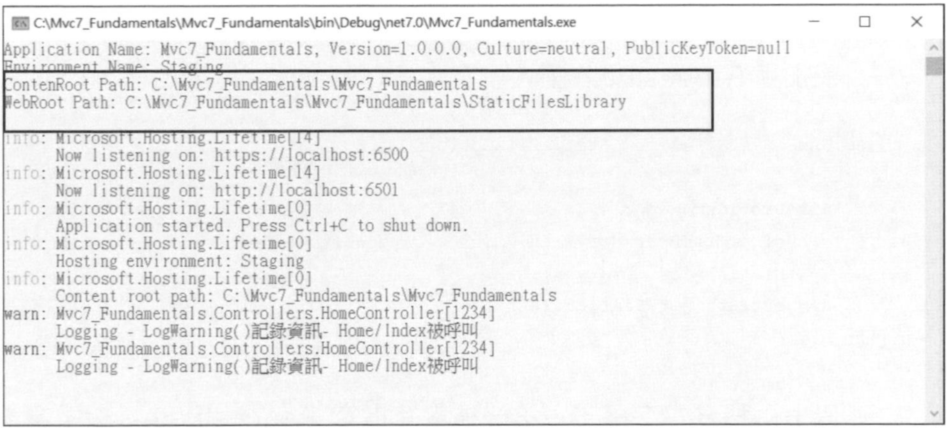

```
C:\Mvc7_Fundamentals\Mvc7_Fundamentals\bin\Debug\net7.0\Mvc7_Fundamentals.exe
Application Name: Mvc7_Fundamentals, Version=1.0.0.0, Culture=neutral, PublicKeyToken=null
Environment Name: Staging
ContenRoot Path: C:\Mvc7_Fundamentals\Mvc7_Fundamentals
WebRoot Path: C:\Mvc7_Fundamentals\Mvc7_Fundamentals\StaticFilesLibrary
info: Microsoft.Hosting.Lifetime[14]
      Now listening on: https://localhost:6500
info: Microsoft.Hosting.Lifetime[14]
      Now listening on: http://localhost:6501
info: Microsoft.Hosting.Lifetime[0]
      Application started. Press Ctrl+C to shut down.
info: Microsoft.Hosting.Lifetime[0]
      Hosting environment: Staging
info: Microsoft.Hosting.Lifetime[0]
      Content root path: C:\Mvc7_Fundamentals\Mvc7_Fundamentals
warn: Mvc7_Fundamentals.Controllers.HomeController[1234]
      Logging - LogWarning()記錄資訊- Home/Index被呼叫
warn: Mvc7_Fundamentals.Controllers.HomeController[1234]
      Logging - LogWarning()記錄資訊- Home/Index被呼叫
```

圖 4-13 自訂及顯示 Content Root 及 Web Root 路徑

特別是 Web 根目錄，若想將預設的 wwwroot 改用自訂的「StaticFilesLibrary」目錄作為網路公開服務，可用 WebApplication Options 選項指定路徑參數，這樣 Web 根目錄之路徑就會改變。但是相對的，所有 images、css、js、xml 檔也必須搬移至新目錄才行，否則會讀不到對映的資源檔。

❖ 用 Middleware 設定靜態檔目錄

另一個跟 WebRoot 相關議題是，若在 WebRoot 之外有其他目錄存放著靜態資源檔，希望和 wwwroot 共同服務，那麼可用 StaticFile 中介軟體設定靜態檔目錄：

Program.cs

```
...
app.UseStaticFiles(); //for the wwwroot folder

app.UseStaticFiles(new StaticFileOptions
{
    FileProvider = new
     PhysicalFileProvider(Path.Combine(Directory.GetCurrentDirectory(),
     "StaticFilesLibrary"))
});
```

或加用 RequestPath 屬性設定「/StaticFiles」目錄名稱：

```
app.UseStaticFiles(new StaticFileOptions
{
    FileProvider = new
     PhysicalFileProvider(Path.Combine(Directory.GetCurrentDirectory(),
       "StaticFilesLibrary")),
    RequestPath = "/StaticFiles"
});
```

以上兩種方式二擇一，第一種沒有指定 RequestPath，檔案請求路徑維持「~/…」，第二種指定了 RequestPath，View 中的<img>的 src 請求路徑須改成「~/StaticFiles/…」：

Views/RootPath/WebRootPath.cshtml

```
<img src="~/images/Ferrari_small.jpg" alt="Ferrari" />
<br />
<img src="~/StaticFiles/images/ferrari_small.jpg" alt="Ferrari" />
```

4-3-9 Logging 記錄

ASP.NET Core 內建記錄資訊的 Logging API，亦可與第三方 Logging 提供者（Providers）搭配使用，內建提供者有：

- Console
- Debug

- Windows 平台的 Event Tracing
- Windows 平台的事件記錄
- Azure App Service（需參考 Microsoft.Extensions.Logging.AzureAppServices 的 NuGet 套件）
- Azure Application Insights（需參考 Microsoft.Extensions.Logging.ApplicationInsights 的 NuGet 套件）

Logging 提供者會將 Log 記錄輸出或寫入到不同目的端，例如 Console 提供者會輸出 Log 記錄到 Console 中，事件記錄提供者就寫入事件檢視器，而 Azure Application Insights 儲存 Logs 在 Azure Application Insights 中。

ASP.NET Core 預設會加入 Console、Debug 和 Windows 平台的 Event Tracing 提供者：

Program.cs

```
var builder = WebApplication.CreateBuilder(args);

//加入 Logging Providers
builder.Logging.ClearProviders();  //清除所有 ILoggerProviders
builder.Logging.AddConsole();
builder.Logging.AddDebug();                          ◄ 系統預設提供者
builder.Logging.AddEventSourceLogger();
builder.Logging.AddEventLog();  //Windows Only

builder.Logging.AddAzureWebAppDiagnostics();
builder.Logging.AddApplicationInsights();            ◄ 加入其他提供者
```

若加入多重 Logging 提供者，Logs 記錄能夠發送到多重目的作寫入，例如預設加入了四種提供者，那麼記錄資訊時，就會同時寫入到這四種目的端。

範例 4-2 在 Controller 控制器中使用 Logging 記錄資訊

以下在 Home 控制器/Index 動作方法使用 Logging 記錄資訊。

step01 在 Home 控制器建構函式注入 ILogger 相依性實例

Controllers/HomeController.cs

```
...
using Microsoft.Extensions.Logging;

namespace Mvc7_Fundamentals.Controllers
{
    public class HomeController : Controller
    {
        private readonly ILogger<HomeController> _logger;
        public HomeController(ILogger<HomeController> logger)
        {
            _logger = logger;
        }
}
```

DI 相依性注入

指定 Category 分類名稱

說明：Category 分類名稱指定為控制器類別名稱，但指成任何字串執行不會產生錯誤

step02 在 Index 動作方法以 Log 方法記錄資訊

```
public IActionResult Index()
{
    EventId eventId = new EventId(1234, "我的記錄資訊");
    _logger.LogWarning(eventId, "LogWarning()記錄資訊- Home/Index 被呼叫");

    //以上亦可寫成下面一行
    _logger.LogWarning(1234, "LogWarning()記錄資訊- Home/Index 被呼叫");

    return View();
}
```

使用 LogWarning 方法記錄資訊

事件 Id

記錄資訊

說明：Logging 支援六種層級記錄方法：LogTrace、LogDebug、LogInformation、LogWarning、LogError、LogCritical。雖說每個方法都能使用，但因涉及系統 Loggin 預設組態層級關係，低於層級設定的記錄方法，資訊不會寫至記錄目的端，細節稍後再說明

step03 按 F5 執行，瀏覽 Home/Index 網址，在 Visual Studio【偵錯】→【視窗】→【輸出】→顯示輸出來源「偵錯」，可看見 Log 記錄輸出

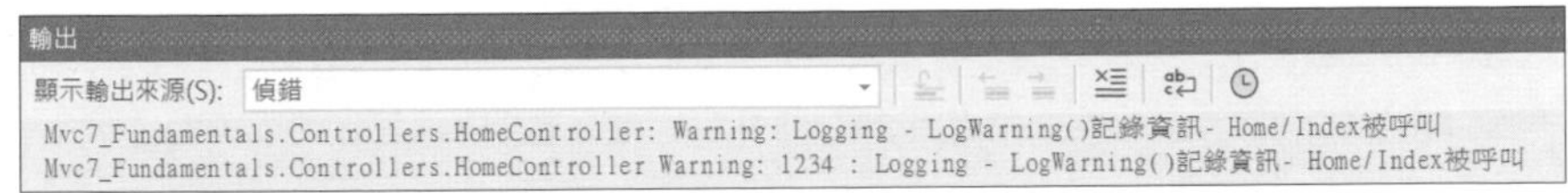

圖 4-14 在 Visual Studio 偵錯輸出中檢視 Log 記錄資訊

step04 另一種是用 dotnet run 執行，再瀏覽 Home/Index，於終端機視窗中亦可看到 Log 記錄輸出資訊

```
C:\Windows\System32\cmd.exe - dotnet run --launch-profile https

C:\CoreMvc7Examples\Chapter04\Mvc7_Fundamentals\Mvc7_Fundamentals>dotnet run --launch-profile https
正在建置...
info: Microsoft.Hosting.Lifetime[14]
      Now listening on: https://localhost:7299
info: Microsoft.Hosting.Lifetime[14]
      Now listening on: http://localhost:5239
info: Microsoft.Hosting.Lifetime[0]
      Application started. Press Ctrl+C to shut down.
info: Microsoft.Hosting.Lifetime[0]
      Hosting environment: Development
info: Microsoft.Hosting.Lifetime[0]
      Content root path: C:\CoreMvc7Examples\Chapter04\Mvc7_Fundamentals\Mvc7_Fundamentals
warn: Mvc7_Fundamentals.Controllers.HomeController[1234]
      Logging - LogWarning()記錄資訊- Home/Index被呼叫
```

圖 4-15 在終端機視窗檢視 Log 記錄輸出資訊

step05 若有用 AddEventLog()方法加入事件記錄提供者，無論用哪種方式執行，皆會寫入 Windows 事件檢視器中（限 Windows 平台）

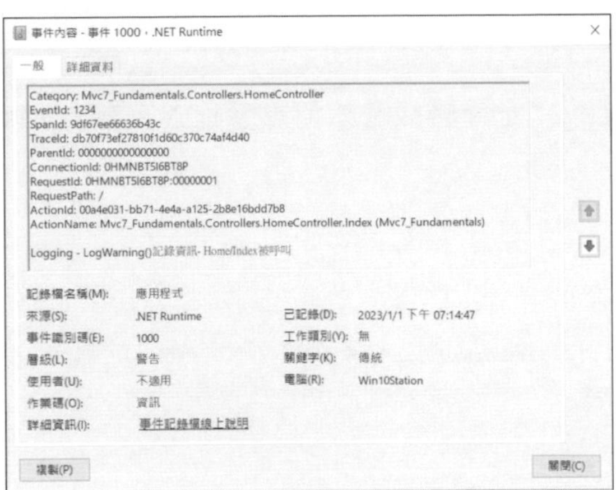

圖 4-16 Windows 平台事件檢視器中的記錄資訊

❖ Log Level 記錄層級

每個 Log 記錄時皆會指定一個 Log Level 列舉值，作用是指出記錄是嚴重或重要性程度，依重要性程度最高至最低，Log Level 列舉值有下表幾種。

表 4-2 Log 記錄層級

等級	代碼	方法	說明
None	6	--	指定記錄類別不應寫入訊息
Critical	5	LogCritical	發生需要立即注意的失敗。範例：資料遺失情況、磁碟空間不足
Error	4	LogError	發生無法處理的錯誤和例外狀況。這些訊息表示目前的作業或要求失敗，而不是整個應用程式的失敗。
Warning	3	LogWarning	針對異常或非預期的事件。通常會包含不會導致應用程式失敗的錯誤或狀況。
Information	2	LogInformation	追蹤應用程式的一般流程。可能具有長期值。
Debug	1	LogDebug	用於偵錯工具和開發。在生產環境中，請謹慎使用，因為這是大量的磁片區。
Trace	0	LogTrace	包含最詳細的訊息。這些訊息可能包含敏感性應用程式資料。這些訊息預設為停用，不應在生產環境中啟用。

那 Log Level 記錄層級會如何影響程式？在 appsettings..json 中設定如下：

```
{
  "Logging": {
    "LogLevel": {
      "Default": "Imformation",  ◄── 預設為 Information 層級
      " Microsoft.AspNetCore": "Warning"
    }
  }
}
```

以 ASP.NET Core 專案 Logging 的 Default 預設值為「Information」情況下，必須需使用至少跟它一樣或較高等級的方法，Log 才會寫入至記錄目的端，例如 LogInformation、LogWarning、LogError、LogCritical 方法皆可，但用 LogDebug 或 LogTrace 方法就不做任何記錄了。

4-4 結論

本章介紹了每種服務運作原理，以及如何使用與調整服務。在理解個別服務原理後，再到串連起所有服務協作與運行順序後，腦中就會呈現井然有序的總體圖，此時便初步掌握 ASP.NET Core 系統開發火候，而不致落入零散無章，缺乏開發方向感的窘境。

CHAPTER 5

掌握 Controller/View/Model/Scaffolding/Layout 五大元素

本章從 Routing 路由開始，描述 Controller、Model、View 三者實際運作動線，並說明 Model、View 與 Controller 建立步驟與細節。而在 MVC 建立過程中，可善用 Scaffolding 及 Layout 來加速與簡化整個網站的設計，迅速打造出可運作的雛型系統，再予以精修、添加功能，完成最終設計。

5-1 Controller / Action 職責功用與運作流程

簡化來說，Controller 控制器是 Model-View-Controller 三者運作的起點，也是控制 MVC 運行的核心人物，它最重要的成員又莫過 Action 動作方法，Action 是實際撰寫回應程式的單元，包括前端資料接收、Model 的資料存取、再到回傳動作結果都是在 Action 中進行。

5-1-1 從路由找到對應的 Controller 及 Action 進行調用

在 2-4 小節提到 MVC 執行六大步驟，當瀏覽器發出 Request 請求後，端點路由會比對應用程式中定義的 Endpoints 端點，找出最匹配的端點，並執行相關聯的委派，然後初始化對應的 Controller 控制器，並調用 Action。

Program.cs 中路由定義

```
app.UseRouting();  ← 使用 Endpoint 端點路由中介軟體

...

//MapControllerRoute 用來定義單一路由
//若有多個路由則需定義多個 app.MapControllerRoute(...);
app.MapControllerRoute(
    name: "default",
    pattern: "{controller=Home}/{action=Index}/{id?}");  ← 預設路由定義

app.Run();
```

說明：

1. 路由會使用 UseRouting 和 UseEndpoints 兩個中介軟體，早期需在 Startup.cs 中明確加入，但在 ASP.NET Core 6 以後的最小裝載模型預設已加入這兩個中介軟體，故不需要刻意呼叫
2. UseRouting 作用是將路由比對加入到中介軟體管線中，根據請求它會查詢端點集中所有路由，並選擇最速配路由
3. UseEndpoints 作用是將執行端點加入到中介軟體管線中，它會執行與所選端點相關聯的委派
4. MapControllerBase()方法可用來對映傳統路由和屬性路由，若是對映屬性路由請用 MapController 方法
5. MapControllerRoute() 為 controller/actions 加入端點到 IEndpointRouteBuilder(使它們成為端點)，並且為路由指派 name、pattern、defaults、constraints 和 dataTokens 幾個參數

6. 專案建立之初，MapControllerRoute 方法定義一筆預設路由定義，後續可加入多筆端點路由定義，方式是建立多個 MapControllerRoute 方法
7. 總結，收到 URL 請求後，端點路由會匹配最佳的 EndPoint 端點，並執行與端點相關聯的委派，並調用對應的 Controller 及 Action

❖ 使用者發出 Request 請求到網頁輸出的過程

當前端或瀏覽器發出 URL 請求給 MVC 網站後，其概略過程為：

1. URL 請求經端點路由 Middleware 找到最匹配的端點
2. 從匹配端點確立出對應的 Controller 和 Action 名稱
3. 初始化建立 Controller 物件，然後 Controller 喚起 Action 執行工作
4. Action 對 Model 進行資料存取，並指定欲傳給 View 的資料
5. Action 執行最終須回傳一個 IActionResult 物件
6. 後續 IActionResult.ExecuteResultAsync()方法會被呼叫執行，找到對應的 View，最終由 View Engine 轉譯輸出網頁回應給前端

例如在瀏覽器 URL 輸入「http://www.domain.com/Friends/Index」，那麼：❶EndPoint 端點路由機制會去比對端點定義，❷找到最匹配的端點，執行端點關聯的委派，❸初始化 Friends 控制器，調用 Index()動作方法，❹Action 進行邏輯運算或資料存取，❺回傳 IActionResult 物件，❻找到對應的 Index.cshtml 檢視，由 ViewEngine 轉譯（Render）輸出成 HTML 回應給使用者。

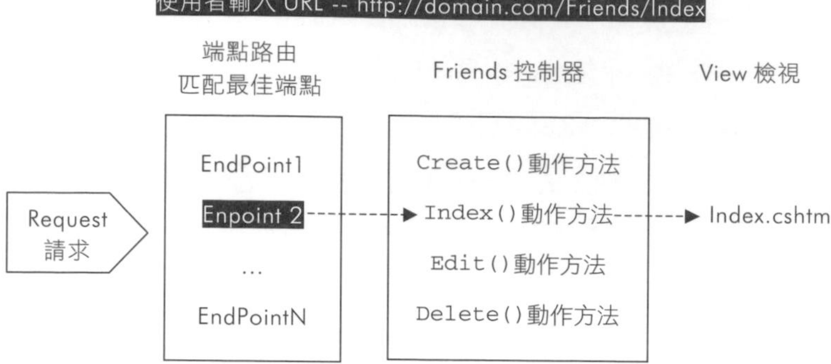

圖 5-1 從 EndPoint 端點路由找到 Controller 及 Action 的過程

5-1-2 Controller 與 Action 的角色與功用

由此可知，真正處理 Request 請求細節的工作單元是 Action，而不是 Controller，Controller 是負責大的環境建立、管線執行、環境變數、屬性與方法的提供。簡單來說，Controller 是負責宏觀工作，而 Actions 是負責微觀的個別工作，但由於 Actions 是包含在 Controller 中的成員，因此統稱上常說，Controller 負責接收使用者請求，協調 Model 及 View，最終輸出回應給使用者。

TIP

回想傳統 Class 類別與 Method 方法，也是 Controller 和 Action 這種關係，實際執行工作細節的是 Method，不是 Class 本身，但是統稱上仍會說某類別負責執行哪些工作

❖ Controller 類別檔結構

Controller 控制器是一種統稱，位於專案的 Controllers 資料夾中有許多以 Controller 結尾的類別檔，因此在調用 Controller 時，必須指明控制器名稱。以 Friends 控制器為例，其檔名是 FriendsController.cs，原本是一個普通類別，但在繼承 Controller 類別後就變成了控制器。

Controllers/FriendsController.cs

```
public class FriendsController : Controller
{
    ...
}
```

每個控制器皆繼承 Controller 類別

❖ Controller 控制器宣告規則

按 MVC 預設約定（Conventions），Controller 類別須：

- 位於專案根目錄下 Controller 資料夾中
- 繼承 Microsoft.AspNetCore.Mvc.Controller 基底類別

而 Controller 要能初始化成實例須至少符合以下一個要件，且不能以[NonController]屬性裝飾：

- 控制器類別名稱須以 Controller 結尾
- 控制器繼承的類別是以 Controller 結尾
- 類別以[Controller] 屬性裝飾

❖ Action 動作方法的作用

廣義來說 Controller 是類別，其成員 Action 也是 Method 方法的一種。那為何要別立名稱，稱呼它為 Action？首先 Action 設計有規範限制，二是 Action 回傳物件是特殊的 IActionResult 型別，這和一般類別方法自由設定回傳型別不同，本章最末節會解釋。

每個 Action 會被設計成執行不同任務，有的做邏輯運算，有的負責查詢、編輯或刪除等等。為了完成這些工作，Action 也會去呼叫 Model 模型，對資料庫進行存取，以下是 Actions 例子：

Controllers/FriendController.cs

```
...
                                        ┌─────────────────────┐
                                        │ 繼承 Controller 類別 │
                                        └─────────────────────┘
public class FriendsController : Controller
{
    private readonly FriendContext _context;

    public FriendsController(FriendContext context)
    {                                   注入 EF Core 的 DbContext 實例
        _context = context;
    }

    非同步方法    統一的 IActionResult 回傳型別
    public async Task<IActionResult> Index() ◄── Index 動作方法。顯示資料
    {
        return View(await _context.Friend.ToListAsync());
    }                                   讀取 EF Core 資料庫的 Friend 資料表

    // GET: Friends/Details/5
    public async Task<IActionResult> Details(int? id)
    {                                   Details 動作方法。顯示資料明細
            ...

        return View(friend);
    }

    // GET: Friends/Create
    public IActionResult Create() ◄── Create 動作方法。建立資料紀錄
    {
        return View();
    }

    [HttpPost]
    [ValidateAntiForgeryToken]              Create 動作方法。建立資料紀錄
    public async Task<IActionResult> Create(
      [Bind("Id,Name,Phone,Email,City")] Friend friend)
    {
            ...
        return View(friend);
    }
```

```
    public async Task<IActionResult> Edit(int? id)
    {                                    Edit 動作方法。編輯資料
            ...
        return View(friend);
    }

    [HttpPost]
    [ValidateAntiForgeryToken]
    public async Task<IActionResult> Edit(int id,
      [Bind("Id,Name,Phone,Email,City")] Friend friend)
    {
            ...
        return View(friend);
    }

    public async Task<IActionResult> Delete(int? id)
    {                                    Delete 動作方法。刪除資料
            ...

        return View(friend);
    }

    [HttpPost, ActionName("Delete")]
    [ValidateAntiForgeryToken]
    public async Task<IActionResult> DeleteConfirmed(int id)
    {
        ...
        return RedirectToAction(nameof(Index));
    }

    private bool FriendExists(int id)
    {
        return _context.Friend.Any(e => e.Id == id);
    }
}
```

說明：

1. Controller 中包含許多 Actions，每個 Action 都會被賦予特定任務，例如 Edit()負責編輯，Delete()負責刪除

2. Action 的命名 Index、Edit、Details、Delete 只是系統樣板產生的名稱，沒有強制性，可隨意換成其他合適名字
3. 每個 Action 須回傳 IActionResult 型別物件（或衍生類別）
4. Action 可接受參數，但不能單憑參數的不同而達成方法多載
5. 每個 Action 方法幾乎都會對應一個 View 檢視，例如 Index()會對應 Index.cshtml，Create()會對應 Create.cshtml
6. Action 也可做純邏輯運算或資料輸出，此時就不需建立對應的 View
7. 具備異動能力的 Action 皆會有兩個方法，一個負責 Http GET，另一個負責 Http Post，原因後面 11-6-2 小節會解釋

❖ Controller 屬性與方法

前面雖然提過處理請求的是 Action，但這並不是說 Controller 無所事事，事實上 Controller 提供了大量屬性與方法讓 Action 呼叫使用，簡化 Action 工作及環境資訊存取。以下概略瀏覽屬性與方法，後續範例及章節會看到實際運用。

表 5-1 Controller 屬性

屬性	說明
ControllerContext	取得或設定控制器內容
HttpContext	取得關於個別 HTTP 要求的 HTTP 特定資訊
MetadataProvider	取得或設定 IModelMetadataProvider
ModelBinderFactory	取得或設定 IModelBinderFactory
ModelState	取得模型狀態字典物件，這個物件包含模型和模型繫結驗證的狀態
ObjectValidator	取得或設定 IObjectModelValidator
ProblemDetailsFactory	產生 ProblemDetails 和 ValidationProblemDetails 之 Factory 工廠

屬性	說明
Request	取得目前 HTTP 要求的 HttpRequestBase 物件
Response	取得目前 HTTP 回應的 HttpResponseBase 物件
RouteData	取得目前要求的路由資料
TempData	取得或設定暫存資料的字典
Url	取得 URL Helper 物件，這個物件使用路由來產生 URL
User	取得目前 HTTP 要求的使用者安全性資訊
ViewBag	取得動態檢視資料字典
ViewData	取得或設定檢視資料的字典

而 Controller 支援的方法極多，無法在有限篇幅細說每一方法作用，故請大略參考下圖陳列方法名稱就行了。

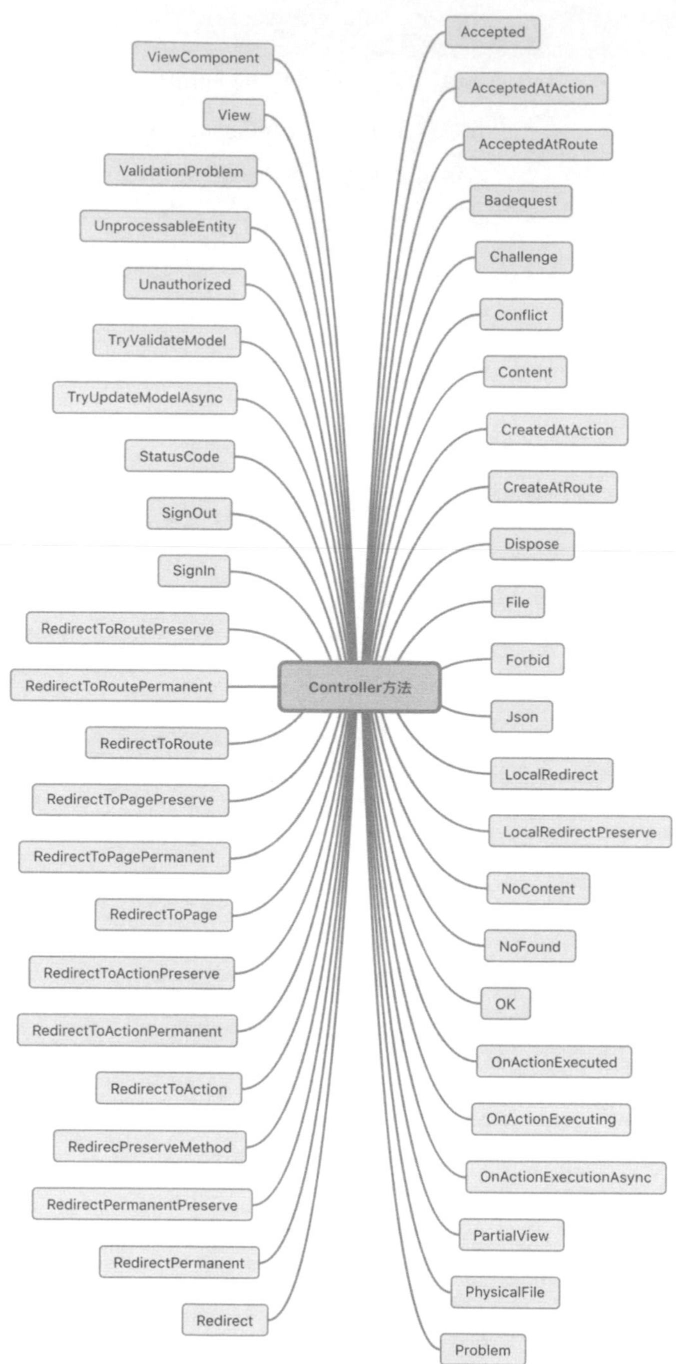

圖 5-2 Controller 方法

5-2 View 檢視

View 檢視是負責視覺化內容與 UI 介面，延伸檔名為.cshtml，依其用途可分為三類：

1. **View 檢視**：就是一般的網頁內容及 UI 介面的設計，裡面是 HTML、CSS、JavaScript 或 Razor 語法宣告
2. **Partial View 部分檢視**：將網頁某一小塊可重複的部分獨立成一個.cshtml，提供給 View 或 Action 呼叫使用
3. **Layout 佈局檔**：佈局檔概念上就是 ASP.NET 的 Master Page 主版面頁，是網站的骨架樣板，內有 Navigation 導航選裡單、Header、Footer、SiderBar、jQuery、Bootstrap 和 css 定義，將網站固定的部分抽離出來讓所有 Views 套用，個別 View 就不必重複定義這些東西，也簡化設計

❖ Views 資料夾

View 檢視是放在 Views 資料夾中，專案建立時有 Home 和 Shared 子資料夾，以及_ViewImports.cshtml 和_ViewStart.cshtml 檔。

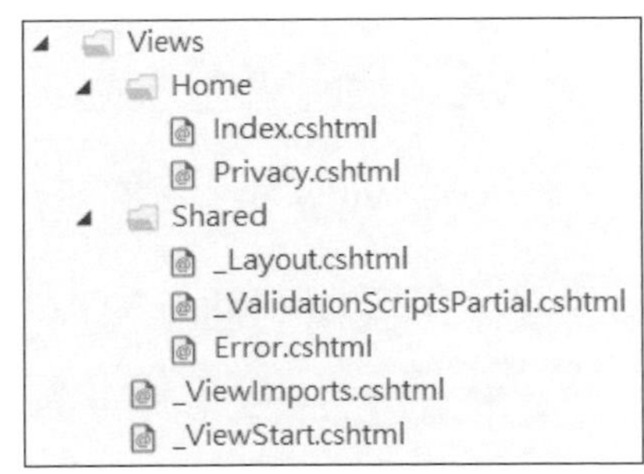

圖 5-3 預設的 Views 資料夾

說明：

1. Home 資料夾：它是對應 HomeController 控制器而建立的，其下的 Index.cshtml 和 Privacy.cshtml 檢視檔，與 Home 控制器的 Index()和 Privacy()動作方法彼此對映，等於是 Index()動作方

法調用 Index.cshtml 檢視，Privacy()調用 Privacy.cshtml，以此類推

2. Shared 資料夾：是存放整個網站共用的佈局檔、部分檢視檔或自訂錯誤頁面，以_Layout.cshtml 來説，它是整個所有 Views 預設套用的佈局檔

3. _ViewImports.cshtml：設定 Views 共享的指示詞，預設使用 @using 指示詞匯入每個 View 會用到的命名空間，使用 @addTagHelper 指示詞加入 TagHelper 命名空間

4. _ViewStart.cshtml： _ ViewStart.cshtml 預設 Layout 佈局檔為 _Layout.cshtml，故所有 Views 便會套用_Layout.cshtml。故若想更換整個網站預設佈局檔，可在此修改

Views/_ViewStart.cshtml

```
@{
    Layout = "_Layout.cshtml"; ◄── 指定預設佈局檔名稱
}
```

❖ View 檢視建立方式

建立 View 的方式有 Saffolding 和手工兩種：

1. 使用 Scaffolding 從 Actions 產生 View（自動）

   例如在 Mvc7_Pillars 專案的 TestController.cs 中 Index()動作方法上按滑鼠右鍵→【新增檢視】→【Razor 檢視】→【加入】→範本【Empty(沒有模型)】→【新增】，就會建立 Views/Test/Index.cshtml 檢視。這是透過 MVC 的 Scaffolding 機制產生出 View 樣板，此法較為簡便

2. 自行加入 View 檢視目錄及檔案（手動）

   若用純手工的方式：❶先在 Views 下建立 Test 資料夾，❷在 Views/Test 目錄下加入 Index.cshtml 檔，由於 MVC Convention 約定的關係，Index()會找到對應的 Views/Test/Index.cshtml 檢視檔

Views/Test/Index.cshtml

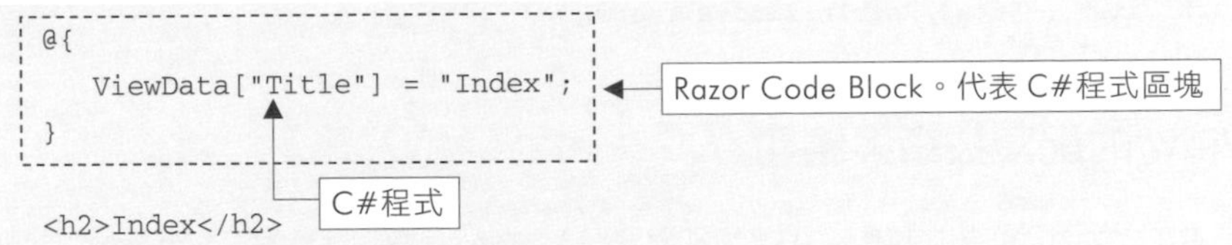

@{
ViewData["Title"] = "Index";
}
Razor Code Block。代表 C#程式區塊
C#程式
<h2>Index</h2>

範本【Empty(沒有模型)】會建立近乎空白的 View 樣板，這是設計網頁內容的地方。而 View 又稱為 Razor View，是因為 View 預設語法就是 Razor。Razor 語法是 HTML + C#的組合，預設是 HTML 語法，若用到 C#變數或區塊，開頭需加上@作為切換符號，而 Razor 語法在後續每個範例都會用到，在第七章會專門介紹。

❖ Action 指定 View 檢視的方式

例如 Home 控制器的 Index()要指定 View 檢視作為輸出，在約定的默認規則下，View 和 Action 名稱是一致的，因此在 Action 中只需調用 View()方法，它就會自動找到 Index.cshtml：

```
return View();  //約定 Action 與 View 名稱一致，故 View 名稱可省略
```

但也可明確指定 View 名稱，或指定不同的 View 名稱：

```
return View("Index");  //若同屬一個控制器，指定 View 名稱不需指定延伸檔名
return View("About");  //Index()動作方法也可指定 About 檢視作為 Render 輸出
```

或可指定完整路徑和檔名，但須加上.cshtml 延伸檔名：

```
return View("Views/Home/Index.cshtml");
return View("Views/Results/Index.cshtml");
```

```
return View("~/Views/Home/Index.cshtml");
return View("~/Views/Results/Index.cshtml");
```

❖ View 的配套技術與議題

MVC 技術本身不難，但對初學者最複雜的是，它有一堆看不見的系統約定，以及技術的隱性配套，如果沒弄對，或沒人告訴你正確做法，便會感到無從下手，這也是 MVC 較難入手原因。

雖然 View 表面上和 HTML 檔一樣，也是在做 HTML、CSS 和 JavaScript 設計，但是 View 整體潛在約定、配套、設計與設定卻複雜得多，為了讓您完全理解 View 的使用，後續小節將討論以下議題：

- Controller / Action 傳遞資料給 View 的四種途徑，而 View 又如何接收及使用資料
- Scaffolding 程式產生器的進一步運用
- View 如何套用 Layout 佈局檔
- 在 View 中如何引用 CSS 或 JavaScript 函式庫
- Controller / Action / View 三者之間的對應關係及名稱調整
- View 預設的搜尋路徑及過程
- Action 須回傳 IActionResult 型別物件，以輸出網頁或資料

5-3 Controller 傳遞資料給 View 的四種途徑

MVC 架構及精神下，一個網頁程式基本會拆分成 Model、View 及 Controller 三個部分。也由於這樣的職責劃分，Controller 和 View 實質上是兩個各自獨立的個體，Controller 有資料想傳給 View 使用，並非在 Controller 類別中任意宣告變數或物件，傳遞給 View，View 就能存取到這些變數。

例如 Controller 手上有員工資料，想傳送給 View，須使用 MVC 內建的四種傳遞機制：ViewData、ViewBag、Model 及 TempData。

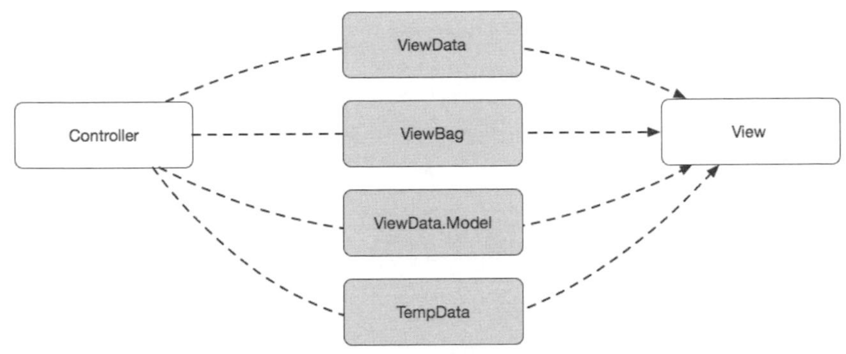

圖 5-4 Controller 傳遞資料到 View 的四種機制

表 5-2 Controller 傳遞資料到 View 的四種方式

說明 方式	特性	使用時機與限制
ViewData	為 ViewDataDictionary 型別，key 與 value 成對的 Dictionary	用於 Action 傳遞資料給 View。若網頁轉向資料便會消失，無法跨 Controller/Action 傳遞資料
ViewBag	dynamic 動態型別 Property，內部為 DynamicViewDataDictionary 型別	同上
Model	為廣義的資料模型，像集合、陣列或物件皆可作為 Model 傳遞至 View	同上
TempData	為 ITempDataDictionary 型別，也是 key 與 value 成對的 Dictionary	用於跨 Controller/Action 傳遞資料。但因資料儲存在 Cookie 或 Session 中，資料不受網頁轉向影響而消失

說明：

1. ViewData、ViewBag 和 Model 表面上是三個個體，但實際都是儲存在同一個 ViewData 實例中

2. ViewData、ViewBag 和 Model 資料僅存活於當次的 Request 請求，一旦做轉向，資料就會消失

3. ViewDataDictionary 和 ITempDataDictionary 都繼承了相同介面，但有個最大不同點，ITempDataDictionary 資料是儲存在 Cookie 或 Session 中，即使網頁轉向資料仍在，可跨 Controller/Action 傳遞資料

5-3-1 以 ViewData 傳遞資料

ViewData 是一種 Key 和 Value 成對的 Dictionary，在 Action 中用 ViewData["Key 名稱"] 指定 Value 值，作為傳遞的資料，資料可為任何類型：

Controllers/PassDataController.cs

```
public IActionResult PassViewData()
{
    ViewData["Name"] = "Kevin";          //儲存字串
               Key          Value

    ViewData["Age"] = 33;                //儲存整數
    ViewData["Single"] = true;           //儲存布林值
    ViewData["Employees"] = empsList;    //儲存 model 集合物件

    return View();
}
```

說明：

1. 因 ViewDataDictionary 繼承 IDictionary<string, object>緣故，資料是以 object 型別加入 ViewDataDictionary 中，故 ViewData 可儲存任何型別資料

2. ViewData 資料使用時需做轉型（String 型別除外）

3. 網頁發生轉向動作，ViewData 資料會被清空

而在 View 檢視中使用 Key 名稱存取 ViewData 資料：

Views/PassData/PassViewData.cshtml

```
<ul>
    <li>Name : @ViewData["Name"]</li>
    <li>Age : @((int)ViewData["Age"]+1)</li>  ◄— 除字串外，資料運算需明確轉型
    <li>Single : @ViewData["Single"]</li>
</ul>

<hr />
<ul>    ViewData 有公開 GetEnumerator()方法，故可用 foreach 存取項目資料
    @foreach (var item in ViewData)
    {
        <li>@item.Key, @item.Value</li>
    }
</ul>
```

- Name : Kevin
- Age : 34
- Single : True

- Name, Kevin
- Age, 33
- Single, True
- Employees, System.Collections.Generic.List`1[CoreMvc3_Pillars.Models.Employee]
- Title, PassViewData

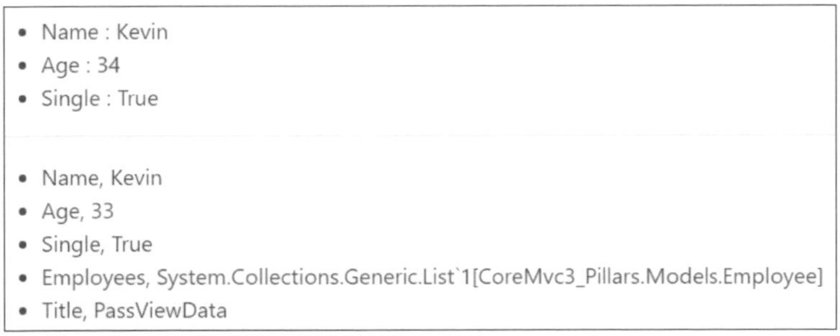

圖 5-5 在 View 中讀取及顯示 ViewData 資料

❖ 用[ViewData]屬性裝飾 Controller 的 Property 屬性

ViewData 在 ASP.NET Core 2.1 後的版本，推出新的 ViewDataAttribute 宣告及使用方式，在 Controller 類別宣告 Property 屬性，再用[ViewData] 裝飾該 Property 屬性，然後 Controller 所有 Actions 中就可以直接用 Property 屬性設定 ViewData。

在 Controller 宣告 Properties 屬性，並用[ViewData]裝飾這些屬性：

Controllers/PassDataController.cs

```
public class PassDataController : Controller
{
    [ViewData]
    public string Gender { get; set; }

    [ViewData(Key = "Edu")]
    public string Education { get; set; }

    public IActionResult ViewDataAttribute()
    {
        ViewData["Name"] = "Kevin";
        Gender = "男性";
        Education = "研究所";

        return View();
    }
}
```

在 View 存取 ViewData：

Views/PassData/ViewDataAttribute.cshtml

```
<ul>
    <li>Name : @ViewData["Name"]</li>
    <li>Gender : @ViewData["Gender"]</li>
    <li>Education : @ViewData["Edu"]</li>
</ul>
```

TIP

用 ViewDataAttribute 類別裝飾 Controller 的 Properties，便能將屬性值在 ViewDataDictionary 中儲存與取出

5-3-2 以 ViewBag 傳遞資料

ViewBag 是 dynamic 型別的 Property，可動態新增無限多個屬性，指派的 Value 值可為任何型別：

Controllers/PassDataController.cs

```
public IActionResult PassViewBag()
{
    ViewBag.Nickname = "Mary";
    ViewBag.Height = 168;
    ViewBag.Weight = 52;
    ViewBag.Married = false;
    ViewBag.EmpsList = empsList;     //儲存 model 集合物件

    return View();
}
```

說明：

1. ViewBag 可和 ViewData 同時使用，但 ViewData 的 Key 與 ViewBag 屬性名稱必須錯開
2. ViewBag 資料使用時不需做轉型，這點比 ViewData 來得方便
3. dynamic 型別是.NET Framework 4.0 加入之功能，其特性是會略過編譯時期的型別和 Operation 作業檢查
4. ViewBag之所以能動態加入屬性，是因為它是DynamicViewData型別物件，繼承 DynamicObject 類別，並實作 TryGetMember 和 TrySetMember 方法，故能動態設定與讀取屬性

在 View 檢視中存取 ViewBag 語法：

Views/PassData/PassViewBag.cshtml

```
<ul>
    <li>Name : @ViewBag.Nickname</li>
    <li>Height : @ViewBag.Height</li>
```

```
    <li>Weight : @ViewBag.Weight</li>
    <li>Married : @ViewBag.Married</li>
</ul>
```

5-3-3 以 Model 傳遞資料

若資料是 Data Model、View Model、集合或陣列，廣義上它們都是 Model 的概念，指定 Model 物件方式有兩種：

Controllers/PassDataController.cs

```
public IActionResult PassModel()
{
    //1.呼叫 View()方法時，直接將 model 當成參數傳入
    return View(model 物件);

    //2.將 model 物件指定給 ViewData.Model 屬性
    //ViewData.Model = model 物件;
    //return View();
}
```

說明：建議使用第一種方式，因為簡潔俐落。另外雖然 ViewData 和 ViewBag 也能傳遞 model 物件，但不建議這麼做，除了強型別檢視的關係，Model 和 Action 及 View 之間還有驗證、Scaffolding 等配套運作機制，5-5 小節會提到

範例 5-1 Controller 傳遞資料給 View – 以寵物店為例

以下用一個簡單的寵物店為例，示範由 Controller 傳遞資料到 View 的三種方式，包括 ViewData、ViewBag 和 Model。

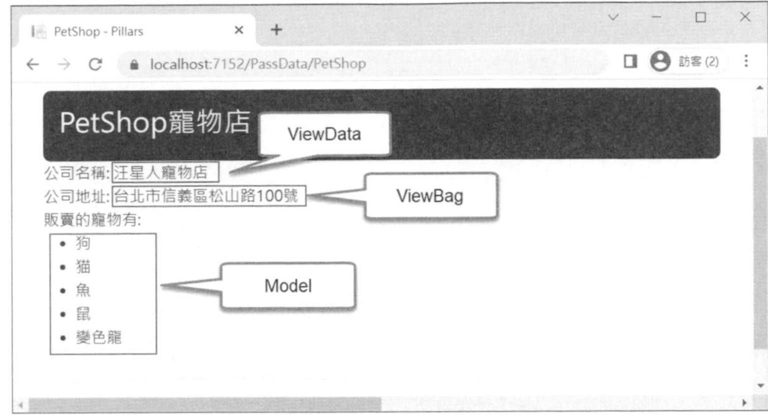

圖 5-6 在 PetShop 檢視中顯示 Controller 傳入資料

step01 在 Controllers 資料夾按滑鼠右鍵→【加入】→【控制器】→【MVC 控制器-空白】→【加入】→命名為「PassDataController」→【新增】

圖 5-7 加入 PassData 控制器

step02 在 PassData 控制器中新增一個 PetShop()的 Action

Controllers/PassDataController.cs

```
namespace Mvc7_Pillars.Controllers
{
    public class PassDataController : Controller
```

```
    {
        ...
        public IActionResult PetShop()
        {
            return View();
        }
    }
}
```

3.回傳型別--IActionResult

1.Action 動作方法

2.以 View()方法回傳 ViewResult 型別物件

step03 在PetShop()中以ViewData、ViewBag和Model傳遞資料給View

```
public IActionResult PetShop()
{
    //1.使用 ViewData 傳遞資料到 View
    ViewData["Company"] = "汪星人寵物店";
    //2.使用 ViewBag 傳遞資料到 View
    ViewBag.Address = "台北市信義區松山路 100 號";
    //宣告一個 List 泛型集合,代表 model 資料模型
    List<string> petList = new List<string>();
    petList.Add("狗");
    petsList.Add("猫");
    petsList.Add("魚");
    petsList.Add("鼠");
    petsList.Add("變色龍");

    //或用
    List<string> petsList2 = new List<string>()
      { "狗", "猫", "魚", "鼠", "變色龍" };

    //3.將 petsList 資料模型指派給 ViewData.Model 屬性, 傳遞到 View
    ViewData.Model = petsList;
    return View();
    //實際上傳送 model 物件給 View,會更常使用 View(petsList)語法取代
    //return View(petsList);
}
```

ViewData["Company"]指定資料

ViewBag.Address 指定資料

List 泛型集合代表 model 物件

用 ViewData.Model 指定 model 物件

呼叫 View()方法後，三種資料會傳遞給 View 檢視

說明：

1. ViewData 的 Key 名稱不能和 ViewBag 的 property 名稱相同，例如不能同時設定 ViewData["Name"]="Kevin"和 ViewBag.Name ="Mary"，否則後者會蓋掉前者
2. Action 呼叫 View()方法後，最終會回傳 ViewResult 物件

step04 在 PetShop()方法按滑鼠右鍵→【新增檢視】→【Razor 檢視】→【新增】，於 PetShop.cshtml 加入以下程式，顯示 ViewData、ViewBag 和 Model 三種資料

Views/PassData/PetShop.cshtml

```
@{
    ViewBag.Title = "PetShop";
}
<h2>PetShop</h2>
公司名稱: @ViewData["Company"] <br />
公司地址: @ViewBag.Address <br />
販賣的寵物有:<br />
<ul>
    @foreach (var pet in Model)
    {
        <li>@pet</li>
    }
</ul>
```

用@ViewData["Company"]讀取資料

用@ViewData.Address 讀取資料

用 foreach 或 for 迴圈讀取 Model 中 List 集合項目

用 Model 關鍵字讀取模型資料

pet 為 Model 中資料項目

說明：在 View 頁面（.cshtml）中存取 C#變數或.NET 物件，開頭一律用@符號，此乃 Razor 語法規則

step05 改用 View（model 物件）取代 ViewData.Model 的簡潔語法

+ 原本語法

```
ViewData.Model = petsList;
return View();
```

+ 簡化語法

```
//實際上傳送 model 物件給 View，更常使用此語法
return View(petList);
```

5-3-4 以 TempData 傳遞資料

ViewData、ViewBag 和 Model 三種傳遞資料方式，適用於同一 Controller / Action 傳遞資料給 View。但若不同 Actions 間傳遞資料，無論是否為同一個 Controller，就必須使用 TempData。

例如 PassData 控制器的 PassTempData() 動作方法，以 RedirectionToAction 方法轉向至 ErrorMessage() 動作方法，須用 TempData 傳遞資料：

Controllers/PassDataController.cs

```
public IActionResult PassTempData()
{
    TempData["ErrorMessage"]="無足夠權限存取系統資料，請連絡系統管理人員";
    TempData["UserName"] = "David";
    TempData["Time"] = DateTime.Now.ToLongTimeString();

    return RedirectToAction("ErrorMessage", "ErrorHandler");
}
```

轉向到另一個 Action　　Action 名稱　　Controller 名稱

說明：

1. 跨 Actions 傳遞資料實際上是網頁轉向動作，而 TempData 之所以支持這種跨 Action 傳遞能力，是因為 TempData 是儲存在 Cookie 或 Session 的緣故
2. TempData 資料使用時需做轉型（String 型別除外）
3. TempData 也支援 TempDataAttribue 屬性，使用方式是 [TempData]

4. TempData 預設是使用 Cookie 儲存資料，在偵錯模式中檢視 TempData 的 provider，其使用 CookieTempDataProvider

而 ErrorHandler 控制器這端的 ErrorMessage() 也可做一些 TempData 資料的檢查。

Controllers/ErrorHandlerController.cs

```
[TempData]
public string Message { get; set; }

public IActionResult ErrorMessage()
{
    if (!TempData.ContainsKey("ErrorMessage"))
    {
        return new EmptyResult();
    }

    TempData.Keep();
    //TempData.Keep("ErrorMessage");

    return View();
}
```

檢查是否有"ErrorMessage"這個 key
不回傳任何東西
指示系統保留 TempData 資料，不要清除
保留指定的 key 資料

說明：

1. 為求嚴謹，TempData 可做資料防呆檢查，但並非強制性
2. TempData 是儲存在 Cookie 中，View 用完後 TempData 就消失了，可在瀏覽器按 F5 驗證。若想將 TempData 保存，可用 Keep() 方法保留
3. 在 Cookie 中的 TempData 資料會以 IDataProvider 加密，並以 Base64UrlTextEncoder 編碼然後分塊（Chunked）

而 View 存取 TempData 語法：

Views/ErrorHandler/ErrorMessage.cshtml

```
<h2>訊息摘要 : </h2>
<ul>
   <li>使用者 : @TempData["UserName"]</li>
   <li>時  間 : @TempData["Time"]</li>
   <li>訊  息 : @TempData["ErrorMessage"]</li>
   <li>訊  息 : @TempData.Peek("Message")</li>
</ul>
```

+ TempData Provider 改用 Session

若想將 TempData Provider 由 Cookie 改成 Session，可在 Program.cs 加入下面粗體字標示的設定：

```
pvar builder = WebApplication.CreateBuilder(args);

// Add services to the container.
builder.Services.AddControllersWithViews()
                .AddSessionStateTempDataProvider();

builder.Services.AddSession();

var app = builder.Build();

...
app.UseRouting();

app.UseAuthorization();

app.UseSession();
app.Run();
```

5-4 建立 Model 模型與強型別檢視

Model 職責上包含商業邏輯和資料存取兩大範圍，不過這節並未要廣泛介紹 Model 所有層面細節，而是討論以下幾個面向：

- Model 模型的建立及資料初始化
- 利用 Scaffolding 從 Model 產出 View 檢視
- 強型別檢視與動態型別檢視的區別

5-4-1 利用 Scaffolding 從 Model 產出 View 檢視

前面 PetShop 範例用 List<string>泛型集合建立簡單的 model 物件，然後透過 Model 傳遞給 View。那下面的員工通訊錄資料要如何用 List 泛型集合建立 model 物件？

表 5-3 員工通訊錄

員工編號	姓名	電話	電子郵件
10001	David	0933-154228	david@gmail.com
10002	Mary	0925-157886	mary@gmail.com
10003	John	0921-335884	john@gmail.com
10004	Cindy	0971-628322	cindy@gmail.com
10005	Rose	0933-154228	rose@gmail.com

先點出 Model 語法形式：

```
List<Employee> employees = new List<Employee>
{
 new Employee {Id=10001, Name="David", Phone="0933-154228",Email="david@gmail.com"},
 new Employee {Id=10002, Name="Mary", Phone="0925-157886",Email="mary@gmail.com"},
 new Employee {Id=10003, Name="John", Phone="0921-335884",Email="john@gmail.com"},
 new Employee {Id=10004, Name="Cindy",Phone= "0971-628322",Email="cindy@gmail.com"},
```

```
  new Employee {Id=10005, Name="Rose", Phone="0933-154228",Email="rose@gmail.com"}
};
```

以上 List<Employee>是泛型集合，內有五個 Employee 型別物件（代表五筆資料），而 employees 就代表 model 物件，將 employees 以 Model 方式傳遞給 View 顯示。

範例 5-2 製作員工通訊錄列表

以下說明如何製作員工通訊錄。

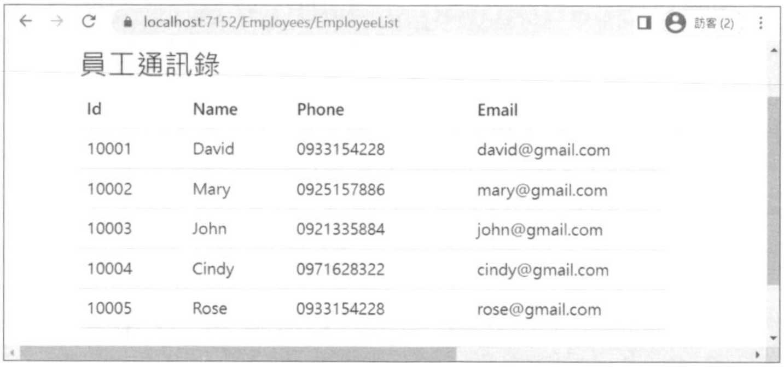

localhost:7152/Employees/EmployeeList

員工通訊錄

Id	Name	Phone	Email
10001	David	0933154228	david@gmail.com
10002	Mary	0925157886	mary@gmail.com
10003	John	0921335884	john@gmail.com
10004	Cindy	0971628322	cindy@gmail.com
10005	Rose	0933154228	rose@gmail.com

圖 5-8 員工通訊錄列表

step01 建立 Employee 的 Model 模型

在 Action 建立 List<Employee>泛型集合前，需先建立 Employee 模型，在 Models 資料夾按滑鼠右鍵→加入 Employee.cs 類別及四個屬性

Models/Employee.cs

```
public class Employee
{
    public int Id { get; set; }
    public string Name { get; set; }
    public string Phone { get; set; }      ◄── Model 模型定義
    public string Email { get; set; }
}
```

step02 在 Controllers 資料夾按滑鼠右鍵→【加入】→【控制器】→【MVC 控制器-空白】→【加入】→命名為「EmployeesController」→【新增】

step03 在 Controller 引用 Model 命名空間，Controller 程式才能參考到 Models 資料夾的 Employee 類別

```
using Mvc7_Pillars.Models;
```

或在 Globalusings.cs 中加入（建議此方式）

```
global using Mvc7_Pillars.Models;
```

step04 建立 model 資料物件

在 Employees 控制器的 EmployeeList()方法中建立 model 物件，以 List<Empoyee>泛型集合建立員工資料

Controllers/EmployeesController.cs

```
public class EmployeesController : Controller
{
    public IActionResult EmployeeList()
    {
        List<Employee> employees = new List<Employee>
        {
 new Employee {Id=10001, Name="David", Phone="0933154228",
   Email="david@gmail.com"},
 new Employee {Id=10002, Name="Mary", Phone="0925157886", Email="mary@gmail.com"},
 new Employee {Id=10003, Name="John", Phone="0921335884", Email="john@gmail.com"},
 new Employee {Id=10004, Name="Cindy", Phone="0971628322",
   Email="cindy@gmail.com"},
 new Employee {Id=10005, Name="Rose", Phone="0933154228", Email="rose@gmail.com"}
        };
        return View(employees);
    }
}
```

Action 方法

List<Employee>的 model 物件

將 model 物件傳入 View 中

說明：以上「集合初始化設定」在 2-12 小節曾介紹過

step 05 利用 Scaffolding 範本及 Model 模型類別產出 View 檢視樣板

在這借助 Scaffolding 自動產生程式樣板，快速建立出 View 檢視。在 EmployeeList()方法按滑鼠右鍵→【新增檢視】→【Razor 檢視】→範本選擇【List】→模型類別「Employee」→模型內容類別「FriendContext」→【新增】

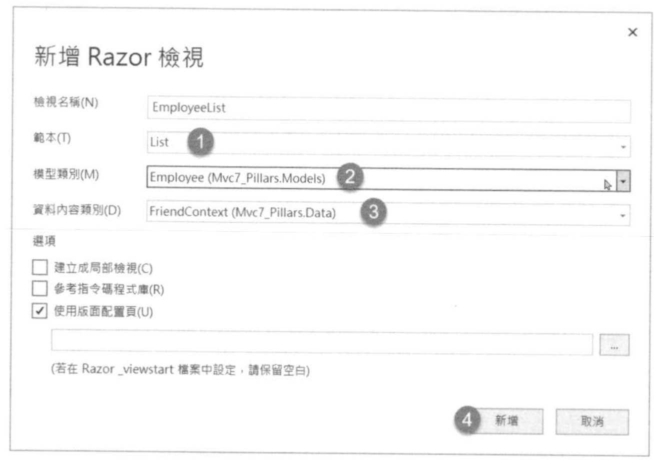

圖 5-9 選擇 View 檢視的範本及模型類別

step 06 下面是自動產生的 View 樣板，檔名結尾是.cshtml，它就是 Razor View，裡面是 HTML 和 C#兩種語法混合體，而 C#指令前面一定要加@符號

Views/Employees/EmployeeList.cshtml

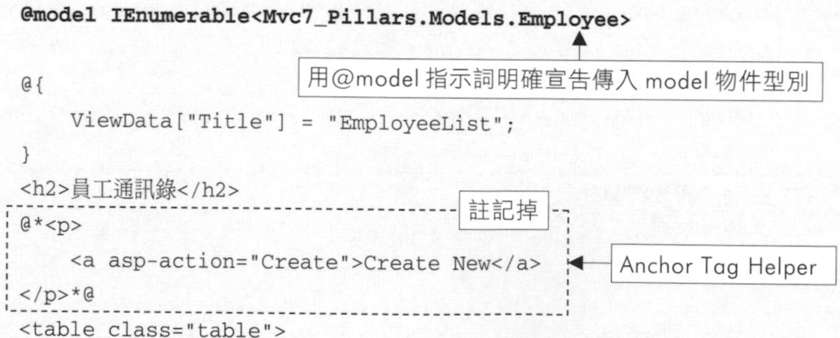

```
@model IEnumerable<Mvc7_Pillars.Models.Employee>

@{
    ViewData["Title"] = "EmployeeList";
}
<h2>員工通訊錄</h2>
@*<p>
    <a asp-action="Create">Create New</a>
</p>*@
<table class="table">
```

```
    <tr>
        <th>                         DisplayNameFor 方法是用來顯示 Model 標題名稱
            @Html.DisplayNameFor(model => model.Id)
        </th>
        <th>
            @Html.DisplayNameFor(model => model.Name)
        </th>
        <th>
            @Html.DisplayNameFor(model => model.Phone)
        </th>
        <th>
            @Html.DisplayNameFor(model => model.Email)
        </th>
    </tr>               用 foreach 逐一取出 Model 中 Item 項目
@foreach (var item in Model) {
    <tr>                       DisplayFor 方法是用來顯示 Item 項目值
        <td>
            @Html.DisplayFor(modelItem => item.Id)
        </td>
        <td>
            @Html.DisplayFor(modelItem => item.Name)
        </td>
        <td>
            @Html.DisplayFor(modelItem => item.Phone)
        </td>
        <td>
            @Html.DisplayFor(modelItem => item.Email)
        </td>                                                        註記掉
        @*<td>
            <a asp-action="Edit" asp-route-id="@item.Id">Edit</a> |
            <a asp-action="Details" asp-route-id="@item.Id">Details</a> |
            <a asp-action="Delete" asp-route-id="@item.Id">Delete</a>
        </td>*@
</tr>              指定 Action              指定路由 id 參數
}
</table>
```

說明：

1. @model 是用來宣告強型別檢視，好處是支援 IntelliSense 及編譯時檢查

2. IEnumerable<Mvc7_Pillars.Models.Employee>會針對傳入的List<Employee>集合公開一個列舉器
3. Html.DisplayNameFor(model => model.Id)指令，其中 Html 是指 HTML Helpers，DisplayNameFor 是 HTML Helpers 支援的眾多方法之一，用來顯示 Model 的標題，model => model.Id 是 Lambda 表示式
4. Html.DisplayFor(modelItem => item.Id)是用來顯示 Model 項目值
5. 原本自動產生的 View 沒有顯示 Id 欄位，需要的話可自行補上
6. Anchor 超連結中的 asp-action 是指定 Action 動作方法，asp-route-id 是指定路由 id 參數，它是 Anchor Tag Helper 標籤協助程式的語法
7. Tag Helpers & HTML Helpers 指令詳細用法在第十及十一章會介紹

5-4-2 強型別檢視和動態型別檢視之區別

Action 以 Model 方式傳遞資料給 View，而在 View 這端，卻會因是否用@model 指示詞具體指明傳入的 Model 型別為何，而有強型別檢視（Strongly Typed View）與動態型別檢視（Dynamic Typed View）之差異。

像之前寵物店例子，Action 傳遞 Model 給 View，在 View 開頭處並未使用@model 指示詞宣告型別，那麼這個 View 就會是動態型別檢視，而缺點是效能較差、不支援 IntelliSense 和編譯時期型別檢查。較好的做法是在開頭用@model 宣告傳入 model 物件型別，View 就會是強型別檢視：

Views/PassData/PetShop.cshtml

```
@model List<string> ◄— 因明確指定了 Model 型別，所以 View 為強型別檢視
...
<ul>
    @for(int i=0; i < Model.Count;i++)
    {
        <li>@Model[i]</li>
    }
</ul>
```

TIP

View 若用@model dynamic 宣告，亦會是動態型別檢視

為了見識強型別檢視對 IntelliSense 和型別檢查的支援，下面有兩個 Actions 以 Model 分別傳送單筆和多筆資料給 View，重點在 View 的 @model 指示詞，分單筆和多筆宣告方式。

Controllers/PassDataController.cs

```
//傳送單筆資料
public IActionResult StronglyTypedView()
{
    Employee employee = new Employee
    {
        Id = 10001,
        Name = "David",
        Phone = "0933-154228",
        Email = "david@gmail.com"
    };

    return View(employee);
}

//以List<Employee>泛型集合傳送多筆資料
public IActionResult StronglyTypedViewList()
{
    return View(empsList);
}
```

以下在 StrongTypedView 檢視用@model 指示詞，明確宣告傳入 Model 型別為 Employee，這個 View 便會成為強型別檢視，有較好效能，支援 IntelliSense 和編譯時期型別檢查。

Views/PassData/StronglyTypedView.cshtml

```
@model Employee
        單筆資料(非集合)。用@model 指示詞宣告傳入 Model 為 Employee 型別
@{
    ViewBag.Title = "Strongly Typed View";
}
<h2>Strongly Typed View</h2>
<ul>
    <li>@Model.Id</li>
    <li>@Model.Name</li>     ◀ 支援 IntelliSense 和編譯型別檢查
    <li>@Model.Phone</li>
    <li>@Model.Email</li>
</ul>
```

說明：

1. 非集合類型的單筆資料之 model 物件，以@model 宣告型別，前面不需加上 IEnumerable<T>
2. 許多人會被@model 和@Model 二者混淆，@model 指示詞是用來宣告傳入 model 物件型別；而@Model 並非指示詞，開頭@符號，恰巧只是 Razor 語法的 C#切換符號，Model 屬性是用來讀取 model 物件資料，二者實為不同
3. Model 屬性若在 Razor 程式區塊中，使用上就不需加@符號

以上 Model 亦能指派給新的變數名稱，然後在 View 用新的變數名稱來存取屬性，這樣語意會比較直觀：

```
@{
    ViewData["Title"] = "StronglyTypedView";

    Employee emp = Model;
}
```

```
<ul>
    <li>@emp.Id</li>
    <li>@emp.Name</li>
    <li>@emp.Phone</li>
    <li>@emp.Email</li>
</ul>
```

StronglyTypedViewList 檢視傳入的 List<Employee>泛型集合，@model 指示詞宣告如下：

Views/PassData/StronglyTypedViewList.cshtml

```
@model IEnumerable<Mvc7_Pillars.Models.Employee>
...
```

集合式多筆資料。用 IEnumerable<T>來具體指明 Model 型別

5-5 利用 Data Annotations 技巧將 Model 欄位名稱用中文顯示

Model 功能不只是用來容納資料，還可在 Model 上做資料驗證、資料規則設定，甚至是欄位名稱的改變。

localhost:7152/Employees/EmployeeList

員工通訊錄

員工編號	名字	連絡電話	電子郵件
10001	David	0933154228	david@gmail.com
10002	Mary	0925157886	mary@gmail.com
10003	John	0921335884	john@gmail.com
10004	Cindy	0971628322	cindy@gmail.com
10005	Rose	0933154228	rose@gmail.com

圖 5-10 Table 欄位標題以中文顯示

在此利用 Data Annotations 機制將英文欄位標題改為中文顯示，方式是在 Employee 模型的屬性前加上[Display(Name = "…")]設定：

Models/Employee.cs

```
using System.ComponentModel.DataAnnotations; ◄ 引用 Data Annotations 命名空間
namespace Mvc7_Pillars.Models
{
    public class Employee
    {                              使用 Display(Name = "…") 變更顯示名稱
        [Display(Name = "員工編號")]
        //[DatabaseGenerated(DatabaseGeneratedOption.None)]
        public int ID { get; set; }
        [Display(Name = "名字")]
        public string Name { get; set; }
        [Display(Name = "連絡電話")]
        public string Phone { get; set; }
        [Display(Name = "電子郵件")]
        public string Email { get; set; }
    }
}
```

說明：Data Annotations 是用來定義中繼資料的屬性類別，而[…]中括號就是它的表示法，使用前須用 using 參考 DataAnnotations 命名空間

5-6 以 Scaffolding 快速建立完整的 CRUD 資料庫讀寫程式

目前為止的範例，僅止於資料的唯讀顯示，且資料還不是從 SQL Server 讀取，本節則要製作完整的 CRUD 資料庫讀寫程式，目標有兩個：

1. 用 Scaffolding 機制快速建立出具備 CRUD 功能的 MVC 程式
2. CRUD 的讀/寫/新增/刪除功能完全是對 SQL Server 作業

TIP

CRUD 是 Create、Read、Update 及 Delete 四字的縮寫

5-6-1 以 Scaffolding 快速建立 CRUD 資料庫讀寫程式

Scaffolding 是什麼？它是 Visual Studio 用來產生各種 MVC 程式樣板的 Code Generation Framework（程式產生框架或程式產生器）。透過 Scaffolding 可迅速產出 CRUD 相關的 Controller / Actions、Views 及 EF Core 及資料庫連線設定，立即建立現成可用的網頁資料庫程式。這樣便不需從零辛苦編寫程式，省掉前段產出工作，後續可對這些樣板再修改或精緻化，這就是 Scaffolding 的用意。

範例 5-3 以 Scaffolding 快速建立 CRUD 的資料庫應用程式

這裡以朋友連絡資訊為例，以 Scaffolding 快速建立具備 CRUD 讀寫資料庫的 MVC 程式，過程如下。

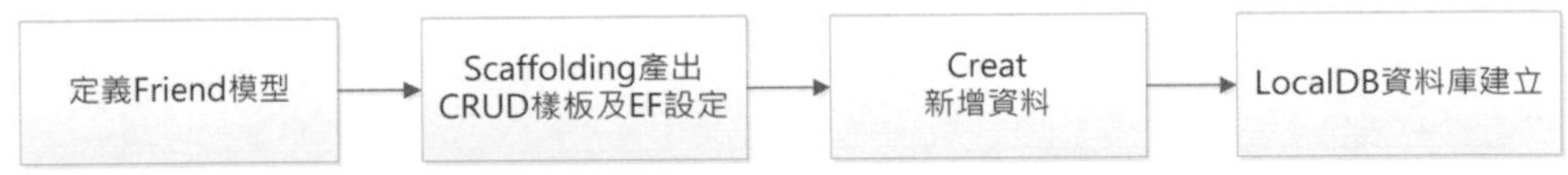

step01 在 Models 資料夾建立 Friend 模型

Models/Friend.cs

```
namespace Mvc7_Pillars.Models
{
    public class Friend
    {
        public int Id { get; set; }
        public string Name { get; set; }
        public string Phone { get; set; }
        public string Email { get; set; }
        public string City { get; set; }
    }
}
```

step02 利用 Scaffolding 建立 Controller、View 及資料庫設定

1. 在 Controllers 資料夾→【加入】→【新增 Scaffold 項目】→【控制器】→【使用 Entity Framework 執行檢視的 MVC 控制器】→【加入】

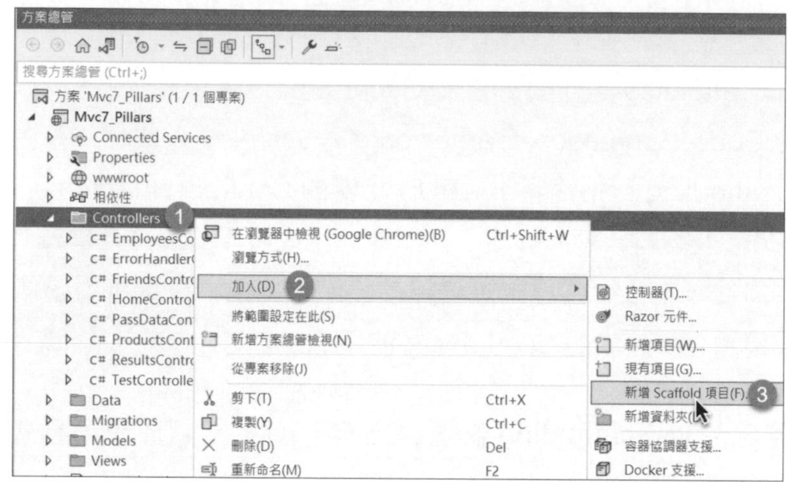

圖 5-11 新增 Scaffold 項目

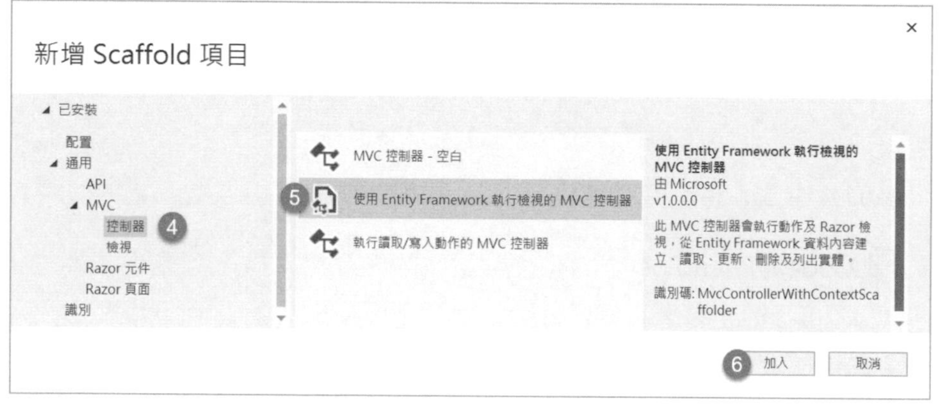

圖 5-12 選擇「使用 Entity Framework 執行檢視的 MVC 控制器」範本

2. 模型類別選擇「Friend」→點選資料內容類別右側的＋加號→名稱改為「FriendContext」→【新增】，Scaffolding 就會建立相關檔案及設定

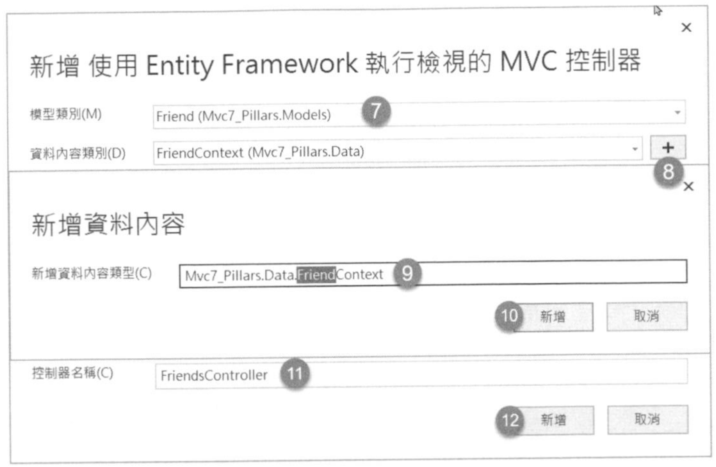

圖 5-13 以 Scaffolding 新增 Controller 及範本設定

step03 將 appsettings.json 中 FreindContext 資料庫連線字串 Database 改為「FriendDB」

appsettings.json

```
{
  ...
  "ConnectionStrings": {
    "FriendContext": "Server=(localdb)\\mssqllocaldb;Database=FriendDB;
        Trusted_Connection=True;MultipleActiveResultSets=true"
  }
}
```

將資料庫名稱改為 FriendDB

step04 在 Visual Studio 的【工具】→【NuGet 套件管理員】→【套件管理器主控台】執以下兩道命令。然後在 SQL Server 管理工具中可看見 FriendDB 資料庫，裡面有一個 Friend 資料表，它與 Friend 模型對映

```
Add-Migration InitialDB
Update-Database
```

第一行命令會在 Migrations 資料夾建立 EF Core 的資料庫移轉檔（Migration），第二行命令是根據移轉檔建立 SQL Server 資料庫及 Table 資料表。

step05 瀏覽 Friends/Index，點選 Create 連結，建立一筆新資料。然後在 Index 頁面中，每筆資料右側有 Edit、Details 與 Delete，構成完整 CRUD 功能

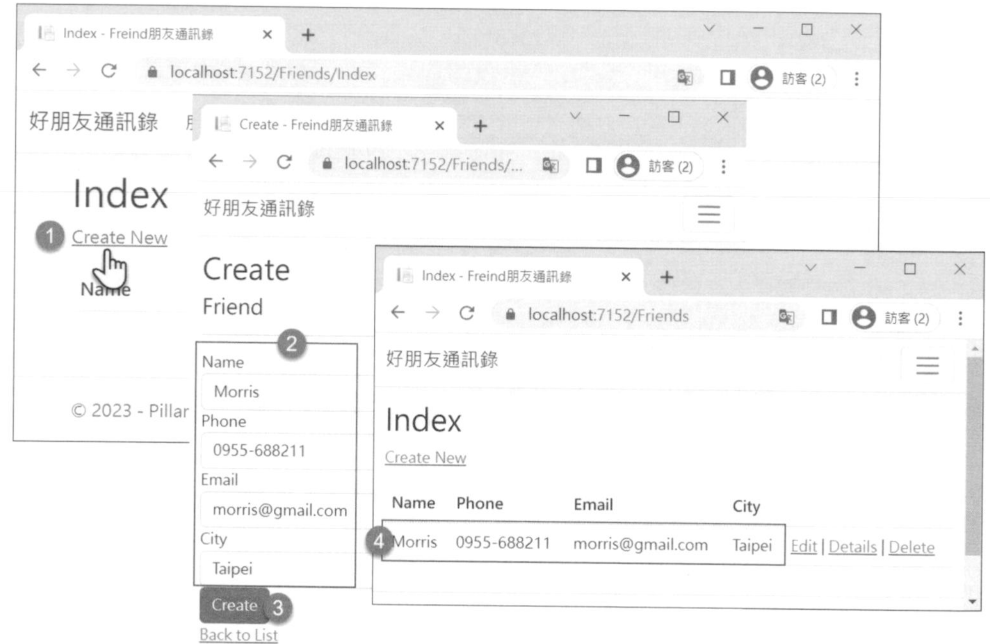

圖 5-14 新增一筆資料

用 Scaffolding 產出 CRUD 程式的核心起點，就是先定義好 Model，後續 Controller、View 及 EF Core 及資料庫設定，就能瞬間產生，省掉不少力氣。

5-6-2 Scaffolding 產出的 CRUD 相關檔案及結構說明

以下說明 Scaffolding 產出的檔案與相關設定：

1. 在 Controllers 資料夾中產生 FriendsController.cs 檔，裡面有 Index()、Details()、Create()、Edit()、Delete()等方法
2. 在 Views 資料夾下建立 Friends 子資料夾，資料夾名稱與控制器同名，其中又包含五個.cshtml 檔，它們恰巧對映前面五個 Actions
3. 在 Data 資料夾中有 FriendContext.cs 檔，它是 Entity Framework Core（簡稱 EF Core）負責對資料庫作業的物件
4. 在 appsettings.json 中加入 FriendContext 資料庫連線設定
5. 在 Program.cs 加入 EF Core DbContext 的相依性注入設定

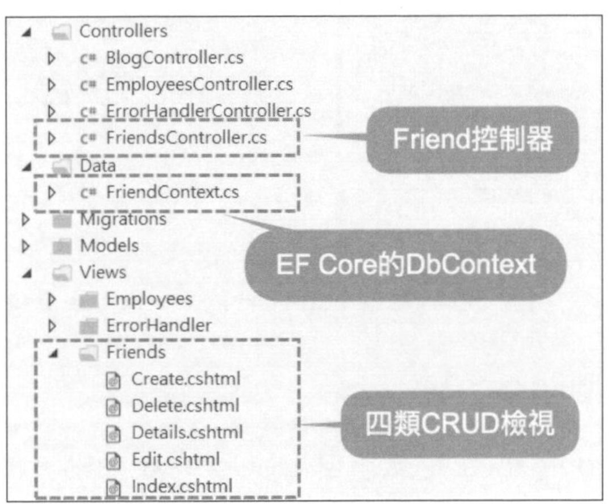

圖 5-15 Scaffolding 產出的 Controller、View 與 DbContext

TIP

後續會用 EF Core 簡稱 Entity Framework Core

✦ LocalDB 資料庫檔案

之前用瀏覽器新增資料後，EF Core 會對 LocalDB 寫入資料，檔案位於 Windows 作業系統的 C:\Users\<使用者帳號>資料夾下，用 SQL Server 管理工具或 Visual Studio 的 SQL Server 物件總管可檢視該資料庫與資料表。

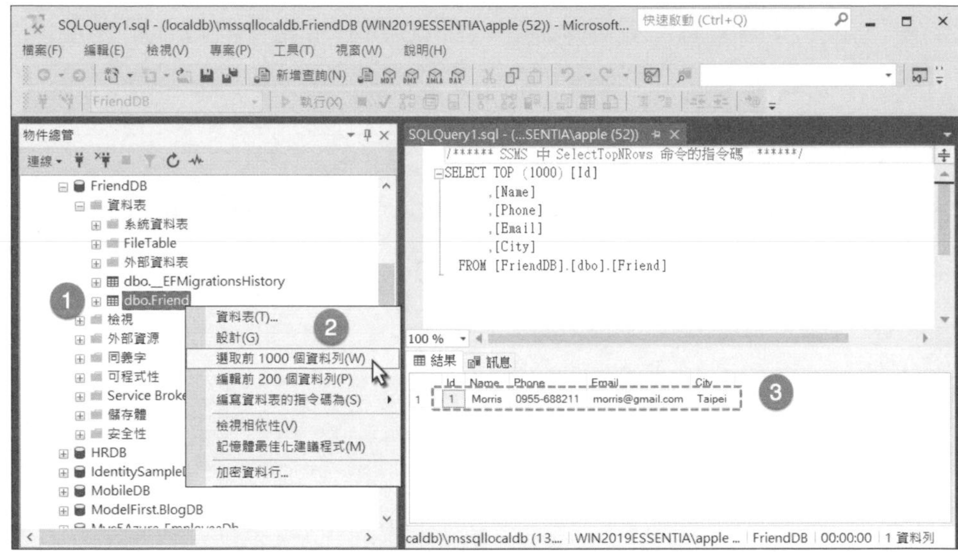

圖 5-16 檢視 LocalDB 的 FriendDB 資料庫

✦ FriendContext.cs 檔

FriendContext.cs 是繼承自 DbContext 類別，簡言之，EF Core 對 SQL 資料庫作業就是透過 DbContext 來管理，而 DbSet 是用來查詢 Entity 個體資料。

Data/FriendContext.cs

```
using Microsoft.EntityFrameworkCore;

namespace Mvc7_Pillars.Models
{
    public class FriendContext : DbContext
```

```
    {
        public FriendContext (DbContextOptions<FriendContext> options)
            : base(options)
        {
        }

        public DbSet<Friend> Friend { get; set; }
    }
}
```

＋ appsettings.json 中的資料庫連線字串

Scaffolding 會在 appsettings.json 中加入資料庫連線字串：

appsettings.json

```
{
  ...    資料庫連線名稱
                                    LocalDB 資料庫服務的實例
  "ConnectionStrings": {
    "FriendContext": "Server=(localdb)\\mssqllocaldb;
      Database=FriendDB;  ← 資料庫名稱
      Trusted_Connection=True;
      MultipleActiveResultSets=true"
  }
}
```

＋ 在 Program.cs 中註冊 FriendContext 相依性注入

Program.cs

```
var builder = WebApplication.CreateBuilder(args);

// Add services to the container.
builder.Services.AddControllersWithViews();

//取得組態中資料庫連線設定
string connectionString =
  builder.Configuration.GetConnectionString("FriendContext");

//註冊 EF Core 的 FriendContext            註冊 FriendContext 服務
builder.Services.AddDbContext<FriendContext>(options =>
```

```
    options.UseSqlServer(connectionString));
              ↑                    ↑
         使用 SQL Server     指定資料庫連線字串名稱
var app = builder.Build();
```

至於 DI 註冊語法和參數用途，後續章節會說明。

❖ Controller 中四類 CRUD 的 Action 方法

Friends 控制器有四類 CRUD 的 Actions：Index（顯示列表）、Details（顯示明細）、Create（新增）、Edit（編輯）、Delete（刪除）資料，以下是重點說明：

1. Index 和 Details 是用於顯示，作為顯示功能的只有一個 Action 方法
2. 異動用途的，像新增有兩個 Create 方法，編輯也有兩個 Edit 方法，以 Edit 為例，一個用於顯示（GET 方法），另一個用於異動資料（POST 方法）
3. 那麼刪除是否一定需要兩個 Delete 方法，一個用於顯示、一個用於異動？這是因為樣板做成雙重確認的緣故
4. Create、Edit 和 Delete 三個異動資料的 Action 方法都有套用 [ValidateAntiForgeryToken] attribute，目的是為防止 Cross-Site Request Forgery（CSRF）跨網站偽造請求的攻擊

Controllers/FriendsController.cs

```
using Microsoft.EntityFrameworkCore;
using Mvc7_Pillars.Models;

public class FriendsController : Controller
{                                        FriendContext 的相依性注入
    private readonly FriendContext _context;

    public FriendsController(FriendContext context)
    {
        _context = context;
    }
```

若無任何裝飾，預設為[HttpGet]

```
// GET: Friends
public async Task<IActionResult> Index()
{
    return View(await _context.Friend.ToListAsync());
}
```

資料列表(GET方法)

資料明細。傳入 Id 參數

```
// GET: Friends/Details/5
public async Task<IActionResult> Details(int? id)
{
    if (id == null)
    {
        return NotFound();
    }

    var friend = await _context.Friend
                               .FirstOrDefaultAsync(m => m.Id == id);

    if (friend == null)
    {
        return NotFound();
    }

    return View(friend);
}

// GET: Friends/Create
public IActionResult Create()
{
    return View();
}
```

新增資料(GET)。處理顯示

Create、Edit 和 Delete 異動資料需搭配 POST 方法

```
[HttpPost]
[ValidateAntiForgeryToken]
public async Task<IActionResult> Create(
   [Bind("Id,Name,Phone,Email,City")] Friend friend)
{
    if (ModelState.IsValid)
    {
        _context.Add(friend);
        await _context.SaveChangesAsync();
        return RedirectToAction(nameof(Index));
```

防止跨網站偽造請求的攻擊

新增資料(POST)—處理 Form 表單回傳資料

```
    }
    return View(friend);
}

// GET: Friends/Edit/5
public async Task<IActionResult> Edit(int? id)
{
    if (id == null)
    {
        return NotFound();
    }

    var friend = await _context.Friend.FindAsync(id);
    if (friend == null)
    {
        return NotFound();
    }

    return View(friend);
}

[HttpPost]
[ValidateAntiForgeryToken]
public async Task<IActionResult> Edit(int id,
  [Bind("Id,Name,Phone,Email,City")] Friend friend)
{
    if (id != friend.Id)
    {
        return NotFound();
    }

    if (ModelState.IsValid)
    {
        try
        {
            _context.Update(friend);
            await _context.SaveChangesAsync();
        }
        catch (DbUpdateConcurrencyException)
        {
            if (!FriendExists(friend.Id))
            {
                return NotFound();
```

編輯資料(GET)。處理顯示

編輯資料(POST)一處理 Form 表單回傳資料

Bind 指定繫結五個欄位資料

```
                }
                else
                {
                    throw;
                }
            }
            return RedirectToAction(nameof(Index));
        }
        return View(friend);
    }

    // GET: Friends/Delete/5
    public async Task<IActionResult> Delete(int? id)
    {
        if (id == null)
        {
            return NotFound();
        }

        var friend = await _context.Friend
            .FirstOrDefaultAsync(m => m.Id == id);
        if (friend == null)
        {
            return NotFound();
        }

        return View(friend);
    }

    // POST: Friends/Delete/5
    [HttpPost, ActionName("Delete")]
    [ValidateAntiForgeryToken]
    public async Task<IActionResult> DeleteConfirmed(int id)
    {
        var friend = await _context.Friend.FindAsync(id);
            _context.Friend.Remove(friend);
        await _context.SaveChangesAsync();
        return RedirectToAction(nameof(Index));
    }

    private bool FriendExists(int id)
    {
```

刪除資料(GET)。處理顯示

確認刪除資料(POST)。刪除指定 Id 資料

找尋是指定 Id 資料是否存在

```
            return _context.Friend.Any(e => e.Id == id);
        }
    }
```

說明：以上大略解釋四類 CRUD 動作方法之組成與功用，至於 Action 方法中程式在做什麼，留待第十一章的 11-6 小節會詳細解釋

❖ 四類 CRUD 的 Views 檢視檔

Views/Friends 資料夾中產生了 Index、Details、Create、Edit、Delete 五個 View 檢視檔，一般情況下，一個 Action 方法會對映一個 View 檢視檔。

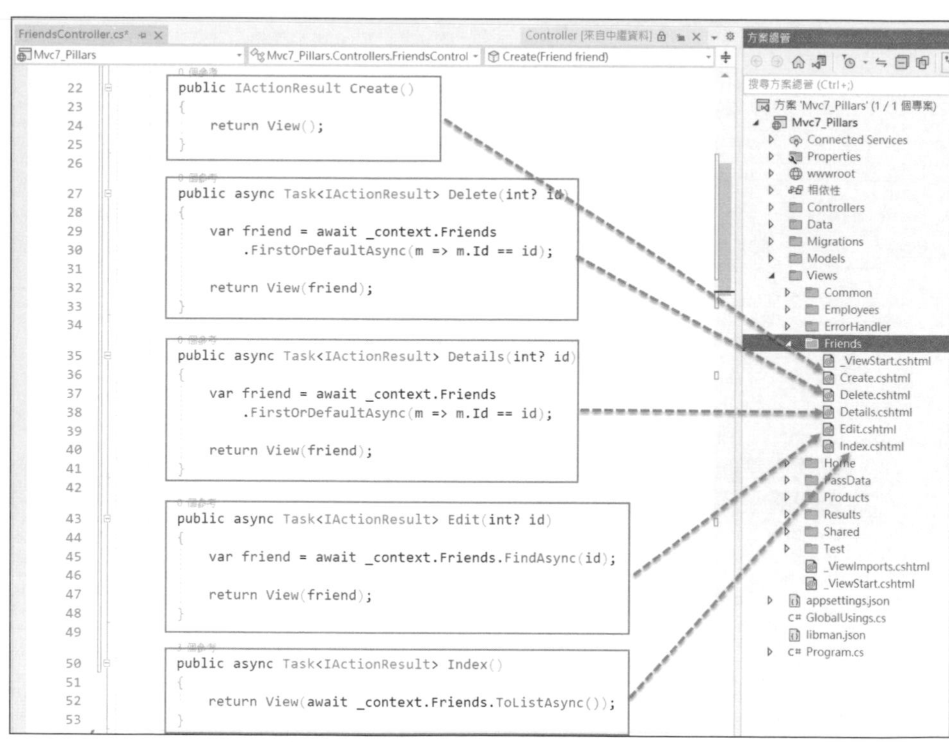

圖 5-17 Action 與 View 的一對一關係

以下說明 View 檢視檔內容是什麼：

1. View 稱為 View Template，它是中介樣板，非最終的網頁成品，不直接拿來回應給使用者，需和_Layout.cshtml 佈局檔合併後，才能輸出成最終的 HTML
2. View 也稱為 Razor View，裡面包含兩種東西：一是 HTML，二是以@符號開頭的 C#程式，混合兩種截然不同性質的代碼，這就是 Razor 語法

Views/Friends/Index.cshtml

```
@model IEnumerable<Friend>

@{
    ViewData["Title"] = "Index";
    Layout = "~/Views/Shared/_LayoutFriend.cshtml";
}                                                  ← C#程式區塊


<h1>Index</h1>  ← HTML

<p>
    <a asp-action="Create">Create New</a>
</p>          ↑ Anchor 標籤協助程式
<table class="table">
    <thead>
        <tr>
            <th>          HTML Helper
                @Html.DisplayNameFor(model => model.Name)
            </th>
            <th>
                @Html.DisplayNameFor(model => model.Phone)
            </th>
            <th>
                @Html.DisplayNameFor(model => model.Email)
            </th>
            <th>
                @Html.DisplayNameFor(model => model.City)
            </th>         ↑ DisplayNameFor 方法顯示 Table 欄位標題名稱
```

```
            <th></th>
        </tr>
    </thead>
    <tbody>                          迭代 Model 中的資料項目
        @foreach (var item in Model) {
        <tr>
            <td>
                @Html.DisplayFor(modelItem => item.Name)
            </td>
            <td>                     DisplayFor 方法顯示 item 資料
                @Html.DisplayFor(modelItem => item.Phone)
            </td>                                model 物件，Lambda 表示式
            <td>
                @Html.DisplayFor(modelItem => item.Email)
            </td>
            <td>
                @Html.DisplayFor(modelItem => item.City)
            </td>
            <td>
                <a asp-action="Edit" asp-route-id="@item.Id">Edit</a> |
                <a asp-action="Details" asp-route-id="@item.Id">Details</a> |
                <a asp-action="Delete" asp-route-id="@item.Id">Delete</a>
            </td>                    Action 名稱          路由 Id 參數
        </tr>
    }
    </tbody>
</table>
```

5-7 網站 Layout 佈局檔

不知您是否注意到一件怪事，就是之前範例，明明在 View 沒有宣告任何的 Navigation、Header 或 Footer，執行後卻憑空出現？

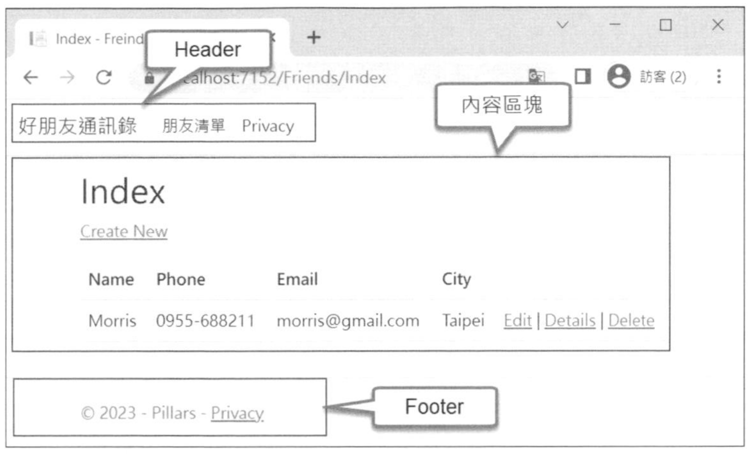

圖 5-18 View 合併 Layout 佈局檔後的最終 HTML 畫面

這是因為 MVC 會強制每一個 View 自動套用 Layout 佈局檔樣板，因在 Views/_ViewStart.cshtml 中以 Layout 變數指定佈局檔：

Views/_ViewStart.cshtml

```
@{
    Layout = "_Layout.cshtml";  ◄— MVC 預設的佈局檔
}
```

Layout 佈局檔是網站骨架樣板，View 是內容樣板，View 的內容會合併到 Layout 佈局檔中，最後再輸出完整的 HTML 頁面。

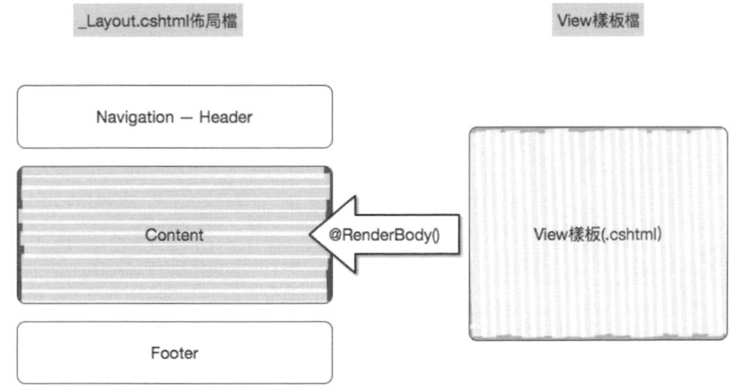

圖 5-19 Layout 佈局檔與 View 合併的方式

每個 View 也可單獨指定不同的佈局檔，或為特定資料夾下的 Views 建立專用的_ViewStart.cshtml，於其中指定專用佈局檔，然後該資料夾中所有 View 會自動套用它。

5-7-1 Layout 佈局檔實際內容結構

下圖_Layout.cshtml 佈局檔用完整的 HTML 標籤來宣告，包括 <html>、<header>、<main>、<footer>、CSS 及 JavaScript 函式庫參考。那究竟 View 是如何被合併帶入佈局檔的呢？全靠@RenderBody() 一道指令，View 中的全部定義就會帶入這個區塊，完成合併動作，最後再由 Razor View 引擎輸出 HTML。

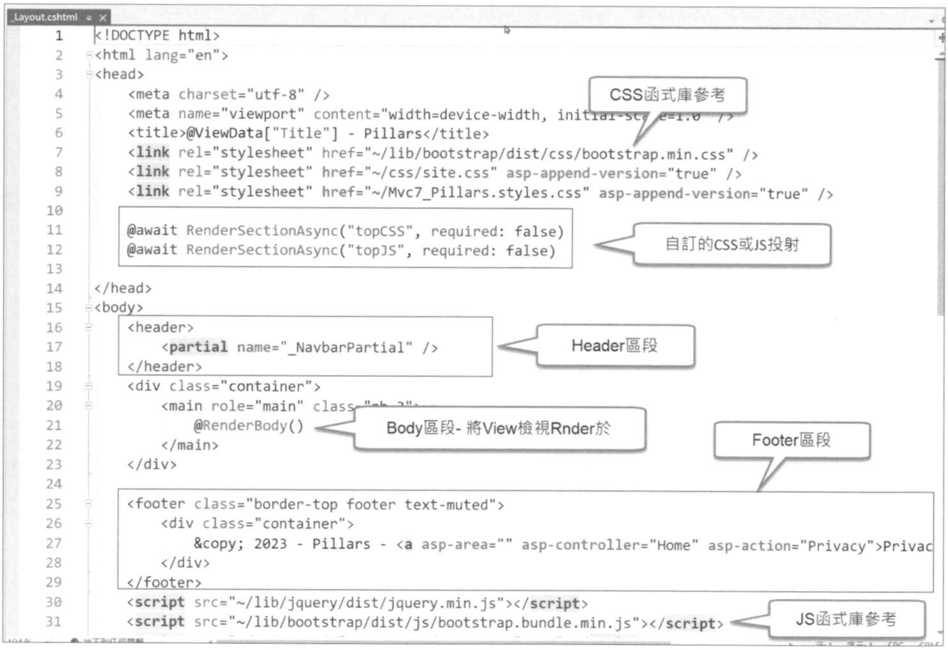

```
<!DOCTYPE html>
<html lang="en">
<head>
    <meta charset="utf-8" />
    <meta name="viewport" content="width=device-width, initial-scale=1.0" />
    <title>@ViewData["Title"] - Pillars</title>
    <link rel="stylesheet" href="~/lib/bootstrap/dist/css/bootstrap.min.css" />
    <link rel="stylesheet" href="~/css/site.css" asp-append-version="true" />
    <link rel="stylesheet" href="~/Mvc7_Pillars.styles.css" asp-append-version="true" />

    @await RenderSectionAsync("topCSS", required: false)
    @await RenderSectionAsync("topJS", required: false)

</head>
<body>
    <header>
        <partial name="_NavbarPartial" />
    </header>
    <div class="container">
        <main role="main" class="pb-3">
            @RenderBody()
        </main>
    </div>

    <footer class="border-top footer text-muted">
        <div class="container">
            &copy; 2023 - Pillars - <a asp-area="" asp-controller="Home" asp-action="Privacy">Privac
        </div>
    </footer>
    <script src="~/lib/jquery/dist/jquery.min.js"></script>
    <script src="~/lib/bootstrap/dist/js/bootstrap.bundle.min.js"></script>
```


圖 5-20 _Layout.cshtml 佈局檔內容

是故，佈局檔像是網站骨架，供全體 Views 套用；View 則是個別頁面，只負責單一網頁內容設計，再合併到佈局檔，最終再輸出成 HTML。

TIP

佈局檔中@RenderBody()只能有一個，但 RenderSection()可以有多個

5-7-2 為個別 View 指定新的 Layout 佈局檔

有經驗的你一定會想到，一個專案能不能建立多個佈局檔靈活套用？讓個別 View 指定新的佈局檔？答案是可以，且看以下範例。

範例 5-4 建立新的佈局檔讓 View 套用

以下建立新的佈局檔讓 View 套用。

step01 建立新的佈局檔

為求簡便，直接複製_Layout.cshtml 檔，在同一個 Shared 資料夾貼上，改名為_LayoutFriend.cshtml。

step02 照下圖修改_LayoutFriend.cshtml 三處內容，然後儲存

_LayoutFriend.cshtml

```
<!DOCTYPE html>
<html lang="en">
<head>
    <meta charset="utf-8" />
    <meta name="viewport" content="width=device-width, initial-scale=1.0" />
    <title>@ViewData["Title"] - Friend朋友通訊錄</title>
    <link rel="stylesheet" href="~/lib/bootstrap/dist/css/bootstrap.min.css" />
    <link rel="stylesheet" href="~/css/site.css" />
</head>
<body>
    <header>
        <nav class="navbar navbar-expand-sm navbar-toggleable-sm            bg-white border-bott
            <div class="container">
                <a class="navbar-brand" asp-area=""
                   asp-controller="Home" asp-action="Index">好朋友通訊錄</a>
                <button class="navbar-toggler" type="button" data-toggle="collapse" data-target=".
                        aria-expanded="false" aria-label="Toggle navigation">
                    <span class="navbar-toggler-icon"></span>
                </button>
                <div class="navbar-collapse collapse d-sm-inline-flex flex-sm-r
                    <ul class="navbar-nav flex-grow-1">
                        <li class="nav-item">
                            <a class="nav-link text-dark" asp-area=""
                               asp-controller="Friends" asp-action="Index">朋友清單</a>
```

修改1　修改2　修改3

圖 5-21 修改_LayoutFriend 佈局檔內容

step03 編輯 Friends/Index.cshtml，用 Layout 變數指定新佈局檔

Views/Friends/Index.cshtml

```
@model IEnumerable<Friend>
@{
    ViewData["Title"] = "Index";
    Layout = "~/Views/Shared/_LayoutFriend.cshtml"; ◄── View 指定套用佈局檔
}
```

瀏覽 Friends/Index，下圖三個不同之處，表示確實套用了新的 _LayoutFriend.cshtml 佈局檔。

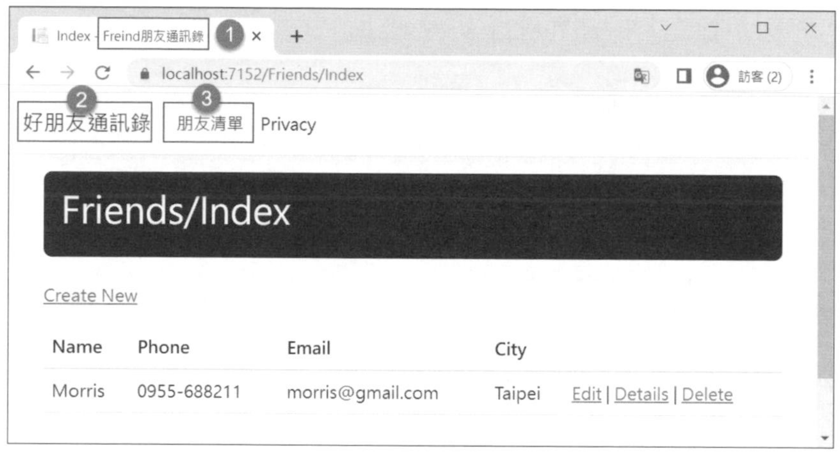

圖 5-22 View 套用新的佈局檔

但若針對的是 Views/Friends 資料夾下所有 View 修改佈局檔，上面逐一在 View 設定的方式就有些冗贅，較佳方式是在 Views/Friends 資料夾下建立一個_ViewStart.cshtml，指定要套用的佈局檔：

Views/Friends/_ViewStart.cshtml

```
@{
    Layout = "~/Views/Shared/_LayoutFriend.cshtml";
}
```

這樣 Friends 資料夾下所有 View 就會套用_LayoutFriend.cshtml 佈局檔。

5-8 Controller / Action / View 名稱調整與 Convention 約定

開發 MVC 過程中，一定會遇到 Controller / Action / View 名稱調整的狀況，例如 Controller 或 Action 名稱要更改，View 要改成另一個名字，此時就需要了解 MVC 背後隱含的約定（Conventions）。

所謂的約定就是 MVC 框架設定的規則，開發人員必須遵守這些約定，框架才能正常運作，那 Controller 和 View 存在著哪些約定規則？如：

1. 控制器的名稱結尾必須帶有 Controller，例如 ProductsController
2. Products 控制器的名稱與 View 目錄名稱是一致的，例如 Products Controller 會對應 Views/Products 目錄
3. Action 名稱與 View 檢視名稱也必須保持一致，例如 Products 控制器中三個 Actions 會對應 Products 目錄中的三個.cshtml 檢視檔，像 ProductList()會對應 ProductList.cshtml

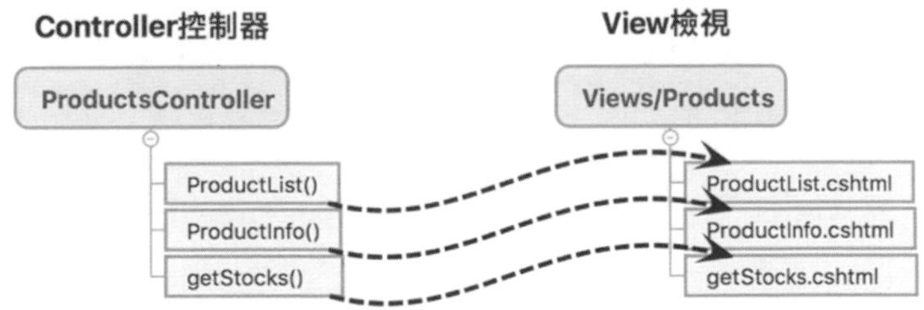

圖 5-23 Controller、Action 及 View 名稱的對應關係

由此可知，Controller / Action / View 名稱必須保持對應，才能符合系統約定，否則程式就無法正常執行。

範例 5-5 Controller / Action / View 名稱異動的練習

在 Products 控制器中有三個 Actions，以及對映的三個 Views，以下做兩項變更。

- 將 ProductsController 控制器變更為「ProductsNewController」
- 將 Action－ProductInfo()名稱改為「ProductDetails()」

step01 更改 Controller 控制器名稱。在 ProductsController 類別名稱按滑鼠右鍵→【重新命名】→更名為「ProductsNewController」

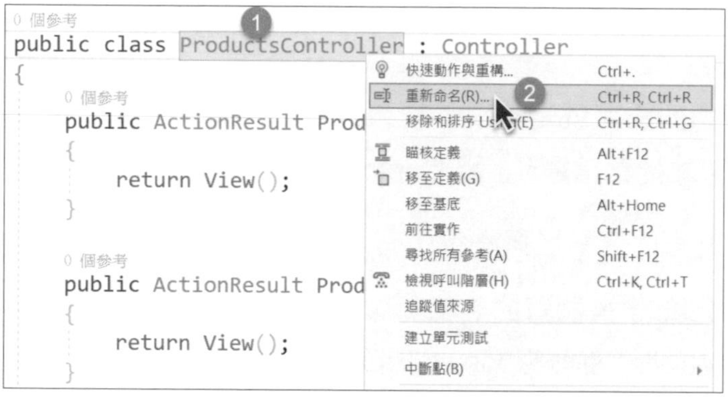

圖 5-24 變更 Controller 控制器名稱

step02 ProductsController.cs 檔名也一併改為 ProductsNewController.cs。實體檔連帶更名雖非強制性，但為了維持一致性，故一併更名

step03 在 ProductInfo()動作方法按滑鼠右鍵→【重新命名】→更名為「ProductDetails」

step04 將 Views 下的 Products 資料夾名稱改為「ProductsNew」

step05 將 ProductInfo.cshtml 名稱改為「ProductDetails.cshtml」，若修改正確，瀏覽網頁不會發生錯誤

5-9 View 預設的搜尋路徑及過程

若 Action 最終 return View()後，找不到對應的 View 檢視檔，便會引發找不到檢視的錯誤，這是初學 MVC 的人幾乎都會遇到的狀況，故本節要說明 View 的搜尋路徑與過程，並解釋找不到 View 的原因及解法。

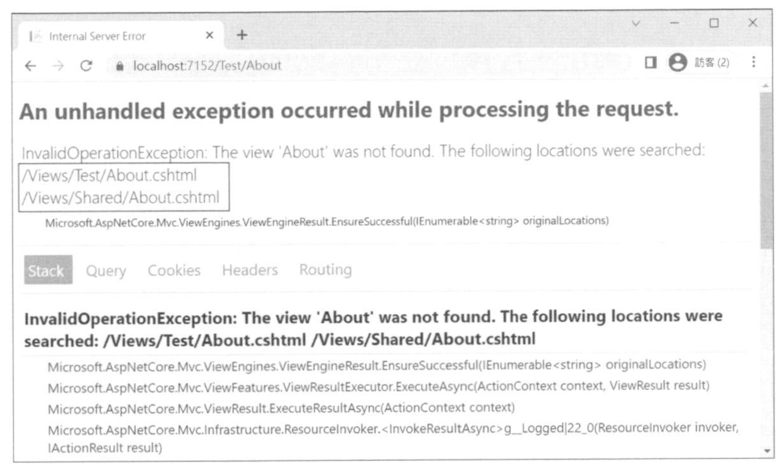

圖 5-25 找不到 View 檢視之錯誤

❖ View 預設搜尋路徑與過程

在 Action 方法 return View()後，會回傳 ViewResult 物件，而 ViewResult 物件的 ExecuteResultAsync()方法會被呼叫執行，ViewEngine 就會去尋找對應的 View 檢視檔，搜尋路徑/檔名的過程如下：

```
~/Views/[Controller 名稱]/[View 名稱].cshtml
~/Views/Shared/[View 名稱].cshtml
```

以 Test 控制器與 About()為例，網址輸入「http://..../Test/About」：

- 首先到~/Views/Test/目錄找尋 About.cshtml
- 若找不到，再到~/Views/Shared/目錄找尋 About.cshtml

若這些路徑搜尋後仍無所獲，就會產生找不到 View 之錯誤。

❖ 找不到 View 檢視的幾種原因

那何時會發生找不到檢視的錯誤？有幾種情況：

1. 沒有建立對映的.cshtml 檢視檔

   例如在 Test 控制器建立了 About()方法，但卻沒建立對應的 About.cshtml 檢視，那麼 View 搜尋相關路徑和預設檔名後仍無所獲，便會引發錯誤。

Controllers/TestController.cs

```
public class TestController : Controller
{
    public IActionResult About()
    {
        return View();
    }
}
```

   執行專案，在網址測試「http://localhost..../Test/About」，就會產生找不到 View 檢視之錯誤。解決方式是在 About()方法按滑鼠右鍵→【新增檢視】→【Razor 檢視】→【加入】→範本【Empty(沒有模型)】→【新增】檢視。

2. Controller 和 Action 更名後，對映的 View 資料夾/檔案沒有同步更名

   這是前一節所講的 Convention 約定對應不到所致，解決方式是將三者對應的名稱調整成一致。

3. Action 指定的 View 檢視名稱錯誤

   例如在 View 方法中原本要指定檢視"Message"，卻誤打成"Massage"，那麼肯定無法找到 Massage.cshtml，解決方式是改成正確的檢視名稱。

Views/Test/Massage.cshtml 檢視

```
public ViewResult ShowMessage()
{
    return View("Massage"); //指定錯誤的檢視名稱
    //return View("Message");  //這是正確名稱
}
```

5-10 Action 的設計限制

Action 動作方法和傳統 Method 主要差異，在於設計和回傳型別有規範限制。而 Action 的設計限制為：

- 必須宣告為 public，不得為 private 或 protected
- 不得宣告為 static 靜態
- 不能以[NoAction]屬性裝飾
- 不能為擴充方法
- 不能有未繫結的泛型型別參數
- 不能包含 ref 或 out 參數
- Action 無法單憑參數進行多載，必須套用 Accept VerbsAttribute 屬性，讓 Action 的意義清楚、不混淆，才能多載

5-11 Action 回傳的 Action Result 動作結果類型

每個 Action 最終會回傳一個結果，通稱為 Action Result 動作結果，例如在 Index()動作方法中呼叫 View()，會回傳一個 ViewResult 型別的動作結果。

IActionResult 類別是所有動作結果的基底類別

```
public IActionResult Index()
{
```

```
    return View();
}
```

呼叫 View()方法會回傳 ViewResult 型別物件

說明：return View()回傳 ViewResult 物件，表示要 Render 轉譯 View 檢視檔

而 Action 能夠回傳的型別種類，大分類有十七種，子分類就有四十幾種，以下擇實用或使用頻率高的回傳型別做解說。

5-11-1 IActionResult 與 ActionResult 之衍生類別

以下說明 IActionResult、ActionResult 與它們衍生類別三者之間關係：

+ IActionResult 介面

IActionResult 介面程式僅定義一個 ExecuteResultAsync 方法，裡面沒有任何實作。

```
using System.Threading.Tasks;

namespace Microsoft.AspNetCore.Mvc
{
    public interface IActionResult
    {
        Task ExecuteResultAsync(ActionContext context);
    }
}
```

+ ActionResult 抽象類別

ActionResult 抽象類別繼承 IActionResult 介面，但也只稍微具體了一點，僅定義 ExecuteResultAsync、ExecuteResult 和 ActionResult 方法，並以 virtual 修飾，其目的是讓繼承類別 overrider 後實作。

```
using System.Threading.Tasks;

namespace Microsoft.AspNetCore.Mvc
```

```
{
    public abstract class ActionResult : IActionResult
    {
        public virtual Task ExecuteResultAsync(ActionContext context)
        {
            throw null;
        }

        public virtual void ExecuteResult(ActionContext context)
        {
            throw null;
        }

        protected ActionResult()
        {
            throw null;
        }
    }
}
```

IActionResult 與 ActionResult 之衍生類別

同時繼承 IActionResult 介面與 ActionResult 的類別如下圖。

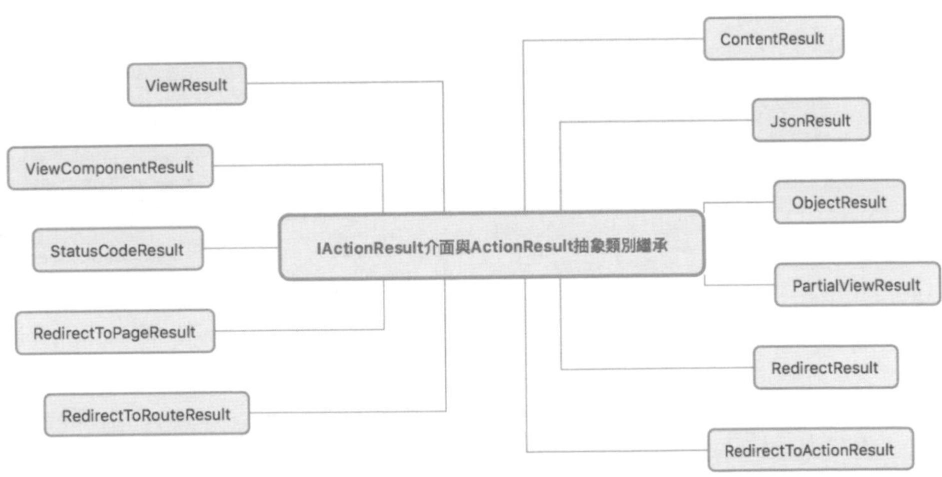

圖 5-26 同時繼承 IActionResult 與 ActionResult 之衍生類別

要如何看待這張圖？每個 Action 被賦予的任務不同，不見得總是以 return View() 回傳 ViewResult，也有可能回傳 PartialViewResult、StatusCodeResult、JsonResult 或 ContentResult。這種情況下，就必須了解不同回傳型別之功用，Action 才能回傳你想要的結果。

下表是常用的 Action Result 動作結果，若想產生什麼類型的動作結果，一般只需在 Action 中呼叫對應的 Controller 方法，例如想回傳 ViewResult 以產生 View 檢視，只需呼叫 Controller.View()方法即可。

表 5-4 IActionResult 及 ActionResult 衍生類

	Action Result 類型	Controller 內建對應的方法	說明
1	ViewResult	View(...)	回傳 ViewResult 物件，用來將 View 轉譯輸出到 Reponse 資料流
2	PartialViewResult	PartialView(...)	回傳 PartialViewResult 物件，用來轉譯 PartialView 部分檢視
3	ContentResult	Content(...)	回傳文字訊息內容，可選擇性指定內容類型及內容編碼
4	EmptyResult	• new EmptyResult() • null	不回傳任何值，代表沒有 Response 回應
5	JsonResult	Json(...)	回傳一個序列化的 JSON 物件
6	FileResult	File(...)	回傳 File 檔案內容
7	RedirectResult	• Redirect(...) 302 • RedirectPermanent() 301	以 URL 網址重新導向到另一個 Action。發出 HTTP 301 或 302
8	RedirectToActionResult	RedirectToAction(...)	導向另一個 Action 方法，而這方法可為同一個或不同個 Controller

	Action Result 類型	Controller 內建對應的方法	說明
9	RedirectToRouteResult	RedirectToRoute(...)	執行網頁轉向，方式是藉由指定路由名稱及路由參數來達成
10	StatusCodeResult	new StatusCodeResult(...)	用來回傳 HTTP 狀態代碼
11	ObjectResult	new ObjectResult	回應一個 JSON 物件與狀態代碼給瀏覽器

由於以上所有類別都繼承了 IActionResult 或 ActionResult，因此可用 IActionResult 或 ActionResult 總攝表示所有回傳型別，但當然，若要精確指定個別的回傳型別也行，以下用 Index()動作方法作解釋：

Controllers/ResultsController.cs

```
public IActionResult Index()
{          因 IActionResult 為基底介面，故可代表 ViewResult 型別
    return View();
}          Controller.View()方法實際上是回傳 new ViewResult()物件實例
```

它與下面三種語法是相等的，站在簡化的立場，用上面語法總攝就行了。但如果要精確表示也沒什麼不行，且你有可能拿到別人的程式就是這麼寫，此時需有識別能力。

```
public ViewResult Index2()
{          可用 IActionResult 替代
    return new ViewResult();
}                    可用 View()替代

public ViewResult Index3()
{          可用 IActionResult 替代
    return View();
}

public IActionResult Index4()
{
    return new ViewResult();
}                    可用 View()替代
```

說明：以上回傳型別 IActionResult 亦可用 ActionResult 替代，二者效果相同，但 ASP.NET Core 會優先使用 IActionResult

其實還有更多回傳型別僅衍生自 ActionResult 抽象類別，下圖中直角矩形便是衍生自 ActionResult 抽象類別，沒有繼承 IActionResult 介面，但因為數量過於龐大，僅聚焦表 5-4 作討論。

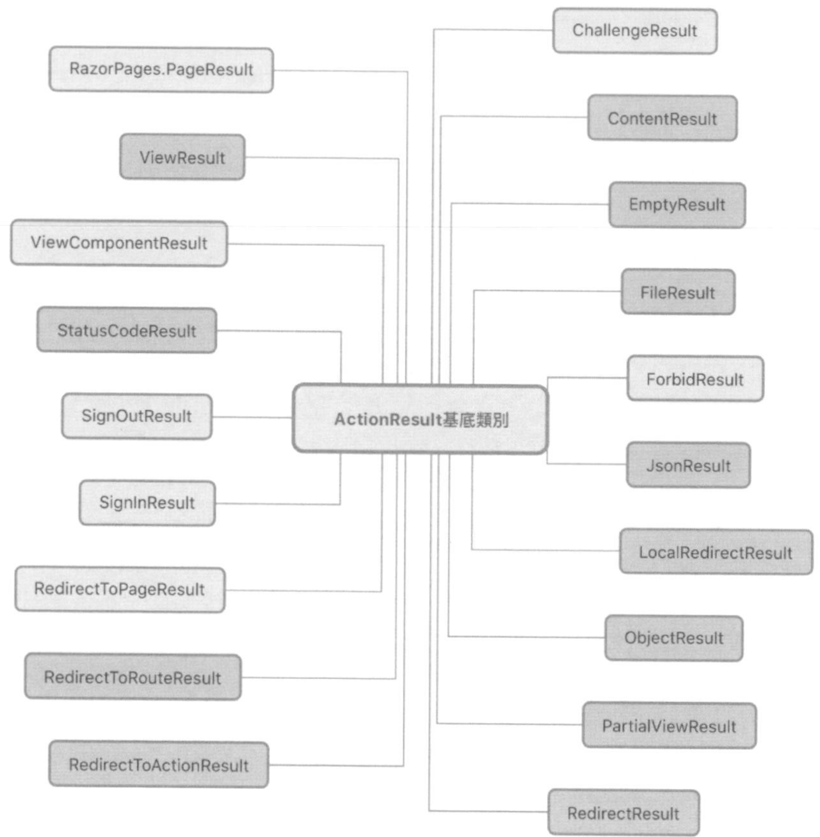

圖 5-27 ActionResult 衍生類別

5-11-2 ViewResult 動作結果

在 Action 中呼叫 View()方法，實際是調用 Controller.View()，它會建立並回傳 ViewResult 物件，它是用來將 View 檢視轉譯成為 Web 頁面。

呼叫 View()，其內部程式實作是「return new ViewResult()」，所以就不需撰寫「new ViewResult()」這樣長長的指令。

Controllers/ResultsController.cs

```
//呼叫 View()方法,回傳 ViewResult 物件
public ViewResult Index()          ← 用 IActionResult 總代表即可
{
    return View();
}

//呼叫 View()方法,同時傳入一個 model 物件
public ViewResult FriendsList()    ← 用 IActionResult 替代即可
{
    List<Friend> friends = new List<Friend>
    {
        new Friend { ID=1, Name="David", Email="david@gmail.com" },
        new Friend { ID=1, Name="Mary", Email="mary@gmail.com" },
        new Friend { ID=1, Name="Cindy", Email="cindy@gmail.com" },
    };

    return View(friends);          ← 傳入 friends 資料模型
}

//GetMassage()以指定 View 名稱調用 Message.cshtml 檢視
public ViewResult GetMessage()     ← 用 IActionResult 替代即可
{
    return View("Message");        ← 指定檢視名稱
}
```

說明：

1. 以上三個 Actions 回傳型別皆為 ViewResult，目的是為了讓您清楚看到回傳物件實際型別是什麼。而實務開發上，用 IActionResult 型別總攝代表即可

2. 所有 Actions 可直接在瀏覽器輸入對應的 URL，測試回應結果

最後，礙於本章篇幅有限，還有其他 11 種 Action 回傳型別移至電子書附錄 A，請讀者自行前往參考。

5-12 結論

在了解 MVC 的 Model、View 與 Controller 三大核心基石後，可深刻體會到三者的職責與功用，同時要懂得善用 Scaffolding 與 Layout 的輔助雙翼，提升開發速度與節省心力。若能熟稔這五大元素的建立、操作與運用，就能夠牢牢掌握 MVC 開發的精髓，進而立下厚實之根基。

CHAPTER 6

Bootstrap 5 網頁美型彩妝師

Bootstrap 是一款十分受歡迎的 CSS 前端開發框架，透過其內建的功能可快速建立網頁佈局、美化 HTML 元件外觀，立馬讓網頁質感提升數倍。它同時也是以 Mobile First 為著眼點的 RWD 響應式開發框架，於全世界網站有極高的採用率，可謂是當今網頁開發者必修的一門課程。

6-1 Bootstrap 5 功能概觀

Bootstrap 是一款具備 Layout 佈局及佈景主題功能的框架，利用 CSS3 提供對 RWD 支援，在面對不同尺寸的瀏覽器視窗時，可動態變換不同 Layout 及 UI 介面。ASP.NET Core 7 的 MVC 專案樣板與 Bootstrap 5 緊密整合，在 UI 設計時可輕易套用 Bootstrap 到 View 檢視中。

而 Bootstrap 發展歷史，是 2010 年中由 Twitter 的 Mark Otto 及 Jacob Thornton 兩位員工所開發，故也有人稱為 Twitter Bootstrap，二者實為

相同。不過 Bootstrap 官網指出正確的名稱是 Bootstrap，不叫 Twitter Bootstrap，也不該寫成 BootStrap。

以宏觀角度來看，Bootstrap 功能分為兩大類：

1. 全域 CSS 樣式設定：包括 CSS 樣式及 Grid 網格系統，前者是影響全域性的 CSS 樣式設定，後者是一種網格狀的佈局系統
2. UI 元件：包括 HTML 元件及 JavaScript 插件，前者是 Bootstrap 提供的 HTML 元件，後者是用 JavaScript 撰寫的元件，二者皆為視覺化 UI 元件

Bootstrap 5 功能歸屬在分類上做了大調整，這使得不同分類的用途與定位亦更加明確，分類與細部功能如下。

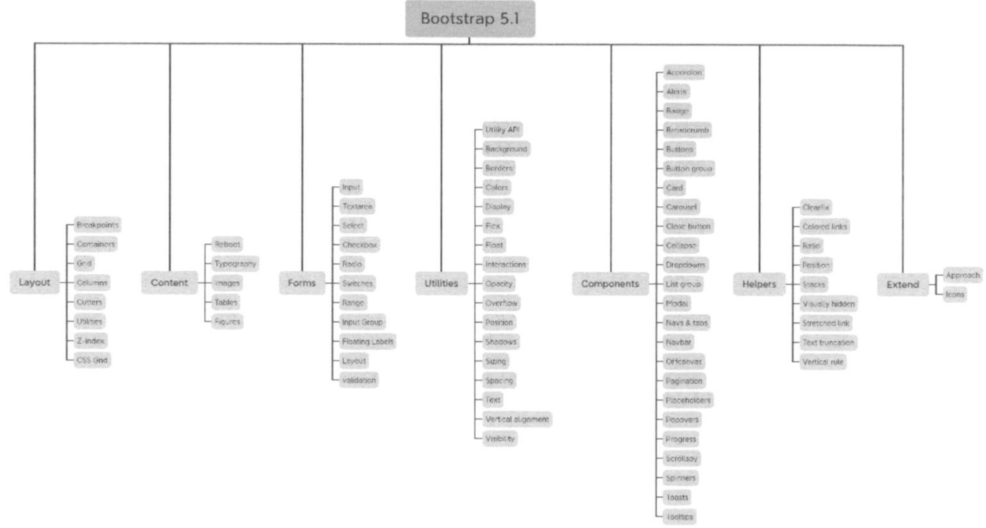

圖 6-1 Bootstrap 5 功能概觀

為配合 ASP.NET Core MVC 專案預設樣板 Bootstrap 5.1.0 版（版本可能隨 Visual Studio 更新而有變動），故本章亦以此為準，詳細資訊可參考以下網址。

- Bootstrap 技術文件：https://getbootstrap.com/docs/5.1
- Bootstrap 發展歷史：https://getbootstrap.com/docs/5.1/about/overview/

6-2 MVC 中的 Bootstrap 環境與設定

用 Visual Studio 建立 ASP.NET Core 7 MVC 專案時，就已包含 Bootstrap 5 所需檔案及環境設定，可直接使用，不需額外安裝設定。此外 View 檢視樣板和_Layout.cshtml 佈局檔也使用 Bootstrap 5 網格佈局、樣式及元件，二者結合十分緊密。

MVC 專案的 Bootstrap 與 Bootstrap 官方資料夾路徑位置不同，若在 MVC 中套用 Bootstrap 官方範例或第三方樣板時，MVC 專案參考 Bootstrap 路徑須跟著調整，其餘使用上不變。

- Bootstrap 5.1 函式庫下載
  https://getbootstrap.com/docs/5.1/getting-started/download/

若第一次接觸 Bootstrap，不熟悉其設計及使用，官網有提供約 30 多個範例樣板供參考使用。

- Bootstrap 5.1 範例樣板下載
  https://getbootstrap.com/docs/5.1/examples/

Album
Simple one-page template for photo galleries, portfolios, and more.

Pricing
Example pricing page built with Cards and featuring a custom header and footer.

Checkout
Custom checkout form showing our form components and their validation features.

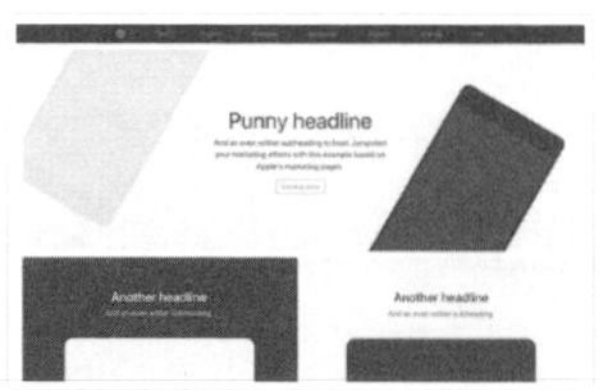

Product
Lean product-focused marketing page with extensive grid and image work.

Cover
A one-page template for building simple and beautiful home pages.

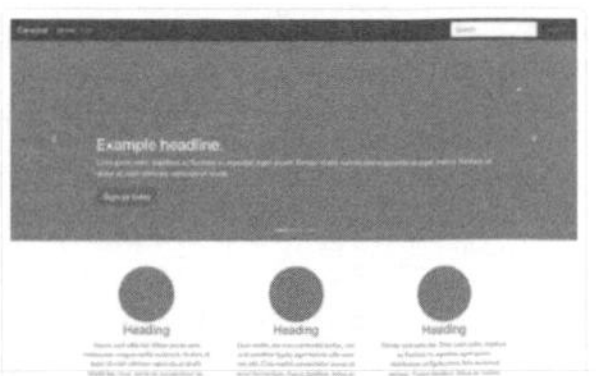

Carousel
Customize the navbar and carousel, then add some new components.

圖 6-2 Bootstrap 5 範例樣板

6-3 在 HTML 中使用 Bootstrap 樣式與 UI 元件

本節先介紹在 HTML 中使用 Bootstrap，後續再談於 MVC 中使用，那為何不直接以 MVC 示範？因為 MVC 將一個完整的 Bootstrap 參考檔及使用，分散在❶_Layout.cshtml 佈局檔及❷View 檢視檔中，對於剛入門的讀者稍微有點不好理解，故先在 HTML 檔中練習，熟悉後再說明 Bootstrap 如何套用到 MVC。

6-3-1 Bootstrap 支援的瀏覽器版本

使用 Bootstrap 前，需確認瀏覽器是否支援？已不支援微軟 IE，但支援 Edge。若網頁要部署到公開網站，就要考量到使用者瀏覽器版本支援性，特別是桌面版瀏覽器，行動版反而全數支援。支援的瀏覽器版本有 Chrome≧60、Firefox≧60、Edge≧12、iOS≧12、Safari≧12。

⊙ Bootstrap 5 支援的瀏覽器版：
https://getbootstrap.com/docs/5.1/getting-started/browsers-devices/

表 6-1 Bootstrap 5 支援的桌面瀏覽器

	Chrome	Firefox	MS Edge	Opera	Safari
Windows	✓	✓	✓	✓	✕
Mac	✓	✓	✓	✓	✓

表 6-2 Bootstrap 5 支援的 Mobile 瀏覽器

	Chrome	Firefox	Safari
Android	✓	✓	--
iOS	✓	✓	✓

6-3-2 Bootstrap 的 HTML 樣板

Bootstrap 在 HTML5 中使用步驟為：

1. 在<head>區段加入 meta tags 與 bootstrap css 函式庫參考
2. 在<body>區段宣告 Bootstrap 佈局、樣式與元件等功能
3. 在<body>末兩行加入 Poper 與 Bootstrap 的 js 函式庫參考

以下是 Bootstrap 基本樣板：

HtmlPages/BootstrapTemplate.html

```
<!doctype html>  ← 這是 HTML5
<html lang="en">
<head>
    <!-- Required meta tags -->        行動裝置 viewport 檢視區設定
    <meta charset="utf-8">
    <meta name="viewport" content="width=device-width, initial-scale=1">
```

參考 bootstrap 的 css 函式庫

```
    <!-- Bootstrap CSS -->
    <link href="https://cdn.jsdelivr.net/npm/
      bootstrap@5.1.3/dist/css/bootstrap.min.css" rel="stylesheet"
      integrity="sha384-1BmE4kWBq78iYhFldvKuhfTAU6auU8tT94WrHftjDbrCE
      XSU1oBoqyl2QvZ6jIW3" crossorigin="anonymous">

    <title>Hello, world!</title>
</head>
<body>
    <h1>Hello, world!</h1>

    <!-- Optional JavaScript; choose one of the two! -->
    <!-- Option 1: Bootstrap Bundle with Popper -->
    <script src="https://cdn.jsdelivr.net/npm/
      bootstrap@5.1.3/dist/js/bootstrap.bundle.min.js" integrity="sha384-
      ka7Sk0Gln4gmtz2MlQnikT1wXgYsOg+OMhuP+IlRH9sENBO0LRn5q+8nbTov4+1p"
      crossorigin="anonymous"></script>

    <!-- Option 2: Separate Popper and Bootstrap JS -->
    <!--
    <script src="https://cdn.jsdelivr.net/npm/
      @popperjs/core@2.10.2/dist/umd/popper.min.js" integrity="sha384-
      7+zCNj/IqJ95wo16oMtfsKbZ9ccEh31eOz1HGyDuCQ6wgnyJNSYdrPa03rtR1zdB"
      crossorigin="anonymous"></script>
    <script src="https://cdn.jsdelivr.net/npm/
        bootstrap@5.1.3/dist/js/bootstrap.min.js" integrity="sha384-
      QJHtvGhmr9XOIpI6YVutG+2QOK9T+ZnN4kzFN1RtK3zEFEIsxhlmWl5/YESvpZ13"
      crossorigin="anonymous"></script>
    -->
</body>
</html>
```

宣告 Bootstrap 佈局、元件及樣式

Poper.js 函式庫參考

Bootstrap.js 函式庫參考

以上 Viewport 是檢視區設定，特別是針對行動裝置設定，Viewport meta tag 中 width=device-width 是宣告 Viewport 寬度等於裝置的寬度，而 initial-scale=1 是宣告內容的縮放比例為 1。

另外若不想讓使用者縮放行動裝置網頁大小，可加上 user-scalable =no，就能禁用縮放功能：

```
<meta name="viewport" content="width=device-width, initial-scale=1,
      shrink-to-fit=no, maximum-scale=1, user-scalable=no">
```

6-3-3 Card 卡片（元件）

Card 是卡片式元件，它是 Bootstrap 5 用來取代 Bootstrap 3 的 Panel、Thumbnail 和 well 元件。

圖 6-3 Card 元件

Card 元件可容納的內容型態十分豐富，有：Body、Title、Text、Link、Image、List Groups、Kitchen sink、Header 和 Footer，是一種很有彈性和擴充性的容器。但由於支援的內容種類十分豐富，礙於篇幅關係，僅作重點介紹。

Card 語法：

HtmlPages/BootstrapSyntax.html#card

```
              宣告為 Card 元件
<div class="card">
    <div class="card-header"> ◄── 1. Header 為選擇性
        Card 元件 - 神力女超人 Wonder Woman
    </div>
    <div class="card-body"> ◄── 2. Body 為選擇性
```

```
        <img class="card-img-top" src="../images/wonderwoman.jpg" alt="" />
        <p class="card-text">
            《神力女超人》是由美國漫畫大廠 DC Comics 推出的年度大作，由
            蓋兒加朵飾演亞馬遜族的公主戴安娜，自幼生長在與世隔絕的天堂島，
            當她得知世界正經歷一場大戰，她決定挺身而出為正義而戰。
        </p>
        <a href="http://bit.ly/2ZzJpYb" class="btn btn-primary">詳細資訊</a>
    </div>
    <div class="card-footer text-muted">
        蓋兒· 加朵主演          3. Footer 為選擇性
    </div>
</div>
```

每種 Bootstrap 元件或樣式僅做重點語法介紹，目的是讓您快速上手。限於篇幅關係，無法窮盡所有用法，故附上相關網址以供參考。

⊙ Card 元件 https://getbootstrap.com/docs/5.1/components/card/

6-3-4 Button 按鈕（元件）

Button 元件其實是一群 CSS 樣式定義，HTML 的<button>元素套用 Button 樣式後，就會變成 Bootstrap 風格的按鈕元件，質感立刻變美，除了多種色系可選外，亦能宣告純外框的按鈕。

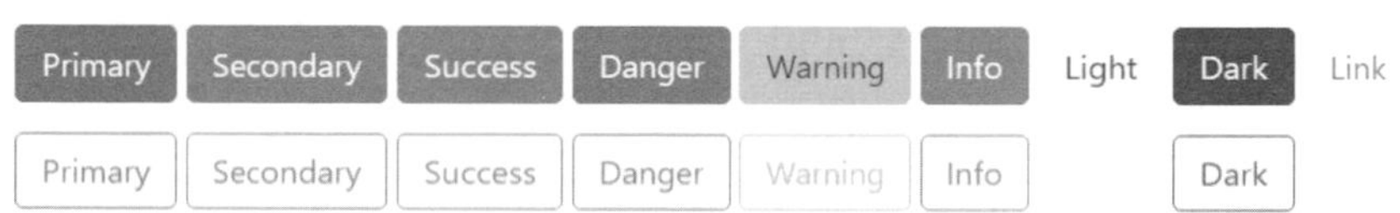

圖 6-4 Button 元件

Button 語法：

HtmlPages/BootstrapSyntax.htm#button

宣告為 button　　選擇 button 樣式

```
<button type="button" class="btn btn-primary">Primary</button>
<button type="button" class="btn btn-secondary">Secondary</button>
<button type="button" class="btn btn-success">Success</button>
<button type="button" class="btn btn-danger">Danger</button>
```

```
<button type="button" class="btn btn-warning">Warning</button>
<button type="button" class="btn btn-info">Info</button>
<button type="button" class="btn btn-light">Light</button>
<button type="button" class="btn btn-dark">Dark</button>
<button type="button" class="btn btn-link">Link</button>

<!--Outline buttons-->                                 套用 outline 外框樣式
<button type="button" class="btn btn-outline-primary">Primary</button>
<button type="button" class="btn btn-outline-secondary">Secondary</button>
<button type="button" class="btn btn-outline-success">Success</button>
<button type="button" class="btn btn-outline-danger">Danger</button>
<button type="button" class="btn btn-outline-warning">Warning</button>
<button type="button" class="btn btn-outline-info">Info</button>
<button type="button" class="btn btn-outline-light">Light</button>
<button type="button" class="btn btn-outline-dark">Dark</button>
```

⊙ Button 元件
https://getbootstrap.com/docs/5.1/components/buttons/

6-3-5 Accordion 手風琴（元件）

Accordion 外觀類似手風琴，常用於 Q&A 分類說明。

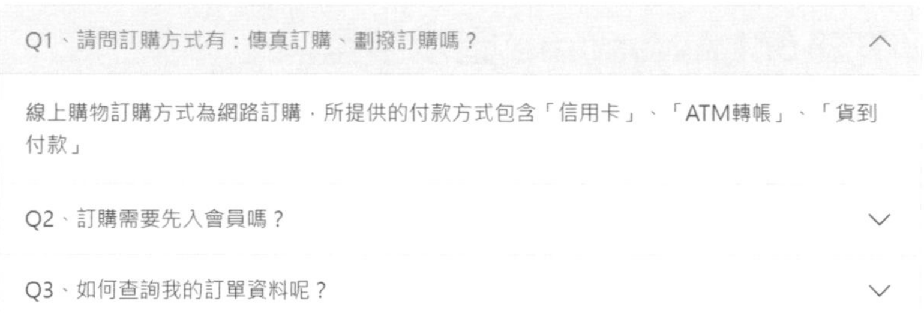

圖 6-5 Accordion 元件

Accordion 語法：

HtmlPages/BootstrapSyntax.html#accordion

```
              宣告 Accordion 元件
<div class="accordion" id="accordionExample">
    <div class="accordion-item">
        <h2 class="accordion-header" id="headingOne">           標題區塊
            <button class="accordion-button" type="button"
                data-bs-toggle="collapse" data-bs-target="#collapseOne"
                aria-expanded="true" aria-controls="collapseOne">
                Q1、請問訂購方式有：傳真訂購、劃撥訂購嗎？
            </button>
        </h2>
        <div id="collapseOne" class="accordion-collapse collapse show"
          aria-labelledby="headingOne" data-bs-parent="#accordionExample">
            <div class="accordion-body">
                線上購物訂購方式為網路訂購，所提供的付款方式包含「信用卡」、
                「ATM 轉帳」、「貨到付款」
            </div>
        </div>                                                   內容區塊
    </div>
    …
</div>
```

6-3-6 Font Awesome 圖示字型

早期圖示是以 jpg 或 png 圖片方式繪製，但現在多半流行使用圖示字型，方便網頁快速引用。

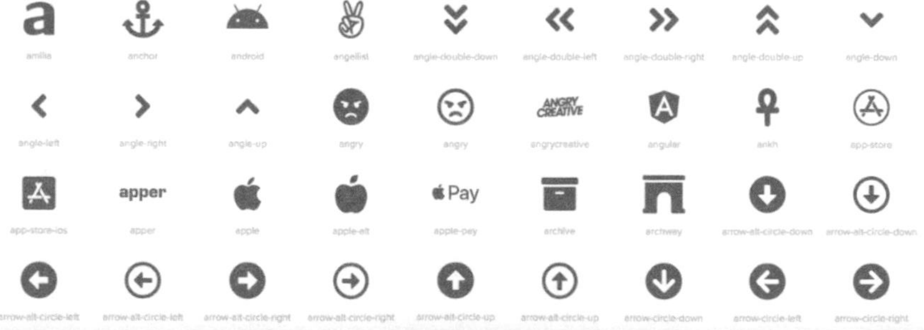

圖 6-6 Font Awesome 圖示字型

TIP

1. Bootstrap 3 原本內建 Glyphicons 圖示字型（第三方公司之版權），但因 Bootstrap 4 移除 Glyphicons 圖支援（原因未說明），故官方建議使用第三方解決方案，Font Awesome 是其中一個選擇
2. Bootstrap 官方有在發展自己的 Bootstrap Icons，詳細請參考 https://icons.getbootstrap.com/

使用 Font Awesome 前須引用函式庫：

```
<head>
   ...
  <link
 href="https://stackpath.bootstrapcdn.com/font-awesome/4.7.0/css/font-awesome.min.css"
 rel="stylesheet" />
</head>
```

然後在<i>或<span>元素上宣告 Font Awesome 圖示：

HtmlPages/BootstrapSyntax.html#fontawesome

```
<i class="fa fa-address-book"></i>
<i class="fa fa-camera"></i>
<i class="fa fa-alipay"></i>
<i class="fa fa-battery-half"></i>
<i class="fa fa-bell"></i>
```

以 fa 宣告 Font Awesome

fa-圖示英文名稱

在<i>宣告 Font Awesome 圖示

```
<span class="fa fa-address-book"></span>
<span class="fa fa-camera"></span>
<span class="fa fa-alipay"></span>
<span class="fa fa-battery-half"></span>
<span class="fa fa-bell"></span>
```

在<span>宣告 Font Awesome 圖示

```
<i class="fa fa-address-book fa-lg"></i>
<i class="fa fa-camera fa-2x"></i>
<i class="fa fa-alipay fa-3x"></i>
<i class="fa fa-battery-half fa-4x"></i>
<i class="fa fa-bell fa-5x"></i>
```

設定圖示放大倍率

以 style 屬性改變圖示大小及顏色

```
<i class="fa fa-car" style="font-size:48px;color:lightgreen"></i>
<i class="fa fa-car" style="font-size:60px;color:red;"></i>
```

圖 6-7 Font Awesome 圖示顏色及放大效果

⊙ Font Awesome 圖示名稱列表
https://fontawesome.com/v6.0/icons?m=free

6-3-7 Carousel（元件）

Carousel 是幻燈片輪播元件，可循環顯示圖片或文字，如同旋轉木馬一般。

圖 6-8 用 Carousel 輪播圖片

Carousel 語法：

HtmlPages/BootstrapSyntax.html#carousel

宣告 Carousel 元件

```
<div id="myCarousel" class="carousel slide" data-bs-ride="carousel">
  <div class="carousel-indicators">
    <button type="button" data-bs-target="#myCarousel"
      data-bs-slide-to="0" class="active" aria-current="true"
      aria-label="Slide 1"></button>
    <button type="button" data-bs-target="#myCarousel"
      data-bs-slide-to="1" aria-label="Slide 2"></button>
    <button type="button" data-bs-target="#myCarousel"
      data-bs-slide-to="2" aria-label="Slide 3"></button>
  </div>
```

Indicators

Carousel 項目

```
  <div class="carousel-inner">
    <div class="carousel-item active">
      <img src="../images/Maldives.jpg" class="d-block w-100" alt="">
      <div class="carousel-caption d-none d-md-block">
        <h5>馬爾地夫</h5>
      </div>
    </div>
```

Slide 1

```
    <div class="carousel-item">
      <img src="../images/Canada.jpg" class="d-block w-100" alt="">
      <div class="carousel-caption d-none d-md-block">
        <h5>加拿大</h5>
      </div>
    </div>
```

Slide 2

```
    <div class="carousel-item">
      <img src="../images/Vancouver.jpg" class="d-block w-100" alt="">
      <div class="carousel-caption d-none d-md-block">
        <h5>溫哥華</h5>
      </div>
    </div>
  </div>
```

Slide 3

```
  <button class="carousel-control-prev" type="button"
    data-bs-target="#myCarousel" data-bs-slide="prev">
    <span class="carousel-control-prev-icon" aria-hidden="true"></span>
    <span class="visually-hidden">Previous</span>
  </button>
  <button class="carousel-control-next" type="button"
    data-bs-target="#myCarousel" data-bs-slide="next">
```

```
        <span class="carousel-control-next-icon" aria-hidden="true"></span>
        <span class="visually-hidden">Next</span>
    </button>
</div>
```

若想控制每張圖片輪播秒數，可用 js 設定：

```
<script>
    var myCarousel = document.querySelector('#myCarousel')
    var carousel = new bootstrap.Carousel(myCarousel, {
      interval: 1000,
      wrap: true
    })
</script>
```

- Carousel 元件
  https://getbootstrap.com/docs/5.1/components/carousel/

6-3-8 Input group 輸入群組（元件）

Input group 是在 input 控制項的前後，選擇性加上文字、Glyphicons 或其他控制項而形成一個群組，進而強化 input 的語意及識別性。

圖 6-9 Input group 輸入群組元件

Input group 語法：

HtmlPages/BootstrapSyntax.html#inputgroup

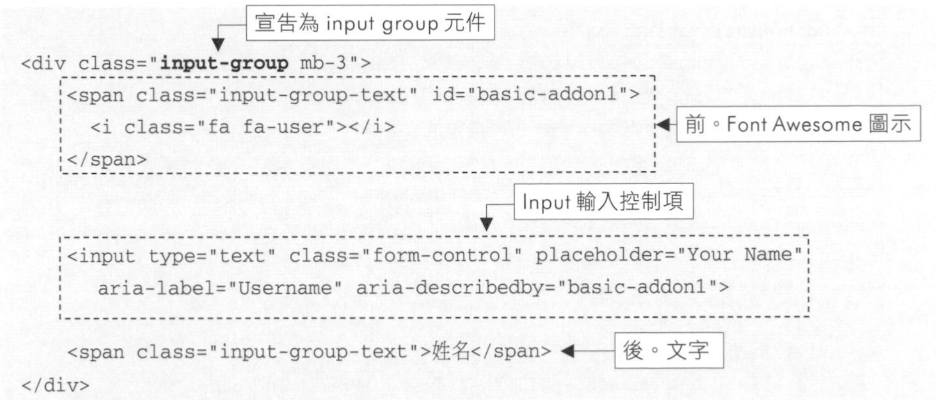

⊙ Input group 元件
https://getbootstrap.com/docs/5.1/components/input-group/

6-3-9 Badge 徽章標誌（元件）

Badge 是用來附加文字或數字到 HTML 元素或控制項中。

圖 6-10 Badge 元件

以下是 Badge 的文字變化、圓角、超連結、標題和按鈕的一些語法：

HtmlPages/BootstrapSyntax.html#badge

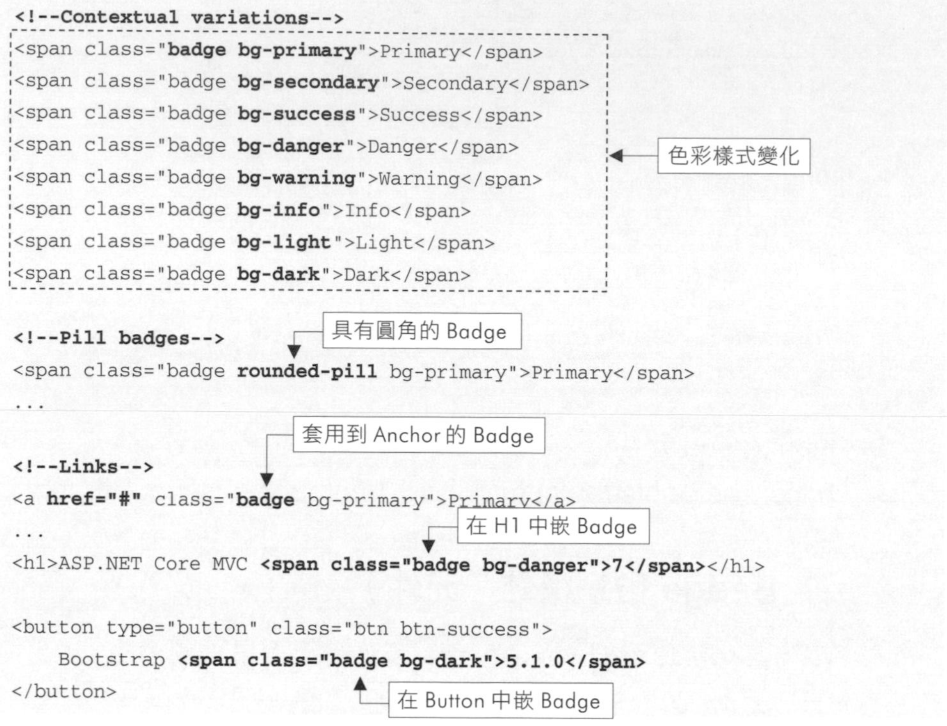

```
<!--Contextual variations-->
<span class="badge bg-primary">Primary</span>
<span class="badge bg-secondary">Secondary</span>
<span class="badge bg-success">Success</span>
<span class="badge bg-danger">Danger</span>
<span class="badge bg-warning">Warning</span>
<span class="badge bg-info">Info</span>
<span class="badge bg-light">Light</span>
<span class="badge bg-dark">Dark</span>

<!--Pill badges-->
<span class="badge rounded-pill bg-primary">Primary</span>
...

<!--Links-->
<a href="#" class="badge bg-primary">Primary</a>
...
<h1>ASP.NET Core MVC <span class="badge bg-danger">7</span></h1>

<button type="button" class="btn btn-success">
    Bootstrap <span class="badge bg-dark">5.1.0</span>
</button>
```


⦿ Badge 元件 https://getbootstrap.com/docs/5.1/components/badge/

6-3-10 用 Color 調整文字及背景顏色（Utilities）

Color 是用來設定文字顏色，好的顏色設計不僅止於美觀，而是在於視覺意境的傳達，強化情境意義。

以文字顏色來說，利用.text-*類別將顏色套用到<div>、<p>、<h1>~<h6>等 HTML 元素，內建的文字顏色有：

HtmlPages/BootstrapSyntax.html#color

```
<p class="text-primary">.text-primary</p>
<p class="text-secondary">.text-secondary</p>
<p class="text-success">.text-success</p>
<p class="text-danger">.text-danger</p>
<p class="text-warning">.text-warning</p>
<p class="text-info">.text-info</p>
<p class="text-light bg-dark">.text-light</p>
<p class="text-dark">.text-dark</p>
<p class="text-body">.text-body</p>
<p class="text-muted">.text-muted</p>
<p class="text-white bg-dark">.text-white</p>
<p class="text-black-50">.text-black-50</p>
<p class="text-white-50 bg-dark">.text-white-50</p>
```

.text-*顏色也能套用到 Link 超連結，且具有 hover 及 focus 變色效果：

```
<p><a href="#" class="text-primary">Primary link</a></p>
<p><a href="#" class="text-secondary">Secondary link</a></p>
...
```

而不同的文字訊息要配合適當的顏色才能傳達適切情境，例如提醒、警告或錯誤訊息配合的顏色也應不同：

```
<div class="text-primary">尚未收到您這個月的信用卡費用，請速繳納，以免逾期產生利息。</div>
<div class="text-muted">若您已繳款，請毋需理會此訊息。</div>
<div class="text-success">轉帳成功！帳款於次日會匯入對方帳戶。</div>
<div class="text-info">此為提示訊息！您的密碼已超過一年未更換了，請盡速變更。</div>
<div class="text-warning">警告！ATM 提款機不具備退款功能，請勿受騙。</div>
<div class="text-danger">系統錯誤！發生嚴重不可回復之錯誤，請連絡管理員。</div>
```

尚未收到您這個月的信用卡費用，請速繳納，以免愈期產生利息。
若您已繳款，請毋需理會此訊息。
轉帳成功！帳款於次日會匯入對方帳戶。
此為提示訊息！您的密碼已超過一年未更換了，請盡速變更。
警告！ATM提款機不具備退款功能，請勿受騙。
系統錯誤！發生嚴重不可回復之錯誤，請連絡管理員。

圖 6-11 文字套用顏色

同樣地，背景也能套用顏色，以強化或傳達情境意義，利用.bg-*類別將顏色套用到<div>、<p>、<h1>～<h6>等 HTML 元素，且.bg-*與.text-white 二者可搭配使用：

```
<p class="bg-primary text-white p-3 mb-1">天地玄黃 宇宙洪荒 日月盈昃 辰宿列張 寒來暑往</p>
<p class="bg-success p-3 mb-1">秋收冬藏 閏餘成歲 律呂調陽 雲騰致雨 露結為霜</p>
<p class="bg-info p-3 mb-1">金生麗水 玉出崑岡 劍號巨闕 珠稱夜光 果珍李柰</p>
<p class="bg-warning text-white p-3 mb-1">菜重芥薑 海鹹河淡 鱗潛羽翔 龍獅火帝 鳥官人皇</p>
<p class="bg-danger p-3 mb-1">始制文字 乃服衣裳 推位讓國 有虞陶唐 弔民伐罪</p>
```

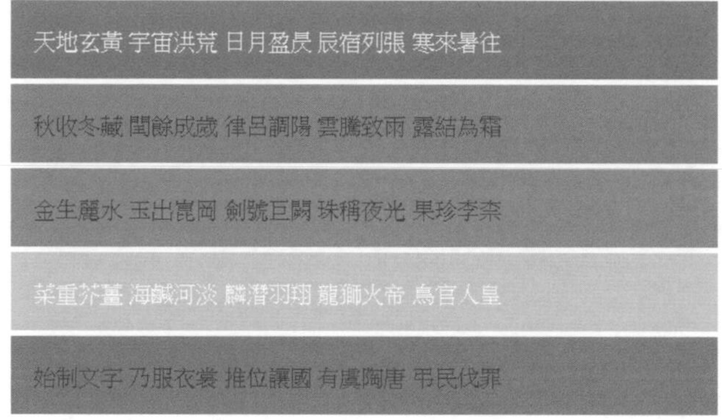

圖 6-12 背景套用顏色

⊙ Color 顏色 https://getbootstrap.com/docs/5.1/utilities/colors/

6-3-11 Text 文字對齊（Utilities）

文字對齊在 HTML 佈局設計中也蠻常使用，利用 Bootstrap 的 Text Utilities 可做五種對齊：靠左、置中、靠右、左右、文字不換行，可套用在各種 HTML 元素上。

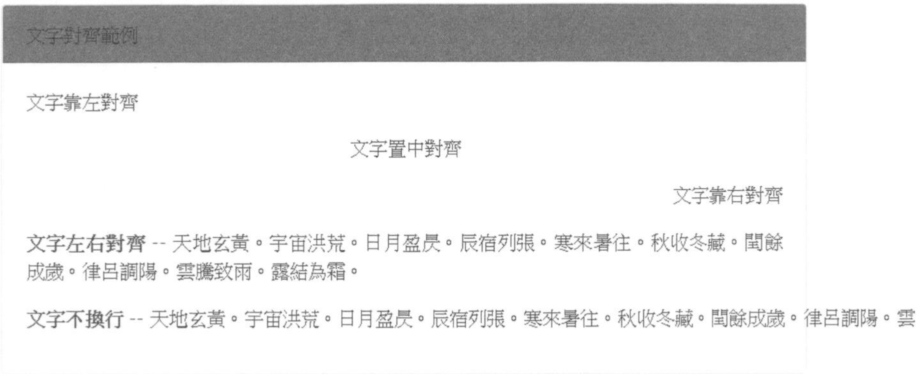

文字對齊範例

文字靠左對齊

文字置中對齊

文字靠右對齊

文字左右對齊 -- 天地玄黃。宇宙洪荒。日月盈昃。辰宿列張。寒來暑往。秋收冬藏。閏餘成歲。律呂調陽。雲騰致雨。露結為霜。

文字不換行 -- 天地玄黃。宇宙洪荒。日月盈昃。辰宿列張。寒來暑往。秋收冬藏。閏餘成歲。律呂調陽。雲

圖 6-13 文字對齊五種模式

HtmlPages/BootstrapSyntax.html#text

```
<p class="text-left">文字靠左對齊</p>
<p class="text-center">文字置中對齊</p>
<p class="text-right">文字靠右對齊</p>
<p class="text-justify">文字左右對齊-- 天地玄黃。宇宙洪荒。日月盈昃。辰宿列張。寒來暑往。
秋收冬藏。閏餘成歲。律呂調陽。雲騰致雨。露結為霜。</p>
<p class="text-nowrap">文字不換行-- 天地玄黃。宇宙洪荒。日月盈昃。辰宿列張。寒來暑往。秋
收冬藏。閏餘成歲。律呂調陽。雲騰致雨。露結為霜。</p>
```

但 Bootstrap 的 Text Utilities 對文字的功用不只有對齊，還能做文字 warpping、overflow、wordbreak、Transform 等一堆功能變化，詳細請參考官網說明。

- Text 文字 https://getbootstrap.com/docs/5.1/utilities/text/

6-3-12 Modal 對話視窗（元件）

Modal 是在頁面中彈出的對話視窗（通常是按下 Button 後觸發），用來確認或輸入資料用途。且 Modal 對話視窗出現時，背景會變成灰色，使用 Modal 變成唯一聚焦的視窗。

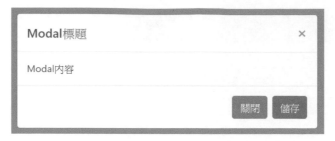

圖 6-14 Modal 對話視窗

Modal 語法：

HtmlPages/BootstrapSyntax.html#modal

```
<!-- Button 觸發 modal -->
<button type="button" class="btn btn-danger" data-bs-toggle="modal"
data-bs-target="#exampleModal">
    Modal 對話視窗
</button>

<!-- Modal 本身 -->
<div class="modal fade" id="exampleModal" tabindex="-1"
   aria-labelledby="exampleModalLabel" aria-hidden="true">
    <div class="modal-dialog">
        <div class="modal-content">
          <div class="modal-header">
              <h5 class="modal-title" id="exampleModalLabel">Modal 標題</h5>
    Header    <button type="button" class="btn-close"
                 data-bs-dismiss="modal" aria-label="Close"></button>
          </div>

          <div class="modal-body">
    Body      Modal 內容
          </div>

          <div class="modal-footer">
              <button type="button" class="btn btn-secondary"
    Footer        data-bs-dismiss="modal">關閉</button>
              <button type="button" class="btn btn-primary">儲存</button>
          </div>
        </div>
    </div>
</div>
```

⦿ Modal 元件 https://getbootstrap.com/docs/5.1/components/modal/

6-3-13 Table 表格（Content）

Table 樣式是用來美化 HTML 的<table>元素。

產品名稱	產品編號	容量	單價
INTEL Intel 600P 512G SSD	SSDPEKKW512G7X1	512GB	5,499
Kingston 240G SSD	HyperX Savage SHSS37A	240GB	3,645
Micron Crucial 525GB SSD	MX300	525GB	4,588
SSD固態硬碟			

圖 6-15 套用 Table 樣式

在<table>的 class 屬性套用.table-*樣式語法：

HtmlPages/BootstrapSyntax.html#table

套用.table 樣式　指定表格外框　資料列有顏色交錯　資料列 Hover 效果

```
<table class="table table-bordered table-striped table-hover">
    <thead class="text-white bg-primary">
        <tr>
            <th>產品名稱</th>
            <th>產品編號</th>
            <th>容量</th>
            <th>單價</th>
        </tr>
    </thead>
    <tbody>
        <tr>
            <td>INTEL Intel 600P 512G SSD</td>
            <td>SSDPEKKW512G7X1</td>
            <td>512GB</td>
            <td>5,499</td>
        </tr>
        …
    </tbody>
    <tfoot class="bg-info">
```

```
        <tr>
            <td colspan="4" class="text-center">SSD 固態硬碟</td>
        </tr>
    </tfoot>
</table>
```

⊙ Table 表格 https://getbootstrap.com/docs/5.1/content/tables/

6-3-14 Navbar 導航列（元件）

Navbar 是位於網頁頂端作為導航用途的一條 Bar，Bar 上通常是放產品、服務或連絡方式的超連結或選單，讓使用者選擇與導引。Narbar 內容可支援 Brand、Nav、Link、Forms 和 Text 等元素。

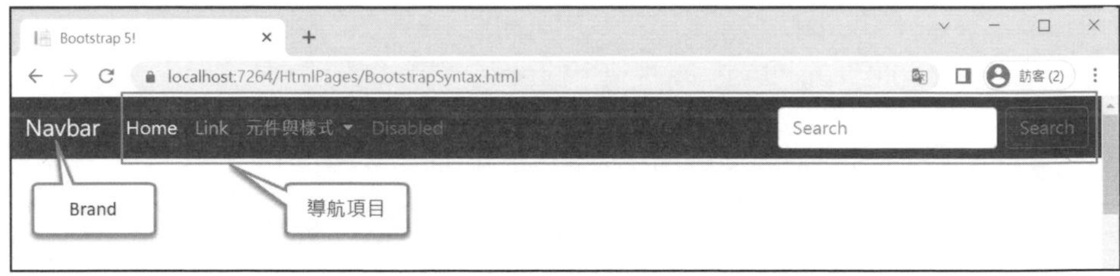

圖 6-16 Navbar 導航列

Navbar 元件也支援 Responsive，也就是在瀏覽畫面寬度小於.navbar-expand{-sm|-md|-lg|-xl|-xxl}類別定義時，導航超連結選單便會隱藏，選單在按下 Toggle 切換按鈕就會出現。

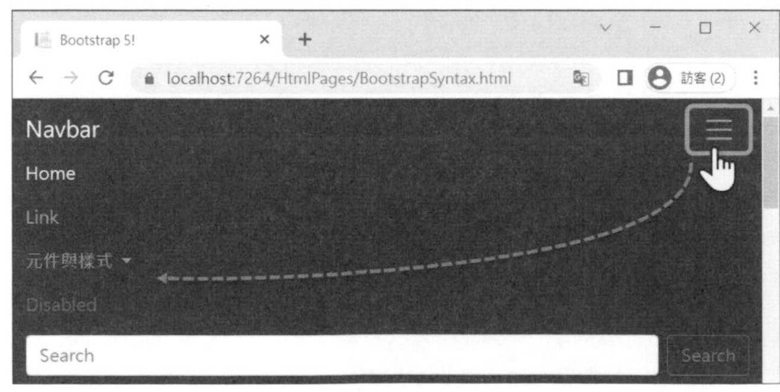

圖 6-17 Navbar 的 Toggle 模式

Navbar 語法：

HtmlPages/BootstrapSyntax.html

```
<nav class="navbar navbar-expand-lg navbar-dark bg-dark">
    <div class="container-fluid">
        <a class="navbar-brand" href="#">Navbar</a>  ← Brand
        <button class="navbar-toggler" type="button" data-bs-toggle="collapse"
          data-bs-target="#navbarSupportedContent" aria-controls="navbarSupportedContent"
          aria-expanded="false" aria-label="Toggle navigation">
            <span class="navbar-toggler-icon"></span>
        </button>                              導航列 Toogler
        <div class="collapse navbar-collapse" id="navbarSupportedContent">
            <ul class="navbar-nav me-auto mb-2 mb-lg-0">
                <li class="nav-item">                          導航項目 1。超連結
                    <a class="nav-link active" aria-current="page" href="#">Home</a>
                </li>
                <li class="nav-item">
                    <a class="nav-link" href="#">Link</a>      導航項目 2。超連結
                </li>
                <li class="nav-item dropdown">
                    <a class="nav-link dropdown-toggle" href="#"
                      id="navbarDropdown" role="button" data-bs-toggle="dropdown"
                        ria-expanded="false">
                        元件與樣式                                導航項目 3。下拉式選單
                    </a>
                    <ul class="dropdown-menu" aria-labelledby="navbarDropdown">
<li><a class="dropdown-item" href="BootstrapSyntax.html#accordion">Accordion 元件</a></li>
<li><a class="dropdown-item" href="BootstrapSyntax.html#card">Card 元件</a></li>
<li><a class="dropdown-item" href="BootstrapSyntax.html#button">Button 元件</a></li>
…
                        <li><li><hr class="dropdown-divider"></li>
                        <li><a class="dropdown-item" href="#">其他導航項目</a></li>
                    </ul>
                </li>
                <li class="nav-item">
                    <a class="nav-link disabled">Disabled</a>  導航項目 4。Disabled
                </li>
            </ul>
                                                       導航項目 5。Form 表單
            <form class="d-flex">
                <input class="form-control me-2" type="search" placeholder="Search"
                   aria-label="Search">
                <button class="btn btn-outline-success" type="submit">Search</button>
             </form>
```

```
        </div>
    </div>
</nav>
```

以下就 Navbar 幾個區塊作說明：

+ Brand 區塊

Brand 用途是放品牌文字：

```
<a class="navbar-brand" href="#">
   Brand 品牌文字
</a>
```

亦能放網站或品牌 Logo 圖片：

```
<a class="navbar-brand" href="#">
   <img src="BrandLogo.jpg" alt="Logo">
</a>
```

+ Toggler 切換按鈕

Toggler 按鈕必須在瀏覽畫面寬度小於 .navbar-expand{-sm|-md|-lg|-xl|-xxl} 定義時才會出現。而 data-target="#navbarSupportedContent" 是指向導航項目最外層 <div id="navbarSupportedContent">，二者名稱須對映。

```
<button class="navbar-toggler" type="button" data-bs-toggle="collapse"
  data-bs-target="#navbarSupportedContent"
  aria-controls="navbarSupportedContent" aria-expanded="false"
  aria-label="Toggle navigation">
     <span class="navbar-toggler-icon"></span>
</button>
```

+ 導航項目區塊

Navbar 通常以超連結、下拉式選單方式宣告導航項目，以作為網頁導航指引，或是放入 Form 表單，裡面有 TextBox 和 Button 按鈕作為查詢提交。

⦿ Navbar 元件 https://getbootstrap.com/docs/5.1/components/navbar/

6-3-15 Dropdown 下拉式選單（元件）

Dropdown 是下拉式選單元件。

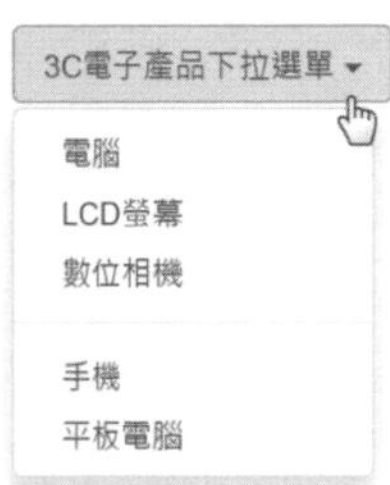

圖 6-18 下拉式選單

Dropdown 語法：

HtmlPages/BootstrapSyntax.html#dropdown

Button 按鈕

下拉項目

```
<div class="dropdown">
  <button class="btn btn-danger dropdown-toggle" type="button"
    id="dropdownMenuButton1" data-bs-toggle="dropdown"
    aria-expanded="false">
     3C 電子產品下拉選單
  </button>
  <ul class="dropdown-menu" aria-labelledby="dropdownMenuButton1">
      <li><a class="dropdown-item" href="#">PC 電腦</a></li>
      <li><a class="dropdown-item" href="#">LCD 螢幕</a></li>
      <li><a class="dropdown-item" href="#">數位相機</a></li>
      <li><hr class="dropdown-divider"></li>
      <li><a class="dropdown-item" href="#">手機</a></li>
      <li><a class="dropdown-item" href="#">平板電腦</a></li>
  </ul>
</div>
```

- Dropdown 元件
  https://getbootstrap.com/docs/5.1/components/dropdowns/

6-3-16 List group（元件）

List group 是用於條列資訊的元件，且每個條列項目允許複雜結構的自訂。

圖 6-19 List group 元件

List group 是在<ul><li>...</li></ul>的區段中宣告：

HtmlPages/BootstrapSyntax.html#listgroup

```
<ul class="list-group">
    <li class="list-group-item active">
        上級交辦事項                              ← 項目 1
    </li>
    <li class="list-group-item">
        客服案件                                  ← 項目 2
    </li>
    <li class="list-group-item">
        待處理事項                                ← 項目 3
    </li>
</ul>
```

List group 還能結合 Badge：

```
<ul class="list-group mt-3">                     設定 List group 顏色
    <li class="list-group-item list-group-item-info">
        上級交辦事項
```

```
        <span class="badge bs-primary">3</span>  ◄── Badge
    </li>
    <li class="list-group-item list-group-item-success">
        客服案件
        <span class="badge bs-primary">16</span>  ◄── Badge
    </li>
    <li class="list-group-item list-group-item-danger">
        待處理事項
        <span class="badge bs-primary">8</span>  ◄── Badge
    </li>
</ul>
```

- List group 元件
  https://getbootstrap.com/docs/5.1/components/list-group/

6-3-17 Pagination 分頁（元件）

Pagination 是用來呈現分頁碼的超連結元件。

圖 6-20 Pagination 元件

Pagination 語法：

HtmlPages/BootstrapSyntax.html#pagination

```
<nav aria-label="Page navigation example">
    <ul class="pagination">
        <li class="page-item"><a class="page-link" href="#">Previous</a></li>
        <li class="page-item active"><a class="page-link" href="#">1</a></li>
        <li class="page-item"><a class="page-link" href="#">2</a></li>
        <li class="page-item"><a class="page-link" href="#">3</a></li>
        <li class="page-item"><a class="page-link" href="#">Next</a></li>
    </ul>
</nav>
```

- Pagination 元件
  https://getbootstrap.com/docs/5.1/components/pagination/

6-4 在 MVC 專案中使用 Bootstrap 樣式及元件

在熟悉 Bootstrap 樣式及元件語法後，本節要說明 Bootstrap 在 MVC 專案中設定與使用方式，這才是 MVC 運用 Bootstrap 的主要重點。

6-4-1 MVC 專案參考及引用 Bootstrap 方式

HTML 是在<head>區段及<body>末端引用 Bootstrap 相關函式庫，但 MVC 專案並不是在每個 View 頁面引用函式庫，而是集中在 _Layout.cshmtl 佈局檔加入參考，然後所有 Views 預設會套用佈局檔，等同間接加入 Bootstrap 所需的 css、js 函式庫。

Views/Shared/_Layout.cshtml

```
<!DOCTYPE html>
<html lang="en">
<head>
   <meta charset="utf-8" />
   <meta name="viewport" content="width=device-width, initial-scale=1.0" />
   <title>@ViewData["Title"] - Bootstrap</title>                    css 函式庫
   <link rel="stylesheet" href="~/lib/bootstrap/dist/css/bootstrap.min.css" />
   <link rel="stylesheet" href="~/css/site.css" asp-append-version="true" />
   <link rel="stylesheet" href="~/Mvc7_Bootstrap.styles.css" asp-append-
     version="true" />

    @await RenderSectionAsync("topCSS", required: false)
    @await RenderSectionAsync("topJS", required: false)
</head>
<body>
    <header>
        <partial name="_NavbarPartial" />
    </header>
    <div class="container">
        <main role="main" class="pb-3">
            @RenderBody()
        </main>
    </div>

    <footer class="border-top footer text-muted">
```

```
        ...
    </footer>
    <script src="~/lib/jquery/dist/jquery.min.js"></script>
    <script src="~/lib/bootstrap/dist/js/bootstrap.bundle.min.js"></script>
    <script src="~/js/site.js" asp-append-version="true"></script>
    @await RenderSectionAsync("Scripts", required: false)

    @await RenderSectionAsync("endCSS", required: false)
    @await RenderSectionAsync("endJS", required: false)
</body>
</html>
```

js 函式庫

故在 View 中可直接使用 Bootstrap 元件、樣式等功能，且 Visual Studio 還支援 Bootstrap 的 IntelliSense 提示。

6-4-2 用 Bootstrap 改造與美化 View 檢視頁面

本節要用 Bootstrap 改造 View 檢視頁面，先就程式背景及改造目標做說明，對比出改造前和改造後的網頁質感差異，再用兩個範例詳述實作步驟。

首先介紹程式背景，有個 Employee 員工資料模型，用 Scaffolding 產出 CRUD 樣板，包括 Employees 控制器及 Views，下圖是 Index.cshtml 頁面，裡面是用<table>表格呈現的員工資料，功能運行上雖然 OK，但在 UI 外觀上頗為陽春，談不上什麼美感。

員工基本資料

Create New

Name	Mobile	Email	Department	Title	
David	0933-152667	david@gmail.com	總經理室	CEO	Edit | Details | Delete
Mary	0938-456889	mary@gmail.com	人事部	管理師	Edit | Details | Delete
Joe	0925-331225	joe@gmail.com	財務部	經理	Edit | Details | Delete
Mark	0935-863991	mark@gmail.com	業務部	業務員	Edit | Details | Delete
Rose	0987-335668	rose@gmail.com	資訊部	工程師	Edit | Details | Delete
May	0955-259885	may@gmail.com	資訊部	工程師	Edit | Details | Delete
John	0921-123456	john@gmail.com	業務部	業務員	Edit | Details | Delete

圖 6-21 改造前的員工資料表格

為了提升 UI 介面質感與美感，以下用 Bootstrap 改造，目標有幾點：

1. 表格套用 Bootstrap 的 Table 樣式
2. 英文欄位名稱改成中文
3. 欄位名稱前加上 Glyphicon 圖示，強化欄位視覺上及意義的傳達
4. 所有按鈕或超連結按鈕皆套用 Bootstrap 的 Button 樣式
5. 讓 Mail 資料具備<a href="mailto:...">...</a>超連結

員工基本資料

員工編號	姓名	行動電話	電子郵件	部門	職稱	
1	David	0933-152667	david@gmail.com	總經理室	CEO	編輯 明細 刪除 Alert Modal
2	Mary	0938-456889	mary@gmail.com	人事部	管理師	編輯 明細 刪除 Alert Modal
3	Joe	0925-331225	joe@gmail.com	財務部	經理	編輯 明細 刪除 Alert Modal
4	Mark	0935-863991	mark@gmail.com	業務部	業務員	編輯 明細 刪除 Alert Modal
5	Rose	0987-335668	rose@gmail.com	資訊部	工程師	編輯 明細 刪除 Alert Modal
6	May	0955-259885	may@gmail.com	資訊部	工程師	編輯 明細 刪除 Alert Modal
7	John	0921-123456	john@gmail.com	業務部	業務員	編輯 明細 刪除 Alert Modal

圖 6-22 用 Bootstrap 美化後的員工資料表格

以下分兩個範例，第一個用 Scaffolding 產生員工資料的 CRUD 過程，第二個用 Bootstrap 改造檢視頁的過程。

範例 6-1 以 Scaffolding 產生員工資料 CRUD 樣板

以 Scaffolding 產生員工資料 CRUD 樣板及過程如下所示。

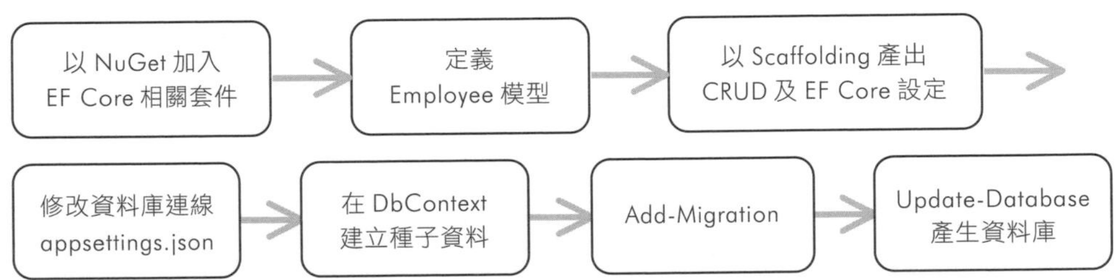

step01 以 NuGet 加入 EF Core 相關套件。在 Mvc7_Bootstrap 專案按滑鼠右鍵→【管理 NuGet 套件】→在【瀏覽】搜尋及安裝下面五個套件

NuGet: Mvc7_Bootstrap

瀏覽 已安裝 更新 5

搜尋 (Ctrl+L) 包括搶鮮版

Microsoft.EntityFrameworkCore 作者 Microsoft Entity Framework Core is a modern object-database mapper for .NET. It supports LINQ queries, change tracking, updates, and schema migrations. EF Core works with SQL Server, Azure SQL Database, SQLite, A...	7.0.4 7.0.5
Microsoft.EntityFrameworkCore.Design 作者 Microsoft Shared design-time components for Entity Framework Core tools.	7.0.4 7.0.5
Microsoft.EntityFrameworkCore.SqlServer 作者 Microsoft Microsoft SQL Server database provider for Entity Framework Core.	7.0.4 7.0.5
Microsoft.EntityFrameworkCore.Tools 作者 Microsoft Entity Framework Core Tools for the NuGet Package Manager Console in Visual Studio.	7.0.4 7.0.5
Microsoft.VisualStudio.Web.CodeGeneration.Design 作者 Microsoft Code Generation tool for ASP.NET Core. Contains the dotnet-aspnet-codegenerator command used for generating controllers and views.	7.0.4 7.0.6

圖 6-23 以 NuGet 安裝 Entity Framework Core 相關套件

step02 在 Models 資料夾新增 Employee.cs 模型

Models/Employee.cs

```
public class Employee
{
    public int Id { get; set; }
    public string Name { get; set; }
    public string Mobile { get; set; }
    public string Email { get; set; }
    public string Department { get; set; }
    public string Title { get; set; }
}
```

step03 利用 Scaffolding 從 Employee 模型產出 EF Core 資料庫、Controller 及 Views 的 CRUD 樣板

1. 在 Controllers 資料夾按滑鼠右鍵→【加入】→【新增 Scaffold 項目】→【控制器】→「使用 Entity Framework 執行檢視的 MVC 控制器」→【加入】

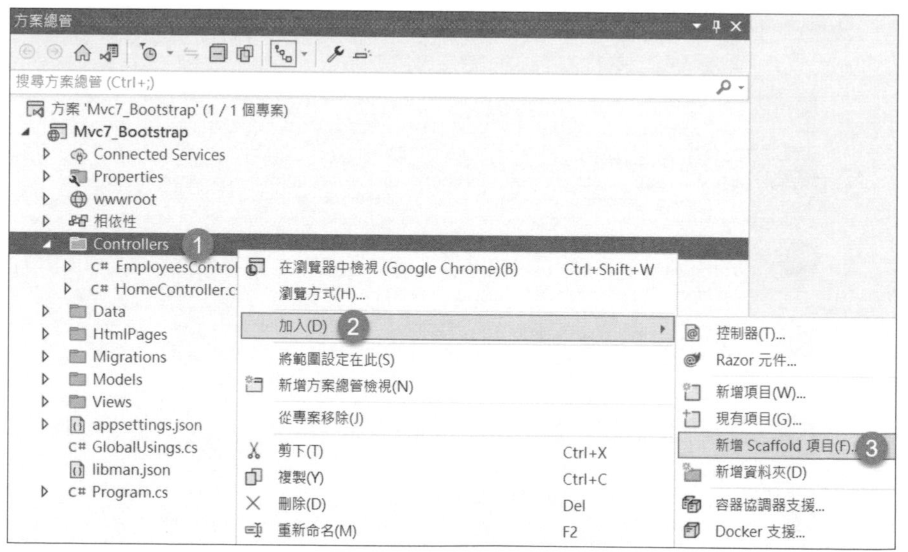

圖 6-24 新增 Scaffold 項目

圖 6-25 選擇「使用 Entity Framework 執行檢視的 MVC 控制器」

2. 指定 Employee 模型類別

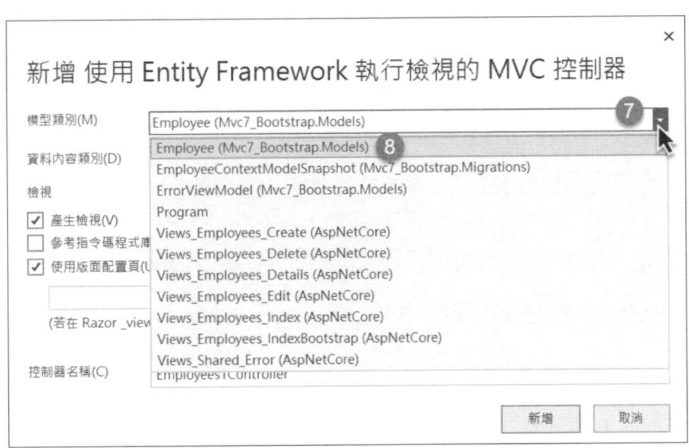

圖 6-26 指定 Employee 模型類別

3. 在資料內容類別最右側按加號→將名稱改為「EmployeeContext」→【新增】→【新增】。EmployeeContext 是 EF Core 負責對資料庫作業的物件

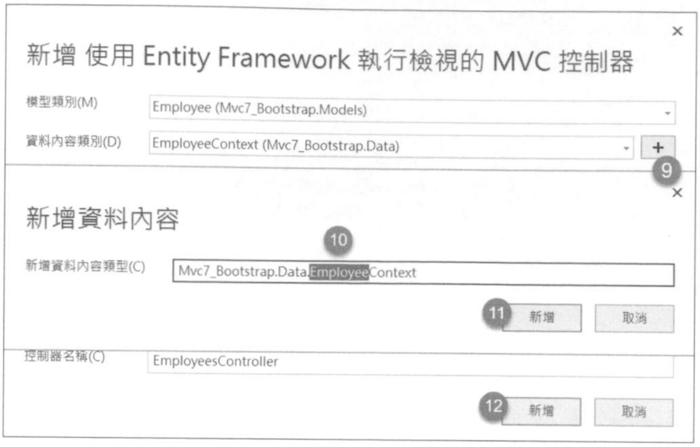

圖 6-27　指定資料內容類別

然後 Scaffolding 會建立：❶EmployeeContext.cs、❷在 Program.cs 的 DI Container 中註冊 EmployeeContext、❸在 appsettings.json 新增資料庫連線設定、❹EmployeesController 和 Actions 及❺Views/Employees 資料夾中五個 CRUD 的 Views（.cshtml）檔。

step 04　在 appsettings.json 修改資料庫名稱「Bootstrap_EmployeeDB」，此為後續產生的資料庫名稱

appsettings.json

```
{
  ...
  "AllowedHosts": "*",
  "ConnectionStrings": {
    "EmployeeContext": "Server=(localdb)\\mssqllocaldb;Database=Bootstrap_EmployeeDB;
      Trusted_Connection=True;MultipleActiveResultSets=true"
  }
}
```

資料庫名稱

EmployeeContext 的連線字串名稱

step 05　在 EmployeeContext 類別中新增 OnModelCreating 方法，並建立種子資料

Data/EmployeeContext.cs

```
...
using Microsoft.EntityFrameworkCore;
using Mvc7_Bootstrap.Models;
public class EmployeeContext : DbContext
{
    public EmployeeContext (DbContextOptions<EmployeeContext> options)
        : base(options)
    {
    }

    public DbSet<Employee> Employee { get; set; }
                                                    加入種子資料
    //建立種子資料
    protected override void OnModelCreating(ModelBuilder modelBuilder)
    {
        modelBuilder.Entity<Employee>().HasData(
            new Employee { Id = 1, Name = "David", Mobile = "0933-152667",
              Email = "david@gmail.com", Department = "總經理室", Title = "CEO" },
            new Employee { Id = 2, Name = "Mary", Mobile = "0938-456889",
              Email = "mary@gmail.com", Department = "人事部", Title = "管理師" },
            new Employee { Id = 3, Name = "Joe", Mobile = "0925-331225",
              Email = "joe@gmail.com", Department = "財務部", Title = "經理" },
            new Employee { Id = 4, Name = "Mark", Mobile = "0935-863991",
              Email = "mark@gmail.com", Department = "業務部", Title = "業務員" },
            new Employee { Id = 5, Name = "Rose", Mobile = "0987-335668",
              Email = "rose@gmail.com", Department = "資訊部", Title = "工程師" },
            new Employee { Id = 6, Name = "May", Mobile = "0955-259885",
              Email = "may@gmail.com", Department = "資訊部", Title = "工程師" },
            new Employee { Id = 7, Name = "John", Mobile = "0921-123456",
              Email = "john@gmail.com", Department = "業務部", Title = "業務員" }
        );
    }
}
```

step06 在【工具】→【NuGet 套件管理員】→【套件管理器主控台】→執行「Add-Migration InitialDB」命令（命令不分大小寫）

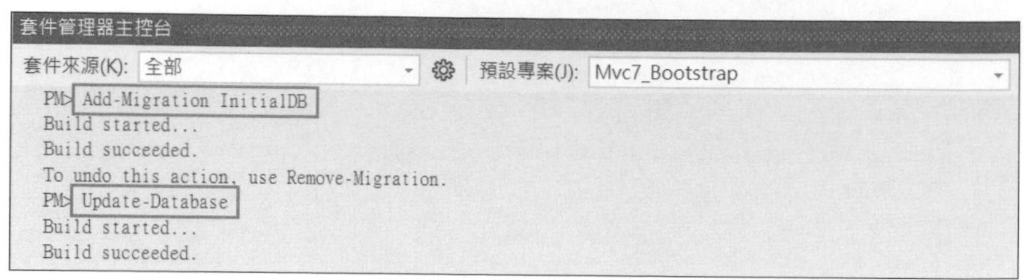

圖 6-28 執行 Add-Migration 和 Update-Database 命令

在 Migrations 資料夾下會產生 20230201125607_InitialDB.cs 及 EmployeeContextModelSnapshot.cs 檔，且種子資料會被帶入此檔中。

step07 執行「Update-Database」命令，對 SQL Server 產生 Bootstrap_EmployeeDB 資料庫與 Employee 資料表

執行並瀏覽 Employees/Index 網址，即可看見員工資料列表。

localhost:7264/Employees/Index

Index

Create New

Name	Mobile	Email	Department	Title	
David	0933-152667	david@gmail.com	總經理室	CEO	Edit | Details | Delete
Mary	0938-456889	mary@gmail.com	人事部	管理師	Edit | Details | Delete
Joe	0925-331225	joe@gmail.com	財務部	經理	Edit | Details | Delete
Mark	0935-863991	mark@gmail.com	業務部	業務員	Edit | Details | Delete
Rose	0987-335668	rose@gmail.com	資訊部	工程師	Edit | Details | Delete
May	0955-259885	may@gmail.com	資訊部	工程師	Edit | Details | Delete
John	0921-123456	john@gmail.com	業務部	業務員	Edit | Details | Delete

圖 6-29 Employee 員工資料列表

step08 若要察看資料庫及資料記錄，在 Visual Studio 的【檢視】→【SQL Server 物件總管】中可看見 Bootstrap_EmployeeDB 資料庫→在 Employee 資料表按滑鼠右鍵→【檢視資料】即可看見種子資料記錄

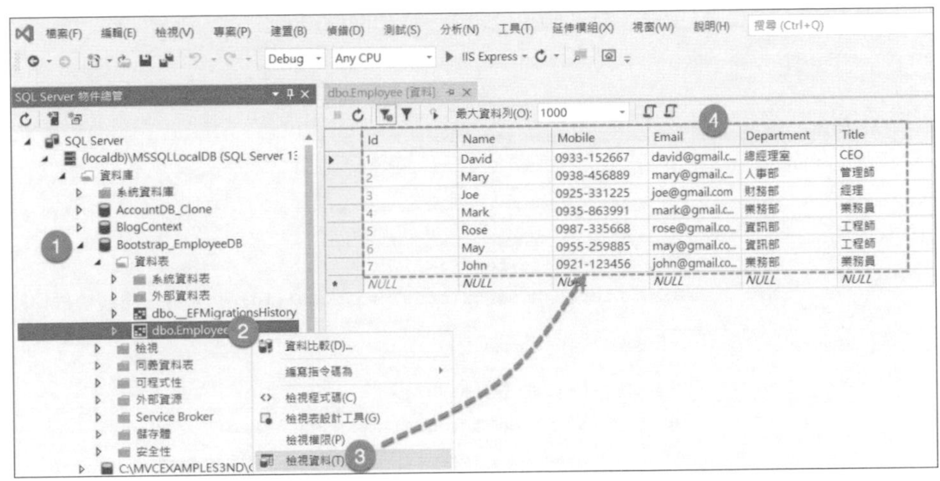

圖 6-30 用 SQL Server 物件總管察看資料庫

範例 6-2 以 Bootstrap 改造及美化 View 檢視的 UI 介面

首先複製 Views/Employees/Index.cshtml 檔，貼到同一資料夾，並更名為 IndexBootstrap.cshtml，下面用 Bootstrap 美化 IndexBootstrap.cshtml 介面。

step01 在<table>前一行加入大標題

Views/Emplpoyees/IndexBootstrap.cshtml

```
<div class="h-100 p-3 text-white bg-success rounded-3 mb-4">
    <h2>員工基本資料</h2>
</div>
```

step02 用 Bootstrap 的.table-*樣式美化<table>

```
<table class="table table-bordered table-striped table-hover align-middle">
...
</table>
```

套用 table 樣式　加上邊框　資料列加上顏色條紋

step03 在每個欄位標題前加上 Font Awesome 圖示，並新增一欄員工編號

```
<table class="table table-bordered table-striped">
    <thead>
        <tr>
            <th>
                <i class="fa fa-bars"></i>
                @Html.DisplayNameFor(model => model.Id)
            </th>
            <th>
                <i class="fa fa-user"></i>
                @Html.DisplayNameFor(model => model.Name)
            </th>
            <th>
                <i class="fa fa-mobile"></i>
                @Html.DisplayNameFor(model => model.Mobile)
            </th>
            <th>
                <i class="fa fa-envelope-square"></i>
                @Html.DisplayNameFor(model => model.Email)
            </th>
            <th>
                <i class="fa fa-home"></i>
                @Html.DisplayNameFor(model => model.Department)
            </th>
            <th>
                <i class="fa fa-address-book"></i>
                @Html.DisplayNameFor(model => model.Title)
            </th>
            <th></th>
        </tr>
    </thead>
    ...
</table>
```

Font Awesome

員工編號欄位標題

step 04 新增員工編號欄位資料

```
<table class="table table-bordered table-striped">
    ...
    <tbody>
        @foreach (var item in Model)
        {
            <tr>                                    新增員工編號欄位資料
                <td>
                    @Html.DisplayFor(modelItem => item.Id)
                </td>
                ...
            </tr>
        }
    </tbody>
</table>
```

step 05 將英文超連結改成中文，並套用 Bootstrap 的 Button 樣式

```
                                                      套用 Button 樣式      改成中文
<a asp-action="Edit" asp-route-id="@item.Id" class="btn btn-primary">編輯</a>
<a asp-action="Details" asp-route-id="@item.Id" class="btn btn-success">明細</a>
<a asp-action="Delete" asp-route-id="@item.Id" class="btn btn-danger">刪除</a>
```

step 06 將「<a asp-action="Create">Create New</a>」移到</table>之後，並做修改

```
<p>
    <a asp-action="Create" class="btn btn-warning">新增員工資料</a>
</p>
```

step 07 在 View 頁面新增 CSS 定義，為 Table 設定欄位標題顏色，及資料列加上 Hover 光棒效果

```
<style type="text/css">
    /*設定 Table 欄位標題顏色*/
    th {
        color: white;
        background-color: black !important;
        text-align: center;
```

```
    }
</style>
```

step08 將英文欄位名稱改成中文，方式是在 Employee 模型每個屬性前加上[Display(Name = "中文名稱")]

Models/Emplpoyee.cs

```
using System.ComponentModel.DataAnnotations;
public class Employee
{
    [Display(Name = "員工編號")]
    public int Id { get; set; }
    [Display(Name = "姓名")]
    public string Name { get; set; }
    [Display(Name = "行動電話")]
    public string Mobile { get; set; }
    [Display(Name = "電子郵件")]
    public string Email { get; set; }
    [Display(Name = "部門")]
    public string Department { get; set; }
    [Display(Name = "職稱")]
    public string Title { get; set; }
}
```

step09 在瀏覽 IndexBootstrap.cshtml 前，需於 Employees 控制器中加入對應的 IndexBootstrap()動作方法，它以非同步執行 EF Core，但暫不討論原理及細節

Controllers/EmployeesController.cs

```
public async Task<IActionResult> IndexBootstrap()
{           ↑ 非同步
    return View(await _context.Employee.ToListAsync());
}                                ↑ 以 EF Core 存取 Employee 資料表
```

ToListAsync()方法用非同步列舉 IQueryable，以建立 List<T>集合。

6-4-3 以 LibMan 用戶端程式庫升級 Bootstrap 版本

用戶端程式庫亦稱 Library Manager 程式庫管理員（簡稱 LibMan），它是輕量級的用戶端程式庫獲取工具，LibMan 會從檔案系統或 CDN 下載 css 或 js 程式庫，支援的 CDN 提供者包括：cdnjs、jsdlivr 和 unpkg。

> **TIP**
>
> MVC 5 對 Bootstrap 安裝與版本升級是透過 NuGet，但 ASP.NET Core MVC 是透過用戶端程式庫（Client-Side Library）來進行

範例 6-3 用 LibMan 安裝與升級 Bootstrap 用戶端程式庫

建立新的 ASP.NET Core MVC 專案時，預設的 Bootstrap 版本為 5.1.0，以下用 Libman 升級成 5.1.3。

step01 建議先刪除 wwwroot 目錄下的 lib/bootstrap 目錄（5.1.0 版）

step02 在專案按滑鼠右鍵→【加入】→【用戶端程式庫】→選擇【jsdelivr】提供者→【包含所有程式庫檔案】→【安裝】，然後 LibMan 會從 CDN - jsdelivr 下載 Bootstrap 5.1.3 程式庫到 wwwroot/lib/bootstrap 目錄，開啟 bootstrap.css 檔即可見到版號為 5.1.3

圖 6-31 用 LibMan 安裝與升級 Bootstrap

step03 檢視 libman.json 中設定

```
{
  "version": "1.0",                         CDN 來源
  "defaultProvider": "jsdelivr",
  "libraries": [
    {                                       安裝 Bootstrap 5.1.3
      "library": "bootstrap@5.1.3",
      "destination": "wwwroot/lib/bootstrap/" ← 安裝路徑
    }
  ]
}
```

step04 手動更改程式庫版本號碼回 5.1.0，儲存後，Visual Studio 會即時自動更新程式庫

以上的用戶端程式庫不限 Bootstrap，但凡知名開源 css 和 js 程式庫皆可用 LibMan 安裝管理，例如 jQuery、Chart.js 等等。

6-5 以 Section 機制將 View 自訂的 css 及 js 投射到佈局檔指定位置

前面 IndexBootstrap.cshtml 的 Step 7，自訂了一段 css 樣式，下圖左邊是檢視檔，右邊是執行後的 HTML 輸出。其中有個問題，就是 View 中自訂的 css 或 js，即便擺在最前面位置，佈局檔的 RenderBody()始終將它放到中段位置（RenderBody 方法將 View 帶入佈局檔），輸出不在預期位置。

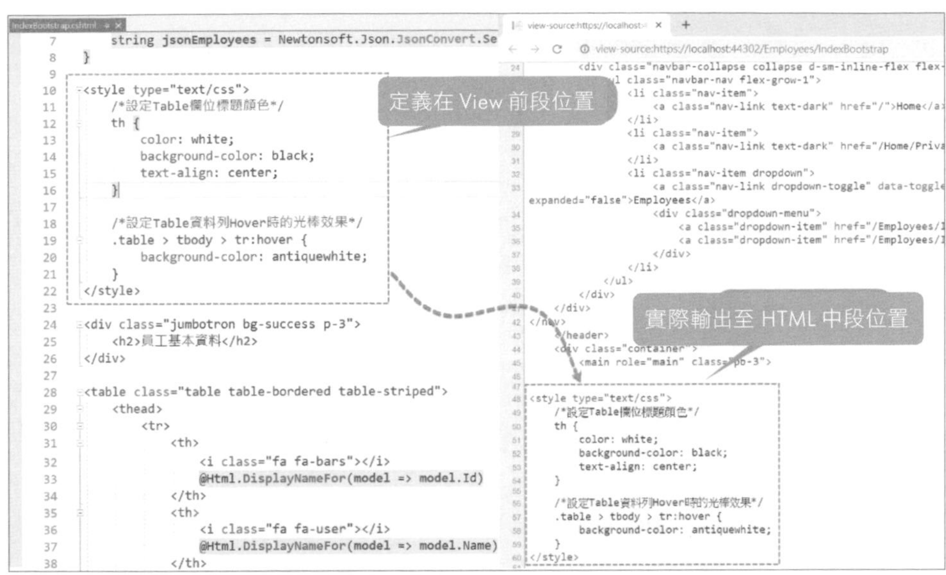

圖 6-32 View 自訂 css 和 js 輸出至 HTML 中段位置

若想把 View 中自訂的 css 和 js 產生到佈局檔的前段或末段，可利用佈局檔的 Section 機制來達成，Section 需做兩件事，一在 View 定義 Section，二在佈局檔中用 RenderSection()將 View 定義的 Section 帶進來，兩邊的 Section 名稱要匹配，下表是例子。

View 檢視檔(.cshtml)	佈局檔(_Layout.cshtml)

@section **topCSS**{
    …CSS 宣告
}
	@await RenderSectionAsync("**topCSS** ", false)

@section **topJS**{
    … JavaScript 程式
}
	@await RenderSectionAsync(**"topJS"**, false)

@section **endCSS**{
<link href="~/css/site.css"
    rel="stylesheet"/>
}
	@await RenderSectionAsync("**endCSS**",false)

@section **endJS**{
    <script src="~/js/alert.js" >
    </script>
}
	@await RenderSectionAsync("**endJS**",false)

以下是 RenderSectionAsync()方法的參數說明：

1. 第一個參數是 View 檢視中 Section 的名稱，可隨意命名，但不能撞名重複，否則會執行錯誤
2. 第二個參數是指，如果 Section 在 View 中沒有實作，是否要拋出例外錯誤，參數接受 true 或 false

```
@await RenderSectionAsync("Scripts", true)
@await RenderSectionAsync("Scripts", required: true)
@await RenderSectionAsync("Scripts", false)
@await RenderSectionAsync("Scripts", required: false)
```

範例 6-4 以 Section 將 View 自訂的 css 及 js 產生到指定位置

以下利用 Section 機制將 View 自訂 css 投射到佈局檔的<head>位置，將 js 投射到<body>末段位置。

step01 在_Layout.cshtml 佈局檔的前後加入四個非同步的@await RenderSectionAsync 方法定義，放在最前段的是 topCSS 和 topJS，放在末段的是 endCSS 和 endJS

Views/Shared/_Layout.cshtml

```
<!DOCTYPE html>
<html lang="en">
<head>
    ...
    @await RenderSectionAsync("topCSS", required: false)
    @await RenderSectionAsync("topJS", required: false)
</head>
<body>
    <header>
        <partial name="_NavbarPartial" />
    </header>
    <div class="container">
        <main role="main" class="pb-3">
            @RenderBody()
        </main>
    </div>
```

新增 RenderSectionAsync 方法

```
    ...
    @RenderSection("Scripts", required: false)

    @await RenderSectionAsync("endCSS", required: false)
    @await RenderSectionAsync("endJS", required: false)
</body>
</html>
```

新增 RenderSectionAsync 方法

說明：RenderSectionAsync()的第二個參數皆設為 false，作用是 View 沒實作 Section，執行時也不會產生錯誤

step02 在 IndexBootstrap.cshtml 中加入兩段 Section 實作

Views/Employees/IndexBootstrap.cshtml

```
@model IEnumerable<Employee>
@{
    ViewData["Title"] = "Index";
}
 @section topCSS{
   <style type="text/css">
       /*設定 Table 欄位標題顏色*/
       th {
           color: white;
           background-color: black !important;
           text-align: center;
       }
   </style>
 }

@section endJS{
   <script type="text/javascript">
       function alertName(name) {
           alert("你的名字是 :" + name);
       }
   </script>
 }
```

新增 Section 定義 - CSS

新增 Section 定義 - JS

執行瀏覽 Employees/IndexBootstrap，檢視 HTML 原始檔，topCSS 將會產生在 HTML<head>位置，而 endJS 會產生在<body>後段位置。

6-6 Gird 網格系統簡介

Bootstrap 的網格系統使用一系列的 containers、rows 和 columns 來做佈局與內容對齊，並且支援 flexbox 及 Responsive。

6-6-1 Grid 網格系統以 12 個欄位為版面配置基準

Grid 網格系統的版面配置預設以 12 個欄位為基準，也就是在一個 row 中最多支援 12 個欄位的劃分。而每個欄位所佔寬度可為 1~12，同時在一個 row 中可以由多個欄位組成。

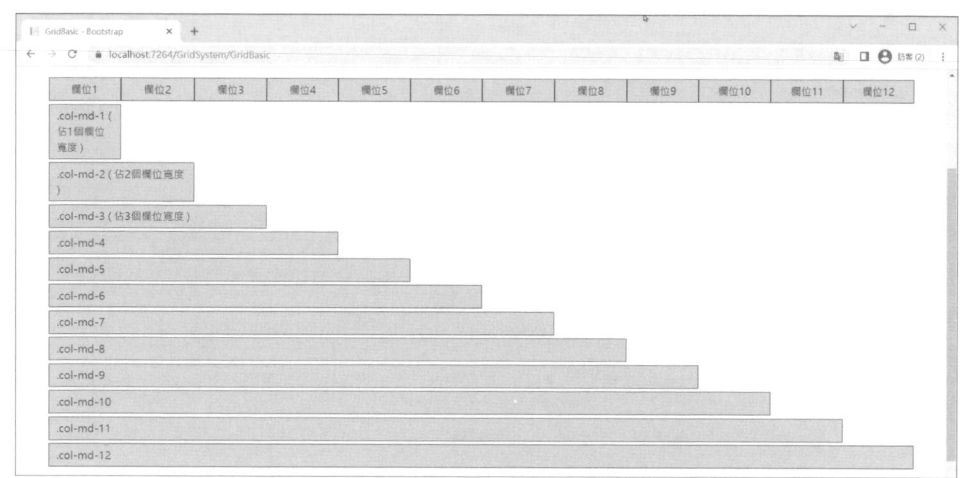

圖 6-33 Grid 網格系統基於 12 個欄位的版面管理

欄位是在.container 的.row 中宣告其所佔欄位寬度：

+ 佔 1 個欄位寬度

Views/GridSystem/GridBasic.cshtml

```
<div class="container">
   <div class="row">
         <div class="col-md-1"> ...  </div>
   </div>
</div>
```

佔 1 個欄位寬度

✦ 佔 2 個欄位寬度

```
<div class="row">
    <div class="col-md-2"> ... </div>
</div>                ▲
                      └ 佔 2 個欄位寬度
```

以此類推，最大可支援到 col-md-12，多達 12 個欄位寬度。以下解釋 col-md-* 三個區段的含意：

1. col 意謂著 column 欄位
2. md 是指 Medium devices Desktops，也就是中等螢幕寬度的裝置或電腦
3. 最後一個區段 * 星號是指 1~12，填入哪個數字就代表佔幾個欄位寬度

既然 md 是中等螢幕寬度的裝置，那還有高解析度或低解析度的螢幕寬度，請看下表中「Class 前綴字」這列，除了.col-md-之外，還支援其他大小裝置 col-、col-sm-、col-lg-、col-xl-和 col-xxl-的宣告語法。

表 6-3 Grid 系統特性與裝置支援

裝置 / 特性	xs < 576px	sm ≥ 576px	md ≥ 768px	lg ≥ 992px	xl ≥ 1200px	xxl ≥ 1400px
Container 最大寬度	None (auto)	540px	720px	960px	1140px	1320px
Class 前綴字	.col-	.col-sm	.col-md-	.col-lg-	.col-xl-	.col-xxl-
欄位數	支援 12 欄					
Gutter 寬	1.5rem（左右邊各佔 0.75rem）					
客製化 Gutter	支援					
巢狀	支援					
欄位排序	支援					

6-6-2 row 中欄位組成與版面配置

一個 Row 中可定義一或多個欄位，每個欄位佔寬可以完全不同。

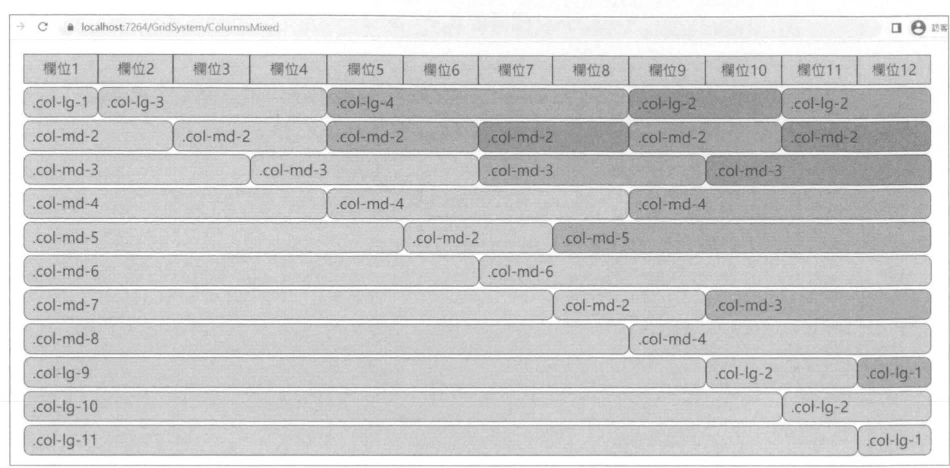

圖 6-34 row 中可包含多個欄位

上圖有 11 個 rows，每個 row 中由數個不同寬度欄位所組成，當中除了用 col-md-*外，也用到 col-lg-*：

Views/GridSystem/ColumnsMixed.cshtml

```
<div class="row">
    <div class="col-lg-1">.col-lg-1</div>
    <div class="col-lg-3">.col-lg-3</div>
    <div class="col-lg-4">.col-lg-4</div>
    <div class="col-lg-2">.col-lg-2</div>
    <div class="col-lg-2">.col-lg-2</div>
</div>
...
<div class="row">
    <div class="col-md-7">.col-md-7</div>
    <div class="col-md-2">.col-md-2</div>
    <div class="col-md-3">.col-md-3</div>
</div>
...
```

以上每個 row 中數個欄位的寬度總和刻意維持成 12，但其實 row 中加入的欄位數量沒有限制，所以也沒有寬度總必須是 12 這種限制。

> **TIP**
>
> **但別誤會，Grid 系統以 12 個欄位為基準，目的並不是要畫格子或長條圖，而是用來做版面配置，或口語上的切版，例如一個頁面要切分成三欄或四欄，裡面放置元件或文章**

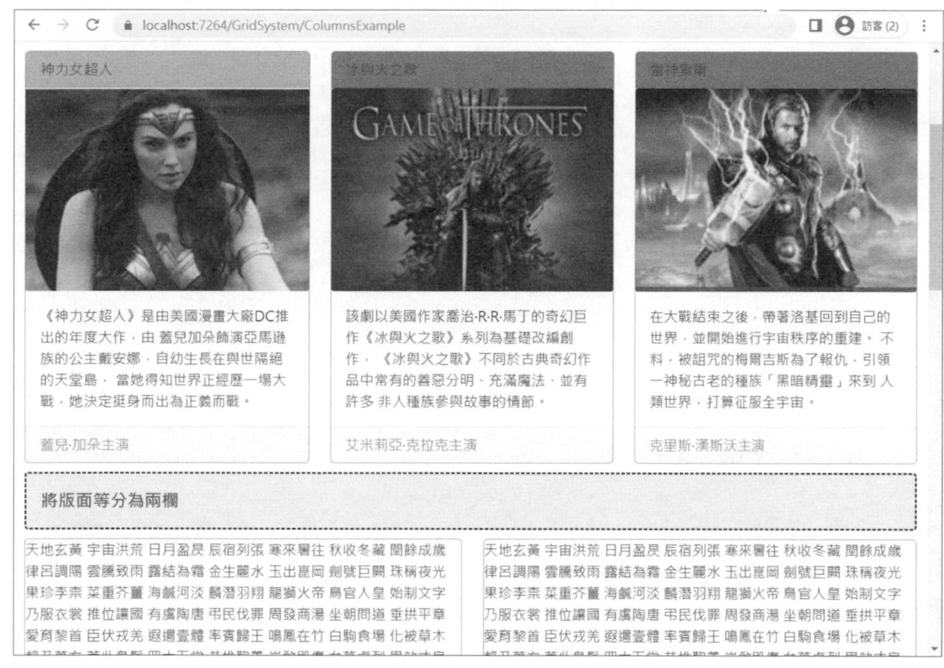

圖 6-35 利用 Grid 的欄位進行版面配置

❖ Grid 版面配置語法

Views/GridSystem/ColumnsExample.cshtml

```
@using System.Text;

@{
    ViewBag.Title = "Grid Columns Example";
```

```
    StringBuilder sb = new StringBuilder();
    sb.Append("天地玄黃 宇宙洪荒 日月盈昃 辰宿列張 寒來暑往 ");
    sb.Append("秋收冬藏 閏餘成歲 律呂調陽 雲騰致雨 露結為霜 ");
    ...
    string article = sb.ToString();
}

<div class="alert alert-info">將版面等分為三欄 Card 元件</div>
<partial name="_MoviePartial" />

<div class="alert alert-info">將版面等分為兩欄</div>
<div class="row">
    <div class="col-md-6"><div>@article</div></div>
    <div class="col-md-6"><div>@article</div></div>
</div>

<div class="alert alert-info">將版面等分為三欄</div>
<div class="row">
    <div class="col-md-4"><div>@article</div></div>
    <div class="col-md-4"><div>@article</div></div>
    <div class="col-md-4"><div>@article</div></div>
</div>
...
```

❖ 欄位的 Offset 位移

欄位可搭配 offset- 類別產生位移效果，例如 col-md-* 搭配 offset-md-2 可產生位移 2 欄效果。

Views/GridSystem/ColumnsOffset.cshtml

```
<div class="row">
    <div class="col-md-1">.col-md-1</div>
    <div class="col-md-5 offset-md-2">.col-md-5 offset-md-2</div>
    <div class="col-md-3 offset-md-1">col-md-3 offset-md-1</div>
</div>
```

位移 2 欄

位移 1 欄

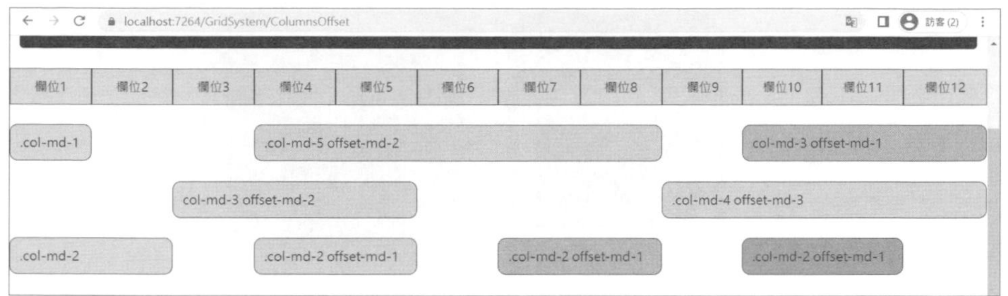

圖 6-36 欄位的 Offset 位移效果

❖ Breakpoint 斷點作用

Grid 系統中還有一個非常重要的東西，叫 Breakpoint 斷點，所謂的斷點是 Responsive 在面對不同大小裝置螢幕時，要呈現或重新排列版面給 PC、平板、智慧型手機，像表 6-3 標題列有 576、768、992、1200 和 1400px 幾個數字，代表 Extra small、Small、Medium、Large 和 Extra Large 和 Extra extra Large 六種螢幕尺寸的 Breakpoint 斷點界限。

要如何觀察 Breakpoint 作用？可將 GridBasic.cshtml、ColumnsMixed.cshtml 等範例，用滑鼠將瀏覽器畫面，從最大寬度緩慢拖曳縮小，每當碰到 576、768、992、1200 和 1400px 這幾個臨界點，版面就會重新配置，以下是 ColumnsExample.cshtml 在行動裝置時所呈現的畫面，寬度小於 768px 時，原本水平排列會變成垂直顯示。

圖 6-37 Responsive 的 Breakpoint 斷點作用

- Grid system：https://getbootstrap.com/docs/5.1/layout/grid/

6-7 結論

本章先介紹 Bootstrap 常用元件及樣式基礎，接續說明 MVC 專案和 Bootstrap 要如何整合搭配，最後以 Grid System 的欄位版面管理能力做總結，期望在 Bootstrap 輔助下，讓您的網頁質感得到提升與精進。

CHAPTER 7

用 Razor、Partial View 及 C# 語法增強 View 戰鬥力

本章從 Razor 語法規則及流程控制切入，說明 View 中如何使用 Razor 語法，然後再延伸到將 View 中可重複使用的區塊，設計成 Razor 樣板或 Partial View 部分檢視，將複雜功能隱藏在它們後面，除了讓 View 簡單叫用外，亦簡化 View 頁面設計。此外，過程中亦會引入 C# 8.0 的 switch expression、C# 7 的 local functions 和 pattern matching，進一步將 Razor View 設計質感提升數個層次，大幅增強 View 的戰鬥力。

7-1 Razor 語法概觀

什麼是 Razor？Razor 又稱 Razor Syntax（語法），是用來將 Server Side 的 C#程式嵌入到 HTML 中的標記語法（Markup Syntax），Syntax 透露它是語法，而非 Language 語言。

Razor 標記語法

所謂的「將 Server Side 的 C#程式嵌入到 HTML 中的標記語法」是何意？以下是一段 Razor 程式：

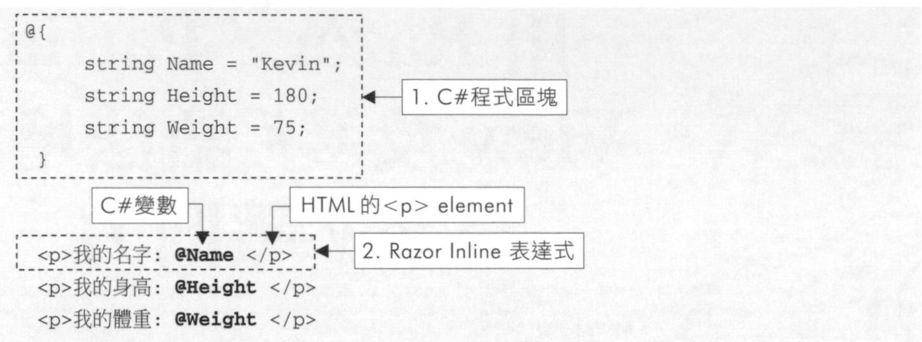

說明：

1. Razor 中只有 HTML 及 C#兩種元素，二者的結合就形成了 Razor 語法
2. C#程式區塊（Razor Code Block）是以@{...}包覆，裡面是一般 C#程式
3. Razor Inline 表達式是指「C#變數穿插在 HTML 中」的式子。而 Razor 中預設是 HTML 語言，若遇到@符號，表示它後面接的是 C#指令
4. Razor 會依不同的規則或符號在 HTML 和 C#之間做切換

✦ Razor 是語法而非語言

那既然有 Razor 程式，似乎它就是語言，但又為何說 Razor 不是語言？因為 Razor 中只包含 HTML 和 C#，這些都不是 Razor 自己的，一個沒有變數、判斷式和 element tag 的東西，要稱為語言是有些勉強。同時 Razor 程式最後還會被轉換成 C#類別程式來執行，而不是真的有 Razor Language。

＋ Razor 轉換成 C#類別程式

以下是一段 Razor 語法：

Views/Labs/RazorToCSharp.cshtml

```
@{
    var title= "這是 ASP.NET Core MVC";
}
<div>.NET App: @ title </div>
```

最終會被轉換成 C#程式：

```
namespace AspNetCoreGeneratedDocument
{
    using System;
    using System.Collections.Generic;
    using System.Linq;
    using System.Threading.Tasks;
    using Microsoft.AspNetCore.Mvc;
    using Microsoft.AspNetCore.Mvc.Rendering;
    using Microsoft.AspNetCore.Mvc.ViewFeatures;

    internal sealed class Views_Labs_RazorToCSharp :
      global::Microsoft.AspNetCore.Mvc.Razor.RazorPage<dynamic>
    {
        ...
        public async override global::System.Threading.Tasks.Task ExecuteAsync()
        {
            WriteLiteral("\r\n");

            ViewData["Title"] = "RazorToCSharp";

            var title = "這是 ASP.NET Core MVC";
            WriteLiteral("\r\n<div>.NET App : ");
            Write(title);

            WriteLiteral("</div>\r\n\r\n");
    }
}
```

View 預設繼承 RazorPage<dynamic>

Razor 轉成 C#

若想親見編譯後的 C#檔，須在專案加入以下設定：

```
<Project Sdk="Microsoft.NET.Sdk.Web">
   <PropertyGroup>
      ...
      <EmitCompilerGeneratedFiles>true</EmitCompilerGeneratedFiles>
   </PropertyGroup>
</Project>
```

按 CTRL + B 建置後，在 obj\Debug\net7.0\generated\Microsoft.NET.Sdk.Razor.SourceGenerators\Microsoft.NET.Sdk.Razor.SourceGenerators.RazorSourceGenerator 資料夾中會產出相對應的 C#檔。

❖ Razor View 在 ASP.NET Core 和 ASP.NET MVC 5 有何不同？

相較於上一世代 ASP.NET MVC 5，ASP.NET Core 這代 Razor View 有何差異？在 Razor 語法除了新增一些的關鍵字外，本身沒有太大變動，較大的變動是 View 用 Razor 語法可使用的功能組合變多了：

- Razor 語法支援新的關鍵字，如@page、namespace、inject 等功能
- 在 View 中可使用@function 和 local function
- ASP.NET Core 不支援 ASP.NET MVC 5 的 App_Code，所以無法將 functions 建立成全域
- 不再支援 helper 關鍵字，因此 ASP.NET MVC 5 以 helper 設計的功能無法直接沿用到 ASP.NET Core，必須改成其他機制，例如 Partial View 或 View Components
- 支援全新的 Tag Helpers 和 View Components
- Scaffolding 產生的 Razor View 檢視樣板，會優先使用 Tag Helpers，其次才是 HTML Helpers，二者存在著替代情，但又相輔協作
- View 可透過 inject 關鍵字支援相依性注入

- 在 View 頁面透過 inject 注入直接調用 Configuration、Option

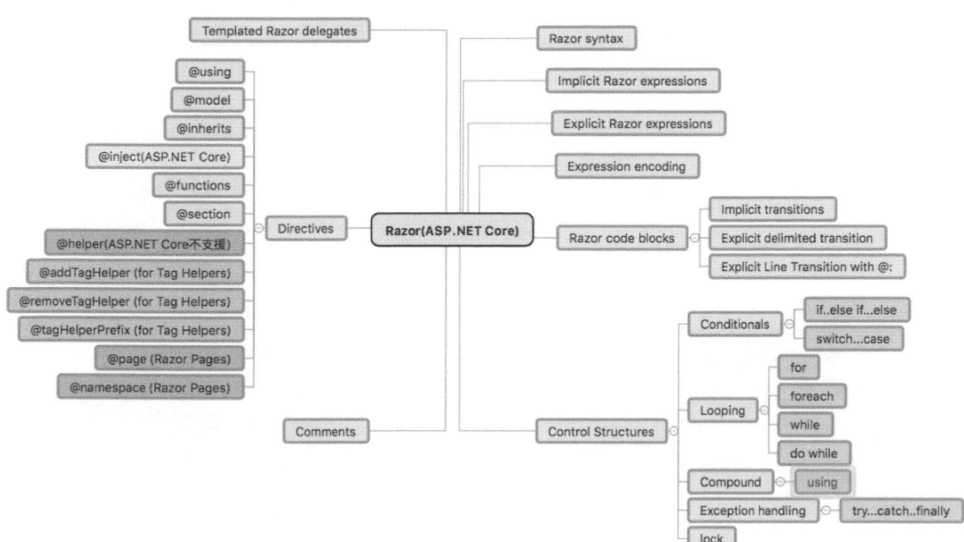

圖 7-1 Razor 語法支援功能

❖ Razor 支援的保留關鍵字

「Razor 中只包含 HTML 和 C#」這句話是有但書的，雖然 HTML 全數可用，但不是所有 C# 關鍵字都能在 Razor 中使用，下圖是 Razor 支援的保留關鍵字，分為兩大類：

1. Razor 關鍵字：page、namespace、functions、inherits、model、section 六個關鍵字是 Razor 創造的，用來支持 Razor 語法所需功能
2. C#關鍵字：Razor 支援下圖 C#關鍵字，但有些關鍵字像 class 就不支援

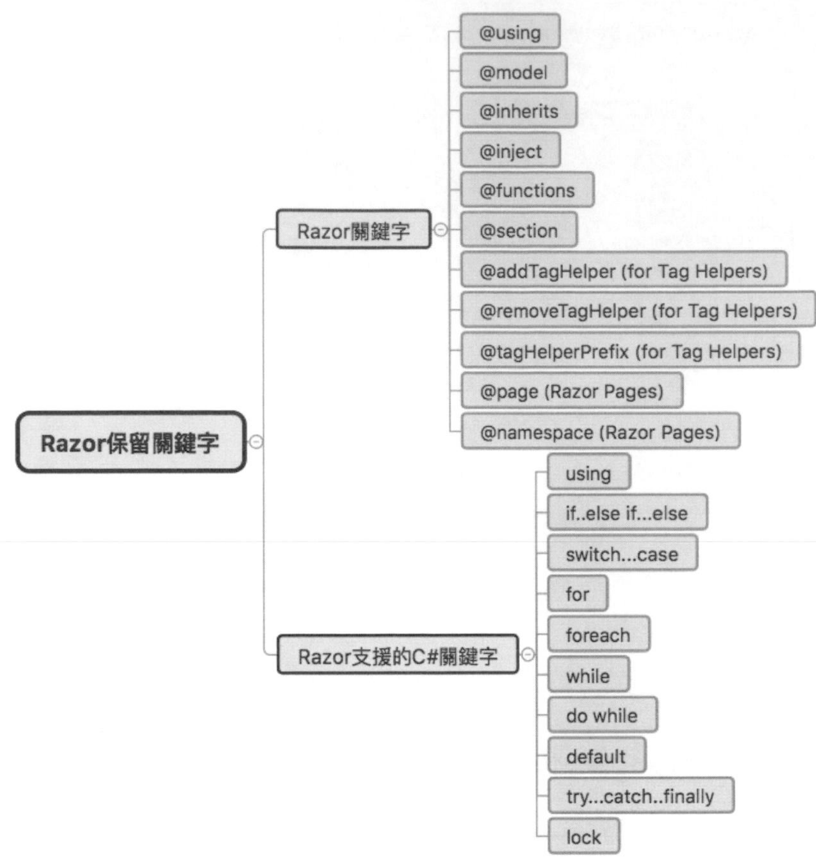

圖 7-2 Razor 保留關鍵字

因 Razor 語法只能在 View 檢視中使用，而不能在.html 中使用，故 View 也稱為 Razor View 或 View Template。

7-2 十五條 Razor 語法規則

第一次接觸 Razor 的人，對於 Razor 究竟能做什麼常有疑惑，簡言之，除了宣告 HTML 外，Razor 能用 C#宣告：變數、陣列、集合、判斷式、迴圈，也能使用 LINQ 語法及 Tag Helpers 和 View Components 新功能，甚至是使用相依性注入也沒問題，可搭配運用的功能如下圖。

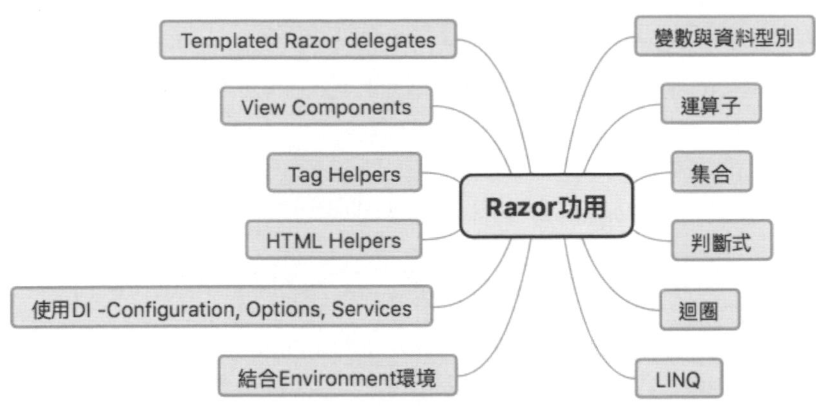

圖 7-3 Razor 語法功用

然 Razor 有其語法規則與風格，故須了解其語法形式，請參考 Mvc7_Razor 專案的 Views/Razor/RazorRules.cshtml，以下用 15 個規則解説 Razor 語法。

+ 規則 1：以@符號作為 C#的開頭

Razor 語法包含：❶ HTML 語法，❷ C#語法兩部分，遇到 HTML 的 Markup，就解析為 HTML（HTML Parser），遇到單一@符號開頭，就解析為 C#語法（C# Parser）。

+ 規則 2：以@{...}宣告單行 C#程式

Razor 用@{...}包覆單行 C#程式，@{...}包含的區塊也稱為 Code Block 程式區塊，每行程式的結尾需加上;分號。

Views/Razor/RazorRules.cshtml

```
@{ var City = "Taipei"; }
@{ var PostalCode = 110; }

@*以下用明確型別宣告變數也可以*@
@{ string city = "Taoyuan"; }
@{ int postalCode = 334; }
```

說明：程式區塊中的 C#變數、集合或陳述式僅做設定或運算用途，而不做 HTML 輸出。而變數型別除了用 var 宣告外，亦可使用明確型別

+ 規則 3：以@{...}宣告多行 C#程式

多行程式也是用@{...}來包覆，只不過將程式分成多行：

```
@{
    var Name = "Kevin";
    var Height = 180;
    var Weight = 75;
}
```

+ 規則 4：C#的 Inline 表達式

若 C#變數穿插在 HTML 中則為 Inline 表達式，以下用@Name、@Height 等 Inline 表達式將規則 2 和 3 的變數作顯示：

```
<p>我的名字: @Name </p>
<p>我的身高: @Height </p>
<p>我的體重: @Weight </p>
<p>居住城市: @City  </p>
<p>郵遞區號: @PostalCode </p>
```

HTML 輸出：

```
我的名字: Kevin
我的身高: 180
我的體重: 75
居住城市: Taipei
郵遞區號: 110
```

若以@符號顯示變數值，ASP.NET 一律將變數值做 HTML 編碼，輸出成純文字，例如@("<h1>MVC</h1>")會輸出<h1>MVC</h1>。

✦ 規則 5：C#程式區塊中的 HTML 隱式轉換

@{...}程式區塊中預設語言是 C#，但若夾雜了 HTML 語法，Razor 會自動做隱式轉換，將該部分輸出成 HTML：

```
@{
    var LeapYear = DateTime.IsLeapYear(DateTime.Now.Year);
    <p>今年是否為閏年：@LeapYear </p>
}
```

HTML　C#

HTML 輸出：

```
今年是否為閏年：False
```

✦ 規則 6：C#關鍵字區分大小寫

若 C#變數名稱相同，僅大小寫不同，Razor 仍視為兩個獨立變數：

```
@{
    var MyName = "聖殿祭司";
    var myName = "奚江華";
}
<p>
    筆名: @MyName <br />
    姓名: @myName <br />
</p>
```

HTML 輸出：

```
筆名: 聖殿祭司
姓名: 奚江華
```

✦ 規則 7：單行註解－@*...*@

單行註解用@*...*@表示：

```
@*這是單行註解*@
```

+ 規則 8：多行註解－@*...*@

多行註解也是用@*...*@表示，只不過分成多行：

```
@*多行註解
也有支援*@
```

+ 規則 9：Razor 隱性表達式－@符號

Razor 隱性表達式是由@符號開頭，系統會自動解析為 C#語法：

```
<p>現在的時間是：@DateTime.Now </p>
```

HTML 輸出：

```
現在的時間是：2017/11/5 下午 03:21:09
```

+ 規則 10：Razor 明確表達式－@(...)符號

Razor 明確表達式是由@(...)所包覆，明確指出括號內是 C#運算式：

```
<p>兩週前我出國去玩，出發日期是：@((DateTime.Now - TimeSpan.FromDays(14)).
    ToShortDateString()) </p>
<p>3+7 的結果是: @(3 + 7) </p>
```

出發日期是今天日期減 14 天，推算出兩週前的日期，HTML 輸出：

```
兩週前我出國去玩，出發日期是：2020/7/22
3+7 的結果是: 10
```

+ 規則 11：以文字顯示@符號，需用@@表示

在 HTML 中顯示@文字，需加上第二個@做跳脫，也就是@@。例如在 HTML 顯示頭昏的表情符號@_@，語法為：

```
<p>
    @@_@@ <br />
<p>
<p>
    但 Email 和超連結例外<br />
```

```
    我的電子郵件: dotnetcool@gmail.com <br />
    <a href="mailto:service@domain.com">Service@domain.com</a>
</p>
```

HTML 輸出：

```
@_@
但 Email 和超連結例外
我的電子郵件: dotnetcool@gmail.com
Service@domain.com
```

✦ 規則 12：字串變數中的雙引號顯示

若字串變數想顯示雙引號，可在最前頭加上@，字串內再用連續兩個 "" 雙引號表示：

```
@{ var word = @"子曰：""三人行，必有我師焉""...";}
<p>@word</p>
```

HTML 輸出：

```
「子曰："三人行，必有我師焉"...」。
```

✦ 規則 13：用@(...)將 HTML 或 JS 編碼成純文字

@(...)內除了做運算外，還可將表達式做 HTML 編碼，例如將 HTML 或 JavaScript 的表達式編碼成 HTML 文字：

```
@{ var msg = @"<button type='button' onclick='alert(""Hi JavaScript"")'> Raw
原始字串,不做 HTML 編碼</button>"; }
<p>@(msg)</p> ◄— 用@(...)進行 HTML 編碼
@("<span>Hello MVC!</span>") <br /> ◄— 用@(...)進行 HTML 編碼
```

Web 網頁畫面顯示純文字，而非 Button 按鈕：

```
<button type='button' onclick='alert("Hi JavaScript")'> Raw 原始字串, 不做 HTML 編碼</button>
<span>Hello MVC!</span>
```

因 HTML 實際程式中<>符號被編碼成<和>，使其變成純文字：

```
<p>&lt;button type=&#x27;button&#x27; onclick=&#x27;alert(&quot;Hi
JavaScript&quot;)&#x27;&gt; Raw&#x539F;&#x59CB;&#x5B57;&#x4E32;,
&#x4E0D;&#x505A;HTML&#x7DE8;&#x78BC;&lt;/button&gt;</p>
    &lt;span&gt;Hello MVC!&lt;/span&gt; <br />
```

說明：無論 HTML 或 JavaScript 都會被編碼成純文字，目的是增加網頁安全性，不被注入網頁攻擊程式

+ 規則 14：用@Html.Raw()顯示原始字串，不做 HTML 編碼

同一個 msg 字串變數，若想顯示原始值，不讓 HTML 或 JavaScript 被編碼，可用@Html.Raw(...)指令：

```
@{ var msg = @"<button type='button' onclick='alert(""Hi JavaScript"")'> Raw 原
                始字串,不做 HTML 編碼</button>"; }
<p>@Html.Raw(msg)</p>
```

說明：

1. 結果會產生一個 HTML <button>按鈕，而不是文字，按下會有 JavaScript Alert 警告訊息
2. 但若沒做 HTML 編碼可能會有潛在安全性問題

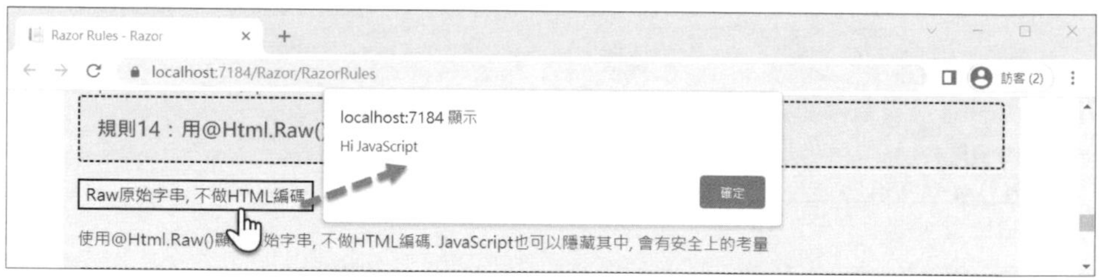

圖 7-4 顯示原始字串不做 HTML 編碼

✦ 規則 15：磁碟路徑表示法

字串變數若包含磁碟路徑，可在最前面加上@符號：

```
@{ var filePath = @"C:\CoreMvc7Examples\Chapter07\Mvc7_Razor\Mvc7_Razor"; }
<p>磁碟路徑: @filePath</p>
```

HTML 輸出：

```
磁碟路徑: C:\CoreMvc7Examples\Chapter07\Mvc7_Razor\Mvc7_Razor
```

若要把檔案虛擬路徑轉換成實際磁碟路徑，可用下面指令：

```
@inject Microsoft.AspNetCore.Hosting.IWebHostEnvironment _env
…
<p>ContentRootPath 路徑: @_env.ContentRootPath</p>
<p>WebRootPath 路徑: @_env.WebRootPath</p>
@{
    string imageVirtualPath = @"/images/SteveJobs.jpg";
    string imagePhysicalPath = System.IO.Path.Combine(_env.WebRootPath,
     @"images/SteveJobs.jpg");
}
<p>Virtual Path 虛擬路徑: @imageVirtualPath</p>
<p>Physical path 實際路徑: @imagePhysicalPath</p>
<img src="@imageVirtualPath" />
<img src="~/images/SteveJobs.jpg" />
```

HTML 輸出：

```
<p>ContentRootPath 路徑: C:\Temp\Mvc7_Razor\Mvc7_Razor</p>
<p>WebRootPath 路徑: C:\Temp\Mvc7_Razor\Mvc7_Razor\wwwroot</p>
<p>Virtual Path 虛擬路徑: /images/SteveJobs.jpg</p>
<p>Physical path 實際路徑:
C:\Temp\Mvc7_Razor\Mvc7_Razor\wwwroot\images/SteveJobs.jpg</p>
<img src="/images/SteveJobs.jpg" />
<img src="/images/SteveJobs.jpg" />
```

7-3 Razor 判斷式與流程控制

Razor 若要做判斷式或迴圈的流程控制，可用 C#的 if、for、foreach 等指令，如下圖虛線框框所標示。

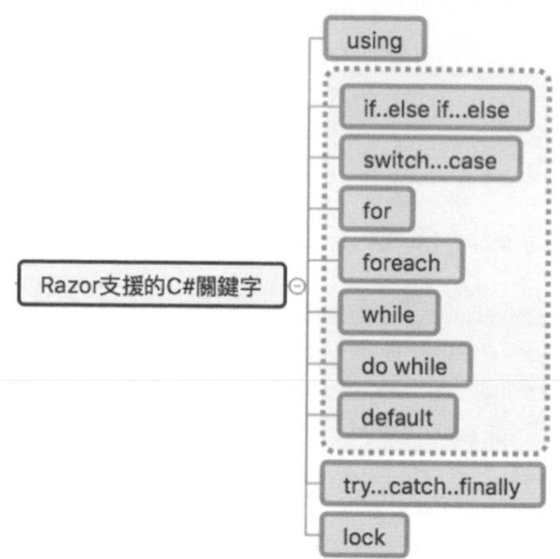

圖 7-5 Razor 支援的 C#關鍵字

以下七個小節之範例，請參考 Razor 控制器/RazorStatement()及 RazorStatement.cshtml 檢視。

7-3-1 if...else 條件判斷式

if 是用來判斷條件式是否成立，成立為 true，反之為 false。以下用 if 來判斷成績是否及格：

Views/Razor/RazorStatement.cshtml

```
@{
    var score = 96;
}
@if (score < 60)
{
    <p>@(score)分：成績不及格!</p>
}
```

```
else if (score >= 60 && score < 85)
{
    <p>@(score)分：成績及格，分數尚可.</p>
}
else if (score >= 85 && score < 95)
{
    <p>@(score)分：成績及格，分數中上.</p>
}
else
{
    <p>@(score)分：成績及格，分數優異！</p>
}
```

HTML 輸出：

```
96 分：成績及格，分數優異！
```

If 判斷式雖能正確執行，但語法並不討喜，若用 switch...case 來改寫，整個語法會更漂亮，下一小節會說明。

7-3-2 switch...case 判斷式

switch...case 也是用於條件判斷，但具有較好的組織結構分類。以下舉幾個 switch...case 語法例子。

上一節用 if 判斷成績給予評語，在此用 Local Function + switch...case 改寫如下：

Views/Razor/RazorStatement.cshtml

```
@{
    string ScoreComment(int score) ◄── Local function
    {
        string comment = "";
        switch(score)
        {
            case s when s <= 60:
                comment = $"{score}分：成績不及格!";
                break;
```

```
            case s when s >= 60 && s <85:
                comment = $"{score}分：成績及格，分數尚可.";
                break;
            case s when s >= 85 && s < 95:
                comment = $"{score}分：成績及格，分數中上.";
                break;
            default:
                comment = $"{score}分：成績及格，分數優異！";
                break;
        }

        return comment;
    };
}

<h1>@ScoreComment(score)</h1>
```

由上可見，只需用@ScoreComment(score)一行程式即可調用背後複雜判斷邏輯，讓整個程式更清爽、簡潔、調用更容易。

另一個例子是用 switch...case 判斷 TCP Port Number 號碼用途：

Views/Razor/RazorStatement.cshtml

```
@{ var portNumber = 587; }
@switch (portNumber)
{
    case 80:
        <p>@portNumber, 這是 HTTP 使用的 Port 號碼</p>
        break;
    case 110:
        <p>@portNumber, 這是 POP3 使用的 Port 號碼</p>
        break;
    case 143:
        <p>@portNumber, 這是 IMAP 使用的 Port 號碼</p>
        break;
    case 443:
        <p>@portNumber, 這是 HTTPS 使用的 Port 號碼</p>
        break;
    case 587:
        <p>@portNumber, 這是 SMTP 使用的 Port 號碼</p>
        break;
    default:
```

```
        <p>@portNumber, 這裡沒有記載這個 Port 號碼的用途</p>
        break;
}
```

HTML 輸出：

```
587, 這是 SMTP 使用的 Port 號碼
```

以上寫法較為傳統、稍嫌笨拙，同樣的用 Local Function + switch expression 語法改寫，可變得簡潔、清爽與聰明：

Views/Razor/RazorStatement.cshtml

```
@{
    string PortFunction(int port) =>
        port switch
        {
            80 => $"{port}, 這是 HTTP 使用的 Port 號碼",
            110 => $"{port}, 這是 POP3 使用的 Port 號碼",
            143 => $"{port}, 這是 IMAP 使用的 Port 號碼",
            443 => $"{port}, 這是 HTTPS 使用的 Port 號碼",
            587 => $"{port}, 這是 SMTP 使用的 Port 號碼",
            _ => $"{port}, 這裡沒有記載這個 Port 號碼的用途"
        };
}

<p>@PortFunction(80)</p>
<p>@PortFunction(443)</p>
<p>@PortFunction(587)</p>
```

❖ 將 Razor 語法功能獨立成 Partial View 重複使用

還有一種是將 local Function 抽離至 Partial View，Razor View 再呼叫 Partial View：

Views/Shared /_PortFunctionPartial.cshtml

```
@{
    var portNumber = (int)ViewData["PortNumber"];
    string Port(int port) =>
        port switch
```

```
    {
        80 => $"{port}, 這是 HTTP 使用的 Port 號碼",
        110 => $"{port}, 這是 POP3 使用的 Port 號碼",
        143 => $"{port}, 這是 IMAP 使用的 Port 號碼",
        443 => $"{port}, 這是 HTTPS 使用的 Port 號碼",
        587 => $"{port}, 這是 SMTP 使用的 Port 號碼",
        _ => $"{port}, 這裡沒有記載這個 Port 號碼的用途"
    };
}

<p>@Port(portNumber)</p>
```

Views/Razor/RazorStatement.cshtml

Partial View 部分檢視　　傳遞資料給 Partial View

```
@await Html.PartialAsync("_PortFunctionPartial", ViewData["PortNumber"] = 80)
@await Html.PartialAsync("_PortFunctionPartial", ViewData["PortNumber"] = 110)
@await Html.PartialAsync("_PortFunctionPartial", ViewData["PortNumber"] = 143)
```

這樣做的目的是，一方面降低與隱藏 View 中 Razor 語法複雜度，另一方面是重複使用，至於 Partial View 的設計與使用，在 7-8 小節會討論。

7-3-3 for 迴圈

for 會重複執行迴圈內的程式，直到運算式結果為 false。常用來讀取集合或陣列資料，以下用 for 讀取匿名型別陣列資料，然後用<table>顯示：

Views/Razor/RazorStatement.cshtml

匿名型別陣列

```
@{
    var ports = new[]
    {
        new { portNum = 80 , description = "這是 HTTP 使用的 Port 號碼"},
        new { portNum = 110, description = "這是 POP3 使用的 Port 號碼"},
        new { portNum = 143, description = "這是 IMAP 使用的 Port 號碼"},
        new { portNum = 443, description = "這是 HTTPS 使用的 Port 號碼"},
        new { portNum = 587, description = "這是 SMTP 使用的 Port 號碼"}
    };
```

```
}
<h5>@@for</h5>
<table class="table table-striped table-bordered">
    <thead>
        <tr>
            <td>Port 號</td>
            <td>用途說明</td>
        </tr>
    </thead>
    <tbody>
        @for (int i = 0; i < ports.Length; i++)
        {
            <tr>
                <td>@ports[i].portNum</td>        ◄── 以 for 迴圈讀取陣列資料
                <td>@ports[i].description</td>
            </tr>
        }
    </tbody>
</table>
```

HTML 輸出：

Port 號	用途說明
80	這是 HTTP 使用的 Port 號碼
110	這是 POP3 使用的 Port 號碼
143	這是 IMAP 使用的 Port 號碼
443	這是 HTTPS 使用的 Port 號碼
587	這是 SMTP 使用的 Port 號碼

7-3-4 foreach 陳述式

foreach 陳述式是用來逐一讀取集合或陣列的資料。以下用 foreach 讀取 ports 陣列資料：

Views/Razor/RazorStatement.cshtml

```
<ul>
    @foreach (var p in ports)
```

```
    {
        <li>@p.portNum, @p.description</li>
    }
</ul>
```

HTML 輸出：

```
•80，這是 HTTP 使用的 Port 號碼
•110，這是 POP3 使用的 Port 號碼
•143，這是 IMAP 使用的 Port 號碼
•443，這是 HTTPS 使用的 Port 號碼
•587，這是 SMTP 使用的 Port 號碼
```

7-3-5 while 陳述式

while 會重複執行陳述式內的程式，直到條件不成立為(false)為止。以下用 while 來讀取 ports 陣列資料：

Views/Razor/RazorStatement.cshtml

```
@{ var index = 0; }
@while (index < ports.Length)
{
    var port = ports[index];
    <p> @port.portNum, @port.description </p>
    index++;
}
```

HTML 輸出：

```
80, 這是 HTTP 使用的 Port 號碼
110, 這是 POP3 使用的 Port 號碼
143, 這是 IMAP 使用的 Port 號碼
443, 這是 HTTPS 使用的 Port 號碼
587, 這是 SMTP 使用的 Port 號碼
```

7-3-6 do...while 陳述式

do...while 跟 while 類似，最大差別是 do 第一次不做任何條件判斷，至少會執行一次程式：

Views/Razor/RazorStatement.cshtml

```
@{ var idx = 0;}
@do
{
    var port = ports[idx];
    @: @port.portNum, @port.description <br />
    idx++;
} while (idx < ports.Length);
```

HTML 輸出：

```
80, 這是 HTTP 使用的 Port 號碼
110, 這是 POP3 使用的 Port 號碼
143, 這是 IMAP 使用的 Port 號碼
443, 這是 HTTPS 使用的 Port 號碼
587, 這是 SMTP 使用的 Port 號碼
```

7-3-7 try...catch...finally 陳述式

try...catch…finally 是用來處理例外，在 C#中十分常見，而在 Razor View 的語法如下：

Views/Razor/RazorStatement.cshtml

```
@try
{
    throw new InvalidOperationException("擲出 InvalidOperationException 例外");
}
catch (InvalidOperationException ex)
{
    <p>捕捉到 InvalidOperationException 例外錯誤訊息: @ex.Message</p>
}
catch (Exception ex)
{
```

```
    <p>捕捉到 Exception 例外錯誤訊息: @ex.Message</p>
}
finally
{
    <p>這是最終的 finally 陳述式</p>
}
```

HTML 輸出：

```
捕捉到 InvalidOperationException 例外錯誤訊息: 擲出 InvalidOperationException 例外
這是最終的 finally 陳述式
```

7-4 以 Razor 語法判斷成績高低並標示不同顏色之實例

前兩節介紹了 Razor 規則及流程控制，但這種單點式的指令介紹，很難讓人體會 Razor 實際妙用，故本節用幾個範例展現 Razor 的不同之處。第一個範例先製作學生成績列表的原型程式，也就是先不用 Razor 強化 View，後續範例再用 Razor 來改造，以便有清楚的對比。

範例 7-1 製作學生考試成績列表

以下製作學生成績列表，於 Controller 控制器建立學生成績 model 資料，再將 model 傳給 View 作顯示。

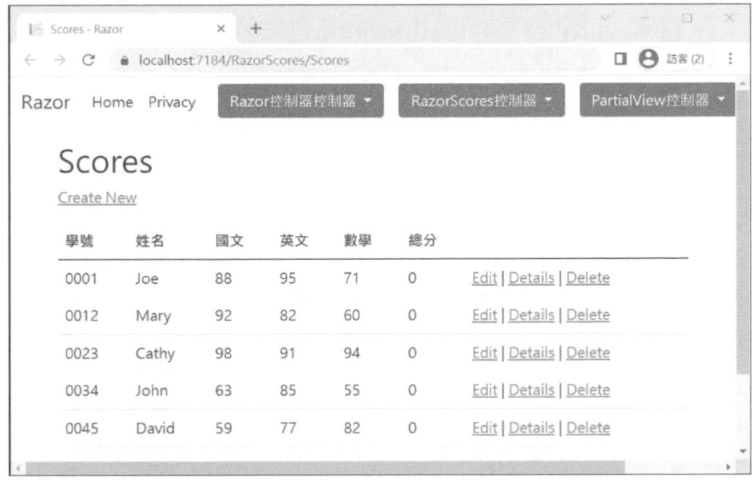

圖 7-6 學生考試成績列表

step01 建立 Model 模型。在 Models 資料夾加入 Student.cs 類別模型及六個屬性

Models/Student.cs

```
...
using System.ComponentModel.DataAnnotations;
public class Student
{
    [Display(Name="學號")]
   [DisplayFormat(DataFormatString ="{0:0000}", ApplyFormatInEditMode =false)]
    public int Id { get; set; }
    [Display(Name = "姓名")]
    public string Name { get; set; }
    [Display(Name = "國文")]
    public int Chinese { get; set; }
    [Display(Name = "英文")]
    public int English { get; set; }
    [Display(Name = "數學")]
    public int Math { get; set; }
    [Display(Name = "總分")]
    public int Total { get; set; }
}
```

step02 建立 Controller。在 Controllers 資料夾新增 RazorScores 控制器，並以 List 泛型集合建立學生成績資料

Controllers/RazorScoresController.cs

```
using Microsoft.AspNetCore.Mvc;
using Mvc7_Razor.Models;

public class RazorScoresController : Controller
{
    //學生考試成績 Model 資料

    private readonly List<Student> students;
    public RazorScoresController()
    {
      students = new List<Student>
      {
        new Student { Id =1, Name="Joe", Chinese=88, English=95, Math=71 },
        new Student { Id =12, Name="Mary", Chinese=92, English=82, Math=60 },
        new Student { Id =23, Name="Cathy", Chinese=98, English=91, Math=94 },
        new Student { Id =34, Name="John", Chinese=63, English=85, Math=55 },
        new Student { Id =45, Name="David", Chinese=59, English=77, Math=82 }
      };
    }
}
```

說明：以上是在控制器的 Class 類別層級建立 students 欄位，而 students 是 List 泛型集合，包含所有學生資料

step03 建立 Action 方法。在 RazorScores 控制器加入 Scores()方法，將 model 傳給 View

Controllers/RazorScoresController.cs

```
public IActionResult Scores()
{
    return View(students);
}
```

step04 建立 View 檢視。在 Scores ()方法按滑鼠右鍵→【新增檢視】→【Razor 檢視】→範本【List】→模型類別「Student」→資料內容別「CardContext」→【新增】

圖 7-7 以 Scaffolding 產生 View

step05 修改 View 的標題文字

Views/RazorScores/Scores.cshtml

```
@model IEnumerable<Mvc7_Razor.Models.Student>
@{
    ViewBag.Title = "學生期中考成績";
}
<h2>學生期中考成績</h2>
...
```

說明：按 F5 瀏覽 RazorScores/Scores 網頁（圖 7-6），總分目前為 0，下一範例會説明如何做加總

範例 7-2 以 Razor 語法判斷成績高低及找出總分最高者

於此改造前一範例，以 Razor 語法做成績判斷，找出❶低於 60 分、❷高於 95 分、❸總分第一名，並以不同顏色標示。

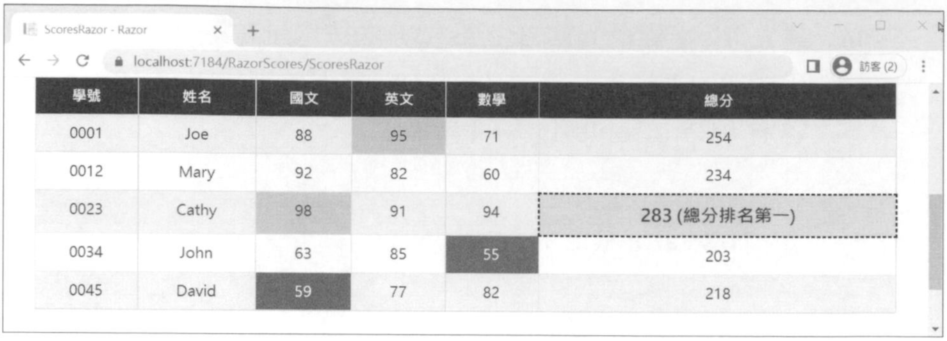
ScoresRazor - Razor
localhost:7184/RazorScores/ScoresRazor
訪客 (2)
學號
姓名
國文
英文
數學
總分
0001 Joe 88 95 71 254
0012 Mary 92 82 60 234
0023 Cathy 98 91 94 283 (總分排名第一)
0034 John 63 85 55 203
0045 David 59 77 82 218

圖 7-8 以 Razor 做成績判斷

step01 在 RazorScores 控制器加入 ScoresRazor()方法，先在 Action 計算出每位學生總分，再找出總分最高者

Controllers/RazorScoresController.cs

```
public IActionResult ScoresRazor()
{
    //計算所有學生 Total 總分欄
    students.ForEach(s => s.Total = s.Chinese + s.English + s.Math);

    //找出總分最高者 Id
    var topId = students.OrderByDescending(s => s.Total)
                        .Select(s => s.Id)
                        .FirstOrDefault();

    ViewData["TopId"] = topId;

    return View(students);
}
```

step02 在 ScoresRazor()按滑鼠右鍵→【新增檢視】→【Razor 檢視】→範本【List】→模型類別「Student」→資料內容別「CardContext」→【新增】

step03 在 ScoresRazor.cshtml 的<tbody>區段，以 Razor 判斷每科成績高低及顯示總分

Views/RazorScores/ScoresRazor.cshtml

```
@model IEnumerable<Student>
@{
    int topId = Convert.ToInt32(ViewData["TopId"]);
}
<table class="table table-bordered table-striped">
    <thead>
        <tr>
            <th>@Html.DisplayNameFor(m => m.Id)</th>
            <th>@Html.DisplayNameFor(m => m.Name)</th>
            <th>@Html.DisplayNameFor(m => m.Chinese)</th>
            <th>@Html.DisplayNameFor(m => m.English)</th>
            <th>@Html.DisplayNameFor(m => m.Math)</th>
            <th>@Html.DisplayNameFor(m => m.Total)</th>
        </tr>
    </thead>
    <tbody>
        @foreach (var m in Model)
        {
            var total = m.Chinese + m.English + m.Math;
            <tr>
                <td>@Html.DisplayFor(x => m.Id)</td>
                <td>@Html.DisplayFor(x => m.Name)</td>          ← 用 if 判斷中文成績

                <!--中文-->
                @if (m.Chinese < 60)
                {                                                  ← 低於 60 賦予的 CSS 樣式
                   <td class="poor">@Html.DisplayFor(x => m.Chinese)</td>
                }
                else if (m.Chinese >= 95)
                {                                                  ← 高於 95 賦予的 CSS 樣式
                   <td class="excellent">@Html.DisplayFor(x => m.Chinese)</td>
                }
                else
                {
                   <td>@Html.DisplayFor(x => m.Chinese)</td>
                }

                <!--英文-->
                @if (m.English < 60)  ← 用 if 判斷英文成績
                {
                   <td class="poor">@Html.DisplayFor(x => m.English)</td>
```

```
                }
                else if (m.English >= 95)
                {
                    <td class="excellent">@Html.DisplayFor(x => m.English)</td>
                }
                else
                {
                    <td>@Html.DisplayFor(x => m.English)</td>
                }

                <!--數學-->
                @if (m.Math < 60) ◄── 用 if 判斷數學成績
                {
                    <td class="poor">@Html.DisplayFor(x => m.Math)</td>
                }
                else if (m.Math >= 95)
                {
                    <td class="excellent">@Html.DisplayFor(x => m.Math)</td>
                }
                else
                {
                    <td>@Html.DisplayFor(x => m.Math)</td>
                }

                <!--顯示總分-->                 ── 顯示總分
                @if (m.Id == topId)
                {
                    <!--總分最高者-->
                    <td class="top1">@Html.DisplayFor(x => m.Total)</td>
                }
                else
                {
                    <td>@Html.DisplayFor(x => m.Total)</td>
                }
            </tr>
        }
    </tbody>
</table>
```

說明：View 中除了 Razor 判斷式外，還在 DisplayNameFor()及 DisplayFor()方法中，以更精簡的變數名稱替代

+ 改造前語法

```
@Html.DisplayNameFor(model => model.Id)
@Html.DisplayNameFor(model => model.Name)
...
@Html.DisplayFor(modelItem => item.Id)
@Html.DisplayFor(modelItem => item.Name)
```

+ 改造後語法

```
@Html.DisplayNameFor(m => m.Id)
@Html.DisplayNameFor(m => m.Name)
...
@Html.DisplayFor(x => m.Id)
@Html.DisplayFor(x => m.Name)
```

精簡變數名稱除了讓宣告變得更簡潔外，另一個用意是點出，View 的 model 及 Lambda 參數名稱是可隨需求更動的。

step04 在 View 的末端加入自訂 CSS

Views/RazorScores/ScoresRazor.cshtml

```
@section topCSS{
    <style type="text/css">
        /*設定 Table 欄位標題顏色*/
        th {
            color: white;
            background-color: black;
            text-align: center;
        }

        /*設定 Table 資料列 Hover 時的光棒效果*/
        .table > tbody > tr:hover {
            background-color: antiquewhite !important;
        }

        /*成績不及格之 CSS*/
        .poor {
            color: white !important;
            background-color: red !important;
        }
```

```
        /*成績優秀之 CSS*/
        .excellent {
            background-color: aqua !important;
        }

        /*總分第一名之 CSS*/
        .top1 {
            background-color: yellow !important;
            border: 2px dashed black !important;
            font-weight:900;
            font-size:1.2em;
        }

        .top1::after {
            content: ' (總分排名第一)';
        }
    </style>
}
```

step05 在_Layout.cshtml 也要配合加入 topCSS、topJS 及 endJS 三個 RenderSection()宣告，可回顧 6-5 小節

範例 7-3 在 View 中用 Razor、C# 8 及 LINQ 找出總分最高者

前一範例是在 Action 中找出總分最高者 Id，再傳給 View，這裡是直接在 View 中，以 LINQ 語法找出總分最高者，同時利用 C# 8 和 7 的新語法優化與簡化設計，請參考 ScoresRazorPure.cshtml。

View/RazorScores/ScoresRazorPure.cshtml

```
@model IEnumerable<Student>
@{
    ViewBag.Title = "學生期中考成績";
    var Students = (List<Student>)Model;
    //計算所有學生 Total 總分欄位
    Students.ForEach(s => s.Total = s.Chinese + s.English + s.Math);

    //找出總分最高者 Id
    var topId = Students.OrderByDescending(s => s.Total)
                        .Select(s => s.Id)
```

```
                .FirstOrDefault();

    //判斷分數等級而回傳樣式 - C# 7.0 - switch match expression
    string ScoreLevel(int score)
    {
        switch (score)
        {
            case int s when s < 60 :
                return "poor";
            case int s when s >= 95 :
                return "excellent";
            default:
                return "";
        }
    }

    //判斷分數等級而回傳樣式 - C# 8.0 - switch expression
    string ScoreRating(int score) =>
        score switch
        {
            int s when s < 60  => "poor",
            int s when s >= 95 => "excellent",
            _ => ""
        };
}
...
<table class="table table-bordered table-striped">
    <thead>
        ...
    </thead>
    <tbody>
        @foreach (var m in Students)
        {
        <tr>
            <td>@Html.DisplayFor(x => m.Id)</td>
            <td>@Html.DisplayFor(x => m.Name)</td>
            <!--中文-->
            <td class="@(ScoreLevel(m.Chinese))">@Html.DisplayFor(x => m.Chinese)</td>
            <!--英文-->
           <td class="@(ScoreRating(m.English))">@Html.DisplayFor(x => m.English)</td>
            <!--數學-->
            <td class="@(ScoreRating(m.Math))">@Html.DisplayFor(x => m.Math)</td>
```

C# 7.0 – switch match

C# 8.0 – switch expression

回傳 poor 或 excellent

回傳 topId 或空字串

```
                <!--總分最高者-->
                <td class="@(m.Id==topId?"top1":"")">@Html.DisplayFor(x => m.Total)</td>
            </tr>
            }
        </tbody>
</table>

@section topCSS{
    <link href="~/css/scorestyle.css" rel="stylesheet" />
}
```

說明：ScoreLevel()和 ScoreRating()方法做相同的事，差別僅在於前者是 C# 7.0 語法，後者是 C# 8.0，語法洗鍊度 C# 8.0 較佳，但環境支援度 C# 7.0 較廣

7-5 以 Local function 與 @functions 在 View 中宣告方法

ASP.NET Core 能在 View 中宣告方法，方式有兩種：❶Local function 和 ❷ @functions。

❖ Local function

在 View 的程式區塊中宣告 method 就是 Local function，然後在 View 就能呼叫 Local function，這樣在設計複雜的 View 處理時，程式結構能更精簡、彈性與優雅。

前面在 RazorStatement.cshtml 中宣告 ScoreComment 和 PortFunction 方法就是 Local function：

Views/Razor/RazorStatement.cshtml

```
@{
    string ScoreComment(int score) ◄── Local function
    {
        string comment = "";
        switch (score)
        {
            case 1 when score <= 60:
                comment = $"{score}分：成績不及格!";
                break;
            …
        }
        return comment;
    };

    string PortFunction(int port) => ◄── Local function
       port switch
       {
           80 => $"{port}, 這是 HTTP 使用的 Port 號碼",
           110 => $"{port}, 這是 POP3 使用的 Port 號碼",
           …
       };
}
```

❖ @functions

@function 是在 View 中宣告 Fields、Properties 和 Methods 成員，然後 View 就能調用這些成員。且編譯後，它們會轉換成 C#類別成員。

例如在 RazorFunction.cshtml 用@functions 宣告以下 Field、Property 和 Method 成員：

Views/Razor/RazorFunction.cshtml

```
@inject Microsoft.Extensions.Configuration.IConfiguration config
@functions
{
    public string Name = "聖殿祭司";
    public string RealName { get; } = "奚江華";
    public string GetPhoneNumber()
    {
        return "0925-123-123";
    }
    public string BookTitle()
    {
        return @config["Book:Title"] ?? "查無資料";
    }
}

<h2>書名 : @BookTitle()</h2>
<p>筆名 : @Name</p>
<p>姓名 : @RealName</p>
<p>電話 : @GetPhoneNumber()</p>
```

在@function{}中宣告成員

叫用 functions 成員

說明：@function 雖然能夠宣告 local 成員，但另一個思考點是，是否把將此 function 移出到獨立 service 是較好的設計？

HTML 輸出：

```
書名 : ASP.NET Core 7 MVC 範例教學實戰
筆名 : 聖殿祭司
姓名 : 奚江華
電話 : 0925-123-123
```

@functions 方法若含有 HTML markup 標記時，就會輸出樣板資料：

Views/Razor/RazorFunction.cshtml

```
@functions{
    private void PersonInfo()
    {
        <div>
            <h1>@Name</h1>
```

```
            <p>姓名:@RealName , 電話: @GetPhoneNumber()</p>
        </div>
    }

    private async Task RenderCard(string name, string brief, string photo)
    {
        <div class="col-xl-3 col-lg-4 col-md-6 col-sm-12">
            <div class="card">
                <div class="headshot">
                    <img class="card-img-top" src="~/images/@photo" alt="...">
                </div>
                <div class="card-body">
                    <h5 class="card-title">@name</h5>
                    <p class="card-text">@brief</p>
                </div>
            </div>
        </div>
    }
}

@{          呼叫@function 樣板方法
    PersonInfo();
    await RenderCard("星際大戰", "維達元帥", "Vader.jpg");
}
```

HTML 輸出：

7-6 在 View 定義 Razor 樣板

何謂 Razor 樣板（Template）？用前一節@function 中 RenderCard 方法內宣告的卡片，就能改造成 Razor 樣板，在 View 中呼叫使用。

Views/Razor/RazorTemplate.cshtml

```
@{
    List<Card> Cards = new List<Card>
    {
       new Card { Name = "Merkel", Brief="德國總理 梅克爾", Photo="Merkel.jpg" }
           …
    };
                                        Razor 樣板
    Func<dynamic, object>
         cardTemplate = @<div class="col-xl-3 col-lg-4 col-md-6 col-sm-12">
        <div class="card">
            <div class="headshot">
                <img class="card-img-top" src="~/images/@item.Photo" alt="...">
            </div>
            <div class="card-body">
                <h5 class="card-title">@item.Name</h5>
                <p class="card-text">@item.Brief</p>
            </div>
        </div>
    </div>;
}

<div class="row">
    @foreach (var card in Cards)
    {
        @cardTemplate(card) ← 呼叫 Razor 樣板
    }
</div>

@section topCSS{
    <link href="~/css/Card.css" rel="stylesheet" />
}
```

說明：其執行結果畫面亦如後續 Partial View 畫面（圖 7-13），二者產生的樣板結果幾乎是相同的，但 Razor 樣板是在 View 中定義，等於僅限於該 View 才能呼叫使用，但 Partial View 可供全體 Views 呼叫使用，共用性略勝一籌

7-7 View 以 @inherits 繼承自訂 RazorPage 類別

每個 View 檢視檔在編譯後都會轉譯成 C#類別，且預設是繼承 RazorPage<dynamic>類別，以下是 Home/Index 檢視編譯後的類別：

```
internal sealed class Views_Home_Index :
   global::Microsoft.AspNetCore.Mvc.Razor.RazorPage<dynamic>
{                                              預設繼承 RazorPage<dynamic>
   ...
}
```

以下自訂 RazorPage 類別，並新增成員、屬性或方法，再讓其他 View 繼承此自訂類別。

step01 自訂 RazorPage<TModel>類別，新增屬性與方法

RazorPages/CustomRazorPage.cs

```
public abstract class CustomRazorPage<TModel> : RazorPage<TModel>
{
    public string AppVersion { get; } = "ASP.NET Core 7";

    public string GetBookName()
    {
        return "ASP.NET Core 7 MVC 範例教學實戰";
    }
}
```

step02 View 以@inherits 繼承自訂 RazorPage 類別，然後就能調用繼承而來的 GetBookName()方法與 AppVersion 屬性

Views/Razor/InheritsRazorPage.cshtml

```
@inherits Mvc7_Razor.RazorPages.CustomRazorPage<TModel>

<p>書籍名稱: @GetBookName()</p>
<p>ASP.NET Core 版本 : @AppVersion</p>
<p>作者: @Model.Name</p>  ◄── 顯示 Model 資料
```

step03 Controller 傳遞 View Model 資料給 View 檢視

Controllers/RazorController.cs

```
public IActionResult InheritsRazorPage()
{
    AuthorViewModel author = new AuthorViewModel { Name = "聖殿祭司" };
    return View(author);
}
```

7-8 建立可重複使用的 Partial View 部分檢視

Partial View（部分檢視）是可重複使用的檢視區塊，相較於一般 View，Partial View 設計著眼於一個小區，且能重複使用為佳，和製作一個大型完整的 View 頁面出發點不同。

TIP

Partial View 在微軟線上文件翻成「部分檢視」，但 Visual Studio 中翻成「局部檢視」，而本書採用「部分檢視」

7-8-1 Partial View 運作方式與特性

Partial View 是如何運作？首先設計一個 Partial View 區塊內容（.cshtml），這個區塊像是一個小零件，提供給所有 Views 呼叫使用。Partial View 若被一般 Views 呼叫，Partial View 的內容就會 Render 加入到 Parent View 中。

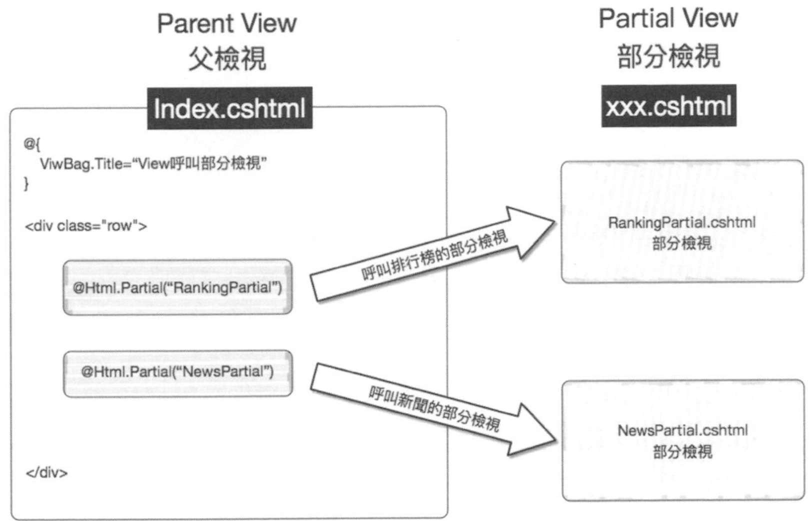

圖 7-9 部分檢視運作關係

以下是 Partial View 特性說明：

1. 呼叫 Partial View 的 View 稱為 Parent View 父檢視
2. Partial View 延伸檔名與 View 相同，都是.csthml
3. Partial View 可放在個別的 View 資料夾，同一個資料夾的 Parent View 會優先參考使用。也可放在 Views/Shared 資料夾，讓所有資料夾的 Parent View 共用
4. 因此 Parent View 尋找 Partial View 的順序，是先在本身所在的資料夾搜尋，若找不到的話，才會到 Shared 資料夾中尋找

5. 若是通用佈局設計應該放在_Layout.cshtml 佈局檔中，非佈局類但可重複使用內容，就可做成 Partial View

❖ Partial View 和 View 的區別

雖然 Partial View 和 View 延伸檔名皆為.cshtml，但二者仍有些區別：

1. Partial View 不會執行_ViewStart.cshtml，等於不會套用 Layout 佈局檔
2. 在 Partial View 中宣告 Section，但 Section 不會出現在 Parent View，等於無作用
3. 雖然 Partial View 可加入<style />和<script />，樣式和 JavaScript 會被帶入 Parent View 中。但若 Parent View 呼叫 Partial View 多次，樣式和 JavaScript 也會重複產生多次，這也是有問題的設計
4. Partial View 支援鏈狀（chained）呼叫，就是可以再層層呼叫其他的 Partial View（但過度深層巢狀設計亦不是好事）

7-8-2 Partial View 資料傳遞方式 / 非同步與同步呼叫

Parent View 父檢視呼叫 Partial View 可分成非同步與同步的語法，請優先使用非同步語法，盡量避免使用同步語法。且在呼叫的同時，還可用 ViewData 或 model 物件傳遞資料給 Partial View。而實務上 Partial View 的命名，會建議用_底線開頭，並以 Partial 結尾，例如_CardPartial.cshtml。

✦ 傳遞 ViewData 資料給 Partial View 語法

Parent View 在呼叫 Partial View 時一併傳遞 ViewData，非同步語法：

```
<partial name="_PartialName" view-data="ViewData" />
@await Html.PartialAsync("_PartialName", ViewData)
```

說明：

1. Partial View 初始時，會收到 Parent View 的 ViewDataDictionary 複本
2. 但 Partial View 更動 ViewData 資料，ViewData 不會更新回 Parent View
3. Partial View 回傳時，它的 ViewData 便會消失

✦ 傳遞 model 物件資料給 Partial View 語法

Parent View 在呼叫 Partial View 時一併傳遞 model 物件，非同步語法：

```
<partial name="_PartialName " model="model" />
@await Html.PartialAsync("_PartialName ", model 物件)
```

範例 7-4 將人物牌卡製作成 Partial View，供所有 View 呼叫使用

在此用一個人物牌卡的實例，將牌卡製作成 Partial View，讓所有 View 呼叫使用。

圖 7-10 將人物牌卡製作成 Partial View

step01 在 Views/Shared 資料夾按滑鼠右鍵→【加入】→【檢視】→【Razor 檢視】→命名「_SimpleCardPartial」→勾選【建立成局部檢視】→【新增】

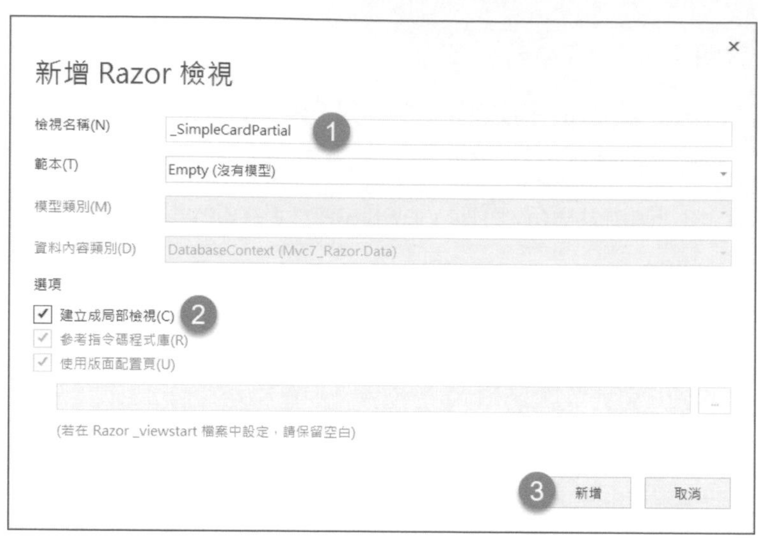

圖 7-11 加入 Partial View 部分檢視檔

step02 Partial View 內容空無一物，加入以下 HTML 及 Bootstrap 宣告後，成為圖 7-10 的人物牌卡

Views/Shared/_SimpleCardPartial.cshtml

```
<div class="col-xl-3 col-lg-4 col-md-6 col-sm-12">
    <div class="card">
        <div class="headshot">
            <img class="card-img-top" src="~/images/MarkZuckerberg.jpg" alt="...">
        </div>
        <div class="card-body">
            <h5 class="card-title">Mark Zuckerberg</h5>
            <p class="card-text">Facebook 創辦人 馬克· 祖伯克</p>
            <a href="https://goo.gl/BktGGA" class="btn btn-primary">Wiki</a>
        </div>
    </div>
</div>
```

step03 在 Controllers 資料夾新增 PartialView 控制器，加入 SimpleCard()

Controllers/PartialViewController.cs

```
public IActionResult SimpleCard()
{
    return View();
}
```

step04 在 SimpleCard()方法按滑鼠右鍵→【新增檢視】→【Razor 檢視】→範本【Empty (沒有模型)】→【新增】，勿勾選【建立成局部檢視】，用<partial />或@await Html.PartialAsync 方法呼叫 _SimpleCardPartial.cshtml 部分檢視

Views/Shared/SimpleCard.cshtml

```
...                    (Bootstrap 的 row)
<div class="row">
    <!--以下連續呼叫 Partial View 八次-->
    <partial name="_SimpleCardPartial" />   ← 用 Partial Tag Helper 呼叫 Partial View
    <partial name="_SimpleCardPartial" />
    <partial name="_SimpleCardPartial" />
    <partial name="_SimpleCardPartial" />
    @await Html.PartialAsync("_SimpleCardPartial")   ← 用 Html Helper 的 PasrtialAsync() 呼叫 Partial View
    @await Html.PartialAsync("_SimpleCardPartial")
    @await Html.PartialAsync("_SimpleCardPartial")
    @await Html.PartialAsync("_SimpleCardPartial")

    <!--等同以下用迴圈執行八次-->
    @*@for (int i = 0; i < 8; i++)
        {
            @await Html.PartialAsync("_SimpleCardPartial")
        }*@
</div>

@section topCSS{
<style>
    .card {
        border: 1px solid black;
        margin-bottom: 30px;
```

```
    }

    .card-title {
        color: white;
        background-color: black;
        display: inline-block;
        border-radius: 5px;
        padding:5px 15px 5px 15px;
    }

    .card:hover .card-body {
        background-color: lightgreen !important;
    }

    .card:hover .card-title{
        color:black;
        background-color: white !important;
    }
</style>
}
```

說明：

1. 前面提過，Partial View 不能用 Section 加入 css 或 js，因為不會出現在 Parent View 中
2. 雖能用<style />將 css 加入到 Partial View 中，技術上沒問題，但 Parent View 一連呼叫八次，這段 css 就會重複出現八次，故將 css 定義在 Parent View 才是正確的

瀏覽 PartialView/SimpleCard，由呼叫了八次 Partial View，便出現八張牌卡。

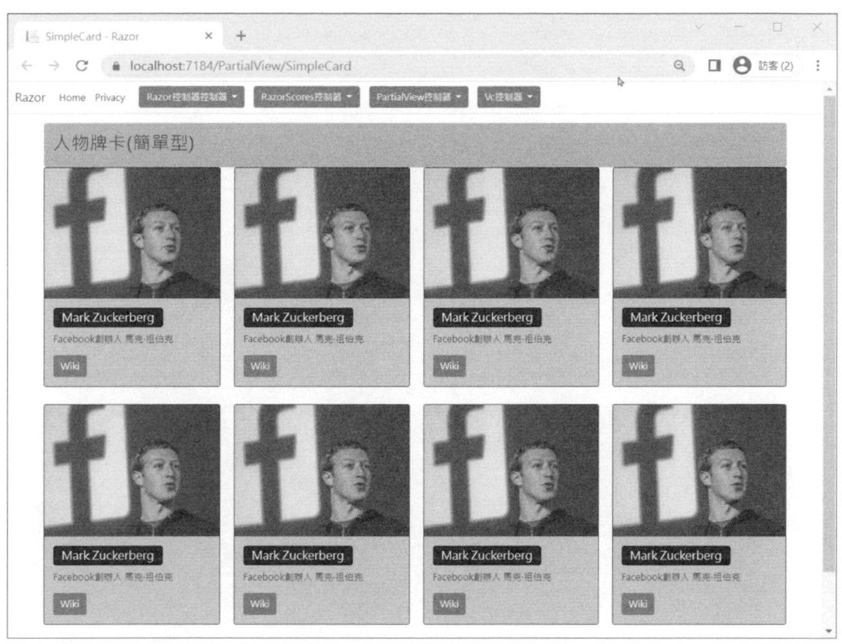

圖 7-12 用 Partial View 生成人物牌卡

這範例簡單扼要，可快速理解 Partial View 運作方式。但重複出現八張相同牌卡沒有太大意義，倘若 Partial View 能結合資料，動態產生不同的牌卡內容，就會有更高的實用價值，且看以下範例。

範例 7-5 傳遞 model 資料到 Partial View，動態生成不同的牌卡

在這以前一個範例為基礎，讓 Partial View 接收 model 物件傳來的 List 集合資料，以動態生成不同的牌卡內容。

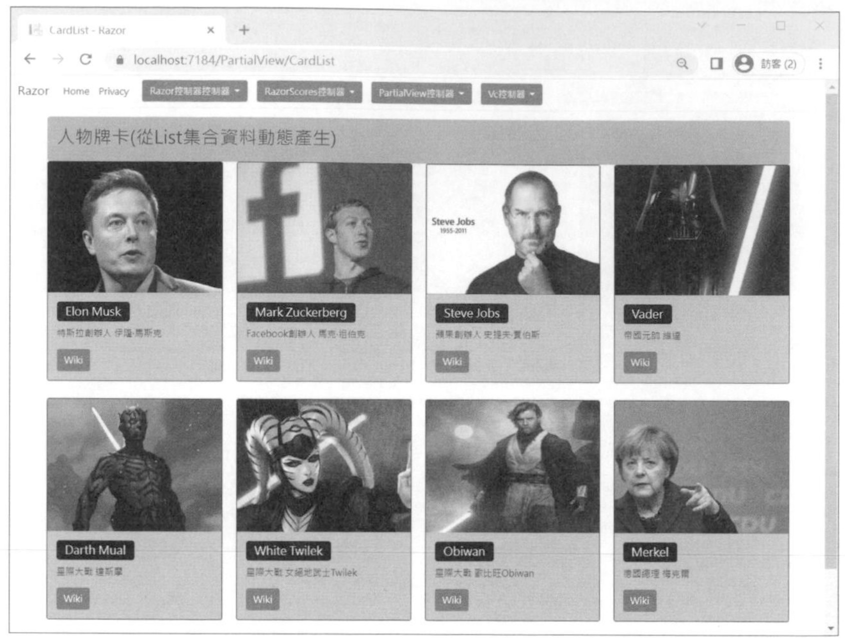

圖 7-13 將 model 資料傳入 Partial View 動態產生人物牌卡

step01 在 Models 資料夾新增一 Card 類別模型

Models/Card.cs

```
public class Card
{
    public int Id { get; set; }
    public string Name { get; set; }     //名字
    public string Brief { get; set; }    //簡介
    public string Photo { get; set; }    //照片
    public string WikiUrl { get; set; } //Wiki 的 Url
}
```

step02 在 PartialView 控制器新增 CardList ()方法，用 List 集合建立牌卡資料

Controllers/PartialViewController.cs

```
public class PartialViewController : Controller
{
   public List<Card> cards;
```

```
    private readonly CardContext _context;
    public PartialViewController(CardContext context)
    {
        _context = context;

        cards = new List<Card>
                {
                    new Card { Name = "Elon Musk", Brief="特斯拉創辦人 伊隆· 馬斯克",
                        Photo="ElonMusk.jpg", WikiUrl="https://goo.gl/46xeXx" },
                    new Card { Name = "Mark Zuckerberg", Brief="Facebook 馬克· 祖伯克",
                        Photo="MarkZuckerberg.jpg", WikiUrl="https://goo.gl/BktGGA" },
                    new Card { Name = "Steve Jobs", Brief="蘋果創辦人 史提夫· 賈伯斯",
                        Photo="SteveJobs.jpg", WikiUrl="https://goo.gl/nAiX0y" },
                    new Card { Name = "Vader", Brief="帝國元帥  維達",
                        Photo="Vader.jpg", WikiUrl="bit.ly/3F5xw2w" },
                    new Card { Name = "Darth Mual", Brief="星際大戰 達斯摩",
                        Photo="DarthMual.jpg", WikiUrl="https://goo.gl/5obLhX"},
                    new Card { Name = "White Twilek", Brief="星際大戰 女絕地武士 Twilek",
                        Photo="WhiteTwilek.jpg", WikiUrl="https://goo.gl/reKzAu" },
                    new Card { Name = "Obiwan", Brief="星際大戰 歐比旺 Obiwan",
                        Photo="Obiwan.jpg", WikiUrl="http://bit.ly/33gxdgt" },
                    new Card { Name = "Merkel", Brief="德國總理 梅克爾",
                        Photo="Merkel.jpg", WikiUrl="http://bit.ly/33huSlv" }
                };
    }

    public IActionResult CardList()
    {
        return View(cards);
    }
}
```

說明：在類別層級初始一個 List 泛型集合，每筆資料都有 Name、Brief、Photo 和 WikiUrl 設定值，然後將 cards 這個 model 物件傳給 View

step03 在 CardList ()方法按滑鼠右鍵→【新增檢視】→【Razor 檢視】→範本【Empty (沒有模型)】→【新增】，勿勾選【建立成局部檢視】，建立父檢視程式

Views/PartialView/CardList.cshtml

```
@model IEnumerable<Card>
...
<div class="row">
    @foreach (var man in Model)
    {                                    呼叫 Partial View，同時傳入 model 物件 man
        @await Html.PartialAsync("_CardPartial", man)
       //<partial name="_CardPartial" model="man" />
       //await Html.RenderPartialAsync("_CardPartial", man);
    }
</div>

@section topCSS{                         將原本的 css 獨立成 Card.css
    <link href="~/css/Card.css" rel="stylesheet" />
}
```

說明：Parent View 逐一取出 model 中的項目，在以@await Html.PartialAsync 方法呼叫 Partial View 時，將 man 物件傳遞給 Partial View 使用

step04 在 Views/Shared 資料夾按滑鼠右鍵→【加入】→【檢視】→【Razor 檢視】→命名「_CardPartial」→勾選【建立成局部檢視】→【新增】

Views/Shared/_CardPartial.cshtml

```
@model Card
<div class="col-xl-3 col-lg-4 col-md-6 col-sm-12">
    <div class="card">                             將 model 的屬性值帶入 HTML 中
        <div class="headshot">
            <img class="card-img-top" src="~/images/@Model.Photo" alt="...">
        </div>
        <div class="card-body">                    將 model 的屬性值帶入 HTML 中
            <h5 class="card-title">@Model.Name</h5>
            <p class="card-text">@Model.Brief</p>
            <a href="@Model.WikiUrl" class="btn btn-primary">Wiki</a>
        </div>
    </div>
</div>
```

執行 PartialView/CardList 頁面，即可看到動態產生的不同人物牌卡。

7-9 呼叫 Partial View 非同步與同步語法

前一節提到呼叫 Partial View 可分成非同步與同步語法，建議使用非同步，避免同步，因為容易發生 deadlock 死結，而本節要細說非同步與同步語法之使用。

7-9-1 呼叫 Partial View 非同步與同步完整語法

以下是呼叫 Partial View 時，一併傳遞 ViewData 和 Model 之方式。

- 傳遞 ViewData 給 Partial View 完整語法

Parent View 呼叫 Partial View 時，一併傳遞 ViewData 之非同步語法：

```
<partial name="_PartialName" view-data="ViewData" />
@await Html.PartialAsync("_PartialName", ViewData)
@{ await Html.RenderPartialAsync("_PartialName", ViewData); }
```

非同步語法（建議）

強烈避免使用同步語法：

```
@Html.Partial("_PartialName ", ViewData)
@{ Html.RenderPartial("_PartialName ", ViewData); }
```

同步語法（不建議）

說明：

1. Partial View 初始時，會得到 Parent View 的 ViewDataDictionary 複本
2. 但 Partial View 更動 ViewData 資料，ViewData 不會更新回 Parent View
3. Partial View 回傳時，其 ViewData 便消失

+ 傳遞 model 物件給 Partial View 完整語法

Parent View 呼叫 Partial View 時，一併傳遞 model 物件之非同步語法：

```
<partial name="_PartialName " model="model" />
<partial name="_PartialName" for="model 物件" />
@await Html.PartialAsync("_PartialName ", model 物件)
@{ await Html.RenderPartialAsync("_PartialName ", model 物件); }
```

非同步語法（建議）

強烈避免使用同步語法：

```
@Html.Partial("_PartialName ", model)
@{ Html.RenderPartial("_PartialName ", model); }
```

同步語法（不建議）

範例 7-6 傳遞 ViewData 資料到 Partial View 的非同步語法

請參考 PartialView 控制器的 PassViewData2PartialView()動作方法，Action 會傳遞 ViewData 到檢視，檢視再將 ViewData 傳給 Partial View 顯示，並列出非同步與同步語法。

step01 Action 動作方法傳遞 ViewData 到檢視

Controllers/PartialViewController.cs

```
//View 傳遞 ViewData 到 Partial View 的幾種語法
public IActionResult PassViewData2PartialView()
{
    ViewData["Movie"] = "復仇者聯盟 4";
    ViewData["Song"] = "When the party is over.";

    return View();
}
```

step02 View 再將 ViewData 傳給 Partial View 之非同步語法

Views/PartialView/_PassViewData2PartialView.cshtml

```
<partial name="_MediaPartial" view-data="ViewData" />
@await Html.PartialAsync("_MediaPartial", ViewData)
@{ await Html.RenderPartialAsync("_MediaPartial", ViewData); }
```

非同步語法（建議）

同步語法：

```
@Html.Partial("_MediaPartial", ViewData)
@{ Html.RenderPartial("_MediaPartial", ViewData); }
```

同步語法（不建議）

最後瀏覽 PartialView/PassViewData2PartialView 檢視頁。

範例 7-7 傳遞 Model 資料到 Partial View 的非同步語法

請參考 PartialView 控制器的 PassModel2PartialView()動作方法，它會傳遞 Model 到檢視，檢視再將 Model 傳給 Partial View 顯示，並詳列非同步與同步語法。

step01 Action 動作方法傳遞 Model 到檢視

Controllers/PartialViewController.cs

```
public IActionResult PassModel2PartialView()
{
    return View(cards); ◄── 傳遞 model
}
```

step02 View 再將 Model 傳給 Partial View 之非同步語法

Views/PartialView/_PassModel2PartialView.cshtml

```
@model IEnumerable<Card>
...
<partial name="_CardListPartial" model="@Model" />
<partial name="_CardListPartial" for="@Model" />
@await Html.PartialAsync("_CardListPartial", Model)
@{ await Html.RenderPartialAsync("_CardListPartial", Model); }
```

非同步語法（建議）

同步語法：

```
@Html.Partial("_CardListPartial", Model)
@{ Html.RenderPartial("_CardListPartial", Model); }
```

同步語法（不建議）

最後瀏覽 PartialView/PassModel2PartialView 便可顯示結果。

7-9-2 RenderPartialAsync 和 RenderPartial 方法之特點

非同步呼叫 Partial View 方法又分 Render 開頭的和非 Render 開頭：

```
@*Render 開頭的方法*@
@ { await Html.RenderPartialAsync("_PartialName ", model 物件); }
@ { Html.RenderPartial("_PartialName ", model); }

@*非 Render 開頭的方法*@
<partial name="_PartialName " model="model" />
<partial name="_PartialName" for="model 物件" />
@await Html.PartialAsync("_PartialName ", model 物件)
@Html.Partial("_PartialName ", model)
```

Render 開頭須在@{…}區塊中使用

以 Render 開頭的 RenderPartialAsync 和 RenderPartial 方法有兩個特點：

1. 它們轉譯部分檢視不會傳回 IHtmlContent，而是將轉譯輸出直接串流給 Response 回應。且因不回傳結果，所以必須在 Razor 程式碼區塊內呼叫它們

2. 相較於 PartialAsync 和 Partial 方法，有時可能會有較佳的效能

7-10 Controller 與 Partial View 結合 EF Core 資料庫存取

之前範例都是用變數或集合建立資料，但是否能結合資料庫，例如 Controller 透過 EF Core 讀取 SQL Server，由 Action 傳遞 model 資料給 Parent View，再傳給 Partial View 顯示？答案是可以，且看下面範例。

範例 7-8 Partial View 結合 EF Core 資料庫存取

在此將 CardList 範例改寫成 EF Core 資料庫存，以下僅說明做法，而不細說每一個過程，因為這會預先用到後續幾章的技術，屆時才會詳細討論。

step01 首先需要 Card 模型（先前已建立）

step02 在 Terminal 視窗用 CLI 命令安裝以下套件

```
dotnet add package Microsoft.EntityFrameworkCore --version 7.0.4
dotnet add package Microsoft.EntityFrameworkCore.Tools  --version 7.0.4
dotnet add package Microsoft.EntityFrameworkCore.SqlServer  --version 7.0.4
dotnet add package Microsoft.EntityFrameworkCore.Design  --version 7.0.4
dotnet add package Microsoft.VisualStudio.Web.CodeGeneration.Design  --version 7.0.4

dotnet list package
```

step03 建立 DbContext - Data/CardContext.cs 及種子資料

Data/CardContext.cs

```
...
using Mvc7_Razor.Models;
using Microsoft.EntityFrameworkCore;

namespace Mvc7_Razor.Data
{
    public class CardContext : DbContext          // 繼承 EF Core 的 DbContext
    {
        public CardContext(DbContextOptions<CardContext> options)
            : base(options)
        {
        }

        public DbSet<Card> Card { get; set; }     // 公開 DbSet - Card

        protected override void OnModelCreating(ModelBuilder modelBuilder)   // 建立種子資料的方法
        {
            modelBuilder.Entity<Card>().HasData(
```

```
    new Card { Id = 1, Name = "Elon Musk", Brief = "特斯拉創辦人 伊隆· 馬斯克",
      Photo = "ElonMusk.jpg", WikiUrl = "https://goo.gl/46xeXx" },
    new Card { Id = 2, Name = "Mark Zuckerberg", Brief = "Facebook 馬克· 祖伯克",
      Photo = "MarkZuckerberg.jpg", WikiUrl = "https://goo.gl/BktGGA" },
    new Card { Id = 3, Name = "Steve Jobs", Brief = "蘋果創辦人 史提夫· 賈伯斯",
      Photo = "SteveJobs.jpg", WikiUrl = "https://goo.gl/nAiX0y" },
    new Card { Id = 4, Name = "Vader", Brief = "帝國元帥  維達",
      Photo = "Vader.jpg", WikiUrl = "http://bit.ly/3F5xw2w" },
    new Card { Id = 5, Name = "Darth Mual", Brief = "星際大戰 達斯摩",
      Photo = "DarthMual.jpg", WikiUrl = "https://goo.gl/5obLhX" },
    new Card { Id = 6, Name = "White Twilek", Brief = "星際大戰 女絕地武士
      Twilek", Photo = "WhiteTwilek.jpg", WikiUrl = "https://goo.gl/reKzAu" },
    new Card { Id = 7, Name = "Obiwan", Brief = "星際大戰 歐比旺 Obiwan",
      Photo = "Obiwan.jpg", WikiUrl = "http://bit.ly/33gxdgt" },
    new Card { Id = 8, Name = "Merkel", Brief = "德國總理 梅克爾",
      Photo = "Merkel.jpg", WikiUrl = "http://bit.ly/33huSlv" }
                );
        }
    }
```

step04 在 appsettings.json 設定資料庫連線

appsettings.json

```
{
  ...
  "AllowedHosts": "*",
  "ConnectionStrings": {
    "CardContext":
      "Server=(localdb)\\mssqllocaldb;Database=CardDB;Trusted_Connection=True;
      MultipleActiveResultSets=true"
  }
}
```

資料庫連線設定

step05 在 DI Container 註冊 CardContext

Program.cs

```
var builder = WebApplication.CreateBuilder(args);

//取得組態中資料庫連線設定
string connectionString = builder.Configuration.GetConnectionString("CardContext");
```

```
//註冊 EF Core 的 CardContext                    註冊 CardContext
builder.Services.AddDbContext<CardContext>(options =>
        options.UseSqlServer(connectionString));
使用 SQL Server 提供者                使用 CardContext 資料庫連線設定

var app = builder.Build();
```

step06 在 NuGet 主控台執行 Migration 命令

```
Add-Migration InitialDB
Update-Database
```

step07 在 PartailViewController.cs 注入 CardContext 及建立 CardListDB() 動作方法

PartailViewController.cs

```
...
using Mvc7_Razor.Models;
using Microsoft.EntityFrameworkCore;

namespace Mvc7_Razor.Controllers
{
    public class PartialViewController : Controller
    {                                                  以 DI 注入 CardContext 實例
        private readonly CardContext _context;
        public PartialViewController(CardContext context)
        {
            _context = context;
        }


        public async Task<IActionResult> CardListDB()
        {                                              以 CardContext 實例讀取 Card 資料表
            return View(await _context.Card.ToListAsync());
        }
    }
}
```

step08 建立 CardListDB.cshtml 檢視，內容與 CardList.cshtml 相同，僅標題不同。最後建置與瀏覽 PartialView/CardListDB，資料便是來自資料庫

7-11 結論

Razor 語法是設計 View 必定會用到的，對於宣告變數、陣列或集合，甚至是 model 資料讀取與顯示，皆需 Razor 的幫助。同時在設計 View 時，應常審視頁面中的功能區塊，是否能抽離出成為 Partial View，不但可簡化 Parent View 主程式，亦能將區塊複雜設計隱藏在 Partial View 中，以非同步語法輕鬆調用，讓 View 的設計工作更為簡潔有力。

CHAPTER 8

以 Chart.js 及 JSON 繪製 HTML5 Dashboard 商業統計圖表

Chart.js 是開源的 HTML5 繪圖函式庫，用 JavaScript 語法就能建立精美的商業統計圖表，將枯燥數字轉化成吸引人的互動性圖形介面，大大抓住使用者目光。圖表並支援動畫效果與 Responsive 響應式能力，是一套可以滿足跨平台網站需求的精巧軟體。

8-1 熱門 JavaScript 繪圖函式庫介紹

近幾年推出的新世代 JavaScript 繪圖函式庫，有蠻高比例支援 JSON 資料格式，也就是說只需把 JSON 資料餵給繪圖元件 API，它就會自動產出精美 HTML5 圖表。然而 JavaScript 繪圖函式庫有非常多種，以下列出知名的免費與商業版供您參考。

❖ Open Source 免費版

- D3.js
- Chart.js
- Apache ECharts
- Google Charts（免費使用，只允許線上 Library）
- EJSCharts
- vis.js
- Flotr2
- RGraph
- Morris.js
- Ember Charts
- uvCharts（base on D3.js）
- plotly.js（base on D3.js）
- Plottable（base on D3.js）
- Rickshaw（base on D3.js）
- n3-charts
- AwesomeChartJS
- Chartist.js
- Chartkick.js
- Flot

❖ 商業版

- Highcharts（其非營利之免費版有浮水印）
- ZingChart（其免費版有浮水印）
- Fusioncharts（其無限期試用版有浮水印）
- AmCharts（其免費版有浮水印）
- CanvasJS（提供 30 天試用版）
- AnyCharts（提供試用版）

以上這麼多麼多種要如何挑選？本章考量有：

- Open Source 且完全免費，包括商業上的使用
- 可用 JavaScript 開發，且易於使用
- 須能和 JSON 做良好整合性與互動性
- 須支援 HTML5
- 支援 Responsive 響應式設計
- 支援商業上常用的長條圖、圖餅圖、折線圖、雷達圖等圖形

- 須有 Animation 動畫展示效果
- 圖形 UI 須提供使用者互動性效果
- 函式庫本身 API 須有整體性設計和語法一致性

在考量這些條件後，最後挑選的是 Chart.js。順序上會先說明網頁上如何使用 Chart.js 繪製圖表，再推進到 MVC 並結合 JSON 資料。只要學會了 Chart.js，就可以很輕易地觸類旁通其他同類圖表軟體，因為它們設計精神和語法的相似性很高，本書只是藉 Chart.js 為示範的切入點。

TIP

下一章會進一步解析 JSON 資料結構，說明 JSON 建立語法、編解碼指令，以及用 Ajax 存取遠端 Web API 的 JSON 資料，再交由 Chart.js 繪製成圖表。

8-2 Chart.js 內建的八種商業圖形

Chart.js 內建以下八種圖形，可免費使用在商業網站上。

- Line 折線圖
- Bar 長條圖
- Radar 雷達圖
- Pie 圓餅圖 & Doughnut 甜甜圈圖
- Polar Area 極地區域圖
- Bubble 汽泡圖
- Scatter 散佈圖
- Area 區域

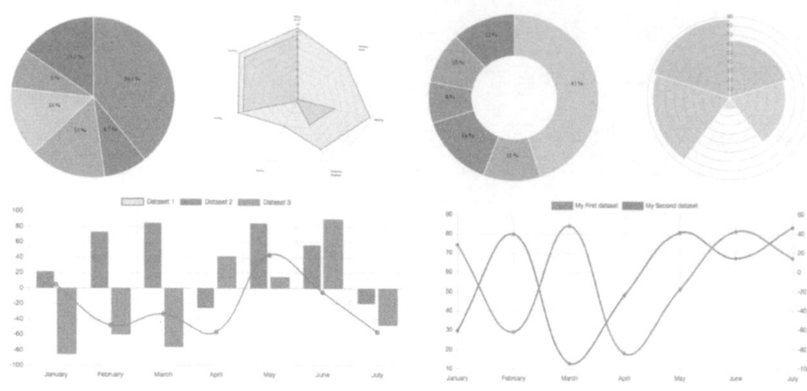

圖 8-1 Chart.js 圖例

8-3 MVC 專案中 Chart.js 的安裝與參考方式

使用 Chart.js 繪製圖表前，網頁需引用 Chart.js 函式庫，方式有二：

❖ 直接引用 CDN 上的 Chart.js

開啟 https://cdnjs.com/libraries/Chart.js/，有下面四個 Chart.js 網址：

```
https://cdnjs.cloudflare.com/ajax/libs/Chart.js/2.9.4/Chart.js
https://cdnjs.cloudflare.com/ajax/libs/Chart.js/2.9.4/Chart.min.js
https://cdnjs.cloudflare.com/ajax/libs/Chart.js/2.9.4/Chart.bundle.js
https://cdnjs.cloudflare.com/ajax/libs/Chart.js/2.9.4/Chart.bundle.min.js
```

在 View 或 HTML 中引用 Chart.js CDN 語法：

```
<script
src="https://cdnjs.cloudflare.com/ajax/libs/Chart.js/2.9.4/Chart.min.js">
```

TIP

Chart.js 和 Chart.bundle.js 的差異在於，後者包含 Moment.js，若有用到 Time axis 請選擇後者

在 ASP.NET Core MVC 專案中安裝 Chart.js 函式庫

在 MVC 專案中用 Libman 用戶端程式庫管理員安裝 Chart.js，並在 _Layout.cshtml 中加入 Chart.js 函式庫。

step01 以 Libman 安裝 Chart.js 函式庫

在專案按滑鼠右鍵→【加入】→【用戶端程式庫】→選擇【cdnjs】或【unpkg】提供者→輸入「Chart.js@2.9.4」→【包含所有程式庫檔案】→【安裝】，然後 LibMan 會從 CDN - cdnjs 下載 Chart.js@2.9.4 程式庫到 wwwroot/lib/Chart.js 目錄。

圖 8-2 以 Libman 安裝 Chart.js 函式庫

step02 在_Layout.cshtml 加入 Chart.js 函式庫參考，以及 topCSS、topJS、endCSS 及 endJS 四個 RenderSectionAsync()宣告

Views/Shared/_Layout.cshtml

```
<!DOCTYPE html>
<html lang="en">
<head>
    ...
   <link rel="stylesheet" href="~/lib/bootstrap/dist/css/bootstrap.min.css" />
```

```
    <link rel="stylesheet" href="~/css/site.css" asp-append-version="true" />
    <link rel="stylesheet" href="~/Mvc7_Chartjs.styles.css"
asp-append-version="true" />
                                        加入 Chart.js 函式庫參考
    <script src="~/lib/Chart.js/Chart.min.js"></script>

    @await RenderSectionAsync("topCSS", required: false)
    @await RenderSectionAsync("topJS", required: false)
</head>
<body>
    ...
    <script src="~/lib/jquery/dist/jquery.min.js"></script>
    <script src="~/lib/bootstrap/dist/js/bootstrap.bundle.min.js"></script>
    <script src="~/js/site.js" asp-append-version="true"></script>

    @await RenderSectionAsync("Scripts", required: false)

    @await RenderSectionAsync("endCSS", required: false)
    @await RenderSectionAsync("endJS", required: false)
</body>
</html>
```

以上在_Layout.cshtml 佈局檔設定好 Chart.js 的參考後，預設所有 View 檢視頁都會自動套用 Chart.js，省去一一設定的麻煩。若想在個別的 View 中直接引用 Chart.js，語法為：

```
<script src="~/lib/Chart.js/Chart.min.js"></script>
```

但若想針對呼叫 Charts 控制器／Action 才載入 Chart.js 函式庫，可在 _Layout.cshtml 中透過路由讀取控制器及 Action 名稱來判斷：

```
@{
    var route = ViewContext.RouteData;  //取得路由資料
    //讀取 controller 名稱
    string controller = ViewContext.RouteData.Values["controller"].ToString();
    //讀取 action 名稱
    string action = ViewContext.RouteData.Values["action"].ToString();

    //判斷控制器名稱是否為 Charts
    if (controller == "Charts")
```

```
    {
        <script src="~/lib/Chart.js/Chart.min.js"></script>
    }
}
```

8-4 在 HTML 中使用 Chart.js 繪製常用商業統計圖表

本節先從 HTML（.html）如何使用 Chart.js 切入，熟悉 Chart.js 基本語法及建立常用圖形，下一節再轉換成 MVC 程式，並堆疊進階技巧，結合 JSON 資料以動態產生圖形。

8-4-1 Chart.js 語法結構

Chart.js 繪圖有兩個主要步驟：

1. 宣告一個 HTML5 <canvas>元素
2. 用 JavaScript 呼叫 Chart.js 函式庫 API，於<canvas> 元素中繪製 2D 圖形

宣告 Canvas

```
<canvas id="myChart" width="400" height="400"></canvas>
<script>
    var ctx = document.getElementById('myChart');
    var chart = new Chart(ctx, {
    ❶ type: '圖表類型',
    ❷ data: { 資料參數... },
    ❸ options: { 全域組態設定...}
    });
</script>
```

以 new Chart()建立繪圖物件，Chart 開頭須大寫

Chart.js 八種圖形語法都是相同的主體結構，整體設計有很高的統整性與一致性，從相同的語法結構出發，變化在於 type、data 及 options 三類參數，❶type 是圖表類型，❷data 是實際資料，❸options 是全域組態設定，options 中是字型、樣式及 Legend 設定。此三者可謂是 Chart.js 核心靈魂，熟悉了它們，就等於掌握了全盤運用。

接續幾個小節將繪製以下常用商業統計圖表：

- Line 折線圖－繪製月均溫
- Bar 長條圖－繪製投票統計
- Radar 雷達圖－繪製公司營運管理面向指標
- 圓餅圖 / 甜甜圈圖－繪製公司人力資源分佈

8-4-2 用 Line 折線圖繪製月均溫趨勢圖

Line 折線圖適合呈現具有趨勢性的數據，例如月均溫、每月銷售或成長數據圖。

⊙ Line Chart 官網：ttps://www.chartjs.org/docs/2.9.4/charts/line.html

範例 8-1 用 Line 折線圖繪製月均溫

以下用 Line 折線圖繪製台北 1~6 月氣溫平均值，請參考 LineBasic.html。

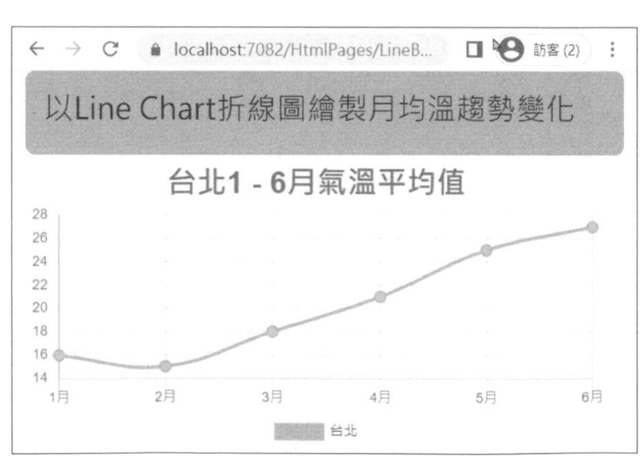

圖 8-3 用 Line 折線圖繪製氣溫平均值

HtmlPages/LineBasic.html

```
<!DOCTYPE html>
<html>
<head>
    <meta charset="utf-8" />
    <meta name="viewport" content="width=device-width, initial-scale=1.0" />
    <link href="../lib/bootstrap/dist/css/bootstrap.min.css" rel="stylesheet" />
    <script src="../lib/Chart.js/Chart.min.js"></script>
</head>
<body>
    <div class="container">
        <div class="jumbotron bg-success p-3">
            <h2>以 Line Chart 折線圖繪製月均溫趨勢變化</h2>
        </div>
        <canvas id="myChart"></canvas> ◄ 宣告 Canvas
    </div>

    <script>
        var ctx = document.getElementById('myChart');
        var chart = new Chart(ctx, {
        ❶ type: 'line', ◄ 指定圖表為 line 折線圖
        ❷ data: {
                labels: ['1月', '2月', '3月', '4月', '5月', '6月'],  ◄ 指定 X 軸名稱
                datasets: [{
                    label: '台北',
                    data: [16, 15, 18, 21, 25, 27],  ◄ 指定 1-6 月資料值
                    fill: false, ◄ 填充方式
                    backgroundColor: 'rgba(255,165,0,0.3)',
                    borderColor: 'rgb(255,165,0)',
                    pointStyle: 'circle', ◄ 資料點形狀
                    pointBackgroundColor: 'rgb(0,255,0)',
                    pointRadius: 5, ◄ 資料點半徑
                    pointHoverRadius: 10,  ◄ 資料點 Hover 時半徑大小
                }]
            },
         ❸ options: {
                responsive: true,  ◄ 是否開啟 Responsve 響應式
                title: {
                    display: true,
                    fontSize: 26,
                    text: '台北 1 - 6 月氣溫平均值'
                },                      ◄ title 標題設定
```

```
                tooltips: {
                    mode: 'point',
                    intersect: true,
                },
                legend: {
                    position: 'bottom',
                    labels: {
                        fontColor: 'black',
                    }
                }
            }
        });
    </script>
</body>
</html>
```

tooltips 提示設定

Legend 圖例設定

8-4-3 Line 的點、線和填充模式之變化

網路上一堆 Open Source 繪圖函式庫，畫畫折線圖、圓餅圖大家都會，Chart.js 好像也沒什麼了不起，但這要讓您見識，Chart.js 即使對小小的一條線，提供細節自訂能力也超多的，以下從點、線與填充模式幾個面向來探討。

❖ 設定點的形狀－pointStyle 屬性

折線圖的座標點形狀預設是 circle 圓點，但可用 Datasets 的 pointStyle 屬性改變形狀，內建以下十種形狀。

圖 8-4 pointStyle 支援的點形狀

HtmlPages/PointStyle.html

```
...
var chart = new Chart(ctx, {
    type: 'line',
    data: {
        labels: pStyle,
        datasets: [{
          label: 'pointStyle 點樣式',
          data: [10, 10, 10, 10, 10, 10, 10, 10, 10, 10],
          pointStyle: ['circle', 'cross', 'crossRot',  'dash', 'line', 'rect',
                'rectRounded', 'rectRot', 'star', 'triangle'],
          fill: false,
          showLine: false,
          ...
        }]
    },
    options: {
        ...
});
```

❖ 設定折線圖的填充模式－fill 屬性

折線圖除了線條繪製外，還可透過 fill 屬性將折線圖區域進行顏色填充，內建 false、'origin'、'start'、'end' 四種模式。

HtmlPages/LineFill.html

```
...
var chart = new Chart(context, {
     type: 'line',
     data: {
         labels: ['1 月', '2 月', '3 月', '4 月', '5 月', '6 月'],
         datasets: [{
             label: '1~6 月均溫',
             data: [16, 15, 18, -21, 25, 27],
             fill: 'origin',
         }]
     },
     ...
}
```

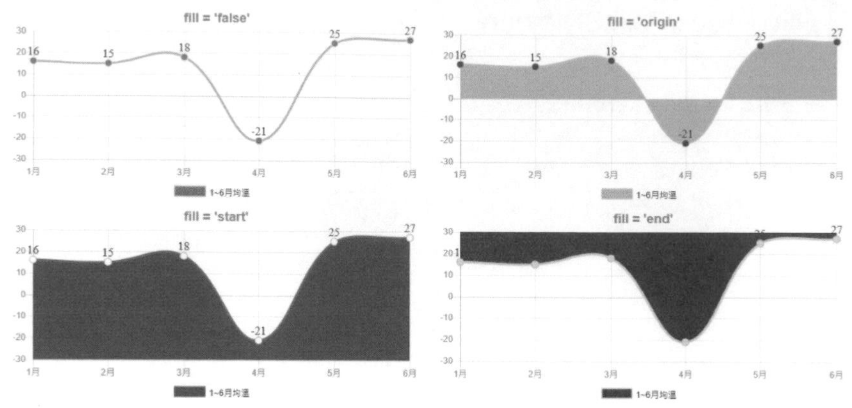

圖 8-5　四種 Fill 填充模式

❖ 設定線條的實線與虛線－borderDash 屬性

Line 在實線之外，若想使用虛線，可在 borderDash 屬性中指定陣列數字，就能畫出不同實線與空隔組合的虛線，關鍵語法如下：

```
var chart = new Chart(context, {
    type: "line",
    data: {
        labels: ['1 月', '2 月', '3 月', '4 月', '5 月', '6 月'],
        datasets: [{
            label: '1~6 月均溫',
            data: [16, 15, 18, -21, 25, 27],
            borderDash: [10, 10],◄── 繪製 dash 虛線 - 長度 10, 間隔 10
            ...
}
```

範例 8-2 Line 的點、線和填充模式變化之綜合演練

請參考 LineStyle.html，示範 Line 折線圖的點、線和 fill 填充等綜合變化，包括：

- 用 pointStyle 屬性設定座標點的形狀
- 用 pointBackgroundColor、pointBorderColor 設定座標點的背景色和外框色

- 用 pointRadius 設定座標點的半徑大小
- 用 borderColor 設定線條顏色
- 用 lineTension 屬性設定 Bezier 曲線張力，決定線條是曲線或直線
- 用 showLine 屬性設定是否繪製線條
- 用 borderDash 決定 dash 線條的長短和間距
- 用 fill 屬性設定填充模式
- 用 backgroundColor 設定 fill 填充的顏色

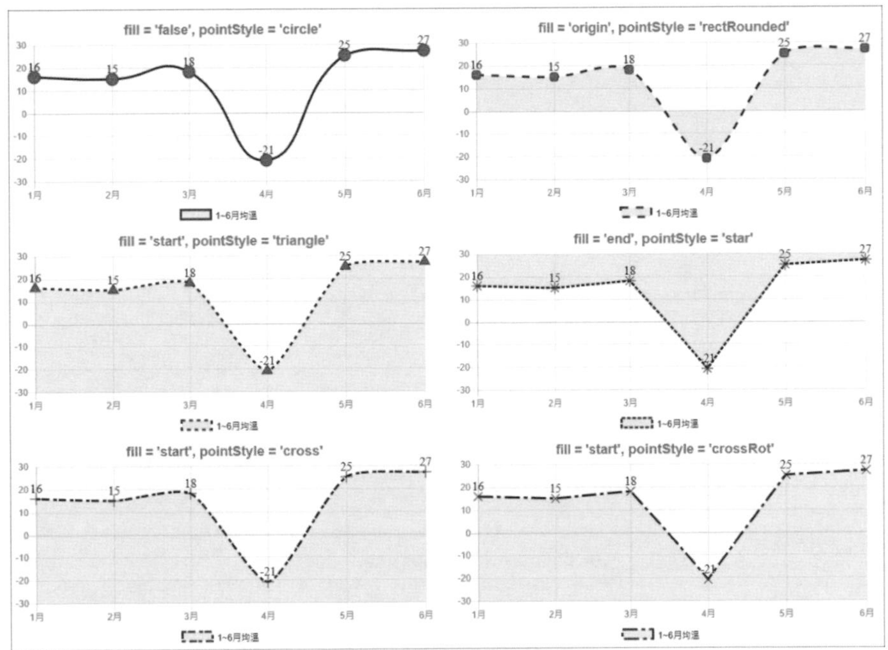

圖 8-6 Line 折線圖的點和線樣式變化

HtmlPages/LineStyle.html

```
<!DOCTYPE html>
...
<body>
    <div class="container">
        ...
```

```
        <div class="row">
            <div class="col-md-6">
                <canvas id="chart1"></canvas>
            </div>
            ...
            <div class="col-md-6">
                <canvas id="chart8"></canvas>
            </div>
        </div>
    </div>
    <script>
        var ctx1 = document.getElementById('chart1');
        ...
        var ctx8 = document.getElementById('chart8');

        lineChart(ctx1, false, 'circle', 0.5, true);
        lineChart(ctx2, 'origin', 'rectRounded', 0.3, true, [10, 10]);
        lineChart(ctx3, 'start', 'triangle', 0.2, true, [5, 5] );
        lineChart(ctx4, 'end', 'star', 0, true, [5, 2]);
        lineChart(ctx5, 'start', 'cross', 0.2, true, [5, 2, 10, 5]);
        lineChart(ctx6, 'start', 'crossRot', 0, true, [20, 5, 5, 5]);
        lineChart(ctx7, false, 'line', 0, false);
        lineChart(ctx8, false, 'dash', 0, false);

        function lineChart(context,fillmode, point, curve, showline, dash) {
            var chart = new Chart(context, {
                type: 'line',
                data: {
                    labels: ['1月', '2月', '3月', '4月', '5月', '6月'],
                    datasets: [{
                        label: '1~6月均溫',
                        data: [16, 15, 18, -21, 25, 27],
                        fill: fillmode,  ◄── 填充模式
           點的形狀 ──► pointStyle: point,
                        lineTension: curve,  ◄── 貝茲曲線參數
       是否顯示線條 ──► showLine: showline,
                        borderDash: dash,  ◄── Dash 線條
           點的半徑 ──► pointRadius: 8,
                        pointHoverRadius: 15,  ◄── 點 hover 時的半徑
             填充色 ──► backgroundColor: 'rgba(255,165,50,0.3)',
                        borderColor: 'rgb(255,165,0)',  ◄── 線條色
         點的背景色 ──► pointBackgroundColor: 'rgb(255,0,0)',
                        pointBorderColor: 'rgb(0,0,255)',  ◄── 點的外框色
                    }]
                },
                options: {
                  ...
```

```
            });
        }
    </script>
</body>
</html>
```

8-4-4 用 Bar 長條圖繪製投票統計數

Bar 長條圖除了適合呈現月份類的數據外，也常拿來做數量的統計，例如投票數、銷售量等等。

⊙ Bar Chart 官網資訊：
https://www.chartjs.org/docs/2.9.4/charts/bar.html

範例 8-3 用 Bar 長條圖繪製員工國外旅遊投票統計

某公司欲舉辦員工國外旅遊，故開放員工投票，以下將投票結果用 Bar 長條圖繪製，看看每個國家得票數是多少，請參考 BarTravel.htm。

國家 / 項目	美國	日本	泰國	琉球	紐西蘭	澳洲
票數	8	22	13	15	17	21

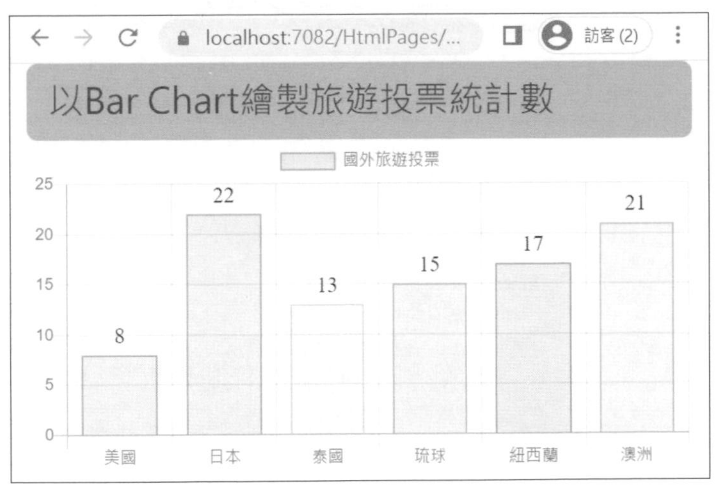

圖 8-7 用 Bar 長條圖繪製國外旅遊投票統計

HtmlPages/BarTravel.html

```
<!DOCTYPE html>
<html>
<head>
    <meta name="viewport" content="width=device-width, initial-scale=1.0" />
    <link href="../lib/bootstrap/dist/css/bootstrap.min.css" rel="stylesheet" />
    <script src="../lib/Chart.js/Chart.min.js"></script>
    <script src="../js/Utility.js"></script></head>
<body>
    <div class="container">
        <div class="jumbotron">
            <h2>以 Bar Chart 繪製旅遊投票統計數</h2>
        </div>
        <div class="col-md-8 col-md-offset-2">
            <canvas id="barChart"></canvas>
        </div>
    </div>

    <script>
        var ctx = document.getElementById('barChart');
        var myChart = new Chart(ctx, {
        ❶ type: 'bar',
        ❷ data: {
                labels: ['美國', '日本', '泰國', '琉球', '紐西蘭', '澳洲'],
                datasets: [{
                    label: '旅遊行程投票',
                    data: [8, 22, 13, 15, 17, 21],
                    backgroundColor: [
                        'rgba(255, 99, 132, 0.2)',
                        'rgba(54, 162, 235, 0.2)',
                        'rgba(255, 206, 86, 0.2)',
                        'rgba(75, 192, 192, 0.2)',
                        'rgba(153, 102, 255, 0.2)',
                        'rgba(255, 159, 64, 0.2)'
                    ],
                    borderColor: [
                        'rgba(255,99,132,1)',
                        'rgba(54, 162, 235, 1)',
                        'rgba(255, 206, 86, 1)',
                        'rgba(75, 192, 192, 1)',
                        'rgba(153, 102, 255, 1)',
                        'rgba(255, 159, 64, 1)'
```

```
                        ],
                        borderWidth: 1
                    }]
                },
            ❸ options: {
                    scales: {
                        yAxes: [{
                            ticks: {
                                beginAtZero: true
                            }
                        }],
                    }
                }
            });
        </script>
    </body>
</html>
```

說明：預設 Chart.js 不會在 Bar、Pei & Doughnut Chart 上打上數字，若希望加上數字的話，請加入 Utility.js 參考，裡面有產生數字的 plugin 擴充

8-4-5 用 Radar 雷達圖繪製公司營運管理指標之比較

Radar 雷達圖適合繪製多個面向分數的比較，藉以呈現出每個面向的強弱比較。

- Radar Chart 官網資訊：
https://www.chartjs.org/docs/2.9.4/charts/radar.html

範例 8-4 用 Radar 雷達圖繪製公司營運管理面向指標

以下用 Radar 雷達圖繪製公司營運管理指標，包括：生產、財務、人才、行銷、研發、品牌管理六個面向，比較各個面向之強弱，請參考 RadarManagement.html。

圖 8-8 用 Radar 雷達圖繪製公司營運管理指標

HtmlPages/RadarManagement.html

```
<!DOCTYPE html>
...
<body>
    <div class="container">
        <div class="jumbotron">
            <h2>以 Radar Chart 繪製公司營運管理指標</h2>
        </div>
        <canvas id="radarChart"></canvas>
    </div>

    <script>
        var ctx = document.getElementById('radarChart');
            var chart = new Chart(ctx, {
            ❶ type: 'radar',  ◄── 1. 指定為 Radar 雷達圖
            ❷ data: {
                    labels: ['生產管理', '財務管理', '人才管理', '行銷管理',
                      '研發管理', '品牌管理'],  ◄── 指定 X 軸 Label 名稱
                    datasets: [{
                        label: '模範生網路購物公司',
                        backgroundColor: 'rgba(173,255,47, 0.5)',
                        borderColor: 'rgb(0,0,0)',
                        pointStyle: 'circle',
                        pointBackgroundColor: 'rgb(0,0,255)',
```

```
                pointRadius: 5,
                pointHoverRadius: 10,
                data: [90, 82, 60, 65, 70, 55]
            }]
        },
    ❸ options: {
            responsive: true,
            legend: {
                position: 'top',
                labels: {
                    fontColor: 'black',
                    fontSize: 24
                }
            },
            title: {
                display: true,
                text: '公司營運管理指標',
                fontSize: 26,
            },
            scale: {
                ticks: {
                    beginAtZero: true
                },
                pointLabels: {
                    fontSize: 20
                },
            },
        }
    });
  </script>
</body>
</html>
```

8-4-6 用 Pie 圓餅圖繪製公司人力資源分佈

圓餅圖若以外型區分，還分成 Pie 圓餅圖和 Doughnut 甜甜圈圖，二者的語法及參數幾乎相同，唯除 type 屬性值不同，前者是 'pie'，後者是 'doughnut'。

⊙ Pie & Doughnut Chart 官網資訊：
https://www.chartjs.org/docs/2.9.4/charts/doughnut.html

範例 8-5 用 Pie 與 Doughnut Chart 繪製職務類型及學歷分佈比例

在此用 Pie 圓餅圖繪製公司職務類型分佈，用 Doughnut 圖繪製員工學歷分佈比例，請參考 PieDoughnut.html。

職務類型 項目	管理者	工程師	業務	客服	行銷	其他
比例%	8.7%	14.5%	39.1%	11.6%	14.5%	11.6%

學歷 項目	博士	碩士	大學	其他
比例%	2.9%	14.5%	58%	24.6%

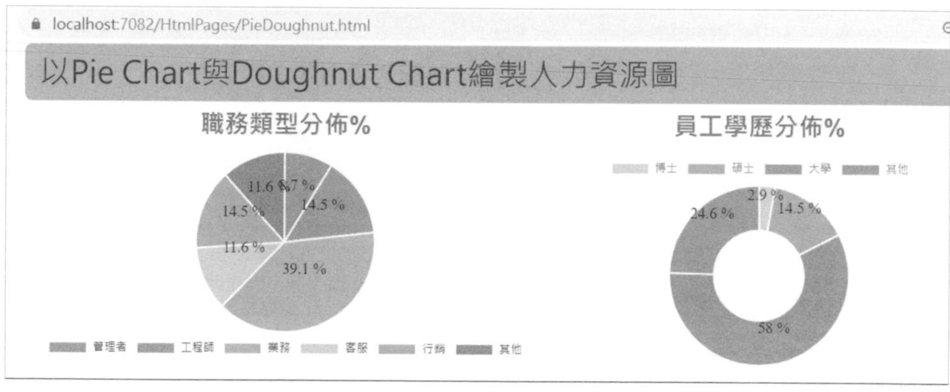

圖 8-9 以圓餅圖繪製公司人力資源數據

HtmlPages/PieDoughnut.html

```
<!DOCTYPE html>
<html>
<head>
    <meta charset="utf-8" />
    <meta name="viewport" content="width=device-width, initial-scale=1.0" />
    <link href="../lib/bootstrap/dist/css/bootstrap.min.css" rel="stylesheet" />
    <script src="../lib/Chart.js/Chart.min.js"></script>
    <script src="../js/Colors.js"></script>
    <script src="../js/Utility.js"></script></head>
<body>
    <div class="container">
        <div class="jumbotron alert-success">
```

```
        <h2>以 Pie Chart 與 Doughnut Chart 繪製人力資源圖</h2>
    </div>
    <div class="row">
        <div class="col-md-6">
            <canvas id="peiChart"></canvas>          ◄── 圓餅圖 Canvas
        </div>
        <div class="col-md-6">
            <canvas id="doughnutChart"></canvas>     ◄── 甜甜圈圖 Canvas
        </div>
    </div>
</div>
<script>
    //Pie Chart 圓餅圖
    var ctxPie = document.getElementById('peiChart');
    var pieChart = new Chart(ctxPie, {
        type: 'pie',
        data: {
            labels : ['管理者', '工程師', '業務', '客服', '行銷', '其他'],
            datasets: [{
                data: [8.7, 14.5, 39.1, 11.6, 14.5, 11.6],
                backgroundColor: [                  ▲ 圓餅圖數據
                    window.chartColors.red,
                    window.chartColors.blue,
                    window.chartColors.orange,      ◄── 定義在 Utility.js 中
                    window.chartColors.yellow,
                    window.chartColors.green,
                    window.chartColors.purple
                ]
            }],
        },
        options: {
            responsive: true,
            title: {
                display: true,
                fontSize: 26,
                text: '職務類型分佈%'   ◄── 結尾請加上%暗示符號
            },
            legend: {
                position: 'bottom',
                labels: {
                    fontColor: 'black',
                }
            }
        }
    });
```

```
        //Doughnut Chart 甜甜圈圖
        var ctxDoughnut = document.getElementById('doughnutChart');
        var pieChart = new Chart(ctxDoughnut, {
            type: 'doughnut',
            data: {
                labels: ['博士', '碩士', '大學', '其他'],
                datasets: [{
                    data: [2.9, 14.5, 58, 24.6],  ◄── 甜甜圈圖數據
                    backgroundColor: [
                        window.chartColors.yellow,
                        window.chartColors.green,
                        window.chartColors.red,
                        window.chartColors.blue,
                    ]
                }],
            },
            options: {
                responsive: true,
                title: {
                    display: true,
                    fontSize: 26,
                    text: '員工學歷分佈%'  ◄── 結尾請加上%暗示符號
                },
            }
        });
    </script>
</body>
</html>
```

說明：Chart.js 內建的圓餅圖沒有百分比符號顯示，而是在 Utility.js 中客製化，若想數值後面接著 % 符號，請在 options.title.text 指定標題時，加上 % 暗示符號

藉由以上五種圖形的實務應用，可了解 Chart.js 的語法整體一致性相當高。其圖形變化幾乎是在 type、data 及 options 三個參數上，參數設定得愈詳盡，整個圖表就愈精緻，互動效果也愈好，可說是這款繪圖函式庫優點。

8-5 在 MVC 中整合 Chart.js 與 JSON 資料存取

上一節在 HTML 中以 Chart.js 繪製折線圖、長條圖、雷達圖與圓餅圖，但如何在 MVC 使用 Chart.js 繪圖才是重點，本節說明如何轉成 MVC 程式，並由 Controller 傳遞數據到 View 供 Chart.js 使用，其中還涉及 JSON 的編碼與解碼轉換。

範例 8-6 MVC 以 Line 折線圖繪製各地區月份平均氣溫

下表是中央氣象局網站提供的台北、台中及高雄氣溫數據，將用 Line 折線圖繪製出月均溫，語法和前面的 LineBasic.html 差不多，但必須轉化為 MVC 語法結構。

月份 地區	1 月	2 月	3 月	4 月	5 月	6 月	7 月	8 月	9 月	10 月	11 月	12 月
台北	16.1	16.5	18.5	21.9	25.2	27.7	29.6	29.2	27.4	24.5	21.5	17.9
台中	16.6	17.3	19.6	23.1	26.0	27.6	28.6	28.3	27.4	25.2	21.9	18.1
高雄	19.3	20.3	22.6	25.4	27.5	28.5	29.2	28.7	28.1	26.7	24.0	20.6

⊙ 中央氣象局月平均氣溫：
https://www.cwb.gov.tw/V8/C/C/Statistics/monthlymean.html

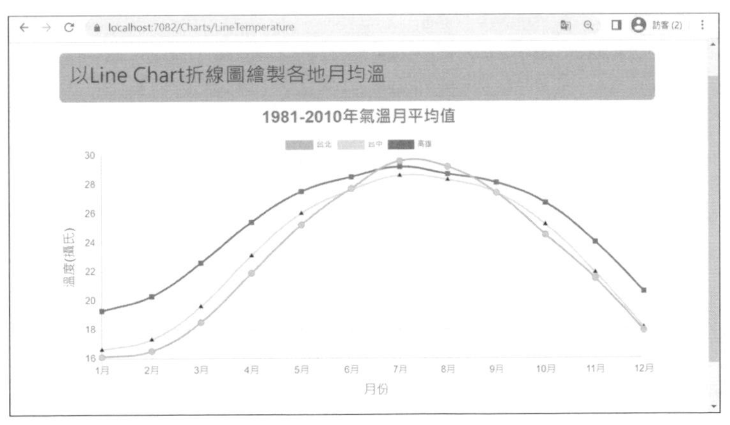

圖 8-10 三個地區月均溫折線圖

請參考 LineTemperature() 及 LineTemperature.cshtml 程式。

step01 新增 Charts 控制器及 LineTemperature()動作方法

```
public class ChartsController : Controller
{
    public IActionResult LineTemperature()
    {
        return View();
    }
}
```

step02 新增 View 檢視。在 LineTemperature()方法按滑鼠右鍵→【新增檢視】→【Razor 檢視】→範本選擇「Empty（沒有模型）」→【新增】，在 LineTemperature.cshmtl 繪製 Line 折線圖

Views/Charts/LineTemperature.cshmtl

```
<canvas id=" lineChart"></canvas>
@section endJS{
<script>
        var ctx = document.getElementById('lineChart');
        var chart = new Chart(ctx, {
            type: 'line',
            data: {
              labels: ['1月', '2月', '3月', '4月', '5月', '6月', '7月', '8月',
                       '9月', '10月', '11月', '12月'],
                datasets: [{
                  label: '臺北',                                  台北參數及資料設定
                  data: [16.1, 16.5, 18.5, 21.9, 25.2, 27.7, 29.6, 29.2,
                         27.4, 24.5, 21.5, 17.9],
                  fill: false,
                  backgroundColor: 'rgba(255,165,0,0.3)',
                  borderColor: 'rgb(255,165,0)',
                  pointStyle: "circle",
                  pointBackgroundColor: 'rgb(0,255,0)',
                  pointRadius: 5,
                  pointHoverRadius: 10,
```

```
        }, {                                              台中參數及資料設定
          label: '臺中',
          data: [16.6, 17.3, 19.6, 23.1, 26.0, 27.6, 28.6, 28.3,
                27.4, 25.2, 21.9, 18.1],
          fill: false,
          backgroundColor: 'rgba(0,255,255,0.3)',
          borderColor: 'rgb(0,255,255)',
          pointStyle: "triangle",
          pointBackgroundColor: 'rgb(0,0,0)',
          pointRadius: 5,
          pointHoverRadius: 10
        }, {                                              高雄參數及資料設定
          label: '高雄',
          data: [19.3, 20.3, 22.6, 25.4, 27.5, 28.5, 29.2, 28.7,
                28.1, 26.7, 24.0, 20.6]
          fill: false,
          backgroundColor: 'rgba(153,50,204,0.3)',
          borderColor: 'rgb(153,50,204)',
          pointStyle: "rect",
          pointBackgroundColor: 'rgb(220,20,60)',
          pointRadius: 5,
          pointHoverRadius: 10,
        }]
    },
    options: {
        responsive: true,
        title: {
            display: true,
            fontSize: 26,
            text: '1981-2010 年氣溫月平均值'
      },
        tooltips: {
            mode: 'point',
            intersect: true,
        },
        hover: {
            mode: 'nearest',
            intersect: true              ◄── 設定 hover 效果
        },
        scales: {
```

```
            xAxes: [{
                display: true,
                scaleLabel: {
                    display: true,
                    labelString: '月份',
                    fontSize: 20
                },                              ◄── X 軸設定
                ticks: {
                    fontSize: 15
                }
            }],
            yAxes: [{
                display: true,
                scaleLabel: {                   ◄── Y 軸設定
                    display: true,
                    labelString: '溫度(攝氏)',
                    fontSize : 20
                },
                ticks: {
                    fontSize: 15                ◄── 刻度字型大小
                }
            }]
        },
        animation: {
            duration : 3000                     ◄── 動畫持續時間
        }
    }
  });
</script>
}
```

以上圖表資料是在 View 中寫死，但 MVC 一定會有從資料庫來的資料，或從 Controller 傳遞 Model 給 View，讓 Chart.js 繪製。然而有一個很重要的觀念是，但凡 C#建立的集合或物件，是無法直接給 JavaScript 使用，因為二者的資料型別和記憶體管理是兩個不同世界，無法直接互通。資料必須做某種型式上的轉換，通常是將 C#的集合或物件，轉換成 JSON 格式資料，JavaScript 才能夠使用，反之亦然，且看以下範例如何處理這些細節。

範例 8-7 MVC 從 Controller 傳遞資料給 View 的 Line 折線圖繪製月均溫

以上一個範例為基礎，改造成從 Controller 傳遞資料給 View 的 Line 折線圖繪製月均溫，這涉及 Controller 資料建立，及 View 收到 C#資料後轉換成 JSON 格式資料，請參考 LineTemperatureData() 及 LineTemperatureData.cshtml。

step01 在 Models 資料夾新增 Location 模型，用來持有各地區月均溫資料

```
public class Location
{
    public string City { get; set; }      //城市名稱
    public double[] Temperature { get; set; }    //1-12 月份溫度資料
}
```

step02 在 Charts 控制器新增 LineTemperatureData()程式

Controllers/ChartsController.cs

```
public IActionResult LineTemperatureData()
{
    //1.Label
    string[] Months = { "1 月", "2 月", "3 月", "4 月", "5 月", "6 月", "7 月",
                        "8 月", "9 月", "10 月", "11 月", "12 月" };
    //以 ViewBag 將資料傳給 View
    ViewBag.MonthsLabel = Months;

    //2.List 集合包含台北,台中及高雄三個地方的氣溫資料
    List<Location> Locations = new List<Location>
    {
        new Location {
            City="台北",
            Temperature = new double[] { 16.1, 16.5, 18.5, 21.9, 25.2, 27.7,
                                         29.6, 29.2, 27.4, 24.5, 21.5, 17.9 }
        },
```

在 List<T>泛型集合中建立三個城市氣溫資料

```
            new Location {
                City="台中",
                Temperature = new double[] { 16.6, 17.3, 19.6, 23.1, 26.0, 27.6,
                                             28.6, 28.3, 27.4, 25.2, 21.9, 18.1 }
            },
            new Location {
                City="高雄",
                Temperature = new double[]{ 19.3, 20.3, 22.6, 25.4, 27.5, 28.5,
                                            29.2, 28.7, 28.1, 26.7, 24.0, 20.6 }
            }
        };

        return View(Locations);
    }
```

step03 在_ViewImports.cshtml 中加入「@using System.Text.Json;」命名空間

step04 在 LineTemperatureData ()方法按滑鼠右鍵→【新增檢視】→【Razor 檢視】→範本【Empty(沒有模型)】→【新增】，建立 LineTemperatureData.cshtml 程式

Views/Charts/LineTemperatureData.cshtml

```
@model IEnumerable<Location>
@{
    ViewData["Title"] = "LineTemperatureData";

    //將物件或資料編碼成 JOSN 格式資料
    string jsonMonths = JsonSerializer.Serialize(ViewBag.MonthsLabel);
    string jsonLocations = JsonSerializer.Serialize(Model);
    //使用 JsonSerializerOptions 選項設定
    var options = new JsonSerializerOptions
            {
                //The default is Pascal.
                PropertyNamingPolicy = JsonNamingPolicy.CamelCase,
                WriteIndented = true
            };
```

System.Text.Json 命名空間

```
    string jsonLocationsType =
        JsonSerializer.Serialize<IEnumerable<Location>>(Model, options);
}

<div class="h-100 p-3 bg-info rounded-3">
    <h2>以 Line Chart 折線圖繪製各地月均溫</h2>
</div>
<canvas id="lineChart"></canvas>

@section endJS{
    <script>
        var jsLocation = @Html.Raw(jsonLocations);
        var ctx = document.getElementById('lineChart');
        var chart = new Chart(ctx, {
            type: 'line',
            data: {
                labels: @Html.Raw(jsonMonths),
                datasets: [{
                    label : jsLocation[0].City,
                    data: jsLocation[0].Temperature,
                    ...
                }, {
                    label: jsLocation[1].City,
                    data: jsLocation[1].Temperature,
                    ...
                }, {
                    label: jsLocation[2]['City'],
                    data: jsLocation[2]['Temperature'],
                    ...
                }]
            },
            options: {
                ...
            }
        });
    </script>
}
```

將 C#物件序列化成 JSON 格式字串

顯示 JSON 原始字串格式

指定 1-12 月標籤名稱

指定城市名稱

指定月均溫資料

存取 JavaScript 陣列中物件屬性名稱

存取 JavaScript 陣列中物件屬性名稱

說明：

1. 在 Razor 中若想將 C#集合或陣列編碼成 JSON 格式資料，可用 ASP.NET Core 內建的 System.Text.Json 命名空間之

JsonSerialize.Serialize 方法，JsonSerialize.Deserialize 方法則是反向將 JSON 字串解碼成 C#物件

2. 編碼後的 JSON 資料須以 Html.Raw()方法指派給 JavaScript 的陣列或物件，再由 Chart.js 對 JavaScript 陣列或物件做資料存取

範例 8-8 MVC 以 Bar 長條圖統計國外旅遊投票數

在此用 Bar 長條圖統計員工旅遊每國家的投票數，在 Chartjs 控制器新增 Action 及 View 的過程就不再贅述，請參考 BarTravel() 及 BarTravel.cshtml 程式。

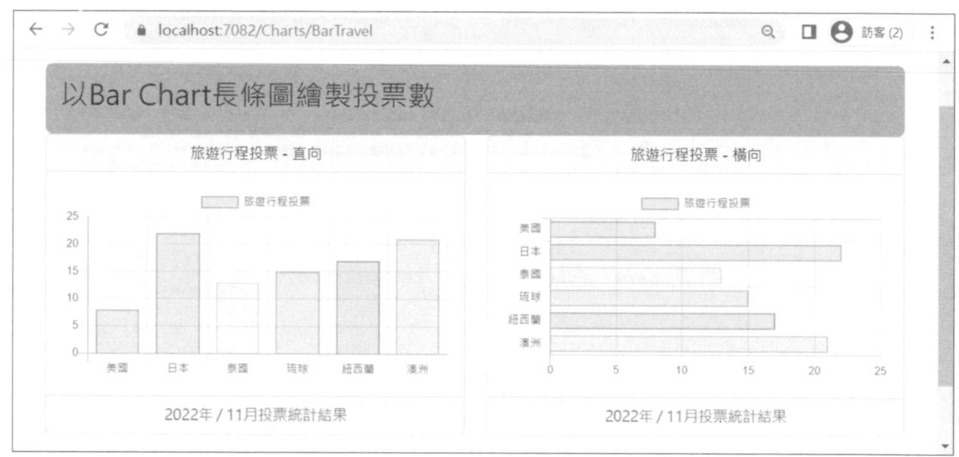

圖 8-11 直向與橫向 Bar 長條圖

Views/Charts/BarTravel.cshtml

```
@{
    ViewData["Title"] = "BarTravel";
    var footerText = DateTime.Now.Year + "年 / " + DateTime.Now.Month + "月投票統計結果";
}

<div class="row">
    <div class="col-md-6">
```

Bootstrap 使用 6 個欄位寬度

Card 元件

```
        <div class="card text-center">
            <div class="card-header">
                旅遊行程投票 - 直向
            </div>
            <div class="card-body">
                <canvas id="verticalBar"></canvas>
            </div>
            <div class="card-footer text-muted">
                @footerText
            </div>
        </div>
    </div>

    <div class="col-md-6">
        <div class="card text-center">
            <div class="card-header">
                旅遊行程投票 - 橫向
            </div>
            <div class="card-body">
                <canvas id="horizontalBar"></canvas>
            </div>
            <div class="card-footer text-muted">
                @footerText
            </div>
        </div>
    </div>
</div>

@section endJS{
    <script>
    var ctx1 = document.getElementById('verticalBar');
    var ctx2 = document.getElementById('horizontalBar');

    //定義 Enums 列舉
    const barDirection = {
        vertial: 'bar',
        horizontal: 'horizontalBar'
    };

    //直向 Bar 長條圖
    BarChart(ctx1, barDirection.vertial);

    //橫向 Bar 長條圖
```

直向 Bar Chart 的<canvas>

橫向 Bar Chart 的<canvas>

```
BarChart(ctx2, barDirection.horizontal);

//繪製 Bar 長條圖
function BarChart(context, barChartDirection) {
    if (!(barChartDirection == 'bar' || barChartDirection == 'horizontalBar')) {
        return;
    }


    var myChart = new Chart(context, {
        type: barChartDirection,    ← 參數為 bar 或 horizontalBar
        data: {
            labels: ["美國", "日本", "泰國", "琉球", "紐西蘭", "澳洲"],
            datasets: [{
                label: '旅遊行程投票',
                data: [8, 22, 13, 15, 17, 21],
                backgroundColor: [
                    'rgba(255, 99, 132, 0.2)',
                    'rgba(54, 162, 235, 0.2)',
                    'rgba(255, 206, 86, 0.2)',    ← 長條圖背景色陣列資料
                    'rgba(75, 192, 192, 0.2)',
                    'rgba(153, 102, 255, 0.2)',
                    'rgba(255, 159, 64, 0.2)'
                ],
                borderColor: [
                    'rgba(255,99,132,1)',
                    'rgba(54, 162, 235, 1)',
                    'rgba(255, 206, 86, 1)',    ← 長條圖邊框色陣列資料
                    'rgba(75, 192, 192, 1)',
                    'rgba(153, 102, 255, 1)',
                    'rgba(255, 159, 64, 1)'
                ],
                borderWidth: 1
            }]
        },
        options: {
            scales: {
                xAxes: [{
                    ticks: {
                        beginAtZero: true,    ← X 軸刻度是否從 0 開始
                    }
                }],
```

```
                yAxes: [{
                    ticks: {
                        beginAtZero: true,  ◄── Y 軸刻度是否從 0 開始
                    }
                }],
            }
        }
    });
}
</script>
}
```

說明：

1. Bar 長條圖直向與橫向變換僅需設 'verticalBar' 或 'horizontalBar'
2. 由於直向與橫向長條圖資料皆相同，為了提高共用性，故撰寫 BarChart()方法，以傳遞參數方式進行繪圖，而不需重複撰寫兩份相同的 functions

若想將前面長條圖資料，改由 Controller 傳遞給 View 作顯示，可參考 BarTravelData()及 BarTravelData.cshtml，原理及過程與先前介紹過的差不多，重點如下：

Controllers/ChartsController.cs

```
public IActionResult BarTravelData()
{
    string[] countries = { "美國", "日本", "泰國", "琉球", "紐西蘭", "澳洲" };
    int[] votes = { 8, 22, 13, 15, 17, 21 };
    ViewBag.Countries = countries;
    ViewBag.Votes = votes;

    return View();
}
```

Views/Charts/BarTravelData.cshtml

```
@{
    ...
    //將資料編碼 JOSN 格式
    var countries = JsonSerializer.Serialize(ViewBag.Countries);
    var votes = JsonSerializer.Serialize(ViewBag.Votes);
}

@section endJS{
    <script>
        ...
        //繪製 Bar 長條圖
        function BarChart(context, barChartDirection) {
            if (!(barChartDirection == 'bar' || barChartDirection == 'horizontalBar')) {
                return;
            }

            var myChart = new Chart(context, {
                type: barChartDirection,
                data: {
                    labels: @Html.Raw(countries),   ← 指定國家資料
                    datasets: [{
                        label: '旅遊行程投票',
                        data: @Html.Raw(votes),   ← 指定得票數資料
                        ...
                    }]
                },
                …
        }
    </script>
}
```

範例 8-9 MVC 以 Radar 雷達圖進行兩類車種之六大面向比較

在此以雷達圖對 SUV 及轎車進行六大面向之分數比較，包括新潮、價格、維修、性能、油耗、配備，請參考 RadarCarData() 和 RadarCarData.cshmtl 程式。

面向 / 車種	新潮	價格	維修	性能	油耗	配備
SUV	90	70	80	88	50	65
轎車	64	82	85	76	93	58

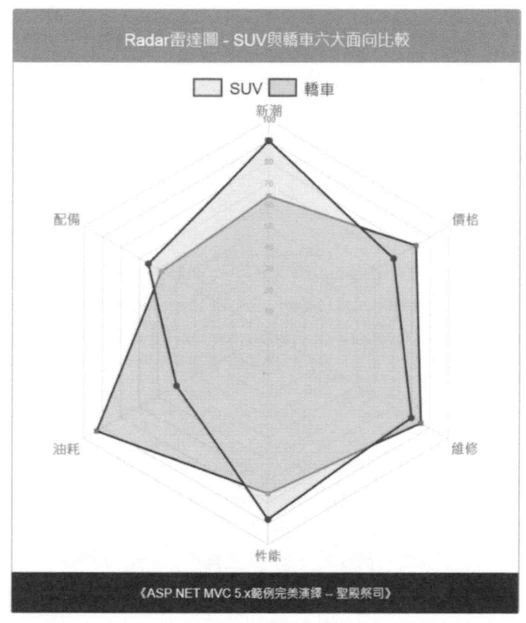

圖 8-12 以雷達圖進行車種之六大面向比較

從 Controller 傳遞資料給 View，讓 Chart.js 動態建立雷達圖。

step01 在 Charts 控制器新增 RadarCarData ()程式

Controllers/ChartsController.cs

```
public IActionResult RadarCarData()
{
    string[] scopeLabels = { "新潮", "價格", "維修", "性能", "油耗", "配備" };
    int[] suvScores = { 90, 70, 80, 88, 50, 65 };
    int[] sedanScores = { 64, 82, 85, 76, 93, 58 };

    ViewBag.ScopeLabels = scopeLabels;
    ViewBag.SuvScores = suvScores;
```

```
    ViewBag.SedanScores = sedanScores;

    return View();
}
```

step02 在 RadarCarData ()方法按滑鼠右鍵→【新增檢視】→【Razor 檢視】→範本【Empty（沒有模型）】→【新增】，建立 RadarCarData.cshtml 程式

Views/Charts/RadarCarData.cshtml

```
@{
    //編碼成 JSON 格式
    var scopeLabels = JsonSerializer.Serialize(ViewBag.ScopeLabels);
    var suvScores = JsonSerializer.Serialize(ViewBag.SuvScores);
    var sedanScores = JsonSerializer.Serialize(ViewBag.SedanScores);
}

<div class="row">
    <div class=" col-md-8 offset-md-2">
        <div class="card text-center">
            <div class="card-header">
                <h3>Radar 雷達圖 - SUV 與轎車六大面向比較</h3>
            </div>
            <div class="card-body">
                <canvas id="radarChart"></canvas>
            </div>
            <div class="card-footer text-muted">
                <h4>@footerText</h4>
            </div>
        </div>
    </div>
</div>

@section endJS{
    <script>
    var ctx = document.getElementById('radarChart');
    var chart = new Chart(ctx, {
        type: 'radar',
        data: {
            labels: @Html.Raw(scopeLabels), ◄── 六個比較面向 Labels
```

```
            datasets: [{
                label: "SUV",
                data: @Html.Raw(suvScores),   ← SUV 六個面向分數
                ...
            },
            {
                label: "轎車",
                data: @Html.Raw(sedanScores),   ← 轎車六個面向分數
                ...
            }]
        },
        ...
    });
    </script>
}
```

範例 8-10 MVC 用 Pie 與 Doughnut Chart 繪製年度產品營收及地區貢獻度

下表是某網路公司年度產品營收及地區貢獻度數據，在這以 Pie 圓餅圖繪製產品營收百分比，用 Doughnut 圖繪製地區營收百分比，請參考 PieSalesData()及 PieSalesData.cshtml 程式。

項目 \ 產品	3C 電子	食品	服飾	保養品	鞋子	家電
營收%	39.1%	8.7%	15%	14%	8%	15.2%

項目 \ 地區	中國	日本	韓國	越南	泰國	新加坡
營收%	45%	11%	14%	8%	10%	12%

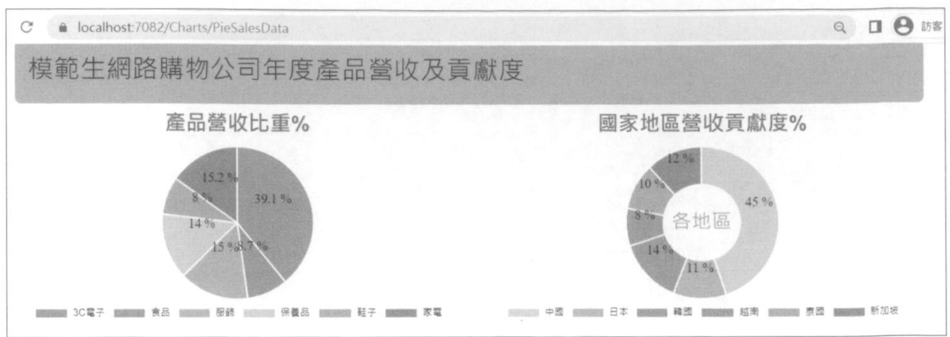

圖 8-13 用圓餅圖繪製年度產品營收及地區貢獻度

Controllers/ChartsController.cs

```
public IActionResult PieSalesData()
{
    string[] productLabels = { "3C 電子", "食品", "服飾", "保養品", "鞋子",
      "家電" };
    double[] productData = { 39.1, 8.7, 15, 14, 8, 15.2 };
    string[] countryLabels = { "中國", "日本", "韓國", "越南", "泰國", "新加坡" };
    double[] countryData = { 45, 11, 14, 8, 10, 12 };

    ViewBag.ProductLabes = productLabels;
    ViewBag.ProductData = productData;
    ViewBag.CountryLabels = countryLabels;
    ViewBag.CountryData = countryData;

    return View();
}
```

Views/Charts/PieSalesData.cshtml

```
@{
    var productLabels = JsonSerializer.Serialize(ViewBag.ProductLabes);
    var productData = JsonSerializer.Serialize(ViewBag.ProductData);
    var countryLabels = JsonSerializer.Serialize(ViewBag.CountryLabels);
    var countryData = JsonSerializer.Serialize(ViewBag.CountryData);
}

<div class="row">
    <div class="col-md-6">1
        <canvas id="peiChart"></canvas>
```

```
    </div>
    <div class="col-md-6">
        <canvas id="doughnutChart"></canvas>
    </div>
</div>

@section endJS{
    <script src="~/js/Colors.js"></script>
    <script src="~/js/Utility.js"></script>

    <script>
    //Pie Chart 圓餅圖
    var ctxPie = document.getElementById('peiChart');
    var pieChart = new Chart(ctxPie, {
        type: 'pie',
        data: {
            labels: @Html.Raw(productLabels),
            datasets: [{
                data: @Html.Raw(productData),
                backgroundColor: [ ... ]
            }],
        },
        options: {
            ...
            }
        }
    });

    //Doughnut Chart 甜甜圈圖
    var ctxDoughnut = document.getElementById('doughnutChart');
    var doughnutChart = new Chart(ctxDoughnut, {
        type: 'doughnut',
        data: {
            labels: @Html.Raw(countryLabels),
            datasets: [{
                data: @Html.Raw(countryData),
                backgroundColor: [ ... ]
            }],
        },
        options: {
            ...
        }
    });
```

```
    </script>
}
```

說明：這裡 Pie 和 Doughnut Chart 是各自建立繪圖 function，但其實可以仿照 BarTravel.cshtml 中寫成一個共用的 function，然後傳入不同的參數進行繪圖

8-6 結論

Chart.js 是整體性十分優良的繪圖函式庫，內建的圖形可滿足日常商業繪圖之所需，同時還提供動畫與互動效果，讓人眼睛為之一亮。且本身與 JSON 資料有很好的整合，再加上支援 Responsive，是一款相當好用的跨平台繪圖軟體。

CHAPTER 9

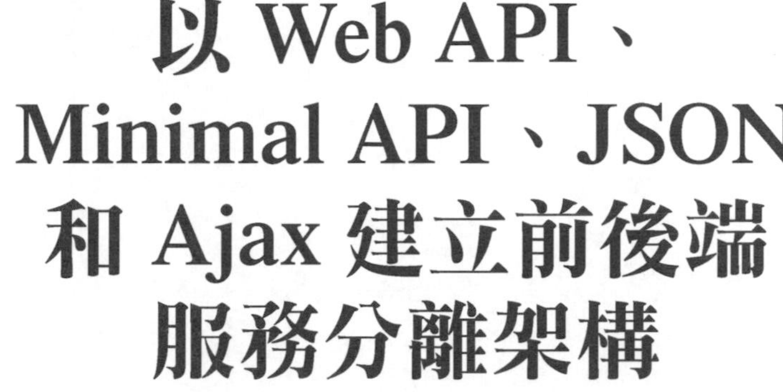

以 Web API、Minimal API、JSON 和 Ajax 建立前後端服務分離架構

本章闡述以 ASP.NET Core Web API 建立前後端分離的 Restful API 服務架構，這會用到幾個技術區塊：❶前端 UI 與 JavaScript 程式、❷jQuery Ajax 方法、❸後端 Web API 服務、❹Repository Pattern 與❺資料存取。

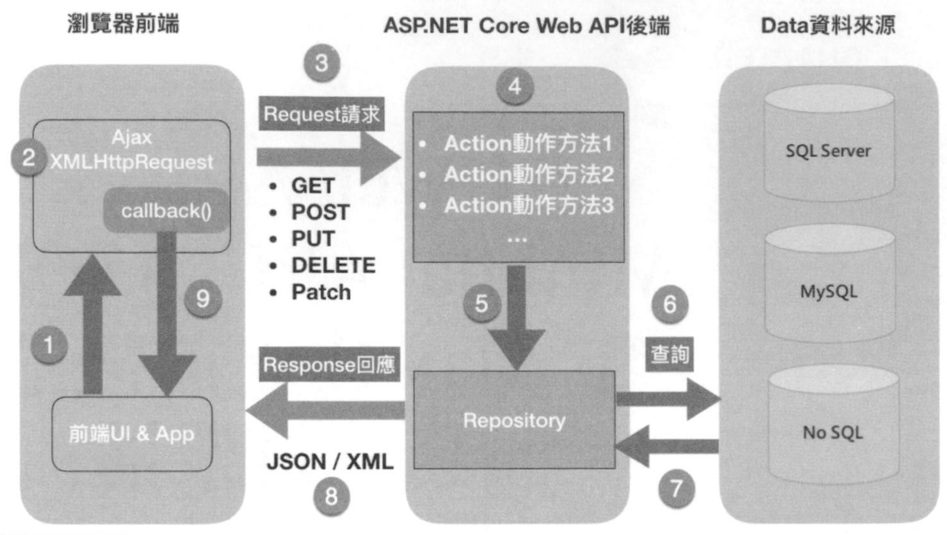

圖 9-1 ASP.NET Core Web API 前後端分離架構

但因涉及技術繁多，且篇幅有限，故不打算無所不包介紹所有細節，會聚焦在每個區塊核心概念與運用，讓讀者有初步概念，據以建立出一個可運作、具體而微的範例，體會 ASP.NET Core Web API 前後端分離架構如何建置與運作。

介紹順序是：❶ JSON 概觀，❷ JSON 資料編碼與解碼指令，❸ jQuery 四個 Ajax 命令的運用，❹ Controller 傳遞 JSON 資料給 View，❺ 以 Ajax 呼叫 Controller / Action，❻ 建立 ASP.NET Core Web API 服務，❼ 用 Postman 測試 Web API 服務。

9-1 JSON 概觀

JSON 全名是 JavaScript Object Notation，一種輕量級的文字資料交換格式，相較於 XML 格式資料，JSON 體積小、網路傳輸速度也快。同時它也是語言中立的文字表示法，許多主流語言皆支援 JSON 資料格式。由於 JSON 具備了輕量化、資料格式易於建立與理解，是當今 Web 與 Mobile 熱門的資料交換格式，為一門必懂技術。

> **TIP**
>
> **JSON 是單純的文字格式，不屬於 JavaScript、C#或其他語言的型別或物件**

JSON 雖是文字資料，卻有格式規範，有 Object 及 Array 兩種結構表示法，以下分兩個子小節說明。

9-1-1 JSON 的 Object 物件結構

JSON 的 Object 物件結構是以大括號 { ... } 前後包覆著資料宣告。

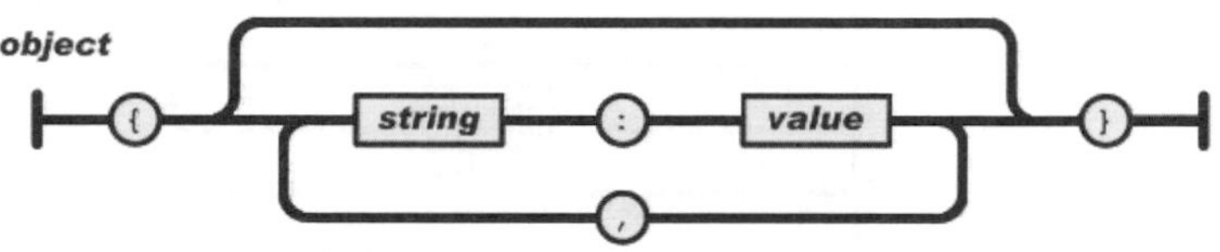

圖 9-2 JSON 物件結構示意圖

JSON 物件結構每筆資料是 name / value 成對，二者間以冒號分隔，例如有一個使用者 David，年紀 30 歲，住在台北，其 JSON 的物件結構表示法為：

HtmlPages/JsonSyntax.html

```
{
  "firstname" : "David" ,
  "age" : 30,
  "city" : "Taipei"
}
```

name　value
資料間以逗號分隔
name 與 value 以冒號分隔

firstname、age 及 city 三者皆為 name 名稱，冒號後接的是 value 資料值。且 JSON 由多行變成一行也沒有影響：

```
{ "firstname" : "David", "age" : 30, "city" : "Taipei" }
```

規則說明：

- JSON 資料是以{...}大括號包覆著，裡面是資料集合
- 每筆資料是 name / value 成對，name 與 value 是用冒號分隔
- name 與 value 皆須以雙引號標示
- 資料與資料之間以逗號為分隔
- value 值可為 string、number、object、array、true、false、null 型別

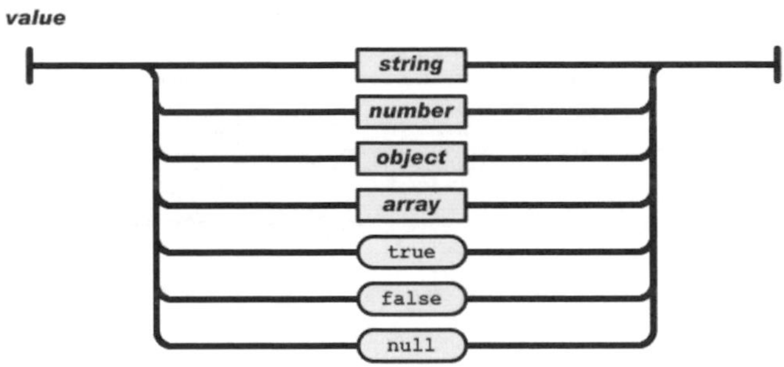

圖 9-3 value 值支援的型別

隨 JSON 物件的 value 值不同，在外觀上乍看有很多變化，例如以下 value 值是 Object 物件宣告。

HtmlPages/JsonSyntax.html

```
{
  "employee": {
    "name": "Tim",
    "age": 30,
    "city": "New York"
  }
}
```

name

value 值為一個 object 物件

更複雜者，下面 values 為多種不同型別資料，若能看懂這個例子，表示完全理解 JSON 物件結構表示法。

HtmlPages/JsonSyntax.html

```
{
  "firstname": "聖殿祭司",    ← value 為 string
  "height": 180,             ← value 為 number
  "city": {
    "通訊地址": "台北",
    "戶籍地址": "桃園"         ← value 為 object
  },
  "phone": {
    "市話": "02-29881055",
    "行動電話": "0933-852177"  ← value 為 object
  },
  "cars": [ "BMW", "Nissan GT-R", "Audi"]  ← value 為 Array
}
```

9-1-2 JSON 的 Array 陣列結構

JSON 陣列結構是以中括號 [...] 前後包覆著 value 值，以下列出幾種類型。

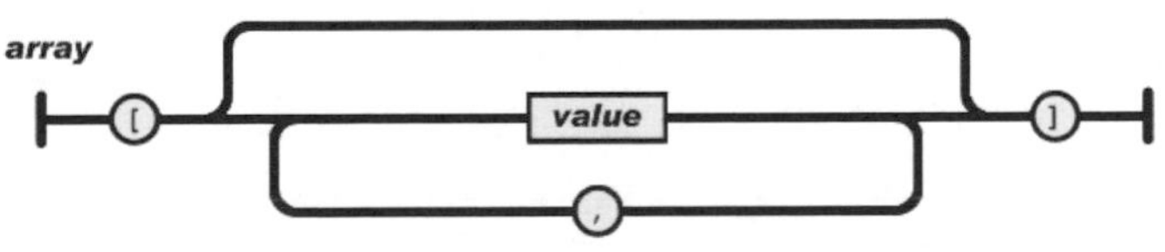

圖 9-4 JSON 陣列結構示意圖

+ value 值為 number

HtmlPages/JsonSyntax.html

```
[ 1, 3, 5, 7, 9 ]
```

+ value 值為 string

```
[ "Mary", "John", "Tom" ]
```

+ value 值為 objects

```
[
  { "firstname": "Mary", "age": 28, "city": "New York" },
  { "firstname": "John", "age": 36, "city": " Tokyo" },
  { "firstname": "Tom", "age": 30, "city": "Taipei" }
]
```

+ value 值為 arrays

```
[
 ["Dog", "Cat", "Mouse"],  ◄── array
 ["Horse", "Cow", "Sheep"],
 ["Bird", "Eagle", "Bat"]
]
```

+ value 值混合不同型別資料

以下五個 value 值是不同型別資料結構。

```
[
 "Mary",  ◄── 1. string
 168,     ◄── 2. number
 [ 36, 24, 36]  ◄── 3. array
 {
   "firstname": "Mary",
   "age": 28,              ◄── 4. object
   "city": "New York"
 },
 {                         ◄── 5. object
   "friends": ["John", "Anna", "Peter"]  ◄── value 為 array
 }
]
```

說明：

1. 陣列結構中的 value 值可為 string、number、object、array、true、false、null 型別，這部分與 JSON 物件結構是相同的

2. 前面例子可看出，JSON 資料的表示法很靈活，在一個資料結構中，可包含不同類型的資料，甚至還能做資料的巢狀結構

9-1-3 JSON 資料的編碼（序列化）與解碼（反序列化）

前面一直強調，JSON 是文字格式，一種有格式規範的字串，它不是 JavaScript 或 C#的物件或型別，是一種和語言無關的文字資料交換格式。但你是否想過 JSON 既然只是文字，又何必大費周張制定一些規則要我們遵守，不能隨心撰寫？之所以 JSON 要有明確的文字結構和規則，原因在於：

1. 為了成為一種通用的文字交換格式，能被各種語言識別與處理
2. 因 JSON 只是單純的文字資料，不依附在任何語言和環境，可以很容易在網路或應用程式之間傳遞與交換資料
3. 因為 JSON 資料是有格式規範，所以很多語言都有支援 JSON 資料的編碼與解碼指令

那什麼是編碼（Encode）與解碼（Decode）？例如有一個 C#物件或陣列持有資料，那要怎麼把它傳給 JavaScript 使用，直接傳遞嗎？不可能！因為二者是由不同的 Runtime 執行環境所管理，無法直接互通，反之亦然。但如果 C#將物件或陣列編碼成 JSON 文字格式，就能傳遞給 JavaScript，JavaScript 收到 JSON 資料後再進行解碼，還原成對等的 JavaScript 物件或陣列，就能夠進行資料處理，這就是 JSON 的妙用。

TIP

JSON 編碼與解碼，不同的程式語言，有的叫 JSON 序列化（Serialize）與反序列化（Deserialize），二者是等義

以本書範例來說，傳遞 JSON 資料給網頁使用有幾種情境：

1. 從 Controller / View 傳遞 C#物件至 View，由 View 將 C#物件編碼成 JSON
2. Controller / View 將 C#物件編碼成 JSON 後，再傳遞給 View 直接使用
3. Web API 將 C#物件編碼成 JSON 後，再傳遞給 HTML 直接使用
4. Controller / View 將 C#物件編碼成 JSON 後，再傳遞給 HTML 直接使用

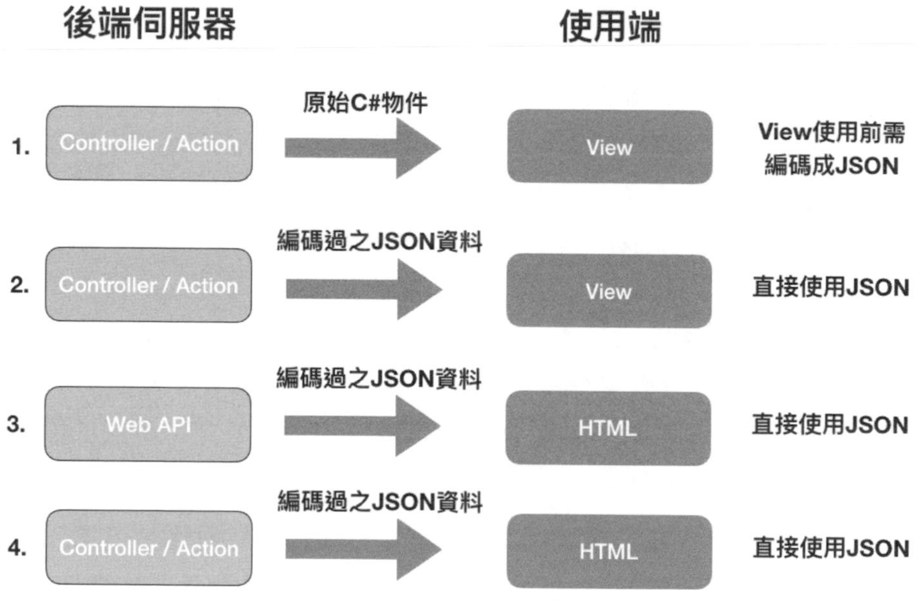

圖 9-5 JSON 資料傳遞與編解碼

接下來幾個小節，將演示上圖中前三種方式，說明 JSON 在 HTML 及 MVC 中該如何建立、傳遞資料、Ajax 呼叫 Controller 及 Web API、JSON 的編解碼，再到資料的呈現或 Chart.js 圖形繪製。

9-2 JavaScript 中的 JSON 編解碼與存取

在了解 JSON 兩種結構與編解碼後，接著要說明 JSON 於 JavaScript 中如何運用，以下分 JSON 物件和陣列結構兩個子小節解說。

9-2-1 JavaScript 中 JSON 物件結構資料的編碼與解碼

JSON 物件結構的宣告是前後以 {...} 大括號包覆，每筆資料以逗號分隔：

```
var jsonObjectText= '{ "firstname": "Tom", "age": 30, "city": "Taipei" }';
```

在 JavaScript 中以 JSON.stringify()編碼、用 JSON.parse()解碼：

```
var jsonText = JSON.stringify(JavaScrip 物件);  //將 JavaScript 物件編碼成 JSON 字串
var jsObject = JSON.parse('JSON 字串');         //將 JSON 字串解碼成 JavaScript 物件
```

說明：編碼是指將 JavaScript 物件或陣列轉成 JSON 字串，解碼是將 JSON 字串還原成 JavaScript 物件或陣列

範例 9-1 JSON 物件結構在 JavaScript 中的編解碼與存取

以下在 HTML 示範從 JavaScript 物件編碼成 JSON，或從 JSON 解碼還原成 JavaScript 物件，請參考 JsonObject.html 程式。

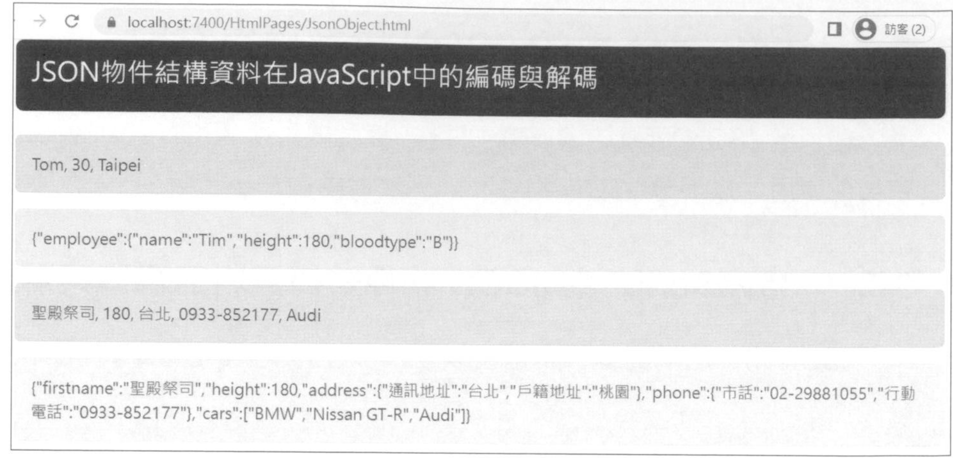

圖 9-6 JSON 物件結構資料的編解碼與取存

HtmlPages/JsonObject.html

```
...
<body>
    <div class="container">
        ...
        <p id="p1" class="alert alert-danger"></p>
        <p id="p2" class="alert alert-info"></p>
        <p id="p3" class="alert alert-success"></p>
        <p id="p4" class="alert alert-warning"></p>
    </div>
    <script>
        var p1 = document.getElementById("p1");
        var p2 = document.getElementById("p2");
        var p3 = document.getElementById("p3");
        var p4 = document.getElementById("p4");

        //1.從 JSON 字串-->JavaScript 物件
        //宣告 JSON 物件結構, values 為 string 及 number
        var jsonPerson = '{ "firstname": "Tom", "age": 30, "city": "Taipei" }';

        //用 JSON.parse()方法將 JSON 字串解碼還原成 JavaScript Object 物件
        var jsPerson = JSON.parse(jsonPerson);

        //存取及顯示 JavaScript Obecjt 物件屬性值
        p1.innerHTML = jsPerson.firstname + ", " + jsPerson.age + ", " +
        jsPerson.city;
```

JSON 物件結構，三對 name / value

將 JSON 字串解碼成 JavaScript 物件

```
//2.從 JavaScript 物件-->JSON 字串
//宣告 JavaScript 物件
var jsEmployee = {
    employee:
    { name: "Tim", height: 180, bloodtype : "B" }
};

//用 JSON.stringify()方將法 JavaScript 物件編碼成 JSON 字串
var jsonEmployee = JSON.stringify(jsEmployee);

//顯示 JSON 字串值
p2.innerHTML = jsonEmployee;

//3.從 JSON 字串-->JavaScript 物件
//宣告 JSON 物件結構, values 為 string, number, object 及 array
var jsonMan = '{"firstname":"聖殿祭司",
              "height":180,
              "address":{"通訊地址":"台北","戶籍地址":"桃園"},
              "phone":{"市話":"02-29881055","行動電話":"0933-852177"},
              "cars":["BMW","Nissan GT-R","Audi"]}';

//用 JSON.parse()方法將 JSON 字串解碼還原成 JavaScript Object 物件
var jsMan = JSON.parse(jsonMan);

//存取及顯示 JavaScript Obecjt 物件屬性值
p3.innerHTML = jsMan.firstname + ", " + jsMan.height + ", "
  + jsMan. address.通訊地址 + ", " + jsMan.phone.行動電話 + ", " +
  jsMan.cars[2];

//將 jsMan 再解碼還原成 JSON 字串也沒問題
var txtMan = JSON.stringify(jsMan);
p4.innerHTML = txtMan;
    </script>
</body>
</html>
```

JavaScript 物件

將 JavaScript 物件編碼成 JSON 字串

JSON 物件結構，五對 name / value

將 JSON 字串解碼成 JavaScript 物件

9-2-2 JavaScript 中 JSON 陣列結構資料的編碼與解碼

JSON 陣列結構是前後以 [...] 大括號包覆，每筆資料以逗號分隔：

```
var jsonArray_Num = '[1, 3, 5, 7, 9]';
var jsonArray_String = '["Mary", "John", "Tom"]';
var jsonArray_Object = '['{ "firstname": "Mary", "age": 28, "city":
      "New York" }]';
```

陣列也是以 JSON.stringify() 編碼、用 JSON.parse()解碼：

```
var jsonText = JSON.stringify(JavaScrip 陣列);  //將 JavaScript 陣列編碼成 JSON 字串
var jsArray = JSON.parse('JSON 字串');          //將 JSON 字串解碼成 JavaScript 陣列
```

範例 9-2 JSON 陣列結構在 JavaScript 中的編解碼與存取

以下示範 JSON 陣列結構五種 value 類型的建立方式，以及 JSON 與 JavaScript 的編解碼及取存語法，請參考 JsonArray.html 程式。

圖 9-7 JSON 陣列結構資料的編解碼與取存

HtmlPages/JsonArray.html

```
...
<script>
    ...
    //1.JSON 陣列結構資料--value 為 number
    var jsonArray_Num = '[1, 3, 5, 7, 9]';
    //將 JSON 字串解碼還原成 JavaScrip 陣列
    var jsArrayNum = JSON.parse(jsonArray_Num);
    //將陣列元素轉成字串，元素以逗號分隔
    p0.innerHTML = jsArrayNum.join(" - ");

    var txt = "";
    //以 forEach 處理 JavaScrip 陣列元素
    jsArrayNum.forEach(function (value, index) {
        txt += `index${index}=vaule, `;
    });

    //p0.innerHTML = txt.substring(0, txt.length-2);

    var num = "";
    //以 for 迴圈存取 JavaScrip 陣列中所有元素
    for (i = 0; i < jsArrayNum.length; i++) {
        num += `${jsArrayNum[i]}, `;
    }

    p1.innerHTML = num.substring(0, num.length - 2);

    //2.JSON 陣列結構資料--value 為 string
    var jsonArray_String = '["Mary", "John", "Tom"]';

    //將 JSON 字串解碼還原成 JavaScrip 陣列
    var jsArrayString = JSON.parse(jsonArray_String);
    p2.innerHTML = jsArrayString.join(", ");

    //3.JSON 陣列結構資料--value 為 object
    var jsonArray_Object = `[
            { "firstname": "Mary", "age": 28, "city": "New York" },
            { "firstname": "John", "age": 36, "city": "Tokyo" },
            { "firstname": "Tom", "age": 30, "city": "Taipei" }
        ]`;

    //將 JSON 字串解碼還原成 JavaScrip 陣列
```

```
    var jsArrayObject = JSON.parse(jsonArray_Object);

    //存取 JavaScrip 陣列中的物件屬性資料
    //p3.innerHTML = jsArrayObject[1].firstname + ", " + jsArrayObject[1].age
        + ", " + jsArrayObject[2].city;

    var person = jsArrayObject.find(x=>x.firstname=="John");

    p3.innerHTML = JSON.stringify(person);


    //4.JSON 陣列結構資料--value 為 array
    var jsonArray = `[
            ["Dog","Cat","Mouse"],
            ["Horse", "Cow", "Sheep"],
            ["Bird","Eagle", "Parrot"]
        ]`;

    //將 JSON 字串解碼還原成 JavaScrip 陣列
    var jsArray = JSON.parse(jsonArray);
    p4.innerHTML = jsArray[0][2] + ", " + jsArray[1][2] + ", " + jsArray[2][1];

    //5.JSON 陣列結構資料--value 為混合不同型別資料
    var jsonArray_Mixed = '["Mary", 168 ,{ "measurements" :[36, 24 ,36] },
       { "phone": "0925-389-211", "age": 28, "city": "New York" },
       { "friends": ["John", "Anna", "Peter"] }]';

    //存取 JavaScrip 陣列資料
    var jsMixed = JSON.parse(jsonArray_Mixed);
    p5.innerHTML = jsMixed[0] + ", 身高" + jsMixed[1] + ", 腰圍" +
       jsMixed[2]["measurements"][1] + ", 住" + jsMixed[3].city +
       ", 最好的朋友是" + jsMixed[4]["friends"][1];

</script>
```

說明：

1. 請留意 JSON 陣列結構不同類型 value 如何宣告，以及 JavaScript 陣列的存取語法
2. JavaScript 與 C#的陣列索引值皆從 0 開始計算

9-3 MVC 中 Controller 與 View 中的 JSON 編解與解碼

ASP.NET Core 支援的 JSON 編解碼指令如下表，除了 Utf8Json 和 Jil 是第三方套件外，其餘皆為內建。而 Controller.Json()和 IJsonHelper 的編碼指令雖同為 Json()，但它們實屬不同的東西，前者僅能在 Controller 中使用，回傳 JsonResult 結果，後者僅限 Razor View 檢視中使用，共同點是皆不提供 JSON 解碼指令。

表 9-1 ASP.NET Core 的 JSON 編碼與解碼指令

編解碼／源自	JSON 編碼	JSON 解碼	適用處
System.Text.Json	JsonSerializer.Serialize()	JsonSerializer.Deserialize<T>()	不限
Newtonsoft.Json	JsonConvert.SerializeObject()	JsonConvert.DeserializeObject<T>()	不限
Utf8Json	JsonSerializer.ToJsonString()	JsonSerializer.Deserialize<T>()	不限
Jil	JSON.Serialize()	JSON.Deserialize<T>()	不限
Controller.Json()	Json()	不提供	Controller
IJsonHelper	Json()	不提供	Razor View

說明：

1. System.Text.Json 是 ASP.NET 3.0 推出的，僅支援 3.0 以上版本
2. Utf8Json 網址 https://github.com/neuecc/Utf8Json
3. Jil 網址 https://github.com/kevin-montrose/Jil
4. IJsonHelper 型別的 Json()方法屬於 Microsoft.AspNetCore.Mvc.Rendering 命名空間

範例 9-3 在 Controller 及 View 中進行 JSON 編碼與解碼

以下說明在 Controller 及 View 中，要如何使用表 9-1 指令進行 JSON 編碼與解碼，而編碼對象是一個 List<Person>集合。

step01 建立 Person 模型

Model/Person

```
public class Person
{
    public int Id { get; set; }
    public string Name { get; set; }
    public string Email { get; set; }
}
```

step02 在專案按滑鼠右鍵→【管理 NuGet 套件】→在【瀏覽】搜尋及安裝 Jil.StrongName 和 Utf8Json 套件

step03 新增 Json 控制器和 JsonCommands()方法，同時列出每種類型的編碼與解碼語法

JsonController/JsonCommand

```
using Microsoft.AspNetCore.Mvc;
…
public IActionResult JsonCommands()
{
    //1.System.Text.Json - ASP.NET Core 3.0 內建
    string json1 = System.Text.Json.JsonSerializer.Serialize(persons);
    var list1 = System.Text.Json.JsonSerializer.Deserialize<List<Person>>(json1);

    //2.Newtonsoft.Json
    string json2 = Newtonsoft.Json.JsonConvert.SerializeObject(persons);
    var list2 = Newtonsoft.Json.JsonConvert.DeserializeObject<List<Person>>(json2);

    //3.Controller.Json()- 回傳 JsonResult
    JsonResult json3 = Json(persons);

    //4.Utf8Json - 第三方的高效能 JSON 序列化及反序列化套件
    string json4 = Utf8Json.JsonSerializer.ToJsonString(persons);
```

序列化可不指定 T 型別

反序列化須指定 T 型別

```
    var list4 = Utf8Json.JsonSerializer.Deserialize<List<Person>>(json4);

    //List<Person> --> byte[](UTF8)
    byte[] jsonBytes = Utf8Json.JsonSerializer.Serialize(persons);
    var listPersons = Utf8Json.JsonSerializer.Deserialize<List<Person>>(jsonBytes);

    //5.Jil - 第三方的高效能 JSON 序列化及反序列化套件
    string json5 = Jil.JSON.Serialize(persons);
    var list5 = Jil.JSON.Deserialize<List<Person>>(json5);

    return View(persons);
}
```

step04 在 JsonCommand ()方法按滑鼠右鍵→【新增檢視】→【Razor 檢視】→範本選擇「Empty（沒有模型）」→【新增】JsonCommand.cshtml 程式

```
@model List<Person>
@{
    var persons = (List<Person>)Model;
    //1.System.Text.Json - ASP.NET Core 3.0 內建
    string json1 = System.Text.Json.JsonSerializer.Serialize(persons);
    var list1 = System.Text.Json.JsonSerializer.Deserialize<List<Person>>(json1);

    //2.Newtonsoft.Json
    string json2 = Newtonsoft.Json.JsonConvert.SerializeObject(persons);
    var list2 = Newtonsoft.Json.JsonConvert.DeserializeObject<List<Person>>(json2);

    //3.IJsonHelper
    string json3 = Json.Serialize(persons).ToString();

    //4.Utf8Json - 第三方的高效能 JSON 序列化及反序列化套件
    string json4 = Utf8Json.JsonSerializer.ToJsonString(persons);
    var list4 = Utf8Json.JsonSerializer.Deserialize<List<Person>>(json4);

    //5.Jil - 第三方的高效能 JSON 序列化及反序列化套件
    string json5 = Jil.JSON.Serialize(persons);
    var list5 = Jil.JSON.Deserialize<List<Person>>(json5);
}
...                    @符號會對變數做 HTML 編碼
<div class="alert alert-primary">System.Text.Json</div>
<div>@json1</div>
<div>@Html.Raw(json1)</div>
                      Html.Raw()方法不做 HTML 編碼
```

```
<div class="alert alert-primary">Newtonsoft.Json</div>
<div>@json2</div>

<div class="alert alert-primary">IJsonHelper.Json</div>
<div>@json3</div>

<div class="alert alert-primary">Utf8Json</div>
<div>@json4</div>

<div class="alert alert-primary">Jil</div>
<div>@json5</div>

@section endJS
{
    <script>
        //直接將 JSON 字串指派給 View 中 JavaScript,因 HTML 編碼符號會導致錯誤
        @*var jsArray = @json1;*@  ← 直接指派給 JS 變數會因編碼而導致錯誤

        //須使用@Html.Raw()方法不對 JSON 編碼
        var jsArray2 = @Html.Raw(json1);
                        ↑ JSON 字串指派給 JavaScript 變數須用
                          @Html.Raw()方法不作 HTML 編碼
        var x = 0;
    </script>
}

@section topCSS
{
    <style>
        div.alert.alert-primary {
            margin-top: 10px;
            border: 2px dashed black;
        }
    </style>
}
```

說明：View 編解碼指令用法幾乎與在 Controller 中一樣，但需注意的是，在 View 中以@符號顯示 C#變數，皆會作 HTML 編碼，若不想編碼須用 @Html.Raw() 指令，特別是將 JSON 字串指派給 JavaScript 變數，就一定不要編碼，否則編碼後的特殊符號會導致錯誤

例如原始 JSON 字串：

```
[{"Id":1,"Name":"Kevin","Email":"kevin@gmail.com"},...]
```

用@json1 和@Html.Raw(json1)指令輸出的 HTML 差異：

```
[{&quot;Id&quot;:1,&quot;Name&quot;:&quot;Kevin&quot;,&quot;Email&quot;:&quot;
   kevin@gmail.com&quot;}, ...]
[{"Id":1,"Name":"Kevin","Email":"kevin@gmail.com"},...]]
```

或許你會想，不過就是 JSON 編解碼，為何羅列這麼多指令？不是一套就夠了，學這麼多幹嘛？這種以簡御繁的想法沒有錯，但現實上卻不是這麼簡化，因為在 ASP.NET MVC 5 世代，Newtonsoft.Json 可能是最通用、各方面功能最平衡的選擇，但是卻也造成了 ASP.NET MVC 5 及 ASP.NET Core 2.x 對它的相依性過於強烈，這是 ASP.NET Core 想擺脱的。同時 ASP.NET Core 對 JSON 編解碼效能想再進一步提升，以及其他改進，故於 ASP.NET Core 3.0 推出新的 System.Text.Json 命名空間提供 JSON 序列化與反序列化功能。

ASP.NET Core 3.0 理想建議是優先使用 System.Text.Json，那是否意謂可以完全拋棄 Newtonsoft.Json？但這也不是新版換舊版這麼單純，因為 System.Text.Json 在做 JSON 編解碼效能雖説比 Newtonsoft.Json 好，但功能涵蓋度與相容性卻不及 Newtonsoft.Json，無法做到對 Newtonsoft.Json 全面取代，可説是各有優點。故建議優先使用 System.Text.Json，在功能不及之處或有其他考量時，再用 Newtonsoft.Json 無妨。

至於為什麼要再增列 Utf8Json 和 Jil 第三方套件？因為此二者在 JSON 編解碼效能上又高出 System.Text.Json 和 Newtonsoft.Json 許多。以 Utf8Json 和 Jil 二者來説，前者編碼效能勝過後者，而後者在解碼效能又贏過前者，這在大流量網站處理大型 JSON 資料轉換時，應付成千上萬的使用者請求，效能考量下，編碼用 Utf8Json，解碼用 Jil，就能建立最佳性能組合。

> **TIP**
>
> Newtonsoft.Json 亦稱 JSON.NET，原本是第三方程式，但後來微軟將它整合進 MVC 專案的 Newtonsoft.Json.dll 組件，命名空間為 Newtonsoft

9-4 Controller傳遞JSON資料給View的Chart.js繪圖元件

在了解 JavaScript 和 MVC 的 JSON 編解碼語法後，接著要利用這些技巧於 MVC 繪製 Chart.js 圖形，主軸在於：

"Controller 傳遞 JSON 資料給 View 的 Chart.js 繪圖元件"

這類似前一章用過的技巧，當時 Controller 傳遞原始 C#字串、陣列、集合給 View，也就是未經 JSON 編碼的 C#物件，而 View 在收到 C#物件後，需再將 C#物件編碼成 JSON 格式字串。

而本節改在 Action 中，先用對 C#資料物件做 JSON 編碼，這樣 View 收到 Action 傳來的 JSON 資料只需直接使用，不必再做 JSON 編解碼，過程會經歷以下步驟：

1. 在 Action 中宣告 C#物件（集合或陣列）持有資料，而此 C#物件必須與 JSON 物件或陣列結構相仿，才能在下一步驟轉換成正確的 JSON 格式
2. 以 System.Text.Json.JsonSerializer.Serialize()指令將 C#集合序列化成 JSON 格式資料

3. Action 透過 ViewBag 或 ViewData 將「JSON 格式資料」傳遞給 View
4. 在 View 讀取 ViewBag 或 ViewData 中 JSON 資料，再將其指派給 Chart.js 繪圖

範例 9-4 Controller 傳遞 JSON 資料給 View 繪製月均溫折線圖

在此借用前一章的 LineTemperature.cshtml 程式，依前述四個步驟做修改，由 Controller 傳遞 JSON 資料到 View 繪製圖表，另外再用 Table 呈現原始資料數據，請參考 LineTemperatureJSON()和 LineTemperatureJSON.cshtml 程式。

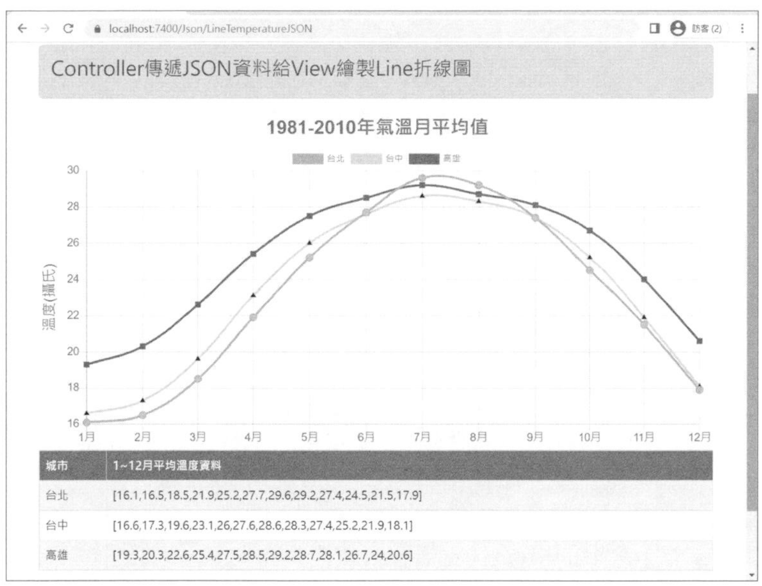

圖 9-8 Controller 傳遞 JSON 資料給 View 繪製月均溫折線圖

step01 在 Models 資料夾新增 Location.cs 模型，用來持有各地區月均溫資料

Models/Location.cs

```
public class Location
{
```

```
    public string City { get; set; }   //城市名稱
    public double[] Temperature { get; set; } //1-12 月份溫度資料
}
```

step02 在 JsonController 控制器中加入 LineTemperatureJSON()程式，C# 物件有 string 陣列及 List<T>集合，先用 JsonSerializer.Serialize() 編碼成 JSON 字串，再傳遞給 View

Controllers/JsonController.cs

```
public IActionResult LineTemperatureJSON()
{
    //1.string 字串陣列
    string[] Labels = { "1月", "2月", "3月", "4月", "5月", "6月", "7月",
                        "8月", "9月", "10月", "11月", "12月" };

    //序列化成為 JSON 物件結構字串
    string jsonLabels = System.Text.Json.JsonSerializer.Serialize(Labels);

    //以 ViewData 將資料傳給 View
    ViewData["JsonLabels"] = jsonLabels;

    //2.List 集合包含台北,台中及高雄三個地方的氣溫資料
    List<Location> Locations = new List<Location>
    {
        new Location{
            City="台北",
            Temperature = new double[] { 16.1, 16.5, 18.5, 21.9, 25.2, 27.7,
                                         29.6, 29.2, 27.4, 24.5, 21.5, 17.9 }
        },
        new Location{
            City="台中",
            Temperature = new double[] {16.6, 17.3, 19.6, 23.1, 26.0, 27.6,
                                        28.6, 28.3, 27.4, 25.2, 21.9, 18.1
        },
        new Location{
            City="高雄",
            Temperature = new double[] { 19.3, 20.3, 22.6, 25.4, 27.5, 28.5,
                                         29.2, 28.7, 28.1, 26.7, 24.0, 20.6 }
        }
    };
```

C#字串陣列

將 string 陣列序列化成 JSON 字串

泛型集合，包含三個城市氣溫資料

```
    //將 List 集合序列化成為 JSON 物件結構字串
    string JsonLocations = System.Text.Json.JsonSerializer.Serialize(Locations);
    //以 ViewData 將資料傳給 View
    ViewData["JsonLocations"] = JsonLocations;

    return View(Locations);
}
```

將 string 陣列序列化成 JSON 字串

將 Locations 以 Model 方式傳給 View

step03 在 LineTemperatureJSON ()方法按滑鼠右鍵→【新增檢視】→【Razor 檢視】→範本選擇「Empty（沒有模型）」→【新增】LineTemperatureJSON.cshtml 程式

Views/Json/LineTemperatureJSON.cshtml

```
@model IEnumerable<Location>

<canvas id="lineChart"></canvas>

<table class="table table-striped table-bordered table-hover">
    <thead>
        <tr>
            <th>城市</th>
            <th>1~12 月平均溫度資料</th>
        </tr>
    </thead>
    <tbody>
        <!--從 Model 讀取 Location 資料-->
        @foreach (var m in Model)
        {
          <tr>
            <td>@Html.DisplayFor(x => m.City)</td>
            <td>@Html.Raw(System.Text.Json.JsonSerializer.Serialize(m.Temperature))</td>
          </tr>
        }
    </tbody>
</table>

@section endJS{
    <script>
        //將 JSON 資料指定給 JavaScript 陣列
        //月份
        var jsMonths = @Html.Raw((string)ViewData["JsonLabels"]);
```

Canvas

讀取及顯示 Model 資料

Html.Raw()方法保留原始 JSON 格式，不做 HTML 編碼

```
        //包含台北,台中與高雄三地的資料
        var jsArray = @Html.Raw((string)ViewData["JsonLocations"]);
        var ctx = document.getElementById("lineChart");    讀取 ViewData 中資料
        var chart = new Chart(ctx, {
            type: "line",
            data: {
                labels: jsMonths,
                datasets: [{
                    label: jsArray[0].City,
                    data: jsArray[0].Temperature,        設定台北資料
                    …
                }, {
                    label: jsArray[1].City,
                    data: jsArray[1].Temperature,        設定台中資料
                    …
                }, {
                    label: jsArray[2].City,
                    data: jsArray[2].Temperature,        設定高雄資料
                    …
                }]
            },
            options: {
                ...
            }
        });
    </script>
}
```

說明：以上示範兩個資料讀取技巧，一是從 Model 讀取資料並在<table>中顯示，二是讀取 ViewData 中 JSON 資料，再交由 Chart.js 繪製圖表

由 Controller 直接傳送 JSON 資料給 View，這是典型的 MVC 運作模式，非常直覺一氣呵成。另一種情境是，須等待使用者選取 HTML 控制項、觸發事件或按鈕，前端再以 Ajax 呼叫後端 Action 或 Web API，取回 JSON 資料

9-5 以 Ajax 呼叫 Controller / Action 取回 JSON 資料

前一節由 Controller 向 View 傳遞 JSON 資料，而本節則由前端以 Ajax 呼叫後端 Controller 或 API 取回資料 JSON，兩種方法有不同的優點與適用性，取決於情境和需求。接下來會談如何建立 API 服務、Ajax 命令及用 JSON 資料繪圖。

9-5-1 以 MVC 的 Controller / Action 建立 API 服務

MVC 的 Controller / Action 通常會配合 View 檢視，以輸出網頁內容；但 Controller / Action 也可單純作為 API 服務，不建立任何 View 檢視，純粹輸出 JSON 資料給前端網頁或 Ajax 程式使用。

範例 9-5 以 MVC 的 Controller / Action 建立 API 服務

請參考 JsonDataApiController.cs 控制器，用 Action 建立汽車銷售及氣溫資料 API 服務，回傳 JSON 資料給前端。

step01 在 Helpers 資料夾建立 IUtility.cs 介面及 Utility.cs 類別程式，用來產生汽車銷售數字陣列

Helpers/Utility.cs

```
public class Utility : IUtility
{
    //產生整數陣列,依傳入參數 num 決定產生多少個陣列元素
    public int[] GetNumbers(int num)
    {
        Random rdn = new Random(Guid.NewGuid().GetHashCode());
        int[] Nums = new int[num];
        for (int i = 0; i < num; i++)
        {
            Nums[i] = rdn.Next(1, 500);
        }
```

```
        //或可簡化成一行
        var array = Enumerable.Range(1, num)
                                     .Select(x => rdn.Next(1, 500)).ToArray();
        rdn = null;
        return array;
    }
}
```

step02 在 Program.cs 中註冊 IUtility 相依性實作

Program.cs

```
var builder = WebApplication.CreateBuilder(args);
                                                在 DI Container 中註冊相依性
builder.Services.AddTransient<IUtility, Utility>();

var app = builder.Build();
```

step03 新增 JsonDataApi 控制器及三個 Actions，作為 Ajax 呼叫的 API 服務，回傳 JSON 資料給前端

Controllers/JsonDataApiController.cs

```
using Microsoft.AspNetCore.Mvc;
using Mvc7_JsonWebApi.Helpers;
using Mvc7_JsonWebApi.Models;

public class JsonDataApiController : Controller         以 DI 注入 IUtility 實例
{
    private readonly IUtility _utility;
    public JsonDataApiController(IUtility utility)
    {
        _utility = utility;
    }

    //1.回傳 BMW & BENZ 汽車銷售數字 JSON        回傳型別指定為 ActionResult<T>形式
    public ActionResult<IEnumerable<CarSales>> GetCarSalesNumber()
    {
        List<CarSales> CarSalesNumber = new List<CarSales>
        {
            new CarSales { Id = 1, Car = "BMW", Salesdata = new int[] { 120,
                200, 300, 350, 400, 250, 380, 330, 500, 280, 310, 330 } },
```

```
        new CarSales { Id = 2,  Car = "BENZ", Salesdata = new int[] { 220,
                150,350, 300, 300, 200, 180, 400, 420, 210, 250, 440 }},
    };

    return CarSalesNumber; ◄── 將集合資料以 JSON 格式回傳
}

//2.以亂數產生 1-12 月 Audi & Lexus 汽車銷售數據
public ActionResult<IEnumerable<CarSales>> GetCarSalesNumberRandom()
{                                          ▲── 回傳型別指定為 ActionResult<T>形式
    //以亂數產生 1-12 月數據
    var random1 = _utility.GetNumbers(12);
    var random2 = _utility.GetNumbers(12);

    List<CarSales> CarSalesNumber = new List<CarSales>
    {
        new CarSales { Id = 1438, Car = "Audi", Salesdata = random1 },
        new CarSales { Id = 9563, Car = "Lexus", Salesdata = random2 },
    };

    return CarSalesNumber; ◄── 將集合資料以 JSON 格式回傳
}

//3.回傳地區月均溫 JSON 資料      ┌── 傳型別指定為 ActionResult<T>形式
public ActionResult<IEnumerable<Location>> GetTemperature()
{
    //2.List 集合包含台北,台中及高雄三個地方的氣溫資料
    List<Location> Locations = new List<Location>
    {
        new Location {
            City="臺北",
            Temperature = new double[] { 16.1, 16.5, 18.5, 21.9, 25.2,
                27.7, 29.6, 29.2, 27.4, 24.5, 21.5, 17.9, 23 }
        },
        new Location {
            City="臺中",
            Temperature = new double[] { 16.6, 17.3, 19.6, 23.1, 26.0,
                27.6, 28.6, 28.3, 27.4, 25.2, 21.9, 18.1, 23.3 }
        },
        new Location {
            City="高雄",
            Temperature = new double[] {19.3, 20.3, 22.6, 25.4, 27.5,
                28.5, 29.2, 28.7, 28.1, 26.7, 24.0, 20.6, 25.1 }
```

```
        }
    };

    return Locations; ◄── 將集合資料以 JSON 格式回傳
  }
}
```

說明：

1. 建議用 Chrome / Firefox / Microsoft Edge 做測試（後面小節會用 Postman 測試 API），早期 IE 會將回傳資料下載成 JSON 檔，較不方便
2. 這三個 Actions 純粹扮演 API 角色，請以 F5 執行，在瀏覽器 URL 輸入以下網址測試，正常的話會顯示回傳的 JSON 資料（Port 號碼請改成你專案為主）

```
https://localhost:7400/JsonDataApi/getCarSalesNumber
https://localhost:7400/JsonDataApi/getCarSalesNumberRandom
https://localhost:7400/JsonDataApi/getTemperature
```

9-5-2 四類簡單易用的 jQuery Ajax 指令

HTML 如需以 Ajax 呼叫遠端 API，取回 JSON 資料，可用下面四類 jQuery Ajax 指令：

```
$.ajax({
    url: apiUrl, ◄── 遠端 API 的 URL
    type: "POST", ◄── HTTP 請求方法類型
    dataType: "json", ◄── 指定回傳資料格式
    success: function (response) {
      ... 回呼處理程式        ▲
    }                    Ajax 回呼的資料物件
});
   ┌ 遠端 API 的 URL
   ▼
$.post(url , function(response){
    ... 回呼處理程式         ▲── Ajax 回呼的資料物件
});
```

```
$.get(url , function(response){
    ... 回呼處理程式
});

$.getJSON(url , function(response){
    ... 回呼處理程式
});
```

說明：

1. 此四個 Ajax 指令可用來呼叫遠端 API，取回包括 JSON、XML、HTML、Script 或 Text 格式資料
2. url 參數是遠端 API 的 URL，response 是 Ajax 回呼的資料物件，如果API回傳是JSON資料，那麼response不是陣列就是Object格式
3. 在此僅列出四個指令最簡而易用的語法，其實還有較進階複雜設定

⊙ JQuery Ajax API 網址：https://api.jquery.com/category/ajax/

範例 9-6 用 jQuery Ajax 呼叫遠端 API 取回 JSON 汽車銷售資料

在此用四類 jQuery Ajax 指令呼叫遠端 API－JsonDataApi 控制器，取回 JSON 資料，請參考 jQueryAjaxCommands.html。

圖 9-9 以 jQuery Ajax 呼叫遠端 API 回傳 JSON 資料

HtmlPages/jQueryAjaxCommands.html

```
...
<body>
    <div class="container">
        <div class="h-100 p-3 text-white bg-dark rounded-3">
            <h3>以 jQuery 四個 Ajax 指令呼叫遠端 API，取回 JSON 資料</h3>
        </div>
        <div id="urlText" class="alert alert-info"></div>
        <button class="btn btn-primary" id="ajax">以$.ajax()呼叫遠端 API</button>
        <button class="btn btn-success" id="post">以$.post()呼叫遠端 API</button>
        <button class="btn btn-warning" id="get">以$.get()呼叫遠端 API</button>
        <button class="btn btn-info" id="getJSON">以$.getJSON()呼叫遠端 API</button>
        <button class="btn btn-danger" id="reset">Reset</button>

        <div id="result" class="alert alert-danger"></div>
    </div>

    <script>
        var result = document.getElementById("result");

        //取消 Ajax 快取
        $.ajaxSetup({ cache: false });

        var apiUrl = "https://localhost:7400/JsonDataApi/GetCarSalesNumberRandom";

        $().ready(function () {
            //$.ajax()
            $("#ajax").click(function () {
                $.ajax({
                    url: apiUrl,
                    type: "POST",
                    dataType: "json",
                    success: function (response) {
                        //將 JSON 物件轉成文字
                        jsonText = JSON.stringify(response);
                        result.innerHTML = jsonText;
                        result.style.display = "block";
                        result.className = getAlertStyle();
                    }
                });
            });
```

遠端 API 之 URL

以$.ajax()呼叫遠端 API

請求成功後的 callback 回呼處理

以$.post()呼叫遠端 API

```
        //$.post()
        $("#post").click(function () {
            $.post(apiUrl, function (response) {
                //顯示 JSON 資料
                showAjaxResult(response)
            });
        });
```

以$.get()呼叫遠端 API

```
        //$.get()
        $("#get").click(function () {
            $.get(apiUrl, function (response) {
                showAjaxResult(response)
            });
        });
```

以$.getJSON()呼叫遠端 API

```
        //$.getJSON()
        $("#getJSON").click(function () {
            $.getJSON(apiUrl, function (response) {
                showAjaxResult(response)
            });
        });

        //顯示 API URL
        $("#urlText").text("API URL : " + apiUrl);
```

獨立成具名 function

```
        //顯示 JSON 資料
        function showAjaxResult(response) {
            result.innerHTML = JSON.stringify(response);
            result.className = getAlertStyle();
            result.style.display = "block";
        }
```

獨立成具名 function

```
        //Reset
        $("#reset").click(function () {
            result.style.display = "none";
            result.innerHTML = "";
        });
    });
  </script>
</body>
</html>
```

若想用 fetch 或 xhr 命令呼叫 Web API，程式如下：

HtmlPages/FetchXhrCommands.html

```
<script>

    const apiUrl = "https://localhost:7400/JsonDataApi/GetCarSalesNumberRandom";

    let btnFetchGet, btnFetchPost, bthXhrGet, bthXhrPost, result;

    window.onload = function () {
        btnFetchGet = document.getElementById("btnFetchGet");
        btnFetchPost = document.getElementById("btnFetchPost");
        bthXhrGet = document.getElementById("bthXhrGet");
        bthXhrPost = document.getElementById("bthXhrPost");
        result = document.getElementById("result");

        //顯示 API URL
        document.getElementById("urlText").innerText = apiUrl
        //Reset
        document.getElementById("reset").addEventListener("click", function(){
            result.style.display = "none";
            result.innerHTML = "";
        });

        //fetch - GET
        btnFetchGet.addEventListener("click", function () {
            fetch(apiUrl)
                .then(response => response.text())
                .then(data=>{
                    console.log(data);
                    result.innerText = data;
                    result.style.display = "block";
                    result.className = getAlertStyle();
                });
        });

        //fetch - POST
        btnFetchPost.addEventListener("click", function(){
            //POST 初始 Request 物件
            let request = new Request(apiUrl, {
                method : "POST",
                headers :{
```

```
                "Content-type":"application/json; charset=UTF-8"
            },
            body: JSON.stringify("{}")
        });

        fetch(request)
            .then(response => {
                //檢查 response 是否 ok ?
                if (response.ok) {
                    return response.json();
                } else {
                    throw new Error(`發生錯誤: ${response.status},
                      ${response.statusText}`);
                }
            })
            .then(data=>{
                console.log(data);
                //顯示 JSON 資料
                showAjaxResult(data);
            });
    });


    //xhr - GET
    bthXhrGet.addEventListener("click", function(){
        let xhr = new XMLHttpRequest();

        xhr.onload = function () {
            showAjaxResult(this.response)
        }

        xhr.open("GET", apiUrl);
        xhr.responseType="json";     //設定回應格式
        xhr.send();
    });

    //xhr - POST
    bthXhrPost.addEventListener("click", function(){
    let xhr = new XMLHttpRequest();

    xhr.onload = function () {
        showAjaxResult(this.response)
    }
```

```
        xhr.open("POST", apiUrl);
        xhr.responseType="json";      //設定回應格式
        xhr.send();
        });
    }

        //顯示 JSON 資料
    function showAjaxResult(data) {
        result.innerHTML = JSON.stringify(data);
        result.className = getAlertStyle();
        result.style.display = "block";
    }
</script>
```

範例 9-7 以 Ajax 呼叫後端 API 取回 JSON 資料，繪製汽車銷售趨勢圖

前面僅將 JSON 資料做單純文字顯示，事實上 JSON 資料用途很廣，本範例將 Ajax 取得的汽車銷售 JSON 資料，交由 Chart.js 繪製成銷售趨勢圖，請參考 CarSalesAjaxJSON()和 CarSalesAjaxJSON.cshtml 程式。

圖 9-10 前端以 jQuery Ajax 呼叫 API 請求 JSON 汽車銷售資料

以下是某汽車經銷商兩種車款 1～12 月份的銷售數據：

```
BMW ：120, 200, 300, 350, 400, 250, 380, 330, 500, 280, 310, 330
BENZ：220, 150, 350, 300, 300, 200, 180, 400, 420, 210, 250, 440
```

對映成 JSON 陣列結構是：

```
[
  {"Car":"BMW","Salesdata":[120,200,300,350,400,250,380,330,500,280,310,330]},
  {"Car":"BENZ","Salesdata":[220,150,350,300,300,200,180,400,420,210,250,440]}
]
```


以上 JSON 陣列中包含兩個物件，物件中有兩個 name / value，Car 及 Salesdata 是用來儲存車名及銷售數據，後續 C#也要建立對等的結構來儲存 JSON 資料。

step01 在 JsonController 新增 CarSalesAjaxJSON()動作方法

step02 在 CarSalesAjaxJSON ()按滑鼠右鍵→【新增檢視】→【Razor 檢視】→範本選擇「Empty(沒有模型)」→【新增】CarSalesAjaxJSON.cshtml

step03 在 CarSalesAjaxJSON.cshtml 以 Ajax 呼叫 JsonDataApiController 的 getCarSalesNumber()方法，將取回的 JSON 資料以 Chart.js 繪製成圖表

Views/Json/CarSalesAjaxJSON.cshtml

```
@using  Mvc7_JsonWebApi.Helpers
@inject IUtility _utility ◄── 注入 IUtility 實例到 View
...
<select id="urlSelect" class="form-control">
    <option value="https://localhost:7400/JsonDataApi/GetCarSalesNumber">
       同專案的 JsonDataApi/GetCarSalesNumber</option>
    <option value="https://localhost:7400/JsonDataApi/GetCarSalesNumberRandom">
       同專案的 JsonDataApi/GetCarSalesNumberRandom</option>
```

```
    <option value="https://localhost:7500/apiservices/cars">
        另一個 Web API 專案服務</option>
    <option value="http://172.20.10.2/WebApiServices/api/cars">
      IIS 伺服器上的 Web API</option>
</select>

<button class="btn btn-success" id="post">以.post()呼叫遠端 API</button>
<button class="btn btn-warning" id="get">以.get()呼叫遠端 API</button>
<button class="btn btn-info" id="getJSON">以.getJSON()呼叫遠端 API</button>
<button class="btn btn-danger" id="reset">Reset</button>

<div id="urlText" class="alert alert-info"></div>

<div class="card" id="cardPanel">
    <div class="card-header">
        <h3 class="text-center">@DateTime.Now.Year 年度，1-12 月份汽車銷售數字</h3>
    </div>
    <div class="card-body" id="cardBody">
        <canvas id="chartCanvas"></canvas>
    </div>
    <div class="card-footer text-center">@_utility.GetBookTitle()</div>
</div>

<div id="result" class="alert alert-danger"></div>

@section endJS{
    <script>
        var result = document.getElementById("result");
        //apiUrl 來自<select>控制項的<option value="...">
        var apiUrl = "";

        //以 jQuery 的方法 Ajax 呼叫遠端 Controller API，取回 JSON 格式資料
        $().ready(function () {
            $("#post").click(function () {
                $.post(apiUrl, JsonDataHandler);
            });
                        API 的 URL    Ajax 回呼處理

            $("#get").click(function () {
                $.get(apiUrl, JsonDataHandler);
            });

            $("#getJSON").click(function () {
                $.getJSON(apiUrl, JsonDataHandler);
```

```
        });

        hideCanvas();
    });

    //Ajax 回呼處理 function, 將 response 回傳的 JSON 資料指派給 jsArray 陣列
    var jsArray = null;
    function JsonDataHandler(response) {
        if (response != null) {
            //將回傳的 JSON 資料指定給 jsArray
            jsArray = response;
            document.getElementById("cardPanel").style.display = "block";
            drawLineChart();      //繪製圖表
            result.innerHTML = JSON.stringify(response);
            result.style.display = "block";
        }
    }

    var canvas = document.getElementById("chartCanvas");
    //取得<canvas>畫布上的 2d 渲染環境(rendering context)
    var ctx = canvas.getContext("2d");
    var chart = null;
    //繪製 Chart 圖表
    function drawLineChart() {
        if (chart != null) {
            chart.destroy(); ◀── 摧毀先前建立的 chart 實例，避免快取效應
        }

        chart = new Chart(ctx, {
            type: "line",
            data: {
                labels: ['1 月', '2 月', '3 月', '4 月', '5 月', '6 月', '7 月',
                         '8 月', '9 月', '10 月', '11 月', '12 月'],
                datasets: [{
                    label: jsArray[0].car,              ◀── 設定 BMW 陣列資料
                    data: jsArray[0].salesdata,
                    ...
                }, {
                    label: jsArray[1] .car,             ◀── 設定 BENZ 陣列資料
                    data: jsArray[1].salesdata,
                    ...
                }]
            },
```

```
                options: {
                    ...
                }
            });
        }

        //Hide Canvas
        $("#reset").click(function () {
            hideCanvas();
        });

        //隱藏元素
        function hideCanvas () {
            document.getElementById("cardPanel").style.display = "none";
            result.style.display = "none";
            result.innerHTML = "";
            //$("#result").text("");
        }

        $("#urlSelect").ready(function () {
            setUrl();
        });

        //select 選項變化時
        $("#urlSelect").change(function () {
            setUrl();
            hideCanvas();
        });

        //設定 URL 文字
        function setUrl() {
            var urlValue = $("#urlSelect").val();
            $("#urlText").text("API URL : " + urlValue);
            apiUrl = urlValue;
        }
    </script>
}
```

9-6 以 ASP.NET Core Web API 建立 HTTP 服務與 API

什麼是 Web API？相較於 MVC 著重於建立網站及網頁內容，Web API 是用於建構 HTTP 服務或 Data API，著重於服務或資料面，讓多個網站、不同 Web 瀏覽器、行動裝置或桌面應用程式共同存取 Web API 提供的服務與資料。

相較前一節將 API 建立於同一 MVC 專案的 Controller / Action 方法中（Mvc7_JsonWebApi），這節是將 Web API 獨立成一個專案（Core7_WebApiServices），不與 MVC 專案混用，以彰顯 Web API 獨立性，以及多個網站、平台、裝置共用存取的特點。

9-6-1 建立獨立的 ASP.NET Core Web API 專案

以下說明如何建立 Web API 專案，以及一些調整設定。

step01 請另外啟動一個 Visual Studio，新增【ASP.NET Core Web API】專案→專案名稱輸入「Core7_WebApiServices」→【下一步】→【建立】

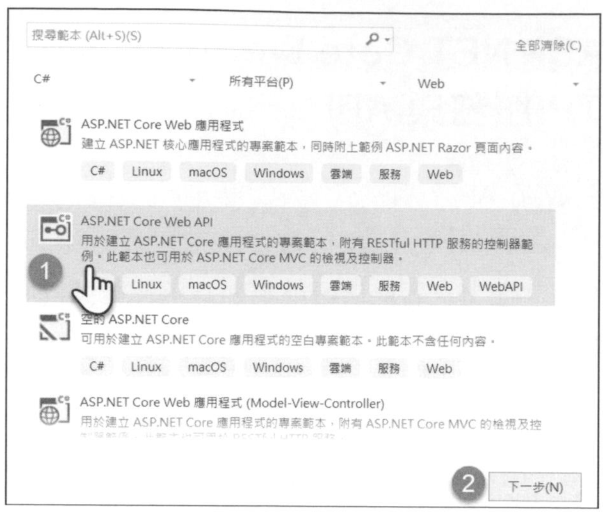

圖 9-11 選擇 Web API 範本

step02 將 launchSettings.json 的 https port 改為 7500

Properties/launchSettings.json

```
…
"https": {
      "commandName": "Project",
      "dotnetRunMessages": true,
      "launchBrowser": true,
      "launchUrl": "swagger",
      "applicationUrl": "https://localhost:7500;http://localhost:5175",
      "environmentVariables": {
        "ASPNETCORE_ENVIRONMENT": "Development"
      }
    }
```

按 F5 執行，預設會執行「https://localhost:7500/swagger/index.html」，它是 Swagger UI，用來產生 Web API 接口介面說明及測試工具，可讓人快速了解一個 Web API 專案有哪些 API 接口名稱 API、網址、支援的 HTTP 方法，並能於介面輸入參數進行 API 請求，及檢視回傳結果等。

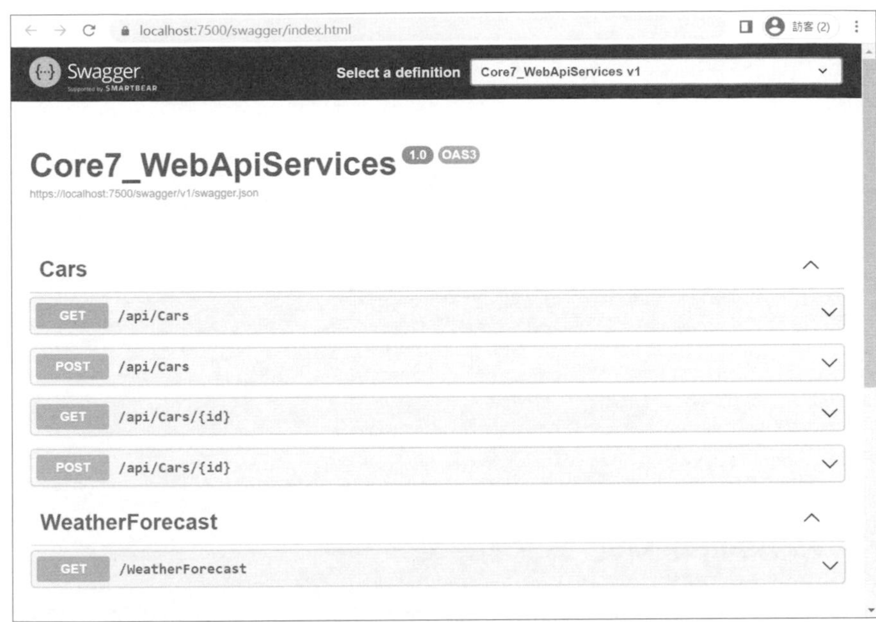

圖 9-12 以 Swagger UI 介面呈現 Web API 接口資訊

step03 檢視 WeatherForecastController 樣板 Web API 程式，重點用標示說明

Controllers/WeatherForecastController.cs

```
宣告 Controller 用來服務 HTTP API 回應
[ApiController]
[Route("[controller]")]  ← Attribute 路由          Controller 繼承 ControllerBase
public class WeatherForecastController : ControllerBase
{
    private static readonly string[] Summaries = new[]
    {
        "Freezing", "Bracing", "Chilly", "Cool", "Mild", "Warm", "Balmy",
        "Hot", "Sweltering", "Scorching"
    };
                                        ILoger 的相依性注入
    private readonly ILogger<WeatherForecastController> _logger;
    public WeatherForecastController(ILogger<WeatherForecastController> logger)
    {
        _logger = logger;
    }
```

```
    [HttpGet(Name = "GetWeatherForecast")]  ◄── 服務 HTTP Get 請求方法
    public IEnumerable<WeatherForecast> Get()
    {
        var rng = new Random();          ▼ 回傳五筆天氣預測 JSON 陣列資料
        return Enumerable.Range(1, 5).Select(index => new WeatherForecast
        {
            Date = DateTime.Now.AddDays(index),
            TemperatureC = rng.Next(-20, 55),
            Summary = Summaries[rng.Next(Summaries.Length)]
        })
        .ToArray();
    }
}
```

❖ Web API 和 MVC 專案的差異

Web API 和 MVC 專案在 ASP.NET Core 本質上實屬同一類型專案，因為它們共用相同的專案結構、程式檔與執行方式，而差異點體現在：

1. Web API 的控制器繼承 ControllerBase 類別，而 MVC 的控制器繼承 Controller 類別，Controller 類別又會繼承 ControllerBase 類別
2. 在 DI Container 中註冊的服務， Web API 註冊的是 builder.Services.AddControllers()、AddEndpointsApiExplorer() 和 AddSwaggerGen() 方法，而 MVC 註冊的是 builder.Services.AddControllersWithViews()
3. 二者的 Middleware 組態設定與需求不同
4. Web API 預設沒有載入 app.UseStaticFiles()靜態檔中介軟體
5. Web API 和 MVC 二者在 UseEndpoints()端點路由的組態設定不同
6. Web API 專案預設會註冊 AddSwaggerGen()服務和加入 Swagger 中介軟體設定

以上是肉眼可見的差異，而看不見的差異有：

1. MVC 處理 HTTP 請求預設是根據 URL 中的 Controller/Action/Id 來配對，找到負責處理的 Controller/Action，路由設定使然 "{controller=Home}/{action=Index}/{id?}"
2. Web API 處理 HTTP 請求，因 Controller 預設屬性路由是 [Route("api/[controller]")]，故會先找到對映的控制器，再根據 HTTP 請求方法是 GET 或 POST(或其他)，來配對以[HttpGet]或[HttpPost]裝飾的 Action 方法來處理請求
3. Web API 的 Action 回傳型別關鍵字較 MVC 來得不同；且 Web API 的 Action 沒有 return View()，因為它不需要回傳 View 檢視
4. Web API 公開服務會涉及 CORS 跨來源資源共用（Cross-Origin Resource Sharing）的議題

故雖說二者屬同一類型專案，但由於特性上差異，Web API 需要學習其特殊之處，才能掌握其應用。

9-6-2 設定 CORS 跨來源資源共用（Cross-Origin Resource Sharing）

以獨立 Web API 專案提供其他專案或網站存取資料，會面臨不同 Domain 網域資源存取限制問題，也就是不同網域之間因安全性緣故，預設是不能直接存取，而這個限制就是 CORS。那要如何才能跨網域存取資源？必須對方網站啟用 CORS 跨來源資源共用，允許你存取，此時便可跨網域存取資源。

以上是 CORS 簡要概念，然要精確了解 CORS，那便要弄懂 Origin 原理，如果兩個 URL 有相同 **schemes**、**hosts** 和 **ports**，則屬同源（same origin），彼此間存取網路資源不受限制。但如果有其中一項不同，便是

跨源（Cross-Origin），除非對方伺服器開放 CORS 存取，否則便無法讀取對方網路資源。

> **TIP**
>
> scheme 是指 http 或 https 部分，host 是指 domain 部分

如以下 index.html 要存取 report.json 檔，由於二者皆有相同「https」通訊協定、「www.codemagic.com.tw」網域名稱，故為同源，report.json 可以被 index.html 順利存取：

```
https://www.codemagic.com.tw/index.html
https://www.codemagic.com.tw/data/report.json
```

但如果 report.json 的 URL 變成以下，index.html 存取變成跨源，無法存取：

```
http://www.codemagic.com.tw/data/report.json （http, scheme 不同）
https://www.codemagic.net/data/report.json （domain 不同）
https://codemagic.com/data/report.json （少了 www subdomain 不同）
https:44310//www.codemagic.com.tw/data/report.json （port 不同）
```

在 Web API 要啟用 CORS，開放其他非同源 URL 存取 API，以下是兩種開放範圍：

一、開放所有 Origins 存取

若 Web API 要開放其他所有 Origins 存取資源，例如政府單位的 Open Data 欲開放讓任何人存取，可在 Program.cs ❶ 新增 CORS 服務及 Policy，❷ 使用 CORS 中介軟體：

Program.cs

```
var builder = WebApplication.CreateBuilder(args);

string CorsPolicyName = "_CorsPolicy";

builder.Services.AddCors(options =>
{
    options.AddPolicy(name: CorsPolicyName,
        builder =>
        {
            builder.AllowAnyOrigin()
                   .AllowAnyHeader()
                   .AllowAnyMethod();
        });
});

var app = builder.Build();
...
app.UseCors(CorsPolicyName);
```

1. 新增 CORS 服務

加入 CORS Policy

允許任何 Origin

2. 使用 CORS 中介軟體

說明：

1. app.UseCors() 位置順序必須介於 app.UseRouting() 和 app.UseAuthorization () 二者之間
2. 用戶端呼叫後，瀏覽器會收到下列回應標頭，表示允許任何 Origin 存取資源

```
access-control-allow-origin: *
```

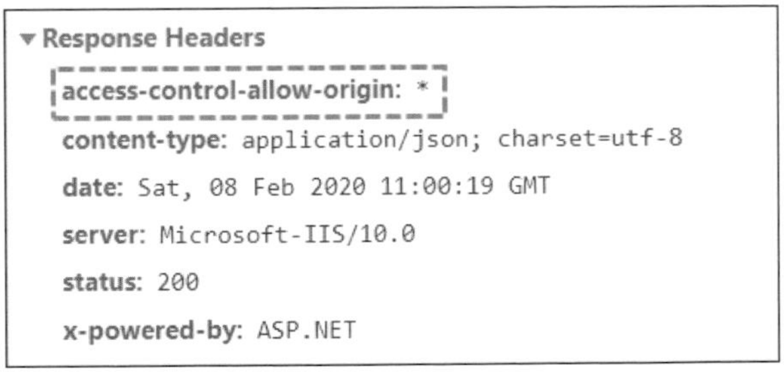
Response Headers
access-control-allow-origin: *
content-type: application/json; charset=utf-8
date: Sat, 08 Feb 2020 11:00:19 GMT
server: Microsoft-IIS/10.0
status: 200
x-powered-by: ASP.NET

圖 9-13 瀏覽器開發者工具中的回應標頭

二、限制特定 Origins 存取

但若希望 Web API 僅對某些 Origins 開放存取，可用 WithOrigions 方法設定請求端的 API 網址或網域：

Program.cs

```
string CorsPolicyName = "_CorsPolicy";

builder.Services.AddCors(options =>
{
    options.AddPolicy(name: CorsPolicyName,
        builder =>
        {
          builder.WithOrigins("https://localhost:7400",  "https://www.Shopping.com.tw")
                 .AllowAnyHeader()
                 .AllowAnyMethod();
        });
});
```

說明：

1. Origin 的 URL 尾端不能包含/斜線
2. 用戶端呼叫後，瀏覽器會收到下列回應標頭，允許 https://localhost:7400 跨源存取資源

```
access-control-allow-origin: https://localhost:7400
```

範例 9-8 以 ASP.NET Core Web API 建立汽車銷售數據查詢專用 API 服務

在此運用前面 Web API 知識，將汽車銷售數據 API 獨立成 ASP.NET Core Web API 專案，供其他 MVC 或 HTML 網頁程式呼叫。

step01 在 Models 資料夾建立 CarSales 模型

Models/CarSales.cs

```
public class CarSales
{
    public int Id { get; set; }
    public string Car { get; set; }
    public int[] Salesdata { get; set; }
}
```

step02 在 Helpers 資料夾建立 IUtility.cs 介面及 Utility.cs 類別程式，用來產生汽車銷售數字陣列

Helpers/Utility.cs

```
public class Utility : IUtility
{
    //產生整數陣列，依傳入參數 num 決定產生多少個陣列元素
    public int[] GetNumbers(int num)
    {
        Random rdn = new Random(Guid.NewGuid().GetHashCode());
        int[] Nums = new int[num];
        for (int i = 0; i < num; i++)
        {
            Nums[i] = rdn.Next(1, 500);
        }
        //或可簡化成一行
        var array = Enumerable.Range(1, num)
                              .Select(x => rdn.Next(1, 500)).ToArray();
        rdn = null;
        return array;
    }
}
```

step03 在 Program.cs 中註冊 IUtility 相依性

Program.cs

```
builder.Services.AddTransient<IUtility, Utility>();
```

step04 建立 Cars 控制器及三個 Actions，第一個 Action 處理 GET 請求，第二個 Action 處理 POST，第三個 Action 處理來自 GET 和 POST 的帶 id 參數請求

Controllers/CarsController.cs

```
[Route("api/[controller]")]
[ApiController]
public class CarsController : ControllerBase
{
    private readonly List<CarSales> CarSalesNumber;

    public CarsController(IUtility utility)
    {
        CarSalesNumber = new List<CarSales>
        {
          new CarSales { Id = 1, Car = "BMW", Salesdata = utility.GetNumbers(12) },
          new CarSales { Id = 2, Car = "BENZ", Salesdata = utility.GetNumbers(12) },
          new CarSales { Id = 3, Car = "Audi", Salesdata = utility.GetNumbers(12) }
        };
    }

    //URL Pattern : GET : api/cars
    [HttpGet]
    public IEnumerable<CarSales> GetCarSalesData()
    {
        return CarSalesNumber.Where(x => x.Id == 1 || x.Id == 2);
    }

    //URL Pattern : POST : api/cars
    [HttpPost]
    public IEnumerable<CarSales> GetCarSalesData2()
    {
        return CarSalesNumber.Where(x => x.Id == 2 || x.Id == 3);
    }

    //url pattern : api/cars/1 or api/cars/2
    [HttpGet("{id}"), HttpPost("{id}")]
    public IActionResult GetCarSalesData(int id)
    {
        var car = CarSalesNumber.FirstOrDefault(c => c.Id == id);
        if (car == null)
        {
            return NotFound();
        }
```

```
            return Ok(car);
        }
    }
```

step05 依照 9-6-2 小節教的兩種方法，使用其中一種啟用 CORS，開放 Cross-Origin 存取

step06 執行 Web API 專案進行以下兩個測試

依下表，在 Chrome 或 Firefox 輸入兩個 API 的 URL 網址，可得到不同的 JSON 回傳結果，第一個是回傳所有汽車的銷售資料，第二個僅回傳 id 為 2 的資料。

請求網址	回傳值	對應方法
https://localhost:7500/api/cars	見下圖	getCarSalesNumber()
https://localhost:7500/api/cars/2	見下圖	GetCarSalesData(int id)

+ GET 對映的 getCarSalesNumber()方法

```
[{"id":1,"car":"BMW","salesdata":[442,102,246,383,367,443,346,402,44,273,396,91]},
{"id":2,"car":"BENZ","salesdata":[305,115,285,375,306,396,326,178,312,35,225,29]}]
```

+ GET 對映的 GetCarSalesData(int id) 方法

```
{"id":2,"car":"BENZ","salesdata":[486,98,37,67,307,471,469,337,113,205,369,191]}
```

請另開啟 Mvc7_JsonWebApi 專案，執行第二個測試，瀏覽 https://localhost:7400/Json/CarSalesAjaxJSON 的「另一個 ASP.NET Core Web API 專案 Api/cars」，按下任一 Button 呼叫 Web API 服務，其中以 get 和 post 按鈕呼叫得到的回傳值是不同的。

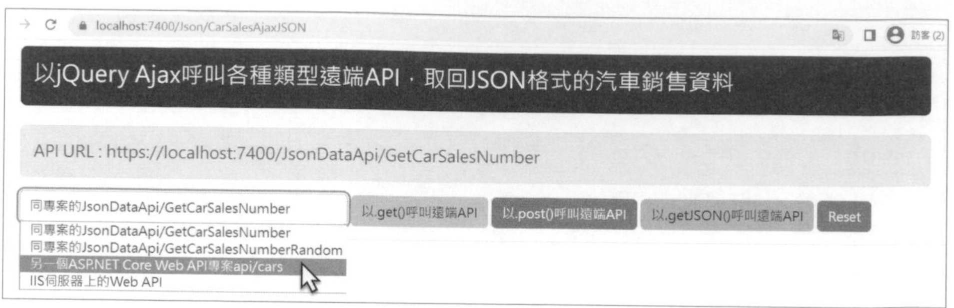

圖 9-14 MVC 程式呼叫 Web API 服務

9-7 以 Postman 測試 Web API 接口

在以 Ajax 呼叫 HTTP API 服務時，常發生前端送出了請求，但等半天卻接收不到任何回應，完全看不見背後發生了什麼事，或回傳非預期的資料。倘若沒有一套好的 API 測試工具，僅依賴瀏覽器的話，很難有效率或直覺化作問題排除。

在這介紹 Postman，它是用於 API 測試的輔助開發 GUI 工具，可輕鬆快速地模擬各類請求，並以視覺化呈現及解析回應結果。

- Postman 下載安裝：https://www.getpostman.com

安裝好 Postman 後，第一次使用需註冊帳號，登入後可看到工具畫面分為 Header Bar、Sidebar 及 Builder 三大區塊。

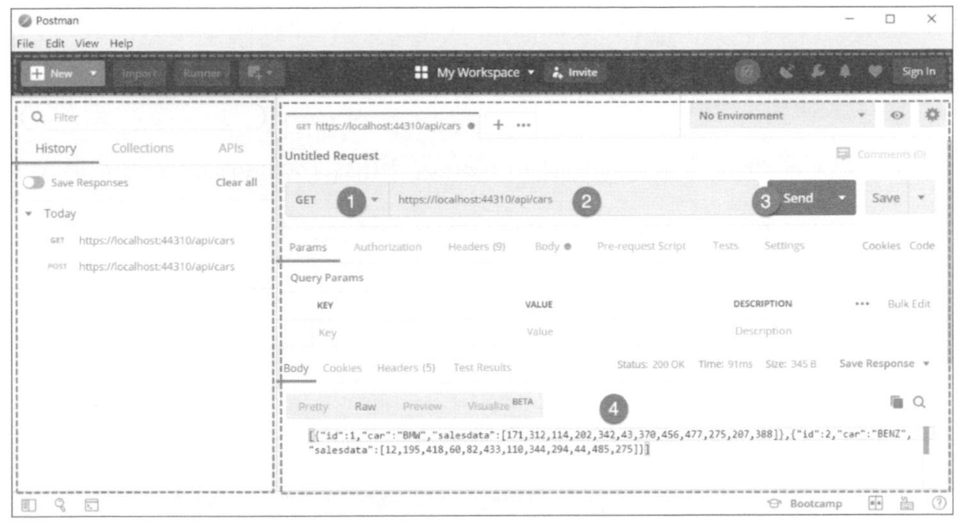

圖 9-15 Postman 工具畫面

- Header Bar 區塊：是工具列 Icons 圖示
- Sidebar 區塊：此區塊有 History 及 Collection 兩個頁籤，History 是測試過的 API 請求歷史列表，Collection 是 API 群組頁籤，可以建立特定目的 Collection 分類，然後將多個 APIs 加入這個 Collection，以便分類管理及使用
- Builder 區塊：此區塊是請求建立器，用來設定 HTTP Method－GET 或 POST、URL、Request Header、Request Body 等，然後以 Send 按鈕送出請求，收到回應後，將資料視覺化呈現出來

範例 9-9 以 Postman 對 Web API 送出請求及接收資料

在此使用 Postman 測試先前建立的 Web API，包括在 Builder 設定 Request 請求，送出請求後，檢視 Web API 回應資料之呈現。

step01 以 F5 執行 Web API 專案（https），讓 Web API 處於服務狀態

step02 開啟 Postman，在 Builder 區塊執行下列動作：

1. 在 Http Methods 部分選擇「GET」方法
2. 在 URI 部分輸入 Web API 服務位置「https://localhost:7500/api/cars」
3. 按下 Send 按鈕後，便會送出 Request 請求給 Web API
4. Web API 回應給 Postman 的結果是 JSON 格式資料，且「GET」和「POST」方法得到的 JSON 資料是不同的

TIP

Postman 測試 Https 開頭的服務，請將【File】→【Settings】→【Genreal】的【SSL Certificate Verification】設為 OFF 關閉

說明：

1. 在 HTTP Methods 支援的有：GET、POST、PUT、DELETE、PATCH、HEAD、OPTIONS 等十幾種方法
2. 在 Response Body 部分，其檢視方式有：Pretty、Raw 及 Preview，而資料格式有：JSON、XML、HTML、Text 及 Auto
3. 在 Request 請求部分，還可以額外指定 Authorization 及 Headers

9-8 Minimal APIs 概觀

何謂 Minimal APIs？可以理解為最小化 API，它有著最小化相依性行（Dependencies），適合想要包含最少檔案、功能與相依性的 Microservices 微服務與應用程式。

範例 9-10 以 ASP.NET Core 建立 Minimal APIs – 以 Todo 待辦事項為例

在此建立以下 6 個 Minimal APIs，分別代表資料庫的 CRUD，而為測試方便緣故使用 InMemory 記憶體資料庫，請參考 Todo_MinimalApi 專案。

API 路由	請求方法	說明	前端請求 Body
/todoitems	GET	讀取所有待辦事項	無
/todoitems/complete	GET	讀取已完成待辦事項	無
/todoitems/{id}	GET	以 Id 讀取待辦事項	無
/todoitems	POST	新增一筆待辦事項	待辦事項 JSON
/todoitems/{id}	PUT	更新一筆待辦事項	待辦事項 JSON
/todoitems/{id}	DELETE	刪除一筆待辦事項	無

step01 新增空的 ASP.NET Core 專案

選擇【空的 ASP.NET Core】專案樣板→【下一步】→輸入專案名稱「Todo_MinimalApi」→【下一步】→架構選擇【.NET 7】→取消核取【不要使用最上層語句】→【建立】。

step02 安裝 NuGet 套件

用 NuGet 套件管理工具安裝以下兩個套件：

```
Microsoft.AspNetCore.Diagnostics.EntityFrameworkCore
Microsoft.EntityFrameworkCore.InMemory
```

step03 建立 GlobalUsings.cs 檔

GlobalUsings.cs

```
global using Microsoft.EntityFrameworkCore;
global using Todo_MinimalApi.Data;
global using Todo_MinimalApi.Models;
```

step 04 建立 Todo 待辦事項模型

Models/Todo.cs

```
public class Todo
{
    public int Id { get; set; }
    public string? Name { get; set; }
    public bool IsComplete { get; set; }
}
```

step 05 建立 TodoContext

Data/TodoContext.cs

```
public class TodoContext : DbContext
{
    public TodoContext(DbContextOptions<TodoContext> options) :
      base(options)
    {
    }
    public  DbSet<Todo> Todos => Set<Todo>();
}
```

step 06 在 DI Container 註冊 Services 服務

Program.cs

```
var builder = WebApplication.CreateBuilder(args);

//DI Container
builder.Services.AddDbContext<TodoContext>(opt=>
opt.UseInMemoryDatabase("TodoList"));
builder.Services.AddDatabaseDeveloperPageExceptionFilter();

var app = builder.Build();
```

step07 在 Program.cs 新增 6 個 Minimal APIs，負責 GET、POST、PUT 及 DELETE 四類動作方法，分別對應資料庫的 CRUD 四種行為

Programc.s

```
var app = builder.Build();

app.MapGet("/", () => "Hello World!");

//GET 讀取
app.MapGet("/todoitems", async (TodoContext ctx)=> {
    app.Logger.LogWarning(1234, "收到 GET 請求方法");
    await ctx.Todos.ToListAsync();
});

app.MapGet("/todoitems/complete", async (TodoContext ctx)=> await
ctx.Todos.Where(i=>i.IsComplete).ToListAsync());
app.MapGet("/todoitems/{id}", async (int id, TodoContext ctx)=>
    await  ctx.Todos.FindAsync(id) is Todo todo ? Results.Ok(todo) :
Results.NotFound());

//POST 新增
app.MapPost("/todoitems", async (Todo todo, TodoContext ctx) =>
{
    //System.Text.Json
    var options = new JsonSerializerOptions
    {
        Encoder = JavaScriptEncoder.Create(UnicodeRanges.BasicLatin,
UnicodeRanges.CjkUnifiedIdeographs),
        WriteIndented = true
    };
    string json = JsonSerializer.Serialize(todo, options);

    //string json = Newtonsoft.Json.JsonConvert.SerializeObject(todo);

    app.Logger.LogWarning(12345, $"收到 POST 請求方法, Todo: {json}");

    ctx.Todos.Add(todo);
    await ctx.SaveChangesAsync();

    return Results.Created($"/todoitems/{todo.Id}", todo);
});
```

```
//PUT 修改
app.MapPut("/todoitems/{id}", async (int id, Todo todo, TodoContext ctx) =>
{
    string json = Newtonsoft.Json.JsonConvert.SerializeObject(todo);
    app.Logger.LogWarning(12345, $"收到 PUT 請求方法, Todo: {json}");

    var todoItem = await ctx.Todos.FindAsync(id);

    if (todoItem is null) return Results.NotFound();

    todoItem.Name= todo.Name;
    todoItem.IsComplete = todo.IsComplete;
    await ctx.SaveChangesAsync();

    return Results.NoContent();
});

//DELETE 刪除
app.MapDelete("/todoitems/{id}", async (int id, TodoContext ctx) =>
{
    app.Logger.LogWarning(12345, $"收到 DELETE 請求方法, id: {id}");

    if (await ctx.Todos.FindAsync(id) is Todo todo)
    {
        ctx.Todos.Remove(todo);
        await ctx.SaveChangesAsync();

        return Results.Ok(todo);
    }

    return Results.NotFound();
});

app.Run();
```

step08 執行專案程式

在命令視窗於專案資料夾路徑輸入以下命令或按 F5 執行：

```
dotnet run -lp https
```

step09 用 Postman 測試 Minimal APIs 的 CRUD 四類功能

以下用 Postman 依序做 POST、GET、UPDATE 和 DELETE 四個動作。

❖ 以 POST 新增資料

請求方法選擇【POST】→網址輸入「https://localhost:7500/todoitems」→【Body】→【raw】→【JSON】，在內容輸入下面 JSON 資料後按【Send】送出。

```
{
    "name":"MVC 網站分析與規劃",
    "IsComplete":true
}
```

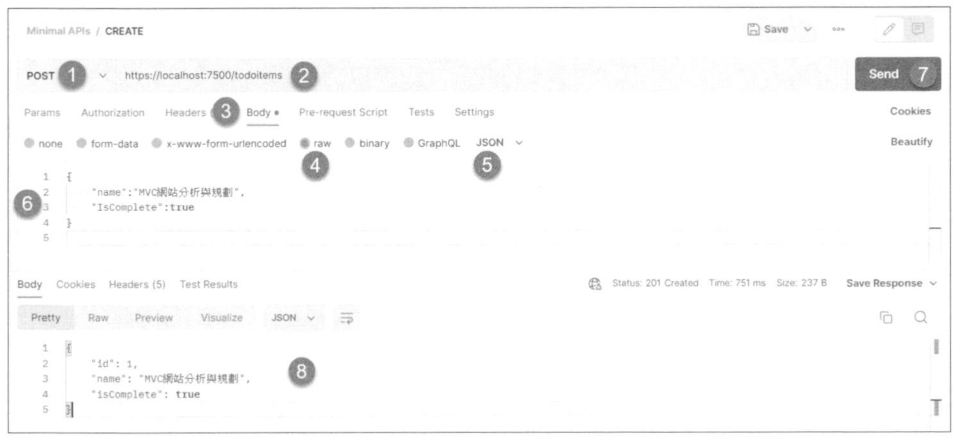

圖 9-16 以 POST 方法新增待辦事項

會得到以下回應結果，代表新增資料成功。

```
{
    "id": 1,
    "name": "MVC 網站分析與規劃",
    "isComplete": true
}
```

❖ 以 GET 讀取資料

以下用 GET 請求方法讀取資料，測試三種 URL 路徑：

```
https://localhost:7500/todoitems/
https://localhost:7500/todoitems/1
https://localhost:7500/todoitems/complete
```

GET https://localhost:7500/todoitems/complete ①　Send ②

Params　Authorization　Headers (6)　Body　Pre-request Script　Tests　Settings　Cookies

Query Params

KEY　VALUE　DESCRIPTION　Bulk Edit

Key　Value　Description

Body　Cookies　Headers (4)　Test Results　Status: 200 OK　Time: 183 ms　Size: 210 B　Save Response

Pretty　Raw　Preview　Visualize　JSON

```
[
    {
        "id": 1,
        "name": "MVC網站分析與規劃",
        "isComplete": true
    }
]
```

③

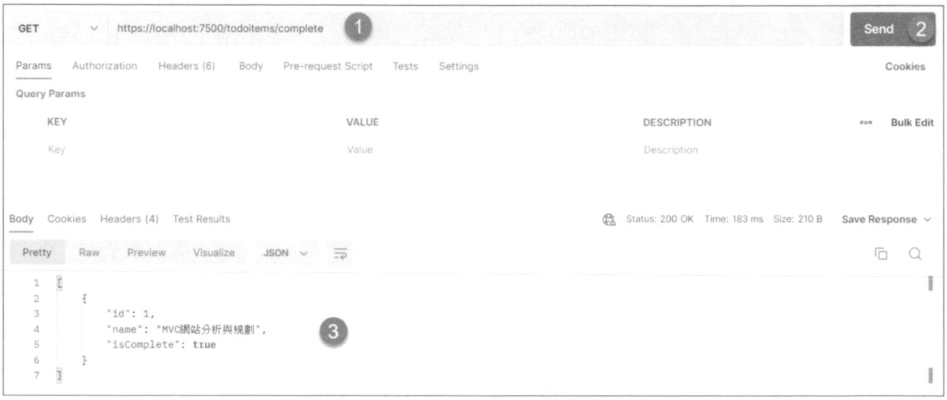

圖 9-17 以 GET 方法讀取待辦事項

❖ 以 PUT 修改資料

請求方法選擇【PUT】→網址輸入「https://localhost:7500/todoitems/1」→【Body】→【raw】→【JSON】，在內容輸入下面 JSON 資料後按【Send】送出。

```
{
  "id": 1,
  "name": "ASP.NET Core MVC 網站分析與設計",
  "isComplete": false
}
```

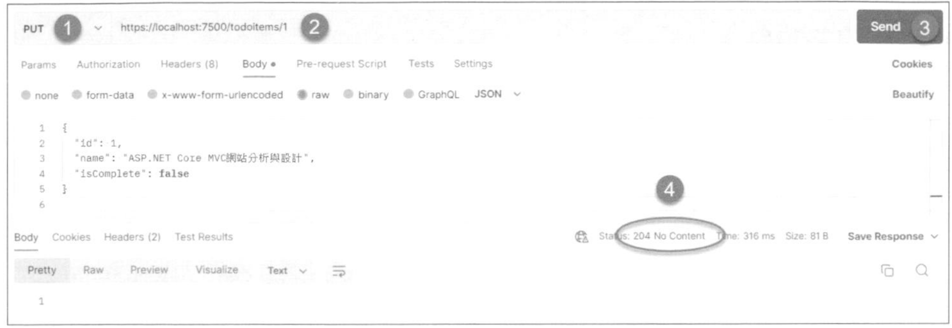

圖 9-18 以 PUT 方法修改待辦事項

由於 PUT 對應的 Action 程式預設回傳是 NoContent，代表不會有任何的回傳文字，只有回傳狀態代碼 204，表示更新成功。

❖ 以 DELETE 修改資料

請求方法選擇【 DELETE 】→網址輸入「 https://localhost:7500/todoitems/1 」按【 Send 】送出，回傳狀態代碼 200 OK 表示刪除成功，同時 OK 會回傳所刪除的那筆資料內容。

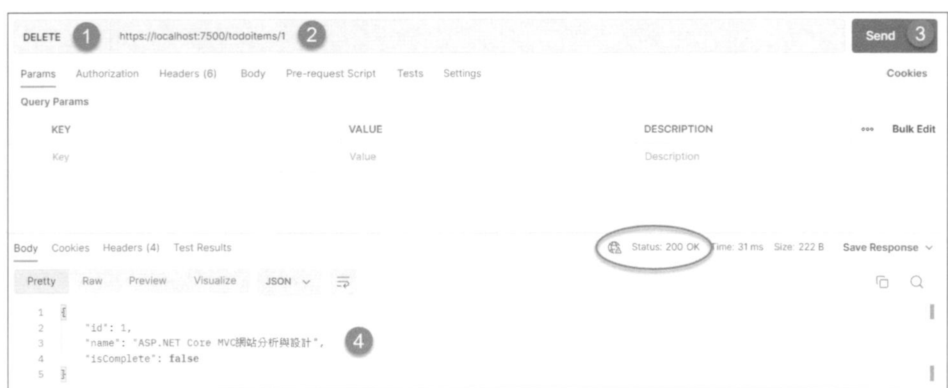

圖 9-19 以 DELETE 方法刪除待辦事項

9-9 結論

本章介紹了 JSON 物件及陣列兩大結構的建立方式，以及 JSON 資料在不同語言中的編解碼指令，並用幾種 Ajax 指令呼叫 Web API，回傳 JSON 格式資料，突顯 JSON 在不同語言與平台間傳遞的方便性。同時 Web API 也可作為獨立的 JSON 資料服務接口，讓不同平台、裝置系統共同存取，是一種熱門的架構設計，能為網站帶來高效能與輕量化效益。

CHAPTER 10

用 Tag Helpers 標籤協助程式設計 Razor View 檢視

Tag Helpers 標籤協助程式是用來擴充 HTML elements 屬性與功能，語意上比 HTML Helpers 來得更直覺、清晰，修改與閱讀亦會更為容易，不致混淆或猜測。且因 ASP.NET Core Scaffolding 產出的 View 檢視，預設以 Tag Helpers 為主，HTML Helpers 為輔，使得熟悉 Tag Helpers 原理與使用方式，變成必要之務。

10-1 Tag Helpers 標籤協助程式概觀

什麼是標籤協助程式（Tag Helpers）？標籤協助程式是針對在 Razor 檢視中 HTML elements 元素擴充出 asp-for 或 asp-xxx 之類的屬性，而這些屬性可指定 C#程式，讓 Server 端程式可以參與 HTML 的建立與轉譯（Render）。

以 <a> 元素為例，Anchor 標籤協助程式擴充出 asp-area、asp-controller、asp-action 等屬性，在 Razor 檢視中就可使用原始 HTML 元素，以及 Tag Helpers 擴增的屬性：

```
<a asp-area="AreaBlogs"
   asp-controller="Home"
   asp-action="About">Area 的 Blogs/Home/About</a>
```

HTML 輸出：

```
<a href="/BlogZone/Home/About">Area 的 Blogs/Home/About</a>
```

原始 HTML 元素＋Tag Helpers 組合的好處有：

- 原始 HTML 元素使用上較為直覺，語意上也較為清楚
- 能讓 Server 端的 C# 語言及 .NET 物件參與 View 檢視設計，借用 Server 強大功能
- 透過簡單的語法，就能產出複雜的 HTML 結構

10-2 標籤協助程式之優點

前面略提 Tag Helpers 標籤協助程式好處，以下細說它提供的利益：

1. HTML 友善的開發經驗

   多數情況下，使用 Tag Helpers 標籤語法如同標準的 HTML，前端設計師可用較為直覺的方式編輯 View 檢視中的 HTML/CSS/JS，而不需學習 C#的 Razor 語法。

2. 為 HTML 和 Razor markup 建立提供較豐富的 IntelliSense 環境

   IntelliSense 對標籤協助程式支援性，會比 HTML Helpers 來得更優，可對 Model 屬性提供較好的智慧型提示，甚至是編輯時的錯誤檢測。

3. 使用 Server 端的 C#物件來產生更強健、易維護，且更具生產力的程式

   標籤協助程式可在標準 HTML 元素，直接結合 Server 端的 C#語法及物件，語法上會較為簡單、好維護，同時也可提高生產力。

10-3 Tag Helpers 與 HTML Helpers 的瑜亮情節

既生瑜，何生亮？這種既競爭又合作的情節也確實發生在 Tag Helpers 與 HTML Helpers 二者間，在時序上，於 ASP.NET MVC 世代先發明 HTML Helpers，而後 ASP.NET Core 1.0 又推出了新的 Tag Helpers。

但無論採用哪一種技術，最大的問題不在於「偏好使用哪一個」或「哪個比較優」，而是學習二者所必須投入的時間與精力成本變成雙倍，代價不小。而不是說有了新的 Tag Helpers，就可以直接拋棄掉舊的 HTML Helper，因為二者之間雖有功能上的替代性，但也有彼此欠缺的功能，無法二擇一，以下從幾個面向來解析二者間的競合。

✦ 主客易位

ASP.NET Core 世代，Tag Helpers 與 HTML Helpers 誰更討好？答案顯而易見的，如果 Tag Helpers 沒有更討好，ASP.NET Core 幹嘛花力氣再創造一個新角色？那也許你會說，這是作者本人主觀見解，那麼我們從 Scaffolding 產生出的 CRUD 檢視樣板來印證，了解事實究竟是什麼。

以下是 ASP.NET Core Scaffolding 出的 Create.cshmtl 檢視，裡面皆為 Tag Helpers 語法（粗體字部分）：

```
<form asp-action="Create">
    <div asp-validation-summary="ModelOnly" class="text-danger"></div>
    <div class="form-group">
        <label asp-for="Name" class="control-label"></label>
        <input asp-for="Name" class="form-control" />
```

```
        <span asp-validation-for="Name" class="text-danger"></span>
    </div>
    <div class="form-group">
        <input type="submit" value="Create" class="btn btn-primary" />
    </div>
</form>
```

其他 Index、Edit、Details、Delete 檢視亦優先使用 Tag Helpers，甚至是_Layout.cshtml 檔裡面早就替換成 Tag Helpers，反而看不見 HTML Helpers 影子。所以是 Tag Helpers 變成主，而 HTML Helpers 變成副的局勢。

+ 協同合作性

那麼是否 HTML Helpers 在 ASP.NET Core 就淪為配角，沒什麼大用？話也不是這麼説，理由有幾點：

1. 因為 Tag Helpers 並未全面實作 HTML Helpers 所有功能，且 HTML Helpers 支援多載方法，但 Tag Helpers 沒有所謂的多載方法
2. 若你需要的功能 Tag Helpers 不支援，勢必還是得用 HTML Helpers 來做
3. 再加上，從以前 ASP.NET MVC 移轉到 ASP.NET Core，HTML Helpers 程式一樣可以運行，不需做過多更動，想當然爾，若沒有足夠的利益或理由，相信沒人會閒著沒事，把所有的 HTML Helpers 全部改寫成 Tag Helpers
4. 維護上一代 ASP.NET MVC 專案，只支援 HTML Helpers

基於以上理由，在 Tag Helpers 功能可發揮的地方，就以 Tag Helpers 為主；若 Tag Helpers 無法發揮的地方，就讓 HTML Helpers 上場，二者同時存在，並不衝突。

✦ 功能替代性

Tag Helpers 和 HTML Helpers 功能若有重疊部分，彼此就有替代性（alternative）產生，這時可選擇 Tag Helpers 或 HTML Helpers 來完成。

例如，以產生 Action 超連結來說，可用 Tag Helpers 宣告：

```
<a asp-action="Edit" asp-route-id="@item.ProductId">Edit</a>
<a asp-action="Details" asp-route-id="@item.ProductId">Details</a>
<a asp-action="Delete" asp-route-id="@item.ProductId">Delete</a>
```

亦或用 HTML Helpers 來做：

```
@Html.ActionLink("Edit", "Edit", new { id=item.Id })
@Html.ActionLink("Details", "Details", new { id=item.Id })
@Html.ActionLink("Delete", "Delete", new { id=item.Id })
```

✦ Tag Helper 的學習/使用與否

最後一個問題是，我很熟悉 HTML Helpers 了，是否可以不要學或用 Tag Helpers？就功能上來說，絕大多數可以辦到，但以團隊合作角度來說，別的開發者是用 Tag Helpers 撰寫，你是否有能力修改或維護，倘若沒有，這會產生障礙，或顯示你的能力處於舊世代的尷尬場面？值得個人細細思量。

10-4 內建的標籤協助程式

ASP.NET Core 內建的標籤協助程式有下圖 17 種，後續分 14 個子小節介紹常用的標籤協助程式。

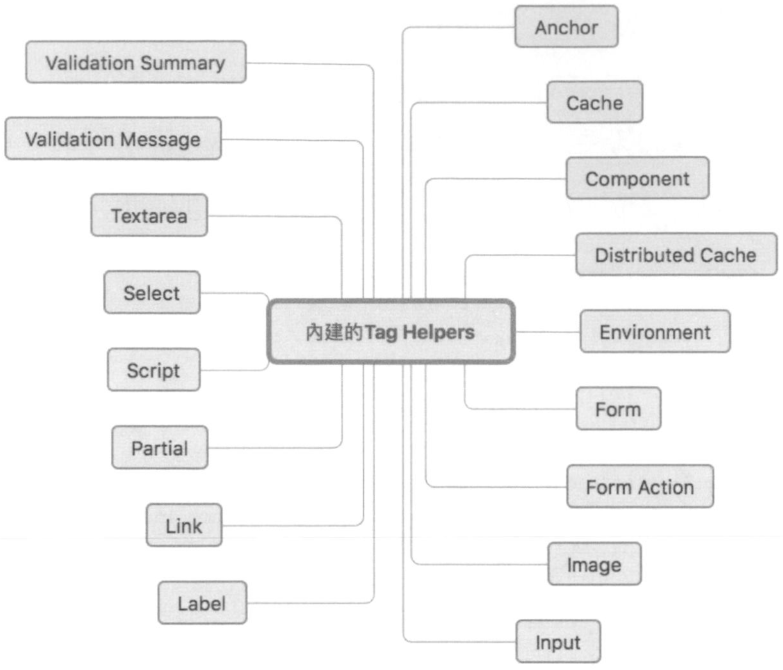

圖 10-1 ASP.NET Core 內建的 Tag Helpers

10-4-1 <partial> 部分檢視 - 標籤協助程式

Partial 標籤協助程式是用來叫用 Partial View 部分檢視，語法有以下幾種：

```
<partial name="_PartialName" /> (呼叫 Partial View)
<partial name="_PartialName" view-data="ViewData" /> (用 view-data 屬性傳遞 ViewData)
<partial name="_PartialName" model="model 物件" />    (用 model 屬性傳遞 model 物件)
<partial name="_PartialName" for="model 物件" />      (用 for 屬性傳遞 model 物件)
<partial name="_PartialName" model="model 物件" view-data="ViewData"/>
```

範例 10-1 用 Partial Tag Helper 呼叫部分檢視

以下用 Partial Tag Helper 呼叫_HeroPartial 部分檢視，同時將 Hero 英雄人物資料集合一層層傳遞給_HeroPartial 部分檢視，用以呈現每個人物牌卡畫面。

step01 建立 Hero 模型

Models/Hero.cs

```
public class Hero
{
    public int Id { get; set; }
    public string Name { get; set; }
    public string Brief { get; set; }
    public string Photo { get; set; }
    public string WikiUrl { get; set; }
}
```

step02 建立 TagHelpers 控制器及 PartialTagHelper()方法

Controllers/TagHelpersController.cs

```
public class PartialViewController : Controller
{
    public List<Hero> heros;
    public PartialViewController()
    {
        heros = new List<Hero>
                {
                    new Hero{ Name = "Elon Musk", Brief="特斯拉創辦人 伊隆· 馬斯克",
                        Photo="ElonMusk.jpg", WikiUrl="https://goo.gl/46xeXx" },
                    …
                };
    }

    public IActionResult PartialTagHelper()
    {
        return View(heros);
    }
}
```

step03 建立 PartialTagHelper 檢視

Views/TagHelpers/PartialTagHelper.cshtml

```
@model IEnumerable<Hero>
@{
    ViewData["Title"] = "PartialTagHelper";
```

```
    ViewData["Caption"] = "英雄人物";

    int counter = 1;
}
                                    呼叫_HeroPartial 部分檢視
<partial name="_HeroPartial" />                                    用 view-data 屬性傳遞 ViewData
<partial name="_HeroPartial" view-data="ViewData" />
<partial name="_HeroPartial" model="Model" />  ← 用 model 屬性傳遞模型
<partial name="_HeroPartial" for="@Model" />  ← 用 for 屬性傳遞模型
<partial name="_HeroPartial" model="@Model" view-data="ViewData" />
                                           同時傳遞模型和檢視

@section topCSS
{
    <link href="~/css/hero.css" rel="stylesheet" />
    <link href="~/css/alertbar.css" rel="stylesheet" />
}
```

step04 建立_HeroPartial 部分檢視

Views/Shared/_HeroPartial.cshtml

```
@model IEnumerable<Hero>

@*判斷 ViewData["Caption"]不為空值則顯示其內容*@
@if (!string.IsNullOrEmpty(ViewData["Caption"].ToString()))
{
    <h2><span class="badge bg-danger">@ViewData["Caption"]</span></h2>
}

<div class="row">
    @foreach (var hero in Model)
    {
        <div class="col-xl-3 col-lg-4 col-md-6 col-sm-12">
            <div class="card">
                <div class="headshot">
                    <img class="card-img-top" src="~/Images/@hero.Photo" alt="...">
                </div>
                <div class="card-body">
                    <h5 class="card-title">@hero.Name</h5>
                    <p class="card-text">@hero.Brief</p>
                    <a href="@hero.WikiUrl" class="btn btn-primary">Wiki</a>
                </div>
            </div>
```

```
        </div>
    }
</div>
```

10-4-2 <img> 影像標籤 - 標籤協助程式

Image 標籤協助程式是用來替<img>加上版本號碼，且版本號碼具有唯一性。若 Server 端的靜態圖檔變更或修改，則會重新產生一組版本號碼，這會對靜態圖檔產生快取破壞的效果（cache-busting），等於是強迫瀏覽器端重新從 Web Server 下載新版圖檔，而不能使用瀏覽器快取圖檔。

使用 Image 影像標籤加上版本號碼：

Views/TagHelpers/ImageTagHelper.cshtml

```
<img src="~/images/SteveJobs.jpg" asp-append-version="true" />
```

HTML 輸出：

```
<img src="/images/SteveJobs.jpg?v=qjMgBqfXtW8z9ACcEazAGWVfR1Ri3eVIGi4j8hPvpyc" />
```

10-4-3 <a> 錨點 - 標籤協助程式

Anchor 錨點標籤協助程式藉由增加新的屬性來增強<a>標籤，而新增的屬性是以 asp-為開頭，因此<a>標籤的 href 屬性輸出是受到 asp-xxx 設定所影響。

表 10-1 Anchor 標籤協助程式支援屬性

屬性	說明
asp-action	動作方法的名稱
asp-controller	控制器的名稱
asp-area	區域的名稱

屬性	說明
asp-page	Razor 頁面的名稱
asp-page-handler	Razor 頁面處理常式的名稱
asp-route	路由名稱
asp-route-{value}	單一 URL 路由值，例如，asp-route-id="1234"
asp-all-route-data	所有路由值
asp-fragment	URL 片段
asp-protocol	URL 的通訊協定，例如 http 或 https
asp-host	Host 主機名稱

上表除 asp-page 和 asp-page-handler 屬性是 Razor Page 專案使用外，其餘可在 MVC 專案中使用，以下介紹各屬性用法。

+ asp-action 屬性

asp-action 是用來指定 Action 動作方法名稱，進而產生 href 屬性值中的 URL 連結網址。若<a>僅指定 asp-action，而未指定 asp-controller 屬性，會自動帶入 View 所屬的控制器名稱。

例如以下錨點僅指定 asp-action 值：

Views/TagHelpers/AnchorTagHelper.cshtml

```
<a asp-action="About">About</a>
```

指定 Action 名稱

HTML 輸出會自動加上控制器名稱：

```
<a href="/TagHelpers/About">About</a>
```

且若 asp-action 屬性值是 Index，也不會附加 Index 動作方法名稱。

+ asp-controller 屬性

asp-controller 是用來指定 Controller 控制器名稱。而<a>錨點如能同時指定 asp-controller 和 asp-action 屬性值，語意上會比較精確，同時也不易產生認知上偏差。倘若錨點指向的 Action 屬於另一個 Controller，指定 asp-controller 屬性就絕對必要。

以下同時指定 asp-controller 和 asp-action 屬性值：

Views/TagHelpers/AnchorTagHelper.cshtml

```
<a asp-controller="Products"   ← 指定 Controller 名稱
   asp-action="Index">Products/Index</a>
                ↑ 指定 Action 名稱
```

+ asp-area 屬性

以下是 Area 資料夾結構，裡面有一個 Blogs 資料夾，其下有 Controllers、Models 與 Views。

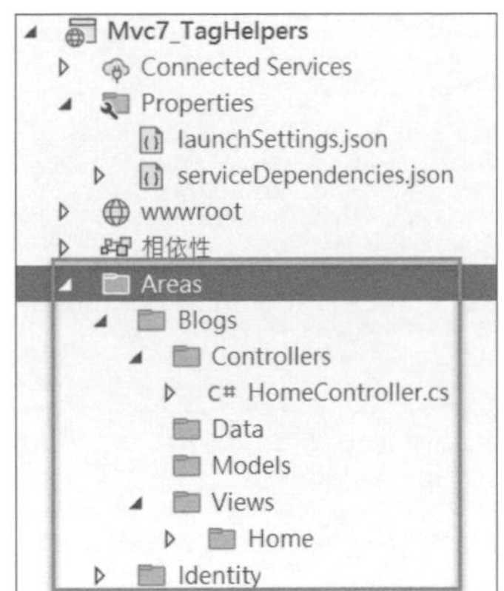

圖 10-2 Area 資料夾結構

在使用 Area 前，需先設定 Controller 及路由：

1. Area 的 Controller 設定

   在 Controller 控制器宣告 Area 的名稱：

Areas/Blogs/BlogController.cs

```
namespace Mvc˙_TagHelpers.Areas.Blogs.Controllers
{
    [Area("Blogs")] ◄── 在 Controller 層級宣告 Area
    public class BlogController : Controller
    {
        public IActionResult About()
        {
            return View();
        }
    }
}
```

2. Area 的路由設定

   在 Program.cs 註冊 Area 路由設定：

Progra.cs

```
//Area 註冊必須在 default 路由前面
app.MapControllerRoute(
        name: "AreaRouting",
        pattern: "{area:exists}/{controller=Home}/{action=Index}/{id?}"
    );

app.MapControllerRoute(
    name: "default",
    pattern: "{controller=Home}/{action=Index}/{id?}");
```

<a>錨點產生 Area 的 Blogs/Blog/About 超連結語法：

Views/TagHelpers/AnchorTagHelper.cshtml

```
<a asp-area="Blogs" ◄── 指定 Area
   asp-controller="Blog"
```

```
    asp-action="About">Area 的 Blogs/Blog/About</a>
                                                              指定 Area
@Html.ActionLink("Area 的 Blogs/Blog/About", "About", "Blog", new { area = "Blogs" })
                                                        指定 Area
<a href='@Url.Action("About", "Blog", new { area="Blogs" })'>Area 的 Blogs/Blog/About</a>
```

HTML 輸出：

```
<a href="/Blogs/Blog/About">Area 的 Blogs/Blog/About</a>
```

以上除 Anchor Tag Helpers 外，其餘兩種語法也能產生 Area 超連結。

+ asp-route-{value}屬性

在指定 asp-controller 及 asp-action 時，一併用 asp-route-{value}指定參數值，而{value}名稱是以 Action 接收的參數名稱取代。

Views/TagHelpers/AnchorTagHelper.cshtml

```
<a asp-controller="Products"
   asp-action="Details"
   asp-route-id="@Model.ProductId">Product Id : @Model.ProductId</a>
                 {value}名稱用 id 取代
```

例如以下 Details 動作方法接收的參數名稱為 id，那麼 asp-route-{value}就要替換成「asp-route-id」。

Controllers/ProductsController

```
public class ProductsController : Controller
{
    [Route("Products/{id:int}")]
    public IActionResult Details(int id)  ◄── 接收參數名稱為 id
    {
        return View(products.FirstOrDefault(p => p.ProductId == id));
    }
}
```

HTML 輸出：

```
<a href="/Products/1">Product Id : 1</a>
```

+ asp-route 屬性

若事先定義具名路由（Named Route），也就是賦予路由名稱，那麼在<a>錨點就可以用 asp-route 屬性指定路由名稱，而不需像前面設定 asp-controller 及 asp-action。

例如在 Products 控制器有 Evaluations()方法，二者皆定義了具名路由，賦予 ProductsEvals 名稱。

Controllers/ProductsController

```
public class ProductsController : Controller
{
    [Route("Products/Evals", Name ="ProductsEvals")]
    public IActionResult Evaluations(int id) => View();
}
```

具名路由，賦予路由名稱

用 asp-route 屬性指定 ProductsEvals 路由名稱：

Views/TagHelpers/AnchorTagHelper.cshtml

```
<a asp-route="ProductsEvals">Products Evaluations</a>
```

指定路由名稱

HTML 輸出：

```
<a href="/Products/Evaluations">Products Evaluations</a>
```

+ asp-all-route-data 屬性

asp-all-route-data 可將 Dictionary 定義的參數資料傳遞給路由，讓 Action 動作方法接收參數資料。

例如下面 EvalAvailable 方法定義了 productid 和 available 兩個參數，且定義具名路由 ProductsAvailable：

Controllers/ProductsController

```
public class ProductsController : Controller
{                                          賦予路由名稱
    [Route("Products/Avail", Name = "ProductsAvailable")]
    public IActionResult Available(int productid, bool available) => View();
}
```

在 View 中宣告一個 Dictionary，包含兩個參數，然後將 Dictionary 指派給 asp-all-route-data，最終會將參數轉換成 Query 查詢字串：

Views/TagHelpers/AnchorTagHelper.cshtml

```
@{
    var ProductParameters = new Dictionary<string, string>
    {
        { "ProductId", "3" },
        { "Available", "true" }
    };
}                                          在 Dictionary 建立路由參數
            指定具名路由
<a asp-route="ProductsAvailable"  指定路由資料
   asp-all-route-data="ProductParameters">Product Available</a>
```

HTML 輸出：

```
                         多個路由參數資料
<a href="/Products/Avail?ProductId=3&Available=true">Product Available</a>
```

截至目前為止，傳遞路由參數用到了 asp-route-{value}和 asp-all-route-data 兩種方式，前者僅傳遞一個參數值，後者傳遞多個，直觀上是否能逕下結論，前者用來傳單一參數，後者適合傳遞多個？

若要回答此問題，可用實驗證明 asp-route-{value}究竟能不能設定多個參數？以下嘗試了三種組合設定：

Views/TagHelpers/AnchorTagHelper.cshtml

```
<a asp-controller="Products"
   asp-action="Available"
   asp-route-productid="1"  ◄── asp-controller & asp-action + asp-route-{value}
   asp-route-available="true">用 asp-route-{value}指定多個路由參數</a>

<a asp-controller="Products"
   asp-action="Eval"
   asp-route-productid="2"  ◄── asp-control & asp-action + asp-route-{value}
   asp-route-available="true">用 asp-route-{value}指定多個路由參數</a>

<a asp-route="ProductsAvailable"
   asp-route-productid="3"  ◄── asp-route + asp-route-{value}
   asp-route-available="true">用 asp-route-{value}指定多個路由參數</a>
```

上面前兩種方式看起來很像，但最大差異在於 asp-action 屬性指定的對象不同，第一個 asp-action="Available" 是指定 Action 動作方法名稱，而第二個 asp-action="Eval" 是指定路由名稱中的 Eval，妙的是 HTML 輸出效果竟是相同：

```
<a href="/Products/Avail?productid=1&available=true">用…</a>
<a href="/Products/Eval?productid=2&available=true">用…</a>
<a href="/Products/Avail?productid=3&available=true">用…</a>
```

所以就 HTML 輸出結果而論，asp-route-{value}和 asp-all-route-data 皆能傳遞多個參數，至於該用哪個就是個人喜好了。

+ asp-fragment 屬性

asp-fragment 是用來定義要附加到 href 網址尾端的 URL 片段，附加的 URL 片段會以#號開頭：

```
<a href="/Products/Avail#Description">Products Evaluation Available</a>
                          ▲
                          └─ URL 片段
```

設定方式：

Views/TagHelpers/AnchorTagHelper.cshtml

```
<a asp-route="ProductsAvailable"
   asp-fragment="Description"> Products Available + fragment</a>
```

+ asp-protocol 屬性

asp-protocol 是用來指定 URL 的通訊協定，例如 http 或 https。請觀察以下三種不同 asp-protocol 設定的 HTML 輸出有何不同：

Views/TagHelpers/AnchorTagHelper.cshtml

```
<a asp-controller="Home"          ← 無 asp-protocol
   asp-action="About">Home/About</a>

<a asp-protocol="https"           ← asp-protocol 設定為 https
   asp-controller="Home"
   asp-action="About">Home/About</a>

<a asp-protocol="http"            ← asp-protocol 設定為 http
   asp-controller="Home"
   asp-action="About">Home/About</a>
```

HTML 輸出：

```
<a href="/Home/Privacy">Home/Privacy</a>
<a href="https://localhost:44326/Home/Privacy">Home/Privacy</a>
<a href="http://localhost:44326/Home/Privacy">Home/Privacy</a>
```

+ asp-host 屬性

asp-host 是用來替 URL 加上 Host 主機名稱。

Views/TagHelpers/AnchorTagHelper.cshtml

```
<a asp-protocol="https"
   asp-host="codemagic.com"
   asp-controller="Home"
   asp-action="About">Code Magic</a>
```

HTML 輸出：

```
<a href="https://codemagic.com/Home/About">Code Magic</a>
```

10-4-4 <form> 表單 - 標籤協助程式

Form 標籤協助程式是用來產生 HTML 的<form>元素及其 action 屬性，設定方式有兩種：❶指定 Controller / Action 名稱，❷指定 Route 路由名稱。此外，除了產生<form>元素外，最重要的特徵之一，是會自動產生隱藏的請求驗證權杖（Request Verification Token），而這在 HTML Helper 的 Html.BeginForm() 方法中，必須明確宣告 @Html.AntiForgeryToken()才會產生。

表 10-2 Form 標籤協助程式支援屬性

屬性	說明
asp-controller	控制器的名稱
asp-action	動作方法的名稱
asp-area	區域的名稱
asp-page	Razor 頁面的名稱
asp-page-handler	Razor 頁面處理常式的名稱
asp-route	路由名稱
asp-route-{value}	單一 URL 路由值。例如，asp-route-id="1234"
asp-all-route-data	所有路由值
asp-fragment	URL 片段

範例 10-2 用 Form 標籤協助程式產生 action 屬性值

以下在 View 檢視使用 Form 標籤協助程式產生<form>元素。

Views/TagHelpers/FormTagHelper.cshtml

```
<form asp-controller="Person" asp-action="PostData" method="post">
                          1. 指定 Controller 與 Action
    ...
    <input type="submit" value="Submit" class="btn btn-primary" />
</form>
                          2. 指定路由名稱
<form asp-route="PersonalData" method="post">
    ...
    <input type="submit" value="Submit" class="btn btn-primary" />
</form>

<form asp-area="Identity" asp-page="/Account/Logout"
                          指定 returnurl 返回 URL
    ...
    asp-route-returnUrl="@Url.Action("About", "Person", new { area = "" })">
    <button type="submit">Submit</button>
</form>
```

HTML 輸出：

```
<form method="post" action="/Person/PostData">
                          產生 action 指向的路徑
    ...
    <input type="submit" value="Submit" class="btn btn-primary" />
<input name="__RequestVerificationToken" type="hidden" value="CfDJ8Lg7k..." /></form>
                          要求驗證權杖
<form method="post" action="/Person/QueryData"> ◄── 產生 action 指向的請求路徑
    ...
    <input type="submit" value="Submit" class="btn btn-primary" />
<input name="__RequestVerificationToken" type="hidden" value="CfDJ8Lg7k..." /></form>
                          返回的 URL
<form action="/Identity/Account/Logout?returnUrl=%2FPerson%2FAbout" method="post">
    <div class="form-group">
        <button type="submit" class="btn btn-primary">Submit</button>
    </div>
    <input name="__RequestVerificationToken" type="hidden" value="CfDJ8Lg7k..." />
</form>
```

10-4-5 Form Action 表單動作 - 標籤協助程式

Form Action 標籤協助程式是針對 Form 表單內的<button>、<input type="submit">及<input type="image">產生 formaction 屬性，其屬性

值是指向特定 URL。formaction 屬性是 HTML5 功能，與前面 Form 標籤協助程式作用相同，但最大差異點是產生 URL 的層級不同。此外，若一個 Form 表單中若有多個提交按鈕需指向不同的 URL，那麼 Form Action 可以很容易滿足此需求。

TIP

一般情況下，在表單的提交按鈕設定了 formaction 屬性，在<form> element 層級可不需指定 action 屬性的 URL。但若重複指定，則 formaction 值會覆蓋掉 action 值

範例 10-3 用 Form Action 標籤協助程式產生 formaction 屬性值

Form Action 設定方式有兩種：❶指定 Controller / Action 名稱，❷指定 Route 路由名稱，在<button >、<input type="submit" >及<input type="image" >三種元素中設定，以下列出幾種使用方式。

Views/TagHelpers/FormActionTagHelper.cshtml

```
@model UserProfile
@{
    ViewData["Title"] = "FormActionTagHelper";
    int counter = 1;
}
<div class="alert alert-success"><h3>@(counter++). Submit 提交至 Controller /
Action</h3></div>
<form method="post">
    <input asp-for="Id" placeholder="輸入你的 Id 號碼" /> <br /><br />
    <input asp-for="Name" placeholder="輸入你的名字" /> <br /><br />
                           1. 指定 Controller 與 Action
    <button asp-controller="Person" asp-action="PostData">提交資料</button>  
    <input type="submit" value="Submit" alt="" asp-controller="Person"
           asp-action="QueryPersonalData" />
    <input type="image" src="~/images/SubmitButton.jpg" height="30" alt=""
           asp-controller="Person" asp-action="QueryPersonalData" />
</form>
<br />
```

```
<div class="alert alert-success"><h3>@(counter++). Submit 提交至 Route 路由 -- Attribute
Route</h3></div>
<form method="post">
    <input asp-for="Id" placeholder="輸入你的 Id 號碼" /> <br /><br />
    <input asp-for="Name" placeholder="輸入你的名字" /> <br /><br />
                        2. 指定路由名稱 - Attribute 路由(在 Person 控制器)
    <button asp-route="PersonalData">提交資料</button>  
    <input type="submit" value="Submit" alt="" asp-route="PersonalData" />  
    <input type="image" src="~/images/SubmitButton.jpg" height="30" alt=""
            asp-route="PersonalData" />
</form>

<br />
<div class="alert alert-success"><h3>@(counter++). Submit 提交至 Route 路由 -- Convention
Route</h3></div>
<form method="post">
    <input asp-for="Id" placeholder="輸入你的 Id 號碼" /> <br /><br />
    <input asp-for="Name" placeholder="輸入你的名字" /> <br /><br />
                        3. 指定路由名稱 - Convention 傳統路由
    <button asp-route="UserInfo">提交資料</button>  
    <input type="submit" value="Submit" alt="" asp-route="UserInfo" />  
    <input type="image" src="~/images/SubmitButton.jpg" height="30" alt=""
            asp-route="UserInfo" />
</form>
```

以下檢視中，form 表單內有<button>和<input type="image">兩個提交按鈕，HTML 輸出的 formaction 屬性指向不同的 URL：

```
<form method="post">
    <input placeholder="輸入你的 Id 號碼" type="number" data-val="true"
        data-val-required="The Id field is required." id="Id" name="Id" value="" />
    <input placeholder="輸入你的名字" type="text" id="Name" name="Name" value="" />
                        formaction 屬性指向/Person/PostData
    <button formaction="/Person/PostData">提交資料</button>  
    <input type="submit" value="Submit" alt="" formaction="/Person/QueryData" />
    <input type="image" src="/images/SubmitButton.jpg" height="30" alt=""
            formaction="/Person/QueryData" />◄ formaction 指向/Person/QueryData
    <input name="__RequestVerificationToken" type="hidden"
            value="CfDJ8Lg7k..." /></form>
```

TIP

formaction 是 HTML5 的屬性，可在 Chrome、Firefox、Opera 和 Safari 執行，而 IE 雖說 10.0 以上可支援，但使用 IE 11 執行時，<input type="image">無法正常提交

10-4-6 <label> 標籤 - 標籤協助程式

Label 標籤協助程式是用來產生<label>元素及其標題與 for 屬性。

Label 標籤協助程式語法：

Views/TagHelpers/InputTagHelper.cshtml

```
@model RegisterViewModel
<form asp-controller="TagHelpers" asp-action="InputTagHelper" method="post">
    <label asp-for="Email"></label>
    <input asp-for="Email" />
...
</form>
```

HTML 輸出：

```
<label for="Email">Email</label>
```

Label 標題

for 屬性

但 Label 通常不單獨使用，而是與<input>搭配，下一節會說明。

10-4-7 <input> 輸入 - 標籤協助程式

Input 標籤協助程式是用來產生<input>元素，以及 id、name 及 type 等屬性。

Input 標籤協助程式語法：

```
@model RegisterViewModel
<input asp-for="<Expression Name>" />
```

Expression 表達式名稱

以上<Expression Name>是指 Model Expression，也就是直接指定傳入 model 的屬性，如下以 RegisterViewModel 有三個屬性：

```
public class RegisterViewModel
{
    public string Email { get; set; }
    public string Password { get; set; }
    public string ConfirmPassword { get; set; }
}
```

在 View 中使用 Input 標籤協助程式時，在 asp-for 直接指定 model 屬性名稱：

```
@model RegisterViewModel
<input asp-for="Email" />
<input asp-for="Password" />
<input asp-for="ConfirmPassword" />
```

HTML 輸出：

```
<input type="email" id="Email" name="Email" value="" .../>
<input type="password" id="Password" name="Password" .../>
<input type="password" id="ConfirmPassword" name="ConfirmPassword" .../>
```

範例 10-4 使用 Label 及 Input 標籤協助程式建立 Form 表單輸入畫面

以下在 Label 及 Input 標籤協助程式配合 ViewModel 模型，建立 Form 表單輸入畫面。

電子郵件 dotnetcool@gmail.com
密碼 •••••••
確認密碼 •••••••
Submit

step01 在專案新增 ViewModels 資料夾，並新增 RegisterViewModel 模型

ViewModels/RegisterViewModel.cs

```
using System.ComponentModel.DataAnnotations;
using System.ComponentModel.DataAnnotations.Schema;

namespace Mvc7_TagHelpers.ViewModels
{
    public class RegisterViewModel
    {
        [Required]
        [Display(Name = "電子郵件")]
        [DataType(DataType.EmailAddress)]
        public string Email { get; set; }

        [Required]
        [Display(Name = "密碼")]
        [DataType(DataType.Password)]
        public string Password { get; set; }

        [NotMapped]
        [Required]
        [Display(Name = "確認密碼")]
        [DataType(DataType.Password)]
        [Compare("Password", ErrorMessage = "密碼不符合!")]
        public string ConfirmPassword { get; set; }
    }
}
```

step02 在 TagHelpers 控制器下新增 InputTagHelper()方法，用 Scaffolding 新增 InputTagHelper.cshtml 檢視

Controllers/TagHelpersController.cs

```
using Mvc7_TagHelpers.Models;
using Mvc7_TagHelpers.ViewModels;
using Microsoft.AspNetCore.Mvc;

namespace Mvc7_TagHelpers.Controllers
{
```

```
public class TagHelpersController : Controller
{
    public IActionResult InputTagHelper()
    {
        return View();
    }

    [HttpPost]
    [ValidateAntiForgeryToken]                負責處理 Form 提交的資料
    public IActionResult InputTagHelper([Bind("Email, Password, ConfirmPassword")]
       RegisterViewModel registerVM)
    {
        if (ModelState.IsValid)
        {
            TempData["Email"] = registerVM.Email;
            TempData["Password"] = registerVM.Password;

            return RedirectToAction("RegisterResult");
        }

        return View(registerVM);
    }
                                               顯示輸入的帳號及與密碼
    public IActionResult RegisterResult()
    {
        if (!(TempData.ContainsKey("Email") && TempData.ContainsKey("Password")))
        {
            return Content("無任何資料!");
        }

        return View();
    }
  }
}
```

step03 在_ViewImports.cshtml 加入 ViewModels 命名空間參考

Views/_ViewImports.cshtml

```
@using Mvc7_TagHelpers.ViewModels
```

step04 在 View 使用 Label 及 Input 標籤協助程式

Views/TagHelpers/InputTagHelper.cshtml

```
@model RegisterViewModel
<form asp-controller="TagHelpers" asp-action="InputTagHelper" method="post">
    <div asp-validation-summary="ModelOnly" class="text-danger"></div>
    <div class="form-group">
        <label asp-for="Email"></label>
        <input asp-for="Email" />
        <span asp-validation-for="Email" class="text-danger"></span>
    </div>
    <div class="form-group">
        <label asp-for="Password"></label>
        <input asp-for="Password" />
        <span asp-validation-for="Password" class="text-danger"></span>
    </div>
    <div class="form-group">
        <label asp-for="ConfirmPassword"></label>
        <input asp-for="ConfirmPassword" />
        <span asp-validation-for="ConfirmPassword" class="text-danger"></span>
    </div>
    <button type="submit" class="btn btn-primary">Submit</button>
</form>
```

step05 建立 RegisterResult.cshtml 顯示頁面

Views/TagHelpers/RegisterResult.cshtml

```
@{
    ViewData["Title"] = "RegisterResult";
    //referer header 含有原始請求端網址
    string referer = Context.Request.Headers["referer"].ToString();
}

Email : @TempData["Email"]
<br />
Password : @TempData["Password"]

<br />
<a href="@referer" class="btn btn-primary">回上一頁</a>
```

10-4-8 <select> 選取 - 標籤協助程式

Select 標籤協助程式會根據 model 模型的屬性來產生<select>及<option>元素。它是 Html.DropDownListFor 和 Html.ListBoxFor 的替代。

Select 標籤協助程式語法：

```
<select asp-for="Country" asp-items="Model.Countries"></select>
```

HTML 輸出：

```
<select data-val="true" data-val-required="The Country field is required."
   id="Country" name="Country">
   <option value="US">USA</option>
   <option value="CA">Canada</option>     ◄── 來自 Model 的 SelectListItem 集合
   <option value="JP">Japan</option>
</select>
```

以下舉幾個 Select 標籤協助程式例子，包括 ViewModel、Enum 列舉、Option Group 選項群組。

範例 10-5 使用 Select 標籤協助程式建立 Country 下拉式選單

以下使用 Select 標籤協助程式讀取 CountryViewModel 屬性作為資料來源，產生 Country 國家的下拉式選單。

step01 建立 CountryViewModel 模型

ViewModels/CountryViewModel.cs

```
...
using System.ComponentModel.DataAnnotations;
public class CountryViewModel
{
    [Required]
    public string Country { get; set; }
    public List<SelectListItem> Countries { get; } = new List<SelectListItem>
    {
        new SelectListItem { Text = "USA", Value="US" },
        new SelectListItem { Text = "Canada", Value="CA" },
        new SelectListItem { Text = "Japan", Value="JP" },
    };
}
```

step02 建立 SelectTagHelper 及 DisplayCountry 動作方法

Controllers/TagHelpersController.cs

```
...
using Mvc7_TagHelpers.Models;
using Mvc7_TagHelpers.ViewModels;

public class TagHelpersController : Controller
{
        public IActionResult SelectTagHelper()
        {                                          初始 ViewModel，產生國家資訊
            var model = new CountryViewModel();

            //插入新項目
            model.Countries.Insert(0, new SelectListItem("==請選擇國家==", ""));

            return View(model);
        }

        [HttpPost]                                       接收 Form 提交的 Country 參數
        [ValidateAntiForgeryToken]
        public IActionResult SelectTagHelper(CountryViewModel countryVM)
        {
            if(ModelState.IsValid)
```

```
            {
                //讀取國家代碼
                string countryCode = countryVM.Country;

                //由國家代碼查詢名稱
                string country = countryVM.Countries.Where(c => c.Value == countryCode)
                                         .Select(x => x.Text).FirstOrDefault();

                return RedirectToAction("DisplayCountry", new { Country = country});
            }                                                      路由參數

            return View(countryVM);
        }
        //顯示 Country 資訊              顯示 DropDownList 選取的國家
        public IActionResult DisplayCountry(string country)
        {
            if (string.IsNullOrEmpty(country))
            {
                return Content("必須提供 Country 參數!");
            }

            ViewData["Country"] = country;
            return View();
        }
    }
}
```

step03 在 View 中使用 Select 標籤協助程式

Views/TagHelpers/SelectTagHelper.cshtml

```
@model CountryViewModel
<form asp-controller="TagHelpers" asp-action="SelectTagHelper" method="post">
    <label asp-for="Country"></label>                     指定 model 屬性資料
    <select asp-for="Country" asp-items="Model.Countries">
        @*<option value="">==請選擇國家==</option>*@
    </select>
    <span asp-validation-for="Country" class="text-danger"></span>
    <br /><br />
    <button type="submit" class="btn btn-primary">Submit</button>
</form>
```

```
@section endJS
{
<script src="~/lib/jquery-validation/dist/jquery.validate.js"></script>
<script src="~/lib/jquery-validation-unobtrusive/jquery.validate.unobtrusive.min.js">
</script>
}
```

Client 端驗證參考函式庫

step04 顯示選取的 Country 國家資訊

Views/TagHelpers/DisplayCountry.cshtml

```
你選擇的國家為：@ViewData["Country"]

<a href="@ViewContext.HttpContext.Request.Headers["Referer"].ToString()"
    class="btn btn-primary">Back 返回上一頁</a>
```

回到上一頁

範例 10-6 Enum 列舉繫結到 Select 標籤協助程式

以下說明 Enum 列舉資料如何繫結到 Select 標籤協助程式，以產生<select>及<option>元素。

step01 建立 ViewModel 與 Enum 列舉

ViewModelsl/CountryEnumViewModel.cs

```
public class CountryEnumViewModel
{
    [Required(ErrorMessage ="不得為空白，請選擇國家!")]
    public CountryEnum EnumerateCountry { get; set; }
}

public enum CountryEnum
{
    [Display(Name = "美國")]
    USA = 10,
```

```
    [Display(Name = "日本")]
    Japan = 20,
    Canada = 30,
    France = 40,
    Germany = 50,
}
```

step02 在 View 檢視的<select>中設定列舉相關資訊

Views/TagHelpers/SelectEnum.cshtml

```
@model CountryEnumViewModel
<form asp-controller="TagHelpers" asp-action="SelectEnum" method="post">
    <select asp-for="EnumerateCountry"
            asp-items="Html.GetEnumSelectList<CountryEnum>()">
        <option value="">==請選擇國家==</option>
    </select>
    <span asp-validation-for="EnumerateCountry" class="text-danger"></span>
    <br />
    <button type="submit">Submit</button>
</form>

@section endJS
{
  <partial name="_ValidationScriptsPartial" />
}
```

從列舉產生 SelectListItem 集合

step03 建立 SelectEnum()動作方法

Controllers/TagHelpersController.cs

```
public IActionResult SelectEnum()
{
    var model = new CountryEnumViewModel();
    //以下是設定列舉預設值
    //model.EnumerateCountry = CountryEnum.France;

    return View(model);
}

[HttpPost]
[ValidateAntiForgeryToken]
public IActionResult SelectEnum(int EnumerateCountry)
```

```
{
    if(ModelState.IsValid)
    {
        //顯示 Country 名稱
        return RedirectToAction("DisplayCountry", new { Country =
                (CountryEnum)EnumerateCountry});
    }

    return View();
}
```

範例 10-7 用 Select 標籤協助程式產生具備 <optgroup> 選項群組的下拉選單

以下建立一個 ViewModel，裡面宣告 SelectListGroup 物件並進行相關設定。

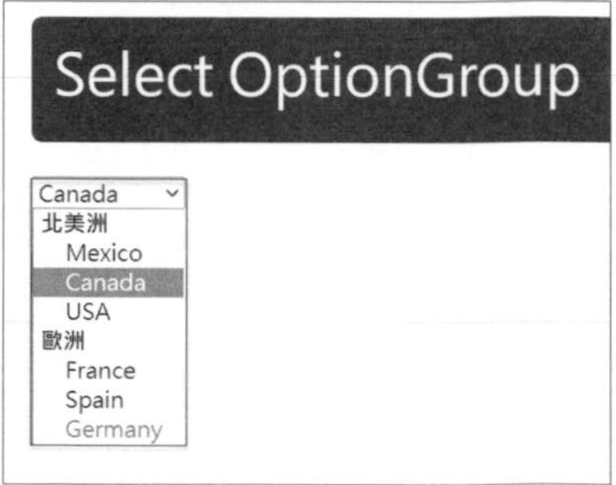

step01 建立 CountryGroupViewModel 模型

ViewModels/CountryGroupViewModel.cs

```
using Microsoft.AspNetCore.Mvc.Rendering;

public class CountryGroupViewModel
{
    public string Country { get; set; }

    public IEnumerable<string> CountryCodes { get; set; }

    static SelectListGroup NorthAmericaGroup { get; } = new
       SelectListGroup { Name = "北美洲" };  ← 建立 SelectListGroup 物件
    static SelectListGroup EuropeGroup { get; } = new
       SelectListGroup { Name = "歐洲" };
```

```
    public List<SelectListItem> Countries { get; } = new List<SelectListItem>
    {
        new SelectListItem { Text = "Mexico", Value = "MX",
               Group = NorthAmericaGroup }, ◄── 指定北美洲 SelectListGroup
        new SelectListItem { Text = "Canada", Value = "CA",
               Group = NorthAmericaGroup, Selected = true},
        new SelectListItem { Text = "USA", Value = "US",
               Group = NorthAmericaGroup },
        new SelectListItem { Text = "France", Value = "FR",
               Group = EuropeGroup },
        new SelectListItem { Text = "Spain", Value = "ES",
               Group = EuropeGroup },
        new SelectListItem { Text = "Germany", Value = "DE",
               Group = EuropeGroup, Disabled = true},
    };
}
```

step02 在 View 檢視的<select>中設定 Select Option Group

Views/TagHelpers/SelectOptionGroup.cshtml

```
@model CountryGroupViewModel
<form asp-controller="TagHelpers" asp-action="SelectOptionGroup" method="post">
    <select asp-for="Country" asp-items="Model.Countries"></select>
    <span asp-validation-for="Country" class="text-danger"></span>
    <br /><br />
    <button type="submit" class="btn btn-primary">Submit</button>
</form>
```

step03 建立 SelectOptionGroup()動作方法

Controllers/TagHelpersController.cs

```
public IActionResult SelectOptionGroup()
{
    //使用此功能，必須先初始化 CountryGroupViewModel 模型類別
    var model = new CountryGroupViewModel();

    return View(model);
}

[HttpPost]
[ValidateAntiForgeryToken]
```

```
public IActionResult SelectOptionGroup(CountryGroupViewModel countryVM)
{
    if (ModelState.IsValid)
    {
        //將國家代碼轉換成國家全名
        var country = countryVM.Countries.Where(c => c.Value == countryVM.Country)
                                          .Select(x => x.Text).FirstOrDefault();

        //顯示 Country 名稱
        return RedirectToAction("DisplayCountry", new { Country = country });
    }

    return View();
}
```

HTML 輸出：

```
<form method="post" action="/TagHelpers/SelectOptionGroup">
    <select id="Country" name="Country">
      <optgroup label="北美洲">
        <option value="MX">Mexico</option>
        <option value="US">USA</option>
      </optgroup>
      <optgroup label="歐洲"">
        <option value="FR">France</option>
        <option value="ES">Spain</option>
        <option disabled="disabled" value="DE">Germany</option>
      </optgroup>
  </select>
    <span class="text-danger field-validation-valid"
          data-valmsg-for="Country" data-valmsg-replace="true"></span>
    <br /><br />
    <button type="submit" class="btn btn-primary">Submit</button>
  <input name="__RequestVerificationToken" type="hidden" value="CfDJ8Lg7k..." />
</form>
```

北美洲-選項群組

歐洲-選項群組

範例 10-8 Select 標籤協助程式的多重選取

若要一次選取多個國家，可在 ViewModel 公開一個 IEnumerable 屬性，然後指定到 Select 標籤協助程式的 asp-for 屬性，它會在<select>元素加入 multiple = "multiple"屬性，便能多重選取。

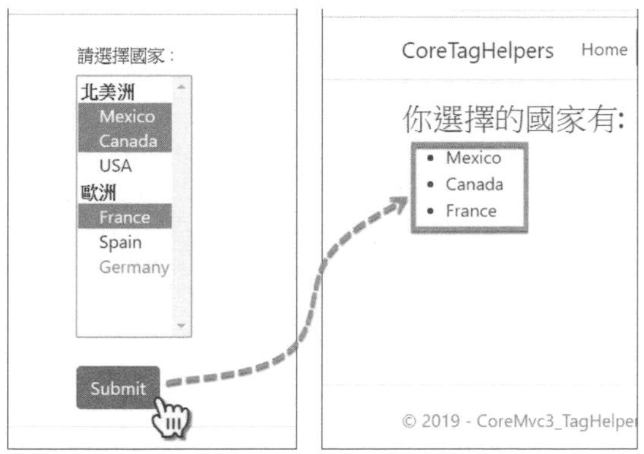

回顧 CountryGroupViewModel 模型，它公開一個 IEnumerable<string> 型別的 CountryCodes 屬性：

ViewModels/CountryGroupViewModel.cs

```
using Microsoft.AspNetCore.Mvc.Rendering;

public class CountryGroupViewModel
{
    public string Country { get; set; }
                                   IEnumerable<string>
    public IEnumerable<string> CountryCodes { get; set; }
    …
    public List<SelectListItem> Countries { get; } = new List<SelectListItem>
    {
        …
    };
}
```

step01 在<select>的 asp-for 屬性指定 CountryCodes 屬性

Views/TagHelpers/MultiSelect.cshtml

```
<form asp-action="MultiSelect" method="post">
    <label asp-for="CountryCodes">請選擇國家 : </label><br />
    <select asp-for="CountryCodes" asp-items="Model.Countries" size="10">
    </select>
    <br /><br />
    <button type="submit" class="btn btn-primary">Submit</button>
</form>
```

step02 建立 MultiSelect()動作方法

Controllers/TagHelpersController.cs

```
public IActionResult MultiSelect()
{
    var model = new CountryGroupViewModel();
    return View(model);
}

[HttpPost]
[ValidateAntiForgeryToken]
public IActionResult MultiSelect(CountryGroupViewModel countryVM)
{
    if (ModelState.IsValid)
    {
        //用 ForEach+LINQ 將國家代碼轉成名稱
        List<string> countries = new List<string>();
        countryVM.CountryCodes.ToList().ForEach((x)=>
        {
            string countryName = countryVM.Countries.Where(c => c.Value == x)
                                              .Select(s => s.Text).FirstOrDefault();
            countries.Add(countryName);
        });

        //用 LINQ 語法將國家代碼轉成名稱
        var selectedCountries = countryVM.CountryCodes
              .Select(x => countryVM.Countries.Where(c => c.Value == x)
              .FirstOrDefault()).Select(p => p.Text).ToList();

        TempData["CountryList"] = countries;

        return RedirectToAction("DisplayCountries");
    }

    return View();
}

public IActionResult DisplayCountries()
{
    if (!TempData.ContainsKey("CountryList"))
    {
        return Content("必須提供 List 集合資料");
    }
```

```
    return View((string[])TempData["CountryList"]);
}
```

10-4-9 <textarea> - 標籤協助程式

TextArea 標籤協助程式會依據 asp-for 屬性產生<textarea>元素及 id、name 屬性，它是 Html.TextAreaFor 的替代。

範例 10-9 用 TextArea 標籤協助程式輸入顧客意見調查

以下用 TextArea 標籤協助程式建立 TextArea 標籤協助程式。

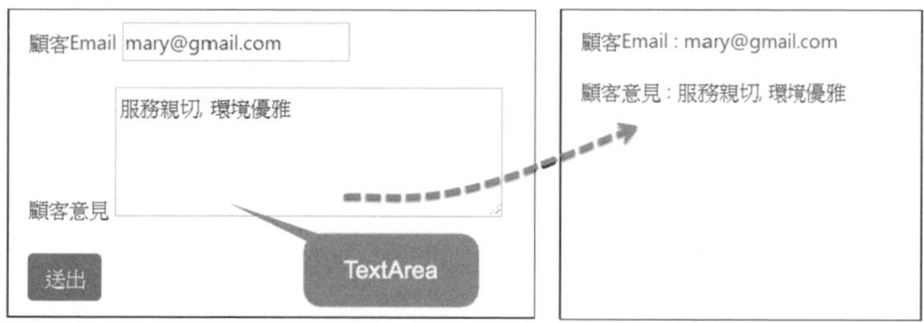

step01 建立 FeedbackViewModel 模型

ViewModels/FeedbackViewModel.cs

```
public class FeedbackViewModel
{
    [Display(Name = "顧客 Email")]
    [DataType(DataType.EmailAddress)]
    public string Email { get; set; }

    [Display(Name = "顧客意見")]
    public string Opinion { get; set; }
}
```

step02 在<textarea>的 asp-for 屬性指定 Option 屬性

Views/TagHelpers/TextareaTagHelper.cshtml

```
@model FeedbackViewModel
<form asp-controller="TagHelpers" asp-action="TextareaTagHelper" method="post">
    <div class="form-group">
        <label asp-for="Email"></label>
        <input asp-for="Email" />
    </div>
    <div class="form-group">
        <label asp-for="Opinion"></label>
        <textarea asp-for="Opinion" rows="4" cols="40"></textarea>
    </div>
    <button type="submit" class="btn btn-primary">送出</button>
</form>
```

TextArea

step03 建立 TextareaTagHelper()動作方法

Controllers/TagHelpersController.cs

```
public IActionResult TextareaTagHelper()
{
    return View();
}

[HttpPost]
[ValidateAntiForgeryToken]
public IActionResult TextareaTagHelper(FeedbackViewModel feedbackVM)
{
    if (ModelState.IsValid)
    {
        TempData["Email"] = feedbackVM.Email;
        TempData["Opinion"] = feedbackVM.Opinion.Replace("\r","").Replace("\n","<br>");

        return RedirectToAction("DisplayOpinion");
    }
    return View();
}

public IActionResult DisplayOpinion()
{
    if (TempData.Count == 0)
```

```
    {
        return Content("無任何資料!");
    }
    return View();
}
```

10-4-10 Validation 驗證訊息 - 標籤協助程式

Validation Message 驗證訊息標籤協助程式會根據 model 屬性產生驗證訊息。驗證不通過時，會產生驗證失敗訊息，藉以提醒輸入的資料格式不正確。它是 Html.ValidationMessageFor()的替代。

驗證訊息標籤協助程式：

- 一個 Validation 驗證訊息通常鎖定一個 Input 輸入作驗證，並產生出一個<span>元素區段作為驗證訊息產生的地方
- 驗證的動作預設是發生在 Server 端，但若前端加入適當的 JavaScript 函式庫參考，驗證就先在前端發生

驗證訊息設定方式，是在<span>的 asp-validation-for 屬性指定欲驗證的輸入欄位名稱：

```
<input asp-for="Email" />
<span asp-validation-for="Email" class="text-danger"></span>
```

Validation 驗證訊息

HTML 輸出：

```
<input type="email" d="Email" maxlength="50" name="Email" value="" …/>
<span class="text-danger field-validation-valid"
      data-valmsg-for="Email" data-valmsg-replace="true"></span>
```

若輸入的前端驗證失敗，會動態插入一段失敗訊息：

```
<span class="text-danger field-validation-error" data-valmsg-for="Email"
      data-valmsg-replace="true">
```

```
  <span id="Email-error" class="">The 顧客 Email field is required.</span>
</span>
```

若想在前端執行驗證，需在 View 加入：

```
@section endJS
{
 <script src="~/lib/jquery-validation/dist/jquery.validate.js"></script>
 <script src="~/lib/jquery-validation-unobtrusive/jquery.validate.unobtrusive.min.js">
 </script>
}
```

或呼叫_ValidationScriptsPartial 部分檢視也是一樣的。

```
@section endJS
{
   <partial name="_ValidationScriptsPartial" />
}
```

10-4-11 Validation Summary 驗證摘要 - 標籤協助程式

Validation Summary 標籤協助程式可彙總所有驗證失敗的驗證訊息（Validation Message），做摘要彙整顯示。

驗證摘要設定方式，是在<div>的 asp-validation-summary 屬性設定顯示訊息的範圍（ValidationSummary 列舉值）：

```
<div asp-validation-summary="ModelOnly" class="text-danger"></div>
```

驗證摘要的 HTML 輸出：

```
<div class="text-danger validation-summary-valid" data-valmsg-summary="true">
  <ul>
     <li style="display:none"></li>
  </ul>
</div>
```

若驗證失敗，會將驗證失敗的訊息顯示在<li>...</li>區塊中。

而 asp-validation-summary 屬性可指定下表 ValidationSummary 三種列舉值，以控制驗證摘要訊息顯示範圍。

表 10-3 ValidationSummary 列舉值

ValidationSummary 列舉值	說明
ValidationSummary.All	顯示所有類型的驗證錯誤訊息摘要，包括 Property 和 model 層級，以及自訂驗證錯誤訊息
ValidationSummary.ModelOnly	只顯示 model 屬性驗證錯誤訊息
ValidationSummary.None	不顯示驗證摘要訊息

範例 10-10 對 Input 輸入欄位做驗證訊息及驗證摘要

在此將前面的 TextareaTagHelper 範例加上訊息驗證及驗證摘要，並設定驗證發生在 Client 前端。

顧客Email The 顧客Email field is required.

顧客意見 The 顧客意見 field is required.

送出

輸入的資料格式內容有誤!

step01 設定 FeedbackViewModel 模型

回顧之前的 FeedbackViewModel 模型，它有 Email 與 Option 兩個屬性，為了配合訊息驗證，故加上幾個 Data Annotations：

ViewModels/FeedbackViewModel.cs

```
public class FeedbackViewModel
{
    [Display(Name = "顧客 Email")]
    [DataType(DataType.EmailAddress)]
    [Required]
    [StringLength(50, MinimumLength = 10)]
    [RegularExpression(@"^[a-z0-9._%+-]+@[a-z0-9.-]+\.[a-z]{2,}$")]
    public string Email { get; set; }

    [Display(Name = "顧客意見")]
    [Required]
    [StringLength(255)]
    public string Opinion { get; set; }
}
```

配合 Validation Message 驗證

配合 Validation Message 驗證

step02 建立 ValidationTagHelper 動作方法

Controllers/TagHelpersController.cs

```
public IActionResult ValidationTagHelper()
{
    return View();
}

[HttpPost]
[ValidateAntiForgeryToken]
public IActionResult ValidationTagHelper(FeedbackViewModel feedbackVM)
{
    if (ModelState.IsValid)
    {
        TempData["Email"] = feedbackVM.Email;
        TempData["Opinion"] = feedbackVM.Opinion;

        return RedirectToAction("DisplayOpinion");
    }
    else
    {
        //加入自訂錯誤訊息
        ModelState.AddModelError("ErrorReport", "輸入的資料格式內容有誤!");

        ///讀取模型驗證的錯誤訊息
        var errors = ModelState.Values.Select(err =>
                err.Errors.FirstOrDefault().ErrorMessage).ToList();
```

```
        int idx = 1;
        errors.ForEach((error) =>
        {
            ModelState.AddModelError($"Error{idx++}", error +
                ", 請重新輸入正確格式!");
        });
    }

    return View(feedbackVM);
}
```

step03 建立 ValidationTagHelper 檢視

Views/TagHelpers/ValidationTagHelper.cshtml

```
@model FeedbackViewModel
<form asp-controller="TagHelpers" asp-action="ValidationTagHelper"
    method="post">
    <div class="form-group">
        <label asp-for="Email"></label>
        <input asp-for="Email" />          ← Email 輸入欄位之驗證訊息
        <span asp-validation-for="Email" class="text-danger"></span>
    </div>
    <div class="form-group">
        <label asp-for="Opinion"></label>
        <textarea asp-for="Opinion" rows="4" cols="40"></textarea>
        <span asp-validation-for="Opinion" class="text-danger"></span>
    </div>        ← 驗證摘要之彙總訊息        ← Option 輸入欄位之驗證訊息
    <button type="submit" class="btn btn-primary">送出</button>
    <div asp-validation-summary="ModelOnly" class="text-danger"></div><br />
    @Html.ValidationMessage("ErrorReport", new { @class = "text-danger" })
</form>        ← 顯示自訂的 ErrorReport 驗證訊息
```

若想啟用前端驗證，需在末段加上兩個 jQuery Validation 函式庫參考：

```
@section endJS
{                                  ← Client 驗證必須參考的函式庫
    <script src="~/lib/jquery-validation/dist/jquery.validate.js"></script>
    <script src="~/lib/jquery-validation-
        unobtrusive/jquery.validate.unobtrusive.min.js"></script>
}
```

或呼叫_ValidationScriptsPartial 部分檢視：

```
@section endJS
{
    <partial name="_ValidationScriptsPartial" />
}
```

10-4-12 <cache> 快取 - 標籤協助程式

快取標籤協助程式可快取 ASP.NET Core 應用程式內容至快取提供者，以增加程式效能。

ASP.NET Core 支援數種快取，最簡單的是 IMemoryCache 記憶體快取，IMemoryCache 是屬於 Microsoft.Extensions.Caching.Memory 命名空間，此種快取實作是將快取儲存在相同 Web Server 的記憶體之中，佔用相同主機的記憶體空間，同時也會受 Web Server 重新啟動而造成快取消失之影響。

但由於 IMemoryCache 是 ASP.NET Core 內建的快取實作，不需額外的相依性注入組態就能直接使用，特別適合開發與測試場景使用。

表 10-4 Cache 標籤協助程式

快取屬性	說明
enabled	啟用快取。可設為 true 或 false
expires-on	指定絕對過期日期
expires-after	於首次快取內容後多少時間過期
expires-sliding	設定快取項目值多久未被存取就會過期
vary-by-header	在標頭值改變時會觸發快取重新整理
vary-by-query	依查詢字串的改變，而觸發快取重新整理
vary-by-cookie	依 cookie 的改變，而觸發快取重新整理
vary-by-user	依@User.Identity.Names 改變，而觸發快取重新整理。可為 true 或 false

快取屬性	說明
vary-by	當屬性字串值所參考的物件變更，而觸發快取重新整理
priority	設定快取保留的優先權層級，有 High、Normal（預設）、Low、NeverRemove 四種設定

範例 10-11 利用 Cache 標籤協助程式設定網頁內容快取

以下利用 Cache 標籤協助程式快取網頁內容中的時間，被快取的時間將會停在快取那一刻，藉以確認快取之作用，以下列出快取的每個屬性用法。

Views/TagHelpers/CacheTagHelper.cshtml

```
<div>1. <cache>快取(快取過期預設為 20 分鐘)</div>
<cache>
    目前時間: @DateTime.Now
</cache>

<div>2. enable 啟用</div>
<cache enabled="false">  ← 不啟用快取
    目前時間: @DateTime.Now
</cache>

<div>3. expire-on 指定絕對過期日期</div>   指定快取於 2025/3/28 日過期
<cache expires-on="@new DateTime(2025,3,28,12,30,0)">
    目前時間: @DateTime.Now
</cache>

<div>4. expire-after 於首次快取內容後多少時間過期(預設為 20 分鐘)</div>
<cache expires-after="@TimeSpan.FromSeconds(120)">
    目前時間: @DateTime.Now                 指定快取於 120 秒後過期
</cache>

<div>5. expire-sliding 設定快取項目的值多久未被存取就會過期</div>
<cache expires-sliding="@TimeSpan.FromSeconds(60)">
    目前時間: @DateTime.Now                 60 秒未存取快取就過期
</cache>

<div>6. vary-by-header 在標頭值改變時會觸發快取重新整理</div>
<cache vary-by-header="User-Agent">
    目前時間: @DateTime.Now      依 User-Agent 標頭改變而重新整理快取
```

```
</cache>

<div>7. vary-by-query 依查詢字串的改變,而觸發快取重新整理</div>
<cache vary-by-query="refresh,clean">
    目前時間: @DateTime.Now        依 Query 查詢字串改變而重新整理快取
</cache>

<div>8. vary-by-route 依路由參數改變,而觸發快取重新整理</div>
<cache vary-by-route="id">
    目前時間: @DateTime.Now        依路由參數改變而重新整理快取
</cache>

<div>9. vary-by-cookie 依 cookie 的改變,而觸發快取重新整理</div>
<cache vary-by-cookie=".AspNetCore.Identity.Application">
    目前時間: @DateTime.Now        依 cookie 改變而重新整理快取
</cache>

<div>10. vary-by-user 依@User.Identity.Names 改變,而觸發快取重新整理</div>
<cache vary-by-user="true">
    目前時間: @DateTime.Now        依使用者身分改變而重新整理快取
</cache>

<div>11. vary-by 當屬性字串值所參考的物件變更,而觸發快取重新整理</div>
<cache vary-by="@Model">
    目前時間: @DateTime.Now        若參考的 model 改變而重新整理快取
</cache>

<div>12. priority 設定快取保留的優先權層級(High, Low, NeverRemove, Normal 預設)</div>
<cache priority="@Microsoft.Extensions.Caching.Memory.CacheItemPriority.High">
    目前時間: @DateTime.Now
</cache>                                   設定快取優先權
```

10-4-13 「分散式快取」標籤協助程式 - <distributed-cache>

分散式快取可將內容快取至分散式快取來源，例如 SQL Server 或 Redis，藉以大幅提升 ASP.NET Core 應用程式效能。且通常分散式快取服務是獨立於 Web Server 網頁伺服器之外，讓多台網頁伺服共享相同的快取內容。

分散式快取相較於本機 IMemoryCache 快取之優點：

- 可跨越多個網頁伺服器請求，保持快取內容的一致性
- 不受網頁伺服器重新啟動或應用程式部署之影響
- 不佔用網頁伺服器本機記憶體

且由於分散式快取與快取（標籤協助程式）皆繼承相同的 CacheTagHelperBase 類別，因此共享表 10-4 相同屬性。

分散式快取語法：

```
<div class="alert alert-success">分散式快取以 name 作為快取的 key</div>
<distributed-cache name="product-cache-unique-key-topsales">
    目前時間: @DateTime.Now
</distributed-cache>
```

（圖說：分散式快取 key 名稱）

但若在 Program.cs 未註冊加入 IDistributedCache 的實作，「分散式快取」將會使用與「快取」相同的 IMemoryCache 作為快取資料的儲存。例如未加入下面任一種分散式快取：

```
//Distributed Memory Cache
builder.Services.AddDistributedMemoryCache();

//Distributed SQL Server Cache
builder.Services.AddDistributedSqlServerCache(options =>
{
    options.ConnectionString = builder.Configuration
       .GetConnectionString("DistCache_ConnectionString");
    options.SchemaName = "dbo";
    options.TableName = "TestCache";
});

//Distributed Redis Cache
builder.Services.AddStackExchangeRedisCache(options =>
 {
     options.Configuration =
        builder.Configuration.GetConnectionString("MyRedisConStr");
     options.InstanceName = "SampleInstance";
 });
```

10-4-14 「環境」標籤協助程式 - <environment>

Environment 標籤協助程式依現有裝載（Hosting）環境的不同，而有條件轉譯輸出其所包含的內容。如以下 Environment 設定，在裝載環境為 Staging 或 Development 情況下（多個環境用逗號分隔），會出輸其 bootstrap.css 的參考連結內容：

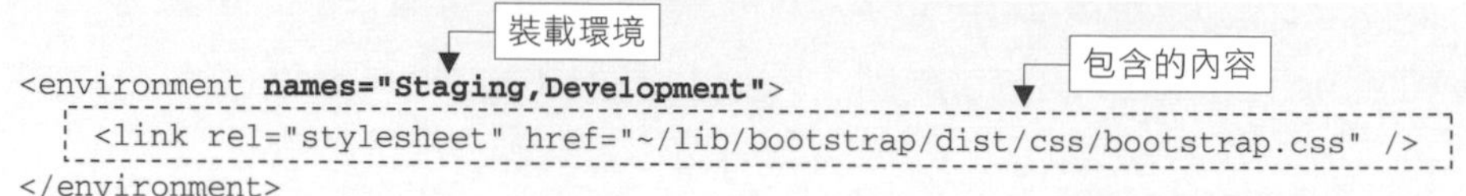


```
<environment names="Staging,Development">
    <link rel="stylesheet" href="~/lib/bootstrap/dist/css/bootstrap.css" />
</environment>
```

而 Environment 環境值會與 IHostingEnvironment.EnvironmentName 值做比較，並忽略大小寫。

names 改用 include 也有相同效果：

include 包含的裝載環境

```
<environment include="Staging,Development">
    <link rel="stylesheet" href="~/lib/bootstrap/dist/css/bootstrap.css" />
</environment>
```

而 exclude 與 include 作用相反，會排除 Development 環境而作輸出：

exclude 排除的裝載環境

```
<environment exclude="Development">
    <link rel="stylesheet"
        href="https://stackpath.bootstrapcdn.com/bootstrap/4.3.1/css/bootstrap.min.css"
        asp-fallback-href="~/lib/bootstrap/dist/css/bootstrap.min.css"
        asp-fallback-test-class="sr-only" asp-fallback-test-property="position"
        asp-fallback-test-value="absolute"
        crossorigin="anonymous"
 integrity="sha384-ggOyR0iXCbMQv3Xipma34MD+dH/1fQ784/j6cY/iJTQUOhcWr7x9JvoRxT2MZw1T"/>
</environment>
```

那何時會用到「環境」標籤協助程式？最經典就是 ASP.NET Core 2.2 預設的_Layout.cshtml 會依主機環境的不同，而決定從本機或 CDN 載入 CSS 及 js 函式庫：

```
<!DOCTYPE html>
<html>
<head>
    <meta charset="utf-8" />
    <meta name="viewport" content="width=device-width, initial-scale=1.0" />
    <environment include="Development">
        <link rel="stylesheet" href="~/lib/bootstrap/dist/css/bootstrap.css" />
    </environment>
    <environment exclude="Development">
        <link rel="stylesheet"
    href="https://stackpath.bootstrapcdn.com/bootstrap/4.3.1/css/bootstrap.min.css"
              asp-fallback-href="~/lib/bootstrap/dist/css/bootstrap.min.css"
              asp-fallback-test-class="sr-only"
              asp-fallback-test-property="position" asp-fallback-test-value="absolute"
              crossorigin="anonymous"
              integrity="sha384-..."/>
    </environment>
    <link rel="stylesheet" href="~/css/site.css" />
</head>
<body>
    <header>
        ...
    </header>
    ...
    <environment include="Development">
        <script src="~/lib/jquery/dist/jquery.js"></script>
        <script src="~/lib/bootstrap/dist/js/bootstrap.bundle.js"></script>
    </environment>
    <environment exclude="Development">
        <script src="https://cdnjs.cloudflare.com/ajax/libs/jquery/3.3.1/jquery.min.js"
                asp-fallback-src="~/lib/jquery/dist/jquery.min.js"
                asp-fallback-test="window.jQuery"
                crossorigin="anonymous"
                integrity="sha256-FgpCb/KJQlLNfOu91ta32o/NMZxltwRo8QtmkMRdAu8=">
        </script>
        <script
  src="https://stackpath.bootstrapcdn.com/bootstrap/4.3.1/js/bootstrap.bundle.min.js"
                asp-fallback-src="~/lib/bootstrap/dist/js/bootstrap.bundle.min.js"
                asp-fallback-test="window.jQuery && window.jQuery.fn &&
                  window.jQuery.fn.modal"
                crossorigin="anonymous"
                integrity="sha384-...">
        </script>
    </environment>
    ...
</body>
</html>
```

Development 環境從本機載入 css 參考

Development 以外環境從 CDN 載入 css 參考

Development 環境從本機載入 js 參考

Development 以外環境從 CDN 載入 js 參考

10-5 Tag Helpers 加入、移除和範圍管理

預設 Tag Helpers 會套用到專案所有 Views，讓 Views 皆能使用標籤協助程式，是因為_ViewImports.cshtml 中有一行設定：

Views/_ViewImports.cshtml

```
@addTagHelper *, Microsoft.AspNetCore.Mvc.TagHelpers
```

而 Tag Helpers 也能做加入、移除和退出的調整：

1. @addTagHelper：加入標籤協助程式
2. @removeTagHelper：移除標籤協助程式
3. !退出字元：個別 element 退出標籤協助程式

10-5-1 使用 @addTagHelper 加入標籤協助程式

除了專案預設外，何時會用到@addTagHelper 加入標籤協助程式？有幾種情況：

1. 加入自訂的標籤協助程式
2. 限定 View 或 View 資料夾加入內建或自訂標籤協助程式

例如 CustomTagHelpers 專案自訂了 Tag Helpers，在_ViewImport.cshtml 引用的語法：

Views/_ViewImports.cshtml

```
@addTagHelper *, CustomTagHelpers
```

自訂組件名稱

*星號使用組件中所有的 Tag Helpers

說明：

1. @addTagHelper 是加入 ASP.NET Core 內建的所有 Tag Helpers
2. * 星號是加入 CustomTagHelpers 組件中所有 Tag Helpers
3. 在_ViewImport.cshtml 用@addTagHelper 加入標籤協助程式，是因為_ViewImport.cshtml 會被所在目錄及子目錄中所有 Views 繼承，讓所有 Views 皆可使用 Tag Helpers

若只想引用自訂組件中的 Email Tag Helper，只需將星號替換成完整名稱（FQN，Fully Qualified Name）：

```
@addTagHelper CustomTagHelpers.TagHelpers.EmailTagHelper, CustomTagHelpers
```

也可在 FQN 插入*星號萬用字元作為尾碼：

```
@addTagHelper CustomTagHelpers.TagHelpers.E*, CustomTagHelpers
@addTagHelper CustomTagHelpers.TagHelpers.Email*, CustomTagHelpers
```

10-5-2 使用 @removeTagHelper 移除標籤協助程式

@removeTagHelper 是用來移除標籤協助程式，以下介紹幾種移除情境。

+ 個別 View 移除內建的 Anchor Tag Helper（在檢視.cshtml 中移除）：

```
@removeTagHelper Microsoft.AspNetCore.Mvc.TagHelpers.AnchorTagHelper,
                 Microsoft.AspNetCore.Mvc.TagHelpers
```

+ 個別 View 移除自訂 EmailTagHelper（在檢視.cshtml 中移除）：

```
@removeTagHelper CustomTagHelpers.TagHelpers.EmailTagHelper, CustomTagHelpers
```

+ 個別 View 移除全部內建的 Tag Helpers（在檢視.cshtml 中移除）：

```
@removeTagHelper *, Microsoft.AspNetCore.Mvc.TagHelpers
```

+ 針對所有 Views 作移除，是在_ViewImports.cshtml 中宣告：

Views/_ViewImports.cshtml

```
@removeTagHelper *, Microsoft.AspNetCore.Mvc.TagHelpers
```

+ 若要針對 Views 下某個控制器對映的資料夾作移除，例如在 Home 控制器的檢視資料夾加入_ViewImports.cshtml，並設定：

Views/Home/_ViewImports.cshtml

```
@removeTagHelper *, Microsoft.AspNetCore.Mvc.TagHelpers
```

那麼移除 Tag Helpers 的作用，便會套用在 Home 資料夾下的所有 Views。

10-5-3 單一個別 elements 退出標籤協助程式

若想針對單一 element 退出移出標籤協助程式，可在 element 前後使用！符號：

```
<!a asp-controller="Home" asp-action="Index">Home/Index</!a>
```

則該 element 上標籤協助程式將會失去作用，回歸成原始的 HTML elements。同時！符號會讓 HTML elements 不再出現 asp-xxx 的 IntelliSense 提示。

例如，未使用！退出符號時的 HTML 輸出：

```
<a href="/">Home/Index</a>
```

使用！退出符號後的 HTML 輸出，變成沒有 href 屬性，自然無超連結作用：

```
<a asp-controller="Home" asp-action="Index">Home/Index</a>
```

10-5-4 用 _ViewImports.cshtml 控制 Tag Helpers 套用範圍

前面提到在_ViewImports.cshtml 中宣告@addTagHelper 與@removeTagHelper 語法，而_ViewImports.cshtml 可在兩個層級建立：

- Views/_ViewImports.cshtml（對 Views 資料夾下所有檢視作用）
- Views/{controller}/_ViewImports.cshtml（控制器資料夾下所有檢視作用）

在不同層級宣告，Tag Helpers 套用範圍便會不同，以@addTagHelper 來說有三種範圍設定方式：

- 在個別 View 直接宣告@addTagHelper（只對該 View 檢視有影響）
- Views/_ViewImports.cshtml 中宣告@addTagHelper
- Views/{controller}/_ViewImports.cshtm 宣告@addTagHelper

10-5-5 以 @tagHelperPrefix 明確啟用 Tag Helpers

若不想讓 HTML elements 自動啟用 Tag Helpers，直到明確使用自訂的前綴字串，才啟用 Tag Helpers 支援，可用@tagHelperPrefix 設定。方式是在_ViewImports.cshtml 加入「@tagHelperPrefix tag:」宣告：

Views/_ViewImports.cshtml

```
@addTagHelper *, Microsoft.AspNetCore.Mvc.TagHelpers
@tagHelperPrefix tag: ◄— @tagHelperPrefix
```

設定後，View 的 HTML elements 就不會自動啟用 Tag Helpers，必須在每個 element 前加上 tag:自訂前綴字，然後 element 才會啟用 Tag Helpers 支援：

```
<tag:a asp-controller="Home" asp-action="Index">Index</tag:a>
 ▲
 └─ Tag:自訂的前綴字串
```

10-6 自訂標籤協助程式

除使用內建 Tag Helpers，也能自訂 Tag Helpers，步驟有三：

1. 新增自訂類別，並繼承 TagHelper 類別，實作 Process 主要方法
2. 在 Views/_ViewImports.html 加入自訂 Tag Helper 類別參考
3. 在 View 檢視使用自訂 Tag Helper 的 Tag element

範例 10-12 建立自訂 Email 標籤協助程式

以下自訂一個<email>的標籤協助程式。

step01 建立 TagHelpers 資料夾，將自訂的 Tag Helpers 類別放在此

這雖不是系統強制必需的，卻是一個合理的習慣性做法

step02 新增自訂的 EmailTagHelper.cs 類別，且須繼承 TagHelper 類別，並實作 Process 方法

TagHelpers/EmailTagHelper.cs

```
using Microsoft.AspNetCore.Razor.TagHelpers;
namespace Mvc7_TagHelpers.TagHelpers
{
    public class EmailTagHelper : TagHelper
    {
        public const string DomainName = "codemagic.com.tw";
        public string MailTo { get; set; }

        public override void Process(TagHelperContext context,
                                     TagHelperOutput output)
        {
            //輸出 element Tag 名稱
            output.TagName = "a";

            //設定 Email Adress
            var mailAddress = $"{MailTo}@{DomainName}";
            //設定 href 屬性
```

實作 Process 方法

```
            output.Attributes.SetAttribute("href", $"mailto:{mailAddress}");
            //設定 element 內容文字
            output.Content.SetContent(mailAddress);
        }
    }
}
```

說明：

1. output.TagName = "a"的作用是設定輸出 element 對象，如設定的是"a"，輸出的 HTML element 則為<a>，如設定的是"span"，輸出的就是<span>
2. $"{MailTo}@{DomainName}"則是設定 Email 格式，而{MailTo}則是由 MailTo 屬性值帶入
3. output.Attributes.SetAttribute()方法是設定 href 屬性值為 mailto:…。
4. output.Content.SetContent()方法是設定 element 內容文字

step03 在_ViewImports.cshtml 加入自訂標籤協助程式參考

Views/_ViewImports.cshtml

```
…
@addTagHelper *, Mvc7_TagHelpers
```

step04 新增 CustomTagHelpers 控制器及 Email 動作方法，並用 Scaffolding 新增 Email.cshtml 檢視

Controllers/CustomTagHelpersController.cs

```
public class CustomTagHelpersController : Controller
{
    public IActionResult Email()
    {
        return View();
    }
}
```

step05 在 Email 檢視中使用自訂的<email>標籤協助程式

Views/CustomTagHelpers/Email.cshtml

```
..
<email mail-to="services"></email>  ◀── 使用自訂的 Email 標籤協助程式
```

執行並瀏覽 CustomTagHelpers/Email，HTML 輸出：

```
<a href="mailto:services@codemagic.com.tw">services@codemagic.com.tw</a>
```

說明：

1. 撰寫 Step 2 程式當下，也許你不了解它是如何運做，但從 Step 5 的設定對照到回 Step 2，就能很清楚整個程式運作，Step 5 的 mail-to="services" 會將值傳給 MailTo 屬性
2. 那為何 EmailTagHelper.cs 類別中定義的是 MailTo 屬性名稱，可是在 View 中卻變成 mail-to，這是因為「Kebab Case」慣例關係，會將大寫全部轉成小寫，二個單字中間會加上 dash 符號

範例 10-13 建立自訂非同步 Email 標籤協助程式

前一範例是同步 Process 設計，以下介紹非同步 ProcessAsync 設計。

step01 新增 EmailAsyncTagHelper.cs 類別，繼承 TagHelper 類別，實作 ProcessAsync 方法

TagHelpers/EmailAsyncTagHelper.cs

```
using System.Threading.Tasks;
using Microsoft.AspNetCore.Razor.TagHelpers;

namespace Mvc7_TagHelpers.TagHelpers
{
    public class EmailAsyncTagHelper : TagHelper
    {
        public const string DomainName = "codemagic.com.tw";

        //這裡不用 MailTo 屬性,而是抓 HTML Content
        //public string MailTo { get; set; }
```

```
                                        非同步 ProcessAsync 方法
        public override async Task ProcessAsync(TagHelperContext context,
                                                TagHelperOutput output)
        {
            output.TagName = "a";  //Replace <email> with <a> tag
            //取得 TagHelperContent 物件              取得 TagHelperContent 物件
            var taghelperContent = await output.GetChildContentAsync();
            //GetContent()方法會從 TagHelperContent 取得 innerText 字串值
            var recipient = taghelperContent.GetContent() + "@" + DomainName;
            //設定<a href="mailto:support_handler@codemagic.com.tw">
            output.Attributes.SetAttribute("href", "mailto:" + recipient);
            //設定 element 中的 innerText          設定 href 屬性
            output.Content.SetContent(recipient);
        }                                       設定內容文字為收件人
    }
}
```

step02 在 _ViewImports.cshtml 加上「@addTagHelper *, Mvc7_TagHelpers」

step03 在 CustomTagHelpers 控制器新增 EmailAsynchrous()動作方法，用 Scaffolding 產出 EmailAsynchrous 檢視

step04 在檢視中使用非同步 Email 標籤協助程式

Views/CustomTagHelpers/EmailAsynchrous.cshtml

```
<address>
    <strong>Support:</strong><email-async>Support_Handler</email-async><br />
    <strong>Marketing:</strong><email-async>Marketing_Handler</email-async>
</address>
```

HTML 輸出：

```
<address>
    <strong>Support:</strong><a href="mailto:Support_Handler@codemagic.com.tw">
       Support_Handler@codemagic.com.tw</a><br />
    <strong>Marketing:</strong><a href="mailto:Marketing_Handler@codemagic.com.tw">
       Marketing_Handler@codemagic.com.tw</a>
</address>
```

10-7 自訂標籤協助程式字型與色彩

若想自訂 Tag Helper element 的字型與顏色，可在【工具】→【選項】→【環境】→【字型與色彩】→顯示項目的【Razor 標記協助程式元素】和【Razor 標記協助程式屬性】的項目前景與背景做調整。

圖 10-3 自訂標籤協助程式字型與色彩

調整完成後，在 View 中若宣告 Tag Helper，會以自訂的特殊顏色顯示，較易辨認。

10-8 結論

Tag Helpers 替 View 程式編寫帶來新風貌，也帶來更清晰易與理解的程式碼，並提高生產力。同時也能自訂 Tag Helpers，來簡化複雜功能的產生。但相對的，對於這個新的技術區塊，也需付出額外心力理解各個 Tag Helpers 使用方式，以及加入、移除與退出設定，才能掌握使用訣竅。

CHAPTER 11

以 HTML Helpers 製作 CRUD 資料庫讀寫電子表單

雖然 ASP.NET Core 的 Scaffolding 產出的 View 檢視樣板已是以 Tag Helpers 為主，HTML Helpers 為輔，但為了相容及維護既有的 HTML Helpers 程式，本章會介紹要如何在 ASP.NET Core 中編寫 HTML Helpers 四類 CRUD 檢視程式，同時結合新世代 Entity Framework Core 非同步語法，建立出網頁資料庫讀寫程式。

11-1 HTML Helpers 簡介

什麼是 HTML Helpers？它是 View 用來產生 HTML 元素的指令，例如產生 Form、Label、Input、Select、Radio、Checkbox、超連結、驗證訊息等元素。

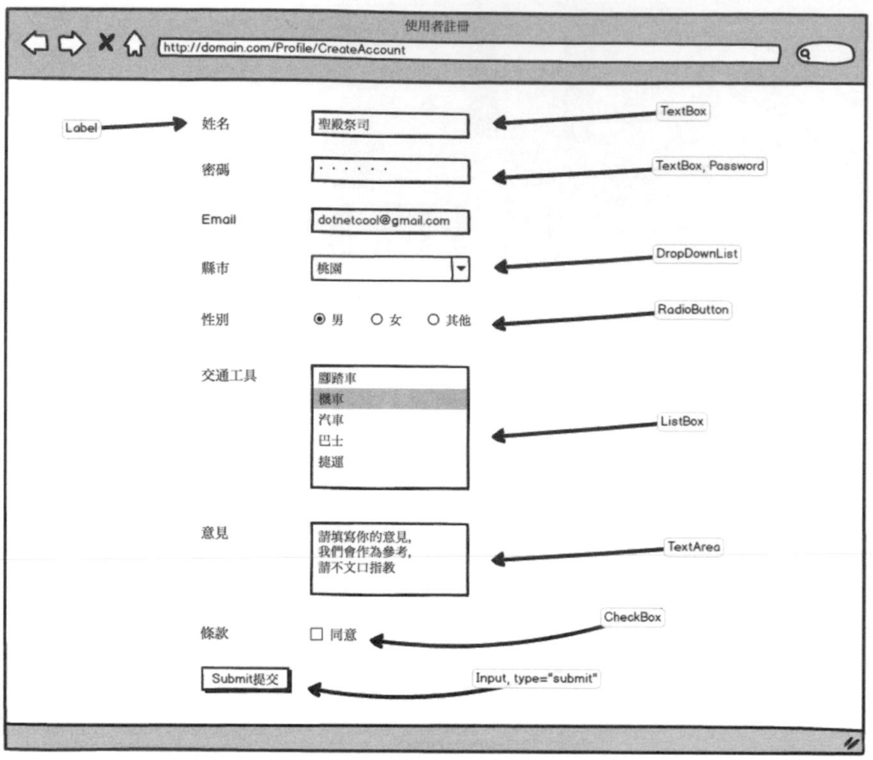

圖 11-1 HTML Form 表單元素

下圖是 HTML Helpers 指令整理，其中 Form 表單類也稱為 Form Helpers，是本章介紹的重點。

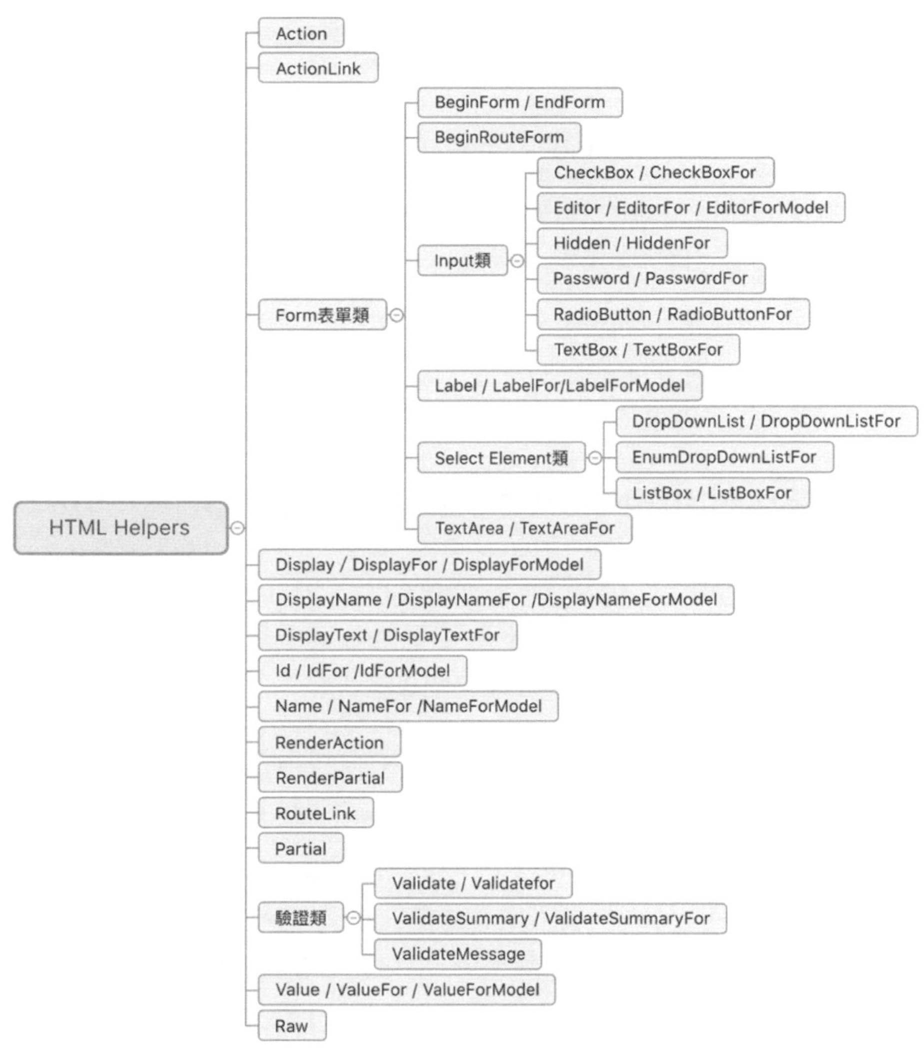

圖 11-2 MVC 內建的 HTML Helpers 指令方法

製作 Form 表單或資料顯示，為何要用 MVC 的 HTML Helpers，而不用原生的 HTML 語法？理由為：

1. 如有設定 ViewData 或 Model 資料，HTML Helpers 就能讀取顯示
2. Scaffolding 可根據 Model 模型，產出以 HTML Helpers 及 Tag Helpers 組成的 Table 表格或 Form 表單

3. Model 模型套用 Data Annotations 可自動產生前端驗證或中文標題顯示

4. 可享受 Model Binding 模型繫結的方便性

5. 每個 HTML Helper 指令皆支援方法多載，傳入參數有很多變化性，可滿足不同條件的動態建構需求

6. 有的 HTML Helpers 會依不同資料型別而產生適當的 HTML element，簡化了使用複雜度

11-2 Tag Helpers 與 HTML Helpers 的瑜亮情節

相信用過前一代 ASP.NET MVC 的人，對於為什麼又推出新的 Tag Helpers？舊的 HTML Helper 是否要被放棄或取代？會產生種種的疑惑，本節略為解析二者演進與競合關係。

首先，ASP.NET MVC 最先發明了 HTML Helpers，在 ASP.NET MVC 5 的 Razor View 主力是使用 HTML Helpers，甚至是 Scaffolding 產出的 View 樣板程式亦是以 HTML Helpers 為主。但到了 ASP.NET Core 卻推出了新的 Tag Helpers，這不免讓人有「一代新人換舊人，只聞新人笑，哪聞舊人哭」的聯想。確實在 ASP.NET Core Scaffolding 產出的 View 樣板程式已改成以 Tag Helpers 為主，HTML Helpers 只有在不足的情況下，才會上場輔助。

那麼這是否意謂二者有瑜亮情節？確實在 ASP.NET Core 世代，Tag Helpers 地位和光芒掩蓋了 HTML Helpers，其優點有：

- Tag Helpers 語意較為清晰，而 HTML Helpers 語意較抽象難測
- 對於美工或純前端的人，Tag Helpers 會較好理解與修改

但這並不意謂者 HTML Helpers 將完全退場，理由有：

- 內建的 Tag Helpers 並未全面實作 HTML Helpers 對等功能，以致無法全面替代
- HTML Helpers 具備多載，可傳遞多載參數，而 Tag Helper 不支援多載
- ASP.NET Core 仍保留對前一代 HTML Helpers 相容性，如此可繼續兼容既有的 HTML Helpers 程式

那麼該如何看待 Tag Helpers 和 HTML Helpers 二者關係？可從幾個角度來看：

- Tag Helpers 與 HTML Helpers 在某些指令上具有相互替代性，在有替代性之處，應優先使用 Tag Helpers
- 在 Tag Helpers 沒有支援功能，就使用 HTML Helpers
- Tag Helpers 和 HTML Helpers 二者比較像是協同合作關係，ASP.NET Core 現階段是讓二者並存，但以 Tag Helpers 為主，HTML Helpers 為輔（從 Scaffolding 產出 View 樣板的角度來看）
- Tag Helpers 與 HTML Helpers 是競合關係，有競爭亦有合作，但 Tag Helpers 地位上明顯高過 HTML Helpers

最後不可否認的，二者並存策略雖達成兼容性效果，但對學習者來說，卻需付出雙倍力氣的！

11-3 HTML Helpers 常用指令

下表是常用的 HTML Helpers 指令，依其傳入的參數是否為 Model，可分成非強型別與強型別兩類，例如 Html.Label("Name")是非強型別 Helper，而 Html.LabelFor(model=>model.Name)為強型別 Helper，凡有帶 For 字眼就是強型別方法，必須傳入 model，使用 Lambda 表達式。

表 11-1 ASP.NET Core 常用 HTML Helpers 指令

非強型別 HTML Helpers 方法	強型別 HTML Helpers 方法	輸出的 HTML 控制項
Html.DisplayName(...)	Html.DisplayNameFor(...)	顯示名稱 / Model 屬性名稱
Html.Display(...)	Html.DisplayFor(...)	顯示 ViewData / Model 資料值，顯式方式依資料型別而有不同
Html.DisplayText(...)	Html.DisplayTextFor(...)	將 Model 資料顯示成編碼過的 HTML 純文字
Html.Label(...)	Html.LabelFor(...)	<label> </label>
Html.TextBox(...)	Html.TextBoxFor(...)	<input type="text" />
Html.Password(...)	Html.PasswordFor(...)	<input type="password" />
Html.CheckBox(...)	Html.CheckBoxFor(...)	<input type="checkbox" />
Html.RadioButton(...)	Html.RadioButtonFor(...)	<input type="radio" />
Html.DropDownList(...)	Html.DropDownListFor(...)	<select > </select >
Html.ListBox(...)	Html.ListBoxFor(...)	<select multiple> </select >
Html.TextArea(...)	Html.TextAreaFor(...)	<textarea> <textarea>
Html.BeginForm()	無	<form action="" method=""> </form>
EndForm()	無	</form>
Html.ValidationMessage(...)	Html.ValidationMessageFor(...)	<span>驗證警告訊息</span>
Html.ValidationSummary(...)	無	<ul><li>驗證摘要訊息 </li></ul>
Html.Editor(...)	Html.EditorFor(...)	依資料型別而產生不同 <input type="xxx">
Html.Hidden(...)	Html.HiddenFor(...)	<input type="hidden" />
Html.Raw()	無	回傳原始資料內容，不做 HTML 編碼
Html.ActionLink(...)	無	<a href="...." />

上表多數方法是用來顯示 ViewData 和 model 中的資料，因此只要將 ViewData 和 model 物件名稱指定到 Helper 方法中，就可顯示資料。多

數方法皆為多載，可傳遞不同參數，並產生不同變化。且有的方法還會受到 Model 套用 Data Annotations 而輸出不同結果。

TIP

1. **強型別方法的好處是，支援 model 物件的成員名稱 IntelliSense 提示及編譯時期檢查**
2. **以上強型別與非強型別會統稱 "方法"，例如 Display()和 DisplayFor() 會簡稱 Display 方法**

請參考 Mvc7_HtmlHelpers 專案，首先建立一個 User 模型，目的是用 Model 建立資料，並將 model 物件提供給 View 的 HTML Helpers 方法做顯示。

Models/User.cs

```
public class User
{
    public int Id { get; set; }
    [Required(ErrorMessage = "Name 必須輸入!")]
    public string Name { get; set; }
    [Display(Name = "暱稱")]
    public string Nickname { get; set; }
    [Required(ErrorMessage = "Password 必須輸入!")]
    [DataType(DataType.Password)]
    public string Password { get; set; }
    [DataType(DataType.EmailAddress)]
    public string Email { get; set; }
    public int Gender { get; set; }
    public int City { get; set; }
    [DataType(DataType.Url)]
    public string Blog { get; set; }
    public string Commutermode { get; set; }
    public string Comment { get; set; }
    public bool Terms { get; set; }
}
```

新增 HtmlHelpers 控制器的及 SampleHelpers()方法，並建立一筆 User型別資料，然後傳給SampleHelpers.cshtml檢視中的HTML Helpers 使用。

Controllers/HtmlHelpersController.cs

```
using MvcHtmlHelpers.Models;
public IActionResult SampleHelpers()
{
    User register = new User
    {
        Id = 1001,
        Name = "奚江華",
        Nickname = "聖殿祭司",          ◄— 代表一個使用者註冊資料
        Email = "kevin@gmail.com",
        City = 2,
        Terms = true
    };

    ViewData.Model = register;   ◄— 指定 model 物件

    return View();
}
```

後續分 17 個子小節解說常用的 HTML Helpers 指令，程式在 Views/HtmlHelpers/SampleHelpers.cshtml 中，請自行對照。

11-3-1 Html.DisplayName() & Display() 方法

DisplayName()是用來顯示標題，Display()是顯示資料內容，會優先顯示 ViewData["Name"]資料，再來才是 model.Name。而傳入的 model 物件中，有一個 Name 欄位，顯示資料的語法為：

```
@Html.DisplayName("Name") : @Html.Display("Name")
@Html.DisplayName("Nickname") : @Html.Display("Nickname")
```

HTML 輸出：

```
Name : 奚江華
暱稱 : 聖殿祭司
```

說明：用相同指令顯示 Nickname，原以為結果是「Nickname：聖殿祭司」，但實際上卻是「暱稱 : 聖殿祭司」，英文 Nickname 變成中文了，這是怎麼回事？因為 User 模型定義時，在 Nickname 套用了[Display(Name="暱稱")]，指定中文的顯示名稱，故產生變化

11-3-2 Html.DisplayNameFor() & DisplayFor() 方法

此兩方法是顯示標題及資料內容，但差異點在強型別，且在檢視中必須明確宣告「@model User」，指出傳入的 model 物件為 User 型別，在方法中才能使用 Lambda 表達式：

```
@model User
@Html.DisplayNameFor(m => m.Email) :@Html.DisplayFor(m => m.Email)
@Html.DisplayNameFor(m => m.Terms) @Html.DisplayFor(m => m.Terms)
```

方法括號(m=>m.Email)中的 m，可隨意換成(model=>model.Email)或(x=>x.Email)，效果一樣，但若手動宣告，以短名稱為佳。

Email : kevin@gmail.com
Terms ☑

HTML 輸出：

```
Email :<a href="mailto:kevin@gmail.com">kevin@gmail.com</a>
Terms <input checked="" class="check-box" disabled="disabled" type="checkbox" />
```

說明：

1. 為何 Email 除了文字外，還加上了<a href="mailto:"> </a>郵件超連結？這是因為在 User 模型套用了 [DataType(DataType.EmailAddress)]使然
2. 同樣的指令拿來顯示 Terms，HTML 輸出的不是文字，而是 CheckBox 控制項，原因是 Terms 屬性為 bool 布林型別，故輸出為 CheckBox 控制項

11-3-3 Html.DisplayText() & DisplayTextFor() 方法

對比前面方法，若希望資料以純文字顯示，不因資料型別或 Model 套用 Data Annotations 而被影響，致使增加額外的設定或變成控制項，可用 DisplayText 方法達成：

```
@Html.DisplayText("Email")
@Html.DisplayTextFor(m => m.Terms)
```

HTML 輸出：

```
kevin@gmail.com
True
```

說明：這裡所說的純文字，是指編碼過的 HTML 純文字，內容若有任何的 HTML element 或 JavaScript 都會被編碼，成為徹底的文字。同時 DisplayText 方法只顯示 Model 資料來源，對 ViewData 資料不作顯示

11-3-4 Html.Label() & LabelFor() 方法

在<form>的表單中，欄位標題就是使用 Label 方法產生<label>控制項，語法為：

```
@Html.Label("Name")
@Html.LabelFor(m => m.Nickname)
```

Name
暱稱

HTML 輸出：

```
<label for="Name">Name</label>
<label for="Nickname">暱稱</label>
```

說明：<label>中有一個 for="xxx"屬性，其作用在於配對另一個 element 的 id="xxx"名稱，表示這個<label>是它的標題

TIP

Label 方法是顯示標題名稱，那先前 DisplayName 方法也是，二者使用時機如何區分？若是<form>...</form>中的標題，請用 Label 方法，若不是<form>，也不需要<label>控制項，就使用 DisplayName 方法

11-3-5 Html.TextBox() & TextBoxFor() 方法

TextBox 方法是用來產生<input type="text" ...>輸入控制項，適合做一般文字輸入，但因無法隱藏輸入字元，不適合做 Password 密碼輸入。TextBox 是在<form>中搭配 Label 控制項，語法為：

```
<form action="" method="get">
    @Html.Label("Name") @Html.TextBox("Name")
    @Html.LabelFor(m => m.Email) @Html.TextBoxFor(m => m.Email)
</form>
```

Name 奚江華
Email kevin@gmail.com

HTML 輸出：

```
<form action="" method="get">
    <label for="Name">Name</label>
    <input id="Name" name="Name" type="text" value="奚江華" />
    <label for="Email">Email</label>
    <input id="Email" name="Email" type="text" value="kevin@gmail.com" />
</form>
```

Html.Textbox()

Html.TextboxFor()

說明：

1. 前面提過<label for="Name">，for 屬性鎖定了另一個 id 名稱為 " Name"的控制項，那麼<input id=" Name">剛好符合，它們就會配對在一起，表示這個<label>是它的標題
2. 另外，id="Name" 和 name="Name" 二者值皆為 "Name"，name 與 id 兩個屬性功用是否相等？答案是不同，在 TextBox 輸入資料，按下 Submit 按鈕提交給伺服器，是用 name 屬性攜帶欄位輸入資料：

```
http://.../SampleHelpers?Name=kevin&Email=kevin@gmail.com
```

3. TextBox 方法有三個資料來源：❶ ModelState、❷參數值和❸ViewDataDictionary，且按此優先順序顯示

11-3-6 Html.Password() & PasswordFor() 方法

Password 方法是用來產生密碼輸入的 TextBox，會隱藏密碼字元，語法為：

```
@Html.Password("Password")
@Html.PasswordFor(m=>m.Password)
```

Password ••••••••

Password ••••••••

HTML 輸出：

```
<input id="Password" name="Password" type="password" />
<input id="Password" name="Password" type="password" />
```

11-3-7 Html.CheckBox() 和 CheckBoxFor() 方法

顧名思義，CheckBox 方法是用來產生 CheckBox 控制項，語法為：

```
@Html.CheckBox("Terms")
@Html.CheckBoxFor(m => m.Terms)
```

Terms ☐

Terms ☑

HTML 輸出：

```
<input checked="checked" data-val="true" data-val-required="Terms 欄位是必要項。"
 id="Terms" name="Terms" type="checkbox" value="true" />
<input name="Terms" type="hidden" value="false" />
```

```
<input checked="checked" id="Terms" name="Terms" type="checkbox" value="true" />
<input name="Terms" type="hidden" value="false" />
```

說明：

1. CheckBox()和 CheckBoxFor()皆輸出<input type="checkbox".../>，但屬性略有差異
2. 為何第一個 CheckBox 會多出<input type="hidden" />？其作用是原本 CheckBox 若沒勾選，Submit 就不會送出這個欄位資料，若有了<input type="hidden" />輔助，它會送 false 的值給後端伺服器

此外，CheckBox()可用 true 或 false 參數，指定是否打勾：

```
@Html.CheckBox("Terms", true)
```

而 CheckBoxFor()若要打勾，可傳入第二個參入，而「htmlAttributes:」關鍵字可省略：

```
@Html.CheckBoxFor(x => x.Available, htmlAttributes: new { @checked = "checked" })
```

11-3-8 Html.RadioButton() & RadioButtonFor() 方法

RadioButton 方法是用來產生 RadioButton 控制項，語法為：

```
@Html.RadioButton("Sex", "Female", true) 女
@Html.RadioButton("Sex", "Male") 男
@Html.RadioButton("Sex", "Other") 其他

@Html.RadioButtonFor(m => m.Gender, "女性")女性
@Html.RadioButtonFor(m => m.Gender, "男性", new { @checked = "checked" })男性
@Html.RadioButtonFor(m => m.Gender, "其他")其他
```

Sex ◉ 女 ○ 男 ○ 其他

Gender ○女性 ◉男性 ○其他

HTML 輸出：

```
<input checked="checked" id="Sex" name="Sex" type="radio" value="Female" /> 女
<input id="Sex" name="Sex" type="radio" value="Male" /> 男
<input id="Sex" name="Sex" type="radio" value="Other" /> 其他

<input data-val="true" data-val-number="欄位 Gender 必須是數字。"
        data-val-required="Gender 欄位是必要項。"
        id="Gender" name="Gender" type="radio" value="女性" />女性
<input checked="checked" id="Gender" name="Gender" type="radio" value="男性" />男性
<input id="Gender" name="Gender" type="radio" value="其他" />其他
```

說明：像 data-val、data-val-number、data-val-required 三個屬性，必須另外搭配 Html. ValidationMessage()或 ValidationMessageFor()才會產生驗證警告文字

11-3-9 Html.DropDownList() & DropDownListFor() 方法

DropDownList 方法是用來產生下拉式選單，語法為：

```
@Html.DropDownList("City", new SelectList(new[] { "台北", "台中", "高雄" }))
@{
    List<SelectListItem> cityList = new List<SelectListItem>
    {
        new SelectListItem{ Text = "基隆", Value = "1" },
        new SelectListItem{ Text = "宜蘭", Value = "2" },
        new SelectListItem{ Text = "苗栗", Value = "3", Selected = true }
    };
}
@Html.DropDownList("Cities", cityList) <br />
@Html.DropDownListFor(m => m.City, cityList)
```

初始化 SelectListItem 型別的 List 集合

說明：

1. 下拉式選單若只需 Text 文字，可直接用 new SelectList 方法建構資料來源，若需較為齊全的設定如 Value 或 Selected，可用 SelectListItem 集合建構
2. 下拉式選單外觀在不同瀏覽器可能會有差異

HTML 輸出：

```
<select data-val="true" data-val-number="欄位 City 必須是數字。"
        data-val-required="City 欄位是必要項。" id="City" name="City">
    <option>台北</option>
    <option>台中</option>
    <option>高雄</option>
</select>
<select id="City" name="City">
    <option value="1">基隆</option>
    <option selected="selected" value="2">宜蘭</option>
    <option value="3">苗栗</option>
</select>
```

```
<select id="City" name="City">
    <option value="1">基隆</option>
    <option selected="selected" value="2">宜蘭</option>
    <option value="3">苗栗</option>
</select>
```

11-3-10 Html.ListBox() & ListBoxFor() 方法

ListBox 方法是用來產生 ListBox 清單方塊控制項，語法為：

```
@Html.ListBox("Commutemode", new SelectList(new [] { "飛機", "遊艇", "地鐵" }))
@{
    List<SelectListItem> CommutermodeList = new List<SelectListItem>
    {
        new SelectListItem { Text = "腳踏車", Value = "1", Selected = false },
        new SelectListItem { Text = "機車", Value = "2", Selected = true },
        new SelectListItem { Text = "汽車", Value = "3", Selected = true },
    };
}
@Html.ListBoxFor(m => m.Commutermode, CommutermodeList)
```

初始化 SelectListItem 型別的 List 集合

說明：ListBox 方法的第二個參數為 IEnumerable<SelectListItem> 型別，第一個 ListBox()初始化資料來源較為簡潔，第二個 ListBoxFor() 雖較複雜，但可明確指定 Value 值及 Selected 狀態

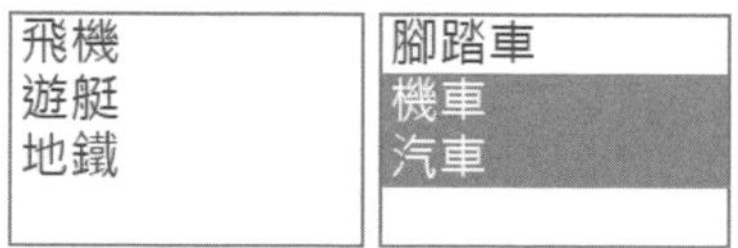

HTML 輸出：

```
<select id="Commutemode" multiple="multiple" name="Commutemode">
    <option>飛機</option>
    <option>遊艇</option>
    <option>地鐵</option>
</select>

<select id="Commutermode" multiple="multiple" name="Commutermode">
    <option value="1">腳踏車</option>
```

```
    <option selected="selected" value="2">機車</option>
    <option selected="selected" value="3">汽車</option>
</select>
```

11-3-11 Html.TextArea() & TextAreaFor() 方法

TextArea 方法是用來產生多行輸入的 TextBox 文字方塊，語法為：

```
<!--簡單的語法-->
@Html.TextArea("Comment")
@Html.TextAreaFor(m => m.Comment)
<!--加入相關參數-->
@Html.TextArea("Comment", "請輸入意見", 6, 80, new { @class="form-control"})
@Html.TextAreaFor(m => m.Comment, 4, 40, new { @class = "form-control" })
```

請輸入意見

HTML 輸出：

```
<!--簡單的語法-->
<textarea cols="20" id="Comment" name="Comment" rows="2">
</textarea>
<textarea cols="20" id="Comment" name="Comment" rows="2">
</textarea>
<!--加入相關參數-->
<textarea class="form-control" cols="80" id="Comment" name="Comment" rows="6">
請輸入意見</textarea>
<textarea class="form-control" cols="40" id="Comment" name="Comment" rows="4">
</textarea>
```

11-3-12 Html.Beginform() 與 Html.EndForm() 方法

此兩方法是用來產生<form>...</form>元素，使用方式有兩種：

+ 單獨使用 Beginform()

```
@using (Html.BeginForm())
{
```

```
    ...
}
```

+ Beginform()與 EndForm()二者併用

```
@{ Html.BeginForm(); }
    ....
@{ Html.EndForm(); }
```

以 ASP.NET MVC 5.x 現有 Scaffolding 產出的 View 檢視，是使用第一種方式，第二種方式是出現在更早期的 MVC 版本，建議使用第一種語法。至於 ASP.NET Core 則是使用新的 Form 標籤協助程式。

11-3-13 Validation 驗證訊息之方法

Form 中的控制項，如需對輸入提供驗證警告訊息，例如輸入空白、資料不符合格式時觸發警告，有三種驗證方法：

1. Html.ValidationMessage()為非強型別，驗證個別控制項
2. Html.ValidationMessageFor()為強型別，驗證個別控制項
3. Html.ValidationSummary()顯示所有錯誤訊息摘要

這三個指令必須放在<form> ... </form>中才有效果：

Views/HtmlHelpers/ValidationMessage.cshmtl

```
<form action="" method="post">
    @Html.TextBox("Name")
    @Html.ValidationMessage("Name")
    @Html.PasswordFor(m => m.Password)
    @Html.ValidationMessageFor(m => m.Password)
    @Html.ValidationSummary()
    ...
</form>
```

說明：除 TextBox 外，像 DropDownlist、RadioButton、CheckBox 等大多數控制項，皆可配合 ValidationMessage 及 ValidationSummary 方法產生警告訊息

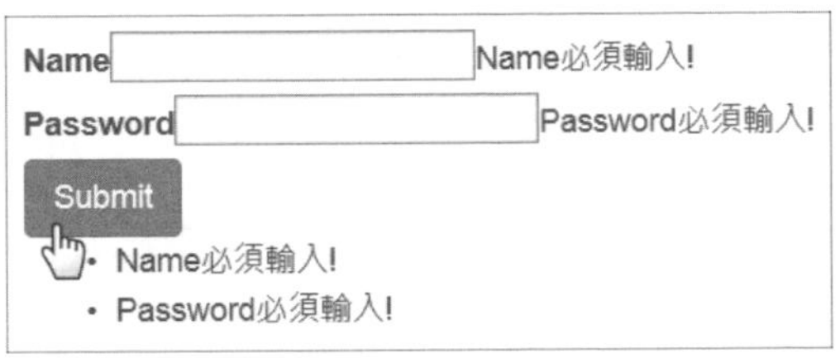

HTML 輸出：

```
<input data-val="true" data-val-required="Name 必須輸入!" id="Name" name="Name"
   type="text" value="" />
<span class="field-validation-valid" data-valmsg-for="Name"
   data-valmsg-replace="true"></span>
```
ValidationMessage 的 HTML

```
<input data-val="true" data-val-required="Password 必須輸入!" id="Password"
   name="Password" type="text" value="" />
<span class="field-validation-valid" data-valmsg-for="Password"
  data-valmsg-replace="true"></span>
```
ValidationMessageFor 的 HTML

```
<div class="validation-summary-valid" data-valmsg-summary="true">
   <ul>
       <li style="display:none"></li>
   </ul>
</div>
```
ValidationSummary 的 HTML

範例 11-1 以 ValidationMessage 及 ValidationSummary 方法產生輸入驗證

以下用 ValidationMessage 及 ValidationSummary 方法驗證 TextBox 是否有輸入文字，否則提出警告。

step01 在 User 模型將 Name 及 Password 屬性套用[Required(...)]，代表必須輸入，而 ErrorMessage 是驗證不通過時顯示的警告訊息

Models/User.cs

```
using System.ComponentModel.DataAnnotations;
public class User
{
    public int Id { get; set; }
    [Required(ErrorMessage = "Name 必須輸入!")]
    public string Name { get; set; }
    [Display(Name = "暱稱")]
    public string Nickname { get; set; }
    [Required(ErrorMessage = "Password 必須輸入!")]
    [DataType(DataType.Password)]
    public string Password { get; set; }
    ...
}
```

屬性套用[Required]後，會對 TextBox 產生什麼影響？以下說明。

+ 未套用[Required]，TextBox 的 HTML 輸出不包含驗證

```
<input id="Name" name="Name" type="text" value="" />
<input id="Password" name="Password" type="text" value="" />
```

+ 套用[Required]後，HTML 多了 data-val 及 data-val-required 屬性，但仍必須配合 ValidationMessage 才會產生驗證的警告文字

```
<input data-val="true" data-val-required="Name 必須輸入!" id="Name" name="Name"
   type="text" value="" />
<input data-val="true" data-val-required="Password 必須輸入!" id="Password"
   name="Password" type="text" value="" />
```

step02 在 HtmlHelpers 控制器新增兩個 ValidationMessage 方法，第一個是負責網頁顯示（GET），第二個是負責接收及處理網頁提交的資料（POST）

Controllers/HtmlHelpersController.cs

```
public class HtmlHelperController : Controller
{
```

```
    [HttpGet] ◄── GET。負責顯示
    public IActionResult ValidationMessage()
    {
        return View();
    }

    [HttpPost] ◄── POST。接收及處理網頁提交的資料
    public IActionResult ValidationMessage(User user)
    {
        if (ModelState.IsValid) ◄── 確認 Model 驗證是否全部通過
        {
            return Content("成功!");
        }
        return View(user);
    }
}
```

說明：Action 預設就是[HttpGet]，不需特別標示。標示只是為了對比[HttpPost]，指出它們是負責不同的請求方法

step03 在檢視中加入 ValidationMessage 及 ValidationSummary 方法，驗證 TextBox 是否有輸入，否則在 Submit 時就會顯示警告訊息

Views/HtmlHelpers/ValidationMessage.cshtml

```
@model User
...
@using (Html.BeginForm())
{
    @Html.Label("Name")
    @Html.TextBox("Name")
    @Html.ValidationMessage("Name")
    <br />

    @Html.LabelFor(m => m.Password)
    @Html.PasswordFor(m => m.Password)
    @Html.ValidationMessageFor(m => m.Password)
    <br />
    <input type="submit" value="Submit" class="btn btn-primary" />
    @Html.ValidationSummary()
}
```

說明：

1. ValidationMessage 方法通常放在要驗證的控制項後，而 Validation Summary 方法放在<form>中的任何位置都行，但通常放在前頭或末段
2. 若驗證警告文字想要套用 Bootstrap 文字顏色，語法如下：

```
@Html.ValidationMessage("Name", "", new { @class = "text-danger" })
@Html.ValidationMessageFor(m => m.Password, "", new { @class = "text-danger" })
@Html.ValidationSummary(false, "", new { @class = "text-danger" })
```

11-3-14 Html.Ediotr() & Html.EditorFor() 方法

Editor 方法是用來產生<input type="xxx" ...>輸入控制項，但不同資料型別，會使得產出的控制項也有差異。Editor 方法會產生哪種控制項，實際是受到 Model 屬性的兩點影響：一是資料型別，二是套用[DataType(DataType.xxx)]的類型。

表 11-2 Editor 方法對不同資料型別的 HTML 輸出

資料型別 / DataTypeAttribute	Editor 方法輸出的 HTML element
string	<input type="text" >
int	<input type="number" >
decimal, float	<input type="number" >
boolean	<input type="checkbox" >
Enum 列舉	<input type="text" >
[DataType(DataType.Password)]	<input type="password" >
[DataType(DataType.Email)]	<input type="email" >
[DataType(DataType.Date)]	<input type="date" >
[DataType(DataType.DateTime)]	<input type="datetime" >
[DataType(DataType.Currency)]	<input type="text" >
[DataType(DataType.MultilineText)]	<textarea>...</textarea>

資料型別 / DataTypeAttribute	Editor 方法輸出的 HTML element
[DataType(DataType.Url)]	<a href="http://... "> ... </a>
[HiddenInput(DisplayValue =false)]	<input type="hidden" >

以下 RegisterDataAnnotations 是使用者註冊表單的資料模型，用它來測試 EditorFor()方法遇到不同資料型別產生的不同輸出結果：

Models/RegisterDataAnnotations.cs

```
public class RegisterDataAnnotations
{
    [Display(Name = "編號")]
    public int Id { get; set; }
    [Required(ErrorMessage = "Name 不得為空白")]
    [Display(Name = "姓名")]
    public string Name { get; set; }
    [Display(Name = "密碼")]
    [Required(ErrorMessage = "Password 不得為空白")]
    [DataType(DataType.Password)]
    public string Password { get; set; }
    [Display(Name = "電郵")]
    [Required(ErrorMessage = "Email 不得為空白")]
    [DataType(DataType.EmailAddress)]
    public string Email { get; set; }
    [Display(Name = "首頁")]
    [DataType(DataType.Url)]
    public string HomePage { get; set; }
    [Display(Name = "性別")]
    public Gender? Gender { get; set; }
    [DataType(DataType.Date)]
    [Display(Name = "生日")]
    public DateTime Birthday { get; set; }
    [Display(Name = "生日")]

    [DataType(DataType.DateTime)]
    public DateTime Birthday2 { get; set;
    [Display(Name = "存款")]
    [DataType(DataType.Currency)]
    public decimal Money { get; set; }
    [Required(ErrorMessage = "不得為空白")]
    [Display(Name = "城市")]
```

```
    [Range(1, 10)]
    public int City { get; set; }
    [Display(Name = "通勤")]
    public string Commutermode { get; set; }
    [Display(Name = "意見")]
    [DataType(DataType.MultilineText)]
    [StringLength(255)]
    public string Comment { get; set; }
    [Display(Name = "條款")]
    public bool Terms { get; set; }
}

public enum Gender
{
    Female = 0,
    Male = 1,
    Other = 2
}
```

以下 EditorFor.cshtml 中使用 Editor 方法，會因資料型別而產生不同控制項。

Views/HtmlHelpers/EditorFor.cshtml

```
@model RegisterDataAnnotations

@using (Html.BeginForm())
{
    @Html.LabelFor(x => x.Id) @Html.EditorFor(x => x.Id)
    @Html.LabelFor(x => x.Name) @Html.EditorFor(x => x.Name)
    @Html.LabelFor(x => x.Password) @Html.EditorFor(x => x.Password)
    @Html.LabelFor(x => x.Email) @Html.EditorFor(x => x.Email)
    @Html.LabelFor(x => x.HomePage) @Html.EditorFor(x => x.HomePage)
    @Html.LabelFor(x => x.Gender) @Html.EditorFor(x => x.Gender)
    @Html.LabelFor(x => x.Birthday) @Html.EditorFor(x => x.Birthday)
    @Html.LabelFor(x => x.Birthday2) @Html.EditorFor(x => x.Birthday2)
    @Html.LabelFor(x => x.Money) @Html.EditorFor(x => x.Money)
    @Html.LabelFor(x => x.City) @Html.EditorFor(x => x.City)
    @Html.LabelFor(x => x.Comment) @Html.EditorFor(x => x.Comment)
    @Html.LabelFor(x => x.Terms) @Html.EditorFor(x => x.Terms)

    <input type="submit" value="Submit" class="btn btn-primary" />
```

```
    @Html.ValidationSummary()
}
```

也因為 Editor 方法可同時應付多種資料類型，故 Scaffolding 產出的 View 樣板，統一以 Editor 方法取代 TextBox、CheckBox 等個別方法，達到以簡御繁的效果。

11-3-15 Html.Hidden() & HiddenFor() 方法

Hidden 方法是用來產生<input type="hidden" ...>隱藏欄位，隱藏對象通常是 Id、key 或 token 之類的，語法為：

```
@Html.Hidden("Id")
@Html.HiddenFor(m=>m.Id)
```

HTML 輸出標籤：

```
<input type="hidden" id="Id" name="Id" value="1001" data-val="true"
       data-val-number="欄位 Id 必須是數字。" data-val-required="Id 欄位是必要項。" />
<input type="hidden" id="Id" name="Id" value="1001" />
```

11-3-16 Html.Raw() 方法

Razor 語法和所有 HTML Helpers 都會對回傳結果做 HTML 編碼，但萬一有不編碼的需求，可用 Html.Raw()顯示原始字串。這個指令可應用在存取 JSON、HTML 或 JavaScript 以動態字串組成的情況。

以下 msg 是字串變數，用 Html.Raw()回傳原生內容，不經 HTML 編碼，它是一個貨真價實的< input>按鈕：

```
@{
   string msg = @"<input type='reset' value='Reset' class='btn btn-primary' />";
}

@Html.Raw(msg)  @*輸出一個<input type='reset'>按鈕*@ <br />
@msg    @*經過 HTML 編碼後的純文字*@
```

Reset

<input type='reset' value='Reset' class='btn btn-primary' />

HTML 輸出：

```
<input type='reset' value='Reset' class='btn btn-primary' />
&lt;input type=&#39;reset&#39; value=&#39;Reset&#39; class=&#39;btn
btn-primary&#39; /&gt;
```

由 HTML 輸出可清楚看見使用 Raw()方法和未使用之差別，後者<>和引號會被編碼成 < 和 >，單引號亦會被編碼成 '。

11-3-17 Html.ActionLink() 方法

ActionLink() 方法是用來產生<a href="..."> </a> 的超連結，語法為：

超連結名稱

Action 名稱

Id 編號

```
@Html.ActionLink("新增", "Create")
@Html.ActionLink("明細", "Details", new { id = item.Id })
```

```
@Html.ActionLink("編輯", "Edit", new { id = item.Id })
@Html.ActionLink("刪除", "Delete", new { id = item.Id })

@Html.ActionLink("清單", "Index", "Employees")
```

Action 名稱　Controller 名稱

說明：new { id = item.Id }是指 RouteValueDictionary，item.Id 是 model 項目的 Id 屬性，其作用是在 URL 尾端加上「/id 編號」，例如「Employees/edit/2」，因為明細、編輯，刪除都必須要有 Id 編號才能作用

新增 明細 編輯 刪除 清單

HTML 輸出：

```
<a href="/HtmlHelpers/Create">新增</a>
<a href="/HtmlHelpers/Details/1001">明細</a>
<a href="/HtmlHelpers/Edit/1001">編輯</a>
<a href="/HtmlHelpers/Delete/1001">刪除</a>
<a href="/Employees">清單</a>
```

<a>超連結若要套用 Bootstrap 按鈕樣式，語法為：

```
@Html.ActionLink("新增", "Create", null, new { @class="btn btn-primary"})
@Html.ActionLink("明細", "Details", new { id = item.Id },
   new { @class = "btn btn-success" })
@Html.ActionLink("編輯", "Edit", new { id = item.Id },
   new { @class = "btn btn-warning" })
@Html.ActionLink("刪除", "Delete", new { id = item.Id },
   new { @class = "btn btn-danger" })
@Html.ActionLink("清單", "ListAll", "Employee",null,
   new { @class = "btn btn-info" })
```

新增 明細 編輯 刪除 清單

11-4 HTML Helpers 套用 Bootstrap 樣式及加入額外 HTML 屬性

HTML Helpers 常需套用 Bootstrap 樣式或加入額外 HTML 屬性，然而 HTML Helpers 是多載方法，不像 HTML element 可直接指定樣式或屬性，須將 Bootstrap 樣式或 HTML 屬性以參數型式，傳入 HTML Helpers 多載方法中對應位置，然後 HTML 輸出時才會一併加入這些樣式與屬性。

以下粗體是 HTML Helpers 套用 Bootstrap 樣式或 HTML 屬性的語法，套用後的效果請瀏覽 HtmlHelper/HelpersBootstrap，察看 HTML 原始碼，以了解樣式及屬性是否加入。

Views/HtmlHelpers/HelpersBootstrap.cshtml

```
<!--BeginForm 方法-->
@using (Html.BeginForm("HelpersBootstrap", "HtmlHelpers", FormMethod.Post,
        htmlAttributes: new { @class = "form-horizontal", role = "form" }))
{
}

<!--Label 方法-->
@Html.Label("Name", "Name", htmlAttributes: new { @class = "control-label",
    @style = "color:red" })
@Html.LabelFor(m => m.Name, new { @class = "control-label",
    @style = "color:blue" })

<!--TextBox 方法-->
@Html.TextBox("Name", null, new { @class = "form-control", style =
   "background:bisque" })
@Html.TextBoxFor(m => m.Name, null, new { @class = "form-control",
    style = "background:lightblue" })

<!--Password 方法-->
@Html.Password("Password", null, new { @class = "form-control",
    style = "background:lightgreen" })
@Html.PasswordFor(m => m.Password, new { @class = "form-control" })

<!--CheckBox 方法-->
```

```
@Html.CheckBox("Term", true, new { title = "同意否" }) 條款
@Html.CheckBoxFor(m => m.Terms, new { disabled = "disabled" }) 條款


<!--RadioButton 方法-->
@Html.RadioButton("Gender", "女性", true, new { title = "選擇你的性別" }) 女性
@Html.RadioButtonFor(x => x.Gender, "男性", new { id = "Male" }) 男性

<!--DropDownList 方法-->
@Html.DropDownList("縣市", new SelectList(new[] { "台北", "台中", "高雄" }),
    new { style = "color:blue" })
@Html.DropDownListFor(m => m.City, new SelectList(new[] { "彰化", "雲林", "嘉義" }),
    new { style = "color:purple" })

<!--Editor 方法-->
@Html.Editor("Email", new { htmlAttributes = new { @class = "form-control",
   @style = "background-color:cyan" } })
@Html.EditorFor(m => m.Email, new { htmlAttributes = new { @class = "form-control",
   @style = "background-color:lightpink" } })

<!--ListBox 方法-->
@Html.ListBox("Commutermode", new SelectList(new[] { "機車", "汽車", "捷運" }),
    new { title = "通勤工具" })
@Html.ListBoxFor(m => m.Commutermode, new SelectList(new[] { "步行", "腳踏車",
    "高鐵" }), new { title = "通勤方式" })

<!--TextArea 方法-->
@Html.TextArea("Comment", new { @class = "form-control", rows = "4", cols = "40",
    maxlength = "255", placeholder = "在這裡輸入說明" })
@Html.TextAreaFor(m=>m.Comment, new { @class = "form-control", rows = "4",
    cols = "40", maxlength = "255", placeholder = "在這裡輸入意見" })

<!--ValidationMessage 方法-->
@Html.ValidationMessage("Name", "", new { @class = "text-danger" })
@Html.ValidationMessageFor(m => m.Password, "", new { @class = "text-info" })

<!--ValidationSummary 方法-->
@Html.ValidationSummary(false, "", new { @class = "text-warning" })

<!--ActionLink-->
@{ var item = Model;}
@Html.ActionLink("新增", "Create", null, new { @class = "btn btn-warning" })
@Html.ActionLink("明細", "Details", new { id = item.Id },
```

```
    new { @class = "btn btn-success" })
@Html.ActionLink("編輯", "Edit", new { id = item.Id },
    new { @class = "btn btn-primary" })
@Html.ActionLink("刪除", "Delete", new { id = item.Id },
    new { @class = "btn btn-danger" })
```

說明：

1. htmlAttributes: new { @class = " "... }可省略「htmlAttributes:」，簡化成 new { @class = ""... }
2. 所有方法套用 Bootstrap，參數都是「new { @class = "..."}」型式，唯一例外是 Editor 方法，參數是「new { htmlAttributes = new { @class = "form-control" }」，結構略有不同，且不能省略

TIP

HTML Helpers 產出的是原生 HTML 控制項，而非 Bootstrap 控制項，故在 UI 外觀略顯陽春，而別誤會套用 Bootstrap 樣式後怎麼還這麼醜

11-5 自訂及擴充 HTML Helpers

ASP.NET MVC 5 世代就可自訂或擴充 HTML Helpers，在 ASP.NET Core 有三種途徑：

1. 使用靜態方法建立 HTML Helpers
2. 使用擴充方法建立 HTML Helpers
3. 使用 TagBuilder 類別建立 HTML Helpers

雖說 ASP.NET Core 仍支援自訂 HTML Helpers，但有一些語法關鍵字卻不同，請參考 CustomHtmlHelpers 控制器，以下是說明。

✦ 使用靜態方法建立 HTML Helpers

以下在 LabelHelper 公開類別中宣告一個 Label 靜態方法，回傳型別須為 IHtmlContent，並以 HtmlString 方法產生 HTML 回傳字串：

Helpers/LabelHelper.cs

```
using Microsoft.AspNetCore.Html;

public class LabelHelper ◄── 公開類別
{                                              靜態方法
    public static IHtmlContent Label(string targetId, string labelText)
    {
        return new HtmlString(string.Format(@"<label for='{0}'
          class='bg-warning'>{1}</label>", targetId, labelText));
    }
}
```

✦ 使用擴充方法建立 HTML Helpers

此方式是擴充現有 HTML Helpers，例如想替現有 Label HTML Helper 新增一個方法，除了須宣告為靜態類別外，類別名稱須為「LabelExtensions」，結尾 Extensions 代表擴充方法，接著建立 Label 靜態方法：

Helpers/LabelExtensions.cs

```
using Microsoft.AspNetCore.Html;
using Microsoft.AspNetCore.Mvc.Rendering;
                          靜態類別
public static class LabelExtensions
{                             靜態方法
    public static IHtmlContent Label(this IHtmlHelper helper, string targetId,
      string labelText, string nothing, string empty)
    {
        return new HtmlString(string.Format(@"<label for='{0}'><span
          class='badge badge-success'>{1}<span></label>", targetId, labelText));
    }
}
```

以上 Label 方法傳入的 nothing 及 empty 參數是沒作用的，目的是在設計階段，在 Visual Studio 做 IntelliSense 提示時，讓你清楚看見呼叫的是自訂 Label 方法，而不是內建 Label 方法。

✦ 使用 TagBuilder 類別建立 HTML Helpers

使用 TagBuilder 可自訂較為複雜的 HTML Helpers，它是在靜態類別中建立靜態方法。以下是兩個 Image 方法多載，差別在於傳入參數，後者支援傳入路由參數，解析路由參數後，將多個屬性加入<img>屬性中。

Helpers/ImageHelper.cs

```
using Microsoft.AspNetCore.Html;
using Microsoft.AspNetCore.Mvc.Rendering;

public static class ImageHelper
{                                      多載方法一
    public static IHtmlContent Image(this IHtmlHelper helper, string id,
      string url, string alternateText)
    {
        return Image(helper, id, url, alternateText, null);
    }                                  多載方法二
    public static IHtmlContent Image(this IHtmlHelper helper, string id,
      string url, string alternateText, object htmlAttributes)
    {
        //建立 TagBuilder
        var builder = new TagBuilder("img");

        //建立 id
        builder.GenerateId(id, "_");

        //靜態方法 attributes 屬性
        builder.MergeAttribute("src", url);
        builder.Attributes.Add("alt", alternateText);

        //解析 RouteValue 然後加入 attributes 屬性
        var Attributes = new RouteValueDictionary(htmlAttributes);
        builder.MergeAttributes(new RouteValueDictionary(Attributes));
```

```
        return builder;
    }
}
```

範例 11-2 自訂 HTML Helpers

以下說明自訂 HTML Helpers 的三種途徑，目的是產生自訂<label>及<img>。

step01 在專案新增 Helpers 資料夾，並新增 LabelHelpers.cs、LabelExtensions.cs 和 ImageHelper.cs 類別程式，程式已於前面列示，前兩個是自訂 Label HTML Helpers，後者是自訂 Image HTML Helper

step02 在 Controllers 資料夾新增 CustomHtmlHelpers 控制器，在 Index() 方法按滑鼠右鍵→【新增檢視】→【Razor 檢視】→範本【Empty(沒有模型)】→【新增】建立 Index.cshtml 檢視，在檢視呼叫自訂的三個 HTML Helpers

Views/CustomHtmlHelpers/Index.cshtml

```
@using Mvc_HtmlHelpers.Helpers
...
@LabelHelper.Label("Name", "姓名")  ◄── 呼叫 LabelHelper 類別的 Label 方法
@Html.TextBox("Name")

<br />
@Html.Label("Mobile", "行動電話", "", "")  ◄── 呼叫 LabelExtensions 類別的 Label 方法
@Html.TextBox("Mobile")

<br />        呼叫 ImageHelper 類別的第一個 Image 方法
@Html.Image("ps", Url.Content("~/images/PS4.jpeg"), "Play Station")
              呼叫 ImageHelper 類別的第二個 Image 方法
@Html.Image("ps4", Url.Content("~/images/PS4.jpeg"), "Play Station 4", new {
   style = "color:red;border:5px dashed red", onclick="alert('Play Station!');" })
```

最後執行 CustomHtmlHelpers/Index 如下。

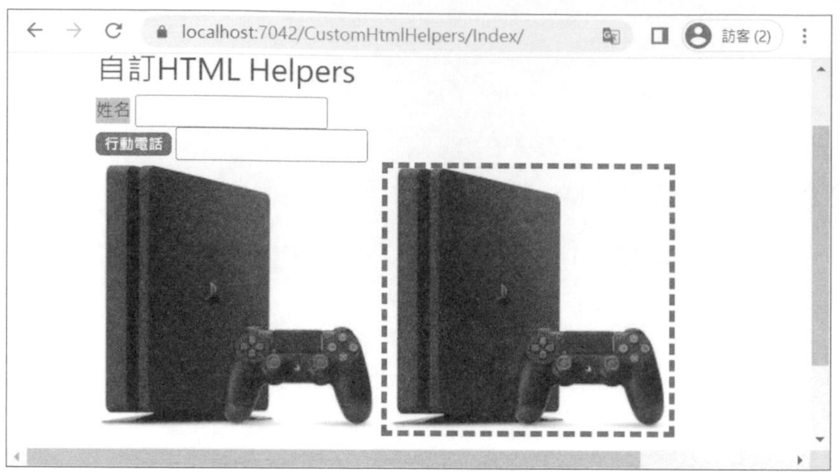

圖 11-3 自訂 Label 與 Image 之 HTML Helpers

以技術趨勢來說，自訂 HTML Helpers 在 ASP.NET Core 中已非主流，更推薦的是 Tag Helpers（亦可自訂），甚至更複雜的建議使用 View Components 自訂。但若有舊程式或現實面需求，就放手自訂 HTML Helpers，不必在意這麼多。

11-6 以 HTML Helpers 和 EF Core 製作資料庫讀寫表單程式

前面介紹了眾多 HTML Helpers 指令用法，然而 Html Helpers 有很大目的是為了製作 CRUD 檢視頁面，讓網頁執行讀取、新增、刪除與修改等工作。

後面分幾個子小節解析下面功能區塊：

1. 用 EF Core 的 Migrations 產生資料庫
2. 從 Controller 透過 EF 讀取資料庫，然後將 model 物件傳給 View 作呈現

3. 如何製作 CRUD 四類 Actions 與檢視
4. 四類 CRUD 檢視的動作會呼叫後端 Action，執行相關資料讀寫

11-6-1 用 EF Core 的 Migrations 建立資料庫與植入資料

為了製作 CRUD 資料庫讀寫電子表單，首先需要資料庫及樣本資料，在此用 Entity Framework Core 的 Migrations 來產生。而所謂的 Migrations 是指，保持資料模型（Data Model）與資料庫同步的一種機制，根據資料模型及 DbContext 建立出資料庫及樣本資料。

Migrations 作用是：

1. 根據 Model 模型及 DbContext 建立資料庫及資料表定義
2. 若有種子樣本資料，會將其新增資料到資料庫
3. 當 Model 設計有變化，例如 Property 名稱變更、套用 Data Annotations，或種子資料有變動，須用 Add-Migration 建立異動，再以 Updata-Database 對 SQL Server 資料表綱要作更新

Migrations 使用方式有兩種：

+ 在 Visual Studio 的【套件管理器主控台】執行命令

```
add-migration XXX 異動名稱 （新增一個 Migration 異動）
update-database （更新或建立資料庫）
```

+ 在命令視窗用.NET CLI 命令工具

```
dotnet ef migrations add XXX 異動名稱
dotnet ef database update
```

首次使用 dotnet ef 命令前，需在命令視窗中執行安裝：

```
dotnet tool install --global dotnet-ef --version 7.0.4
```

範例 11-3 用 Migrations 建立資料庫及樣本資料

以下帶您走一遍 EF Core Migrations 使用方式，從建立 Model、DbContext、樣本資料、資料庫連線設定、在 DI Container 註冊 DbContext，最後再產生出對映的資料庫，請參考 Mvc7_Migrations 專案。

step01 在 Models 資料夾建立 Employee 及 Register 資料模型

Models/Employee.cs

```
public class Employee
{
    public int Id { get; set; }
    public string Name { get; set; }
    public string Mobile { get; set; }
    public string Email { get; set; }
    public string Department { get; set; }
    public string Title { get; set; }
}
```

Models/Register.cs

```
public class Register
{
    public int Id { get; set; }
    public string Name { get; set; }
    public string Nickname { get; set; }
    public string Password { get; set; }
    public string Email { get; set; }
    public int Gender { get; set; }
    public int City { get; set; }
    public string Commutermode { get; set; }public string Comment { get; set; }
    public bool Terms { get; set; }
}
```

step02 以【NuGet 套件管理員】安裝下圖 EF Core 與 SqlServer 等相關套件

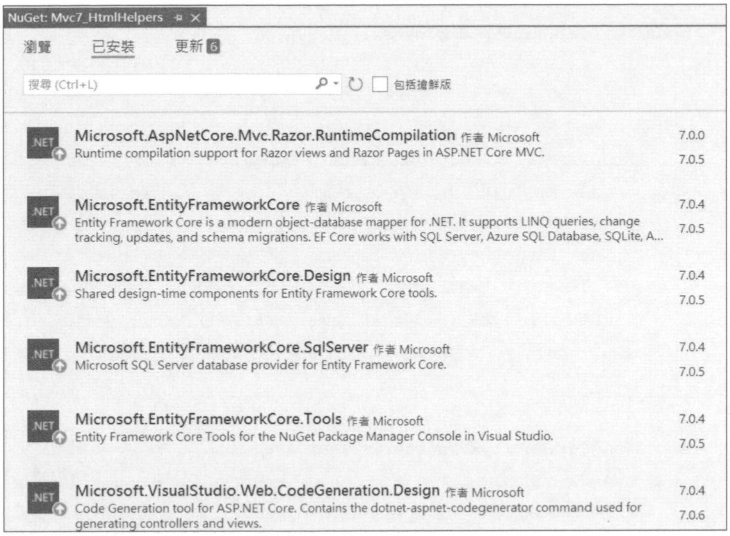

NuGet: Mvc7_HtmlHelpers
瀏覽 已安裝 更新 6
搜尋 (Ctrl+L) 包括搶鮮版

Microsoft.AspNetCore.Mvc.Razor.RuntimeCompilation 作者 Microsoft 7.0.0 7.0.5
Runtime compilation support for Razor views and Razor Pages in ASP.NET Core MVC.

Microsoft.EntityFrameworkCore 作者 Microsoft 7.0.4 7.0.5
Entity Framework Core is a modern object-database mapper for .NET. It supports LINQ queries, change tracking, updates, and schema migrations. EF Core works with SQL Server, Azure SQL Database, SQLite, A...

Microsoft.EntityFrameworkCore.Design 作者 Microsoft 7.0.4 7.0.5
Shared design-time components for Entity Framework Core tools.

Microsoft.EntityFrameworkCore.SqlServer 作者 Microsoft 7.0.4 7.0.5
Microsoft SQL Server database provider for Entity Framework Core.

Microsoft.EntityFrameworkCore.Tools 作者 Microsoft 7.0.4 7.0.5
Entity Framework Core Tools for the NuGet Package Manager Console in Visual Studio.

Microsoft.VisualStudio.Web.CodeGeneration.Design 作者 Microsoft 7.0.4 7.0.6
Code Generation tool for ASP.NET Core. Contains the dotnet-aspnet-codegenerator command used for generating controllers and views.

或在命令視窗用 CLI 命令安裝：

```
dotnet add package Microsoft.EntityFrameworkCore --version 7.0.4
dotnet add package Microsoft.EntityFrameworkCore.Tools --version 7.0.4
dotnet add package Microsoft.EntityFrameworkCore.SqlServer --version 7.0.4
dotnet add package Microsoft.EntityFrameworkCore.Design --version 7.0.4
dotnet add package Microsoft.VisualStudio.Web.CodeGeneration.Design --version 7.0.4

dotnet list package（顯示專案安裝的套件）
```

step 03 在 Data 資料夾建立 CmsContext 類別及種子資料

Data/CmsContext.cs

```
public class CmsContext : DbContext
{
    public CmsContext(DbContextOptions<CmsContext> options):base(options)
    {
    }

    public DbSet<Employee> Employees { get; set; }
    public DbSet<Register> Registers { get; set; }

    //建立樣本資料
    protected override void OnModelCreating(ModelBuilder modelBuilder)
    {
```

```
        modelBuilder.Entity<Employee>().HasData(
                new Employee { Id = 1, Name = "David", Mobile = "0935-155222",
                  Email = "david@gmail.com", Department = "總經理室", Title = "CEO" },
                new Employee { Id = 2, Name = "Mary", Mobile = "0938-456889",
                  Email = "mary@gmail.com", Department = "人事部", Title = "管理師" },
                new Employee { Id = 3, Name = "Joe", Mobile = "0925-331225",
                  Email = "joe@gmail.com", Department = "財務部", Title = "經理" },
                new Employee { Id = 4, Name = "Mark", Mobile = "0935-863991",
                  Email = "mark@gmail.com", Department = "業務部", Title = "業務員" },
                new Employee { Id = 5, Name = "Rose", Mobile = "0987-335668",
                  Email = "rose@gmail.com", Department = "資訊部", Title = "工程師" }
            );

        modelBuilder.Entity<Register>().HasData(
              new Register { Id = 1, Name = "奚江華", Nickname = "聖殿祭司",
                    Password = "myPassword*", Email = "dotnetcool@gmail.com",
                    City = 4, Gender = 1, Commutermode = "1", Comment = "Nothing",
                    Terms = true }
            );
    }
}
```

說明：

1. DbContext 是負責執行時期的 Entity 物件管理，包括從資料庫讀取資料、追蹤異動及資料寫入資料庫
2. DbSet 是用來查詢和儲存 Entity 個體資料，LINQ 查詢是以 DbSet 為對象，然後 LINQ 語法會被轉換成 SQL 查詢語法

step04 在 appsettings.json 新增「CmsContext」資料庫連線設定

appsettings.json

```
{
  ...
  "AllowedHosts": "*",
  "ConnectionStrings": {
    "CmsContext": "Server=(localdb)\\mssqllocaldb;Database=CmsDB;
      Trusted_Connection=True;MultipleActiveResultSets=true"
  }
}
```

step05 在 DI Container 中註冊 CmsContext

Program.cs

```
  //取得組態中資料庫連線設定
string connectionString = builder.Configuration.GetConnectionString
("CmsContext");

//註冊 EF Core 的 CmsContext
builder.Services.AddDbContext<CmsContext>(options => options.UseSqlServer
(connectionString));
```

1. 從組態中讀取資料庫連線

2. 註冊 CmsContext

3. 使用 SQL Server 提供者

說明：在 DI Container 中註冊 CmsContext 後，才能在 Controller 或其他程式中以 DI 注入服務。而 options 設定了：❶使用 SQL Server Provider 提供者，❷使用 CmsContext 資料庫連線

step06 在【套件管理器主控台】新增 Migration。

```
Add-Migration InitialDB
```

說明：

1. 在 Migrations 資料夾會產生日期流水號「20221214085148_InitialDB」的異動檔。而 InitialDB 代表此次異動的名稱，亦可換成其他有意義的名稱
2. Add-Migration 指令需要 CmsContext 在 DI Container 中註冊，否則無法正確執行

step07 執行「Update-Database」命令更新資料庫，第一次會建立資料庫及資料表定義，倘若 CmsContext 的 OnModelCreating 方法中有建立樣本資料，則會將樣本資料 Insert 到資料表

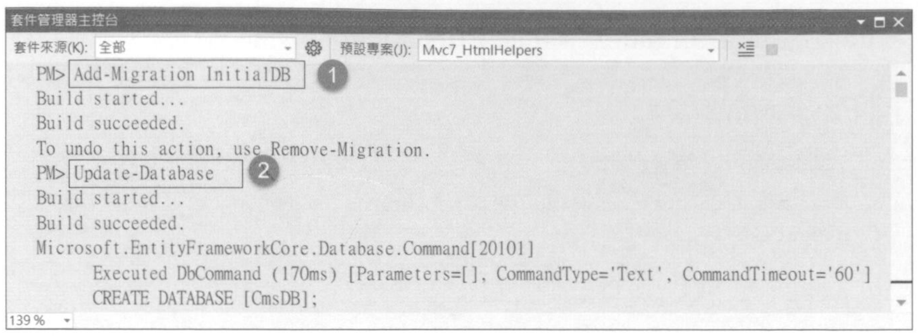

圖 11-4 執行 Migrations 命令

11-6-2 從 GET 與 POST 角度解釋 CRUD 四類 Views 與 Actions 的對應關係

有了資料庫樣本資料後，便可著手製作 CRUD 四類 Actions 與 Views，但在這之前，先從 GET 與 POST 角度解釋它們之間的對應關係。

❖ GET vs. POST 方法

GET 和 POST 是 HTTP 規範定義方法（Methods），功用為：

- GET：使用者在瀏覽器網址列輸入 URL 位址後，就會用 GET 方法從伺服器讀取資料。GET 方法主要是作讀取資料的動作
- POST：前端 HTML Form 在 Submit 後，會以 POST 方法向後端伺服器提交資料，意謂著有資料要回寫到伺服器，因此有時可把 POST 看成是寫入動作，包括新增、更新或刪除資料都可用 POST 來執行

在前一及下一範例中，使用 Scaffolding 產出的 CRUD 樣板，其中 Views 與 Actions 的對應關係如下表。

表 11-3 CRUD 四類 Views 與 Actions 的對應關係

CRUD 對應的 View	HTTP 請求方法	負責接收請求及處理回應的 Action 方法
Index.cshtml	GET(讀取)	~~[HttpGet]~~ `nIdex()`
Edit.cshtml	GET(讀取)	~~[HttpGet]~~ `Edit(int? id)`
	POST(提交資料)	`[HttpPost]` `Edit([Bind(Include = "Id,...")] Employee employee)`
Create.cshtml	GET(讀取)	~~[HttpGet]~~ `Create()`
	POST(提交資料)	`[HttpPost]` `Create([Bind(Include = "Id,...")] Employee employee)`
Delete.cshtml	GET(讀取)	~~[HttpGet]~~ `Delete(int? id)`
	POST(提交資料)	`[HttpPost, ActionName("Delete")]` `DeleteConfirmed(int id)`
Details.cshtml	GET(讀取)	~~[HttpGet]~~ `Details(int? id)`

TIP

Action 預設為[HttpGet]，故可省略不標示

Views 與 Actions 對應方式有其運作上的理由，說明如下。

❖ Views 與 Actions 之間的對應關係

若以資料的讀取和異動作為分野，Actions 與 Views 可分為兩類：

1. 讀取資料類（GET 類型請求）

   有 Index.cshtml 及 Details.cshtml 兩類檢視，而對應的 Action 為 Index() 及 Deatils()。例如使用者在瀏覽器查詢「Http://..../Employees/Index」，Index 網頁會以 GET 發出請求給[HttpGet]的 Index()動作方法，然後 Index()再將 HTML 結果回傳給瀏覽器。

2. 提交資料類（POST 類型請求）

有 Edit.cshtml、Create.cshtml 及 Delete.cshtml 三類檢視，每個檢視會對應兩個 Actions，一個負責處理 GET 類請求，另一個處理 POST 類請求。

以 EDIT 編輯資料為例：

1. 使用者第一次執行「Employees/Edit/2」，Edit 頁面會發出 GET 請求，然後負責 GET 的 Action 會回傳編號 2 的資料給瀏覽器呈現
2. 使用者修改資料後，按下 Submit 按鈕提交，會用 POST 將資料回傳給第二個 Edit(...) 方法，它是負責處理 POST 請求的 Action

圖 11-5 Edit 編輯頁面的 GET 與 POST 之運作

只要是 Create、Edit 或 Delete 類的表單程式，其 method 方法預設使用 POST，這也是為什麼一個編輯功能，在 Controller 要有 GET 和 POST 兩 Actions 來負責的原因。

```
<form action="/Employees/create" method="post">
<form action="/Employees/edit/2" method="post">
<form action="/Employees/delete/5" method="post">
```

11-6-3 Index 資料清單功能建立

Index 是用來呈現資料清單的頁面。

localhost:7042/Employees/Index

員工資料列表

Name	Mobile	Email	Department	Title	異動
David	0933-152667	david@gmail.com	總經理室	CEO	編輯 明細 刪除
Mary	0938-456889	mary@gmail.com	人事部	管理師	編輯 明細 刪除
Joe	0925-331225	joe@gmail.com	財務部	經理	編輯 明細 刪除
Mark	0935-863991	mark@gmail.com	業務部	業務員	編輯 明細 刪除
Rose	0987-335668	rose@gmail.com	資訊部	工程師	編輯 明細 刪除

新增員工資料

圖 11-6 Index 顯示員工資料清單

請參考 Employees 控制器、Index()方法及 Views/Employees/Index.cshtml 檢視檔。以下逐一解釋 CRUD 每種 Action 及 View 結構及語法，讓您了解 CRUD 樣板為什麼是現在的樣子。

+ Index 動作方法之結構

Index 僅作資料顯示用途，故只需建立一個 Index()動作方法負責 GET 請求，主要結構如下。

Index()結構

```
[HttpGet]
public IActionResult Index() ◄── 負責 GET 方法請求
{
    //從資料庫讀取資料，並放入 model 中...
    return View(model);
}
```

＋ Index 檢視之結構

Scaffolding 的 Index.cshtml 是以<table>來呈現資料，是一種常見的典型，但並非強制性的，若要用其他元素也行，其主要結構如下。

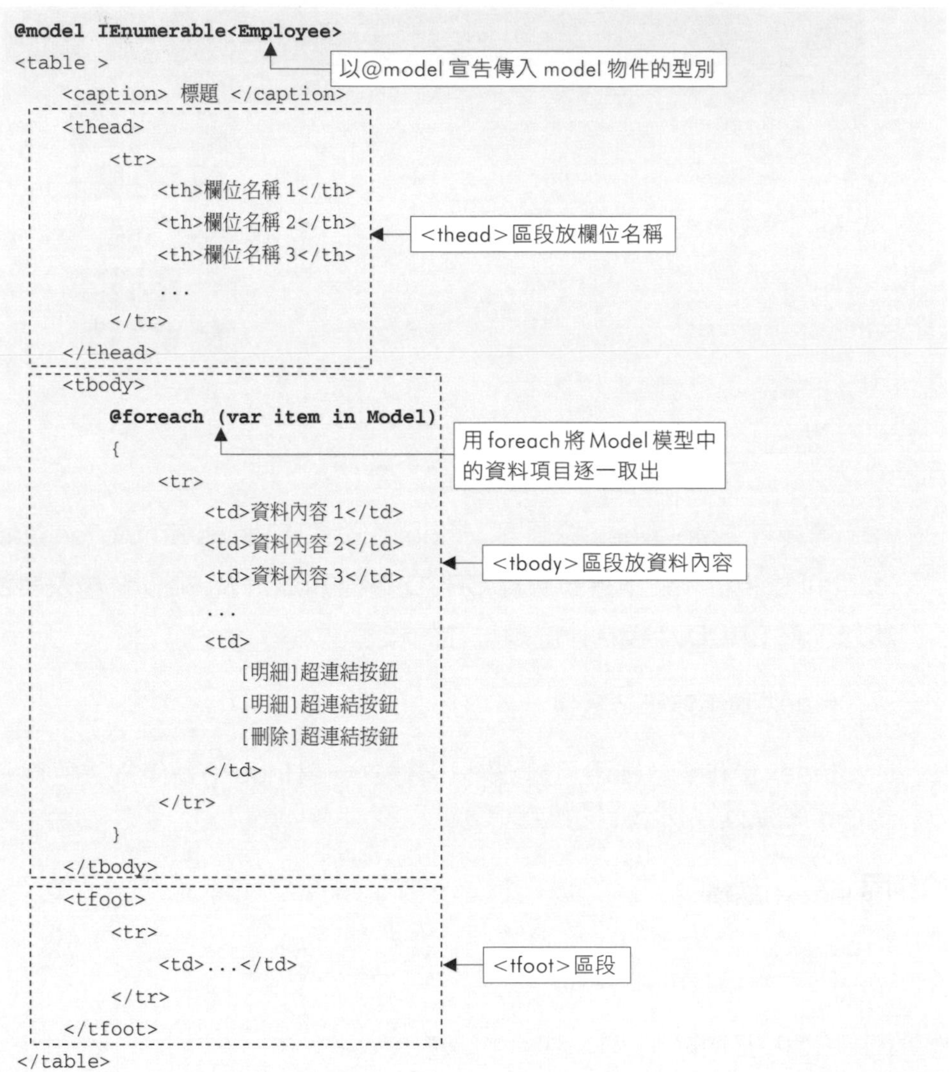

```
@model IEnumerable<Employee>
<table >
    <caption> 標題 </caption>
    <thead>
        <tr>
            <th>欄位名稱 1</th>
            <th>欄位名稱 2</th>
            <th>欄位名稱 3</th>
            ...
        </tr>
    </thead>
    <tbody>
        @foreach (var item in Model)
        {
            <tr>
                <td>資料內容 1</td>
                <td>資料內容 2</td>
                <td>資料內容 3</td>
                ...
                <td>
                    [明細]超連結按鈕
                    [明細]超連結按鈕
                    [刪除]超連結按鈕
                </td>
            </tr>
        }
    </tbody>
    <tfoot>
        <tr>
            <td>...</td>
        </tr>
    </tfoot>
</table>
```

範例 11-4 顯示員工資料清單 – Index

前面用 Migrations 新增員工資料到資料庫，以下用 HTML Helpers、Tag Helpers 和 Razor 語法，將 model 資料作顯示。

step01 在 Controllers 資料夾新增 Employees 控制器，以 DI 注入 CmsContext，建立 Index()程式讀取員工資料

Controllers/EmployeesController.cs

```
public class EmployeesController : Controller
{
    private readonly CmsContext _context;
    //以 DI 注入 CmsContext
    public EmployeesController(CmsContext context)
    {
        _context = context;
    }

    // GET: Employees
    [HttpGet]
    public async Task<IActionResult> Index()
    {
        //從資料庫讀取資料，指派給 employees 物件
        var employees = await _context.Employees.ToListAsync();
        return View(employees);
    }
}
```

- DI 在建構函式注入服務標準語法
- 注入 CmsContext 實例
- async 代表非同步方法
- 此 Action 負責 GET 方法請求
- 透過 EF Core 讀取 Employees 資料表
- 以非同步方式轉成 List 集合

說明：EF Core 世代的方法，幾乎都以 Async 非同步方法為優先，甚至強烈建議不要用同步方法

step02 在 Index()方法按滑鼠右鍵→【新增檢視】→【Razor 檢視】→範本【Empty(沒有模型)】→【新增】

step03 請用純手工建立以下 Index 檢視程式，而不透過 Scaffolding 產生，目的是為了強化各位對 Razor 及 HTML Helpers 指令的熟悉度

Views/Emplpoyees/Index.cshtml

```
@model IEnumerable<Employee>
@{
    ViewData["Title"] = "Index";
}
<table class="table table-striped table-bordered table-hover">
    <caption>員工資料列表</caption>
    <thead>
        <tr>
            <th>@Html.DisplayNameFor(m => m.Name)</th>
            <th>@Html.DisplayNameFor(m => m.Mobile)</th>
            <th>@Html.DisplayNameFor(m => m.Email)</th>
            <th>@Html.DisplayNameFor(m => m.Department)</th>
            <th>@Html.DisplayNameFor(m => m.Title)</th>
            <th>異動</th>
        </tr>
    </thead>
    <tbody>
      @foreach (var m in Model) {
        <tr>
            <td>@Html.DisplayFor(x => m.Name)</td>
            <td>@Html.DisplayFor(x => m.Mobile)</td>
            <td>@Html.DisplayFor(x => m.Email)</td>
            <td>@Html.DisplayFor(x => m.Department)</td>
            <td>@Html.DisplayFor(x => m.Title)</td>
            <td>
   <a asp-action="Edit" asp-route-id="@m.Id" class="btn btn-info">編輯</a>
   <a asp-action="Details" asp-route-id="@m.Id" class="btn btn-primary">明細</a>
   <a asp-action="Delete" asp-route-id="@m.Id" class="btn btn-danger">刪除</a>
            </td>
        </tr>
    }
    </tbody>
</table>

<p>
    <a asp-action="Create" class="btn btn-warning">新增員工資料</a>
</p>

@section topCSS
{
  <link href="https://stackpath.bootstrapcdn.com/font-awesome/4.7.0/css/
```

Annotations: HTML Helpers (DisplayNameFor), HTML Helpers (DisplayFor), Tag Helpers (asp-action links), Tag Helpers (Create link)

```
    font-awesome.min.css" rel="stylesheet" />
  ...
}
```

說明：這個 Index 檢視程式，若在 MVC 5 世代會全數使用 HTML Helpers 建構，但在 ASP.NET Core 世代，由於新發明了 Tag Helpers 標籤協助程式，原則上會先用 Tag Helpers，除非沒有對應的 Tag Helpers，才會使用 HTML Helpers

11-6-4 Details 資料明細功能建立

若在 Index 頁面點選【明細】按鈕，便會導向 Details 顯示員工資料明細。

圖 11-7 Details 顯示員工資料明細

+ Details 動作方法之結構

Details 也是作顯示資料，故只需建立一個 Action 方法負責 GET 請求，主要結構如下。

```
[HttpGet]
public async Task<IActionResult> Details(int? id)  ◄── 此 Action 負責 GET
{
    ...                                                以 id 尋找員工資料
    //以 Id 找尋員工資料                                        ▼
    var employee = await _context.Employees.FirstOrDefaultAsync(m => m.Id == id);
    ...
    return View(employee);
}
```

+ Details 檢視之結構

Scaffolding 產生的 Details.cshtml 是以<dl>來資料呈現，主要結構如下。

```
<dl class="row">
    <dt>欄位名稱 1</dt>
    <dd>資料內容 1</dd>
    <dt>欄位名稱 2</dt>
    <dd>資料內容 2</dd>
    ...
</dl>
```

範例 11-5 顯示員工明細資料 – Details

以下用 HTML Helpers 和 Tag Helpers 手工程式顯示員工資料明細。

step01 在 Employees 控制器建立 Details 方法，主要利用 FirstOrDefaultAsync() 方法查詢員工資料，其餘只是防呆的判斷程式

Controllers/EmployeesController.cs

```
public async Task<IActionResult> Details(int? id)  ◄── 此 Action 負責 GET
{
    //檢查是否有員工 Id 的判斷                    若未提供 id 回傳 400 的 ObjectResult
    if (id == null || _context.Employees == null)
    {
        var msgObject = new
        {
            statuscode = StatusCodes.Status400BadRequest,
            error ="無效的請求,必須提供 Id 編號!"
        };

        return new BadRequestObjectResult(msgObject);
    }
                                                  以 id 尋找員工資料
    //以 Id 找尋員工資料
    var employee = await _context.Employees.FirstOrDefaultAsync(m => m.Id == id);

    //如果沒有找到員工，回傳 NotFound
    if (employee == null)
    {
        return NotFound();  ◄── 找不到員工資料時回傳 404
    }

    return View(employee);
}
```

step02 在 Details ()方法按滑鼠右鍵→【新增檢視】→【Razor 檢視】→【Empty(沒有模型)】→【新增】，手動建立以下程式

Views/Emplpoyees/Details.cshtml

```
@model Employee
...
<h4 class="alert alert-danger">員工個人資料明細</h4>
<div>
    <hr />
    <dl class="row">          dt 和 dd 是成對出現，前者為標題，後者為資料
        <dt class="col-sm-2">@Html.DisplayNameFor(m => m.Name)</dt>
        <dd class="col-sm-9">@Html.DisplayFor(m => m.Name)</dd>
        <dt class="col-sm-2">@Html.DisplayNameFor(m => m.Mobile)</dt>
```

```
        <dd class="col-sm-9">@Html.DisplayFor(m => m.Mobile)</dd>
        <dt class="col-sm-2">@Html.DisplayNameFor(m => m.Email)</dt>
        <dd class="col-sm-9">@Html.DisplayFor(m => m.Email)</dd>
        <dt class="col-sm-2">@Html.DisplayNameFor(m => m.Department)</dt>
        <dd class="col-sm-9">@Html.DisplayFor(m => m.Department)</dd>
        <dt class="col-sm-2">@Html.DisplayNameFor(m => m.Title)</dt>
        <dd class="col-sm-9">@Html.DisplayFor(m => m.Title)</dd>
    </dl>                                       HTML Helpers
</div>
<div>         Tag Helpers
    <a asp-action="Edit" asp-route-id="@Model?.Id">編輯</a> |
    <a asp-action="Index">返回員工列表</a>
</div>

@section topCSS{
    ...
}
```

說明：瀏覽 Employees/Index 頁面，按下【明細】按鈕，便可查詢員工明細資料。若直接瀏覽 Details 頁面，會因 URL 沒有提供員工編號而產生錯誤，可在 URL 尾端補上編號如「Employees/Details/5」，即可正常執行

11-6-5 Create 新增資料功能建立

Create 是建立一個空白 Form 表單，在按下 Submit 按鈕後，提交表單輸入的資料。除了 GET 的 Action 外，還需第二個處理 POST 提交資料的方法。

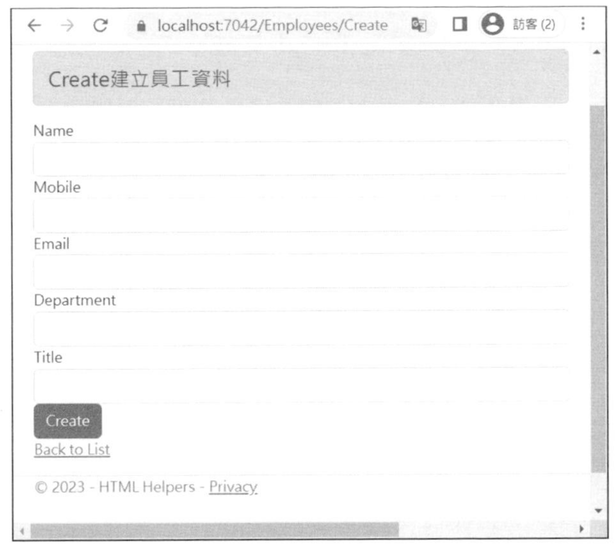

圖 11-8 Create 新增員工資料

＋ Create 動作方法之結構

Create 需建立兩個 Actions，一個負責 GET 方法請求（顯示），另一個負責 POST 方法請求（寫入資料庫），結構如下。

```
[HttpGet]
public IActionResult Create() ◄── 此 Action 負責 GET
{
    return View();
}

[HttpPost]
[ValidateAntiForgeryToken]
public async Task<IActionResult> Create(Employee employee) ◄── 此 Action 負責 POST
{
    if (ModelState.IsValid)
    {
        _context.Employees.Add(employee);   //將 entity 加入 DbSet
        await _context.SaveChangesAsync();   //將資料異動儲存到資料庫
        return RedirectToAction(nameof(Index));   //導向至 Index 動作方法
    }

    return View(employee);
}
```

在 EF Core 中，將 Entity 加入 DbSet 語法以下三者相等：

```
_context.Employees.Add(employee);
_context.Add<Employee>(employee);
_context.Add(employee);
```

＋ Create 檢視之結構

Create 檢視頁面必須用 HTML 的<form>...</form>表單來提交新增的資料，語法結構如下。

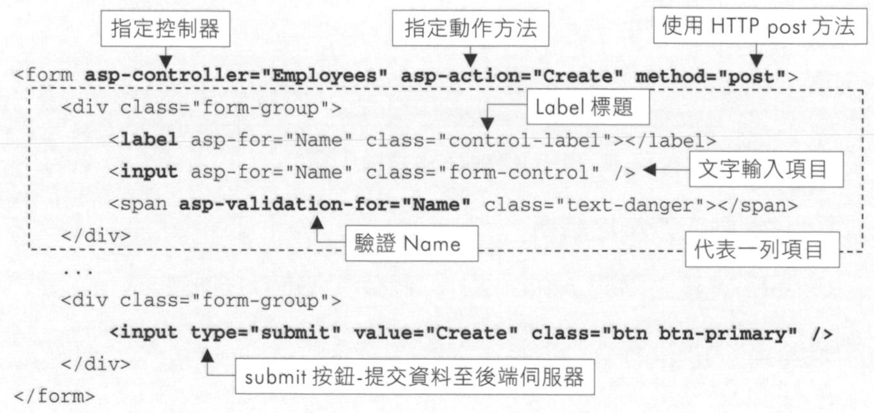


```
<form asp-controller="Employees" asp-action="Create" method="post">
    <div class="form-group">
        <label asp-for="Name" class="control-label"></label>
        <input asp-for="Name" class="form-control" />
        <span asp-validation-for="Name" class="text-danger"></span>
    </div>
    ...
    <div class="form-group">
        <input type="submit" value="Create" class="btn btn-primary" />
    </div>
</form>
```

說明：

1. Create 樣板其實是 HTML＋Bootstrap ＋ Tag Helpers 三者組合，最後輸出成標準的 HTML <form>...<form>
2. <div class="form-group">中.form-group 是套用 Bootstrap 表單樣式
3. 每一列輸入控制項會包覆在<div class="form-group">...</div>區段中
4. <form>表單標籤協助程式會產生隱藏的要求驗證權杖（Request Verification Token），以防止跨站台要求偽造。而在 Action 端的 Post 動作方法也必須配合套用 [ValidateAntiForgeryToken] 屬性才能作用

範例 11-6 新增員工資料 – Create

以下建立新增員工資料之 Create 方法與檢視。

step01 在 Employees 控制器新增處理 GET 和 POST 的兩個 Create 動作方法

Controllers/EmployeesController.cs

```
[HttpGet]   ◀ 此 Action 負責 GET
public IActionResult Create()
{
    return View();
}           此 Action 負責 POST

[HttpPost]  ▼ 驗證頁面中的 AntiForgery
[ValidateAntiForgeryToken]
public async Task<IActionResult>
   Create([Bind("Id,Name,Mobile,Email,Department,Title")] Employee employee)
{          ▲ Bind 繫結 6 個欄位資料至 employee 物件，防止 over-posting 攻擊
    //用 ModelState.IsValid 判斷資料是否通過驗證
    if (ModelState.IsValid)
    {
        //將 entity 加入 DbSet              ▼ 將 Entity 新增至 DBSet 中
        _context.Employees.Add(employee);
        //將資料異動儲存到資料庫
        await _context.SaveChangesAsync();  ◀ 將異動儲存至資料庫
        //導向至 Index 動作方法
        return RedirectToAction(nameof(Index));
    }
    return View(employee);
}
```

step02 在 Create()方法按滑鼠右鍵→【新增檢視】→【Razor 檢視】→範本選擇【Create】→模型類別選擇「Employee」→【新增】

新增 Razor 檢視

檢視名稱(N) Create

範本(T) Create ①

模型類別(M) Employee (Mvc7_HtmlHelpers.Models) ②

資料內容類別(D) CmsContext (Mvc7_HtmlHelpers.Data) ③

選項

☐ 建立成局部檢視(C)

☑ 參考指令碼程式庫(R)

☑ 使用版面配置頁(U)

(若在 Razor _viewstart 檔案中設定，請保留空白)

④ 新增 取消

圖 11-9 以 Scaffolding 產生 Create 檢視

產生 Create.cshtml 檢視，執行 Employees/Create 輸入一筆資料，新增到資料庫。

❖ 利用 Data Annotations 為 Model 加上驗證規則

以上用 Create 表單建立一筆新的資料，但對輸入資料完全沒有任何驗證規則，例如資料是否必須輸入，或接受什麼樣的資料格式。若要加上這樣的驗證規則，可在 Model 模型套用 Data Annotations。

Models/Employee.cs

```
public class Employee
{
    public int Id { get; set; }
    [Required]
    [StringLength(20,MinimumLength =3,ErrorMessage ="最少需 3 個字元!")]
    public string Name { get; set; }
    [Required]
    [RegularExpression(@"^\09d{2}\-?\d{3}\-?\d{3}$", ErrorMessage = "需為
    09xx-xxx-xxx")]
    public string Mobile { get; set; }
    [Required(ErrorMessage = "請輸入 Email")]
```

```
    [DataType(DataType.EmailAddress)]
    public string Email { get; set; }
    [Required(ErrorMessage = "請輸入 Department")]
    public string Department { get; set; }
    [Required(ErrorMessage = "請輸入 Title")]
    public string Title { get; set; }
}
```

說明：

1. [Required]是指欄位必須要輸入，ErrorMessage 是驗證錯誤時顯示的訊息
2. [StringLength] 是設定字串最大值限制，除非有設定 MinimumLength，否則它不會提示錯誤
3. [RegularExpression]是用正規表達式的 pattern 來進行驗證
4. 如果型別為 Value Type 類（如 int, float, decimal, datetime 型別），它們都繼承了 Required，故不需再套用[Required]
5. 若要限制 Value Type 的範圍輸入，應該用 Range(1,100)，不應該用 StringLength，因為它是用來驗證 String 字串型別

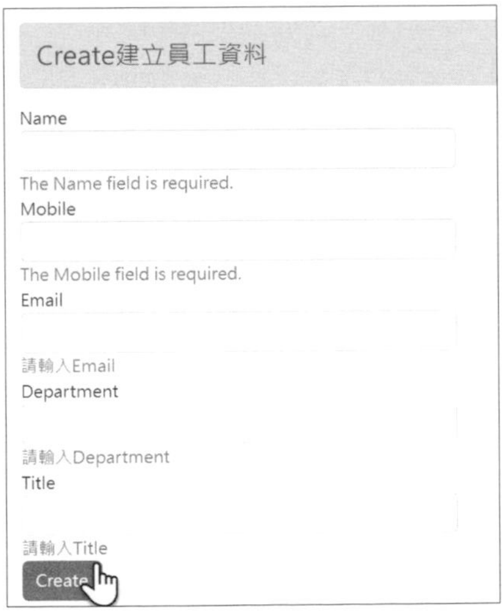

Create建立員工資料

Name

The Name field is required.

Mobile

The Mobile field is required.

Email

請輸入Email

Department

請輸入Department

Title

請輸入Title

Create

圖 11-10 驗證失敗產生的警告訊息

11-6-6 Edit 編輯資料功能建立

Edit 編輯表單在 Action 和 View 的結構上，與 Create 非常相似，差別在於，Edit 編輯資料需提供 Id 編號，以及使用 Update 方法做更新。

圖 11-11　Edit 編輯員工資料

＋ Edit 動作方法之結構

Edit 也是兩個 Actions，一個 GET，另一個 POST，結構如下。

```
public async Task<IActionResult> Edit(int? id) ◄— 此 Action 負責 GET
{
    ...

    var employee = await _context.Employees.FindAsync(id);
    ...                                          以 id 找到欲編輯的員工資料
    return View(employee);
}


[HttpPost]
[ValidateAntiForgeryToken]
```

```
public async Task<IActionResult> Edit(Employee employee) ◄── 此 Action 負責 POST
{
    ...
    if (ModelState.IsValid)
    {
        _context.Employees.Update(employee); ◄── Update 更新

        await _context.SaveChangesAsync(); ◄── 儲存異動至資料庫
        return RedirectToAction(nameof(Index));
    }
    return View(employee);
}
```

EF Core 的 Update 資料以下三者相等：

```
_context.Employees.Update(employee);
_context.Update<Employee>(employee);
_context.Update(employee);
```

✦ Edit 檢視之結構

Edit 檢視的結構與 Create 幾乎相同，也是用 HTML＋Bootstrap ＋ Tag Helpers 三者建立<form>...</form>表單結構，在此不重複列出。

範例 11-7 編輯員工資料 – Edit

以下建立編輯員工資料之 Edit 方法與檢視。

step01 在 Employees 控制器新增處理 GET 和 POST 的兩個 Edit 動作方法

Controllers/EmployeesController.cs

```
~~[HttpGet]~~
public async Task<IActionResult> Edit(int? id)
{
    if (id == null || _context.Employees == null)
    {
        return NotFound();
    }
```

以 id 找到員工資料

```
    var employee = await _context.Employees.FindAsync(id);

    if (employee == null)
    {
        return NotFound();
    }
    return View(employee);
}

[HttpPost]
[ValidateAntiForgeryToken]
public async Task<IActionResult> Edit(int id,
  [Bind("Id,Name,Mobile,Email,Department,Title")] Employee employee)
{
    //檢查編輯 id 與 Entity 的 Id 是否相等
    if (id != employee.Id)
    {
        return NotFound();
    }

    if (ModelState.IsValid)
    {
        try
        {
            //更新 employee 實體
            _context.Employees.Update(employee);
            await _context.SaveChangesAsync();  //將資料異動儲存到資料庫
        }
        catch (DbUpdateConcurrencyException)
        {
            if (!EmployeeExists(employee.Id))
            {
                return NotFound();
            }
            else
            {
                throw;
            }
        }

        return RedirectToAction(nameof(Index));
```

```
    }
    return View(employee);
}
```

step02 在 Edit()方法按滑鼠右鍵→【新增檢視】→【Razor 檢視】→範本選擇【Edit】→模型類別選擇「Employee」→【新增】。產出的 Edit.cshtml 和 Create.cshtml 大同小異。執行 Employees/Edit/3，試著編輯與更新一筆資料到資料庫

11-6-7 Delete 刪除資料功能建立

Delete 以 Scaffolding 產生的 Action 方法有兩個，一個負責 GET，另一個負責 POST。在技術上，Delete 可以做在一個 Action，但是 Scaffolding 產出第二個 Action 目的，是用來作刪除前的確認。

圖 11-12 Delete 刪除員工資料

✦ Delete 動作方法之結構

以下是 Delete 的兩個 Actions，一個 GET，一個 POST，結構如下。

```
public async Task<IActionResult> Delete(int? id)
{
```

```
    ...
    //以 Id 找尋員工資料
    var employee = await _context.Employees.FirstOrDefaultAsync(m => m.Id == id);
    ...
    return View(employee);
}
                        將 Action 命名為 Delete
[HttpPost, ActionName("Delete")]
[ValidateAntiForgeryToken]
public async Task<IActionResult> DeleteConfirmed(int id)
{
    //以 Id 找尋 Entity，然後刪除
    var employee = await _context.Employees.FindAsync(id);
    //將該筆資料移除
    _context.Employees.Remove(employee);  ◄── 將該筆 Entity 自 DbSet 中移除
    await _context.SaveChangesAsync();
    return RedirectToAction(nameof(Index));
}
```

+ Delete 檢視之結構

Delete 檢視用<dl>呈現資料明細，作為刪除前的確認，結構如下。

```
<dl class="row">
    <dt>@Html.DisplayNameFor(model => model.Name)</dt>
    <dd>@Html.DisplayFor(model => model.Name)</dd>      ◄── 欲刪除的資料明細
    ...
</dl>
                    提交按鈕              Form 表單
<form asp-action="Delete">
    <input type="hidden" asp-for="Id" />
    <input type="submit" value="確認刪除" class="btn btn-danger" />
    <a asp-action="Index" class="btn btn-primary">返回員工資料列表</a>
</form>
```

範例 11-8 刪除員工資料 – Delete

以下是建立刪除員工資料之 Delete 方法與檢視。

step01 在 Employees 控制器新增處理 GET 和 POST 的兩個 Delete 動作方法

Controllers/EmployeesController.cs

```
public async Task<IActionResult> Delete(int? id)
{
    //檢查是否有提供 id
    if (id == null || _context.Employees == null)
    {
        return NotFound();
    }

    //以 Id 找尋員工資料
    var employee = await _context.Employees.FirstOrDefaultAsync(m => m.Id == id);

    //如果沒有找到員工，回傳 NotFound
    if (employee == null)
    {
        return NotFound();
    }

    return View(employee);
}
                    將 Action 命名為 Delete
// POST: Employees/Delete/5
[HttpPost, ActionName("Delete")]
[ValidateAntiForgeryToken]
public async Task<IActionResult> DeleteConfirmed(int id)
{
    if (_context.Employees == null)
    {
        return Problem("Entity set 'CmsContext.Employees'  is null.");
    }
                                        以 id 找到該筆員工資料 Entity
    //以 Id 找尋 Entity，然後刪除
    var employee = await _context.Employees.FindAsync(id);

    if (employee != null)
    {
        //將該筆資料移除  將該筆 Entity 自 DbSet 中移除
        _context.Employees.Remove(employee);
        await _context.SaveChangesAsync();  //將資料異動儲存到資料庫
    }

    return RedirectToAction(nameof(Index));
```

step02 在 Delete()方法按滑鼠右鍵→【新增檢視】→【Razor 檢視】→範本選擇【Delete】→模型類別選擇「Employee」→【新增】產生 Delete.cshtml 檢視

完成後，執行 Employees/Index 頁面，按下【刪除】按鈕就會進入刪除確認畫面。若直接執行 Delete 頁面，會因缺乏 Id 編號而產生錯誤，可在 URL 補上編號如「Employees/Delete/2」。

11-7 結論

在了解 CRUD 每種樣板 Action 及 View 語法結構與建立方式後，相信定能理解為什麼 Scaffolding 樣板為何是現在的模樣。且在建立 Actions、View 與 EF Core 資料讀寫過程中，讓我們了解到 Model、資料庫環境及驗證規則的要如何設定，其中亦包含 EF Core 重要的資料存取語法，理解後，對於 CRUD 應用程式每個設計環結的與運行模式便能任意而運，無往不利。

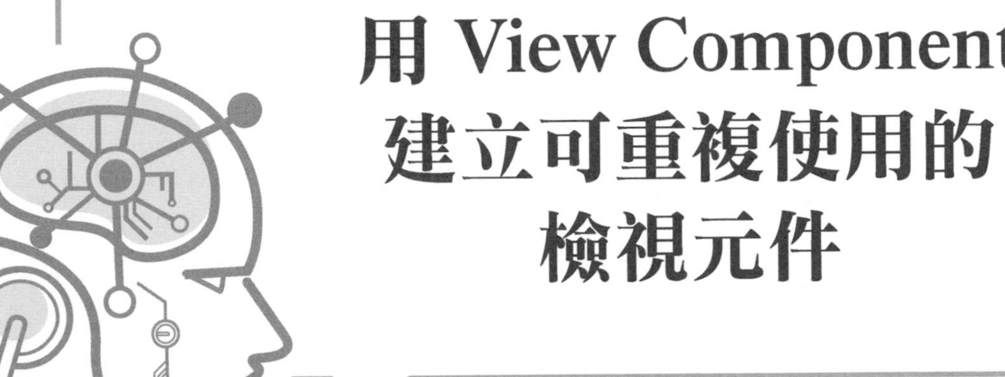

CHAPTER 12 用 View Component 建立可重複使用的檢視元件

View Component 檢視元件目的是將網頁某一區塊建立成可重複使用元件，概念上與 Partial View 相似，但具備更進階特性與能力。一個檢視元件由.cshtml 和.cs 檔所構成，因此提供更好的關注點分離設計，且可直接與資料庫溝通，這些都是 Partial View 不具備的，讓本章帶您走過 View Component 的設計與運用。

12-1 View Component 檢視元件概觀

檢視元件（View Component）是將網頁某一區塊做成可重複使用的 UI 元件，例如：排行榜、訊息公告、標籤雲端、登入面板、購物車、最新文章或促銷資訊，然後讓 View 檢視叫用（Invoke）複雜功能。

檢視元件與 Partial View 有些相似性，但功能更強大，同時在處理複雜邏輯或資料庫存取時，依然能夠謹守 SoC（Separation of Concerns）關注點分離原則，以下是檢視元件特性：

- 轉譯區塊，而不是整個 Response 回應
- 設計上可維持關注點分離和可測試性優點
- 可傳遞參數資料給檢視元件的 View
- 適合設計較為複雜的邏輯，甚至是允許對資料庫作存取
- 檢視元件不參與 Controller 生命週期的過程，因此不能使用 Filter，同時亦沒有 Model Binding 模型繫結

12-2 檢視元件建立與使用過程

檢視元件是由兩部分組成：

1. 檢視元件類別：它繼承了 ViewComponent 類別
2. 檢視元件的 View：它是回傳的 View 檢視

檢視元件把商業邏輯和資料存取程式放在檢視元件類別中，而把視覺化設計放在 View 中，如此便能突顯關注點分離和可測試性方面優勢。

以下是 ProductList 檢視元件，包含檢視元件類別和 View 兩部分。

檢視元件類別

```
~/ViewComponents/ProductListViewComponent.cs
```

檢視元件的 View

```
~/Views/Shared/Components/ProductList/Default.cshmtl
```

檢視元件類別可建立在專案任何資料夾中，於此建立 ViewCompoents 資料夾。而檢視元件用到的 View 檢視就必須建立在 Components 資料夾中，例如~/Views/Shared/Components。

❖ 檢視元件建立及使用過程

檢視元件建立及叫用過程如下：

1. 建立檢視元件類別
2. 建立檢視元件之 View 檢視
3. 將檢視元件註冊為 Tag Helper（註）
4. 在 View 或 Controller 叫用檢視元件

> **TIP**
>
> **若 View 以 Tag Helper 形式呼叫檢視元件，檢視元件必須先在 _ViewImports.cshtml 中以@addTagHelper 註冊，至於註冊細節後續會談到**

建立好的檢視元件，可在 View、Partial View、_Layout.cshtml 或 Controller 呼叫檢視元件，同時檢視元件也能接受參數。

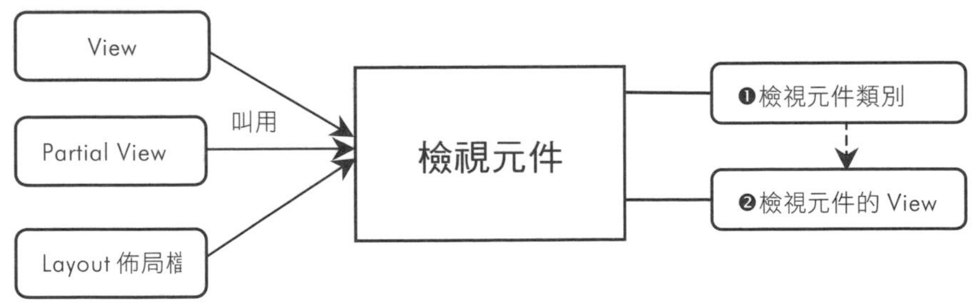

圖 12-1 檢視元件運作示意圖

範例 12-1 建立 ProductList 產品列表之檢視元件

以下用一個單純顯示產品列表網頁資料庫為例，將它建立成檢視元件，而讀取資料庫的部分由檢視元件自行完成，不依賴傳統 Controller 或 View 傳遞資料。

ProductList產品清單列表

編號	產品Id	產品名稱	價格	分類
1	A0153	筆記型電腦	19900.00	筆電
2	G5566	CPU處理器	7600.00	電腦週邊
3	B2564	LCD螢幕	5200.00	螢幕
4	I6813	顯示卡	3990.00	電腦週邊
5	E9528	SSD硬碟	2890.00	儲存設備

圖 12-2 View 叫用 ProductList 檢視元件

step01 建立檢視元件類別 ProductListViewComponent.cs

ViewComponents/ProductListViewComponent.cs

1. ProductList 檢視元件

2. 以 ViewComponent 結尾

3. 繼承 ViewComponent 類別

以 DI 注入 DatabaseContext 實例

4. 實作 InvokeAsync 非同步方法

透過 EF Core 讀取資料庫的 Products 資料表

```
public class ProductListViewComponent : ViewComponent
{
    private readonly DatabaseContext _context;
    public ProductListViewComponent(DatabaseContext context)
    {
        _context = context;
    }
    //透過 EF Core 讀取資料庫, TopPricing 參數是指價格前幾名
    public async Task<IViewComponentResult> InvokeAsync(int TopPricing)
    {
        var products = await _context.Products
                                     .OrderByDescending(p => p.Price)
                                     .Take(TopPricing)
                                     .ToListAsync();
        return View(products);
        //return View("MyProduct", products);
    }
}
```

說明：

1. 建立檢視元件類別名稱結尾須加上 ViewComponent，例如 ProductList 檢視元件類別名稱須為 ProductListViewComponent
2. 檢視元件須繼承 ViewComponent 類別
3. 若檢視元件欲做資料庫存取，則使用相依性注入 EF Core 的 DbContext
4. 檢視元件必須實作 InvokeAsync 非同步或 Invoke 同步方法，且只能二選一 public 公開，不能同時存在
5. 檢視元件最終會呼叫一個 View 檢視，用以顯示畫面，且檢視可以接受參數（類似 Partial View 的模式）

step02 建立 ProductList 檢視元件之 View 檢視

前一步驟之檢視元件類別名稱為 ProductList，故於 Views/Shared/Components 資料夾下新增一同名 ProductList 資料夾，再建立 Default.cshtml 檢視程式。

Views/Shared/Components/ProductList/Default.cshtml

```
@model IEnumerable<Product>
@{
    int counter = 1;
}
<div class="h-100 p-3 text-white bg-dark rounded-3 mb-4">
    <h1>ProductList 產品清單列表</h1>
</div>
<table class="table table-bordered table-striped">
    <thead>
        <tr>
            <th>編號</th>
            <th>@Html.DisplayNameFor(model => model.ProductId)</th>
            <th>@Html.DisplayNameFor(model => model.Name)</th>
            <th>@Html.DisplayNameFor(model => model.Price)</th>
            <th>@Html.DisplayNameFor(model => model.Category)</th>
        </tr>
```

```
    </thead>
    <tbody>
        @foreach (var item in Model)
        {
            <tr>
                <td>@(counter++)</td>
                <td>@Html.DisplayFor(modelItem => item.ProductId)</td>
                <td>@Html.DisplayFor(modelItem => item.Name)</td>
                <td>@Html.DisplayFor(modelItem => item.Price)</td>
                <td>@Html.DisplayFor(modelItem => item.Category)</td>
            </tr>
        }
    </tbody>
</table>
```

step03 在 View 叫用 ProductList 檢視元件

新增 Products 控制器、GetProductList()動作方法及 GetProductList.cshtml 檢視，在 View 中以 Component.InvokeAsync()叫用 ProductList 檢視元件。

Views/Products/GetProductList.cshtml

```
...
<div class="row">                          在一般 View 叫用 ProductList 檢視元件
    @await Component.InvokeAsync("ProductList", 5)
</div>
<div class="row">
    @await Component.InvokeAsync("ProductList", new { TopPricing = 5 })
</div>                                     ProductList 檢視元件   TopPricing 參數
@section topCSS
{
    <style>
        /*設定 Table 欄位標題顏色*/
        th {
            color: white;
            background-color: black;
            text-align: center;
        }

        /*設定 Table 資料列 Hover 時的光棒效果*/
        .table > tbody > tr:hover {
```

```
            background-color: antiquewhite !important;
        }
    </style>
}
```

說明：執行專案，瀏覽 Products/GetProductList 就可看到產品資料列表。但這似乎少了「將檢視元件註冊為 Tag Helper」步驟？之所以不需要的原因是，用 Component.InvokeAsync()命令呼叫不需註冊 Tag Helper，但若用 Tag Helper 形式呼叫就必須註冊，後續會再解釋

❖ 用[ViewComponent]建立檢視元件

前面檢視元件類別名稱是以「ViewComponent」結尾，另一種是檢視元件類別套用[ViewComponent]屬性就不必以「ViewComponent」結尾，例如以下是 HeroList 檢視元件類別：

ViewComponents/Heros.cs

```
[ViewComponent(Name ="HeroList")]
public class Heros : ViewComponent
{
    public IViewComponentResult Invoke(List<Card> data)
    {
        return View(data);
    }
}
```

HeroList 檢視元件之 View 檢視：

Views/Shared/Components/HeroList/Default.cshtml

```
@model IEnumerable<Card>
@foreach (var item in Model)
{
    <div class="col-xl-3 col-lg-4 col-md-6 col-sm-12">
        <div class="card">
            <div class="headshot">
```

```
                <img class="card-img-top" src="~/Images/@item.Photo" alt="...">
            </div>
            <div class="card-body">
                <h5 class="card-title">@item.Name</h5>
                <p class="card-text">@item.Brief</p>
                <a href="@item.WikiUrl" class="btn btn-primary">Wiki</a>
            </div>
        </div>
    </div>
}
```

透過 Invoke 控制器的 ListHeros()及 ListHeros.cshtml 呼叫 HeroList 檢視元件：

Views/Invoke/ListHeros.cshtml

```
@model IEnumerable<Card>
...
<div class="row">
    @await Component.InvokeAsync("HeroList", @Model)
</div>

@section topCSS{
    <link href="~/css/card.css" rel="stylesheet" />
}
```

HeroList 檢視元件

傳遞 Model 模型資料

✦ 檢視元件改變了什麼？

不知各位是否體會出以上檢視元件範例帶來什麼改變？檢視元件將複雜的 View 區塊做成元件，讓 View 簡單叫用，而不需了解其內部複雜實作邏輯。例如團隊中有人寫好一堆檢視元件，其他人就可簡單調用，亦可提高生產力、節省工時。

而前面提到，檢視元件與 Partial View 表面上很像，都是建立一個可重複使用區塊，然因檢視元件組成上是由檢視元件類別及 View 組成，所以能營造良好的關注點分離與良好的可測試性，這是 Partial View 無法企及的。

12-3 將檢視元件註冊為 Tag Helper

回到「將檢視元件註冊為 Tag Helper」議題，若想以 Tag Helper 形式使用 View Component，須使用@addTagHelper 指示詞註冊包含 View Component 的 Assembly 組件。在專案的_ViewImports.cshtml 中，原本就有一行用@addTagHelper 註冊 Tag Helpers：

Views/_ViewImports.cshtml

```
@addTagHelper *, Microsoft.AspNetCore.Mvc.TagHelpers
```

系統內建 Tag Helpers

例如專案名稱為 Mvc7_ViewComponents，則組件名稱預設是同名，若想使用自訂 View Component，註冊檢視元件語法為：

Views/_ViewImports.cshtml

```
@addTagHelper *, Mvc7_ViewComponents
```

註冊包含 View Component 的組件名稱

組件名稱可在專案的【屬性】→【應用程式】→【組件名稱】中查到。

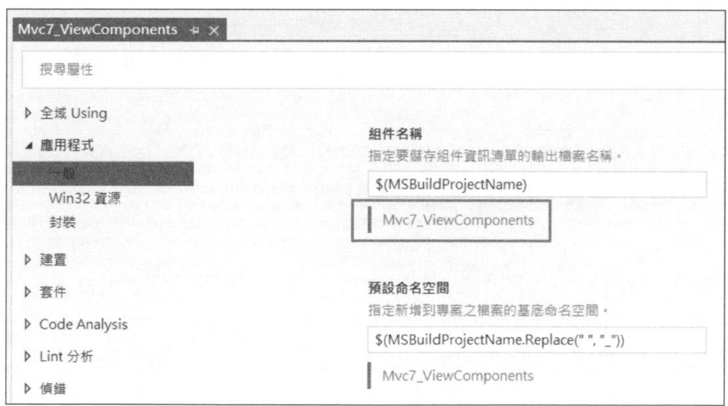

圖 12-3 專案組件名稱

請參考 Products 控制器的 ProductListTagHelper()方法及其對應的 View，用 Tag Helper 叫用 ProductList 檢視元件：

Views/Products/ProductListTagHelper.cshtml

```
<div class="row">
    <vc:product-list top-pricing="5">
    </vc:product-list>
</div>
...
```


呼叫 ProductList 檢視元件，在<vc: />中名稱須全部改為小寫，且中間須用 dash 分隔（Kebab Case 命名原則）。最後執行瀏覽 Products/ProductListTagHelper 即可顯示畫面。

12-4 在 View / Controller 中叫用檢視元件

一般除了在 View 中叫用檢視元件，也可在 Controller 的 Action 叫用檢視元件。本節範例請參考 Invoke 控制器及其 Actions 方法，以及對應的 View 檢視程式。

＋ 在 View 叫用檢視元件

這裡所謂的 View 包含 View、Partial View、_Layout.cshtml 佈局檔，都可叫用檢視元件，語法有以下類型。

1. 使用 Component.InvokeAsync()方法叫用檢視元件

   以 Component.InvokeAsync()呼叫檢視元件語法：

```
@await Component.InvokeAsync("檢視元件名稱")   ← 不需傳遞參數

@await Component.InvokeAsync("檢視元件名稱", 以匿名型別包含參數)   ← 傳遞參數
```

例如呼叫 ProductList 檢視元件，TopPricing 參數是指定價格最高的 5 個產品：

Views/Products/GetProductList.cshtml

```
@await Component.InvokeAsync("ProductList", new { TopPricing = 5 } )
```

檢視元件名稱　用匿名型別傳遞參數

若檢視元件需傳遞參數，則用 "匿名型別" 包含參數名稱與值，若有多個參數則用逗號分隔。

由於 ProductList 檢視元件內部實作 InvokeAsync()非同步方法，故前面用@await Component.InvokeAsync()呼叫似乎順理成章，那如果檢視元件內部實作是 Invoke()同步方法，是否在 View 呼叫語法需改為同步呼叫，例如@ Component.Invoke()？答案是不行，編譯器會提示錯誤，這是因為 Component.InvokeAsync()是 IViewComponentHelper 介面公開的方法，而 IViewComponentHelper 僅定義 InvokeAsync()非同步多載方法，故只能用 InvokeAsync()非同步方法呼叫。

2. 以 Tag Helper 標籤協助程式叫用檢視元件

在使用 Tag Helper 叫用檢視元件前，須先用@addTagHelper 註冊檢視元件，然後才能叫用。

Tag Helper 呼叫檢視元件語法：

```
<vc:檢視元件名稱 參數1="" 參數2="" … >
</vc>
```

例如用 Tag Helper 呼叫 ProductList 檢視元件，名稱須轉為小寫，且中間須用 dash 分隔：

Views/Products/ProductListTagHelper

```
<vc:product-list top-pricing=5>
</vc:product-list> ◄── Kebab Case
```

那為何用 Tag Helper 形式叫用 ProductList 檢視元件名稱會變成「product-list」？這是因為 Tag Helper 會將 Pascal Case 命名轉換成 Kebab Case，而所謂的 Kebab Case 命名原則，也就是名稱全部是小寫，且中間加上 dash 分隔。

+ 在 Partial View 叫用檢視元件

Partial View 叫用檢視元件方式，雖本質上和 View 叫用方式沒什麼不同，但可以了解一下過程和關鍵字語法。我們一般都在 View 中叫用檢視元件，而這裡 View 不直接叫用檢視元件，而是由 Partial View 叫用檢視元件。

範例 12-2 在 Partial View 呼叫檢視元件

以下是 Partial View 呼叫檢視元件，請參考 Invoke 控制器及 PvInvokeVC() 動作方法，呼叫過程為 PvInvokeVC.cshtml 呼叫 _VcPartial.cshtml 部分檢視，_VcPartial.cshtml 再呼叫 CardList 檢視元件。

step01 在 PvInvokeVC.cshtml 檢視呼叫 _VcPartial.cshtml 部分檢視，以下列出四種語法

Views/Invoke/PvInvokeVC.cshtml

```
<span class="badge bg-danger">1.Partial Tag Helper, 用model 屬性傳遞模型物件</span>
<div class="row">                  語法 1：呼叫部分檢視
    <partial name="_VcPartial" model="@Model" />
</div>                                  用 model 屬性傳遞 Model 資料

<span class="badge bg-danger">2.Partial Tag Helper,用 for 屬性傳遞模型物件</span>
```

```
<div class="row">                    語法 2：呼叫部分檢視
    <partial name="_VcPartial" for="@Model" />
</div>                                用 for 屬性傳遞 Model 資料

<span class="badge bg-danger">3.Html.PartialAsync()</span>
<div class="row">                    語法 3：呼叫部分檢視
    @await Html.PartialAsync("_VcPartial", @Model)
</div>

<span class="badge bg-danger">4.Html.RenderPartialAsync()</span>
<div class="row">                    語法 4：呼叫部分檢視
    @{ await Html.RenderPartialAsync("_VcPartial", @Model); }
</div>
```

step02 在_VcPartial.cshtml 再以 Component.InvokeAsync()呼叫 CardList 檢視元件

Views/Shared/_VcPartial.cshtml

```
@model IEnumerable<Card>
@await Component.InvokeAsync("CardList", Model)
```

在 Controller 叫用檢視元件

Controller 的 Action 也能用 ViewComponent 方法叫用檢視元件：

Controllers/InvokeController.cs

```
//在 Controller Action 直接叫用 View Component 元件
//不過若是直接呼叫，變成其 css 或 js 設定必須寫在檢視元件中
public IActionResult ActionInvokeVC()
{
    return ViewComponent("ProductList", 10);
}                    回傳 ViewComponentResult
```

說明：在 Controller 的 Action 中以 ViewComponent 方法叫用檢視元件，它會回傳 ViewComponentResult，同時也不須為 Action 建立對應的 View。而檢視元件的佈局、css 與 js 須寫在檢視元件中

12-5 檢視元件類別之同步與非同步叫用方法

建立檢視元件類別，其中最重要的是實作其叫用方法，且有 Invoke()同步與 InvokeAsync()非同步兩種方法。若檢視元件需對資料庫、網路存取或密集的 CPU 運算，實作非同步 InvokeAsync()方法會較好，如果檢視元件只是存取資料集合，使用同步方法就夠了。

+ 實作同步 Invoke()方法

下面 CardList 檢視元件因接受傳入的 List<Card>集合參數，本身並無資料庫存取，所以實作 Invoke()同步方法就夠了：

ViewComponents/CardListViewComponent.cs

```
public class CardListViewComponent : ViewComponent
{
    …
    public IViewComponentResult Invoke(List<Card> data)
    {
        return View(data);
    }
}
```

集合資料

同步

+ 非同步 InvokeAsync()方法

下面 ProductRange 檢視元件會查詢資料庫，因此實作非同步 InvokeAsync()方法會比較有效率：

ViewComponents/ProductRangeViewComponent.cs

```
public class ProductRangeViewComponent : ViewComponent
{
    …
    //透過 EF Core 讀取資料庫, 參數 lower 是最低價格, higher 是最高價格
    public async Task<IViewComponentResult> InvokeAsync(decimal lower,
        decimal higher)
    {
        …
```

非同步

```
        return View(await products.ToListAsync());
    }
}
```

12-6 檢視元件參數傳遞與接收

在了解檢視元件設計、叫用、同步與非同步方法後，接著探討如何傳遞參數給檢視元件，而檢視元件參數要如何設計，及使用上有什麼需要注意的地方。

以下是一個典型的檢視元件叫用過程，從 Action→View→檢視元件類別→檢視元件的 View，每一步驟呼叫下一步驟時，皆可傳遞參數。

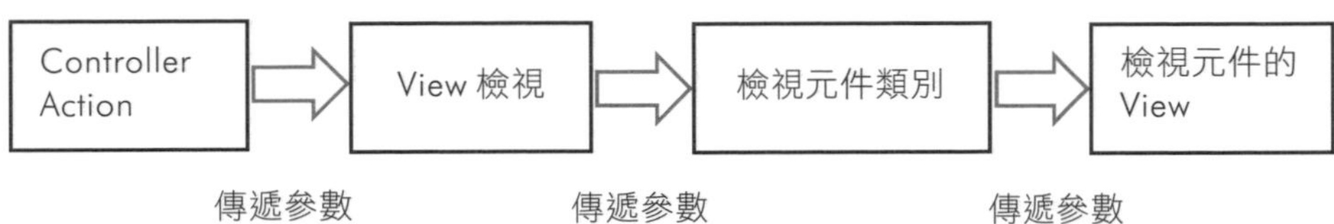

至於傳遞參數的用途，可以是完整的資料集合，亦可作為資料庫的篩選條件值，方式不限，取決於你想要參數扮演什麼樣角色。

讓我們回顧，ProductList 檢視元件的 InvokeAsync 方法接收一個參數 TopPricing：

ViewComponents/ProductListViewComponent.cs

```
public class ProductListViewComponent : ViewComponent
{
    ...
    public async Task<IViewComponentResult> InvokeAsync(int TopPricing)
    {
        var products = ...
        return View(products);
    }
}
```

呼叫檢視元件時，傳遞參數用匿名型別方式：

```
@await Component.InvokeAsync("ProductList", new { TopPricing = 5 })
```

用匿名型別包含參數

而匿名型別中參數名稱命名須與檢視元件參數名稱相同，檢視元件才能正確接收參數值。

若檢視元件參數只有一個的話（多個不適用），直接傳 5 其實也可以執行：

```
@await Component.InvokeAsync("ProductList", 5 ))
```

那如果有多個參數，除了用匿名型別傳遞參數外，是否有其他種方式？有的，還可以用 View Model、IDictionary 和在 Tag Helper 中直接指定屬性，且看以下範例說明。

範例 12-3 傳遞參數至檢視元件的幾種方式

從 View 傳遞多個參數值至檢視元件的方式有：匿名型別、View Model、IDictionary 和在 Tag Helper 中指定屬性值。

step01 建立 ProductRange 檢視元件。它是用來查詢資料庫中，符合價格範圍內的產品，其中包含兩個參數：lower 是最低價格，higher 是最高價格

ViewComponents/ProductRangeViewComponent.cs

```
public class ProductRangeViewComponent : ViewComponent
{
    private readonly DatabaseContext _context;
    public ProductRangeViewComponent(DatabaseContext context)
    {
        _context = context;
    }
```

用 DI 注入 EF Core DbContext

```
//透過 EF Core 讀取資料庫，參數 lower 是最低價格，higher 是最高價格
public async Task<IViewComponentResult> InvokeAsync(decimal lower, decimal higher)
{
    var products = from p in _context.Products
                   where p.Price >= lower && p.Price <= higher
                   orderby p.Price descending
                   select p;

    return View(await products.ToListAsync());
}
}
```

參數 1　參數 2　非同步　EF Core 資料庫存取

step02 在 View 叫用檢視元件

Views/Invoke/PassParameters.cshmtl

```
//方法1 - 傳遞匿名型別物件
@await Component.InvokeAsync("ProductRange", new { lower = 100M, higher = 3000M })

//方法2 - 傳遞 ViewModel 物件
@{
    RangeViewModel parameters = new RangeViewModel { lower = 2500M,
       higher = 3500M };
}
@await Component.InvokeAsync("ProductRange", parameters)

//方法3 - 傳遞 IDictionary
@{
    IDictionary<string, object> param = new Dictionary<string, object>
    {
        ["lower"] = 5000M,
        ["higher"] = 20000M
    };
}
@await Component.InvokeAsync("ProductRange", param)

//方法4 - 用 Tag Helper 逐一指定屬性參數值
<vc:product-range lower=200M higher=5000M>
</vc:product-range>
```

1. 匿名型別

2. ViewModel

3. Dictionary<TKey, TValue>

4. 在 Tag Helper 逐一指定屬性參數值

至於 RangeViewModel 類別如下：

ViewModels/RangeViewModel.cs

```
public class RangeViewModel
{
    public decimal lower { get; set; }
    public decimal higher { get; set; }
}
```

完成後瀏覽 Invoke/PassParameters 畫面。

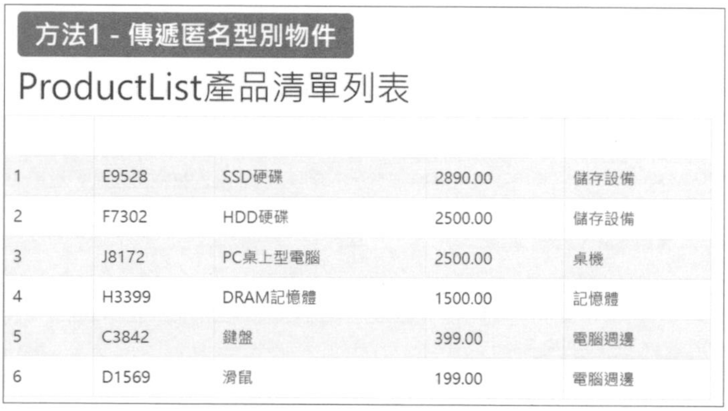

方法1 - 傳遞匿名型別物件

ProductList產品清單列表

1	E9528	SSD硬碟	2890.00	儲存設備
2	F7302	HDD硬碟	2500.00	儲存設備
3	J8172	PC桌上型電腦	2500.00	桌機
4	H3399	DRAM記憶體	1500.00	記憶體
5	C3842	鍵盤	399.00	電腦週邊
6	D1569	滑鼠	199.00	電腦週邊

圖 12-4 用傳遞參數給檢視元件的多種方式

12-7 檢視元件搜尋 View 檢視之路徑

先前檢視元件用的 View，是建立在「~/Views/Shared/Components/」路徑下，例如 ProductList 檢視元件的 View：

```
~/Views/Shared/Components/ProductList/Default.cshmtl
```

但為何只能建立在「~/Views/Shared/Components/」路徑？原因是檢視元件的 View 檢視預設搜尋路徑有三種：

- /Views/{控制器名稱}/Components/{檢視元件名稱}/{檢視名稱}

- /Views/Shared/Components/{檢視元件名稱}/{檢視名稱}（建議路徑）
- /Pages/Shared/Components/{檢視元件名稱}/{檢視名稱}（Razor Pages）

由於系統搜尋路徑的關係，只能建立在這三個位置，而前兩個路徑是 MVC 專案使用的，第三個路徑是 Razor Pages 專案使用，ASP.NET Core 建議採用第二種較佳，但若想用第一種也沒問題。

另一點是檢視元件的 View 預設名稱為 Default.cshtml，是因為系統預設抓 Default.cshtml，前面只是隨順它的規則。但這並非鐵則，若要用其他名稱，以 ProductList 檢視元件為例，可將 Default.cshtml 改為 MyProduct.cshtml，然後在 InvokeAsync()的 return View(…)中指定檢視名稱為 MyProduct：

ViewComponents/ProductListViewComponent.cs

```
public class ProductListViewComponent : ViewComponent
{
    ...
    public async Task<IViewComponentResult> InvokeAsync(int TopPricing)
    {
        var products = ...
                                      指定檢視名稱
        return View("MyProduct", products);
    }
}
```

不過 ASP.NET Core 官網建議是檢視名稱仍維持 Default.cshtml。

12-8 用 Code First Migrations 建立 Product 產品資料庫過程

本章檢視元件範例會讀取 LocalDB 的 ViewComponentDB 資料庫，那這個資料庫是如何建立出來，連線又是如何設定？主要是用 Code First Migrations 技術，先建立 Product 模型，再建立種子資料，最後於 Program.cs 執行時建立資料庫與植入資料，過程如下：

1. 建立 Product 產品模型
2. 建立 EF Core 所需的 DbContext － DatabaseContext.cs
3. 在 appsettings.json 更改資料庫連線
4. 用 Add-Migration InitialDB 新增一個 Migration
5. 用 Update-Database 產生資料庫
6. 在 SeedData.cs 建立種子資料
7. 在 Program.cs 呼叫 SeedData.cs 執行種子資料建立
8. 建立 ViewComponent，使用相依性注入設定 EF Core 的 DbContext
9. 在 Controller 或 ViewComponent 檢視元件透過 EF Core 讀取資料庫
10. 傳遞資料給檢視元件的 View，用於顯示或計算

以上步驟 8~10 在前面範例都有說明，以下僅解釋步驟 1~7 是如何做的。

step01 建立 Product 產品模型

Models/Products.cs

```
using System.ComponentModel.DataAnnotations;
using System.ComponentModel.DataAnnotations.Schema;
```

```
public class Product
{
    [StringLength(20)]
    [Display(Name ="產品 Id")]
    public string ProductId { get; set; }
    [StringLength(30)]
    [Display(Name = "產品名稱")]
    public string Name { get; set; }
    [Column(TypeName = "decimal(18,2)")]
    [Display(Name = "價格")]
    public decimal Price { get; set; }
    [StringLength(15)]
    [Display(Name = "分類")]
    public string Category { get; set; }
}
```

另外還建立了 Sales 模型：

Models/Sales.cs

```
public class Sales
{
    public int SalesId { get; set; }
    [StringLength(20)]
    public string ProductId { get; set; }
    [StringLength(30)]
    public string Name { get; set; }
    [Column(TypeName = "decimal(18,2)")]
    public decimal Price { get; set; }
    public int SalesVolume { get; set; }
}
```

step02 建立 EF Core 所需的 DbContext

EF Core 對資料庫作業必須透過 DbContext，故建立 DatabaseContext.cs，它公開 Products 和 SalesReport 兩個 DbSet<T>。

Data/DatabaseContext.cs

```
public class DatabaseContext : DbContext
{
```

```
    public DatabaseContext (DbContextOptions<DatabaseContext> options)
        : base(options){}

    public DbSet<Product> Products { get; set; }
    public DbSet<Sales> SalesReport { get; set; }
}
```

step03 在 appsettings.json 修改資料庫名稱為「ViewComponentDB」

appsettings.json

```
{
  ...,
  "ConnectionStrings": {
    "DatabaseContext": "Server=(localdb)\\mssqllocaldb;Database=ViewComponentDB;
            Trusted_Connection=True;MultipleActiveResultSets=true"
  }
}
```

資料庫名稱

資料庫連線字串名稱

上面 "DatabaseContext" 的資料庫連線設定是如何被 DatabaseContext.cs 使用？表面上看不出 DatabaseContext 是怎麼指定 "DatabaseContext" 連線設定，必須在 Program.cs 找到 EF Core 相依性注入設定，便可看出二者關聯性。

Program.cs

```
//取得組態中資料庫連線設定
string connectionString =
  builder.Configuration.GetConnectionString("DatabaseContext");

//註冊 EF Core 的 DatabaseContext
builder.Services.AddDbContext<DatabaseContext>(options =>
  options.UseSqlServer(connectionString));
```

EF Core 的相依性注入設定

指定 DbContext 使用的資料庫連線字串

step04 用 Add-Migration InitialDB 新增 Migration

在 Visual Studio 的【工具】→【NuGet 套件管理員】→【套件管理員主控台】→輸入「Add-Migration InitialDB」後按 Enter 執行。

step05 用 Update-Database 產生資料庫

在【套件管理員主控台】中執行「Update-Database」命令，它會對 SQL Server 建立資料庫，並產出 Products 和 SalesReport 資料表，但此時只有資料表定義，而無任何資料記錄。

step06 在 SeedData.cs 建立種子資料

Models/SeedData.cs

```
public class SeedData
{
    public static void Initialize(IServiceProvider serviceProvider)
    {
        using (var context=new DatabaseContext(serviceProvider.
            GetRequiredService<DbContextOptions<DatabaseContext>>()))
        {
            context.Database.EnsureCreated();
                                    // 檢查是否存在任何資料
            if(context.SalesReport.Any()|| context.Products.Any())
            {
                return; //Seed Data has been seeded
            }                       // 加入資料到 SalesReport
            context.SalesReport.AddRange(
                new Sales { ProductId = "A0153", Name = "筆記型電腦", Price=19900,
                    SalesVolume=2000 },
                …
                );
                                    // 加入資料到 Products
            context.Products.AddRange(
               new Product { ProductId = "A0153", Name = "筆記型電腦", Price = 19900,
                   Category="筆電" },
                …
                );
                                    // 將資料異動儲存到資料庫
            context.SaveChanges();
        }
    }
}
```

step07 在 Program.cs 呼叫 SeedData.cs 執行種子資料建立

program.cs

```
//Seed Data 植入資料至 Database
using (var scope = app.Services.CreateScope())
{
    var service = scope.ServiceProvider;
    var logger = service.GetRequiredService<ILogger<Program>>();

    //方式一
    //try
    //{
    //    SeedData.Initialize(service);
    //    logger.LogError("植入種子資料至資料庫成功!");
    //}
    //catch (Exception ex)
    //{
    //    logger.LogError(ex, "植入種子資料至資料庫時發生錯誤.");
    //}

    //方式二
    try
    {                                  取得 DatabaseContext，建立資料庫與種子資料
        var context = service.GetRequiredService<DatabaseContext>();
        SeedData.InitializeDB(context);
        logger.LogError("植入種子資料至資料庫成功!");
    }
    catch (Exception ex)
    {
        logger.LogError(ex, "植入種子資料至資料庫時發生錯誤.");
    }

}
```

12-9 結論

View Component 帶來了比 Partial View 更強、更多元功能，但設計規則與呼叫方式，相對需學習與注意的地方更多。但它提供諸多優點，如關注點分離、可測試性，適合設計較複雜邏輯、允許對資料庫存取，都是獨樹一格的存在。

CHAPTER 13

以 Dependency Injection 相依性注入達成 IoC 控制反轉

ASP.NET Core 內建「DI 相依性注入容器」，利用 DI 相依性注入達成控制反轉。不但幾乎所有 ASP.NET Core 框架服務皆以 DI 方式調用，且服務註冊還能選擇不同生命週期模式，在服務使用完畢後，DI Container 還會自動 Dispose 服務佔用的資源，讓服務的調用與管理更具彈性。且服務設計成符合 DI 運行模式，還可降低程式與服務之間耦合度，以及容易抽換不同服務實作等優點，是您不可不懂的新熱點！

13-1 DI 相依性注入概觀

何謂 Dependency Injection（相依性注入或依賴注入，簡稱 DI）？先就字義拆解，所謂的 Dependency 翻譯成依賴、相依性，指的是一個東西被另一個東西需要，例如空氣與人的關係，人需要呼吸空氣，因而對空氣產生依賴性，那麼空氣就是 Dependency 相依性物件。Injection

中文是注入，如果把 Dependency 依賴的東西傳遞給需求者，這就是注入，而不是由需求者主動建立或搜尋，例如人們到百貨公司逛街購物，需要新鮮的空氣，百貨公司空調就會自動注入提供給你，不需你費力取得，這就是 Dependency Injection 相依性注入的意思。

❖ 直接相依特定類別實作之困境

回到軟體層面，「直接相依特定類別實作」指的又是什麼？例如網站串接到台北富邦網路銀行服務 FubonBankService，存取包括餘額查詢、轉帳等服務：

Services/FubonBankService.cs

```
public class FubonBankService
{
    public string BankId { get }

    public string BankName { get }

    public FubonBankService()
    {
        BankId = "012";
        BankName = "台北富邦銀行";
    }

    public decimal AccountBalance(int depositorId)
    {
        decimal balance = 1000000;
        return balance;
    }

    public bool Deposit(decimal dollars)
    {
        //Todo ...
        return true;
    }

    public bool Withdraw(decimal dollars)
    {
        //Todo ...
        return true;
```

```
    }
}
```

傳統程式會先初始化 FubonBankService 類別實例，再呼叫 AccountBalance 方法查詢銀行餘額：

```
FubonBankService _bankService = new FubonBankService();
_bankService.AccountBalance(10354)
```

這是非常經典的場景，但這會造成程式間非常強烈的緊密耦合，在軟體設計來說，緊密耦合是不好的，因為牽一髮動全身。一旦要網銀要換成另一家玉山銀行的 ESunBankService 服務，就要對整個專案程式全面修改和檢測：

```
EsunBankService _bankService = new ESunkService();
```

更慘的是，ESunBankService 查詢銀行餘額的方法名稱是 GetBalance，與之前的 AccountBalance 不同：

```
_bankService.GetBalance(10354)
```

但這樣就完了嗎？不，所有網銀程式都必須用人力全面重新檢查及測試過，找出哪些地方不相容或有問題，甚至兩個網銀服務的方法名稱、參數與回傳值完全不同都十分可能，想到這，換一個服務就必須將整個專案程式做檢測與大改寫，是不是挺費力的？

在此小結相依特定實作的缺點：

- 程式直接相依特定類別實作，會造成強列耦合，一旦需更換類別實作，必須全面修改專案中相依特定類別所有程式
- 如果相依的實作它自己也有相依其他物件，例如 Configuration 或 Log，那麼這些組態就的設定就會散佈在專案的各個角落，造成組態上的凌亂

- 且由於未實作 interface 介面，造成單元測試要 Mocking 或 Stubbing 該類別實作會有困難，變得難以進行單元測試

❖ 相依性注入的救贖

以上網銀例子，若透過 DI 相依性注入可以起到何種改善？以下是說明：

1. 相依性注入會先定義 interface 介面，類別再繼承此介面並實作。讓程式相依介面，而不直接相依特定類別實作，進而抽象化類別實作，就不會造成緊密耦合，變成鬆散耦合
2. interface 介面會定義屬性與方法，強制繼承的類別必須實作，因而有共通標準 API，即使更換服務也必須實作相同的 API 介面，相同的參數與回傳結果，讓程式不受更換服務影響
3. 由於繼承並實作 interface 介面，使得單元測試 Mocking 或 Stubbing 變得非常容易

13-2 ASP.NET Core 內建的 DI 相依性注入

ASP.NET Core 內建支援 Dependency Injection 相依性注入，它是用來將類別與其相依性達成 IoC 控制反轉（Inversion of Control）之目的，讓程式間變成鬆散耦合。ASP.NET Core 內建原生的 DI Container 容器（IoC Container 或 Service Container），用來支援建構函式注入（Constructor Injection）。

以下對幾個名詞稍做解釋：

- 控制反轉有兩個層面意義，一是相依性物件的獲得被反轉了，二是控制權被反轉

- 實現控制反轉方式有兩種，一是相依性注入，另一是相依性查找（lookup），前者是被動取得相依性注入的物件，後者則是透過物件查找
- DI Container、IoC Container 和 Service Container 三者係指相同東西，本書多數時候會採用較為通行的 DI Container 用語。但如需配合或遷就 ASP.NET Core 技術文件說法時，會採用 Service Container 一詞
- DI Container 是相依性注入的框架實作，管理相依性物件的建立與生命週期，同時亦負責將相依性物件注入到服務或類別中

❖ 相依性注入優點

前面談到了相依性注入好處有：❶ 抽象化特定實作、❷ 鬆散耦合和 ❸ 易於單元測試，那 ASP.NET Core 的 DI 實作過程是如何？過程如下：

- 使用 interface 來抽象化 Dependency 相依性實作
- 透過 Service Container 註冊 Dependency「相依性」和「實作」間的關係。ASP.NET Core 內建的 Service Container – IServiceProvider，而相依性服務註冊是在 Program.cs 以 builder.Services 加入服務
- 使用相依性服務時，是在類別建構函式中注入（Constructor Injection）服務實例。而 DI 框架負責：❶ 建立相依服務的 instance 實例，❷ 注入的相依性物件不再用到時的 disposing

❖ 相依性注入的最佳設計原則

設計相依性注入 Services 服務的最佳原則為：

- 設計 Services 服務，並使用相依性注入來獲得它們的相依性物件
- 避免在 Services 中直接實例化相依性類別，因為會導致程式和特定實作緊密耦合

- 避免狀態/靜態方法呼叫
- Services 服務要維持小巧、結構良好、易於測試

但如果一個類別有太多的相依性注入，這通常是一個警訊號，代表這個類別有太多職責在身上，違反單一職責（Single Responsibility Principal，SRP），可試著重構這個類別，將一些職責移到新的類別中。

13-3 在 Controller 及 Action 使用相依性注入

不同的第三方 DI 框架，支援的相依性注入方式有 Controller、Property 和 Method 三種，而 ASP.NET Core 除支援 Controller 與 Action Method 兩種注入方式，還支援在 View 的相依性注入，而本節要介紹的是在 Controller 與 Action 中注入的方式。

13-3-1 在 Controller 建構函式使用相依性注入

ASP.NET Core 相依性服務的是在類別建構函式注入，也就是服務以建構參數加入，在 Runtime 時系統會從 Service Container 解析服務，並注入服務實例。例如在 BankController 控制器類別建構函式注入 IBankService 服務實例：

Controllers/BankController.cs

```
public class BankController : Controller
{
    private readonly IBankService _bankService;
    public BankController(IBankService bankService)
    {
        _bankService = bankService;
    }
    ...
}
```

在建構函式注入服務實例

但如何知道注入服務會是何種實例？可檢視 Program.cs 中服務註冊 IBankService 介面對應的實作類別為 FubonService：

Program.cs

```
//將網銀服務註冊到 DI Container
builder.Services.AddTransient<IBankService, FubonBankService>();
//builder.Services.AddTransient<IBankService, EsunBankService>();
```


以下是 ASP.NET Core 使用相依性注入步驟：

1. 建立 interface 介面，宣告屬性與方法
2. 建立 Service 服務類別，繼承 interface 介面並實作
3. 在 Program.cs 中註冊 Service 服務
4. 在 Controller、Action 或 View 中注入 Service 相依性物件，然後使用

範例 13-1 網銀服務之 DI 相依性注入建立與調用

以下示範網銀服務相依性注入之運用，從介面宣告、實作服務、在 DI Container 註冊服務，最後於 Controller 建構函式中以 DI 注入網銀服務。

step01 建立網銀服務 interface 介面，宣告兩個屬性及三個方法

Interfaces/IBankService.cs

```
public interface IBankService
{
    string BankId { get; }
    string BankName { get; }
    //查詢帳戶餘額
    decimal AccountBalance(int depositorId);
    //提款
    bool Withdraw(decimal dollars);
    //存款
    bool Deposit(decimal dollars);
}
```

step02 建立 FubonBankService 服務(台北富邦銀行),繼承 IBankService 介面,實作屬性與方法,而方法僅象徵性做簡單回傳值

Services/FubonBankService.cs

```
public class FubonBankService : IBankService ◄─ 繼承共通介面
{
    public string BankId { get; private set; }
    public string BankName { get; private set; }

    public FubonBankService()
    {
        BankId = "012";
        BankName = "台北富邦銀行";
    }

    public decimal AccountBalance(string depositorId)
    {
        decimal balance = 1000000;
        if (depositorId == "18072")
        {
          balance = 5000000;
        }
        return balance;
    }

    public bool Deposit(decimal dollars)
    {
        //Todo ...
        return true;
    }

    public bool Withdraw(decimal dollars)
    {
        //Todo ...
        return true;
    }
}
```

step03 建立 ESunBankService 服務（玉山銀行），繼承 IBankService 介面，實作屬性與方法

Services/ESunBankService.cs

```
public class EsunBankService : IBankService ◄── 繼承共通介面
{
    public string BankId { get; private set; }
    public string BankName { get; private set; }

    public EsunBankService()
    {
        BankId = "808";
        BankName = "玉山銀行";
    }

    public decimal AccountBalance(string depositorId)
    {
        decimal balance = 3000000;
        if (depositorId == "18072")
        {
           balance = 1500000;
        }
        return balance;
    }

    public bool Deposit(decimal dollars)
    {
        //Todo ...
        return true;
    }

    public bool Withdraw(decimal dollars)
    {
        //Todo ...
        return true;
    }
}
```

step04 在 Program.cs 中註冊 FubonBankService 服務

在網銀服務能夠以 DI 注入前，須先在 Program.cs 中註冊網銀服務相依性，那麼 FubonBankService 與 ESunBankService 服務由於是對等的實作，一般一次僅會使用其中一個，例如起初使用的是 FubonBankService 服務，註冊方式如下：

Program.cs

```
//將網銀服務註冊到DI Container
builder.Services.AddTransient<IBankService, FubonBankService>();
```


說明：在 DI Container 中註冊服務有 AddTransient、AddScoped 和 AddSingleton 三種方法，代表服務三種生命週期，後續會再解釋

step05 在 Bank 控制器的建構函式以 DI 注入網 IBankService，並在 Balance()方法中使用該服務

Conrollers/BankController.cs

```
namespace Mvc7_DependencyInjection.Controllers
{
    public class BankController : Controller
    {
        private readonly IBankService _bankService;

        public BankController(IBankService bankService)
        {
            _bankService = bankService;
        }

        public IActionResult Balance()
        {
            ViewData["BankId"]    = _bankService.BankId;
            ViewData["BankName"] = _bankService.BankName;
            ViewData["Balance"]  = _bankService
                                   .AccountBalance("18072").ToString("C");

            return View();
        }
```

```
    }
}
```

說明：使用相依性注入不需手動初始化類別實例，只需在類別建構函式以參數形式宣告要注入的服務，型別為 IBankService 抽象介面，便能獲得網銀服務實例

step06 在 View 顯示銀行帳戶餘額

Views/Bank/Balance.cshtml

```
...
<ul>
    <li>銀行代碼 : @ViewData["BankId"]</li>
    <li>銀行名稱 : @ViewData["BankName"]</li>
    <li>存款餘額 : @ViewData["Balance"]</li>
</ul>
```

瀏覽 Bank/Balance 網址，會看見顯示的是「台北富邦銀行」帳戶餘額，表示系統注入的是 FubonBankService 物件。

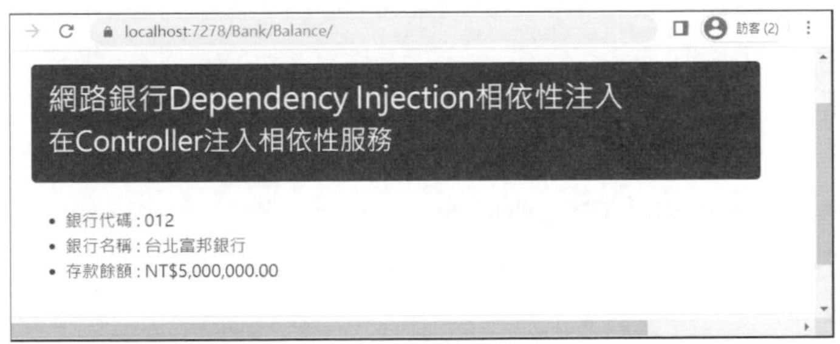

圖 13-1 注入 FubonBankService 服務實例

step07 假設日後欲將服務實作改成玉山銀行，只需在 DI Container 中替換成 ESunBankService

Program.cs

```
builder.Services.AddTransient<IBankService, EsunBankService>();
```

介面　　玉山網銀實作

重新執行，瀏覽 Bank/Balance 網址，便會顯示「玉山銀行」帳戶餘額，表示系統注入的是 ESunBankService 物件。

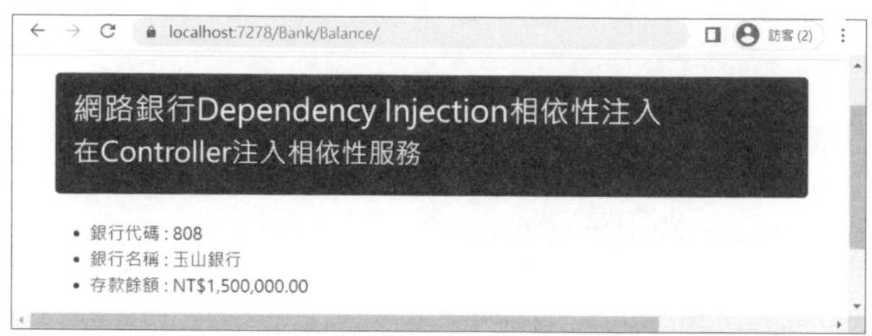

圖 13-2 注入 ESunBankService 服務實例

由上可知，透過 DI 方式實作和調用服務，除了可達成鬆散耦合設計，且在抽換類別服務實作時，達到無痛移轉，或將衝擊影響最小化。

13-3-2 在 Action 使用相依性注入

一般在 Controller 建構函式調用 DI，共用性較佳，因為可讓所有的 Actions 共用 DI 物件。但也可在個別 Action 方法中使用 DI，那何時會使用此方式？就是只有該 Action 會用到相依性物件，方式是在 Action 的參數型用[FromServices]宣告網銀服務注入：

Controllers/BankController.cs

```
public IActionResult InjectAction([FromServices] IBankService _bankService)
{                                                    在 Action 中注入相依性物件
    ViewData["BankId"]    = _bankService.BankId;
    ViewData["BankName"] = _bankService.BankName;
    ViewData["Balance"]  = _bankService.AccountBalance("18072").ToString("C");

    return View();
}
```

13-4 在 Views 中使用相依性注入

除了在 Controller 中使用相依性注入，若以「技術」可行性來說，View 也能直接注入相依性服務。但為了維持 SoC 關注點分離原則，相依性物件或資料最好還是由 Controller 傳遞給 View。

那何時適合在 View 直接注入相依性？就是要注入的服務、資料純粹屬於 View 前端，無涉 Controller、Model 和中後端邏輯情況下，可直接在 View 注入相依性，而不透過 Controller 注入服務。

而在 View 直接做相依性注入有四類應用：❶ Service 服務注入、❷ 填入查閱資料、❸ Configuration 組態注入及 ❹ 覆寫服務，以下對這四類應用作說明。

13-4-1 將 Service 服務相依性注入 View

在此純粹以技術角度出發，展示如何將網銀服務直接注入 View 中，方式是在 View 用@inject 指示詞宣告相依性注入：

Views/Bank/InjectView.cshtml

```
@inject IBankService _bankService
    ▲
    └─ 用@inject 宣告相依性注入
<ul>
    <li>銀行代碼 : @_bankService.BankId</li>
    <li>銀行名稱 : @_bankService.BankName</li>
    <li>存款餘額 : @_bankService.AccountBalance("18072").ToString("C")</li>
</ul>              ▲
                   └─ IBankService 相依性物件實例
```

但切記，這只是技術性示範，因網銀服務算是中後端邏輯與服務，並不屬於純粹的前端範疇，以 SoC 的角度，透過 Controller 注入相依性物件，再以 model 傳遞資料給 View 是較理想方式。

若需在 View 直接注入服務，比較正確的應用是，該服務屬於前端服務，專為前端網頁產生 UI 介面資料，而不涉及中後端服務或商業邏輯，此時在 View 中直接注入服務就有其正當性。

範例 13-2 將 IZipCodeService 服務注入 View，用以查詢郵遞區號

以下建立一個查詢台灣縣市的 Zip Code 服務，然後直接注入到 View，供其查詢郵遞區號，請參考 ViewInjection 控制器及 InjectZipcodeService() 方法。

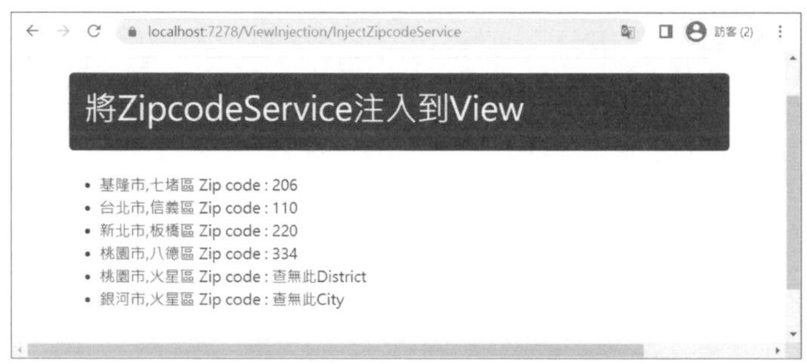

圖 13-3 在 View 注入郵遞區號服務

step01 建立 ZipcodeViewModel 模型，用來持有縣市郵遞區號資料

ViewModels/ZipcodeViewModel.cs

```
namespace Mvc7_DependencyInjection.ViewModels
{
    public class ZipcodeViewModel
    {
        public string CityId { get; set; }
        public string CityName { get; set; }
        public List<District> Districts { get; set; }
    }

    public class District
    {
        public string Id { get; set; }
        public string Name { get; set; }
        public string Zipcode { get; set; }
```

```
    }
}
```

step02 建立 IZipCodeService 抽象介面

Interfaces/IZipcodeService.cs

```
public interface IZipcodeService
{
    string Caption { get; }
    List<ZipcodeViewModel> Cities { get; set; }
    string QueryZipcode(string cityName, string districtName)
}
```

step03 TaiwanZipcodeService 繼承並實作 IZipCodeService 介面。但因全台灣縣市 Zip Code 資料過多，為節省時間，僅建立基隆、台北市、新北市及桃園市的郵遞區號資料

Services/TaiwanZipcodeService.cs

```
public class TaiwanZipcodeService : IZipcodeService
{
    public string Caption { get; } = "Zipcode";
    public List<ZipcodeViewModel> Cities { get; set; }
    public TaiwanZipcodeService()
    {
        Cities = new List<ZipcodeViewModel>
        {
            new ZipcodeViewModel {
                CityId = "01",
                CityName = "基隆市",
                Districts = new List<District>
                {
                    new District { Id ="01", Name="仁愛區", Zipcode ="200" },
                    …
                }
            },
            new ZipcodeViewModel {
                CityId = "02",
                CityName = "台北市",
                Districts = new List<District>
                {
```

```
                    new District { Id ="01", Name="中正區", Zipcode ="100"  },
                    …
                }
            },
            new ZipcodeViewModel {
                CityId = "03",
                CityName = "新北市",
                Districts = new List<District>
                {
                    new District { Id ="01", Name="萬里區", Zipcode ="207"  },
                    …
                }
            },
            new ZipcodeViewModel {
                CityId = "04",
                CityName = "桃園市",
                Districts = new List<District>
                {
                    new District { Id ="01", Name="中壢區", Zipcode="320"  },
                    …
                }
            }
        };

        //將 List<ZipcodeViewModel>集合轉成 JSON 文字格式
        //string json = Newtonsoft.Json.JsonConvert.SerializeObject(Cities);
    }
    //查詢郵遞區號
    public string QueryZipcode(string cityName, string districtName)
    {
        if (string.IsNullOrEmpty(cityName) &&
             string.IsNullOrEmpty(districtName))
        {
            return "Error : Must provide the City & District Name";
        }

        //1.查詢 City
        var _city = Cities.FirstOrDefault(c => c.CityName.Contains(cityName));

        if (_city == null)
        {
            return "查無此 City";
        }
```

```
        //2.查詢 District

        var _district = _city.Districts
            .FirstOrDefault(d => d.Name.Contains(districtName));

        if (_district is null)
        {
            return "查無此 District";
        }

        //3.讀取 Zipcode
        string _zipcode = _district.Zipcode;

        //或將三行查詢成合一行(此查詢沒有做防呆,可能產生 Null Exception)
        string zipc = Cities
          .FirstOrDefault(c => c.CityName.Contains(cityName)).Districts
          .FirstOrDefault(d => d.Name.Contains(districtName)).Zipcode;

        return _zipcode;
    }
}
```

step04 在 Program.cs 中以 AddSingleton 方法註冊 IZipcodeService 相依性

Program.cs

```
pubuilder.Services.AddSingleton<IZipcodeService, TaiwanZipcodeService>();
```

郵遞區號介面 (IZipcodeService)
台灣郵遞區號實作 (TaiwanZipcodeService)

step05 在 View 中以@inject 指示詞注入 IZipcodeService 相依性物件，將縣市和區的名稱傳入 QueryZipcode 方法中查詢郵遞區號

Views/ViewInjection/InjectZipcodeService.cshtml

```
@inject IZipcodeService zipcodeService   ← 注入相依性物件
<ul>
    <li>基隆市,七堵區 Zip code : @zipcodeService.QueryZipcode("基隆市", "七堵區")</li>
    <li>台北市,信義區 Zip code : @zipcodeService.QueryZipcode("台北市", "信義區")</li>
    <li>新北市,板橋區 Zip code : @zipcodeService.QueryZipcode("新北市", "板橋區")</li>
    <li>桃園市,八德區 Zip code : @zipcodeService.QueryZipcode("桃園市", "八德區")</li>
```

```
    <li>桃園市,火星區 Zip code : @zipcodeService.QueryZipcode("桃園市", "火星區")</li>
    <li>銀河市,火星區 Zip code : @zipcodeService.QueryZipcode("銀河市", "火星區")</li>
</ul>
```

說明：最後兩筆故意使用錯誤參數查詢郵遞區號，目的是顯示查不到的訊息

13-4-2 透過 Service 注入 View 並將資料填入 UI 介面

本節要將相依性注入與 UI 介面資料的結合，透過注入的 Service 服務將資料填入 UI 介面。

範例 13-3 透過 Service 注入 City 縣市資料到下拉式選單 UI

網頁中常會用到縣市名稱下拉式選單，透過注入的「City 服務」提供 View 的下拉式選單 UI 所需縣市名稱資料（無關後端邏輯與服務），做法如下。

圖 13-4 注入資料到 View 的 UI 選單

step01 建立 CityViewModel 模型

ViewModels/CityViewModel.cs

```
public class CityViewModel
{
    public string CityId { get; set; }
    public string CityName { get; set; }
}
```

step02 建立 ICityService 介面，此代表「City 服務」的抽象介面，裡面定義了屬性與方法，用來回傳縣市資料

Interfaces/ICityService.cs

```
public interface ICityService
{
    string ChooseCaption { get; }
    List<CityViewModel> Cities { get; set; }
    List<string> GetCityNames(); ◄— 以 List<string>形式回傳縣市名稱
    List<SelectListItem> GetCitySelectListIem();
}                          ▲— 以 List<SelectListItem>形式回傳縣市名稱
```

step03 TaiwanCityService 繼承並實作 ICityService 介面

Services/TaiwanCityService.cs

```
public class TaiwanCityService : ICityService ◄— 繼承介面
{
    public string ChooseCaption { get; } = "請選擇縣市";

    public List<CityViewModel> Cities { get; set; }

    public TaiwanCityService()
    {                          ▼— 初始化縣市資料
        Cities = new List<CityViewModel>
        {
            new CityViewModel { CityId="01", CityName="基隆市" },
            new CityViewModel { CityId="02", CityName="臺北市" },
            ...
        };
    }
```

以 List<string>形式回傳縣市名稱

```
    public List<string> GetCityNames()
    {
        List<string> cityNames = Cities.Select(c => c.CityName).ToList<string>();

        return cityNames;
    }
```

以 List<SelectListItem>形式回傳縣市名稱

```
    public List<SelectListItem> GetCitySelectListIem()
    {
        List<SelectListItem> cityItem = Cities.Select(c =>
           new SelectListItem { Text = c.CityName,
                                Value = c.CityId }).ToList();

        return cityItem;
    }
}
```

說明：TaiwanCityService 可替換成任何其他國家的 City 服務實作，然後在 DI Container 更改註冊

step**04** 在 Program.cs 註冊縣市資料服務的相依性

Program.cs

```
//City 縣市資料服務
builder.Services.AddSingleton<ICityService, TaiwanCityService>();
```

step**05** 請參考 ViewInject 控制器的 InjectCityService () 方法，在 InjectCityService 檢視中注入 City 資料服務，以顯示各縣市資料

Views/ViewInject/InjectCityService.cshtml

```
@model CityViewModel
@inject ICityService cityService    ← 注入相依性物件

<div class="alert alert-success"><h4>用 SelectListItem 集合資料顯示 City </h4></div>
<form>
  <select asp-for="CityName" asp-items="cityService.GetCitySelectListIem()">
       <option value="">==@cityService.ChooseCaption==</option>
  </select>
```

CityViewModel 屬性

回傳 List<SelectListItem>

讀取選取標題

```
    <button type="submit">Submit</button>
</form>

<br />
<div class="alert alert-success"><h4>將 List<string>轉換成 SelectListItem 集合,顯示
City </h4></div>
<form>
    <select asp-for="CityName" asp-items="cityService.Cities.Select(c=> new
        SelectListItem { Text = c.CityName, Value=c.CityId })">
        <option value="">==@cityService.ChooseCaption==</option>
    </select>
    <button type="submit">Submit</button>
</form>

<br />
<div class="alert alert-success"><h4>用 foreach 逐筆讀取 Cities 資料</h4></div>
<ul>
    @foreach (var item in cityService.Cities)
    {
        <li>@item.CityId , @item.CityName</li>
    }
</ul>
```

轉換成 SelectListItem 集合

說明：以上在 View 注入相依性物件示範了三種方式，第一種是將 List<SelectListItem>資料交由 Select 標籤協助程式顯示，第二種則是將 List<string>轉換成 List<SelectListItem>形式後顯示，第三種是用 foreach 逐筆讀取資料顯示

13-4-3 將 Configuration 組態注入到 View

appsettings.json 是 ASP.NET Core 的組態檔，像 Logging 記錄或 EF 的資料庫連線字串都在此設定，當然也能新增其他組態資料，然後在 View 中注入 IConfiguration 相依性物件，再透過它存取組態值。

範例 13-4 在 View 直接注入 Configuration 態相依性

以下在 appsettings.json 中建立 Company 公司組態資料，接著在 View 中注入 IConfiguration 相依性物件，透過它存取組態值而後顯示，請參考 ViewInjection 控制器及 InjectConfiguration()方法。

圖 13-5 在 View 注入組態

step01 在 appsettings.json 中建立 Company 公司組態資料

appsettings.json

```
{
  "Company": {
    "Website": "https://www.codemagic.com.tw",
    "Branches": {
      "Taipei": {
        "Name": "台北總公司",
        "Tel": "0800-000-123"
      },
      "Taichung": {
        "Name": "台中分公司",
        "Tel": "0800-111-456"
      },
      "Kaohsiung": {
        "Name": "高雄分公司",
        "Tel": "0800-222-789"
      }
    }
  },
  ...
}
```

step02 在 View 注入 IConfiguration 相依性物件，用它存取組態值後顯示

Views/ViewInjection/InjectConfiguration.cshtml

```
@using Microsoft.Extensions.Configuration
@inject IConfiguration configuration ◄── 注入 IConfiguration 相依性物件

@{                                    組態階層資料用：冒號分隔
    string Website = configuration["Company:Website"];
    string Taipei_Name = configuration["Company:Branches:Taipei:Name"];
    string Taipei_Tel = configuration["Company:Branches:Taipei:Tel"];
    string Taichung_Name = configuration["Company:Branches:Taichung:Name"];
    string Taichung_Tel = configuration["Company:Branches:Taichung:Tel"];
    string Kaohsiung_Name = configuration["Company:Branches:Kaohsiung:Name"];
    string Kaohsiung_Tel = configuration["Company:Branches:Kaohsiung:Tel"];
}
<ul>                    顯示組態值
    <li>公司網站 : @Website</li>
    <li>@Taipei_Name , 電話 : @Taipei_Tel</li>
    <li>@Taichung_Name , 電話 : @Taichung_Tel</li>
    <li>@Kaohsiung_Name , 電話 : @Kaohsiung_Tel</li>
</ul>
```

說明：IConfiguration 不需在 DI Container 中手動註冊，因為 ASP.NET Core 框架內部已註冊

13-4-4 覆寫服務

前面三種皆是在 View 注入 Service 服務相依性，這種注入有個特性，就是可覆寫掉之前在 View 注入的服務。例如在 Visual Studio 中，於 View 中輸入@關鍵字，IntelliSense 會提示可使用的關鍵字，其中一個是 Html，它是系統的 HTML Helpers，若你建立一個服務，在注入 View 頁面時也取名為 Html，那麼系統預設的 HTML Helpers 就會被覆寫掉，變成你自訂的 Html。

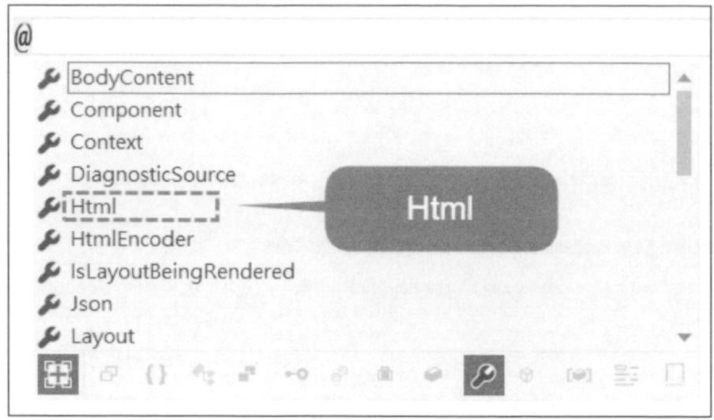

圖 13-6 View 中系統預設的服務

範例 13-5 用自訂 MyHtmlHelper 覆寫預設的 HTML Helpers

以下用自訂 MyHtmlHelper 服務覆寫預設的 HTML Helpers，請參考 Overriding 控制器的 customHelper()方法。

圖 13-7 以自訂服務覆寫預設 HTML Helpers

step01 在 Helpers 資料夾建立 MyHtmlHelper 服務

Helpers/MyHtmlHelpers.cs

```
public class MyHtmlHelper
{
    public string Company { get; set; }
    public string Url { get; set; }

    public MyHtmlHelper()
    {
        Company = "Code Magic 碼魔法";
        Url = "https://www.codemagic.com.tw";
```

```
    }

    public string GetPhoneNumber()
    {
        return "0800-259-882";
    }
}
```

step02 在 Program.cs 中以 AddSingleton 方法註冊 MyHtmlHelper 服務

Program.cs

```
builder.Services.AddSingleton<MyHtmlHelper>();
```

step03 在 View 中注入 MyHtmlHelper 服務，並命名為 Html

Views/Overriding/customHelper.cs

```
@inject MyHtmlHelper Html      ← 命名為 Html
<ul>
    <li>Company : @Html.Company</li>
    <li>Url : @Html.Url</li>
    <li>Tel : @Html.GetPhoneNumber()</li>
</ul>
```

說明：在 Visual Studio 使用「@Html.」關鍵字時，IntelliSense 只會出現自訂屬性及方法名稱，表示原本系統的 HTML Helpers 已被覆蓋掉了

13-5 相依性注入服務之生命週期

在 DI Container 中註冊 Service 服務，依其使用的方法不同，有三種生命週期：

+ Transient（短暫的）

使用 AddTransient 方法註冊的服務，就是 Transient 生命週期。其特性是每次向 Service Container 請求服務時，此服務實例就會被建立（意謂服務可能建立多次）。在 Request 請求結束後，由 DI Container 負責 Dispose，此存留期最適合用於輕量型或無狀態服務

+ Scoped（範圍）

使用 AddScoped 方法註冊的服務，就是 Scoped 生命週期。其特性是在每個用戶端請求時，服務僅會建立一次（以一個連線為基準），EF Core 註冊 DbContext 服務內部實作就是使用這種方式。在 Request 請求結束後，由 DI Container 負責 Dispose

+ Singleton（單一）

使用 AddSingleton 方法註冊的服務，就是 Singleton 生命週期。其特性是此服務第一次被請求時，會建立單一實例，此服務實例就會隨著應用程式而一直存留，讓後續所有用戶端使用相同的服務實例。當應用程式 Shutdown 後，Service Provider 會被 Disposed，連帶 Singleton 服務也跟著被 Disposed

13-6 註冊服務之方式

前面用過很多次相依性注入服務註冊方法，以及談論註冊服務三種方法對映的不同生命週期，甚至是提到 DI Container 會自動 Dispose 掉服務實例，那麼在此要點出幾個尚未注意到問題：

- 註冊服務的方法，是否清一色都是 services.Add{生命週期}<介面, 實作>()形式，有沒有其他不同的語法？
- 如果都是 services.Add{生命週期}<介面, 實作>()形式，那萬一要傳遞參數給實作類別，該怎麼辦？

- DI Container 會自動 Dispose 掉服務實例（當服務不再需要時），是否絕對沒有例外？

對這幾個疑問，下表列出服務註冊的語法類型，看完後就解答問題了。

表 13-1 服務在 DI Container 註冊方式

註冊方式	自動物件 Disposal	支援多重實作	傳遞參數
Add{生命週期}<{介面},{實作}>() 例如： services. AddTransient<IBankService, FubonBankService>();	Yes	Yes	No
Add{生命週期}<{介面}>(sp => new {實作}) 例如： services. AddTransient<IService >(sp => new MyService ()); services. AddTransient<IService >(sp => new MyService (參數));	Yes	Yes	Yes
Add{生命週期}<{實作}>() 例如： services.AddScoped<MyHtmlHelper>();	Yes	No	No
Add{生命週期}<{介面}>(new {實作}) 例如： services. AddSingleton<IService>(new MyService()); services. AddSingleton<IService>(new MyService (參數));	No	Yes	Yes
Add{生命週期}(new {實作}) 例如： services.AddScoped(new MyService ()); services.AddScoped(new MyService (參數));	No	No	Yes

上表最後兩種註冊方式不支援服務自動 Disposal，故較不建議使用。在一般情況下，不支援多重實作的註冊方式，也缺乏彈性，也不是最理想方式。故綜合看來，如不需傳遞參數，使用第一種方式最好，若需傳遞參數則使用第二種方式。

此外，還有以下四種方法是用來嘗試註冊服務，若服務早已註冊過，那它們就什麼也不做：

- TryAdd
- TryAddTransient
- TryAddScoped
- TryAddSingleton

> **TIP**
>
> 以上方法需參考 Microsoft.Extensions.DependencyInjection.Extensions 命名空間

13-7 結論

設計符合 DI 的服務，不但可以降低軟體間高度相依性所造成的強烈耦合，且抽換成不同的服務實作更是容易。而 DI 在 Controller / Action 與 View 使用上十分方便，且有多元的服務注入方式，讓您隨意調用。更令人欣賞的是，註冊時還可選擇不同生命週期，讓 DI Container 替您管理服務與資源釋放，使用輕鬆、零負擔。

CHAPTER 14

Configuration 組態及 Options Pattern 選項模式

相對於傳統 ASP.NET，ASP.NET Core 對組態做全面大改造，首先引進 Provider 提供者機制，藉由不同提供者載入不同的組態資料源，將不同格式組態設定集成到組態系統中，並提供標準存取方式，營造出高度整合的組態系統。而 Options Pattern 選項模式亦是首次出現在 ASP.NET Core 技術光譜中，Configuration 藉由與 Options Pattern 的搭配，自然符合 ISP 和 SoC 效果，讓程式存取組態能達到減少相依性、降低耦合度的好處。

14-1 ASP.NET Core 組態概觀

Configuration 組態是什麼？它儲存了 ASP.NET Core 的 Host 主機或 App 應用程式設定值，於執行時讓 Host 與 App 使用。MVC 程式亦可透過 Configuration 讀取組態設定，或使用 Options Pattern（選項模式）存取組態值。

> **TIP**
>
> **ASP.NET Core 組態是相對於 ASP.NET 的網站組態檔 Web.config，但範圍層級、功能與管理更全面，是一個全新組態框架系統**

Configuration 是.NET Core 應用程式用來存取 Key/Value pairs 組態設定的框架，它透過各種不同的組態提供者（Configuration providers）來存取命令列參數、環境變數、INI 檔、JSON 檔與 XML 檔等資料來源的設定值。

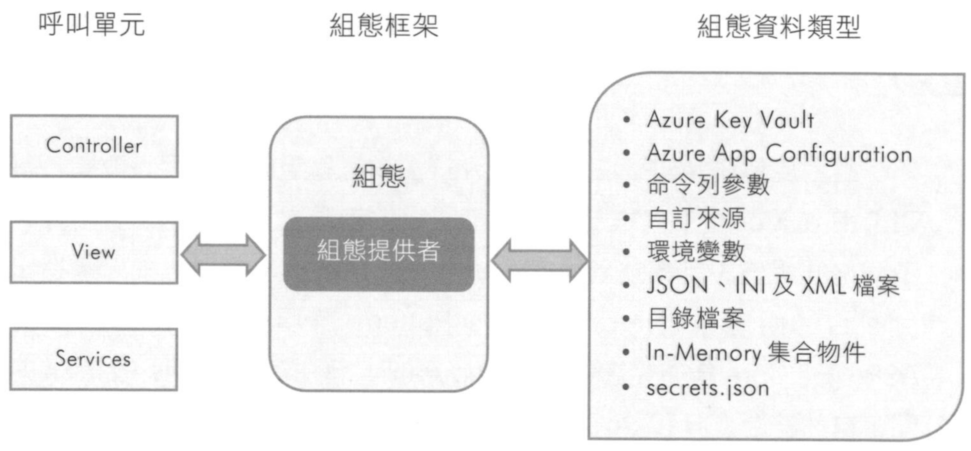

圖 14-1 組態系統運作關係

Configuration 組態系統負責組態資料的提供，它能夠載入各種類型組態來源，方式是透過不同的組態提供者，然後 Controller、View 或其他 Services 需要組態資料，再透過標準的 Configuration 機制及語法來讀取，而不是程式直接讀取 JSON 或 XML 組態檔內容。此外更佳的做法是，應用程式不直接存取組態系統，而是將組態資料繫結到 Option 選項類別，經由選項類別提供所需組態資料，應用程式也就不強列相依組態系統，達成鬆散耦合設計。

表 14-1 組態提供者與組態資料來源

組態提供者	組態資料來源
Azure Key Vault 組態提供者 (Azure Key Vault configuration provider)	Azure Key Vault
Azure 應用程式組態提供者 (Azure App configuration provider)	Azure App Configuration
命令列參數提供者 (Command-line configuration provider)	命令列參數
自訂組態提供者 (Custom configuration provider)	自訂來源
環境變數提供者 (Environment Variables configuration provider)	環境變數
檔案組態提供者 (File configuration provider)	JSON、INI 和 XML 檔
每個檔案的索引鍵組態提供者 (Key-per-file configuration provider)	目錄檔案
記憶體組態提供者 (Memory configuration provider)	In-Memory 集合
祕密管理員提供者 (Secret Manager)	使用者資料夾 secrets.json

14-2 本機開發電腦組態 vs. App 組態

ASP.NET Core 有眾多的組態來源，但在專案中有兩個較重要的組態檔：❶ launchSettings.json 和❷ appsettings.json，前者是本機開發電腦使用的環境組態，後者是給 App 使用的組態。

❖ 本機開發電腦的環境組態檔

launchSettings.json 是「本機開發電腦的環境組態檔」，它能開啟 Production 生產環境不適合開啟的特殊功能，例如開發者例外頁面（Developer Exception Page）。**但僅供本機使用，而不用於部署**，其中包含兩大類設定：❶ IIS 設定，❷ Profiles 設定。

Properties/launchSettings.json

```
{
  "iisSettings": {                          ← ❶ IIS 設定
    "windowsAuthentication": false,
    "anonymousAuthentication": true,
    "iisExpress": {
      "applicationUrl": "http://localhost:30904",   ← HTTP Port 號碼
      "sslPort": 44390                              ← HTTPS Port 號碼
    }
  },
  "profiles": {                             ← ❷ profiles 設定
    "http": {
      "commandName": "Project",
      "dotnetRunMessages": true,
      "launchBrowser": true,                        ← 啟動瀏覽器
      "applicationUrl": "http://localhost:5114",
      "environmentVariables": {
        "ASPNETCORE_ENVIRONMENT": "Development"     ← Development 環境
      }
    },
    "https": {
      "commandName": "Project",
      "dotnetRunMessages": true,
      "launchBrowser": true,
      "applicationUrl": "https://localhost:7080;http://localhost:5114",
                                                    ↑ 應用程式的 HTTPS 與 HTTP Port 號碼
      "environmentVariables": {
        "ASPNETCORE_ENVIRONMENT": "Development"
      }
    },
    "IIS Express": {
      "commandName": "IISExpress",
      "launchBrowser": true,
```

```
        "environmentVariables": {
          "ASPNETCORE_ENVIRONMENT": "Development"
        }
      }
    }
  }
```

以下説明 profiles 設定中三個區塊：

1. 第一個區塊以「http」執行時的設定，它以 Kestrel Web Server 回應 http 請求，監聽 port 5114
2. 第二個區塊「https」執行時的設定，它以 Kestrel Web Server 回應 http 和 https 請求，監聽 port 7080 及 5114
3. 第三個區塊「IIS Express」執行時的時設定，它以 IIS Express 回應 https 請求，監聽 44390

這幾個區塊會對映到 Visual Studio 的應用程式啟動下拉選單，選擇哪一個，就會以對映的設定執行 ASP.NET Core 應用程式。

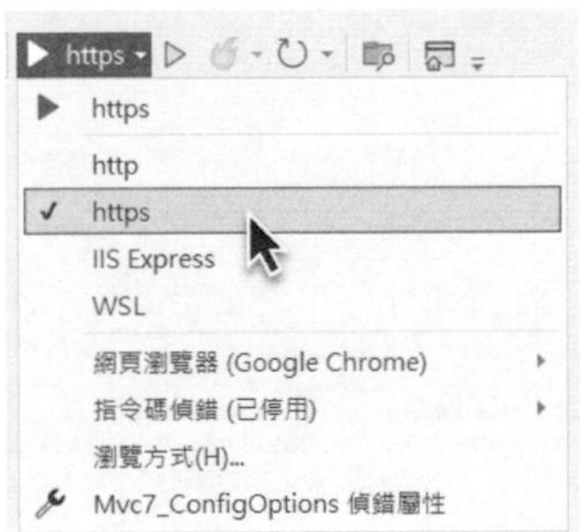

圖 14-2 在 Visual Studio 中選擇不同 profile 執行

以上組態會對映 Visual Studio 中 MVC 專案按滑鼠右鍵→【屬性】→【偵錯】→【開啟 debug 啟動設定檔 UI】，所以無論在哪處修改，二者皆會同步。

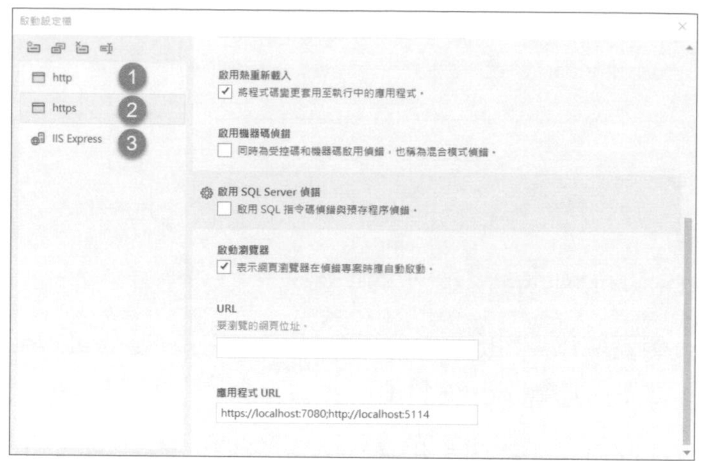

圖 14-3 launchSettings.json 對映的啟動設定檔 UI 介面

App 應用程式組態設定

appsettings.json 是給應用程式使用的組態，其地位相當於傳統 ASP.NET 的 Web.config 檔。像 Logging、EF Core 資料庫連線設定就是於此添加，亦可加入自訂組態資料。

appsettings.json

```
{
  "Logging": {
    "LogLevel": {
      "Default": "Information",
      "Microsoft.AspNetCore": "Warning"
    }
  },
  "AllowedHosts": "*"
}
```

Logging 組態

範例 14-1 App 組態的建立與讀取

以下於 appsettings.json 中建立 Company 公司資料，再由 Controller 及 View 讀取 Configuration 組態系統中資料，請參考 Config 控制器 /ReadConfig()方法。

圖 14-4 Controller 傳遞組態值給 View 顯示

step01 在 appsettings.json 中建立 Company 公司組態資料

appsettings.json

```
{
  "Company": {
    "Website": "https://wwwcodemagic.com.tw",
    "Branches": {
      "Taipei": {
        "Name": "台北總公司",
        "Tel": "0800-000-123"
      },
      "Taichung": {
        "Name": "台中分公司",
        "Tel": "0800-111-456"
      },
      "Kaohsiung": {
        "Name": "高雄分公司",
        "Tel": "0800-222-789"
      }
    }
  },
  ...
}
```

(圖中標註：Key → "Website")

說明：appsettings.json 是標準的 JSON 格式，其中標示為粗體的為 Key 名稱，用：冒號區隔緊接於後的 Value 值，而 Value 可為 string、number、object、true、false 等型別，可回顧 9-1 小節介紹

step02 利 DI 將 Configuration 注入到 Config 控制器中，在 ReadConfig 方法讀取組態設定

Controllers/ConfigController.cs

```
...

public class ConfigController : Controller
{
    //Configuration 相依性注入設定                    1. 組態的相依性注入
    private readonly IConfiguration _config;
    public ConfigController(IConfiguration config)
    {
        _config = config;
    }

    //在 Controller 讀取 Configuration
    public IActionResult ReadConfig()
    {                                                  2. 以階層式 key 名稱讀取組態值
        ViewData["website"] = _config["Company:Website"];
        ViewData["Taipei_Name"] = _config["Company:Branches:Taipei:Name"];
        ViewData["Taipei_Tel"] = _config["Company:Branches:Taipei:Tel"];
                                                          階層式 key 名稱
        return View();
    }}
```

說明：

1. 在 Controller 建構函式中注入 IConfiguration 相依性實例
2. 在 Action 動作方法中以階層式 key 名稱讀取組態值，再透過 ViewData 傳遞給 View 使用

step03 在 View 以 ViewData 顯示組態設定值

Views/Config/ReadConfig.cshtml

```
<ul>
    <li>Website : @ViewData["Website"]</li>
    <li>台北分支名稱: @ViewData["Taipei_Name"]</li>
    <li>台北分支電話 : @ViewData["Taipei_Tel"]</li>
</ul>
```

說明：若組態值有繁體中文字，請用 Visual Studio 將該檔案另存成 UTF-8 編碼格式，在 View 才不會顯示亂碼

之前，在相依性注入章節時曾說過，Configuration 在「技術上」也能直接注入 View，不需經由 Controller 傳遞給 View：

Views/Config/InjectConfigView.cshtml

```
@using Microsoft.Extensions.Configuration
@inject IConfiguration configuration  ◄── 注入 IConfiguration 相依性實例

                                           以階層式 key 名稱讀取組態值
@{
    string Website = configuration["Company:Website"];
    string Taipei_Name = configuration["Company:Branches:Taipei:Name"];
    string Taipei_Tel = configuration["Company:Branches:Taipei:Tel"];
    string Taichung_Name = configuration["Company:Branches:Taichung:Name"];
    string Taichung_Tel = configuration["Company:Branches:Taichung:Tel"];
    string Kaohsiung_Name = configuration["Company:Branches:Kaohsiung:Name"];
    string Kaohsiung_Tel = configuration["Company:Branches:Kaohsiung:Tel"];
}
<ul>
    <li>公司網站 : @Website</li>
    <li>@Taipei_Name , 電話 : @Taipei_Tel</li>
    <li>@Taichung_Name , 電話 : @Taichung_Tel</li>
    <li>@Kaohsiung_Name , 電話 : @Kaohsiung_Tel</li>
</ul>
```

但在 View 直接注入相依性，使用上必須考慮其合理性，而非技術上能不能做的問題，否則可能違反 MVC 三者角色職責分工的精神。

14-3 載入自訂 JSON、INI 及 XML 組態檔

若不想將 App 組態值存放在系統預設 appsettings.json 檔，想獨立成一或多個組態檔，這就是載入自訂組態檔。

而 Configuration 提供者預設支援 JSON、INI 與 XML 三種常見格式檔，主要關鍵在 Program 中載入自訂 App 組態檔：

- 用 AddJsonFile()方法載入 JSON 檔
- 用 AddIniFile()方法載入 INI 檔
- 用 AddXmlFile()方法載入 XML 檔

範例 14-2 載入自訂 JSON、INI 及 XML 組態檔

在 ConfigFiles 資料夾新增 JSON、INI 及 XML 三個自訂組態檔，在 Program 中載入，再由 Controller 讀取組態設定後傳給 View 顯示。

step01 新增 JSON、INI 及 XML 組態檔

ConfigFiles/FutureCorp.json

```
{
  "FutureCorp": {
    "Website": "https://www.futurecorp.com.tw",
    "Branches": {
      "USA": {
        "Name": "美國總公司",
        "Tel": "0800-333-123"
      },
      "Japan": {
        "Name": "日本分公司",
        "Tel": "0800-666-456"
      },
      "France": {
        "Name": "法國分公司",
        "Tel": "0800-999-789"
      }
    }
  }
}
```

ConfigFiles/Mobile.ini

```
[CPU]
Name=A16
Designer=Apple
Manufacturer=TSMC

[Spec:iPhone11]
storage=64GB

[Spec:iPhone11Pro]
storage=256GB

[Spec:iPhone11ProMax]
storage=512GB
```

ConfigFiles/Computer.xml

```
<?xml version="1.0" encoding="utf-8" ?>
<configuration>
  <cpu>
    <intel>Core i9-12900HK</intel>
    <amd>Ryzen 9-5950X</amd>
  </cpu>
  <dram>
    <kingston>金士頓 16GB 2400MHz DDR4</kingston>
    <micron>Micron Ballistix Sport LT 競技版 D4 3000/ 16G</micron>
    <corsair>海盜船 Vengeance RGB PRO DDR4 3000 8GBx2</corsair>
  </dram>
  <ssd>
    <samsung>三星 970 EVO 1TB NVMe M.2 2280</samsung>
    <wd>WD SSD 1TB 2.5 吋 3D NAND 固態硬碟</wd>
    <micron>Micron Crucial MX500 1TB SATAⅢ</micron>
  </ssd>
</configuration>
```

step 02 在 Program 中載入自訂組態檔

Program.cs

```
//取得自訂組態檔目錄完整路徑
string path = Path.Combine(Directory.GetCurrentDirectory(), "ConfigFiles");

//加入自訂組態檔
```

```
var config = builder.Configuration;
//載入自訂 JSON 組態檔
config.AddJsonFile(Path.Combine(path, "FutureCorp.json"), optional: true,
  reloadOnChange: true);
//載入自訂 INI 組態檔
config.AddIniFile(Path.Combine(path, "Mobile.ini"), true, true);
//載入自訂 XML 組態檔
config.AddXmlFile(Path.Combine(path, "Computer.xml"), true, true);
```

說明：

1. 參數 optional:true 指檔案是選擇性的
2. 參數 reloadOnChange:true 是指檔案變更時，會重新載入

step03 在 Controller 中注入 IConfiguration 相依性實例，而後在 Action 以 Key 存取組態值，再透過 ViewData 傳給 View 顯示

Controllers/ConfigController.cs

```
public class ConfigController : Controller
{
    //Configuration 相依性注入設定
    private readonly IConfiguration _config;
    public ConfigController(IConfiguration config)
    {
        _config = config;
    }

    //讀取 FutureCorp.json 組態檔的設定值
    public IActionResult ReadJsonConfig()
    {
        ViewData["Website"] = _config["FutureCorp:Website"];
        ViewData["USA_Name"] = _config["FutureCorp:Branches:USA:Name"];
        ViewData["USA_Tel"] = _config["FutureCorp:Branches:USA:Tel"];

        return View();
    }

    //讀取 Mobile.ini 組態檔的設定值
    public IActionResult ReadIniConfig()
    {
        ViewData["CPU_Name"] = _config["CPU:Name"];
```

```
        ViewData["CPU_Designer"] = _config["CPU:Designer"];
        ViewData["CPU_Manufacturer"] = _config["CPU:Manufacturer"];
        ViewData["iPhone11Pro_storage"] = _config["Spec:iPhone11Pro:storage"];

        return View();
    }

    //讀取 Computer.xml 組態檔的設定值
    public IActionResult ReadXmlConfig()
    {
        ViewData["CPU_Intel"] = _config["cpu:intel"];
        ViewData["CPU_AMD"] = _config["cpu:amd"];
        ViewData["DRAM_Kingston"] = _config["dram:kingston"];
        ViewData["SSD_Samsung"] = _config["ssd:samsung"];

        return View();
    }
}
```

✦ 用 GetValue()方法讀取組態值

前面用_config["section:key"]語法讀取組態值雖直覺，但如果指定的 Key 找不到組態值，便會回傳 null；但若不想回傳 null，而是回傳某個預設值，可用 GetValue 方法來達成。

以下用不存在的 Key 尋找組態值，對比兩種語法結果：

Controllers/ConfigController.cs

```
public IActionResult GetValue()
{
    ViewData["CPU_SPARC"] = _config["cpu:sparc"];
    ViewData["CPU_ARM"] = _config.GetValue<string>("cpu:arm", "找不到指定資料");

    return View();
}
```

找不到便回傳 null

找不到便回傳指定訊息

14-4 組態系統慣例

組態系統在組態來源、提供者、Key 和 Value 有一些慣例（Conventions）需注意，分述如下。

❖ 組態來源和提供者慣例

組態來源和提供者的慣例有：

- 應用程式啟動時，組態來源是以組態提供者指定的順序來讀入
- 組態提供者如有實作變更偵測，就有能力在底層組態設定變更時，重新載入組態設定，像 File 和 Azure Key Vault 提供者就有實作變更偵測
- IConfiguration 在 DI Container 容器中被注入，便有組態實例可使用
- 組態提供者本身無法使用 DI 機制，因為在它們被 Host 主機設定前，是不能使用的

❖ 組態 Key 慣例

組態 Key 採用以下慣例：

- Key 不區分大小寫。例如 ConnectionString 和 connectionstring 視為相同的 Key
- 用同一個 Key 設定組態多次，會以最後設定的組態值為主。且不論由相同或不同組態提供者設定
- 階層式 Key
    - 在組態 API 內，冒號（：）分隔字可在所有平台上運作
    - 在環境變數中，冒號分隔字元可能無法在所有平台上運作，但所有平台都支援雙底線 (__)，且會自動轉換為冒號

- 在 Azure Key Vault 中，階層式機碼使用 -- (兩個破折號) 來做為分隔符號。在祕密（secrets）載入到應用程式的組態時，必須自行用程式將破折號取代為冒號

- ConfigurationBinder 類別支援將組態資料：❶ 繫結到 Class 類別、❷ 繫結到物件圖形（Object Graph）及 ❸ 將陣列繫結到類別

組態 Value 值慣例

組態 Value 值的慣例有：

- Value 值儲存型態別一律為 string。即便是 JSON 檔中儲存的是 int 或 boolean 型別，在組態系統中一律以 string 型別儲存（可用監看式印證）
- Null 值無法儲存到組態系統中，Value 會是 ""，同時亦不能繫結到物件

14-5 組態資料階層性與 GetSection()、GetChildren() 與 Exists() 方法

Configuration 組態資料，無論是 JSON、INI 或 XML 格式皆具有階層性，之前用 Key 存取組態，這種以冒號分隔的 Key 就代表階層性：

```
_config["FutureCorp:Branches:USA"]
```

而配合階層性資料存取有 GetSection、GetChildren 與 Exists 三種方法：

- 用 GetSection()方法取得 Section 區段
- 在 Section 呼叫 GetChildren()方法可回傳 IEnumerable<IConfigurationSection>
- 用 Exists()方法判斷 Section 是否存在，會回傳布林值

❖ 組態資料的階層性

以下 FutureCorp.json 是階層性資料，最上一層 FutureCorp 是 Section（區段），第二層 Website 和 Branches 是 Sub-Section，第三層 USA、Japan 和 France 算是「Sub Sub-Section」，其下的 Name 和 Tel 則為 Key。

ConfigFiles/FutureCorp.json

```
{
  "FutureCorp": {
    "Website": "https://www.futurecorp.com.tw",
    "Branches": {
      "USA": {
        "Name": "美國總公司",
        "Tel": "0800-333-123"
      },
      "Japan": {
        "Name": "日本分公司",
        "Tel": "0800-666-456"
      },
      "France": {
        "Name": "法國分公司",
        "Tel": "0800-999-789"
      }
    }
  }
}
```

Section
Sub-Section
Sub-Section
Sub Sub-Section
Key
Value

當此組態檔讀進組態系統後，會以下面形式建立唯一階層式 Key 儲存組態值：

- FutureCorp:Website
- FutureCorp:Branch:USA:Name
- FutureCorp:Branch:USA:Tel
- FutureCorp:Branch:Japan:Name

- FutureCorp:Branch:Japan:Tel
- FutureCorp:Branch:France:Name
- FutureCorp:Branch: France:Tel

若想看到這些組態設定值，可在 Config 控制器的 GetSection()方法設定中斷點，在偵錯的監看式中觀看 corp 變數，依下圖的階層展開即可見到。

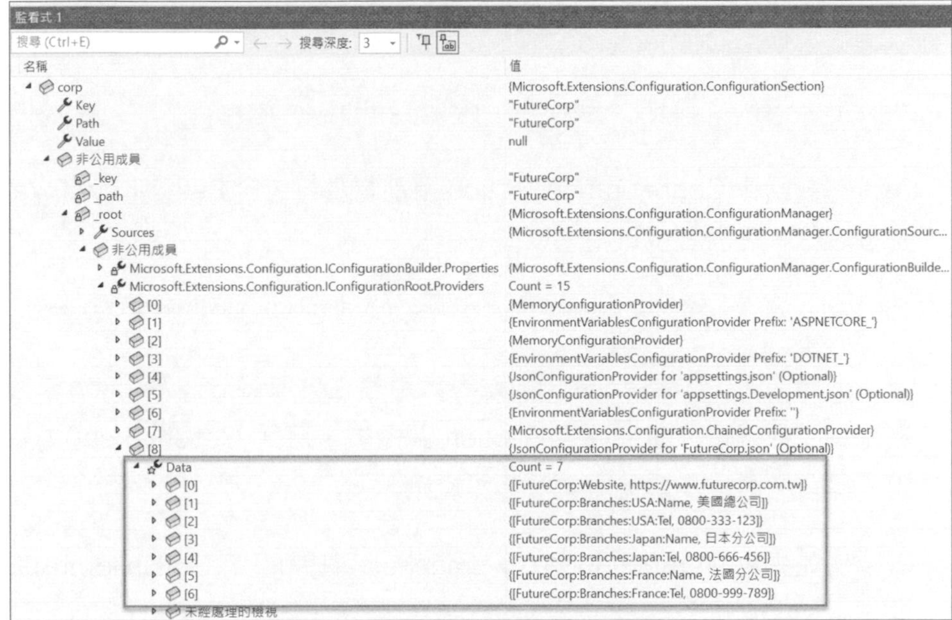

圖 14-5 在偵錯監看式中檢視組態值

❖ GetSection、GetChildren、Exists 與 AsEnumerable 方法的應用

若想存取的不只是單一組態值，而是組態階層中的一個 Section 區段（含以下的所有子區段），例如想取得 FutureCorp.json 中的 Branches 區段，用之前兩種語法是辦不到的：

```
_config["FutureCorp:Branches"]
_config.GetValue<string>("FutureCorp:Branches ", "找不到指定資料")
```

必須使用 GetSection()方法：

```
var branches = _config.GetSection("FutureCorp:Branches");
```

它會回傳 ConfigurationSection 型別物件，包含 Path、Key 和 Value 三個屬性。表面上也可用來取值：

```
var usa_name = _config.GetSection("FutureCorp:Branches:USA:Name").Value;
```

但請注意，GetSection()方法最大用意在於取得一個 Section 區段，不是為了取得單一值。取得 Section 區段後，可用 GetChildren()方法取得子區段，並逐步取得所有子區段資訊。

例如先用 GetSection()取得 Branches 區段，再用 GetChildren()取得 USA、Japan 和 France 所有分公司物件資訊。

```
var branches = _config.GetSection("FutureCorp:Branches");
var branches_children = branches.GetChildren();
```

此外，GetSection()還能配合 Exists()方法判斷指定區段是否存在：

```
bool sectionExist = _config.GetSection("FutureCorp:Branches").Exists();
```

範例 14-3　GetSection、GetChildren 與 AsEnumerable 方法讀取組態區段

以下用 GetSection()取得 FutureCorp.json 組態檔的區段，再用 GetChildren()取得其下所有子區段，並用 AsEnumerable()轉換，顯示所有 Key 與 Value，請參考 Config 控制器的 GetSection()和 GetSection .cshtml。

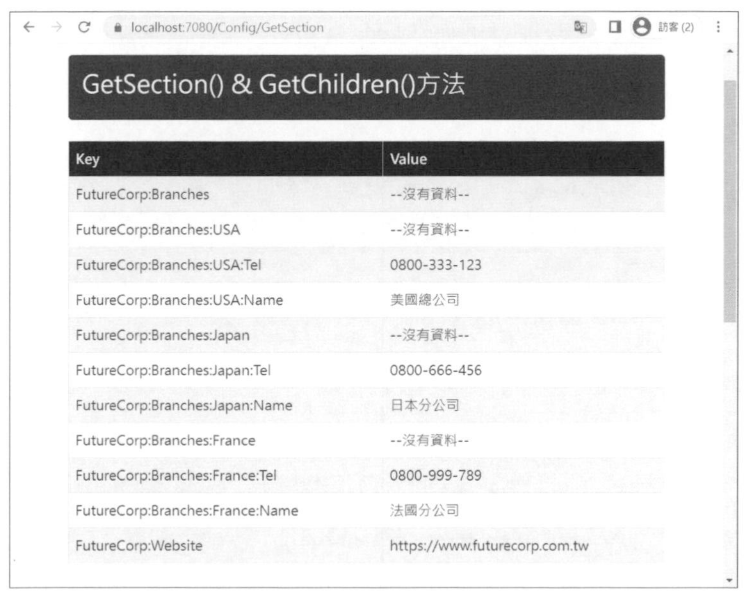

圖 14-6　讀取及顯示組態區段

Views/Config/GetSection.cshtml

```
@using Microsoft.Extensions.Configuration
@inject IConfiguration config

@{
    //GetSection()
    var corp = config.GetSection("FutureCorp");
    var website = config.GetSection("FutureCorp:Website");
    var branches = config.GetSection("FutureCorp:Branches");
    var usa = config.GetSection("FutureCorp:Branches:USA");
    var usa_name = config.GetSection("FutureCorp:Branches:USA:Name");
```

```
    //GetChildren()
    var corp_children = corp.GetChildren();
    var website_children = website.GetChildren();
    var branches_children = branches.GetChildren();
    var usa_children = usa.GetChildren();
    var usa_name_children = usa_name.GetChildren();

    //AsEnumerable()
    var corp_Enumerable = corp.AsEnumerable();
    var website_Enumerable = website.AsEnumerable();
    var branches_Enumerable = branches.AsEnumerable();
    var usa_Enumerable = usa.AsEnumerable();
    var usa_name_Enumerable = usa_name.AsEnumerable();
}
…
<table class="table table-bordered table-striped">
    <thead>
        <tr>
            <th>Key</th>
            <th>Value</th>
        </tr>
    </thead>
    <tbody>
        @foreach (var child in corp_children)
        {
            var section = child.AsEnumerable();
            @foreach (var item in section)
            {
                <tr>
                    <td>@item.Key</td>
                    <td>@(item.Value ?? "--沒有資料--")</td>
                </tr>
            }
        }
    </tbody>
</table>
<br />
<table class="table table-bordered table-striped">
    <thead>
        …
    </thead>
    <tbody>
        @foreach (var item in corp_Enumerable)
```

```
        {
        <tr>
            <td>@item.Key</td>
            <td>@(item.Value ?? "--沒有資料--")</td>
        </tr>
        }
    </tbody>
</table>
```

14-6 將組態資料繫結至類別

組態資料也能繫結至類別、Object Graph 或陣列，然後再做延伸應用，下面介紹三種繫結方式。

一、將組態繫結至類別

下面是 Device.json 組態檔，儲存行動裝置硬體組態：

ConfigFiles/Devices.json

```
{
  "MobileOptions": {
    "Ram": "6GB",
    "Cpu": "Samsung",
    "Gpu": "AdrenoTM 640 GPU",
    "Storage": "512GB"
  }
}
```

在 Program.cs 將 Device.json 載入組態系統中：

Program.cs

```
...
config.AddJsonFile(Path.Combine(path, "Device.json"), true, true);
```

欲將組態的 MobileOptions 區段繫結至 DeviceViewModel 類別：

ViewModels/DeviceViewModel.cs

```
public class DeviceViewModel
{
    public string Ram { get; set; }
    public string Cpu { get; set; }
    public string Gpu { get; set; }
    public string Storage { get; set; }
}
```

組態與類別二者在結構上必須對稱，繫結時才能找到對象。繫結方法有兩種，第一種是 Bind 方法，第二種是 Get<T>()方法：

Controllers/BindController.cs

```
//將組態資料繫結至類別
public IActionResult BindToClass()
{
    //1.使用 Bind 方法繫結
    var deviceVM = new DeviceViewModel();
    _config.GetSection("MobileOptions").Bind(deviceVM);

    //2.使用 Get<T>()方法繫結
    var device = _config.GetSection("MobileOptions").Get<DeviceViewModel>();

    return View("SelectedDeviceOptions", deviceVM);
}
```

用 Bind 方法繫結至類別

用 Get<T>方法繫結至類別

說明：若說 Bind 與 Get<T>方法有什麼區別？使用 Bind 方法繫結前，類別須先初始化才能繫結，但 Get<T>方法省掉這道手續，語法更為簡潔

圖 14-7 顯示繫結至類別的組態資料

二、將組態繫結至 Object Graph 物件圖形

前面將組態繫結至類別，二者皆為平的結構，但如果組態有好幾個區段的階層結構，必須設計能與之匹配的類別結構才能繫結，而這種繫結叫作 Object Graph 物件圖形。

例如 AICorp.json 是階層組態檔：

ConfigFiles/AICorp.json

```
{
  "AICorp": {
    "Website": "https://www.aicorp.com",
    "Branches": [
      {
        "Location": "USA",
        "Name": "美國總公司",
        "Tel": "0800-333-123"
      },
      {
        "Location": "Japan",
        "Name": "日本分公司",
        "Tel": "0800-666-456"
      },
      {
        "Location": "Franch",
        "Name": "法國分公司",
        "Tel": "0800-999-789"
      }
```

```
    ]
  }
}
```

以下設計對等的 AICorpViewModel 物件圖形類別讓其繫結：

ViewModels/AICorpViewModel.cs

```
namespace Mvc7_ConfigOptions.ViewModels
{
    public class AICorpViewModel
    {
        public string Website { get; set; }
        public List<Branch> Branches { get; set; }
    }

    public class Branch
    {
        public string Location { get; set; }
        public string Name { get; set; }
        public string Tel { get; set; }
    }
}
```

繫結一樣是透過 Bind 或 Get<T>()方法：

Controllers/BindController.cs

```
//將組態資料繫結至 Object Graph
public IActionResult BindToObjectGraph()
{
    //1.使用 Bind 方法繫結
    var AICorpVM = new AICorpViewModel();
    _config.GetSection("AICorp").Bind(AICorpVM);

    //2.使用 Get<T>()方法繫結
    var aiCorp = _config.GetSection("AICorp").Get<AICorpViewModel>();

    //將 Object Graph 物件序列化成 JSON 字串，交予前端顯示
    ViewData["jsonAICorp"] = JsonConvert.SerializeObject(aiCorp);

    return View(aiCorp);
}
```

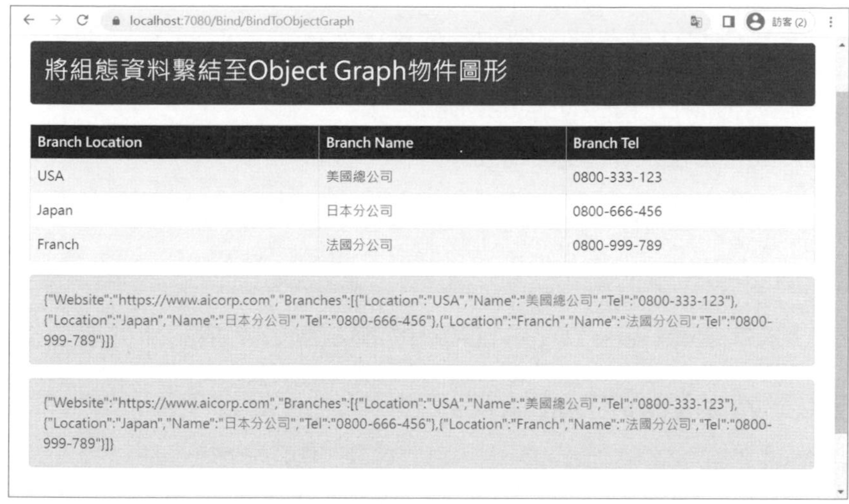

圖 14-8 將繫結至 Object Graph 的組態資料顯示

三、將組態繫結至類別的陣列屬性

在此於 Program 建立集合資料並載入組態系統中，而集合資料必須實作 Key/Value Pairs 才能以 AddInMemoryCollection()方法加入組態。例如 Dictionary<TKey, TValue>、SortedDictionary<TKey, TValue>和 SortedList<TKey, TValue>泛型集合皆支援加入組態。

以下建立 Dictionary<TKey, TValue>型別集合，且 Key 中必須包含索引值，才能載入組態檔：

Program.cs

```
config.AddInMemoryCollection(new Dictionary<string, string>
{
        {"Asia:employees:1", "Mary"},
        {"Asia:employees:2", "John"},
        {"Asia:employees:3", "Kevin"},
        {"Asia:employees:4", "David"},
        {"Asia:employees:5", "Rose"}
});
```

類別中建立具有陣列型別的成員：

ViewModels/EmployeeViewModel.cs

```
public class EmployeeViewModel
{
    public string[] Employees { get; set; }
}
```

用 Bind 與 Get<T>()方法將組態繫結到類別中的陣列屬性：

Controllers/BindController.cs

```
//將組態繫結至類別的陣列屬性
public IActionResult BindToArray()
{
    var arrayEmps = new EmployeeViewModel();

    //1.使用 Bind 方法繫結
    _config.GetSection("Asia").Bind(arrayEmps);

    //2.使用 Get<T>()方法繫結
    var arrayEmployees = _config.GetSection("Asia").Get<EmployeeViewModel>();

    return View(arrayEmps);
}
```

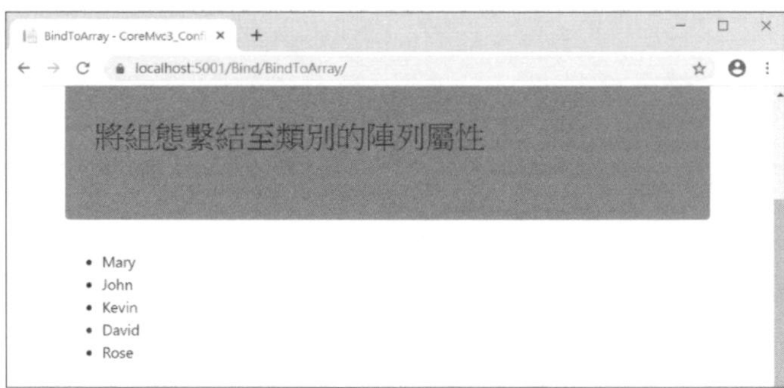

圖 14-9 將組態繫結至類別的陣列屬性

14-7 Options Pattern 結合組態之應用

前面談到將組態資料繫結至類別，但如果僅是為了「將資料繫結至類別」，為何要先將資料載入組態系統中，再從組態系統取出資料繫結至類別，這中間段作業豈不多餘？真要這麼做，倒不如將資料直接繫結到類別，效率和資源使用上反而更具效益。

將組態資料繫結至類別還有更深一層意義，應是替「Options Pattern」作鋪陳，因為 Options Pattern 選項模式是用「類別」代表一組相關的組態設定，其目的是希望應用程式不要直接存取組態系統，造成強烈相依性，也避免緊密耦合，甚至有抽象化組態系統的意味。換句話說，先將組態設定值繫結到 Options 類別，應用程式需要組態值的話，則去存取 Options 類別，而不是用 Key 直接讀取組態系統，因為組態階層一旦變更或 Key 名稱改變，將讀不到值。

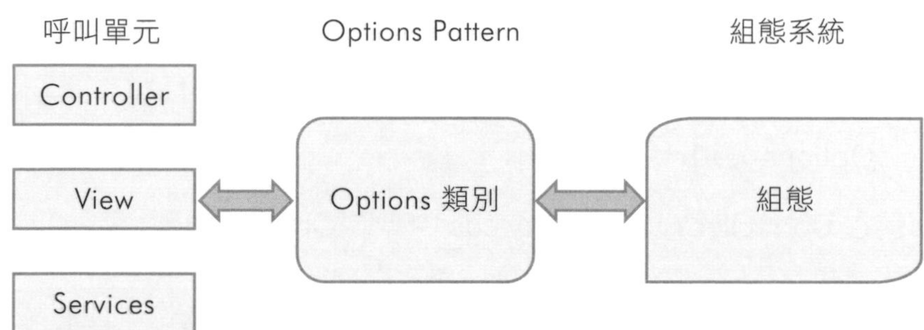

圖 14-10 Options Pattern 選項模式運作方式

如採用 Options Pattern 選項模式，應用程式自然符合兩個重要軟體原則：

- ISP 介面隔離原則或封裝（Interface Segregation Principle 或 Encapsulation）
- SoC 關注點分離（Separation of Concerns）

一旦應用程式不直接相依組態系統，組態資料/結構就可以自由調整，而後組態繫結到 Options 類別的程式再統一調整，Controller、View 或 Services 程式完全不用做任何異動。

作為 Options 類別有兩個要求：

1. 必須為非抽象類別
2. 建構函式必須為 public 且無參數

下面來看 Option Pattern 實際做法。

14-7-1 Option Pattern 基本用法

使用 Option Pattern 的過程為：

1. 建立組態資料，並載入組態系統中
2. 建立 Options 類別
3. 在 DI Container 中以 builder.Services.Configure<T> 方法註冊 Options 類別
4. 在 Controller / View / Services 中存取 Options 類別

下面用 Options Pattern 設計「今日特餐」菜單為例，並將菜色名稱顯示在網頁上，這麼做的目的在於透過 Options Pattern 取得資料，而不直接存取組態系統的中菜色資料（對映 Food.json 檔）。這麼做的好處是，一方面抽象化資料來源，另一方面與資料源也就鬆散耦合，且能輕易抽換資料來源與服務實作，而前端會自動變更為新的資料來源內容。

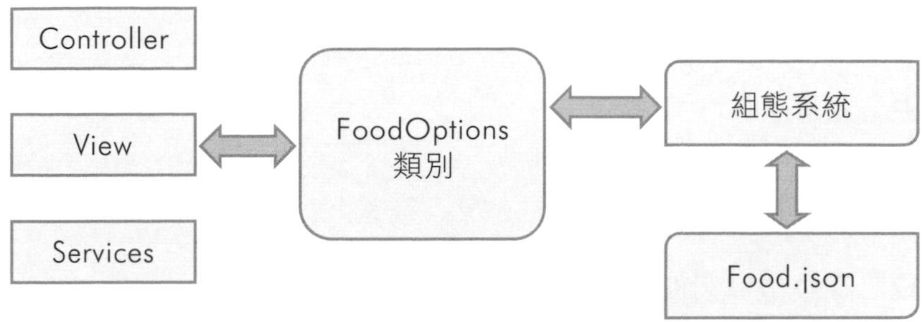

圖 14-11 Food 選項模式運作關係

範例 14-4 利用 Options Pattern 讀取「今日特餐」組態資訊

以下 Food.json 組態檔中儲存了「今日特餐」資訊，並將 Food.json 載入組態中，後續 Controller 利用 Options Pattern 讀取組態設定，並交予 View 顯示。

圖 14-12 用 Options 模式代表今日特餐組態

step01 組態建立與載入

Food.json 組態檔有「今日特餐」的開胃菜、主菜、甜點與飲料設定：

Configuration/Food.json

```
{
  "Appetizer": "生菜沙拉",
  "MainCourse": "沙朗牛排",
  "Dessert": "黑森林蛋糕",
  "Beverage": "咖啡"
}
```

在 Program.cs 載入 Food.json 組態檔：

Program.cs

```
string path2 = Path.Combine(Directory.GetCurrentDirectory(), "Configuration");
config.AddJsonFile(Path.Combine(path2, "Food.json"), true, true);
```

step02 建立能與組態相匹配的 FoodOptions 類別

Options/FoodOptions.cs

```
public class FoodOptions
{
    public string Appetizer { get; set; }      //開胃菜/前菜
    public string MainCourse { get; set; }     //Main course 主菜
    public string Dessert { get; set; }        //餐後點心
    public string Beverage { get; set; }       //Beverage 飲料
}
```

step03 在 DI Container 中註冊 FoodOptions 類別

Program.cs

```
builder.Services.Configure<FoodOptions>(builder.Configuration);
```

Options 類別

組態

step04 在 Options 控制器存取 FoodOptions 類別，並以 Model 傳給 View 作顯示

Controllers/OptionsController.cs

```
public class OptionsController : Controller
{
    private readonly FoodOptions _foodOptions;
    public OptionsController(IOptionsMonitor<FoodOptions> foodOptions)
    {
        _foodOptions = foodOptions.CurrentValue;
    }
```

IOptionMonitor<TOptions>

須呼叫 CurrentValue 屬性

```
    public IActionResult FoodWithOptions()
    {
        return View(_foodOptions);
    }
}
```

說明：以上是典型相依性注入語法，但較特別的是宣告為 IOptionMonitor<TOptions>型別，其作用是當 TOptions 實例變更時，擷取與管理 Options 通知。完整支援的場景有：❶ 變更通知、❷ 具名選項、❸ 可重新載入 Options 選項和 ❹ 選擇性 Options 無效

step05 在_ViewImports.cshtml 加入 Options 命名空間

Views/_ViewImports.cshtml

```
@using Mvc7_ConfigOptions.Options
```

step06 View 顯示 Options 類別的組態資料

Views/Options/FoodWithOptions.cshtml

```
@model FoodOptions
<div class="h-100 p-3 text-white bg-dark rounded-3 mb-4">
    <h1>今日特餐</h1>
</div>
<ul>
    <li>開胃菜 : @Model.Appetizer</li>
    <li>主菜 : @Model.MainCourse</li>
    <li>甜點 : @Model.Dessert</li>
    <li>飲料 : @Model.Beverage</li>
</ul>
```

以上是基本的 Options Pattern 使用技巧。而後續要討論一點是，Food.json 中各項餐點的組態剛好是放在第一層，但萬一它調整改放在第二或第三階層的子區段，例如在 FoodOptions 子區段中：

```
{
  "FoodOptions": {
    "Appetizer": "生菜沙拉",
```

```
        "MainCourse": "腓力牛排",
        "Dessert": "起司蛋糕",
        "Beverage": "紅茶"
    }
}
```

那麼在 DI Container 中註冊 FoodOptions 類別的語法須改為：

Program.cs

```
Builder.Services.Configure<FoodOptions>(options =>
    Configuration.GetSection("FoodOptions").Bind(options));
```

將組態繫結至 FoodOptions 類別

這樣組態就能正確繫結到 FoodOptions 類別，而 Controller 和 View 程式完全不必更動，這是利用前一節所教「將組態繫結至類別」技巧。故為何說「將組態繫結至類別」的用意之一，是在替 Options Pattern 做鋪陳，否則你就要自訂繫結程式，這會耗費額外功夫。

14-7-2 Options Pattern 結合 DI 相依性注入與 UI 的應用

Options Pattern 將組態繫結至類別的作用，不僅是儲存值或顯示用途，它還能用 Model 傳給 View 的 Tag 協助標籤或 HTML Helpers 使用，倘若前端 UI 若再進一步結合自訂的相依性注入 Services，這會變得十分具有彈性。

這裡以選擇「電腦/行動裝置硬體配備」為例子，在網頁中下拉式選單可選擇不同硬體規格，在按下 Submit 按鈕後，會提交給後端 Controller / Action 作顯示。首先來看執行效果，再談如何建構，請執行 Options/SelectDeviceOptions 網址，畫面會看到請選擇 Computer 電腦配備，其中：

- 標題和下拉式選單項目資料是來自 IDeviceService 服務實例
- 下拉式選單的預選項目是 DeviceOptions 類別選項的屬性值之所致

- DeviceOptions 類別屬性值是在 DI Container 中以組態繫結
- 而組態中的裝置資料來自 Device.json 檔
- 最後 View 檢視中配合 IDeviceService 相依性注入和 Select 協助標籤，將電腦配備項目資料顯示出來

圖 14-13 電腦配備選項及預設值

先來看 Device.json 組態檔，裡面有 ComputerOptions 和 MobileOptions 兩個區段，前者代表給電腦使用的組態值，後者是給行動裝置使用：

ConfigFiles/Device.json

```
{
  "ComputerOptions": {
    "Ram": "32GB",
    "Cpu": "AMD",
    "Gpu": "AMD",
    "Storage": "Micron"
  },
  "MobileOptions": {
    "Ram": "6GB",
    "Cpu": "Samsung",
    "Gpu": "AdrenoTM 640 GPU",
    "Storage": "512GB"
  }
}
```

電腦的組態設定

行動裝置的組態設定

而 DeviceOptions 選項類別：

Options/DeviceOptions.cs

```
public class DeviceOptions
{
    public string Ram { get; set; }
    public string Cpu { get; set; }
    public string Gpu { get; set; }
    public string Storage { get; set; }
}
```

初次執行看到的是電腦配備畫面，是因為 DI Container 有兩行註冊，第一行是將組態 Section 資料至 DeviceOptions 類別，第二行相依性注入的實作是 Computer 電腦：

Program.cs

將組態 ComputerOptions 區段繫結至 DeviceOptions 類別

```
builder.Services.Configure<DeviceOptions>(options =>
  builder.Configuration.GetSection("ComputerOptions").Bind(options));
builder.Services.AddTransient<IDeviceService, ComputerService>();
```

註冊 IDeviceService 介面與 ComputerService 實作

但若為了 Mobile 裝置可改成：

Program.cs

```
builder.Services.Configure<DeviceOptions>(options =>
  builder.Configuration.GetSection("MobileOptions").Bind(options));
builder.Services.AddSingleton<IDeviceService, MobileService>();
```

執行時會變成請選擇 Mobile 配備。

圖 14-14 Mobile 配備選項及預設值

但這種改變完全沒更動到 Controller、Model 或 View 任何程式，只需在 DI Container 調整相依性注入和 Options Pattern 註冊資訊，整個 App 就會替換成新的實作，這就是其威力所在，至於如何實作，且看下面範例說明。

範例 14-5 Options Pattern 結合前端 Select 協助標籤顯示電腦硬體選項

以下利用 Configuration、Options Pattern 與 Select 協助標籤顯示電腦硬體選項，建立鬆散耦合及彈性抽換資料之實作。請參考 Options 控制器、SelectDeviceOptions()方法及檢視。

step01 建立 ConfigFiles/Device.json 組態檔（前面已建立）

step02 在 Program.cs 載入 Device.json 組態檔

Program.cs

```
config.AddJsonFile(Path.Combine(path, "Device.json"), true, true);
```

step 03 定義 IDeviceService 介面

Interface/IDeviceService.cs

```
public interface IDeviceService
{
    string DeviceType { get; }
    string ChooseCaption { get; }
    List<string> GetDramList();
    List<string> GetCpuList();
    List<string> GetGpuList();
    List<string> GetSsdList();
}
```

step 04 建立 ComputerService.cs 和 MobileService.cs 服務，繼承並實作 IDeviceService 介面

Services/ComputerService.cs

```
public class ComputerService : IDeviceService
{                                   繼承 IDeviceService 並實作
    public string DeviceType { get; } = "Computer";
    public string ChooseCaption { get; } = "請選擇 Computer 電腦配備";

    public List<string> GetDramList()
    {
        return new List<string> { "4GB", "8GB", "16GB", "32GB" };
    }

    public List<string> GetCpuList()
    {
        return new List<string> { "INTEL", "AMD" };
    }

    public List<string> GetGpuList()
    {
        return new List<string> { "NVIDIA", "AMD" };
    }

    public List<string> GetSsdList()
    {
```

```
        return new List<string> { "三星", "INETL", "Micron" };
    }
}
```

Services/MobileService.cs

```
public class MobileService : IDeviceService
{                                    繼承 IDeviceService 並實作
    public string DeviceType { get; } = "Mobile";
    public string ChooseCaption { get; } = "請選擇 Mobile 配備";

    public List<string> GetDramList() => new List<string>
            { "4GB", "6GB", "8GB", "12GB" };

    public List<string> GetCpuList() => new List<string>
            { "Qualcomm", "Samsung", "Apple" };

    public List<string> GetGpuList() => new List<string>
            { "AdrenoTM 640 GPU", "KryoTM 360" };

    public List<string> GetSsdList() => new List<string>
            { "64GB", "128GB", "256GB", "512GB" };
}
```

step05 建立 DeviceOptions 選項類別（前面已建立）

step06 在 Program.cs 註冊 Options Pattern 和 IDeviceService 服務

Program.cs

```
builder.Services.Configure<DeviceOptions>(options =>
  builder.Configuration.GetSection("ComputerOptions").Bind(options));
builder.Services.AddTransient<IDeviceService, ComputerService>();
```

step07 建立 Options 控制器及 Action 方法

Controllers/OptionsController.cs

```
...
using Mvc7_ConfigOptions.Options;
public class OptionsController : Controller
{
    private readonly DeviceOptions _deviceOptions;
    public OptionsController(IOptionsMonitor<DeviceOptions> deviceOptions)
    {
        //Option 使用前,必須在 DI Container 中註冊
        //利用 Options Pattern 從 Configuration 組態檔中讀入
        _deviceOptions = deviceOptions.CurrentValue;
    }

    public IActionResult SelectDeviceOptions()
    {
        return View(_deviceOptions);
    }

    [HttpPost]
    public IActionResult SelectDeviceOptions(DeviceOptions deviceOptions)
    {
        return View("DeviceOptionsResult", deviceOptions);
    }
}
```

注入 IOptionsMonitor<DeviceOptions> 類別實例

回傳 DeviceOptions 實例

接收參數為 DeviceOptions 型別

step08 建立 SelectDeviceOptions 檢視顯示裝置規格選項

Views/Options/SelectDeviceOptions.cshtml

```
@model DeviceOptions
@inject IDeviceService deviceService
...
<div class="jumbotron bg-info">
    <h1>@deviceService.ChooseCaption</h1>
</div>

<form asp-action="SelectDeviceOptions">
    <label asp-for="Ram"></label>
    <select asp-for="Ram" asp-items="deviceService.GetDramList().Select(x=>new
       SelectListItem { Text=x, Value=x })"></select>
    <br />
    <label asp-for="Cpu">CPU</label>
    <select asp-for="Cpu" asp-items="deviceService.GetCpuList().Select(x=>new
```

來自傳入 Model 中 _deviceOptions 資料

項目資料來自 IDeviceService 服務實例

```
        SelectListItem { Text=x, Value=x })"></select>
    <br />

    <label asp-for="Gpu">GPU</label>
    <select asp-for="Gpu" asp-items="deviceService.GetGpuList().Select(x=>new
        SelectListItem { Text=x, Value=x })"></select>
    <br />

    <label asp-for="Storage">Storage</label>
    <select asp-for="Storage" asp-items="deviceService.GetSsdList().Select(x=>new
        SelectListItem { Text=x, Value=x })"></select>
    <br />
    <button type="submit">Submit</button>
</form>
```

step09 建立 DeviceOptionsResult.cshtml 顯示選擇的裝置規格訊資

Views/Options/DeviceOptionsResult.cshtml

```
@model  DeviceOptions
<h3>以下是你所選擇的裝置規格:</h3>
<ul>
    <li>RAM : @Model.Ram</li>
    <li>CPU : @Model.Cpu</li>
    <li>GPU : @Model.Gpu</li>
    <li>Storage : @Model.Storage</li>
</ul>
```

最後執行瀏覽 Views/Options/SelectDeviceOptions，即可看見畫面。

14-8 結論

ASP.NET Core 的組態系統展現前所未有新玩法，不但組態資料來源十分多元，還能集成異質組態資料到記憶體中，並提供大一統的 API 存取，讓組態資料的設定、存取與維護更加人性化。且若能進一步結合 Options Pattern，不但符合 ISP 及 SoC 軟體設計原則，還能透過 DI 注入到 UI 介面，產生介面選項資料，變化出高度靈活性。

CHAPTER 15

Entity Framework Core 資料庫存取與 Transaction 交易

本章介紹 Entity Framework Core（簡稱 EF Core）核心基礎，說明什麼是 ORM、Entity Data Model 實體資料模型、Entity 實體、Entity Set 實體集和 DbContext 類別。同時基於技術演進脈絡，會提到 Entity Framework 6.x 的三種開發模式：Database First、Model First 與 Code First，再到 EF Core 為何僅保留 Code First，以及在 MVC 中要如何使用 EF Core 的 CRUD 語法與資料庫互動。

15-1 Entity Framework Core 與 ORM 概觀

EF Core 是一種 ORM 框架，但在說明 EF Core 之前，先來了解 ORM 的起源，資訊領域或教科書中的 ORM 是指 Object-Relational Mapping（亦稱 O/RM 或 O/R Mapping），它是 Object 物件和資料庫之間對映的一種技術。Object 與資料庫之間的溝通是透過 ORM 軟體框架來處理，讓開發人員只需面對 Object 做 CRUD，剩下對後端資料庫如 SQL Server、Oracle 或 MySQL 的存取程式，ORM 會背景處理掉，以節省瑣碎的資料庫程式撰寫。

TIP

CRUD 是指對資料或物件的 Create、Read、Update 和 Delete 作業，也就是新增、讀取、更新與刪除

使用 ORM 技術，「理想上」開發人員不太需要關注或知道資料庫是什麼牌子，因為對後端資料庫作業是 ORM 在負責。也因此後端資料庫會被抽象化，因抽象化關係，程式與資料庫沒有直接相依性，資料庫便具備可抽換性，即使換成另一種資料庫平台，ORM 資料存取程式依然可正常運作，這是使用 ORM 的優點。

圖 15-1 ORM 運作模式

雖然 EF Core 也是 ORM，但微軟稱它為 Object-Relational Mapper，是一種 O/R Mapping 的框架實作。下圖中，程式設計師只需對 C#物件做 CRUD 操作，後續 EF Core 會自動處理對資料庫作業，而不必撰寫傳統 ADO.NET 程式。

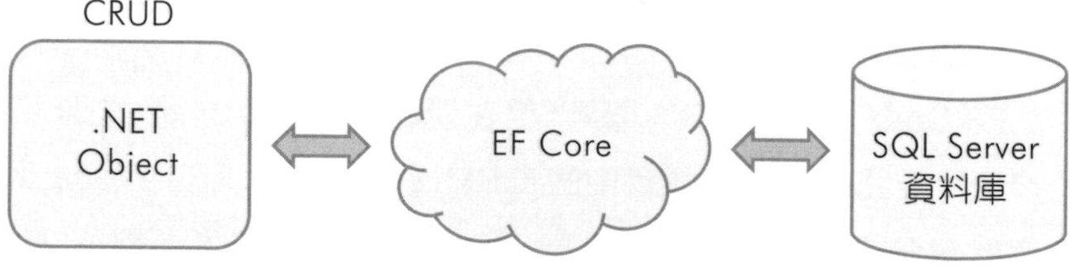

圖 15-2 EF Core 運作模式

若再細看，EF Core 和資料庫的溝通，底層仍是透過 ADO.NET Data Provider 來進行，只不過 EF Core 會自動產生所需的 ADO.NET 程式。

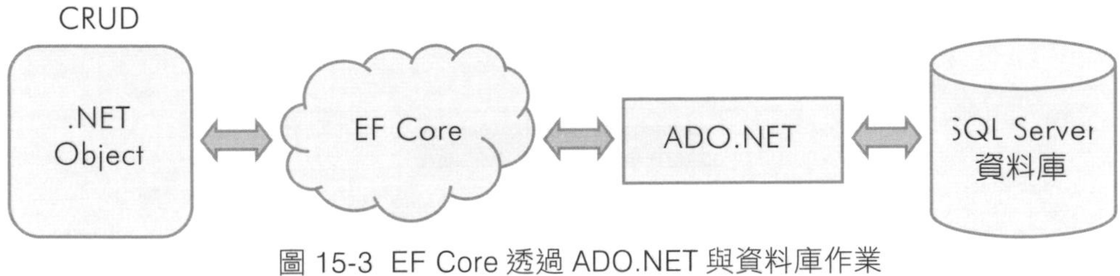

圖 15-3 EF Core 透過 ADO.NET 與資料庫作業

TIP

EF Core 透過資料庫 Provider 支援各種資料庫平台，包括 SQL Server、Sqlite、In-Memory、Cosmos、MySQL、PostgreSQL、Oracle 和 DB2 等，詳見 https://bit.ly/2AINi4U

15-2 Entity Framework 6.x 的三種開發模式

在 Entity Framework 6.x 支援 Database First、Model First 和 Code First 三種開發模式，到了 EF Core 世代僅保留 Code First，但基於技術演進的知識完整性，以下略為回顧 EF 6.x 的三種開發模式：

- Database First 資料庫優先：以既有資料庫為優先考量，從資料庫產出 Entity Data Model 實體資料模型（.edmx）。而.edmx 是定義 Entities 實體和 Association 關聯性，同時 EF 也支援.edmx 的視覺化模型設計工具
- Model First 模型優先：以 Model 設計為優先考量，先設計好 Entity Data Model（.edmx），再由 Model 產出新的資料庫。支援視覺化模型設計工具

- Code First 程式優先：Code First 是以純粹的 Entity Class 來代表 Entity Data Model，沒有.edmx 檔，也不支援視覺化模型設計工具。EF Core 僅支援此種模式，並透過.NET Core CLI 命令工具產生資料作業的相關檔案

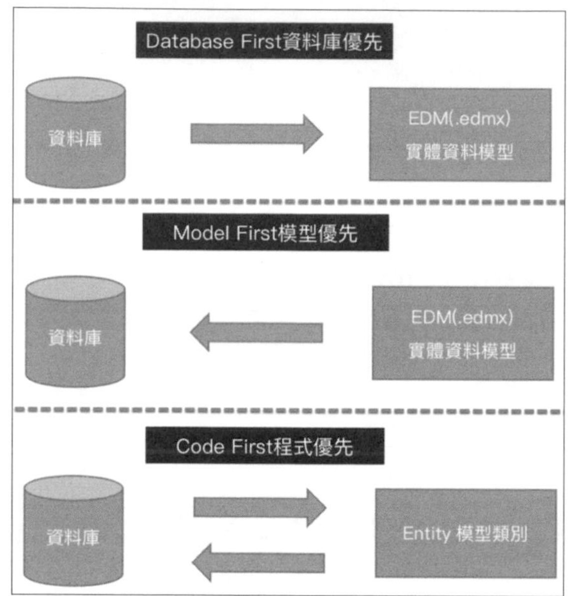

圖 15-4 EF 6.x 的三種開發模式

TIP

1. **EF 三種開發模式的描述，微軟 EF 文件的用詞是「Workflow」工作流程，這裡改用「開發模式」的原因，是字面上較為直覺、易理解，二者實指相同的東西**
2. **Entity Data Model 實體資料模型簡縮寫為 EDM，有時亦簡稱 Data Model 或 Model**

以發展歷史來看，三種模式中最早出現的是 Database First 和 Model First，後來 EF 4.1 才推出 Code First。然因 Database First 和 Model First 一些技術缺點和限制，故在 EF Core 只保留 Code First 開發模式。

而 Code First 程式優先作業方式有兩種：

1. 對既有資料庫產出 DbContext 及 Model 模型檔
2. 建立 DbContext 及 Model 模型檔後產出對應新資料庫

15-3 設定 EF Core 所需套件及資料庫連線

使用 EF Core 前，有幾項事前工作：

1. 安裝 EF Core Tools 命令工具
2. 安裝 EF Core 所需 NuGet 套件
3. 在 appsettings.json 設定資料庫連線
4. 在 DI Container 中註冊 DbContext

以下分三個子小節說明。

15-3-1 安裝 EF Core Tools CLI 命令工具

.NET SDK CLI 無內建 EF Core Tools 命令工具，須額外安裝才能執行 Migrations，或從既有資料庫 scaffolding 產出程式。

+ 安裝工具

```
dotnet tool install dotnet-ef -g --version 7.0.4
```

說明：

1. -g 代表--global 使用者範圍全域的意思，還有另一種--local 安裝，是以目錄及其下子目錄為範圍
2. --version 可不指定，不指定則會抓最新版，而有時最新版不一定會與你專案環境相匹配，特別是在多版本環境中，指定版本是比較好

+ 查看工具資訊

```
dotnet tool list -g
```

+ 更新工具

```
dotnet tool update -g dotnet-ef
```

+ 解除安裝

```
dotnet tool uninstall -g dotnet-ef
```

+ 在 nuget.org 搜尋工具詳細説明及所有版本資訊

```
dotnet tool search dotnet-ef --detail
```

■ 安裝 EF Core 所需 NuGet 套件及資料庫連線

安裝 EF Core 相關 NuGet 套件及資料庫連線：

step01 安裝 Microsoft.EntityFrameworkCore.Tools、Design 和 SqlServer 之 NuGet 套件，請用下面任一方式安裝。

+ 在 NuGet 套件管理器主控台（Package Manager Console）

```
Install-package Microsoft.EntityFrameworkCore -Version 7.0.4
Install-package Microsoft.EntityFrameworkCore.Tools -Version 7.0.4
Install-package Microsoft.EntityFrameworkCore.SqlServer -Version 7.0.4
Install-package Microsoft.EntityFrameworkCore.Design -Version 7.0.4
Install-package Microsoft.VisualStudio.Web.CodeGeneration.Design
 -Version 7.0.4
```

+ 在命令視窗的.NET CLI 命令

```
dotnet add package Microsoft.EntityFrameworkCore --version 7.0.4
dotnet add package Microsoft.EntityFrameworkCore.Tools  --version 7.0.4
dotnet add package Microsoft.EntityFrameworkCore.SqlServer  --version 7.0.4
dotnet add package Microsoft.EntityFrameworkCore.Design  --version 7.0.4
dotnet add package Microsoft.VisualStudio.Web.CodeGeneration.Design
 --version 7.0.4

dotnet list package
```

安裝完後，儲存並建置專案，否則有時會遇見新安裝套件未生效的狀況。

step02 確定 localdb 已掛載 Northwind 資料庫，並在 appsettings.json 新增資料庫連線。

appsettings.json

```
{
  …
  "AllowedHosts": "*",
  "ConnectionStrings": {
    "NorthwindConnection": "Server=(localdb)\\mssqllocaldb;Database=Northwind;
        Trusted_Connection=True;MultipleActiveResultSets=true"
  }
}
```

說明：Scaffolding 時需用到資料庫連線設定，否則會失敗。其中 Server=(localdb)可替換成 Data Source=(localdb)，而 Database= 亦可替換成 Initial Catalog=

15-3-2 在開發環境以 User Secret（使用者祕密）建立資料庫連線

有時資料庫連線屬於敏感資訊，甚至不想提交到 GitHub 上，以避免連線資訊外洩。ASP.NET Core 提供 User Secret（使用者祕密）機制，讓你保存敏感資訊，而不需將這些資訊寫在 appsettings.json 組態檔讓人看個精光。

以下在 User Secret 建立 Northwind 資料庫連線，但請先刪除 appsettings.json 中 Northwind 資料庫連線設定。

step01 在命令視窗切換到專案路徑，啟用 User Secret

```
dotnet user-secrets init
```

init 參數作用是設定<UserSecretsId>，啟用 secret storage（secrets.json），在專案.csproj 檔會產生<UserSecretsId>：()

```
<Project Sdk="Microsoft.NET.Sdk.Web">

  <PropertyGroup>
    ...
    <UserSecretsId>b0875ed9-6954-49d8-84e5-04937c3da88d</UserSecretsId>
  </PropertyGroup>

</Project>
```

step02 在 User Secret 中新增資料庫連線設定，NorthwindConnection 加不加引號皆可。

```
dotnet user-secrets set "NorthwindConnection"
  "Server=(localdb)\mssqllocaldb;Database=Northwind;"
```

或

```
dotnet user-secrets set NorthwindConnection "Server=(localdb)\mssqllocaldb;
Database=Northwind;"
```

若想看見 User Secret 實際設定值，在專案按滑鼠右鍵→【管理使用者密碼】，就會出現 secrets.json 檔。

```
secrets.json
結構描述: <未選取結構描述>
1  {
2    "NorthwindConnection": "Server=(localdb)\\mssqllocaldb;Database=Northwind;"
3  }
```

在 secrets.json 頁籤按滑鼠右鍵→【開啟收納資料夾】，檔案總管中就會顯示實際儲存路徑。

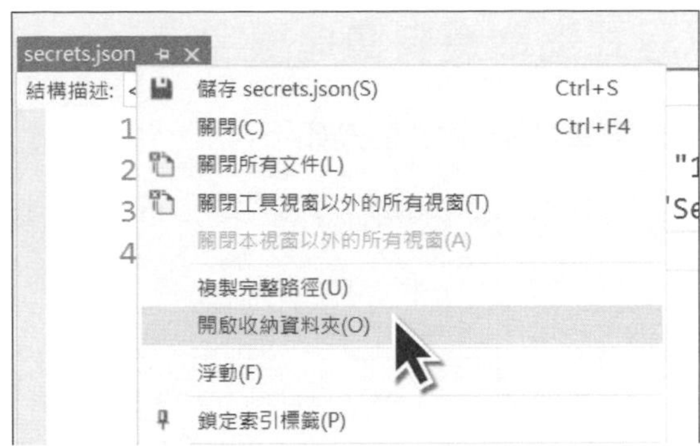


```
C:\Users\Microsoft\AppData\Roaming\Microsoft\UserSecrets\b0875ed9-6954-49d8-84
e5-04937c3da88d
```

+ 列出 User-Secrets 指令：

```
dotnet user-secrets list
```

+ 刪除特定 User-Secrets 指令：

```
dotnet user-secrets remove NorthwindConnection
```

那如果 DI Container 中的 EF Core 資料庫連線要如何改成抓使用者祕密？由於 secrets.json 也是載入集成到 Configuration 組態中，因此只需將原先粗體字部份：

```
builder.Services.AddDbContext<NorthwindContext>(options =>
options.UseSqlServer(Configuration.GetConnectionString("NorthwindConnection")));
```

改成下面：

```
builder.Services.AddDbContext<NorthwindContext>(options =>
  options.UseSqlServer(Configuration["NorthwindConnection"]));
```

TIP

使用者祕密僅存在開發者個人電腦，且 secrets.json 檔也不在專案資料夾中，故不會自動伴隨部署到伺服器

15-3-3 以程式讀取資料庫連線字串

如需讀取資料庫連線字串程式如下：

Controllers/EmployeesController.cs

```
public class EmployeesController : Controller
{
    private readonly NorthwindContext _context;
    public EmployeesController(NorthwindContext context)
    {
        _context = context;
    }

    public IActionResult GetConnectionString()
    {
        //讀取 DbContext 使用的資料庫連線
        string conn1 = _context.Database.GetConnectionString();
        string conn2 = _context.Database.GetDbConnection().ConnectionString;
        ViewData["Conn"] = conn1;

        return View();
    }
}
```

或在 Controller / Services / View 注入 IConfiguration 組態實例，透過它來存取資料庫連線，以下在 View 中示範，列出五種語法（粗體）：

Views/Employees/GetConnectionString.cshtml

```
@inject IConfiguration config
@{
    //讀取 appsettings.json 資料庫連線字串
    string conn1 = config.GetConnectionString("NorthwindConnection");
    string conn2 = config["ConnectionStrings:NorthwindConnection"];
    string conn3 = config.GetValue<string>("ConnectionStrings:NorthwindConnection");
    string conn4 = config.GetSection("ConnectionStrings:NorthwindConnection").Value;
    string conn5 = config.GetSection("ConnectionStrings")["NorthwindConnection"];
}

<div class="h-100 p-3 text-white bg-dark rounded-3 mb-4">
    <h1>讀取資料庫連線字串</h1>
    <p>NorthwindConnection : @ViewData["Conn"]</p>
</div>
```

```
<p>@conn1</p>
<p>@conn2</p>
<p>@conn3</p>
<p>@conn4</p>
<p>@conn5</p>
```

15-4 用 Code First 對既有資料庫 Scaffolding 出 DbContext 及模型檔

例如有一現成 Northwind 資料庫，若要透過 EF Core 存取有四要素：❶ Data Models 模型類別檔、❷ NorthwindContext（繼承 DbContext）、❸appsettings.json 資料庫連線設定 ❹ 在 DI Container 註冊 NorthwindContext 類別，便可用相依性注入方式調用 NorthwindContext，或透過 MVC 的 Scaffolding 產出 Controller / Action / View。

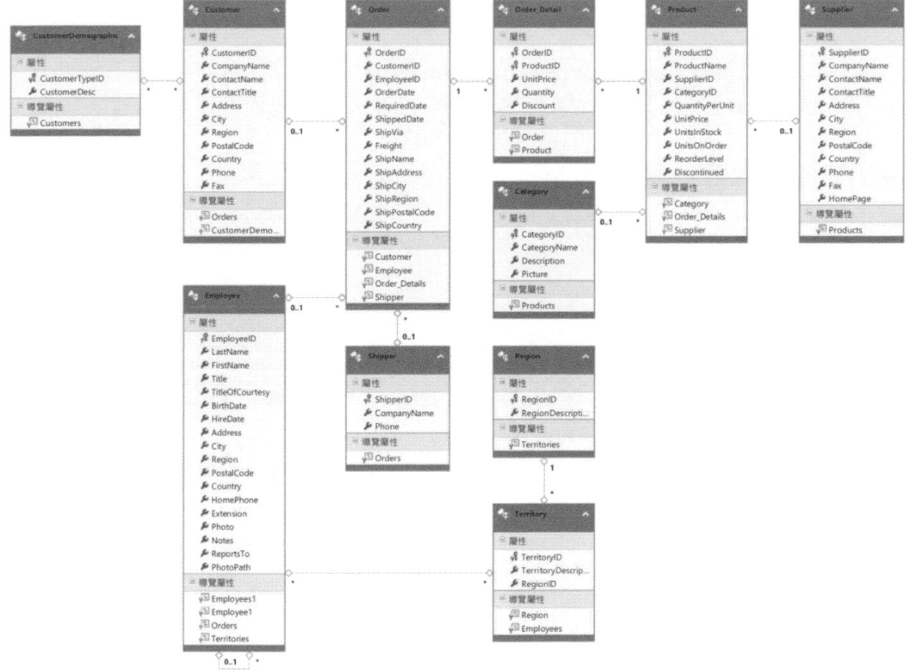

圖 15-5 Northwind 資料表關聯圖

範例 15-1　使用 EF Core 對 Northwind 資料庫 Scaffolding 產出 CRUD 程式

以下用 EF Core 對 Northwind 資料庫 Scaffolding 產出 DbContext、模型檔及 MVC 的 CRUD 程式，請參考 EFCore_CodeFirstExistingDB 專案。

step01　Scaffolding 既有 Northwind 資料庫

- 在 NuGet 套件管理器主控台（Package Manager Console）

以下用 Scaffold-DbConext 命令執行 Scaffolding 產出：

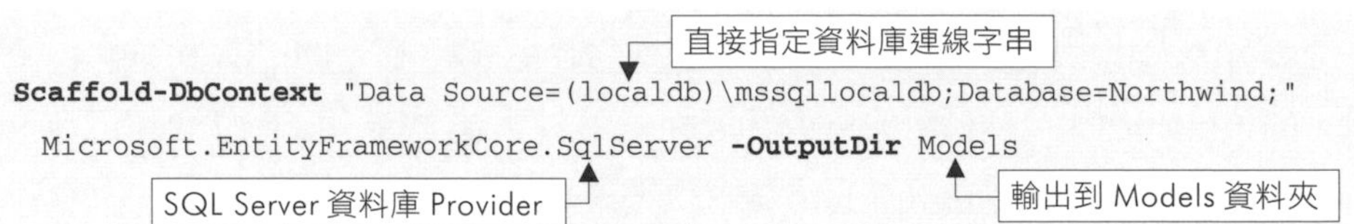


```
Scaffold-DbContext "Data Source=(localdb)\mssqllocaldb;Database=Northwind;"
  Microsoft.EntityFrameworkCore.SqlServer -OutputDir Models
```

或用 User Secret 中的 NorthwindConnection 連線字串設定：

```
Scaffold-DbContext Name=NorthwindConnection
  Microsoft.EntityFrameworkCore.SqlServer -OutputDir Models
```

User Secret 使用者祕密

- 在命令視窗中執行 CLI 命令

或在命令視窗中的專案路徑，用 dotnet ef dbcontext scaffold 執行 Scaffolding：

```
dotnet ef dbcontext scaffold "Data Source=(localdb)\mssqllocaldb;
Database=Northwind;" Microsoft.EntityFrameworkCore.SqlServer -o Models
```

或用 User Secret 中的 NorthwindConnection 連線字串設定：

```
dotnet ef dbcontext scaffold Name=NorthwindConnection
  Microsoft.EntityFrameworkCore.SqlServer -o Models
```

User Secret 使用者祕密

執行後會產出 NorthwindContext.cs 和對應映 Northwind 所有資料表的 Model 模型檔。但若只想 Scaffolding 特定資料表對映的 Model 模型，命令如下（請刪除 Model 資料夾中先前產出檔案）：

- 在 NuGet 套件管理器主控台（Package Manager Console）

  以下是對八個資料表產出對映 Model 模型的命令：

```
Scaffold-DbContext Name=NorthwindConnection
   Microsoft.EntityFrameworkCore.SqlServer -OutputDir Models
   -tables Orders,"Order Details", Products, Categories, Suppliers,
            Employees, Customers, Shippers
```

資料表以逗號分隔

- 在命令視窗執行 CLI 命令：

```
dotnet ef dbcontext scaffold Name=NorthwindConnection
   Microsoft.EntityFrameworkCore.SqlServer -o Models
   -t Orders -t "Order Details" -t Products -t Categories
   -t Suppliers -t Employees -t Customers -t Shippers
```

每個資料表皆需 -t 參數

圖 15-6 Scaffold-DbContext 指定產出的模型檔

step02 後續若想使用 EF Core，需在 DI Container 註冊 NorthwindContext，MVC 的 Scaffolding 才能產出 Controller / Action / View

Program.cs

註冊 NorthwindContext 服務

```
builder.Services.AddDbContext<NorthwindContext>();
```

step03 在 MVC 中 Scaffolding 出 Employees 的 CRUD 資料存取程式

在 Controller 資料夾按滑鼠右鍵→【加入】→【新增 Scaffold 項目】→【MVC】→【控制器】→【使用 Entity Framework 執行檢視的 MVC 控制器】→【加入】。

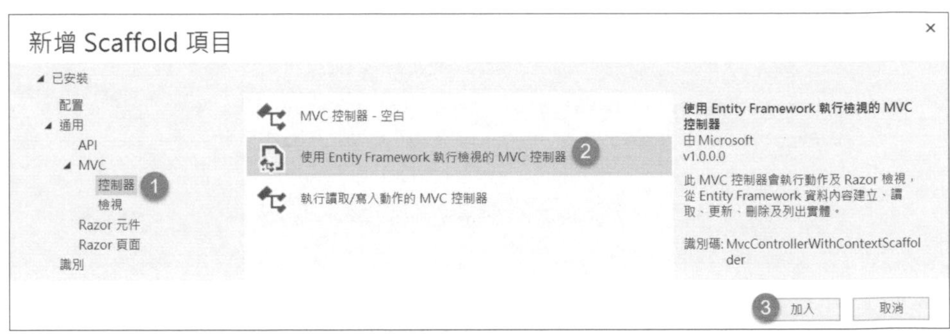

圖 15-7 選擇 Scaffolding 樣板

模型類別「Employees」→資料內容類別「NorthwindContext」→控制器名稱使用「EmployeesController」→【新增】，即可產生 Employees 控制器、CRUD 動作方法及 View 檢視。

圖 15-8 從 Data Model 和 DbContext 產出 Controller 及 Views

執行瀏覽 Employees/Index 即可看見員工資料清單畫面。

localhost:7014/Employees

Index

Create New

LastName	FirstName	Title	TitleOfCourtesy	BirthDate	HireDate	Address	City	Region	PostalCode	Country	Hon
Davolio	Nancy	Sales Representative	Ms.	1948/12/8 上午 12:00:00	1992/5/1 上午 12:00:00	507 - 20th Ave. E. Apt. 2A	Seattle	WA	98122	USA	(206 985
Fuller	Andrew	Vice President, Sales	Dr.	1952/2/19 上午 12:00:00	1992/8/14 上午 12:00:00	908 W. Capital Way	Tacoma	WA	98401	USA	(206 948
Leverling	Janet	Sales Representative	Ms.	1963/8/30 上午 12:00:00	1992/4/1 上午 12:00:00	722 Moss Bay Blvd.	Kirkland	WA	98033	USA	(206 341

圖 15-9 Employees 員工所有欄位資料

但 Scaffolding 出來的樣板程式，會查詢及顯示 Employees 資料表所有欄位，畫面不但資料過多，同時也浪費資料庫查詢效能。若想顯示幾個特定欄位，也省節 SQL 語法的查詢效能該怎麼做？請看下一步驟。

step04 新增 ViewModels 資料夾，建立 EmployeeViewModels 模型檔，裡面包含五個欄位

ViewModels/EmployeeViewModels.cs

```
public class EmployeeViewModel
{
    public int Id { get; set; }
    public string Name { get; set; }
    public string Title { get; set; }
    public string City { get; set; }
    public string Country { get; set; }
}
```

step05 在 Employees 控制器新增一個 ListCompact()方法，用 LINQ 查詢五個指定欄位

Controllers/EmployeesController.cs

```
public async Task<IActionResult> ListCompact()
{
    //1.LINQ to Entity - Query Syntax 查詢語法
    var employees = await (from emp in _context.Employees
                           select new EmployeeViewModel
                           {
                             Id = emp.EmployeeId,
                             Name = emp.LastName + " " + emp.FirstName,
                             Country = emp.Country,
                             City = emp.City,
                             Title = emp.Title
                           }).ToListAsync();

    //2.Method Syntax 方法語法
    var employeesList = await _context.Employees
                        .Select(x => new EmployeeViewModel { Id = x.EmployeeId,
                          Name = x.LastName + " " + x.FirstName, City = x.City,
                          Country = x.Country, Title = x.Title })
                        .ToListAsync();

    //3.使用 FromSql()送出原生 SQL 查詢字串
    var emps = await _context.Employees
                           .FromSql($"Select * from dbo.Employees")
```

送出原生 SQL 查詢

```
                          .Select(x => new EmployeeViewModel
                          {
                            Id = x.EmployeeId,
                            Name = x.LastName + " " + x.FirstName,
                            City = x.City,
                            Country = x.Country,
                            Title = x.Title
                          }).ToListAsync();

    return View(employees);
  }
```

step 06 在 ListCompact()方法按滑鼠右鍵→【新增檢視】→【Razor 檢視】→範本選擇【List】→模型類別「EmployeeViewModel」→資料內容類別「NorthwindContext」→【新增】ListCompact.cshtml 程式

新增 Razor 檢視

檢視名稱(N)	ListCompact
範本(T)	List ❶
模型類別(M)	EmployeeViewModel (EFCore_CodeFirstExistingDB.ViewModels) ❷
資料內容類別(D)	NorthwindContext (EFCore_CodeFirstExistingDB.Models) ❸

選項

- [ ] 建立成局部檢視(C)
- [x] 參考指令碼程式庫(R)
- [x] 使用版面配置頁(U)

(若在 Razor _viewstart 檔案中設定，請保留空白)

❹ 新增　取消

圖 15-10 從 Action 方法 Scaffolding 產出 View 檢視

執行並瀏覽 Employees/ListCompact 就僅顯示五個欄位。

localhost:7014/Employees/ListCompact

ListCompact

Create New

Id	Name	Title	City	Country	
1	Davolio Nancy	Sales Representative	Seattle	USA	Edit | Details | Delete
2	Fuller Andrew	Vice President, Sales	Tacoma	USA	Edit | Details | Delete
3	Leverling Janet	Sales Representative	Kirkland	USA	Edit | Details | Delete
4	Peacock Margaret	Sales Representative	Redmond	USA	Edit | Details | Delete
5	Buchanan Steven	Sales Manager	London	UK	Edit | Details | Delete

圖 15-11 以 ViewModel 產生精簡指定欄位

如何檢驗前面所說，真的只對 Employee 資料表查詢五個欄位？可用 SQL Server Profiler 工具捕捉.NET Core 程式送來的 SQL 查詢語法。

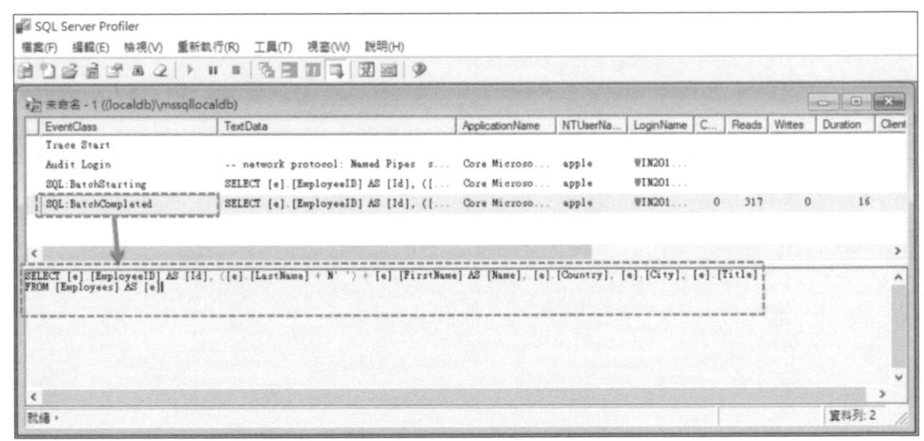

圖 15-12 用 SQL Server Profiler 追蹤 SQL 查詢命令

但 Step 5 所列三種語法中，前二者是第一次查詢五個欄位，而第三種方法是 EF Core 送出原始 SQL 查詢，先查詢 Employee 資料表所有欄位，然後再做子查詢，查詢其中五個欄位後回傳，所以效能不及前兩種語法。

15-5 Entity Framework Core 查詢資料庫常用語法

本節介紹 EF Core 查詢資料庫常見的讀取、新增、編輯與刪除語法，讓您了解如何用 LINQ 撰寫資料庫 CRUD 程式，下面用 Northwind 資料庫為例。

15-5-1 無條件查詢所有資料

以下是查詢 Products、Employees、Orders 所有資料的語法，並列出非同步與同步兩種形式，在.NET（Core）世代建議以非同步為優先。

Controllers/ProductsController.cs

```
public async Task<IActionResult> QueryAllData()
{
    //非同步
    List<Products> products = await _context.Products.ToListAsync();
    var employees = await _context.Employees.ToListAsync();

    //同步
    List<Orders> orders = _context.Orders.ToList();
    var orderDetails = _context.OrderDetails.ToList();

    return View(employees);
}
```

15-5-2 用 First 和 Single 方法查詢單一筆資料

First()、FirstOrDefault()、Single()和 SingleOrDefault()四個方法皆是回傳單一筆資料，但有差異：

- First 方法：傳回序列的第一個項目，或傳回序列中符合指定條件的第一個元素。若傳回序列無資料，會擲回例外狀況
- FirstOrDefault 方法：傳回序列的第一個項目，或傳回序列中符合指定條件的第一個元素。若傳回序列無資料，則回傳預設值

- Single 方法：傳回序列中符合指定條件之單一特定項目。若序列中有多個項目，就會擲回例外狀況
- SingleOrDefault 方法：傳回序列的單一特定項目，若找不到該項目，則傳回預設值。如果序列中有多個項目，就會擲回例外狀況

表 15-1 First 和 Single 方法比較

方法	傳回序列	傳回序列無資料	序列有多個項目
First	第一個項目	擲回例外狀況	-
FirstOrDefault	第一個項目	回傳預設值	-
Single	單一特定項目	擲回例外狀況	擲回例外狀況
SingleOrDefault	單一特定項目	回傳預設值	擲回例外狀況

以下查詢會回傳單一筆 Entity 資料：

Controllers/ProductsController.cs

```
public async Task<IActionResult> QuerySingleData(int Id=1)
{
    //非同步
    var p1 = await _context.Products.FindAsync(Id);
    var p2 = await _context.Products.FirstAsync();
    var p3 = await _context.Products.FirstOrDefaultAsync();
    var p4 = await _context.Products.SingleAsync(p => p.ProductId == 1);
    var p5 = await _context.Products
                            .SingleOrDefaultAsync(p => p.ProductId == 1);

    //同步
    var p6 = _context.Products.Find(Id);
    var p7 = _context.Products.First();
    var p8 = _context.Products.FirstOrDefault();
    var p9 = _context.Products.Single(p => p.ProductId == 1);
    var p10 = _context.Products.SingleOrDefault(p => p.ProductId == 1);

    return View(p1);
}
```

❖ First 與 Single 方法回傳與例外之比較

在 Source 資料來源不為 null，且含有資料成員的情況下，以下是 First 與 FirstOrDefault 方法之比較：

- 回傳序列有一或多筆資料，First 與 FirstOrDefault 方法皆回傳第一筆
- 回傳序列若無資料，First 方法會擲出 InvalidOperationException 例外，但 FirstOrDefault 方法會回傳預設值

Single 與 SingleOrDefault 方法之比較：

- 回傳序列若僅有一筆資料，Single 與 SingleOrDefault 方法皆回傳該筆唯一資料
- 回傳序列若有多筆資料，Single 與 SingleOrDefault 方法皆會擲出 InvalidOperationException 例外
- 回傳序列若無資料，Single 方法會擲出 InvalidOperationException 例外，但 SingleOrDefault 方法會回傳預設值

15-5-3 以特定條件查詢資料

以下在 Where 中以特定條件查詢、排序，同時列出 Query Syntax 與 Method Query 兩種查詢語法。

Controllers/ProductsController.cs

```
public async Task<IActionResult> FilteringData()
{
    //非同步
    //Query Syntax 查詢語法                    Query Syntax
    var p1 = await (from p in _context.Products
                    where p.UnitPrice >= 10 && p.UnitPrice <= 15
                    orderby p.ProductName, p.UnitPrice
                    select p).ToListAsync();

    //Method Syntax 方法語法
```

```
    var p2 = await _context.Products                  Method Syntax
                        .Where(p => p.UnitPrice >= 10 && p.UnitPrice <= 15)
                        .OrderBy(p => p.ProductName).ThenBy(p => p.UnitPrice)
                        .ToListAsync();

    //同步
    var p3 = (from p in _context.Products                            升冪排序
              where p.UnitPrice >= 10 && p.UnitPrice <= 15
              orderby p.ProductName descending, p.UnitPrice ascending
              select p).ToList();               降冪排序

    var p4 = (_context.Products
              .AsEnumerable() ◄── 轉為 IEnumerable<Products>
              .Where(p => p.UnitPrice >= 10 && p.UnitPrice <= 15))
              .OrderByDescending(p => p.ProductName)
              .ThenByDescending(p => p.UnitPrice)
              .ToList();

    var p5 = (_context.Products
              .AsQueryable() ◄── 轉為 IQuerable<Products>
              .Where(p => p.UnitPrice >= 10 && p.UnitPrice <= 15))
              .OrderByDescending(p => p.ProductName)
              .ThenByDescending(p => p.UnitPrice)
              .ToList();

    return View(p1);
}
```

說明：AsEnumerable()和 AsQuerable()方法最大差異在於，前者送出 SQL 查詢不帶 Where 條件式，而後者會帶 Where 條件式，後續 15-5-6 小節會討論

15-5-4 多個資料表的 Inner Join 查詢

前面查詢都是針對單一資料表，但真實應用往往是對多個資料表的關聯查詢，以下是 Inner Join 查詢語法。

Controllers/ProductsController.cs

```
public async Task<IActionResult> TablesJoin()
{
    //1.兩個資料來源 - anonymous 匿名型別
    var innerJoin1 = from cate in _context.Categories
            join prod in _context.Products on cate.CategoryId equals prod.CategoryId
            select new { Name = prod.ProductName, Category = cate.CategoryName };

    //取得 LINQ 轉譯後的 SQL 陳述式
    string sql = innerJoin1.ToQueryString();

    //2.兩個資料來源 - anonymous 匿名型別
    var innerJoin2 = from cate in _context.Set<Category>()
          join prod in _context.Set<Product>() on cate.CategoryId equals prod.CategoryId
          select new { Name = prod.ProductName, Category = cate.CategoryId };

    //3.三個資料來源 - 使用 OrdersViewModel 強型別
    var innerJoin3 = from orders in _context.Orders.TagWith("3 Tables join")
        join odetails in _context.OrderDetails on orders.OrderId equals odetails.OrderId
        join prods in _context.Products on odetails.ProductId equals prods.ProductId
        select new OrdersViewModel { ProductId = odetails.ProductId,
           ProductName = prods.ProductName, OrderId = orders.OrderId,
           UnitPrice = odetails.UnitPrice, OrderDate = orders.OrderDate,
           ShipAddress = orders.ShipAddress, ShipCity = orders.ShipCity,
           ShipCountry = orders.ShipCity };

    //4.四個資料來源 - anonymous 匿名型別
    var innerJoin4 = from customer in _context.Customers.TagWith("4 Tables join")
           join order in _context.Orders on customer.CustomerId equals order.CustomerId
           join details in _context.OrderDetails on order.OrderId equals details.OrderId
           join prod in _context.Products on details.ProductId equals prod.ProductId
           select new { order.OrderId, customer.CompanyName, customer.ContactName,
              details.ProductId, prod.ProductName, details.UnitPrice,
              details.Quantity };

    var result = await innerJoin4.ToListAsync();

    return Json(result);

    //string json = Newtonsoft.Json.JsonConvert.SerializeObject(result);
    //return Content(json, "application/json");
}
```

15-5-5 Skip 與 Take 方法

Skip 與 Take 方法可謂是「弱水三千，只取一瓢飲」，Skip 方法是跳過前幾筆資料，例如 Skip(5)跳過前 5 筆；而 Take 方法是取幾筆資料，如 Take(10)只取 10 筆。二者還能結合使用，Skip(5).Take(10)是跳過前 5 筆，然後取 10 筆資料，這在資料分頁查詢時會用到。

Controllers/ProductsController.cs

```
public async Task<IActionResult> SkipTake()
{
    var products = from p in _context.Products
                   where p.UnitPrice >= 10 && p.UnitPrice <= 15
                   orderby p.ProductName descending, p.UnitPrice ascending
                   select p;

    //Skip(5)跳過前 5 筆，然後 Take(10)取 10 筆
    var query = await products.Skip(5).Take(10).ToListAsync();

    return View(query);
}
```

15-5-6 IQuerable<T> vs. IEnumerable<T> vs. ToList()

在 LINQ 或 LINQ to Entity 語法中，常會見到不同案例使用 IQuerable<T> vs. IEnumerable<T> vs. ToList()三種回傳型別，它們之間有何差異，請看以下程式的註解說明。

Controllers/ProductsController.cs

```
public IActionResult QueryType()
{
    //1.Lazy Loading 延後執行
    //盡可能將 Expression 轉換成完整伺服端 SQL 語法，僅回傳必要結果到記憶體
    IQueryable<Products> products = _context.Products.TagWith("IQueryable")
                                            .Where(p => p.UnitPrice > 10);
```

```
    foreach (var i in products)
    {
        Console.WriteLine($"{i.ProductId}, {i.ProductName}, {i.UnitPrice},
          {i.UnitsInStock}");
    }

    //2.Lazy Loading 延後執行，將資料全部載入記憶體後，再執行後續的操作
    IEnumerable<Products> prods = _context.Products.TagWith("IEnumerable")
                                              .AsEnumerable()
                                              .Where(p => p.UnitPrice > 20);

    //輸出結果到命令視窗
    prods.ToList().ForEach(p => { Console.WriteLine($"{p.ProductId},
       {p.ProductName}, {p.UnitPrice}, {p.UnitsInStock}"); });

    //3.立即執行，在記憶體中建立 List<T>集合物件
    List<Products> prodList = _context.Products.TagWith("ToList()")
                                          .Where(p => p.UnitPrice > 30)
                                          .ToList();

    //4.Include OrderDetails 相關資料
    var pds = _context.Products
                      .Where(p => p.UnitPrice > 40)
                      .Include(p => p.OrderDetails)
                      .ToList();

    //此設定解決上面 Include()方法包含 OrderDetails 實體所引起的 EF 循環參考
    JsonConvert.DefaultSettings = () => new JsonSerializerSettings
    {
        ReferenceLoopHandling = ReferenceLoopHandling.Ignore
    };

    string json = JsonConvert.SerializeObject(pds);

    return View(products);
}
```

以下是三者實際送出的 SQL 查詢語法，其中 IEnumerable <Products>的 SQL 語句缺少 Where 條件式，便會查詢所有資料，在資料庫端查詢成本和效能是比較吃重的。

```
--IQuerable<Products>
SELECT [p].[ProductID], [p].[CategoryID], [p].[Discontinued], [p].[ProductName],
[p].[QuantityPerUnit], [p].[ReorderLevel], [p].[SupplierID], [p].[UnitPrice],
[p].[UnitsInStock], [p].[UnitsOnOrder]
FROM [Products] AS [p]
WHERE [p].[UnitPrice] > 10.0  ◄── 有 Where 條件式

--IEnumerable<Products>
SELECT [p].[ProductID], [p].[CategoryID], [p].[Discontinued], [p].[ProductName],
[p].[QuantityPerUnit], [p].[ReorderLevel], [p].[SupplierID], [p].[UnitPrice],
[p].[UnitsInStock], [p].[UnitsOnOrder]
FROM [Products] AS [p]
                    ▲── 缺乏 Where 條件式，查詢全部資料
-- ToList()方法
SELECT [p].[ProductID], [p].[CategoryID], [p].[Discontinued], [p].[ProductName],
[p].[QuantityPerUnit], [p].[ReorderLevel], [p].[SupplierID], [p].[UnitPrice],
[p].[UnitsInStock], [p].[UnitsOnOrder]
FROM [Products] AS [p]
WHERE [p].[UnitPrice] > 10.0  ◄── 有 Where 條件式
```

15-5-7 使用原生 SQL 查詢

有時若需對資料庫送出原生 SQL 查詢語法或呼叫預存程序，會有這樣需求的原因有：

- 想要的 SQL 查詢語法 LINQ 不支援
- LINQ 轉換後的 SQL 查詢語法不是最佳化
- 想要使用明確的 SQL 語法，而非 LINQ 轉換後較為黑箱的查詢語法

那麼可使用的方法有：

- FromSql 方法（適用 EF Core 7.0 對 IQuerable<T>或 DbSet<T>作查詢，對 SQL 插入攻擊是安全的）
- SqlQuery 方法（適用 EF Core 1.0~7.0，適合查詢純量型別，預設不啟動 Transaction，對 SQL 插入攻擊是安全的）

- FromSqlInterpolated 方法（適用 EF Core 3.0~7.0，對 DbSet 作查詢，對 SQL 插入攻擊是安全的）
- FromSqlRaw 方法（適用 EF Core 3.0~7.0，對 IQuerable<T>或 DbSet 作查詢,支援動態建構 SQL，對 SQL 插入攻擊沒防護）
- SqlQueryRaw 方法（適用 EF Core 1.0~7.0，適合查詢純量型別，支援動態建構 SQL，預設不啟動 Transaction，對 SQL 插入攻擊沒防護）

以下分 FromSql()及 FromSqlRaw()兩個動作方法說明：

Controllers/ProductsController.cs

```
//FromSql 方法只支援 EF Core 7.0
//FromSql() - 基於字插字串所表示的 SQL query 上所建立的 LINQ 查詢
//$"...{param}"中的{param}參數會包裝成 DbParameter 形式,可避免 SQL Injection 攻擊
public async Task<IActionResult> FromSql()
{
    //1.以條件式查詢 Product 資料表中價格大於等於 10 元之產品 - 全部欄位
    var productsQuery1 = await _context.Products
                              .FromSql($"Select * from Products where unitprice>=10")
                              .ToListAsync();

    productsQuery1.ForEach(p => { Console.WriteLine($"{p.ProductId},
      {p.ProductName}, {p.UnitPrice}, {p.UnitsInStock}"); });

    //2.以條件式查詢 Product 資料表中價格大於等於 20 元之產品 - 部分欄位
    decimal price = 20m;
    var productsQuery2 = await _context.Products
            .FromSql($"Select ProductId,ProductName,UnitPrice,UnitsInStock
                from dbo.Products where UnitPrice >= {price}")
            .Select(p => new ProductViewModel { Id = p.ProductId, Name =
                p.ProductName, UnitPrice = p.UnitPrice, UnitsInStock = p.UnitsInStock })
            .AsNoTracking() ◄── 不追蹤查詢，效能較佳
            .ToListAsync();

    //3.以參數查詢
    price = 30m;
    int stock = 20;
```

```
var productsQuery3 = _context.Products
        .FromSql($"Select ProductId,ProductName,UnitPrice,UnitsInStock
            from dbo.Products where UnitPrice >= {price} and UnitsInStock
              <= {stock}")
        .Select(p => new ProductViewModel { Id = p.ProductId, Name =
            p.ProductName, UnitPrice = p.UnitPrice, UnitsInStock = p.UnitsInStock})
        .AsNoTracking()
        .ToListAsync();

//4.呼叫 GetAllEmployees 預存程序
var allEmployees = await _context.Employees
                            .FromSql($"EXECUTE dbo.GetAllEmployees")
                            .ToListAsync();

//5.呼叫 FindEmployeeByName 預存程序，並傳入參數
string firstName = "King";
string lastName = "Robert";
var findEmployee = await _context.Employees
      .FromSql($"EXECUTE dbo.FindEmployeeByName {firstName},{lastName}")
      .ToListAsync();

//6.FromSqlInterpolated 插入字串
var findPerson = await _context.Employees
    .FromSqlInterpolated($"EXECUTE dbo.FindEmployeeByName {firstName},{lastName}")
    .ToListAsync();

//取得 LINQ 轉譯後的 SQL 陳述式
string sql = _context.Employees.FromSqlInterpolated($"EXECUTE
   dbo.FindEmployeeByName {firstName},{lastName}").ToQueryString();


//7.用 SqlQuery 方法查詢 Scalar 純量
//SqlQuery 方法適合查詢純量、非實體類型
int number = 10;
IQueryable<int> ids = _context.Database.SqlQuery<int>($"Select ProductId from
   Products where ProductId>= {number}");
IEnumerable<int> idsAsc = _context.Database.SqlQuery<int>($"Select ProductId from
   Products where UnitPrice >= {number}").AsEnumerable().OrderBy(p => p);
List<int> idsDesc = _context.Database.SqlQuery<int>($"Select ProductId from
   Products where UnitsInStock <= {number}").AsEnumerable().
      OrderByDescending(p => p).ToList();
```

```
    return View(productsQuery1);
}

//FromSqlRaw 方法適用 EF Core 3.0, 3.1, 5.0, 6.0, 7.0
//FromSqlRaw 方法中的 SQL 語法是單純字串
//FromSqlRaw 及 SqlQueryRaw 方法可動態建構 SQL
public async Task<IActionResult> FromSqlRaw()
{
    //1.使用 FromSqlRaw()送出原生 SQL 查詣字串
    var productsSql = await _context.Products
          .FromSqlRaw("Select * from dbo.Products")
          .Select(p => new ProductViewModel { Id = p.ProductId, Name = p.ProductName,
              UnitPrice = p.UnitPrice, UnitsInStock = p.UnitsInStock })
          .OrderBy(p=>p.Name)
          .AsNoTracking()
          .ToListAsync();


    //3.呼叫 GetAllEmployees 預存程序                          執行預存程序
    var allEmployees = await _context.Employees
                                   .FromSqlRaw("EXECUTE dbo.GetAllEmployees")
                                   .ToListAsync();

    //取得 LINQ 轉譯後的 SQL 陳述式
    string sql = _context.Employees
        .FromSqlRaw("EXECUTE dbo.FindEmployeeByName {0},{1}",
          "King", "Robert").ToQueryString();

    //4.呼叫 FindEmployeeByName 預存程序, 並傳入參數     傳遞參數給{0}
    var findEmployee = await _context.Employees
          .FromSqlRaw("EXECUTE dbo.FindEmployeeByName {0},{1}", "King", "Robert")
          .ToListAsync();
                                                      傳遞參數給{1}
    //5.用 FromSqlRaw 及 SqlQueryRaw 方法動態建構 SQL
    string columnName = "Country";
    string columnValue = "USA";                  傳遞參數給@columnValue
    var employees = _context.Employees
    .FromSqlRaw($"Select * Employees Where {columnName} = @columnValue", columnValue);

    var empIds = _context.Database
        .SqlQueryRaw<int>($"Select EmployeeId From Employees
            Where {columnName} = @columnValue", columnValue);
```

```
    return View(productsSql);
}
```

說明：

1. 絕對不要將未驗證的字串或插入字串（$""傳遞至 FromSqlRaw 或 ExecuteSqlRaw 方法中，以避免資料庫攻擊
2. FromSql、FromSqlInterpolated 和 ExecuteSqlInterpolated 方法允許使用字串內插補點語法，以防止 SQL 插入式攻擊的方式
3. 資料若僅作顯示用途，用 AsNoTracking()方法不追蹤查詢，可獲得更高效能。至於追蹤的用途在於對 Entity 做變更異動，呼叫 SaveChanges()或 SaveChangesAsync()方法後，會將異動儲存至資料庫

15-5-8 執行 Update 及 Delete 非查詢類的 SQL 語法

前一小節是講查詢類 SQL 語法，至於非查詢類的 Update 及 Delete 也有專用方法：

- ExecuteSql、ExecuteSqlAsync 方法
- ExecuteSqlRaw、ExecuteSqlRawAsync 方法
- ExecuteUpdate、ExecuteUpdateAsync 方法
- ExecuteDelete、ExecuteDeleteAsync 方法
- ExecuteSqlInterpolated、ExecuteSqlInterpolatedAsync 方法

請看 UpdateDelete()動作方法：

Controllers/ProductsController.cs

```
//執行 Update 及 Delete 非查詢類的 SQL 語法
public async Task<IActionResult> UpdateDelete()
{
```

```
    //1.ExecuteSql 更新資料
    decimal newPrice = 18m;
    await _context.Database
       .ExecuteSqlAsync($"Update Products set UnitPrice={newPrice} where ProductId=1");

    //2.ExecuteSql 刪除資料
    int productId = 92;
    await _context.Database
       .ExecuteSqlAsync($"Delete from Products where ProductId={productId}");

    //3.ExecuteUpdate 更新資料(EF Core 7.0 新功能)
    newPrice = 18.8m;
    int affectedRows =await _context.Products
          .Where(p => p.ProductId == 1)
          .ExecuteUpdateAsync(p => p.SetProperty(c => c.UnitPrice, newPrice));

    Console.WriteLine($"受影響的資料列數 : {affectedRows}");

    //4.ExecuteDelete 刪除資料(EF Core 7.0 新功能)
    productId = 1093;
    await _context.Products.Where(p => p.ProductId == productId).ExecuteDeleteAsync();

    //5.ExecuteSqlInterpolated 更新資料
    newPrice = 25m;
    productId = 84;
    await _context.Database.ExecuteSqlInterpolatedAsync($"Update Products set
            UnitPrice={newPrice} where ProductId={productId}");

    //6.ExecuteSqlInterpolated 刪除資料
    productId = 85;
    await _context.Database.ExecuteSqlInterpolatedAsync($"Delete from Products
            where ProductId={productId}");

    return NoContent();
}
```

15-5-9 LINQ 模擬 SQL In 子句

若想查詢產品編號為 1、3、5、7 和 9 這五個的資料，可在 SQL 語法中使用 In 子句：

```
Select * from Products
Where ProductID in (1, 3, 5, 7, 9)
```

那麼轉換成 LINQ 查詢 EF 的語法為：

Controllers/ProductsController.cs

```
public IActionResult InOperator()
{
    List<int> Ids = new List<int>() { 1, 3, 5, 7, 9};

    var emps = _context.Employees.Where(emp => Ids.Contains(emp.EmployeeId));

    ViewData["SQL"] = emps.ToQueryString();

    return View(emps);
}
```

15-6 資料庫交易程式

所謂的交易（Transaction）是指將一連串的工作視為一個邏輯單元（Logic Unit），而交易本身必定具備 ACID 特性：

1. 不可部份完成性（Atomicity）

   必須將交易程式中所有的工作項目全部完成，才算是一個完整交易。否則假設交易單元中有 100 個工作項目，即便有 99 項完成，1 項失敗，都算交易失敗

2. 一致性（Consistency）

   交易完成時，全部的資料必須維持一致性的狀態。在關聯式資料庫（Relational Database) 中，必須將所有的規則（Rule）套用於交易的修改，以維護所有的資料整合性（Integrity)。所有的內部資料結構，例如 B 型樹狀結構索引（B-tree Index）或是雙向連結串列（Doubly-Linked List)，在交易終止時必須是正確的

3. 隔離性（Isolation）

   並行的交易所做的修改，必須與其他任何並行的交易所做的修改隔離。交易所辨識的資料，不是處於另一筆並行的交易修改資料之前的狀態，就是處於第二筆交易完成後的狀態，但是卻無法辨識中繼狀態。這稱為序列化能力（Serializability），因為這樣可以產生重新載入起始資料，並重新執行一系列的交易，以便讓資料最終能夠與原始交易執行後的狀態相同的能力

4. 持久性（Durability）

   交易完成之後，其作用便永遠存在於系統之中。即使系統發生失敗的事件，但修改仍會保存

而交易最常見的應用是「資料庫交易」，若您對資料庫程式的嚴謹性要求很高時，程式就應融入交易機制，以便確保任何非預期的狀況發生時，資料交易可以百分之百的完成；若無法完成時，也要能夠回復到交易前的資料狀態，等待下一次再進行資料庫交易。而不是完成一半，但哪些項目完成、哪些項目沒完成都不清楚的爛攤子。

EF Core 是透過 DbContext.Database API 初始 Transaction 交易，以下在 Action 中使用交易，新增三筆資料，再刪除一筆，整個視為一個交易。

Controllers/ProductsController.cs

```
public async Task<IActionResult> DatabaseTransaction()
{
    using (var transaction = _context.Database.BeginTransaction())   交易開始
    {
        try
        {
            _context.Products.Add(new Products { ProductName = "Cola",
              UnitPrice = 1, UnitsInStock = 15, UnitsOnOrder = 200 });
            await _context.SaveChangesAsync();

            Products wine = new Products { ProductName = "Wine", UnitPrice = 20,
              UnitsInStock = 10, UnitsOnOrder = 50 };
            _context.Products.Add(wine);
            await _context.SaveChangesAsync();

            Products sugar = new Products { ProductName = "Sugar", UnitPrice = 2,
              UnitsInStock = 50, UnitsOnOrder = 250 };
            _context.Products.Add(sugar);
            await _context.SaveChangesAsync();

            _context.Remove(wine);
            await _context.SaveChangesAsync();

          var identityCurrent = await _context.Products.FromSqlRaw("select *  from
            dbo.Products  where ProductId = IDENT_CURRENT('Products')")
            .FirstOrDefaultAsync();

            transaction.Commit();  ◄── 交易確認
            _logger.LogWarning("Transaction 交易成功!");

            return RedirectToAction(nameof(Index));
        }
        catch (Exception ex)
        {
            transaction.Rollback();  ◄── 交易回復
            _logger.LogWarning(ex.ToString());
        }
    }

    return Ok();
}
```

說明：

1. 以上呼叫四次 SaveChangesAsync()方法是刻意為之，因為一般呼叫 SaveChangesAsync()後，EF Core 會立即將異動資料寫入資料庫，但使用交易卻不會立即寫入
2. 若所有任務成功，最後呼叫 Commit()方法，確認資料寫入資料庫成功；否則會呼叫 Rollback()方法，將新增及刪除的資料回復到先前狀態，資料庫也不會有這幾筆資料異動

另外像 Scaffolding 產出的 Create、Edit 和 Delete 動作方法，預設並未加上 Transaction 交易程式，這在電商或金融等涉及金錢交易時，應自行補上 Transaction 交易程式，讓資料庫程式達到高度嚴謹性。以下僅列出 Create 動作方法如何加上交易程式，剩於 Edit 和 Delete 方法的交易請參考範程式例碼。

Controllers/ProductsController.cs

```
[HttpPost]
[ValidateAntiForgeryToken]
public async Task<IActionResult>
Create([Bind("ProductId,ProductName,SupplierId,CategoryId,QuantityPerUnit,UnitPrice
    ,UnitsInStock,UnitsOnOrder,ReorderLevel,Discontinued")] Products product)
{
    if (ModelState.IsValid)
    {                                                              交易開始
        using (var transaction = _context.Database.BeginTransaction())
        {
            try
            {
                _context.Products.Add(product);
                await _context.SaveChangesAsync();

                _context.Products.Add(new Products { ProductName = "Wine",
                    UnitPrice = 20, UnitsInStock = 10, UnitsOnOrder = 50 });
                await _context.SaveChangesAsync();

                transaction.Commit(); ◄── 交易確認
```

```
                _logger.LogWarning("Transaction 交易成功!");
                                          將資訊寫入 Logging 記錄
                return RedirectToAction(nameof(Index));
            }
            catch (Exception ex)
            {
                transaction.Rollback(); ◄── 交易回復
                _logger.LogWarning(ex.ToString());
                                     將 ex 資訊寫入 Logging 記錄
                ModelState.AddModelError("TransactionError", ex. ToString());
                                 將錯誤訊息寫入 ModelState，交由
                                 Validation Summary 顯示
            }
        }
    }

    return View(product);
}
```

說明：按 F5 以 IIS Express 執行，在 Visual Studio【偵錯】→【視窗】→【輸出】→顯示輸出來源「偵錯」，可看見 Log 記錄輸出

15-7 結論

本章説明了什麼是 ORM，透過 EF Core ORM 技術可簡化開發人員撰寫後端 ADO.NET 複雜程式的必要性，加速開發工作的進行。同時解釋 Database First、Model First 和 Code First 開發模式模式，而 Code First 模式最核心的是 Entity Data Model、DbContext 和 DbSet<T>，透過它們資料庫進行 CRUD 資料操作，把瑣碎的資料庫程式變簡單、變容易。

CHAPTER 16

EF Core – Code First 程式優先、DbContext 與 CLI 命令工具

本章介紹 Code First 程式優先，它是一種以 POCO Model 類別模型為中心的開發型態，配合 DbContext 與 DbSet，負起與資料庫溝通重任。此外，還會演示 EF Core 的 CLI 命令工具之使用，讓您在 Scaffolding、Migrations 與資料庫管理時如虎添翼。

16-1 什麼是 Code First 程式優先

若說 Database First 和 Model First 的模型設計必須仰賴 EF 的視覺化工具，那麼對 Code First 來說，便徹底揚棄了對 EF 視覺化設計工具的依賴，取而代之的是，以 POCO（Plain Old C# Object）方式建立：❶Entity 類別、❷DbContext 類別、❸DbSet<TEntity>實體集、❹Navigation Property 導覽屬性和❺Association 關聯等，再搭配一些 Code First 獨有機制，構成以程式為優先的本位主義精神。

首先對三種開發模式做特質上比較，在資料庫存在與否上，Database First 適合既有存在的資料庫，Model First 適合用來建立全新的資料庫，而 Code First 好處是同時適用兩者，無論是既有或建立全新資料庫。

若以誕生時間來看，Database First 和 Model First 最早出現，是早期的產物，在現代開發的潮流上，有許多地方已不合時宜，為了避開它們的侷限性，因此 EF Core 僅保留 Code First 模式。

早期 Database First 和 Model First 使用上，都必須建立.edmx 檔，用 EF 的模型設計工具來管理 Model 模型。但是 Code First 是以程式為第一優先的本位主義，完全用 C#類別程式定義 Model 模型、DbConetext 等物件，同時支援既有或新的資料庫。此外還有 Migrations 資料庫更新（不會刪除原有資料）、種子資料佈建機制，這是 Database First 和 Model First 所久缺的。

表 16-1 EF 三種開發模式之比較

	Database First	Model First	Code First
優先主義	資料庫優先	模型優先	程式優先
針對資料庫場景	既有資料庫	新建資料庫	• 既有資料庫 • 新資料庫
模型建立方向	由既有資料庫導出模型	由模型建立新資料庫	• 由既有資料庫導出模型 • 由模型建立新資料庫
建立.edmx 檔	✓	✓	
EDM 視覺化工具	✓	✓	
模型定義格式	XML	XML	Class 類別
Entity Class	工具自動產生	工具自動產生	手工撰寫/工具產生
DbContext 類別	工具自動產生	工具自動產生	手工撰寫/工具產生
DbSet<T>	工具自動產生	工具自動產生	手工撰寫/工具產生
Migrations 資料庫			✓
樣本資料佈建機制			✓

> **TIP**
> Code First 模式，若是建立新資料庫，須先建立 Model 和 DbContext 類別；若是既有資料庫，亦提供工具支援 Scaffolding 產出（但也可手寫）

16-2 使用 Code First 及 EF Migrations 建立部落格程式與資料庫

在此以一個部落格應用程式為例，首先建立 User（使用者）、Blog（部落格）和 Post（貼文）三個 Entities 實體，以及三者間的 Association 關聯，並用 Migrations 佈建種子資料到資料庫。

圖 16-1 三個 Entities 模型及關聯

Code First 在 MVC 專案中建立過程如下：

1. 建立 Entity 類別模型及 Entities 之間的 Navigation Property 及 Association 關聯設定
2. 建立 DbContext 的衍生類別 BlogContext，並宣告公開的 DbSet<T> 實體集

3. 在 appsettings.json 建立資料庫連線，供 BlogContext 類別使用
4. 在 DI Container 中註冊 BlogContext 服務
5. 以 Migrations 產生資料庫
6. 建立種子資料，用 Migrations 更新到資料庫
7. 以 Scaffolding 產出 Controller 及 Views 程式

範例 16-1 在 MVC 專案以 Code First 建立 Blog 應用程式及資料庫

以下在 MVC 中使用 Code First 建立 Blog 部落格的應用程式，並具備資料庫 CRUD 的網頁讀寫功能，請參考 EFCore_CodeFirstNewDB 專案。

step01 在建立 User、Blog 和 Post 模型

Models/User.cs

```
public class User
{
    public int Id { get; set; } //Primary Key
    public string UserName { get; set; }
    public string Email { get; set; }

    //Navigation Property 導覽屬性
    public virtual ICollection<Blog> Blogs { get; set; }
}
```

Models/Blog.cs

```
public class Blog
{
    public int BlogId { get; set; } //Primary Key
    public string BlogName { get; set; }
    public string Url { get; set; }
    public int UserId { get; set; } //Foreign Key 欄位

    //Navigation Property 導覽屬性
    [ForeignKey("UserId")]
```

```
    public virtual User User { get; set; }
    public virtual ICollection<Post> Post { get; set; }
}
```

Models/Post.cs

```
public class Post
{
    public int PostId { get; set; } //Primary Key
    public string Title { get; set; }
    public string Content { get; set; }
    public int BlogId { get; set; } //Foreign Key 欄位

    //Navigation Property 導覽屬性
    public virtual Blog Blog { get; set; }
}
```

step02 加入 EF Core 所需 NuGet 套件

用 PMC 及 CLI 命令二擇一安裝 NuGet 套件。

+ Package Manager Console

```
Install-package Microsoft.EntityFrameworkCore -Version 7.0.4
Install-package Microsoft.EntityFrameworkCore.Tools -Version 7.0.4
Install-package Microsoft.EntityFrameworkCore.SqlServer -Version 7.0.4
Install-package Microsoft.EntityFrameworkCore.Design -Version 7.0.4
Install-package Microsoft.VisualStudio.Web.CodeGeneration.Design
  -Version 7.0.4
```

+ .NET CLI 命令

```
dotnet add package Microsoft.EntityFrameworkCore --version 7.0.4
dotnet add package Microsoft.EntityFrameworkCore.Tools  --version 7.0.4
dotnet add package Microsoft.EntityFrameworkCore.SqlServer  --version 7.0.4
dotnet add package Microsoft.EntityFrameworkCore.Design  --version 7.0.4
dotnet add package Microsoft.VisualStudio.Web.CodeGeneration.Design
  --version 7.0.4

dotnet list package
```

step03 建立 BlogContext.cs

Models/BlogContext.cs

```
using Microsoft.EntityFrameworkCore;

public class BlogContext : DbContext ◄── 繼承 DbContext
{
    public BlogContext(DbContextOptions<BlogContext> options) : base(options)
    {                                 └── DbContextOptions 選項
    }

    public virtual DbSet<User> Users { get; set; }
    public virtual DbSet<Blog> Blogs { get; set; } ◄── 公開三個 DbSet<TEntity>
    public virtual DbSet<Post> Posts { get; set; }
}
```

說明：

1. DbContextOptions 主要是用來設定 Database Provider、資料庫連線、Provider 層級選項行為、EF Core 行為
2. DbSet<TEntity>是 Entity Set 實體集，一個 DbSet 中會包含許多 Entity 實體資料，而從資料庫回傳的結果集就是儲存在 DbSet 中

step04 在 appsettings.json 建立資料庫連線，供 BlogContext 使用

appsettings.json

```
{
  ...,
  "ConnectionStrings": {
    "BlogContext":
      "Server=(localdb)\\mssqllocaldb;Database=CoreMvc_BlogDB;Trusted_Connection=True;
       MultipleActiveResultSets=true"
  }
}
```

step05 在 DI Container 中註冊 BlogContext

Program.cs

```
                                         1. 取得資料庫連線字串
string connString = builder.Configuration.GetConnectionString("BlogContext");
            2.在 DI 中註冊 BlogContext 服務    3. DbContextOptions 選項
builder.Services.AddDbContext<BlogContext>(options =>
  options.UseSqlServer(connString));
                  4. 指定使用 SQL Server 提供者
```

step06 第一次新增 Migration，並產生資料庫

+ Package Manager Console

```
add-migration InitialDB
update-database
```

+ .NET CLI 命令

```
dotnet ef migrations add InitialDB
dotnet ef database update
```

step07 在 BlogContext 的 OnModelCreating()方法加入種子資料

Models/BlogContext.cs

```
public class BlogContext : DbContext
{
    …
    protected override void OnModelCreating(ModelBuilder modelBuilder)
    {                                        欲植入資料至 Users 資料表
        modelBuilder.Entity<User>().HasData(
            new User { Id = 1, UserName = "Kevin", Email = "kevin@gmail.com" },
            new User { Id = 2, UserName = "David", Email = "david@gmail.com" },
            new User { Id = 3, UserName = "Mary", Email = "mary@gmail.com" }
           );
                                             欲植入資料至 Blog 資料表
        modelBuilder.Entity<Blog>().HasData(
```

```
                new Blog { BlogId = 1, BlogName = "Kevin's Blog",
                           Url = "blogs.com.tw/kevin", UserId = 1 },
                new Blog { BlogId = 2, BlogName = "David's Blog",
                           Url = "blogs.com.tw/david", UserId = 2 },
                new Blog { BlogId = 3, BlogName = "Mary's Blog",
                           Url = "blogs.com.tw/mary", UserId = 3 }
            );
                                          欲植入資料至 Post 資料表
        modelBuilder.Entity<Post>().HasData(
                new Post { PostId = 1, Title = "ASP.NET Core",
                       Content = "ASP.NET Core Tutorial", BlogId = 1 },
                new Post { PostId = 2, Title = "Entity Framework Core",
                       Content = "Entity Framework Core Tutorial", BlogId = 1 },
                new Post { PostId = 3, Title = "Vue.js",
                       Content = "Vue.js Tutorial", BlogId = 2 },
                new Post { PostId = 4, Title = "Bootstrap 4",
                       Content = "Bootstrap 4 Tutorial", BlogId = 3 }
            );
    }
}
```

step08 第二次新增 Migration，將種子資料同步到資料庫

■ Package Manager Console

```
add-migration AddSeedData
update-database
```

■ .NET CLI 命令

```
dotnet ef migrations add AddSeedData
dotnet ef database update
```

在 Visual Studio 的 SQL Server 物件總管/SQL Server 管理工具中，於 MSSQLLocaldb 中找到 CoreMvc_BlogDB 資料庫，其中包含 Users、Blogs 和 Posts 三個資料表，資料表中有種子資料。

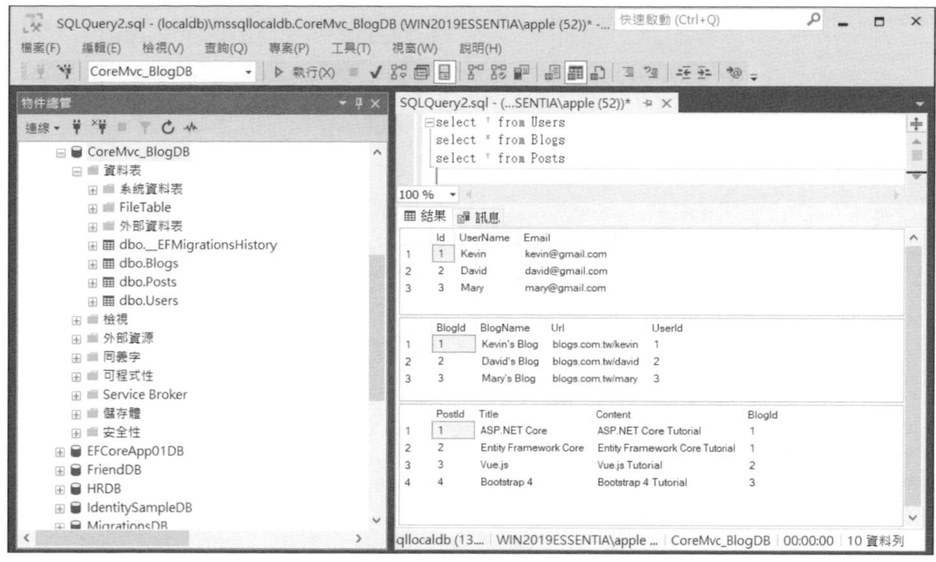

圖 16-2 檢視 Blog 部落格資料庫

step09 在 Controllers 資料夾加入 BlogsController 控制器→【加入】→【控制器】→【使用 Entity Framework 執行檢視的 MVC 控制器】→【加入】

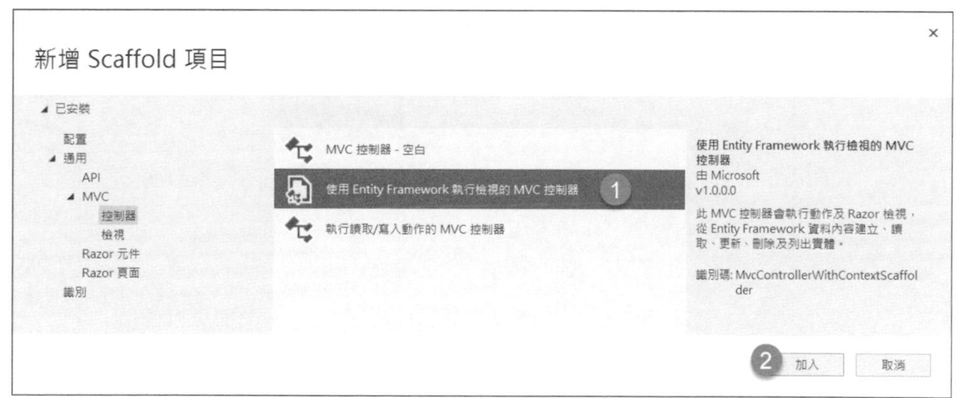

圖 16-3 選擇使用 Entity Framework 執行檢視的 MVC 控制器

指定模型類別為「Blog」→資料內容類別為「BlogContext」→控制器名稱為「BlogsController」→【新增】，儲存檔案後，按 Ctrl+ B 建置專案。

圖 16-4 指定 Model 及 DbContext 以產生 Controller 控制器

最終 Scaffolding 會產生 Blogs 控制器、資料庫 CRUD 程式、相關 View 檢視。執行程式瀏覽 Blogs/Index，即可看見 Blog 部落格資料。

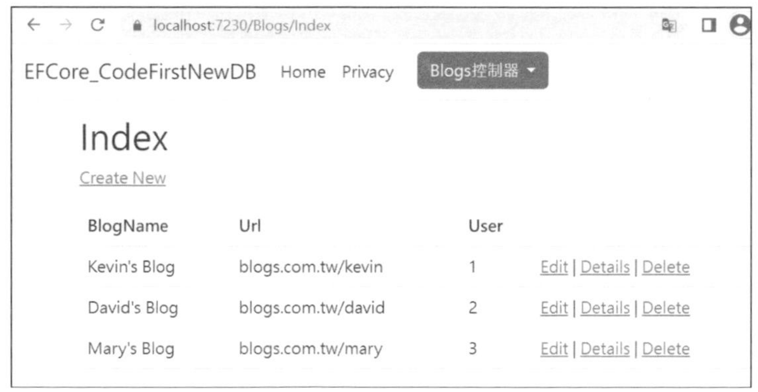

圖 16-5 Blogs 部落格資料列表

16-3 DbContext 與 DbSet<TEntity>功用

BlogContext 類別繼承 DbContext，並公開 DbSet<TEntity>屬性，DbContext 和 DbSet<TEntity>類別是 EF Core 讀寫資料庫必需的。DbContext 是負責與資料庫作業的 Context 環境，而 DbSet<TEntity>則提供 Entity 實體集的 CRUD 讀寫等方法。

❖ DbContext 類別

DbContext 類別屬於 EF Core 範疇，其繼承與實作介面如下：

```
public class DbContext : IDisposable, IAsyncDisposable,
                         IInfrastructure<IServiceProvider>, IDbContextDependencies,
                         IDbSetCache, IDbContextPoolable, IResettableService
```

TIP

1. DbContext 類別屬 Microsoft.EntityFrameworkCore 命名空間，組件為 Microsoft.EntityFrameworkCore.dll，需安裝 EF Core 的 NuGet 套件後方能使用
2. DbContext 內部實作結合了 Unit Of Work 和 Repository Pattern

由於 DbContext 負責提供對資料庫作業所需環境及功能，因此對資料庫做讀寫前，須初始化 DbContext 物件，常用方式有二：❶使用 DI 相依性注入（優先建議），❷用 new 初始化。

+ 在 Controller 中以 DI 注入 BlogContext 實例

```
public class BlogsController : Controller
{
    private readonly BlogContext _context;
    public BlogsController(BlogContext context)
    {
        _context = context;
```

以 DI 注入 BlogContext 實例

將 BlogContext 實例指派給_context 全域變數

```
    }
}
```

✦ 用 new 初始化 BlogContext 實例

這種方式比較適合在無法使用 DI 或沒有 DI 的環境，例如 Console。

```
using (var context = new BlogContext())
{                                  ▲
    //CRUD 語法            BlogContext 實例
    …
}
```

回顧一下 BlogContext 類別定義：

Models/BlogContext.cs

```
using Microsoft.EntityFrameworkCore;

public class BlogContext : DbContext ◄── 1. 繼承 DbContext
{
    public BlogContext(DbContextOptions<BlogContext> options) : base(options)
    {                        ▲
    }                        └── 2. DbContextOptions 選項

    public virtual DbSet<User> Users { get; set; }
    public virtual DbSet<Blog> Blogs { get; set; } ◄── 3. 公開三個 DbSet<TEntity>
    public virtual DbSet<Post> Posts { get; set; }
}
```

說明：

■ BlogContext 類別（繼承 DbContext 類別）

由於 BlogContext 繼承 DbContext 類別，便具備了和資料庫溝通及作業所需環境與功能。

■ DbContextOptions 類別

DbContextOptions 功用有：

1. 設定 Database Provider，內建有 SQL Server、Sqlite、In-Memory 和 Cosmos 四種提供者，詳細請參閱 http://bit.ly/2TjvJy2
2. 設定資料庫連線
3. Provider 層級選項行為
4. EF Core 行為

■ DbSet<TEntity>類別

DbSet<TEntity>是 Entity Set 實體集，一個 DbSet<TEntity>中會包含許多 Entity 實體資料。EF Core 的 LINQ 查詢是以 DbSet<TEntity>為查詢對象，EF Core 會在背景將 LINQ 轉為實際的 SQL 查詢語法，而資料庫回傳的結果集就是儲存在 DbSet<TEntity>中。

分別地說，DbContext 負責提供對資料庫的環境功能，而 CRUD 功能是由 DbSet 提供。例如以下使用 Add 或 Remove 方法加入或移除 Entity，這是由 DbSet 類別提供，而最終 SaveChanges()將異動寫回資料庫，是由 DbContext 類別提供。

```
Blog blog = new Blog { BlogId = 1, BlogName = "Kevin's Blog", …};
_context.Blogs.Add(blog);  //DbSet<TEntity>提供的 Add 方法，支援 EF 6 & EF Core
_context.Add(blog);    //DbContext 提供的 Add 方法，僅支援 EF Core
await _context.SaveChangesAsync();
```

在 EF 6 時，將 Entity 加入資料庫是用 DbSet<TEntity>提供的 Add 方法，但到了 EF Core，DbContext 類別也提供 Add 方法，二者皆能達成相同效果。

❖ DbSet<TEntity>類別

DbSet<TEntity>類別是在 DbContext 類別層級公開的屬性，DbSet 代表實體集(Entity Set)，這是什麼意思呢？如果說一個 Entity 對映 Table 中的一個 Row 資料列，那麼一個 DbSet 對映的就是一個 Table。一個 Table 是許多 Rows 資料列的集合，那麼 DbSet 就是許多 Entities 的集合。EF Core 會將資料庫查詢回傳的結果集，轉換並儲存到 DbSet<TEntity>中。

DbSet<TEntity>類別繼承與實作介面為：

```
public abstract class DbSet<TEntity> : IQueryable<TEntity>, IEnumerable<TEntity>,
  IEnumerable, IQueryable, IAsyncEnumerable<TEntity>,
  IInfrastructure<IServiceProvider>, IListSource where TEntity : class
```

DbSet<TEntity>除了作為儲存資料的實體集，它還提供 CRUD 操作語法。

+ Read 查詢資料

```
using (var context = new NorthwindContext())
{
    var products = from p in context.Products  ◄── DbSet<Product>
                   select p;
    …
}
```

+ Update 更新資料

```
using (var context = new NorthwindContext())
{
    //以 find(id)找尋資 Entity
    var p = db.Products.FindAsync(64); ◄── DbSet<Product>的 FindAsync 方法
    p.UnitsInStock = 13;
    context.SaveChangesAsync(); //儲存變更
}
```

+ Create 新增資料

```
using (var context = new NorthwindContext())
{
    //新增一筆 Product Entity
    Product p = new Product { ProductName = "Car", UnitPrice = 100000,
      UnitsInStock = 1, UnitsOnOrder = 10 };
    //用 Add() 方法將 Entity 加入到 Products
    db.Products.Add(p); ◄── DbSet<Product>的 Add 方法
    //呼叫 SaveChangesAsync()儲存變更時,新增至資料庫
    context.SaveChangesAsync();
}
```

+ Delete 刪除資料

```
using (var context = new NorthwindContext())
{
    //用 id 找尋 Entity
    var p = db.Products.FindAsync(10);
    //用 Remove()將 Entity 標記為刪除,
    db.Products.Remove(p); ◄── DbSet<Product>的 Remove 方法
    context.SaveChangesAsync();
}
```

觀察 DbContext 和 DbSet<TEntity>支援方法演變

要了解 DbContext 和 DbSet<TEntity>在 EF Core 有什麼變化，可觀察在 EF 6 和 EF Core 支援的方法，就可略窺演變。

■ EF 6

+ DbContext 類別支援方法

Entry、SaveChanges、SaveChangesAsync、Set、OnModelCreating、GetValidationErrors、ShouldValidateEntity、ValidateEntity。

+ DbSet<TEntity>類別支援方法

Add、AddRange、Attach、Create、Find、FindAsync、Remove、RemoveAsync、 SqlQuery。

- EF Core
  - DbContext 類別支援方法

    Add、AddAsync、AddRange、AddRangeAsync、Attach、AttachRange、Entry、Find、FindAsync、Query、Remove、RemoveRange、SaveChanges、SaveChangesAsync、Set、Update、UpdateRange、OnConfiguring、OnModelCreating。

  - DbSet<TEntity>類別支援方法

    Add、AddAsync、AddRange、AddRangeAsync、AsAsyncEnumerable、AsQueryable、Attach、AttachRange、Find、FindAsync、Remove、RemoveRange、Update、UpdateRange。

綜觀以上方法，在 EF 6 世代，DbContext 和 DbSet<TEntity>二者提供的方法功能逕渭分明，用途上不會有重複；但 EF Core 世代，DbContext 和 DbSet<TEntity>二者提供的方法卻大量重疊。也就是以前只能在 DbSet<TEntity>層級進行 Add、Attach、Find、Remove 等方法，但到了 EF Core 世代，也可透過 DbContext 或 DbSet<TEntity>來做。

16-4 DbContext 調用與 DbContextOptions 設定資料庫 Provider 及連線

本節將討論 DbContext 與 DbContextOptions 進階用法，說明各種不同調用與設定方式，請參考 EFCore_DbContextConfig 專案。

16-4-1 DbContext 調用的幾種方式

.NET Core 世代，調用類別實例最理想方式是透過 DI 相依性注入，應以此為優先，但若想了解其他調用方式，且看以下介紹。

請參考 EFCore_DbContextConfig 專案，以下 CardContext 是 EF Core 用來存取資料庫：

Models/CardContext.cs

```
using Microsoft.EntityFrameworkCore;

public class CardContext : DbContext
{
    public CardContext(DbContextOptions<CardContext> options) : base(options)
    {
    }

    public DbSet<Card> Cards { get; set; }
}
```

同時它已在 DI Container 中註冊：

Program.cs

```
//取得組態中資料庫連線設定
string connString = builder.Configuration.GetConnectionString("CardSqlServerDB");

//註冊 CardContext
builder.Services.AddDbContext<CardContext>(options =>
  options.UseSqlServer(connString));
```

那麼在 ASP.NET Core 要如何初始化與調用 CardContext 實例？以下介紹三種方式：

一、透過 DI 相依性注入

若 CardContext 類別已在 DI Container 中註冊，在 Controller 預設建構函式中就可使用 DI 注入，得到一個初始化的 CardContext 實例。

Controllers/CardsController.cs

```
public class CardsController : Controller
{
    private readonly CardContext _context;
```

```
    //在 Controller 建構函式用 DI 注入 CardContext 實例:
    //使用此方式需在 DI Container 註冊 CardContext 服務時,
    //以 DBContextOptions 指定 Provider&資料庫連線,
    public CardsController(CardContext context)
    {
        _context = context;
    }

    public async Task<IActionResult> CardListByDI()
    {
        List<Card> cards = await _context.Cards.AsNoTracking().ToListAsync();

        return View(cards);
    }
}
```

以 DI 注入 CardContext 實例

二、透過 IServiceProvider 介面的 GetService() 或 GetRequiredService() 方法

若不透過 DI 注入取得 CardContext 實例，可改由 IServiceProvider 介面的 GetService()或 GetRequiredService()方法，但此方法一樣需要事先在 DI Container 中註冊 CardContext 類別。

Controllers/CardsController.cs

```
public async Task<IActionResult> CardContextByIServiceProvider([FromServices]
    IServiceProvider sp)
{
    var _context = sp.GetService<CardContext>();
    var _ctx = sp.GetRequiredService<CardContext>();

    List<Card> cards = await _context.Cards.AsNoTracking().ToListAsync();
    return View(cards);
}
```

注入 IServiceProvider 實例

從 IServiceProvider 取得 CardContext 服務

說明：

1. GetService 和 GetRequiredService 方法的差異，在於取得的服務若不存在，前者會回傳 null，後者則擲出例外。但在服務正常情況下，二者沒有差異
2. 以上是從純技術角度演示可行性，正常情況下不需如此費周張

三、直接初始化 CardContext 類別

用傳統語法直接初始化 CardContext 類別實例：

```
using (var context = new CardContext())
{
    …
}
```

首先需在 CardContext.cs 建立好相關程式，核心是在 OnConfiguring 方法中以 DbContextOptionsBuilder 建定好 Provider 及資料庫連線：

Controllers/CardContext.cs

```
using Microsoft.Extensions.Options;

public class CardContext : DbContext
{
    public CardContext()
    {

    }

    private readonly string _connString = null;
    public CardContext(string connString)
    {
        _connString = connString;
    }

    public DbSet<Card> Cards { get; set; }

    //直接初始化 DbContext 需開啟這項
    protected override void OnConfiguring(DbContextOptionsBuilder
```

```
    optionsBuilder)
    {
        //var oBuilder = optionsBuilder;

        if (_connString==null)
        {
            //直接new CardContext()時未傳入資料庫連線字串
            optionsBuilder.UseSqlServer(@"Server=(localdb)\mssqllocaldb;
              Database=CardSqlServerDB;Trusted_Connection=True;
              MultipleActiveResultSets=true");
        }
        else
        {
            //直接new CardContext()時傳入資料庫連線字串
            optionsBuilder.UseSqlServer(_connString);
        }
    }
}
```

然後在 Action 手工初始化 CardContext。

Controllers/CardsController.cs

```
public async Task<IActionResult> DirectNewCardContext()
{
    //1.new CardContext()時未傳入資料庫連線字串
    List<Card> cards = null;
    using (CardContext _context = new CardContext())
    {
        cards = await _context.Cards.AsNoTracking().ToListAsync();
    }

    //2.new CardContext()時傳入資料庫連線字串
    List<Card> cardList = null;
    using (CardContext _context = new CardContext(
      @"Server=(localdb)\mssqllocaldb;Database=CardSqlServerDB;
      Trusted_Connection=True;MultipleActiveResultSets=true"))
    {
        cardList = await _context.Cards.AsNoTracking().ToListAsync();
    }

    return View(cards);
}
```

除非有特殊需求或考量，一般在 ASP.NET Core 中應避免這麼做，而是交由 DI 來處理。同時在 DI Container 中註冊，不但可選擇 Service 生命週期模式，服務使用完後，DI 會自動呼叫 Service 的 Dispose()方法，釋放佔用資源。

16-4-2 用 DbContextOptionBuilder 及 DbContextOptions 設定資料庫 Provider 與連線

前一節談如何取得或初始化一個 DbContext 衍生類別實例，一般情況下，在 DI Container 中註冊時就一併指定資料庫 Provider 與連線字串：

Program.cs

```
//取得組態中資料庫連線設定                                    取得資料庫連線
string connString = builder.Configuration.GetConnectionString("CardSqlServerDB");

//註冊 EF Core 的 DbContext
builder.Services.AddDbContext<CardContext>(options =>
   options.UseSqlServer(connString));
                       指定 SQL Server 提供者
```

若不用 DI 注入，亦可利用 DbContextOptionBuilder 及 DbContext Options 類別來完成這項任務。以下是建立 DbContextOptionBuilder 實例，再指定資料庫提供者與連線，然後將其 Options 屬性（DbContextOptions）傳給 CardContext 建構式就可以了。

Controllers/OptionBuilderController.cs

```
public async Task<IActionResult> CardListByOptionsBuilder()
{
     //1.設定:SQL Server Provider & 資料庫連線
     var optionsBuilder = new DbContextOptionsBuilder<CardContext>();

optionsBuilder.UseSqlServer(_config.GetConnectionString("CardSqlServerDB"));

     List<Card> cards = null;
                1.設定 Provider 及資料庫連線
```

2. 將 DbContextOptions 傳給 CardContext

```
    //2.將 DbContextOptionsBuilder 傳入到 CardContext 建構函式
    using (CardContext ctx = new CardContext(optionsBuilder.Options))
    {
        cards = await ctx.Cards.AsNoTracking().ToListAsync();
    }

    return View(cards);
}
```

另一種是在 CardContext 類別的 OnConfiguring 方法設定：

Models/CardContext.cs

```
protected override void OnConfiguring(DbContextOptionsBuilder optionsBuilder)
{
    optionsBuilder.UseSqlServer(_config.GetConnectionString("CardSqlServerDB"));
}
```

這樣在 DI 註冊 CardContext 就不需指定 Provider 及資料庫連線：

```
builder.Services.AddDbContext<CardContext>();
```

16-5 使用 Sqlite、MySQL 及 In-Memory 提供者跨資料庫平台

EF Core 除了內建四種 Providers，亦支援其他第三方 Providers，以下是較為知名的免費 Providers。

表 16-2 EF Core 資料庫提供者

NuGet 套件	支援的資料庫引擎	維護者/廠商
Microsoft.EntityFrameworkCore.SqlServer	SQL Server 2012 及更新版本	EF Core 專案 (Microsoft)
Microsoft.EntityFrameworkCore.Sqlite	SQLite 3.7 及更新版本	EF Core 專案 (Microsoft)

NuGet 套件	支援的資料庫引擎	維護者/廠商
Microsoft.EntityFrameworkCore.InMemory	EF Core 記憶體內部資料庫	EF Core 專案 (Microsoft)
Microsoft.EntityFrameworkCore.Cosmos	Azure Cosmos DB SQL API	EF Core 專案 (Microsoft)
Npgsql.EntityFrameworkCore.PostgreSQL	PostgreSQL	Npgsql 開發小組
Pomelo.EntityFrameworkCore.MySql	MySQL、MariaDB	Pomelo Foundation 專案
MySql.Data.EntityFrameworkCore	MySQL	MySQL project (Oracle)
Oracle.EntityFrameworkCore	Oracle DB 11.2 與更新版本	Oracle

⊙ Entity Framework Core 資料庫提供者詳細列表
http://bit.ly/2TjvJy2

EF Core 若要針對不同資料庫平台作存取，有三步驟：

1. 安裝特定平台資料庫提供者 NuGet 套件
2. 在 appsettings.json 建立不同平台資料庫連線
3. 透過 DbContextOptionsBuilder 指定對應的資料庫提供者與連線

但在何處使用 DbContextOptionsBuilder 指定資料庫提供者與連線？綜合前面所講，有三處：

1. 在 DI Container 中
2. 在 Controller/Action 中建立 DbContextOptionsBuilder 物件，然後傳遞給 DbContext
3. 在 DbContext 的 OnConfiguring 方法

以下是步驟說明：

一、安裝資料庫提供者 NuGet 套件

✦ 以 Package Manager Console 命令

```
Install-package Microsoft.EntityFrameworkCore -Version 7.0.4
Install-package Microsoft.EntityFrameworkCore.Tools -Version 7.0.4
Install-package Microsoft.EntityFrameworkCore.SqlServer -Version 7.0.4
Install-package Microsoft.EntityFrameworkCore.Design -Version 7.0.4
Install-package Microsoft.VisualStudio.Web.CodeGeneration.Design -Version
  7.0.4
```

✦ 以.NET CLI 命令

```
dotnet add package Microsoft.EntityFrameworkCore --version 7.0.4
dotnet add package Microsoft.EntityFrameworkCore.Tools  --version 7.0.4
dotnet add package Microsoft.EntityFrameworkCore.SqlServer  --version 7.0.4
dotnet add package Microsoft.EntityFrameworkCore.Design  --version 7.0.4
dotnet add package Microsoft.VisualStudio.Web.CodeGeneration.Design  --version
  7.0.4

dotnet list package
```

安裝完後，儲存並建置專案，否則第三方套件指令像 UseMySql()方法可能不會出現在 IntelliSense 提示清單中。

二、在 appsettings.json 建立 SQL Server、Sqlite 和 MySQL 三種資料庫連線

appsettings.json

```
{
  ...,
  "ConnectionStrings": {
    "CardSqlServerDB": "Server=(localdb)\\mssqllocaldb;Database=CardSqlServerDB;
                        Trusted_Connection=True;MultipleActiveResultSets=true",
    "CardSqliteDB": "Data Source = CardSqliteDB.db",
    "CardMySqlDB": "server=localhost;database=CardMySqlDB;
                    user=root;password=yourpassword"
  }
}
```

SQL Server 連線

Sqlite 連線

MySQL 連線

三、透過 DbContextOptionsBuilder 指定資料庫提供者與連線

下面以 DI Container 為例，指定 SQL Server、Sqlite、MySQL 和 In-Memory 資料庫提供者與連線方式（請擇一）：

```
public void ConfigureServices(IServiceCollection services)
{
    //請擇一註冊使用
    services.AddDbContext<CardContext>(options =>
      options.UseSqlServer(Configuration.GetConnectionString("CardSqlServerDB")));
    services.AddDbContext<CardContext>(options =>
      options.UseSqlite(Configuration.GetConnectionString("CardSqliteDB")));
    services.AddDbContext<CardContext>(options =>
      options.UseMySql(Configuration.GetConnectionString("CardMySqlDB")));
    services.AddDbContext<CardContext>(options =>
      options.UseInMemoryDatabase("InMemoryDB"));
}
```

以上不僅是存取不同資料庫平台，最重要的是 Migrations 和佈建種子資料一樣可以作用到 SQL Server、Sqlite、MySQL，達到無縫接軌效果。

> **TIP**
>
> In-Memory 是記憶體資料庫，不需在 appsettings.json 設定資料庫連線

16-6 EF Core 的 CLI 命令工具

EF Core 的命令工具分為兩類，一是 Visual Studio - Package Manager Console（PMC）中的命令，另一種是.NET SDK CLI 命令，前者適合在 Visual Studio 中使用，後者適合在沒有 Visual Studio 或命令視窗中使用。

本節要介紹後者「EF Core 的 CLI 命令工具」，其功用分為三類：❶Migration 新增與移除、❷資料庫更新與移除與❸DbContext 的 Scaffolding 類，下表左欄列出 9 個 CLI 命令，右欄則是 PMC 的對應命令。

表 16-3 EF Core 的 CLI 命令

EF Core 的 CLI 命令	PMC 命令
dotnet ef migrations add	add-migration
dotnet ef migrations remove	remove-migration
dotnet ef migrations list	--
dotnet ef migrations script	script-migration
dotnet ef database update	update-database
dotnet ef database drop	drop-database
dotnet ef dbcontext info	get-dbcontext -context <DBContext 名稱>
dotnet ef dbcontext list	get-dbcontex
dotnet ef dbcontext scaffold	Scaffold-DbContext

各命令實際用途且看以下說明。

16-6-1 安裝 EF Core CLI 命令所需環境

由於.NET SDK CLI 內建命令並未包含 EF Core 命令工具，在使用前需先安裝，以下是相關命令：

+ 安裝工具

```
dotnet tool install dotnet-ef -g --version 7.0.4
```

+ 查看工具資訊

```
dotnet tool list -g
```

+ 更新工具

```
dotnet tool update -g dotnet-ef
```

何時會用到更新？就是使用 CLI 命令時，系統若提示版本不匹配的錯誤訊息，執行更新命令就能解決。

+ 解除安裝

```
dotnet tool uninstall -g dotnet-ef
```

安裝之後，還需安裝以下 NuGet 套件，它們是 ASP.NET Core 建立 DbContext、Model 和 EF Core 會用到的。

+ 在命令視窗的.NET CLI 命令

```
dotnet add package Microsoft.EntityFrameworkCore --version 7.0.4
dotnet add package Microsoft.EntityFrameworkCore.Tools  --version 7.0.4
dotnet add package Microsoft.EntityFrameworkCore.SqlServer  --version 7.0.4
dotnet add package Microsoft.EntityFrameworkCore.Design  --version 7.0.4
dotnet add package Microsoft.VisualStudio.Web.CodeGeneration.Design
  --version 7.0.4

dotnet list package
```

+ 在 NuGet 套件管理器主控台（Package Manager Console）

```
install-package Microsoft.EntityFrameworkCore -Version 7.0.4
Install-package Microsoft.EntityFrameworkCore.Tools -Version 7.0.4
Install-package Microsoft.EntityFrameworkCore.SqlServer -Version 7.0.4
Install-package Microsoft.EntityFrameworkCore.Design -Version 7.0.4
Install-package Microsoft.VisualStudio.Web.CodeGeneration.Design
  -Version 7.0.4
```

安裝完後，儲存並建置專案，否則有時會遇見新安裝套件未生效的情況。

16-6-2 EF Core 的 CLI 命令工具用法

以下扼要介紹每個 EF Core CLI 命令用法。

+ dotnet ef migrations add 建立新的 Migration 檔

當 DbContext 或 Model 模型有異動時，須以此命令新增一個 Migration 檔，其用意在於提交一個異動，然後在更新資料庫時，會套用這個 Migration 異動檔：

```
dotnet ef migrations add InitialDB
```

InitialDB 為異動檔名稱，命名時儘量賦予有意義的名稱，最好能反映其目的或作用。

+ dotnet ef migrations remove 移除最新的 Migration

此命令是用來移除 Migration，但分為兩種情況：❶Migration 未更新至資料庫，❷Migration 已更新至資料庫。若最新的 Migration 尚未套用更新到資料庫，只需用下面命令移除：

```
dotnet ef migrations remove（不需接任何參數，因為是針對最新的 Migration）
```

但若 Migration 已更新到資料庫，則須使用 -f 或 --force 參數強制移除，並再次執行更新資料庫：

```
dotnet ef migrations remove --force （強制移除最新的 Migration）
dotnet ef database update （更新資料庫）
```

+ dotnet ef database update 更新資料庫

這個命令會將最新或指定 Migrations 套用到資料庫上，進行同步更新。

將最新 Migration 更新到資料庫：

```
dotnet ef database update （不需任何參數）
```

指定 Migration 版本更新，指定更新可用 Migration 名稱或 ID：

```
dotnet ef database update InitialDB （指定 Migration 名稱更新）
dotnet ef database update 20221211083013_InitialDB （指定 Migration ID 更新）
```

另一個特殊用法是，若指定 Migration ID 為 0 做更新，0 意謂著第一個 Migration 之前，而第一個 Migration 是 InitialDB 初始資料庫和資料表 Schema，更新結果便是移除所有資料表，僅保留資料庫和 [__EFMigrationsHistory]資料表。

```
dotnet ef database update 0
```

+ dotnet ef database drop 移除資料庫

此命令移除資料庫前會先詢問，輸入 y 之後，便會移除資料庫：

```
dotnet ef database drop
```

輸出：

```
Are you sure you want to drop the database 'CoreMvc_BlogDB' on server
'(localdb)\mssqllocaldb'? (y/N)
y
Dropping database 'CoreMvc_BlogDB'.
Successfully dropped database 'CoreMvc_BlogDB'.
```

但若專案中有多個 DbContext，需用-c 或--context 參數指定 DbContext：

```
dotnet ef database drop -c BlogContext
```

+ dotnet ef dbcontext list 列出專案中所有 DbContext 名稱

若想察看專案中所有 DbContext，命令為：

```
dotnet ef dbcontext list (處於 Project 目錄)
dotnet ef dbcontext list -p EFCore_CodeFirstNewDB (-p 是在 Solution 目錄中指定
  Project 名稱)
dotnet ef dbcontext list --project EFCore_CodeFirstNewDB
```

輸出：

```
EFCore_CodeFirstNewDB.Models.BlogContext
EFCore_CodeFirstNewDB.Models.CardContext
```

若專案中有多個 DbContext，而 Migration 都會依附特定 DbContext，可用-c 或--context 參數顯示特定 DbContext 所有 Migrations 名稱：

```
dotnet ef migrations list -c CardContext
dotnet ef migrations list --context CardContext
```

輸出：

```
2022122083616_InitialDB
2022122084015_AddSeedData
```

✦ dotnet ef dbcontext info 顯示 DbContext 詳細資訊

若專案只有一個 DbContext，顯示其資訊命令為：

```
dotnet ef dbcontext info
```

若有多個 DbContext，須以-c 或--context 參數指定 DbContext 名稱：

```
dotnet ef dbcontext info -c CardContext
dotnet ef dbcontext info --context CardContext
```

輸出：

```
Provider name: Microsoft.EntityFrameworkCore.SqlServer
Database name: CardSqlServerDB
Data source: (localdb)\mssqllocaldb
Options: None
```

✦ dotnet ef migrations script 從 Migrations 產生資料庫 SQL

若想檢視 Migrations 對資料庫執行了哪些 SQL 作業，可用本命令產生 SQL Script，便能檢視詳細 SQL 命令。由於一個專案中有許多 Migrations 檔，可橫跨數個或單一個 Migration 檔產生 SQL Script。

命令需指定起始和結束 Migration：

```
dotnet ef migrations script <FROM> <TO>
```

說明：

1. <FROM>是指起始 Migration，預設為 0，0 意指第一個 Migration 之前
2. <TO>是指結束 Migration，預設為最後一個 Migration

例如有兩個 Migration 檔：

```
20221220123934_InitialDB （第一個）
20221220125527_AddSeedData （第二個，也是最後一個）
```

橫跨第一個至最後一個 Migration 產生 Script：

```
dotnet ef migrations script
```

以上隱含為從 0 至最後一個 Migration：

```
dotnet ef migrations script 0 AddSeedData （從 0 之後開始，到最後一個）
```

若只針對第一個 Migration 產生 Script：

```
dotnet ef migrations script 0 InitialDB （從 0 之後開始，到第一個）
```

只針對第二個 Migration 產生 Script：

```
dotnet ef migrations script InitialDB AddSeedData （從第一個之後開始，到第二個）
```

針對第一個之後的所有 Migrations 產生 Script：

```
dotnet ef migrations script InitialDB （從第一個之後開始，表示第一個忽略不計）
```

將 Script 指定檔名並輸出至特定目錄：

```
dotnet ef migrations script InitialDB -o SQL/SeedDataScript
```

+ dotnet ef dbcontext scaffold 產出 DbContext 及模型檔

此命令是針對既有資料庫產出 DbContext 及 Models 模型檔，以供 EF Core 作資料庫存取使用。

以下針對 Northwind 資料庫產出 DbContext 及 Models 模型檔：

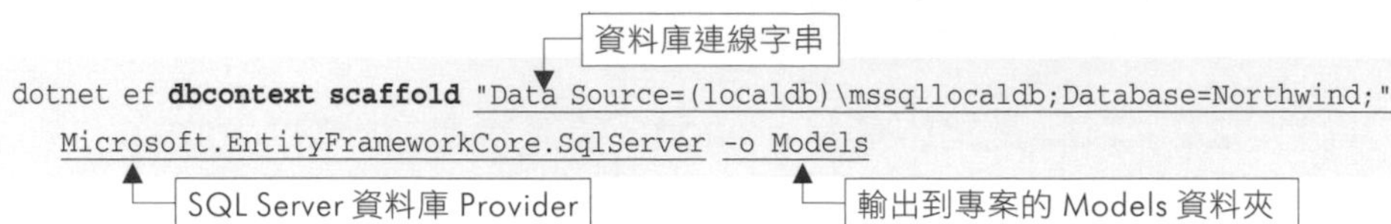

上面會對資料庫所有資料表，產出相對應的 Model 模型檔；亦可用 -t 參數指定資料表產出所需 Model 檔：

```
dotnet ef dbcontext scaffold Name=NorthwindConnection
   Microsoft.EntityFrameworkCore.SqlServer -o Models
   -t Orders -t "Order Details" -t Products -t Categories
   -t Suppliers -t Employees -t Customers -t Shippers
```

16-7 結論

本章介紹了 Code First 建立過程與使用方式，其中深入探討 DbContext、DbSet、Migrations、DI、資料庫連線等議題，在了解背後原理與本質後，相信對於 EF Core 程式建構與運用有更體會。同時 EF Core 眾多 CLI 命令工具，也帶來跨平台資料庫開發的方便性，為開發增添有效助力！

CHAPTER 17

Web 串接 OpenAI API 製作 ChatGPT 問答聊天

ChatGPT 引爆了 AI 應用元年，因此許多人希望應用程式結合 ChatGPT 對話，製作客服務聊天問答效果，而透過與 OpenAI API 就能達到此目的，本章在有限篇幅扼要介紹 OpenAI API 的核心概念與呼叫方式，滿足您對 ChatGPT 與應用程式對接的好奇心。

17-1 ChatGPT 與 OpenAI API

ChatGPT 是一個基於 OpenAI 的 GPT 模型的應用，專為進行對話式交互而設計。它被訓練來理解和生成自然語言，能夠回答問題、提供解釋、進行對話和提供文本生成等功能。ChatGPT 可以應用於多種場景，例如在客服應答中提供幫助、在聊天應用中進行對話、為用戶提供文本生成和寫作建議等。它是一個具有交互性和自然語言處理能力的模型，旨在模擬人類對話的能力。

至於 API 應該叫 OpenAI API 或 ChatGPT API，哪個才是正確的？正確的名稱應叫 OpenAI API，ChatGPT 是基於 OpenAI API 開發的一個特定應用案例。OpenAI API 提供一個程式介面，使開發者能夠與 ChatGPT 或其他 OpenAI 模型進行互動。

17-2 ChatGPT 初體驗

如果您已有 ChatGPT 聊天與使用經驗，可直接跳到下一小節。若你還沒玩過 ChatGPT，可到 chat.openai.com 網站註冊帳號後登入，進行提問與獲得回答，例如你可以接連分別詢問下面四個問題：

1. 為什麼歐美舉例程式變數名稱時，喜歡用 foo,bar 來命名？能說說是什麼典故嗎？
2. 是否還有其他種答案？
3. 還有其他種說法嗎？
4. 把你知道的說法全部列出。

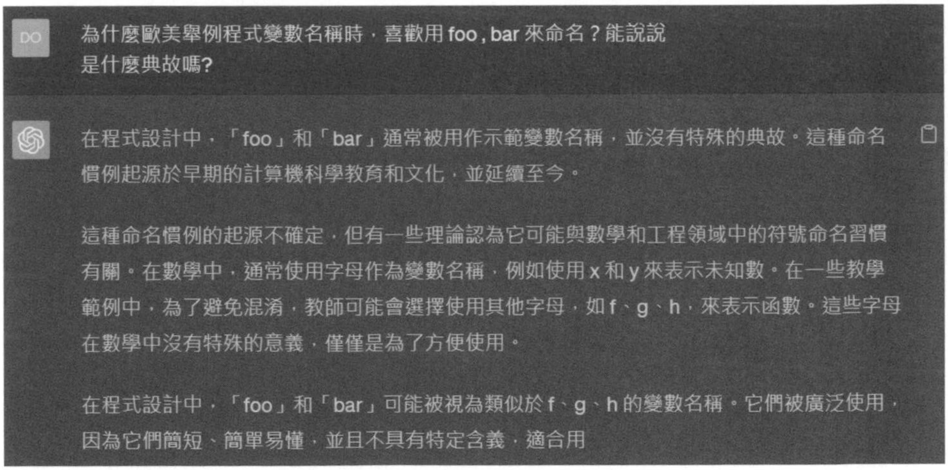

DO 為什麼歐美舉例程式變數名稱時，喜歡用 foo , bar 來命名？能說說是什麼典故嗎?

在程式設計中，「foo」和「bar」通常被用作示範變數名稱，並沒有特殊的典故。這種命名慣例起源於早期的計算機科學教育和文化，並延續至今。

這種命名慣例的起源不確定，但有一些理論認為它可能與數學和工程領域中的符號命名習慣有關。在數學中，通常使用字母作為變數名稱，例如使用 x 和 y 來表示未知數。在一些教學範例中，為了避免混淆，教師可能會選擇使用其他字母，如 f、g、h，來表示函數。這些字母在數學中沒有特殊的意義，僅僅是為了方便使用。

在程式設計中，「foo」和「bar」可能被視為類似於 f、g、h 的變數名稱。它們被廣泛使用，因為它們簡短、簡單易懂，並且不具有特定含義，適合用

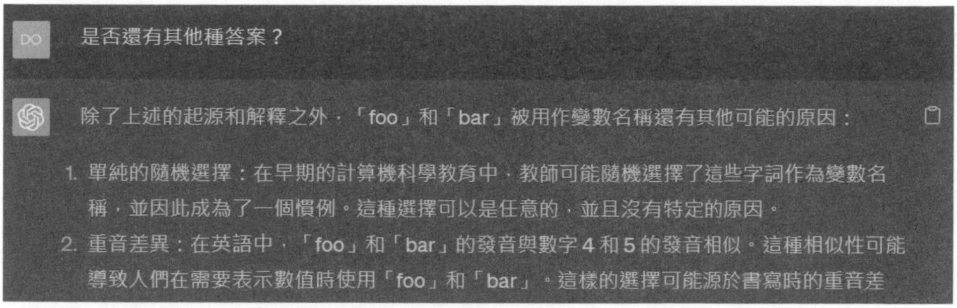

DO 是否還有其他種答案？

除了上述的起源和解釋之外，「foo」和「bar」被用作變數名稱還有其他可能的原因：

1. 單純的隨機選擇：在早期的計算機科學教育中，教師可能隨機選擇了這些字詞作為變數名稱，並因此成為了一個慣例。這種選擇可以是任意的，並且沒有特定的原因。
2. 重音差異：在英語中，「foo」和「bar」的發音與數字 4 和 5 的發音相似。這種相似性可能導致人們在需要表示數值時使用「foo」和「bar」。這樣的選擇可能源於書寫時的重音差

你會發現 ChatGPT 是能夠理解問題前後文，像是與一個真人進行聊天問答。而不像傳統 Google 搜尋引擎只能列出搜尋到的相關文章列表，還有不能理解一個主題前後文的問答，如果你把上述四個問題分四次用 Google 做搜尋，就會發現問題 2、3、4 答非所問，不知所云，根本沒有與第一個問題進行連貫。

在筆者測過的幾個領域中，ChatGPT 在程式設計、Design Pattern 設計樣式、軟體系統架構的回答表現堪比網路社群專案，甚至有時過之而無不及，等於是你有一個 24 小時的專家或顧問可以隨時指導你學習。

那為何 ChatGPT 在上述有如此優異的表現？這與過去幾十年來資訊人員或程式設計師在網路貢獻了大量專業文章及技術問題，讓 ChatGPT 有大量的資料素材做訓練，所以在資訊或軟體領域回答有非常不錯的品質與專業度。

17-3 ChatGPT 應用於客服場景

當 ChatGPT 應用於客服應答時，可提供以下幫助：

1. 自動回答常見問題：ChatGPT 可以學習並記憶常見的客戶問題和相應的回答，例如產品特性、服務流程、價格等。當用戶提出這些常見問題時，ChatGPT 可以快速且準確地提供相應的答案。
2. 提供解釋和指導：當客戶對產品或服務的某些方面感到困惑或需要進一步解釋時，ChatGPT 可以提供相關的解釋和指導。它可以解釋產品的功能、如何使用特定功能或解決常見問題等。
3. 處理疑難問題：對於複雜或特定的問題，ChatGPT 可以試圖提供幫助。雖然它可能無法解決所有問題，但它可以提供有用的資訊、建議或引導用戶尋找進一步的支援。
4. 處理訂單和客戶資訊：ChatGPT 可以協助客戶處理訂單，例如查詢訂單狀態、修改訂單內容、處理退換貨等。它可以通過與客戶的對話來識別和處理相關的訂單和客戶資訊。

需要注意的是，雖然 ChatGPT 具有語言處理和對話能力，但它可能無法完全取代人類客服人員。在某些情況下，ChatGPT 可以提供快速的回答和基本的幫助，但在複雜或敏感的情境下，人類客服人員的參與可能仍然是必要的。

而這在許多企業客服中非常具有潛力，因而許多企業都開始研究或導入 ChatGPT 來回答客服問題，不但能提高客服回答效率，同時也能減少客服人力，但當然另一面也會引起許多人的擔憂，工作飯碗是否會被 AI 取代。

17-4 OpenAI API 關鍵概念

前面 ChatGPT 聊天只能在官網進行問答，若想將 ChatGPT 聊天結合到你的 Web、手機或 Line App，應用程式必須和 OpenAI API 進行串接，由程式將問題傳送到 OpenAI API 接口，在獲取回答後顯示在應用程式中。

然而在撰寫程式與 OpenAI API 串接前，需先弄懂四個核心關鍵術語，分別是 Prompt、Completion、Model 及 Token，以下是 OpenAI API 官網說明。

⊙ OpenAI API 關鍵概念
https://platform.openai.com/docs/introduction/key-concepts

- **Prompts 提示**

  設計您的提示本質上就是如何「編程」模型，通常通過提供一些指示或一些例子來實現。這與大多數其他自然語言處理（NLP）服務不同，其他服務通常專注於單一任務，例如情感分類或命名實體識別。相反，生成回應（completions）端點可用於幾乎任何任務，包括內容或程式碼生成、摘要、擴展、對話、創意寫作、風格轉換等等。

- **Completions 生成回應**

  OpenAI API 根據你提供的 Prompt，生成的回應就是 Completion。

- **Tokens 標記**

  我們的模型通過將文本分解成標記（tokens）來理解和處理文本。標記可以是單詞或字符塊。例如，單詞「hamburger」被分解成標記「ham」、「bur」和「ger」，而像「pear」這樣的短且常見的單詞是一個標記。許多標記以空格開頭，例如「 hello」和「 bye」。

在給定的 API 請求中處理的標記數量取決於您的輸入和輸出的長度。粗略的估計是，對於英文文本，1 個標記大約相當於 4 個字符或 0.75 個單詞。需要注意的一個限制是，您的文本提示和生成的完成結果的總長度不能超過模型的最大上下文長度（對於大多數模型，這是 2048 個標記，約 1500 個單詞）。請查看我們的分詞工具以了解有關文本如何轉換為標記的更多信息。

- Models 模型

  這個 API 是由一組擁有不同能力和價格的模型提供支持。GPT-4 是我們最新且功能最強大的模型。GPT-3.5-Turbo 是驅動 ChatGPT 的模型，並且針對對話格式進行了優化。如需了解更多關於這些模型以及我們提供的其他內容，請訪問我們的模型文檔。

不曉得您有沒看懂官網說明？白話地說，Prompt 就是發問的問題，Completion 就是回答，Token 是把問題拆解後的字符，Model 模型是由訓練演算法和大量文本資料進行訓練而得到的，能根據輸入的資料，而生成結果。

17-5 讓 ChatGTP 作白話解說

上面是 OpenAI 官網對 Prompt、Completion、Model 及 Token 的說明，那如果詢問 ChatGPT 會得到什麼樣的答案，是否會更直覺易懂，以下且看問答。

問題 1：在 ChatGTP 中所謂的 Prompt 是什麼？

回答：

在 ChatGPT 中，Prompt 是指使用者提供給模型的輸入文本或問題。它是用來引導對話的起始點，類似於使用者與 ChatGPT 進行對話的第一句話或問題。Prompt 的內容可以是一個簡單的句子，也可以是一個完整的段落。模型根據 Prompt 理解使用者的意圖，並生成相應的回答或回應。

Prompt 的設計對於獲得滿意的回答非常重要。清晰、明確的 Prompt 可以說明模型更好地理解使用者的需求，並提供相關的回答。一般來說，提供更具體和詳細的 Prompt 有助於獲得更精確和有用的回答。

除了單個 Prompt，使用者還可以在對話中提供多個 Prompt，以引導模型在多個主題或問題上進行回答。這樣可以創建一個更加連貫和多樣化的對話體驗。

問題 2：什麼是 Completion？

回答：

Completion 指的是在語言模型中生成完整的文本或回答的過程。當使用者提供一個 Prompt 或問題時，模型會根據這個輸入進行推理和預測，並生成相應的文本作為回答。這個生成的文本就是 Completion。

在 ChatGPT 中，Completion 是模型對於給定輸入（Prompt）的輸出結果。模型會基於已有的訓練資料和上下文理解使用者的意圖，並盡可能地生成合理和相關的回答。Completion 可以包括一個短句、一個段落，甚至是一個完整的對話。

在對話系統中，Completion 是指模型對使用者的提問或請求作出回應的過程。模型根據使用者的輸入，經過計算和生成，生成一個完整的回答作為 Completion。這個回答可以是文本、建議、解釋、操作指導等，具體取決於對話的內容和上下文。

需要注意的是，Completion 是基於模型的預測能力和訓練資料的結果，可能存在誤差或不準確性。因此，在使用 Completion 結果時，使用者需要對其進行評估和驗證，確保其準確性和適用性。

問題 3：Token 是什麼？

回答：

在自然語言處理中，Token 是指文本中的最小單位或符號。在語言模型中，Token 可以是一個單詞、一個字母、一個標點符號或一個特定的字元。將文本分解為 Tokens 有助於模型理解和處理語言。

在 ChatGPT 中，模型的輸入和輸出都是基於 Tokens 的。例如，當用戶提供一個 Prompt 時，該 Prompt 會被拆分為一系列的 Tokens，並送入模型進行處理。模型對 Tokens 進行分析和編碼，然後生成相應的輸出 Tokens 作為回答。這些輸出 Tokens 可以進一步轉化為可讀的文本，呈現給使用者。

對於大型語言模型如 GPT-3，它處理的文本通常被限制在一定數量的 Tokens 範圍內。因此，長文本可能會被截斷或分割成多個部分進行處理。在與 ChatGPT 交互時，瞭解和控制 Tokens 的數量是很重要的，以確保輸入和輸出都在模型的容量範圍內，並獲得更好的性能和效果。

問題 4：Model 是什麼？

回答：

在這裡，"Model" 指的是指 ChatGPT 這樣的大型語言模型，例如 GPT-3。它是由深度學習技術構建的人工智慧模型，用於自然語言處理和生成文本。

模型是通過訓練演算法和大量文本資料進行訓練而得到的。在訓練過程中，模型學習了語言的模式、語法結構、語義關係以及常見的語言用法。這使得模型能夠理解輸入的文本，並生成相應的回答或 Completion。

ChatGPT 模型是一種生成式模型，它可以生成與輸入相關的自然語言文本。模型通過對大量訓練資料進行觀察和學習，學習到的知識和語言模式被編碼為模型的權重和參數。當使用者提供一個 Prompt 時，模型使用這些權重和參數進行推理和生成，生成相應的回答。

模型的性能和品質取決於其訓練資料、訓練方法和模型架構的選擇。大型語言模型如 GPT-3 具有巨大的參數量和計算能力，可以處理複雜的語言任務並生成高品質的文本。模型的性能也在不斷改進和演進，以提供更準確、多樣和人類化的對話體驗。

17-6 申請 OpenAI API Key 密鑰

在進行串接 OpenAI API 前，必須建立 Key 密鑰，密鑰是為了能與 API 串接進行問答的鑰匙。原本一開始試用時 OpenAI API 是免費，但在 2023/6/1 起便改為收費，必須以信用卡付款，計費方式請參考官網。

⊙ OpenAI API Key 密鑰
https://platform.openai.com/account/api-keys

在設定好信用卡付款資訊後，便可開始建立 Key，方式是點選你個人圖示→【Personal】→【View API Key】→【Create new secret key】→指定 Key 名稱→按下【Create secret key】按鈕，便能產生 Key。

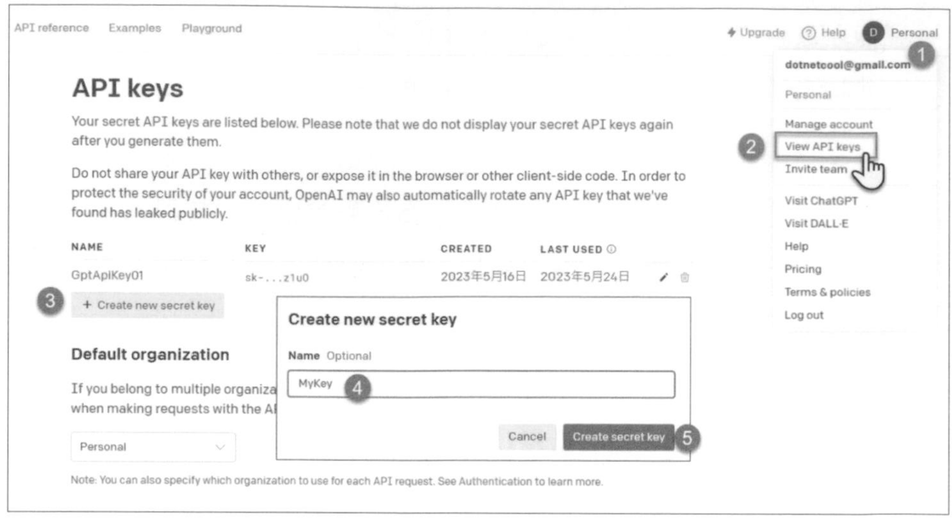

圖 17-1 建立 Secret Key 鑰匙

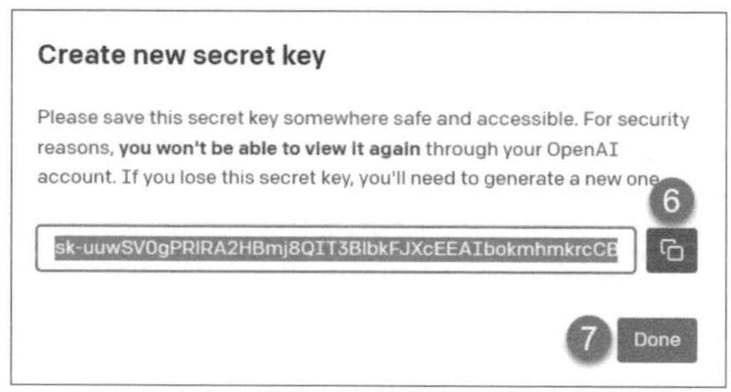

圖 17-2 複製與保存 Secret Key

記得關閉對話方塊前，要先複製保存建立的 Key，因為一旦關閉後將無法再次重現或顯示，只能再重建新的。

17-7 先用 curl 命令測試呼叫 OpenAI API

對 OpenAI API 提交 Prompt（問題）可得到 Completion（回答），提交的核心概念為：

```
POST https://api.openai.com/v1/completions
```

同時必須提供必須的 Headers 及 Parameters，詳細可參考下面網址。

- Completions
  https://platform.openai.com/docs/api-reference/completions

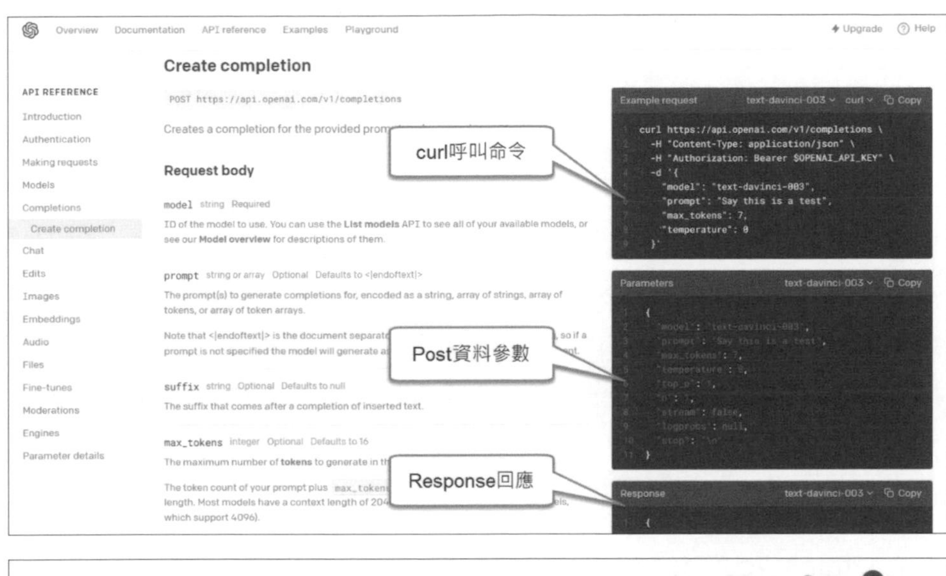

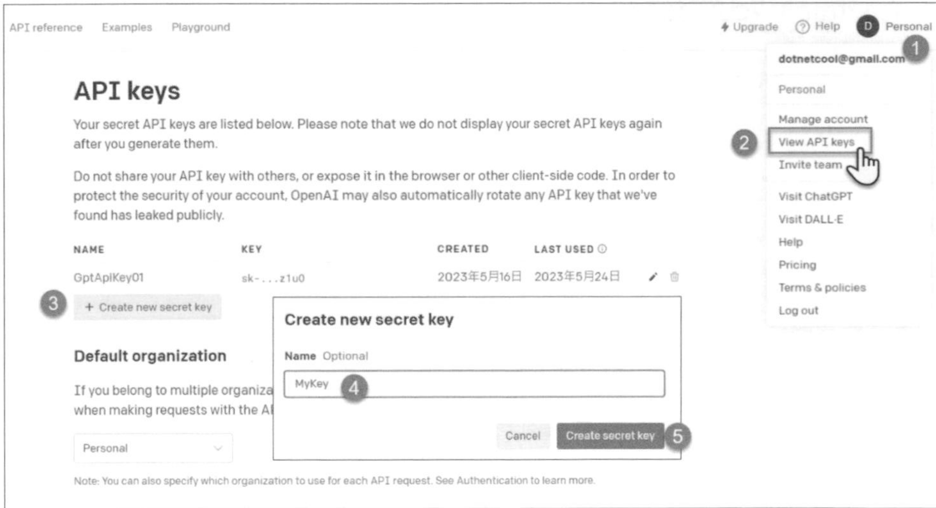

圖 17-3 以 curl 命令呼叫 API 的方式

以 curl 命令呼叫 API 的語法形式如下，其中$OPENAI_API_KEY 需替換成你自己的 Key。

```
curl https://api.openai.com/v1/completions \
  -H "Content-Type: application/json" \
  -H "Authorization: Bearer $OPENAI_API_KEY" \
  -d '{
    "model": " text-davinci-003",
    "prompt": "Say this is a test",
    "max_tokens": 7,
    "temperature": 0
  }'
```

以上在 Unix、Linux 或 macOS 可以直接下 curl 命令執行 API 呼叫，但在 Windows 中沒有內建 curl 命令，需下載安裝 curl for Windows 64-bit，解壓縮後在 bin 資料夾中找到 curl.exe，將它複製到 C:\Windows 資料夾中。

⦿ curl for Windows 下載網址
https://curl.se/windows/

然後將官網 curl 命令範例的$OPENAI_API_KEY 替換成你的 key，得到的命令如下：

```
curl https://api.openai.com/v1/completions \
  -H "Content-Type: application/json" \
  -H "Authorization: Bearer sk-JxDZoyD8k326Bp1sEUyWT3..." \
  -d '{
    "model": "text-davinci-003",
    "prompt": "Say this is a test",
    "max_tokens": 7,
    "temperature": 0
  }'
```

註：

1. 參數 model 是選用的模型種類

2. prompt 是你的提問
3. max_token 是最大 tokens 數量
4. temperature 取樣溫度（sampling temperature）是指在 0 到 2 之間選擇的數值。較高的值（例如 0.8）會使輸出結果更加隨機，而較低的值（例如 0.2）則會使其更加聚焦和確定性

以上 curl 命令直接貼在 Linux 或 macOS 可得到以下結果：

```
{"id":"cmpl-7LoRvZ9u0tTFstmH6AihJHl1ZgJA",
"object":"text_completion","created":1685433171,
"model":"text-davinci-003","choices":[{"text":"\n\nThis is indeed a
test","index":0,"logprobs":null,"finish_reason":"length"}],"usage":{"prompt_to
kens":5,"completion_tokens":7,"total_tokens":12}}
```

但相同的命令不能在 Windows 貼上執行，會發生錯誤，需修正幾點：

1. 需將命令拉平成一行
2. –d 後的參數不能使用單引號，且大括號 JSON 內的雙引號要加上\跳脫字元

修正後的命令：

```
curl https://api.openai.com/v1/completions -H "Content-Type: application/json"
-H "Authorization: Bearer sk-JxDZoyD8k326Bp1sEUyWT3B..." -d "{ \"model\":
\"text-davinci-003\",\"prompt\": \"什麼是 ChatGPT?\", \"max_tokens\":
2048,\"temperature\": 0}"
```

開啟命令提示字元視窗，貼上修正後的命令，可得到以下結果：

```
{"id":"cmpl-7Lp…","object":"text_completion","created":1685435523,"model":"tex
t-davinci-003","choices":[{"text":"\n\nChatGPT 是一種基於自然語言生成（NLG）的聊天機
器 人技術，它可以根據用戶的輸入，自動生成自然語言回應。它使用了一種叫做 GPT-3 的深度學習技術，
可以讓機器人更加智能，更加自然地與用戶對話。
","index":0,"logprobs":null,"finish_reason":"stop"}],"usage": `
```

以上便完成一次問答。若想知道更多細部參數資訊可參考以下網址。

- Request body
  https://platform.openai.com/docs/api-reference/completions/create
- System, User, Assistant 三種 Message 說明
  https://platform.openai.com/docs/guides/chat/introduction

17-8 用 JavaScript 對 OpenAI API 做簡單呼叫

看到以上過程和概念，若你熟悉 JavaScript Ajax 的 XHR 或 fetch 命令，只要將 curl 命令轉化成對映的 XHR 或 fetch 命令參數，Web 應用程式就能與 OpenAI API 串接，做出 ChatGPT 聊天問答效果。

前端傳送給後端 API 的 Request Body，最簡化的參數如下，model 參數是選擇模型，prompt 參數是你的提問：

```
{
    "model": "gpt-3.5-turbo",
    "prompt": "Hello",
}
```

或者可再添加 max_tokens 和 temperature 參數：

```
{
    "model": "text-davinci-003",
    "prompt": "Say this is a test",
    "max_tokens": 16,
    "temperature": 1,
}
```

以下用 fetch 寫一個簡單 JavaScript 對 OpenAI API 進行呼叫，目的的是先串起 Web 前端與 OpenAI API 動線，不做過多防呆與細部處理，亦不提供問題前後文感知理解能力，請參考 ChatGPT_SinglePrompt.html 程式。

ChatGPT_SinglePrompt.html

```
<!DOCTYPE html>
<html lang="en">
<head>
    …
</head>

<body>
    <div class="text-bg-info p-3 mb-4">
        <h1>串接 ChatGPT API 做互動式聊天問答(單一問題，無前後文感知)</h1>
    </div>

    <input type="text" id="question" placeholder="請輸入你的問題" value="">
    <input type="submit" id="btnSubmit" value="送出" autofocus>

    <div id="container" class="mb-5"></div>
    <div id="resultJson" class="text-bg-warning p-3 mb-4" style="visibility:
      hidden"></div>

    <script src="https://cdn.jsdelivr.net/npm/bootstrap@5.2.3/dist/js/
      bootstrap.bundle.min.js"
        integrity="sha384-…" crossorigin="anonymous"></script>
    <script>
        const chatgpt_ApiUrl = "https://api.openai.com/v1/chat/completions"
        let input, btnSubmit, container, resultJson;

        let requestData = {
            "model": "gpt-3.5-turbo",
            "messages": [{ "role": "user", "content": "Hello!" }],
            "max_tokens": 2048,
            "temperature": 1
        };
        let responseData = {};

        window.onload = function () {
            questionInput = document.getElementById("question");
            btnSubmit = document.getElementById("btnSubmit");
            container = document.getElementById("container");
            resultJson = document.getElementById("resultJson");

            //當 input 按下 Enter 按鈕後,觸發 Submit 事件
            questionInput.addEventListener("keypress", (event) => {
```

```
        if (event.key == "Enter") {
            cvcnt.preventDefault();
            btnSubmit.click();
        }
    });

    //註冊 Submit 的 Click 事件
    btnSubmit.addEventListener("click", () => {
        container.innerHTML = `
            <div class="spinner-border text-danger" role="status">
            <span class="visually-hidden">Loading...</span>
            </div>`;

        resultJson.style.visibility = "hidden";

        let question = questionInput.value;
        if (question.length > 0) {
            requestData.messages[0].content = question;
        }

        //建立 Request 請求, 並設定方法,標頭及傳遞的 JSON 資料
        let request = new Request(chatgpt_ApiUrl, {
            method: "POST",
            headers: {
             "Content-type": "application/json; charset=UTF-8",
             "Authorization": "Bearer sk-4edPZEjPk55aUm9kgl7hT3BlbkF
             JwdxJXe4…"
            },
            body: JSON.stringify(requestData)
        });

        btnSubmit.disabled = true;

        //fetch 發出請求給 ChatGPT API
        fetch(request)
            .then(response => response.json())
            .then(responseData => {
                let question = `問題 : ${questionInput.value}` + "<br>";
                container.innerHTML = question;

             //解析 ChatGPT 回傳資訊格式
             let answer = "回答 : " + responseData.choices[0].
             message.content + "<br>";
```

```
                    container.innerHTML += answer;

                    resultJson.innerText = JSON.stringify(responseData);
                    resultJson.style.visibility = "visible";
                })
                .catch(ex => {
                    console.log(ex.response);
                })
                .finally(() => {
                    questionInput.value = "";
                    btnSubmit.disabled = false;
                });
            });
        }
    </script>
</body>
</html>
```

執行以上網頁程式，在 Input 輸入提示詞「什麼是 ChatGPT？」後按下 Enter，API 會回傳 JSON 結果給前端，解析後再顯示在網頁上。

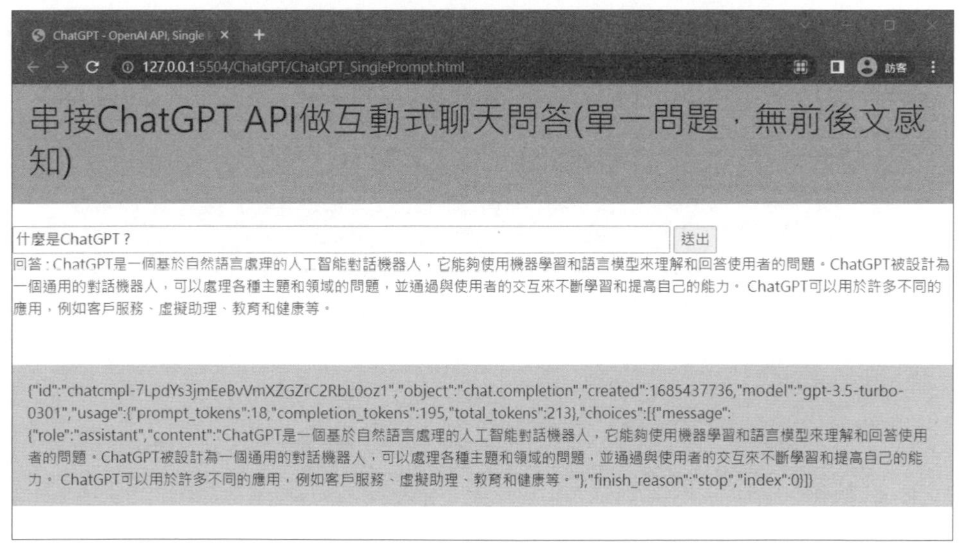

圖 17-4 用 Ajax 命令串接 OpenAI API

17-9 替 JavaScript 程式加入問答前後文感知能力

前面小節對 OpenAI API 做簡單呼叫，但無法提供一個話題前後連貫性討論的感知能力，原因為何？主要癥結點在於，JS 每次請求日 API 時，必須將前面發問過的問答，隨下一個新問題一併提交給 OpenAI API，才能營造出它能理解問題前後文，如真人般聊天。

核心概念如下，JS 發出請求時，messages 只需攜帶累加的問答資料即可：

```
{
    "model": "gpt-3.5-turbo",
    "messages": [
        {"role": "user", "content": " 2020 年的美國職棒大聯盟世界大賽由誰贏得？"},
        {"role": "assistant", "content": "洛杉磯道奇隊在 2020 年贏得了世界大賽。"},
        {"role": "user", "content": "比賽是在哪裡舉行的？"}
    ]
}
```

第一個問題與回答

第二個新問題

而前端要如何儲存歷次問答資料？在此選用 LocalStorage 做儲存，同時取用時須還原，請參考 ChatGPT_ContextAware.html 程式。

ChatGPT_ContextAware.html

```
<!DOCTYPE html>
<html lang="en">
<head>
    …
</head>
<body>
    <div class="text-bg-info p-3 mb-4">
        <h1><img id="logo">Web 串接 ChatGPT API 做互動式聊天問答 - 加入能夠理解問題
          前後文功能</h1>
        <div>
            <article>
                <p>如果要實現 ChatGPT 發問能夠理解前後文, 需要:</p>
                <p>1.將問題及回答的歷史資料保存起來(但需要考量持久性,localStorage)</p>
```

```
            <p>2.再將歷史問題從 localStorage 取出,然後一併當成前後文傳給 OpenAI API</p>
        </article>
    </div>
</div>

<input type="text" id="question" placeholder="請輸入你的問題" value="">
<input type="submit" id="btnSubmit" value="送出">
<input type="button" id="btnClearStorage" value="清除 localStorage">
<input type="button" id="btnClearResult" value="清除畫面結果">

<div id="spinner"></div>
<div id="container" class="mb-5"></div>
<div id="resultJson" class="text-bg-warning p-3 mb-4"></div>

<script src="https://cdn.jsdelivr.net/npm/bootstrap@5.2.3/dist/js/
bootstrap.bundle.min.js"
    integrity="sha384-…" crossorigin="anonymous"></script>
<script>
    const chatgpt_icon = "https://raw.githubusercontent.com/apprunner/
    FileStorage/master/chatgpt_icon.png";
    const chatgpt_ApiUrl = "https://api.openai.com/v1/chat/completions"

    let history_messages = []; //保存 ChatGPT 歷史問題記錄的物件
    let current_messages = []; //最新問題(含之前的歷史問題)

    let input, btnSubmit, btnClearStorage, spinner, container, responseJson;

    const br = document.createElement("br");
    const hr = document.createElement("hr");

    let requestData = {
        "model": "gpt-3.5-turbo",
        "messages": []
        // "messages": [{ "role": "user", "content": "Hello!" }]
    };

    let responseData = {};

    window.onload = function () {
        document.getElementById("logo").src = chatgpt_icon;

        questionInput = document.getElementById("question");
        btnSubmit = document.getElementById("btnSubmit");
```

```
btnClearStorage = document.getElementById("btnClearStorage");
spinner = document.getElementById("spinner");
container = document.getElementById("container");
responseJson = document.getElementById("resultJson");

//localStorage 中 chatgpt 指派空的陣列初始化
//同時意謂每次程式重新執行，皆會清除之前的問題記錄
localStorage.setItem("chatgpt", "[]");

//當 input 按下 Enter 按鈕後,觸發 Submit 事件
questionInput.addEventListener("keypress", (event) => {
    if (event.key == "Enter") {
        event.preventDefault();
        btnSubmit.click();
    }
});

//Submit 按鈕的 Click 事件
btnSubmit.addEventListener("click", () => {
    spinner.innerHTML = `
        <div class="spinner-border text-danger" role="status">
        <span class="visually-hidden">Loading...</span>
        </div>`;

    //從 Input 取得發問的 value 文字
    let question = questionInput.value;
    //檢查 input 內容是否為空?

    if (question.length > 0) {
      //1.從 localStorage 取出 history 歷史問題及回答
      //2.如果有歷史問題及回答，則將它們指派 current_messages 陣列中
      //3.然後將新的問題也 push 到 current_messages 陣列中
      //4.將 current_messages 指定到 requestData.messages 物件屬性
      //5.發送問題給 chatgpt 後,將回傳的答案亦 push 到 current_messages 陣列中
      //6.將最終的 current_messages 儲存到 localStorage

        //1.
        //history_messages = localStorage.getItem("chatgpt");

        if (localStorage.getItem("chatgpt") != "[]") {
            //從 localStorage 取出 chatgpt 歷史對話記錄
            history_messages = JSON.parse(localStorage.
            getItem("chatgpt"));
```

```
            //判斷其[]陣列元素內容>0, 表示有歷史對話記錄
            if (history_messages.length > 0) {
                //2.將歷史對話記錄push 到 current_messages,製造前後文
                current_messages = history_messages;
            }
        }

        //3.再將最新一筆問題 push 到 current_messages
        //{ "role": "user", "content": "Hello!" }
        current_messages.push({ "role": "user", "content": question });

        //4.將 current_messages 指定到 requestData.messages 物件屬性
        requestData.messages = current_messages;
    }

    let request = new Request(chatgpt_ApiUrl, {
        method: "POST",
        headers: {
            "Content-type": "application/json; charset=UTF-8",
            "Authorization": "Bearer sk-4edPZEjPk55aUm9kgl…"
        },
        body: JSON.stringify(requestData)
    });

    btnSubmit.disabled = true;

    //發出請求給 ChatGPT API
    fetch(request)
        .then(response => {
            //檢查 response 是否 ok ?
            if (response.ok) {
                return response.json();
            } else {
                throw new Error(`發生錯誤: ${response.status},
                ${response.statusText}`);
            }
        })
        .then(responseData => {
            spinner.innerHTML = "";

            //5.將回答的問題push到current_message,然後再儲存到localStorage
            current_messages.push({ "role": "assistant",
            "content": responseData.choices[0].message.content });
```

```
                localStorage.setItem("chatgpt", JSON.stringify
                (current_messages));

                let question = `問題 : ${questionInput.value}`;

                container.append(question, br.cloneNode());

                //解析 ChatGPT 回傳資訊格式
                let answer = "回答 : \n\n" + responseData.choices[0].
                message.content;
                let newAnswer = answer.replaceAll("\n\n","<br>");

                let div = document.createElement("div");
                div.innerHTML = newAnswer;

                container.append(div, br.cloneNode(), hr.cloneNode());

                responseJson.innerText = JSON.stringify(responseData);
            })
            .catch(ex => {
                console.log(ex.response);
            })
            .finally(() => {
                console.log(current_messages);
                //6.
                localStorage.setItem("chatgpt", JSON.stringify
                  (current_messages));

                questionInput.value = "";
                btnSubmit.disabled = false;

                history_messages = [];
                current_messages = [];
            });
    });

    //清除 localStorage 中 chatgpt 內容
    btnClearStorage.addEventListener("click", () => {
        localStorage.setItem("chatgpt", "[]");
    });

    btnClearResult.addEventListener("click", () => {
        container.innerHTML="";
```

```
                responseJson.innerHTML="";
            });
        }
    </script>
</body>

</html>
```

將以下四個問題，分四次發問，就會發現問答是有前後文感知地連貫：

1. 為什麼歐美舉例程式變數名稱時，喜歡用 foo,bar 來命名？能說說是什麼典故嗎？
2. 是否還有其他種答案？
3. 還有其他種說法嗎？
4. 把你知道的說法全部列出。

17-10 OpenAI API 支援的 Models 類型

OpenAI API 支援的每種 Model 有不同用途與能力，下表是常見的 Models 類型說明。

模型	說明
GPT-3	能夠理解並生成自然語言或程式碼
GPT-3.5	GPT-3.5 模型改進了 GPT-3 的能力
GPT-4	GPT-4 模型改進了 GPT-3.5 的能力
DALL·E	可根據自然語言提示生成和編輯圖像
Whisper	可以將音訊轉換為文字
Embeddings	可以將文字轉換為數值形式的表示
Moderation	Moderation 是一個經過調整的模型，可以檢測文字是否可能具有敏感或不安全的內容

⦿ OpenAI API Models
https://platform.openai.com/docs/models/overview

若想知道 OpenAI API 支援的所有模型名稱，可用 ChatGPT_ModelList.html 程式呼叫 https://api.openai.com/v1/models 接口，便可得到所有模型名稱的 JSON 資料。

ChatGPT_ModelList.html

```
<!DOCTYPE html>
<html lang="en">

<head>
    <meta charset="UTF-8">
    <meta http-equiv="X-UA-Compatible" content="IE=edge">
    <meta name="viewport" content="width=device-width, initial-scale=1.0">
    <title>Models</title>
</head>

<body>
    <h1>透過 List Models API 取得所有模型列表</h1>
    <ul id="container" class="mb-5"></ul>

    <script>
        const modellist_ApiUrl = "https://api.openai.com/v1/models"
        let container;
        let modellist = {};

        window.onload = function () {
            container = document.getElementById("container");

            let request = new Request(modellist_ApiUrl, {
                method: "GET",
                headers: {
                    "Authorization": "Bearer sk-4edPZEjPk55aUm9kgl7hT3Blbk…"
                }
            });

            fetch(request)
                .then(response => {
                    //檢查 response 是否 ok ?
```

```
                if (response.ok) {
                    return response.json();
                } else {
                  throw new Error(`發生錯誤: ${response.status},
                  ${response.statusText}`);
                }
            })
            .then(modellist => {
                let namesArray = modellist.data.map(x => x.id);
                console.log(namesArray);
                return namesArray
            })
            .then(modelnames => {
                //container.innerText = JSON.stringify(modelnames);

                modelnames.forEach((name, index) => {
                    let li = document.createElement("li");
                    li.innerText = `${++index}. ${name}`;

                    container.append(li);
                });
            })
            .catch(ex => {
                console.log(ex.response);
            })
            .finally(() => {

            });
        }
    </script>
</body>
</html>
```

17-11 將 JavaScript 程式放進你的 ASP.NET Core MVC 專案

基本上，無論是在 ChatGPT 網站聊天或 JavaScript 對 OpenAI API 發出請求，再到將回答結果呈現出來，主體都是一種前端行為，意思是多數時候與後端 MVC 無關。

但有的人會想我 ASP.NET Core MVC 專案想跟 OpenAI API 串接，所以應該是在後端的 Controller Action 用 C#撰寫呼叫 API 程式才對吧？還是那句話～主體還是由前端觸發的回應行為（請自行細細思索），但若你想要在 MVC 的 Controller 執行 OpenAI API 呼叫也沒問題，只是你要想清楚拿到回傳資料後，想要做什麼後續動作。

請參考 Mvc7_OpenAI_API 專案，以下透過 IHttpClientFactory 進行 OpenAI API 呼叫，僅止於示範 Controller 呼叫 API 及顯示 JSON 結果。

Controllers/OpenAIController.cs

```
using Microsoft.AspNetCore.Mvc;
using Newtonsoft.Json;
using System.Net.Http.Headers;
using System.Text;

namespace Mvc7_OpenAI_API.Controllers
{
    public class OpenAIController : Controller
    {
        private readonly IHttpClientFactory _httpClientFactory;

        public OpenAIController(IHttpClientFactory httpClientFactory)
        {
            _httpClientFactory = httpClientFactory;
        }

        public async Task<IActionResult> CallApi()
        {
            var httpClient = _httpClientFactory.CreateClient();

            // 設定 API 的 URL
            var apiUrl = "https://api.openai.com/v1/chat/completions";

            // 建立要傳遞的資料物件
            var data = new
            {
                model = "gpt-3.5-turbo",
                messages = new[]
                {
```

```
                new { role = "user", content = "為什麼歐美舉例程式變數名稱時,
                喜歡用 foo , bar 來命名？能說說是什麼典故嗎？" }
            }
        };

        // 將資料物件轉換成 JSON 字串
        var jsonContent = new StringContent(JsonConvert.SerializeObject(data),
        Encoding.UTF8, "application/json");

        // 設定 Content-type 及 Authorization 標頭
        httpClient.DefaultRequestHeaders.Accept.Clear();
        httpClient.DefaultRequestHeaders.Accept.Add(new
        MediaTypeWithQualityHeaderValue("application/json"));
        httpClient.DefaultRequestHeaders.Authorization = new
        AuthenticationHeaderValue("Bearer", "sk-4edPZEjPk55aUm9kgl7hT…");

        // 發送 POST 請求並取得回應
        var response = await httpClient.PostAsync(apiUrl, jsonContent);

        // 確認回應狀態碼是否成功
        if (response.IsSuccessStatusCode)
        {
            // 讀取回應內容
            var responseContent = await response.Content.ReadAsStringAsync();

            // 處理回應內容，例如將 JSON 字串轉換成物件
       var result = JsonConvert.DeserializeObject<CompletionViewModel>
                    (responseContent);

            // 返回結果
            return Ok(result);
        }
        else
        {
            // 處理回應失敗的情況
            // 可以根據需要自訂錯誤處理邏輯
            return StatusCode((int)response.StatusCode);
        }
    }
  }
}
```

執行專案，瀏覽 OpenAI/CallApi 即可得到回應結果。

{"id":"chatcmpl-7NFpKlYPZK5A2ELKIulDjRGqQbEau","object":"chat.completion","created":1685776738,"usage":{"prompt_tokens":66,"completion_tokens":248,"total_tokens":314},"choices":[{"message":{"role":"assistant","content":"傳說中，FOO 和 BAR 最早是在 1960 年代早期由麻省理工學院的技術人員（可能是雷曼· 約翰遜）創造的，作為意義不明的暫存變量。\n\n 這種命名方式可能是源於一個古老的應用程序，名為"FUBAR"（意為“嚴重破壞”），在第二次世界大戰期間用於通信上的代碼。根據這個想法，"FOO"和"BAR"可以用於相同的目的，例如在編程中表示不重要或不理會的信息。從那時起，FOO 和 BAR 成為了編程中的通用術語，以指代假名變量或不必要的程式碼块。"},"finish_reason":"stop","index":0}]}

若是你自已寫 JsonConvert.DeserializeObject<CompletionViewModel>(...) 反序列化時，會遇到一個小難處，就是必須依據 API 回傳 JSON 資料設計出對映的模型結構，但這對 JS、JSON 和 C#功底不夠的人，可能無法靠自己寫出來，所以必須多揣摩為何是這樣寫。

ViewModels/CompletionViewModel.cs

```
namespace Mvc7_OpenAI_API.ViewModels
{
    public class CompletionViewModel
    {
        public string Id { get; set; }
        public string Object { get; set; }
        public int Created { get; set; }
        public Usage Usage { get; set; }
        public List<Choices> Choices { get; set; }
    }

    public class Usage
    {
        public int prompt_tokens { get; set; }
        public int completion_tokens { get; set; }
        public int total_tokens { get; set; }
    }

    public class Choices
    {
        public Message Message { get; set; }
        public string finish_reason { get; set; }
        public int Index { get; set; }
```

```
    }

    public class Message
    {
        public string Role { get; set; }
        public string Content { get; set; }
    }
}
```

17-12 結論

在經歷過前面的一堆討論與程式後，你會發現原本簡單串接 API 的想法並不簡單，不但要理解 AI 相關術語，還要有一定的 JS 及 JSON 功底，才能夠完成一個小小的問答程式。而成就雖小，但開啟了我們對 OpenAI API 入門與視野，後續廣泛的應用，需要您到 OpenAI 官網做更深入研究！

ASP.NET Core 7 MVC 跨平台範例實戰演練

作　　者：聖殿祭司 奚江華
企劃編輯：江佳慧
文字編輯：王雅雯
設計裝幀：張寶莉
發 行 人：廖文良

發 行 所：碁峰資訊股份有限公司
地　　址：台北市南港區三重路 66 號 7 樓之 6
電　　話：(02)2788-2408
傳　　真：(02)8192-4433
網　　站：www.gotop.com.tw
書　　號：AEL026800
版　　次：2023 年 07 月初版
　　　　　2024 年 03 月初版二刷
建議售價：NT$860

國家圖書館出版品預行編目資料

ASP.NET Core 7 MVC 跨平台範例實戰演練 / 奚江華著. -- 初版. -- 臺北市：碁峰資訊, 2023.07
面；　公分
ISBN 978-626-324-550-1(平裝)
1.CST：網頁設計　2.CST：全球資訊網
312.1695　　112010785